U0818373

煤炭高等教育“十四五”规划教材

智慧矿山概论

主　编／王国法　郭永存　王家臣

中国矿业大学出版社
·徐州·

内容提要

本教材主要介绍了我国井工煤矿、露天煤矿、选煤厂智能化建设现状、特征及愿景，并从信息基础设施、智能地质保障系统、智能井巷掘进系统、智能化采煤工作面、智能化主辅运输系统、智能化供电与供排水系统、智能化安全保障系统、智慧园区与经营管理系统、矿用机器人、智能化煤矿管理等方面详细阐述了井工煤矿、露天煤矿实现智能化的技术路径及主要技术装备，从系统平台架构、选煤厂关键工艺环节、辅助环节、生产保障系统等方面详细阐述了选煤厂建设的技术路径与配套系统，适合本科学生、研究生及相关领域工程技术人员进行阅读。

图书在版编目(CIP)数据

智慧矿山概论/王国法，郭永存，王家臣主编. —徐州：中国矿业大学出版社，2023.8(2025.1 重印)

ISBN 978-7-5646-5839-7

Ⅰ. ①智… Ⅱ. ①王… ②郭… ③王… Ⅲ. ①智能技术-应用-矿山-矿业工程 Ⅳ. ①TD67

中国国家版本馆 CIP 数据核字(2023)第 094038 号

书　　名	智慧矿山概论
主　　编	王国法　郭永存　王家臣
责任编辑	周　红　何晓明
出版发行	中国矿业大学出版社有限责任公司
	(江苏省徐州市解放南路　邮编 221008)
营销热线	(0516)83885370　83884103
出版服务	(0516)83995789　83884920
网　　址	http://www.cumtp.com　**E-mail**:cumtpvip@cumtp.com
印　　刷	苏州市古得堡数码印刷有限公司
开　　本	787 mm×1092 mm　1/16　**印张** 24.75　**字数** 633 千字
版次印次	2023 年 8 月第 1 版　2025 年 1 月第 2 次印刷
定　　价	56.00 元

(图书出现印装质量问题，本社负责调换)

《智慧矿山概论》
编写委员会

主　　编　王国法　郭永存　王家臣

执行主编　庞义辉　杨胜利　任怀伟　赵国瑞　王忠宾　曹现刚　李　爽　王　爽

主　　审　卢新明　寇子明　刘志强　徐亚军　温　良　王忠鑫　孟令宇　王卫东　杜毅博　包建军　祝龙记　程学珍　赵红泽　李　梅　王丹丹

编　　者　（按姓氏拼音排列）

包建军　鲍文亮　曹现刚　陈　浩　程　健
程学珍　邓海顺　杜毅博　樊　荣　葛　斌
巩师鑫　韩　安　韩　博　贺　超　贺耀宜
胡　坤　寇子明　李　梅　李猛钢　李世军
李　爽　李　颖　刘送永　刘志强　刘中国
卢　军　卢新明　马　英　孟令宇　庞义辉
任怀伟　司　垒　沈　刚　宋　波　宋朝阳
宋承林　孙书伟　孙振明　唐超权　腾思宇
王国法　王家臣　王静宜　王开松　王　雷
王　爽　王卫东　王　岩　王忠宾　王忠鑫
温　良　吴　娟　徐亚军　许　锟　薛广哲
杨胜利　杨彦飞　姚凯旋　袁晓明　张景权
张科学　张　坤　张　磊　张立祥　张晓彤
赵国瑞　赵红泽　赵江滨　朱凤华　朱玉芹
祝　坚　祝龙记

前　言

矿产资源是人类社会发展的重要物质基础，矿业是支撑经济社会可持续发展的支柱产业，煤炭是我国的基础能源和重要的工业原料，在未来相当长时间内仍将发挥能源稳定供给“压舱石”和“稳定器”的作用。现代矿业是需要高科技支撑的产业，建设智慧矿山是矿业高质量发展的必由之路。煤矿智能化是煤矿机械化、综合自动化的升级发展，是煤炭生产方式和生产力革命的新阶段，是实现我国煤炭工业高质量发展的核心技术支撑。

当前，煤矿智能化建设进入快速发展阶段，煤矿智能化建设与技术创新相互推进，煤矿高可靠融合通信系统、工业互联网平台、智能化综合管控平台等先进技术得到广泛推广应用，供配电系统、主煤流运输系统、供排水系统等实现了常态化无人值守作业，智能采掘系统、智能辅助运输系统、煤矿机器人、露天矿卡无人驾驶系统等取得了积极进展，煤矿智能化技术装备国产化、成套化水平明显提升，初步形成了适用于不同煤层赋存条件的智能化煤矿建设模式，减人、增安、提效成果显著。全面推进煤炭资源智能绿色开采及清洁高效利用，提高煤炭企业智能绿色发展能力，降低煤炭开发利用能源消耗强度，加快建设以智能、绿色、低碳为特征的现代煤炭工业体系，助力我国煤炭工业高质量发展。

智慧矿山建设急需大批新型专业技术人才，智能采矿等新专业建设需要新教学体系和新教材的支撑，矿业类高校和职业技术学院各专业学生需要普及智慧矿山通识内容。为支持智慧矿山教学和职工培训，我们组织编写了《智慧矿山概论》教材，总结了我国近年来在煤矿智能化开采基础理论、系统平台、关键技术、配套装备等方面取得的最新研究成果与实践经验，为促进煤矿智能化建设和人才培养提供专业理论和技术支撑。

全书共包含十三章内容，第一章阐述了智慧矿山建设的内涵、技术特征、愿景及建设现状；第二章对智慧矿山顶层设计、系统平台总体架构等进行了阐述；第三章主要介绍了智慧矿山通信网络、信息感知与传输、物联网平台等内容；第四章对智慧矿山数字化基础、数据治理、数据融合应用等进行了论述；第五章对矿山井巷工程智能化技术、装备及地质保障系统等进行了系统介绍；第六章阐述了井工煤矿智能化采煤工作面总体配套技术、智能开采装备与控制系统、数字孪生技术等；第七章阐述了智能化主煤流运输系统、轨道运输智能化装备及智能化无轨胶轮车运输系统；第八章对矿山智能供电系统的技术架构、关键设备等进行了论述；第九章系统阐述了智能双重预防系统、智能通风系统及智能安全监测监控系统；第十章从间断开采工艺、半连续开采工艺、连续开采工艺、综合保障系统等方面对智能化露天煤矿相关技术装备进行了论述；第十一章阐述了智能化选煤厂的综管平台架构、关键工艺环节、辅助系统及综合保障系统；第十二章对矿用机器人的分类、共性关键技术、机器人集群应用等进行了阐述；第十三章论述了智能柔性生产供给系统、智能化煤矿管理架构及安全生产运营技术体系。

智慧矿山建设是一门实践性很强的综合性专业课程，本教材对智慧矿山建设的顶层架构、基础理论、关键技术、核心系统平台、配套装备、综合管理等进行了详细阐述，并补充了一些现场工程应用案例供参考借鉴。本教材主要作为矿业类高等院校本科生和研究生教材，也可作为矿业职业技术学院、智慧矿山专业培训教材，并可帮助矿业领域的广大科研人员、矿山工程技术人员和管理者全面系统地认识智慧矿山及其技术发展。

本书得到了国家自然科学基金重点项目(51834006)的资助，在编写过程中得到了安徽理工大学、中国煤炭科工集团及其各分院(所)、中国矿业大学(北京)、中国矿业大学、西安科技大学、山东科技大学、辽宁工程技术大学、东北大学、河南理工大学、太原理工大学、湖南科技大学、中国应急管理大学(筹)、河北工程大学、黑龙江科技大学和各大煤炭企业集团等单位和专家的积极支持，也得到了中国煤炭教育协会和中国矿业大学出版社的大力支持。本书是集体智慧的结晶，谨致以诚挚感谢。

由于时间仓促，加之编者水平所限，书中难免存在不足之处，恳请广大读者批评指正。

编　者

2022 年 11 月

目　录

第一章 绪 论

第一节 我国矿业发展概览

一、矿业开发简史

矿产资源是指埋藏在地壳中可供人类利用的天然矿物资源，按性质和用途，一般分为能源矿产、金属矿产、非金属矿产和水气矿产。能源矿产有煤、煤层气、油页岩、石油、天然气等11种；金属矿产有铁、锰、铜、铅、锌等59种；非金属矿产有金刚石、石墨、磷、钾盐、硼等92种；水气矿产有地下水、矿泉水等6种。

矿业是以矿产资源为劳动对象的产业，也是国民经济的基础产业。矿物产品是人类生存和社会繁荣发展不可或缺的物质基础，现代矿业是需要高科技支撑的产业。2018年全球矿业为人类提供了227亿t的能源、金属和重要非金属矿产，总产值达5.9万亿美元，占全球生产总值的6.9%。其中，能源矿业产值4.5万亿美元，占世界矿业总产值的76%。我国矿业产值占GDP(国内生产总值)的7%，矿业为我国国民经济发展提供了80%的能源资源、80%以上的工业原料和70%以上的农业原料。

我国是矿产种类齐全的国家，目前世界上已知的约168种矿产在我国均有发现，矿产总值居世界第三位。同时我国也是主要矿产资源短缺的国家，如铁矿石、石油、天然气的对外依存度分别在85%、70%、45%以上。我国能源矿产资源禀赋是“贫油、少气、相对富煤”，煤炭是我国主体能源，煤炭消费目前仍约占我国一次能源消费的56%，煤炭一直是我国能源安全的“压舱石”。但是，我国煤炭资源赋存条件复杂、开采难度大，80%以上需要采用井工开采技术，水、火、瓦斯、冲击地压、顶板灾害隐患突出。煤炭资源与区域经济发展程度逆向分布，导致煤炭调运成本高，这就迫切需要统筹规划煤炭开发战略，推进煤炭开采技术进步，保障安全开采。

我国是世界上最早利用和开采煤炭的国家。早在公元前500年的春秋战国时期，已经有关于煤炭的记载，在我国古代地理名著《山海经》一书中，称煤炭为石涅。在公元元年前后，我国出现了用煤历史上的第一个高峰，即汉代冶炼，出现了煤井和相应的采煤技术。唐宋以后煤炭进入了规模化开采，煤炭广泛用于冶铁、陶瓷和砖瓦烧制。《马可·波罗游记》(创作于1298—1299)中也有记载我国开采和使用煤炭的情况。真正科学记载煤炭开采的是明末宋应星所著的《天工开物》，详细描述了我国古代采煤技术，涉及地质、开拓、采煤、支护、通风、提升以及瓦斯排放等方面。从明朝到鸦片战争以前，煤炭开采技术得到了快速发展，形成了丰富多彩的我国古代煤炭开采和利用技术，但总体来说，开采技术还是处于手工作业水平,生产能力低下、生产规模小、难以保障安全。

我国近代煤炭开采技术始于蒸汽和电绞车、矿车、电机车、通风机、电钻等采矿机械的使用。1876年清政府将基隆煤矿改为官办,使用了购自英国的40马力(1马力=0.735 kW)蒸汽锅炉、卷扬机与排水机等,1878年该矿建成投产。1878年清政府在唐山设立开平矿务局,1881年开平煤矿正式投产,同时铺设了唐山至胥各庄铁路(9.3 km,我国第一条准轨铁路),用于运煤,1888年该铁路延长至天津,称为"津唐铁路"。1898年开平煤矿产煤73万t,中外员工达3 000余人,在提升、通风、排水等环节上采用了机器作业。

1949年全国煤炭产量只有3 240万t,难以保障国民经济发展,党和政府积极推行煤矿技术改造,提高煤炭产能,改善矿井安全条件。

1949—1952年,是我国煤炭生产的恢复时期,煤炭产量有了较大增加,1952年全国煤炭产量6 600万t。开采技术是以房柱式的巷道采煤为主,资源回收率低、作业条件差、工人劳动强度大。

1953—1960年,大规模建设新矿井,改造和扩建老矿井,全面推广长壁后退式采煤法,采煤工作面采用电钻打眼爆破、刮板输送机运煤。部分矿井使用截煤机和联合采煤机。1957年全国煤炭产量达1.3亿t。

1961—1969年,继续推广长壁采煤法,发明了急倾斜煤层柔性掩护支架采煤技术,试验无煤柱护巷技术,研制成功了单滚筒采煤机,并且批量生产。煤炭产量稳定在2.31亿t以上。1970年起,推广普通机械化开采技术,以单体液压支柱代替木支护和摩擦支柱,炮采和采煤机落煤(称为高档普采)。

1954年,英国开发了以掩护式液压支架、液压牵引采煤机、刮板输送机等设备组成的综合机械化长壁采煤成套装备。西德在1957年,苏联和波兰在1960年前后陆续开发应用综采技术。我国于20世纪70年代初开始初期综采试验,1974—1985年引进了143套综采装备,极大地推动了我国综采装备研发和综采技术进步。

1985—2003年,全面推广综合机械化采煤技术,在引进消化吸收基础上,研发了薄煤层、中厚煤层和厚煤层系列综采装备以及系列综采放顶煤技术与装备,综合机械化程度不断提高,极大地推动了煤炭开采技术进步,提高了煤矿生产力和安全生产水平。煤炭行业在困难中艰难前行,煤机制造业在困难中发展。这一阶段,国产煤机装备与国际先进水平差距很大,神东等新矿区建设仍坚持全套引进国外先进装备,国外煤机装备价格比国产同类装备高数倍,备件价格甚至高达几十倍,形成了国外高端煤机装备垄断我国市场的局面。

2003年起,煤炭行业进入"黄金十年"发展阶段,高端煤机装备国产化迎来契机,安全高效矿井建设成为行业发展主题。"年产600万t大采高综采成套装备"等高端煤机装备研发成功,2008年首套完全自主知识产权SAC液压支架电液控制系统研发成功并迅速推向市场,全面推动了高端装备的国产化。我国综采成套装备进入美国、德国、澳大利亚、俄罗斯、印度等主要采煤国家,标志着我国综采装备进入国际先进行列。露天开采装备方面,国内应用最广的单斗-卡车工艺设备,世界最大斗容75 m^3级的机械式单斗挖掘机和最大载重400 t级电动轮矿用自卸卡车都在我国研发成功并在矿山投入使用。

煤机装备是煤炭开采工艺变革的核心支撑,高端装备的发展为建设千万吨矿井、千万吨工作面提供了可靠技术保障。2010年起,开始探索智能化开采,以SAC液压支架电液控制系统为基础,相继研发成功SAM工作面自动化智能化控制系统、SAP大流量水基动力智能供液系统，为工作面智能化提供了控制技术支撑。2014 年，首个智能采煤工作面在黄陵一矿应用成功，实现了常态化“工作面无人操作、有人巡视、远程监控”的智能化开采，为全国起到了示范作用。2020 年 3 月，国家发展和改革委员会等 8 部委联合发布《关于加快煤矿智能化发展的指导意见》，推动全国煤矿智能化进入快速发展阶段，为我国煤炭资源安全高效开发提供了保障。1975 年以来我国煤炭产量与百万吨死亡率变化如图 1-1 所示。

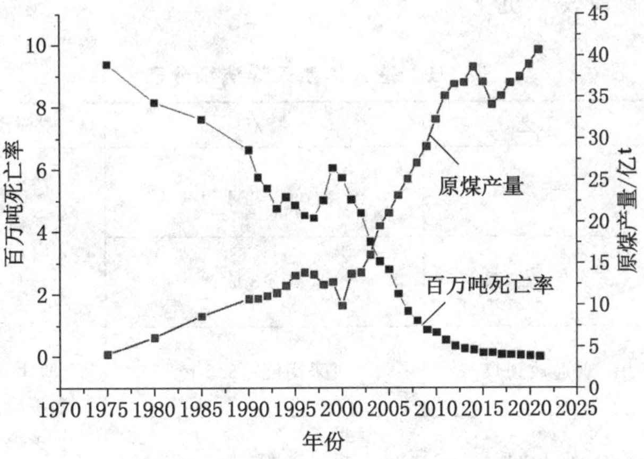

图 1-1　1975 年以来我国煤炭产量与百万吨死亡率变化

二、煤炭开采方法

煤炭开采分为井工开采和露天开采。我国是世界上唯一以井工开采为主的国家，2020 年全国煤炭产量的 82%来自井工开采，而美国 37%、印度 10%、印度尼西亚 30%、澳大利亚 30%、俄罗斯 44%为井工开采。

（一）井工开采

井工开采主要分为壁式体系采煤法和柱式体系采煤法。除个别边角块段或者地面需要保护的区域外，我国井工煤矿都是采用壁式体系采煤法。当壁式采煤工作面长度大于 50 m 时，称为长壁开采。当长壁工作面沿煤层倾向布置，沿煤层走向推进时，称为走向长壁采煤法；当长壁工作面沿煤层走向布置，沿煤层倾向推进时，称为倾斜长壁采煤法。目前，我国长壁采煤工作面的长度大部分为 100～300 m，部分工作面长度可达 450 m 以上，这主要取决于煤层赋存条件、工作面设备配套和采掘计划等。近年来，随着工作面装备大型化，以及高产高效的需要，工作面长度有增大趋势。

壁式体系采煤法根据其是否一次开采煤层全厚，又可进一步分为整层开采和分层开采。表 1-1 中只列举了目前广泛使用的开采方法和工艺，对于已经淘汰或者即将逐步淘汰的方法和工艺未列在内。

柱式体系采煤法是以间隔开掘煤房和留设煤柱为主要标志。一般是在煤层内布置一系列 5～7 m 宽的煤房，采煤时形成窄工作面，成组向前推进。煤房之间留设煤柱，煤柱宽数米至 30 m 不等，每隔一定距离用联络巷贯通煤房，构成生产系统，并形成条状或块状煤柱用于支撑顶板。柱式体系采煤法的主要设备是连续采煤机、梭车、破碎机、带式输送机、锚杆机等。柱式体系采煤法又可分为房式和房柱式两种。房间煤柱不回收，作为永久性煤柱支撑顶板的称为房式开采；房间煤柱作为临时支撑，在煤房开采结束后进行煤柱回收的称为房柱式开采。20 世纪 60 年代，澳大利亚采矿专家优化了柱式体系开采的煤房布置和开采工艺，更有利于机械化作业和提高效率，优化后的工艺称为旺格维利采煤法，在我国神东、潞安等矿区均有所应用。总的说来，柱式体系采煤法目前在我国应用很少，在美国、澳大利亚、加拿大、南非等国家广泛应用。该方法与长壁采煤法相比，煤炭回收率和开采效率均较低，但是投资少、有利于控制地表下沉。

表 1-1　壁式体系采煤法细分表

项目	分类	工艺	特点	主要设备	适用煤层条件
整层开采	整层综采	普通综采	采高≤3.5 m	采煤机 液压支架 刮板输送机 破碎机 转载机 带式输送机 供液系统 供电系统	煤厚≤3.5 m 煤层倾角≤55°
		大采高综采	采高>3.5 m		煤厚≤10 m 煤层倾角≤35°
	放顶煤开采	普通放顶煤	机采高度≤3.5 m		煤厚≤14 m 煤层倾角≤55°
		大采高放顶煤	机采高度>3.5 m		煤厚≤20 m 煤层倾角≤30°
分层开采	分层综采	水平分层	采高 2～5 m		煤厚≥3.5 m 煤层倾角≤55°
		倾斜分层			
		分层放顶煤	机采高度≤3.5m		煤厚≥10 m 煤层倾角≤55°
	分层放顶煤	水平分段放顶煤	水平分段高度 20～30 m； 机采高度 2.5～5 m		煤厚≥10 m 煤层倾角≥50°

（二）露天开采

对于一些厚度较大、埋藏较浅的煤层可优先采用露天开采。露天开采具有机械化程度高、易于采用大型机械装备、效率高、资源回收率高、劳动条件好、生产安全、生产能力弹性大等优点，但存在需要剥离和排弃大量岩土、占用较多土地、初期投资大、受气候条件影响大等缺点。人类最早开采煤炭及其他矿产资源就是从露天开始的，可以追溯到 3 000 年以前。最初是人工开采露头煤炭或浅部富矿，19 世纪末使用动力挖掘机以来，露天开采技术迅速发展，露天矿规模越来越大。

露天开采的主要工序有穿孔爆破、采装、运输和排土。穿孔爆破是在露天采场煤岩内钻凿一定直径和深度的爆破孔，以炸药爆破，对煤岩进行破碎和松动。采装工作是指用机械将松动的煤岩装入运输设备，或直接卸到指定地点的作业。运输工作是将露天采场的煤、岩分别运送到卸载点（或选煤厂）和排土场的作业。排土工作是指从露天采场将剥离覆盖在煤层上部及周围的大量表土和岩石，运送到专门设置的排土场进行排弃的作业。

根据采装和运输工作的方式不同，可以将露天开采工艺分为间断式开采工艺、半连续式开采工艺、连续式开采工艺和综合开采工艺。

间断式开采工艺包括单斗挖掘机-铁道运输开采工艺。20 世纪 70 年代以前，该工艺一直是我国露天煤矿开采的主导工艺;20世纪80年代后,单斗挖掘机-卡车运输开采工艺,在我国露天煤矿得到广泛应用,特别是1987年中美合资建成的安太堡露天煤矿采用了大型单斗挖掘机-卡车运输工艺和先进管理技术,促进了该工艺在我国露天煤矿的推广应用;无运输倒堆开采工艺,集采装、运输和排土三个主要工艺环节于一体,将剥离物直接排弃在采空区的内排土场中,工艺流程简单。

半连续式开采工艺是目前国内外露天煤矿常用的开采工艺,也是被世界公认的有发展前途的工艺。使用最广的两种典型半连续式开采工艺:一是单斗挖掘机-卡车运输-半移动(固定)破碎站-带式输送机-排土机排土的半连续式开采工艺;二是单斗挖掘机-自移式破碎机-带式输送机-排土机排土的半连续式开采工艺。

连续式开采工艺是由轮斗挖掘机采装、带式输送机运输、排土机排弃剥离物组成的连续性生产工艺,在软岩露天煤矿应用广泛。德国是世界上连续式开采技术和装备制造最为先进的国家,我国小龙潭露天煤矿、元宝山露天煤矿等相继采用过连续式开采工艺。

综合开采工艺是指在一些条件复杂或者产能有特殊要求的露天煤矿,同时采用上述两种及以上的开采工艺,可发挥各自单一工艺的优点。

三、煤炭开采技术进展

1978年改革开放以后,我国煤炭行业科技和生产水平迅速提高,1990年我国煤炭产量约10.8亿t,首次超过当时美国的9.4亿t,自此我国一直保持世界第一产煤大国地位。2022年我国煤炭产量达到45.6亿t,创历史新高。近20年来,煤炭行业进入了创新发展的快车道,在开采、建井、洗选、煤机制造等方面已经达到国际先进水平,其中部分开采技术和高端煤机装备已经处于国际领先水平,我国正在从煤炭大国逐步走向煤炭强国。

(一)厚煤层大采高综采技术

大采高综采技术是指工作面一次采高大于3.5 m的综采技术。国外大采高综采技术始于20世纪70年代末期,但一次开采高度至今没有超过6 m。近20年来,我国在厚煤层大采高综采技术与装备方面取得了突破性进展,采高和效率指标不断刷新,引领了世界大采高技术装备的发展,如图1-2所示。

图1-2 大采高综采成套技术与装备

2003年,我国首次开展5.5 m大采高电液控制高端液压支架的研发,成功研发了

ZY8640/25.5/55D型大采高液压支架，在晋城寺河煤矿替代进口装备，工作面日产达到3万t，提高了高端装备国产化的信心和技术基础。2005年，依托国家重大技术装备研发专项“年产600万t综采成套装备研制”，研发了高可靠性电液控制液压支架、采煤机、刮板输送机、转载机、破碎机、大运量带式输送机等成套综采装备，在神华万利煤矿成功应用；“十一五”期间，实施国家重点科技支撑计划项目“年产千万吨级矿井大采高综采成套装备及关键技术”，研发了ZY12000/28/64型大采高液压支架，在晋兴能源斜沟煤矿成功应用，工作面年产量达到1 000万t；2009年，依托国家智能制造专项“煤矿综采智能化系统研发”研制的世界首套ZY18800/32.5/72D型超大采高液压支架及智能化综采成套装备在陕煤红柳林煤矿成功应用，工作面最大一次开采高度达到7.0 m，实现采高和效率双突破；2014—2016年，为解决西部矿区厚度为6～8 m的浅埋深、坚硬厚煤层高效、高采出率开采难题，研发了ZY21000/38/82D型超大采高液压支架及成套国产装备，在金鸡滩煤矿首次将工作面一次开采高度提升至8 m，工作面月产达到150万t，创世界综采采高和效率新纪录。2018年，神东上湾煤矿开展8 m以上超大采高综采技术的研发应用，8 m以上超大采高综采技术装备逐步成熟。针对陕北地区坚硬特厚煤层，2022年启动了10 m的超大采高综采成套装备研发，将首先在陕煤曹家滩煤矿应用。

（二）厚煤层放顶煤开采技术

放顶煤开采技术于20世纪60年代源于欧洲，主要用于边角煤和煤柱开采。我国从1982年开始引进和试验放顶煤开采技术，经过40年的探索、创新、推广，形成了具有我国特色的多种放顶煤开采技术模式和重要理论成果。

在放顶煤开采的理论创新方面，创建了移动放煤口、煤岩分界面动态变化、放出体非对称于放煤口轴线的BBR放煤理论，用于指导提高顶煤放出率；提出了特厚煤层顶煤“三带”结构模型；研发了顶煤运移跟踪仪，可以现场精确观测顶煤回收率；建立了煤矸图像识别基础特征数据库和刮板机上煤矸堆积体含矸率实时计算方法，开发了基于图像识别的智能放煤技术。

放顶煤液压支架是进行高效放煤的关键设备，我国综放液压支架的架型结构经历了高位放顶煤液压支架、中位放顶煤液压支架、低位放顶煤液压支架三种架型的演变。

从20世纪80年代至20世纪末，综放开采技术一直备受质疑，业内支持和反对的意见难以调和，反对者主要对综放开采技术的安全性和采出率持否定态度。为了提高综放工作面的顶煤放出率及放煤效率，“九五”“十五”期间进行了多种型号的综放液压支架研发与推广应用。90年代初期，创新研发了新型低位放顶煤液压支架，淘汰了高位和中位放顶煤液压支架，使顶煤回收率和放煤效率显著提高。2001年，通过国家技术创新项目“600万t综放工作面设备配套与技术研究”，研发了世界首套两柱掩护式放顶煤液压支架，并首次在综放液压支架上装备电液控制系统，实现了综放工作面液压支架的自动化控制，使工作面最高月产达到64万t，并实现成套专利技术出口到澳大利亚等采煤国家。2008年，通过“十一五”国家科技支撑计划项目“特厚煤层大采高综放开采成套技术与装备研发”，针对塔山煤矿14～20 m特厚煤层赋存条件，研制了当时国内外首套最大支撑高度为5.2 m的大采高综放液压支架（ZF15000/28/52），解决了14～20 m特厚煤层安全高效开采难题，实现了特厚煤层大采高综放工作面年产量1 000万t。

2012年，通过国家高技术研究发展计划（863计划）项目“两柱式超强力放顶煤液压支架研制”，针对蒙陕矿区坚硬特厚煤层，研发了两柱强力大采高放顶煤液压支架，提高了坚硬特厚煤层的顶煤放出率与放出效率。2019 年，针对金鸡滩煤矿浅埋深、坚硬、特厚煤层赋存条件，研制了首套 7 m 超大采高两柱掩护式综放液压支架(ZFY21000/35.5/70D)，工作面最大割煤高度达到 6.5 m，实现了工作面最高日产 7.91 万 t、最高月产 202.01 万 t，解决了坚硬特厚煤层安全高效开采难题。

(三) 绿色开采技术

煤矿绿色开采技术是指保护生态环境、保护地下水资源、减少地面沉降、减少矸石占地、多种资源协同回收、节能减排、保障安全和有利于职业健康的开采技术。近 20 年来，我国绿色开采技术取得了重要进展，主要有充填开采、保水开采、煤及其伴生资源协同开采、地下水库建设等技术。

充填开采是指将矸石、粉煤灰等工业固体废物经过一定的加工处理和配比，混入特制的添加剂，配制成适合于煤矿井下充填的低成本充填料，通过机械运输或者泵送作业充填到煤矿井下采空区，以达到控制顶板下沉、减少覆岩和地面沉降的目的，可实现保护覆岩含水层、减缓区段煤柱应力集中、减少底板破坏深度、提高煤炭采出率，是重要的绿色开采技术。根据充填料的特性，通常将充填开采技术分为固体充填(固体物料占比 100%，运输机械输送)、膏体充填(固体物料占比 80%～84%，泵送)、高水充填(固体物料占比 20%，泵送)、高浓度胶结充填(固体物料占比 75%～80%，泵送)技术。为了避免矸石升井、降低成本，近年来开滦集团、新汶矿业集团试验了井下分选、矸石不升井、破碎后直接充填到采空区的采选充一体化充填开采技术。充填开采在冀中能源、开滦集团等“三下”采煤中广泛应用。除了工作面充填以外，也开发了覆岩离层注浆充填控制地表下沉技术，该技术在淮北矿业集团等得到应用。

保水开采是指采前查明矿区水资源分布范围和状态，掌握含水层、隔水层物理力学特性等水文地质资料，基于采动岩层运动理论，科学布置工作面与煤柱留设，选择合理开采工艺，有效控制覆岩破坏，进行保水采煤，或尽可能地减少开采对上覆岩层中水资源的破坏。保水开采在我国西部缺水地区尤其重要，近年来逐步得到推广，与充填开采相比，保水开采更偏重开采规划、布局、工作面布置、开采工艺选择等。

煤及其伴生资源协同开采是指采煤过程中同时开采煤系地层中与煤共生或者伴生的资源，如瓦斯、地下水、高岭土、油页岩等。利用煤炭开采产生的覆岩裂隙场和卸压场增加煤层中瓦斯解吸速率和煤岩透气性进行煤与瓦斯共采，这一技术在淮南矿区已经得到广泛应用，取得了瓦斯灾害防治和瓦斯资源化的双重效果。

(四) 复杂煤层开采技术

与美国、澳大利亚、俄罗斯、印度尼西亚、印度等世界采煤大国相比，我国煤层赋存条件相对复杂，适合于露天开采的煤炭资源量相对较少。急倾斜煤层、薄煤层、薄基岩煤层、地质构造复杂煤层、高瓦斯突出煤层、极软煤层等占比较大，这就使得我国不得不研发各种适合于复杂煤层条件的开采技术，如 20 世纪 60 年代发明的伪倾斜柔性掩护支架采煤技术，近些年来开发的急倾斜工作面俯伪斜布置技术、急倾斜厚煤层走向长壁综采和综放技术、急倾斜厚煤层水平分段综放技术、薄煤层高效开采技术、深埋薄基岩厚煤层开采技术、千米深井超大采高开采技术等。

（五）露天开采技术

我国露天开采的煤炭产量逐年上升，2021 年露天开采煤炭产量达 7 亿 t 以上，约占全国煤炭产量的 18%。露天开采的技术进步主要表现在大型装备的广泛使用及国产化，国产卡车载重量达 400 t 级，电铲斗容最大达到 75 m^3，自主研发了轮斗挖掘机连续开采工艺及连续端帮采煤机以提高端帮煤炭回收率；逐步完善半连续开采工艺，露天矿土地复垦与生态再造技术取得重要突破，矿群开采-采排复一体化技术、微生物复垦技术得到广泛应用；采场和排土场边坡灾害防控理论和技术取得重要进展，如边坡三维可靠性分析理论、时效边坡理论、节理岩体边坡重构、雷达边坡监测等。露天开采作业场景如图 1-3 所示。

图 1-3　露天开采作业场景

（六）智能化开采技术

随着综合机械化开采技术的全面发展和新一代信息技术的应用，智能化开采技术应运而生，推动了我国从煤矿综合机械化向煤矿智能化的重大技术变革。智能化开采是指应用物联网、云计算、大数据、人工智能等先进技术，使工作面采煤机、液压支架、输送机（含刮板输送机、转载机、破碎机、可伸缩带式输送机）及电液动力设备等形成具有自主感知、自主决策和自动控制运行功能的智能系统，实现工作面落煤（截割或放顶煤）、支护、运煤作业工况自适应和工序协同控制的开采方式（作业空间）。智能化开采的显著特点是工作面装备与系统具有智能感知、智能决策和智能控制三个智能化要素（智能化开采三要素）。三要素中，智能感知是基础，智能决策是重点，智能控制是结果。工作面设备基于智能感知系统实时自主感知围岩条件及外部环境变化，利用智能决策系统进行自主分析与决策，通过智能控制系统调整设备运行参数和状态，实现采煤工作面智能化开采。智能化采煤系统如图 1-4 所示。

据不完全统计，截至 2022 年年底，全国已建成近一千个智能化采掘工作面，初步实现了“有人巡视、无人操作”的智能开采。但是，我国煤矿智能化建设仍处于培育示范阶段，发展还不充分、不平衡，距离全面实现无人化智能开采还有较大的差距。我国煤矿智能化建设还面临诸多挑战和“痛点”，亟需加快技术创新，突破技术“瓶颈”。

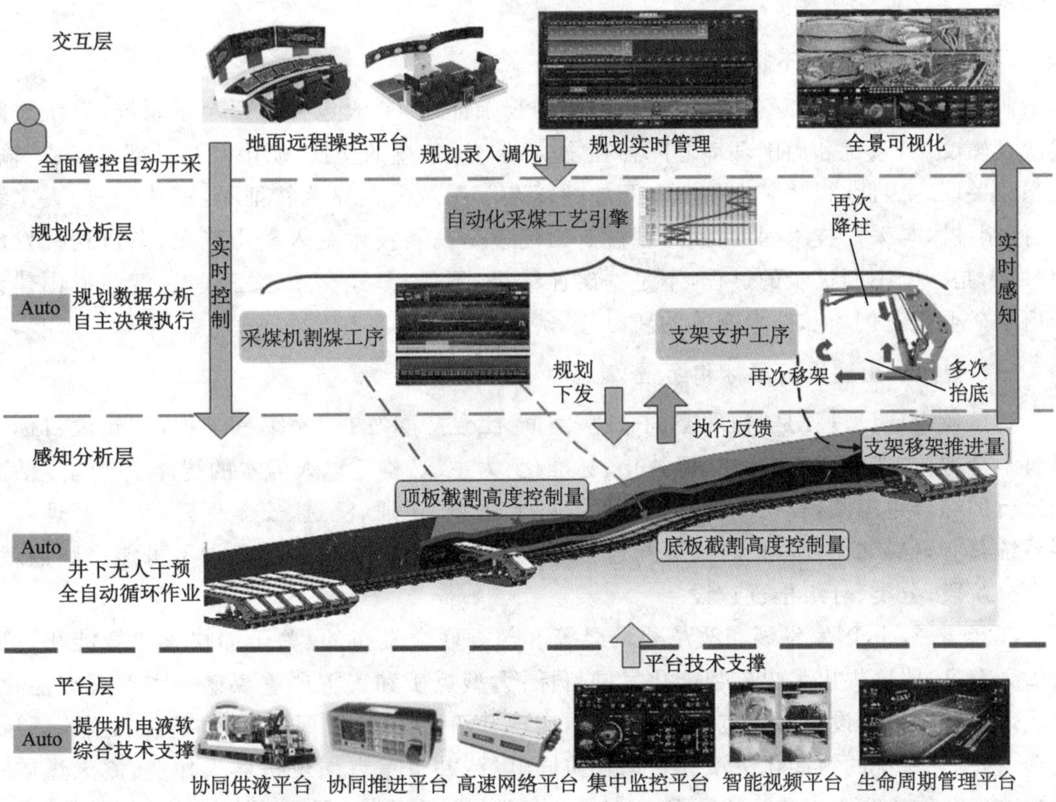

图 1-4 智能化采煤系统

第二节 智慧矿山建设内涵与愿景

智慧矿山是新一代信息技术与矿山开发技术深度融合、系统智能与人文智慧协同融合的产物。新型智慧矿山的建设强调“以人为本”，以造福职工、创造企业价值、建设以人为本的智慧矿山新生态为目标。

一、智慧矿山建设的内涵

智慧矿山是将人工智能、工业互联网、云计算、大数据、机器人、智能装备等与现代矿产资源开发技术进行深度融合，形成全面感知、实时互联、分析决策、自主学习、动态预测、协同控制的智能系统，实现矿山开拓、采掘(剥)、运输、通风、洗选、安全保障、经营管理等全过程的智能化运行。智慧矿山建设是一个复杂的系统工程，将对全面提升矿业产业层次、形成产业竞争优势、提高经营管理水平起到积极的推动作用，全面开展智慧矿山建设已经成为我国矿业产业实现高质量发展的必由之路。

智慧矿山生产系统能根据矿山地质条件、开采工艺等要求，自动创建和优化开发流程，智能响应矿产资源开发过程中各种环境参数的变化与需求，实现矿产资源勘探、矿井开拓、采掘、运输、洗选、安全保障、生态保护、生产管理等全流程的智能化运行，提升矿井开采效率与安全生产水平。

二、智慧矿山的技术特征

矿山智能化系统是一个多环节、多系统的复杂体系，一般包含上百个子系统，系统之间层次逻辑交叉；系统和周围环境之间存在物质、能量、信息的交换；矿山又与外部市场、运输、生态相关联。因此，智慧矿山是一个开放的复杂巨系统。其显著特征是：现代信息、人工智能、控制技术与采矿技术深度融合，智慧矿山建设是高新技术融入矿山场景、渐进迭代发展的过程，是一个不断进步的过程，不是一次性结果，不是“基建交钥匙工程”。智慧矿山建设开启了矿业企业创新和技术变革的新时代。

三、智慧矿山建设的目标和愿景

智慧矿山建设过程是“物理空间-数字空间-社会空间”的三元统一过程，其建设目标是以时空全方位“实时化、交互化、智慧化、标准化”为主线，构建以人为本的智能生产与生活协调运行的综合生态圈，实现矿山开拓设计、地测、采掘、运通、洗选、安全保障、生产管理等主要系统具有自感知、自学习、自决策与自执行的基本能力。智慧矿山建设不可能一蹴而就，而应分阶段、分类、分级推进建设。

2020年2月，国家发展和改革委员会等8部委联合发布的《关于加快煤矿智能化发展的指导意见》明确提出了煤矿智能化发展目标：大型煤矿和灾害严重煤矿基本实现智能化，形成煤矿智能化建设技术规范与标准体系，实现开拓设计、地质保障、采掘(剥)、运输、通风、洗选、物流等系统的智能化决策和自动化协同运行，井下重点岗位机器人作业，露天煤矿实现智能连续作业和无人化运输。到2035年，各类煤矿基本实现智能化，构建多产业链、多系统集成的煤矿智能化系统，建成智能感知、智能决策、自动执行的煤矿智能化体系。

智慧矿山发展愿景是：实现矿山全时空多源信息实时感知，安全风险双重预防闭环管控；全流程人-机-环-管数字互联高效协同运行，生产现场全自动化作业；为矿工创造最大福祉，为企业创造最大价值。

第三节　智能化煤矿建设概述

基于煤炭资源分布情况，建设涵盖生产、安全、经营、管理等完善的集团公司-矿业公司-煤矿三级智能化综合管控体系，开发基于统一技术架构的煤矿智能化综合管控平台，实现煤矿智能化“统一规划、统一标准、统一建设、统一管理、综合管控”，如图1-5所示。

一、井工煤矿主要智能化系统组成

（一）信息基础设施

建设完善的信息基础网络，满足智能化建设要求。建设万兆工业以太网，推进5G无线网络建设，覆盖井下主要工作地点，打造安全高效信息传输平台。合理规划网络安全防护体系，利用高级别防火墙、网闸、网络安全审计等防护设备，实现数据的安全传输。搭建云数据中心和数据存储池，实现多专业、多层次、多维度数据管理及共享，为矿井安全生产各系统应用提供高可用性、高扩展性、高安全性的硬件架构与软件平台。建立安全生产综合管控平台，对安全生产数据进行综合分析，实现矿井生产全业务流程管理。

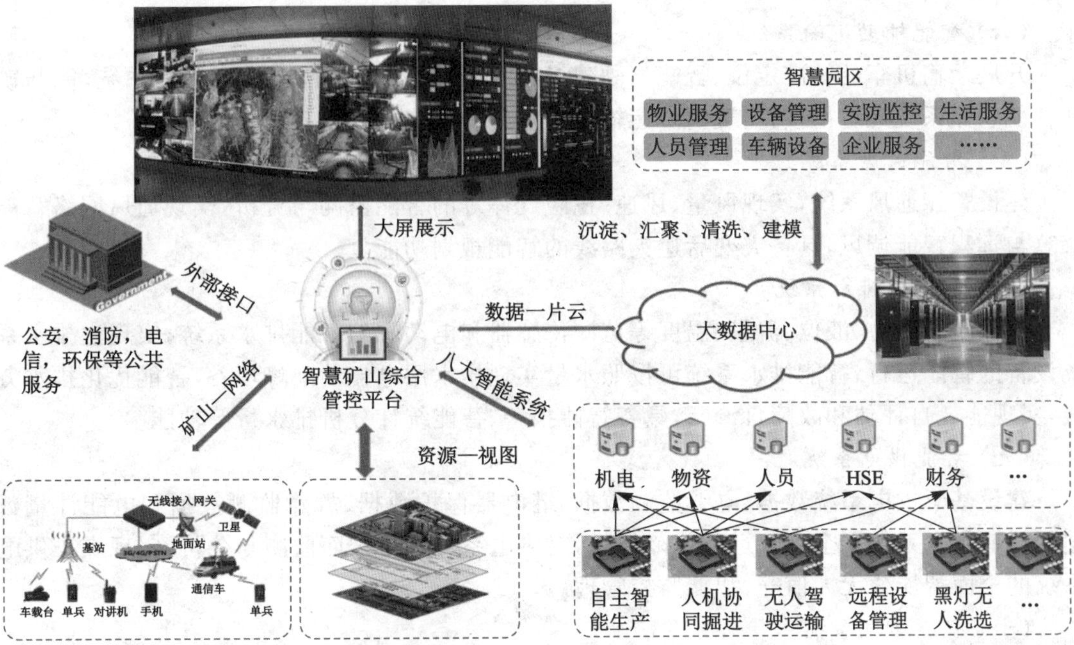

图 1-5 智能化煤矿总体技术架构

(二) 地质保障系统

建设完善的地质保障系统，实现地理信息、工程信息的高精度建模与有效融合，并基于地理信息系统(geographic information system，GIS)与建筑信息模型(building information modeling，BIM)技术(以下简称“GIM”)实现设备的全生命周期管理，为矿井其他应用系统提供精准的资源视图。

(三) 智能掘进系统

根据地质条件、工程技术、机械化水平等要求，合理选择智能掘进装备，提高掘进工作效率，实现掘进设备远程操控截割、掘进工作面掘支平行作业、掘进工作面带式输送机智能控制、工作面设备群的智能联动控制，掘进工作面单班作业人数减少至 5 人及以下。

(四) 智能采煤系统

(1) 高效智能综采：实现采煤机智能自适应截割、液压支架与围岩的智能自适应控制、端头液压支架与超前液压支架的智能控制、采煤工作面设备群的智能联动控制，薄及中厚煤层实现常态化少人/无人开采，厚煤层大采高工作面单班作业人员不超过 7 人。

(2) 高效智能综放：在工作面实现智能高效综采的基础上，探索综放工作面智能放顶煤技术。基于工作面三维精准地质模型，开展顶煤冒放理论研究，运用音频、振动、视频、激光等多种手段，形成“时间＋空间”“单参量为主＋多参量融合”等放煤控制模式，实现综放工作面“智能控制为主＋人工干预为辅”高效放煤。

(五) 智能主煤流运输系统

应用煤量智能监测、智能调速、堆煤/异物的智能识别与报警、带式输送机巡检机器人等先进技术装备，实现智能主煤流运输系统的远程监控操作，达到“有人巡检、无人值守、少人高效”目标。

（六）智能辅助运输系统

开展运输机车的精准定位、智能驾驶建设；建成智能调度与智能物流管理系统，能与矿井智能仓储系统无缝衔接，实现物资运输全过程的智能化闭环管理。

（七）智能通风系统

建设智能通风系统，实现风量、风速、危险气体等的智能监测与分析，实现通风网络智能解算与远程智能调风，具备灾变后避灾路线的智能规划功能。

（八）智能供排水系统

建设基于压力、液位、流量、温度等监测传感器和电动阀的智能排水系统，实现主排水系统设备的智能运行，智能排水系统可按照水量实现排水用电自动削峰填谷，智能优化排水方式，实现能耗自评估和故障自诊断，具备智能报警、智能统计分析排水量等功能。

（九）智能供电系统

建设基于供电系统数据、电缆监测数据、继电器保护数据、故障监测数据和电能计量数据的煤矿供电系统安全高效运行保障体系，对供电系统进行全面监测与分析，实现煤矿供电系统的全面智能化无人值守、智能监控管理。

（十）智能压风系统

主压风系统实现风量、压力、温度、振动以及电气等参数的连续在线监测及远程实时传输和可视化监控。矿井压风系统采用自动化集中控制，具备联锁控制、负荷自动调节、故障自动切换等功能。

（十一）智能安全监控系统

建设矿井安全监测数据中心，将水灾、火灾、顶板灾害等相关监测数据与人员定位系统、地理信息系统等数据进行有效融合，实现灾害的智能分析、预测、预警与避灾路线的智能规划。建设多模块的安全管理综合信息平台，融合风险分级管控、隐患排查治理、重点工作跟踪、灾害治理、网格化管理、监督检查、绩效考核、标准化考核和矿井个性管理等功能模块，采集生产状态、安全监测监控、人员定位、微震监测、水文监测、机电工况、工业监控视频等数据，进行大数据集成、分析，通过科学的数据分析模型，实现煤矿智能化开采环境下的安全风险智能评估和预警。

二、煤炭智能洗选系统组成

选煤厂是煤矿的重要组成部分，井下采出的原煤输送到选煤厂进行洗选，分离出矸石和煤泥等，生产出精煤，可实现煤炭分级、增值、清洁利用和减排。

（一）洗选过程智能控制系统

实现选煤厂重介分选、跳汰分选、粗煤泥分选、浮选加药、浓缩加药、压滤机集群、沉降脱水、干燥系统、装车配煤系统等工艺过程智能化控制。

（二）选煤大数据决策平台

建立原煤可选性分析、工艺效果评价、煤泥水平衡、产品结构优化及配煤等数学模型，借助大数据和云计算技术，构建集洗选工艺质量模型在线分析、生产过程实时模拟、工艺参数在线动态调整、分选效果预测评价、设备智能维保管理、供配电智能化管理、生产经营综合分析、业务执行分类授权推送一体化选煤决策平台。

（三）选煤厂安全生产监控联动平台

实现重点工艺设备安全启停车监控、重点区域安全布防、工控视频联动、配电室监控、岗位巡查监督、生产异常识别等功能，实现数字大屏幕分屏或全屏自动呈现、推送各类选煤厂可视化管控数据。

（四）商品煤检验与管控体系

煤炭智能洗选系统通过智能采制化装备和大数据分析，对原煤和产品质量实时监测，采样、制样、存样、煤样传输和化验过程无人干预，质量数据实时采集，数据互联互通，实现“过程检验在线化、商品煤检验智能化”，为煤炭营销提供可信数据保障。

（五）选煤工艺流程的机器人作业

应用选煤厂煤泥清理等多种作业机器人，替代人工作业，实现工艺流程自动化。

（六）数字孪生综合管控平台

对厂区、楼层、设备等实体进行三维建模，建立虚拟现实场景，以缩放方式方便地观测被测控点的状态或参数，结合各个参数的性质分别以曲线、表格等形式进行实时显示、存储与历史数据调用等。集成 VR/AR 等技术，实现在厂区、厂房内部自由行走漫游与操控。

（七）选煤综合大数据平台

构建集团级选煤云平台，构建选煤专家系统，实现多维度全方位大数据汇集和无间隙融合共享，提升科学决策和专业化管理水平。

三、露天矿智能化系统组成

（一）露天矿信息基础设施

信息基础设施是露天煤矿智能化建设的基础，主要内容包括通信网络、云数据中心。该系统主要围绕各生产作业系统实现高速、可视化的目标，为实现对各种系统装备及时、无误的指令提供支撑。

（二）露天矿智能设计系统

露天矿智能设计系统主要包括透明地质系统、智能穿爆设计系统、智能采矿设计系统。利用最新地质勘探和测量技术、三维建模技术实现露天矿在任何时段资源开发和环境状态的三维透明化。在此基础上实现爆破设计和采矿设计的智能生成。

（三）露天矿智能工艺系统

露天矿智能工艺系统主要包括间断工艺、半连续工艺、连续工艺的智能化系统。运用先进的计算机管理技术，结合大型智能化操作系统，利用先进的数据通信技术，实现挖掘机、矿用卡车等设备的无人驾驶及带式输送机、破碎站等设备的无人值守和远程操控。

（四）露天矿智能生产辅助系统

露天矿智能生产辅助系统主要包括所有生产辅助系统，如边坡监测、防排水、供配电、防灭火、道路养护、复垦绿化等安全环保方面的智能化系统。主要实现道路养护等设备的无人驾驶，边坡稳定、煤层自燃等安全状态的智能监测和预警，以及水泵房和变配电站的无人值守和远程控制。

（五）露天矿智能综合管控系统

露天矿智能综合管控系统主要包括矿山工程智能管理、工艺设备智能调度、生产经营智能决策。以生产经营环节所采集到的数据为基础，采用大数据分析、专家评价、专家管理等先进的技术手段，构建综合管控平台。平台打通管理孤岛、数据孤岛，覆盖煤矿的管理决策、财务、生产、人力、物资、预算、安环、调度、项目管理等领域；建设智能化决策体系，实现经营数据、生产数据、绩效数据、管理分析数据等实时展现，为经营决策提供参考、为经营管理提供依据、为生产提供数据、为绩效提供指导；制订检验生产计划，对历史生产状况回溯以及模拟开采，实现绿色、安全、高效生产的智慧管理，最终建设和谐、美丽、可持续发展的智慧露天矿山。

四、煤矿园区智慧管理系统

（一）智慧中心

智慧中心是煤矿生产和运营的调度指挥中心，集成智能化运营调度、生产运维、安全管控、综合办公、资源配置、决策指挥等功能，实现监测全时空、决策智能化、控制实时化、知识模型化、管理信息化、业务流转自动化，实现煤矿的数据集成、能力集成和应用集成。

（二）智能仓储配送系统

智能仓储配送系统具有智能立体库房、无人配送机器人，实现设备、物资等的智能化存储与园区内智能化配送。

（三）工业设施智能保障系统

工业设施智能保障系统具有智能安防、智能车辆管理、智能道路管理、智能门禁闸机管理、智能供热、智能洗浴管理、智能宿舍管理、职工健康管理、智能信息发布、智能食堂管理、智能园区灌溉、对讲及个人移动终端管理，实现工业设施保障系统的智能决策和数据共享。

（四）智能绿色低碳生态系统

智能绿色低碳生态系统具有绿色能源利用和节能功能，可实现风机乏风余热利用、太阳能发电利用、矿井水余热利用、智能储能等多种能源的综合智能利用，可形成绿色智慧产业生态。

第四节　“6S”智能化煤矿技术特征

一、智能化煤矿的“6S”要求

“6S”智能化煤矿以安全（safety）与可靠（security）为基础，通过专业化服务（service）构建矿山智慧生态（smartness），从而建设以矿山智能化为支撑的柔性开发供给体系（sensitivity），保障企业可持续高质量发展（sustainability）。“6S”智慧矿山以智能化系统技术与装备安全可靠为保障，以服务和智慧生态为支撑，以资源与环境和谐可持续发展为目标，建立矿产资源安全、智能、绿色开发体系，构建和谐有序、协调一致、智能高效、绿色可持续的煤炭资源开发模式。

二、“6S”智能化煤矿技术特征

（一）安全

1. 智能安全双重预防机制

如图 1-6 所示，智能安全双重预防机制将智能化软件、硬件技术与双重预防机制有机融合，在对煤矿个性化安全管理方法全面兼容的基础上，实现了风险辨识、评估、分级管控、隐患排查、治理验收全流程的智能化，极大提升了企业安全治理效能，既是安全管理的未来发展方向，也是双重预防机制自我完善和发展的必然方向。

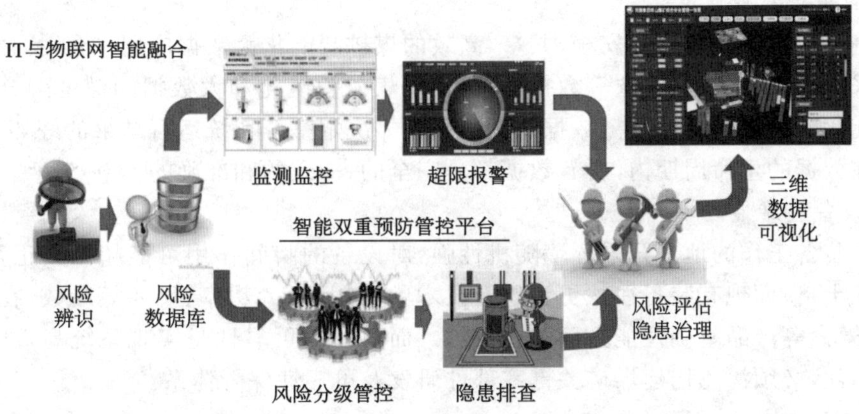

图 1-6 智能安全双重预防机制

2. 安全信息感知监测系统

智能化煤矿的安全管理依赖于对煤矿各安全相关要素更加透彻、实时、全面的掌握。全时空安全信息感知监测系统能够对井(坑)下人、机、环等各要素进行全面、精细感知,将相关数据通过 4G/5G 或专网传输到中心数据库或数据中台,并通过三维 GIS、数字孪生等技术实现数据的可视化,为管理决策提供支持,为其他系统的数据分析等提供支撑。

3. 智能安全闭环管控系统

安全管理必须要确保每一项工作都得到有效落实,使每一个危险因素都得到有效控制,为此必须对安全工作进行闭环管控。智能化安全闭环管控系统能够实现从隐患排查计划、执行、上报、治理、督办、验收、销号的全过程闭环管控,及时明确各环节的责任,确保整个工作的高效率、高质量完成。

(二) 可靠

1. 煤矿巨系统可靠性

对于智能化煤矿巨系统,因其各系统相互之间的耦合关联机制,其系统可靠性也较为复杂,具体包括设备可靠性、传感器可靠性、数据可靠性、软件系统可靠性、人员可靠性等方面。针对煤矿巨系统应构建其可靠性工程,保障煤矿巨系统高效运行。

可靠性工程主要包括可靠性设计、可靠性试验、可靠性生产和可靠性管理等内容。可靠性设计发展得比较成熟。它包括:根据系统原理建立的"可靠性模型";将系统可靠性指标分配给各级组成部分的"可靠性分配";根据设计方案对系统的可靠性进行预估的"可靠性预计";在设计阶段就从设计资料上寻找可靠性薄弱环节的"故障模式影响及危害性分析(FMECA)"及"故障树分析(FTA)";为降低工作压力提高可靠性和提高系统性能可靠性的"容差分析";防止电磁干扰引起不可靠的"电磁兼容设计";防止软件出现错误的"软件可靠性分析";等等。

另外,对于煤矿巨系统管理过程也应构建可靠性管理体系,包括建立质量保证体系、制订可靠性工作计划、对转承制方及供应方的监督和控制、可靠性大纲评审、故障审查及组织、确定可靠性关键件和重要件、制定可靠性标准等,从而保证系统薄弱环节有效解决,避免因部分系统的故障造成系统全面停摆。

2. 数据可靠性

推进煤炭生产企业建立安全、共享、高效的煤矿智能化大数据应用平台，构建实时、透明的煤矿采、掘、机、运、通、洗选等数据链条，实现煤矿智能化和大数据的深度融合与应用，是煤矿智能化的关键基础特征。数据是否准确可靠决定整个系统运行结果的好坏。数据可靠性是指在数据的生命周期内，所有数据都是完全的、一致的和准确的。

3. 设备可靠性

煤机装备工作的地下开采环境随机性强，对设备的瞬间作用可能超出其正常负荷的几倍甚至几十倍，而现有装备往往更注重新技术的应用，增大功率、尺寸等参数，在内在品质、易用性、寿命等产品基础性能方面关注不够。而设备的可靠性是实现系统高效运行的核心基础。因此，必须深化构建煤矿关键零部件研发及可靠性保障体系。

（三）可持续

1. 资源保障可持续

近年来，随着煤炭资源的大规模、高强度、持续开发，浅部优质煤炭资源储量逐年减少，中东部矿区开采深度已经达到千米以上，部分省区后续储备不足，资源枯竭导致部分煤矿停产、限产、关停，严重制约了煤炭资源的安全稳定供给。

煤炭资源保障可持续是指基于国家能源消费需求及供给结构现状，预测国家能源消费结构及供需变化趋势，并根据预测科学有序制定煤炭资源开发规划，保障煤炭资源持续、稳定、可靠供给。针对煤炭资源开发利用现状，应加大煤炭资源管理和地质勘探，调整煤炭生产供给结构，提高煤炭资源回采率与利用率，将煤炭资源回采率与利用率作为一项重要的考核指标，制定相关奖惩机制，提高煤炭资源开发与利用水平。制定煤炭资源开发利用和可持续发展规划，实现煤炭资源的科学、有序、稳定供给。

2. 高质量发展可持续（含生态环境可持续）

近年来，我国煤炭产业发展取得了长足的进步，但在发展过程中仍然存在不协调、不平衡、不充分、不可持续等问题，制约了煤炭工业高质量发展。加快推进煤炭资源智能绿色开发，带动整个煤炭行业发掘其潜在的经济影响和价值创造，是实现煤炭行业高质量发展的核心技术支撑。

煤炭高质量发展可持续除应实现安全、高效、智能、绿色开发以及清洁、低碳、高效利用以外，还应建立常态化的煤矿退出机制，推进老旧矿区生产与转型的超前对接。另外，还应考虑煤炭与太阳能、风能等非化石能源的深度耦合，走多能融合、多能互补的道路。

（四）柔性

1. 柔性生产系统

煤炭智能柔性开发供给体系是将新一代信息技术与煤炭开发、运输、仓储、需求预测等进行深度融合，建立以数字化为基础、智能化赋能的多层次网状煤炭开发供应链，实现对煤炭需求的超前精准预测，并基于预测结果对煤炭生产、运输、仓储等进行自动智能优化调节，实现煤炭资源安全、高效、稳定、柔性供给。

柔性生产系统是指能够根据外部市场的需求变化而进行生产能力动态响应的生态系统，是煤炭智能柔性开发供给体系的核心，主要依托煤矿智能化开采技术装备及智能管理系统实现。根据外部需求变化对矿井生产能力进行动态调整，当市场需求旺盛时可快速增加产能，当市场需求低迷时可低成本抑制产能，能够充分满足订单式生产要求。

2. 市场敏感性(供需响应)

煤炭市场敏感性(供需响应)可以用煤炭开发供给柔性度来衡量,包括煤炭生产能力柔性系数、煤炭运销能力柔性系数、煤炭开发供给综合柔性度。煤矿生产能力柔性即煤矿生产能力、实际产量能够灵活变化以及时应对煤炭需求变化的能力;煤炭运销能力柔性即煤炭供应链上的铁路、港口等煤炭运输能力应对煤炭需求变化的能力。

3. 柔性供给体系

智能柔性煤矿建设是煤炭智能柔性开发供给体系的基础,将新一代信息技术(5G、人工智能、物联网、云计算、大数据、区块链等)与煤炭开发、运输、销售、利用等进行深度融合,支撑构建煤炭智能柔性开发供给体系。煤炭智能柔性开发供给体系以煤矿生产系统柔性和运输柔性为核心,以煤炭开发供给综合柔性度为基础,以物联网、大数据、区块链等新一代信息技术为支撑,实现煤炭供给的智能柔性生产、安全稳定供给、动态供需平衡的目标。

(五) 服务

推广新一代信息技术应用、分级建设智能化平台是煤矿智能化建设的重要任务之一,其依赖于煤矿生产管理经营大数据的综合管控。在煤矿行业集聚不同生产模式、不同地质条件煤矿企业的数据,深度整合数据信息,深耕数据应用场景,以庞大的数据中心加上专用的数据终端,形成数据采集、信息萃取、价值传递的完整链条,能够实现煤矿行业数据价值最大化。

针对煤矿大数据服务模式,综合来说主要在公有云增值服务、企业内部专业化服务、社会专业化运维服务几个方面发力,打通不同层面之间的数据,构建数据生态,使开发、应用、优化成为有机整体。

(六) 智慧

1. 系统智能化与智能系统化

煤矿智能化应实现将现代煤炭开采工艺和装备技术结合,将矿山信息化和工业自动化深度融合,建立全面感知、实时互联、分析决策、自主学习、动态预测、协同控制的智能化系统,实现矿山数据的精准实时采集和高效可靠传输、信息的有序规范集成和动态可视展现、生产的自动协同运行和自主决策控制、业务的安全高效运营和全面精细管控。通过工艺、技术和管理持续改进与创新,建设煤炭少人/无人化生产的安全、高效、绿色新型矿山。

智慧是煤矿智能化的基本特征,其包含两个方面的内涵。一方面是现有生产及安全系统与新一代信息技术相结合,包括5G高可靠性传输网络,应用先进智能传感手段、大数据、人工智能等实现数据赋能,使原有系统具有智能化特征,更好地为煤矿服务;另一方面,借助目前机器视觉等新的人工智能技术与煤矿实际应用场景相结合,使之成为“感知—决策—执行”的完整系统,解决煤矿现有系统的不足,助力煤矿智能化升级。

2. 系统智能与人文智慧融合

新型智慧矿山建设应强调“以人为本”,以造福职工、创造企业价值、建设以人为本的智慧矿山新生态为根本目标。系统智能是指矿山运行系统具有全流程人-机-环-管数字互联高效协同、智能决策自动化运行的能力;人文智慧是指充分发挥人的智慧在矿山运营中的决定性作用,是借助信息通信技术和人工智能技术,将管理者的思想、知识、要求等变成系统决策的依据,提高决策水平,实现安全高效、绿色低碳、健康运行。

3. 与社会协同发展的智慧生态

智能化煤矿在追求自身高质量发展的同时,要注重打造与社会实现协同发展的智慧生态，加强矿区生态环境修复治理、矿山井下空间利用。大型露天矿开发与生态治理并举，以开发促生态改善，促进形成全面智能运行、科学绿色开发的新型煤炭产业生态。

三、智能化煤矿建设“痛点”

（一）重大技术变革中认识和理念的冲突

煤矿智能化是煤炭工业的新一轮重大技术变革，从历史看，每次技术创新与装备的重大变革均是在争议、质疑声中逐渐发展成熟的，在煤矿智能化建设的重大技术变革中，尤其是在当前智能化发展尚处于初级阶段，认识和理念的冲突是必然的。争议与理念冲突主要在于煤矿智能化技术创新与实用主义的冲突以及建设内容、技术路径、质量要求、效益评价等认识的分歧，煤矿智能化是一个迭代发展进步的过程，不是一次性工程。煤矿智能化建设不是点、线的建设，而是一个复杂的系统工程，应大力推进矿山智能化建设由单个系统智能化向全面智能化、全生命周期、全产业链智能化迈进，推进系统智能与人文智慧的融合。

（二）智能矿山数字化生态脆弱

煤矿智能化建设需要构建矿山全生命周期、全产业链、全要素的数字化生态，打通从矿山智能化建设到全产业数字化转型发展路径，形成以“数据驱动”为核心的系统智能化柔性生产供给运行模式。但是，目前矿山行业数字化生态体系尚处于雏形，数字化生态环境十分脆弱，总体呈现出产业链不完整、技术链片面、资源投入不平衡、标准体系难统一、机制体制不协同、利益分配不合理等现状。

（三）技术装备短板和产业链瓶颈

煤矿智能化技术及装备是实现智能化系统建设及高质量发展的前提和基础。针对薄及中厚煤层、大采高煤层、复杂条件煤层及特厚煤层等不同煤层条件，研发了智能耦合人工协同高效开采、智能化操控与人工干预辅助放煤、机械化＋智能化开采等不同的开采模式。工作面实现了可视化远程干预开采，掘进实现了掘、支、锚、运的一体化自动连续作业，辅运实现了井下车辆的智能调度管理等。然而，煤矿井下地质条件复杂多变，装备受到多种外部持续性渐变扰动或突变扰动，真正做到自主感知、决策和执行的智能生产还有很多短板和瓶颈。

（四）煤矿智能化人才匮乏

煤矿智能化建设亟需具备采矿与机电、信息等专业融合的复合型人才。煤矿智能化需要高科技支撑，煤矿一线从业人员必须具备煤炭开采相关专业知识，而煤炭开采相关技术具有较强的专业性和复杂性，煤矿智能化人才需要具备高素质、善学习、能创新等能力。虽然部分高校已经开设智能采矿专业，但普遍缺少深刻理解煤矿智能化的师资力量，专业教学体系等都在探索阶段，短期内还难以向煤炭企业输送适应智能化煤矿急需的高端复合型人才。

思 考 题

1. 智慧矿山的主要技术特征是什么？请简述我国智慧矿山的发展现状及存在的主要问题。

2. 简述智能化井工煤矿的主要建设内容。

3. 简述智能化露天煤矿的主要建设内容。

4. 简述智慧矿山发展趋势及主要支撑技术。

第二章　井工煤矿智能化系统

第一节　煤矿智能化系统架构

智能化煤矿总体架构以“网络互联互通、数据共享交换、信息融合安全、业务协同联动、资源高效利用”为原则，应符合感知学习、系统交互、群体智能的发展方向，基于获取的大数据实现生产、安全和保障场景的流程优化，在各个系统层面实现数据互通，打造横向一体化平台，在矿级、部门级和区队级实现业务、数据和人机协同。智能化煤矿总体架构包括煤矿所有的业务系统和操作平台，见图 2-1。

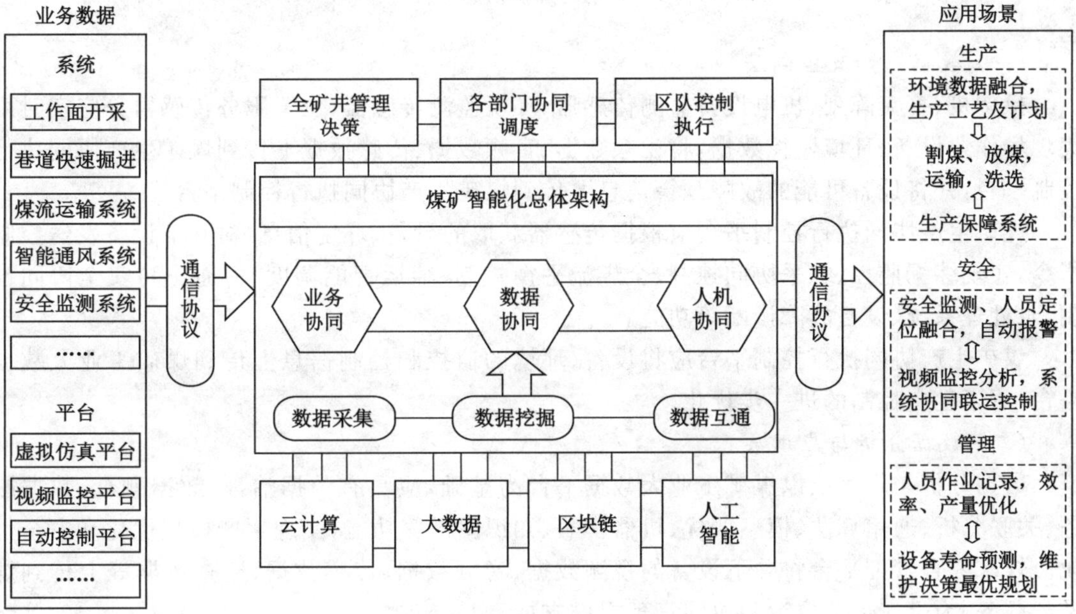

图 2-1　智能化煤矿总体架构

一、智能化煤矿信息平台架构

智能化煤矿信息平台架构从下到上包括数据感知及控制层、数据分析与应用层以及决策层，如图 2-2 所示。

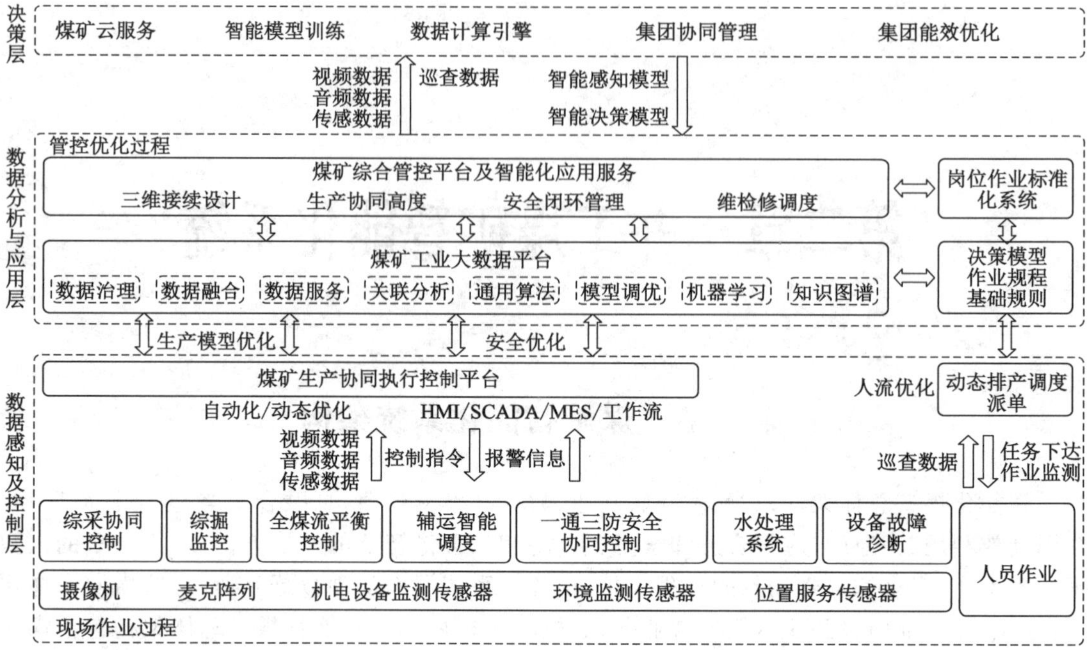

图 2-2　智能化煤矿信息平台架构

（一）数据感知及控制层

摄像机、麦克阵列、机电设备监测传感器、环境监测传感器、位置服务传感器等应实时采集现场作业设备、环境监控数据，将视频数据、音频数据、传感数据上传到煤矿生产协同执行控制平台，并将设备可能的故障预警信息上传到煤矿生产协同执行控制平台。

煤矿生产协同执行控制平台应根据传感器获取的设备、环境信息，对井下设备发送控制指令，实现综掘监控、综采协同控制、全煤流平衡控制、辅运智能调度、一通三防安全协同控制、水处理系统、设备故障诊断等功能。

煤矿生产协同执行控制平台应将设备、环境的监控和控制信息上传到煤矿工业大数据平台，用于生产控制的进一步优化。

（二）数据分析与应用层

数据分析与应用层以煤矿工业大数据平台为基础，应具有数据治理、数据融合、数据服务、关联分析、通用算法、模型调优、机器学习、知识图谱等功能，实现生产模型优化和安全优化。煤矿综合管控平台将井下设备的视频数据、音频数据、传感数据、巡查数据等上传到煤矿云服务，为生产运营决策和协同管理提供支持。

（三）决策层

通过建设云服务平台，对煤矿综合管控平台上传的数据进行模型训练，建设数据计算引擎，对煤矿协同管理和能效优化，并将训练过后的智能感知和决策模型传输给煤矿综合管控平台。

二、智能化煤矿网络架构

智能化煤矿网络架构应具备完善煤矿网络基础设施，进行网络基础设施升级改造，根据需求进行建设，提升煤矿各系统的传输能力、融合能力，为煤矿工业互联网、大数据平台、物联网等建设奠定基础。具体如图 2-3 所示。

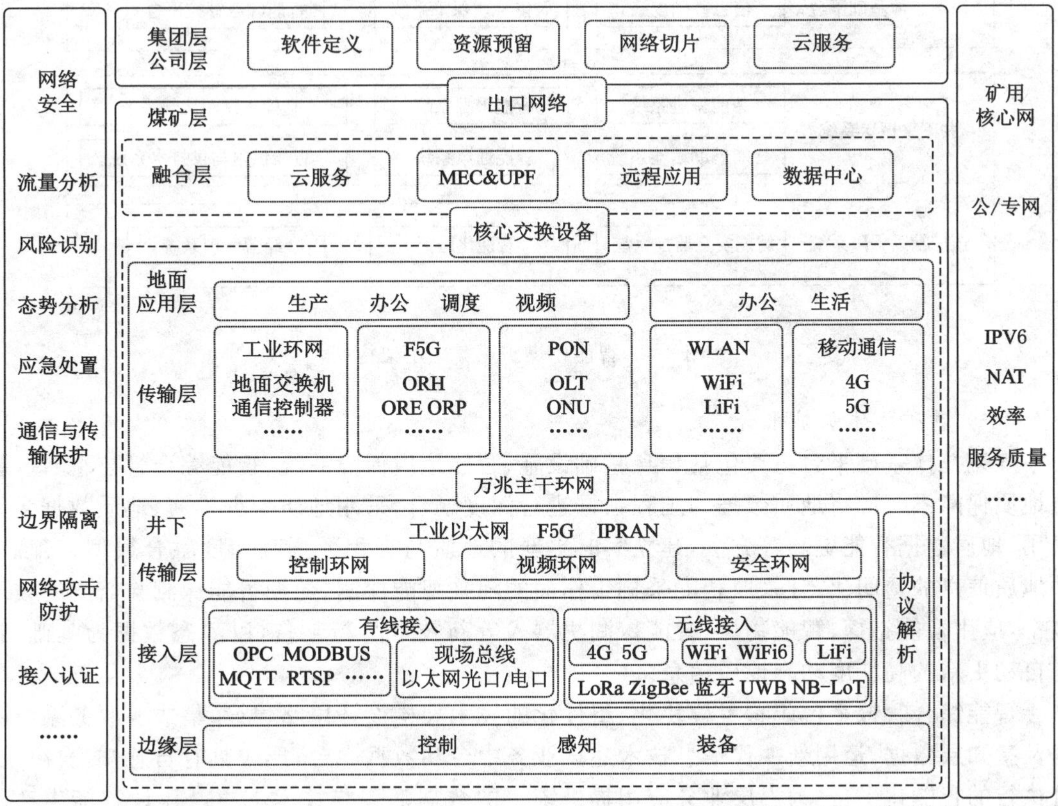

图 2-3　智能化煤矿网络架构

智能化矿用核心网络应选择性地建设三级网络架构，即“集团-公司-煤矿”，根据业务需求，搭建矿用公网或矿用专网，宜采用 IPV6、NAT 等网络技术。集团层及公司层应建设综合管控平台、数据中心等，实现软件定义、资源预留、网络切片和云服务功能。煤矿层主要包括地面与井下网络建设，并通过融合层与集团层和公司层相互通信。

煤矿层中的融合层是实现煤矿层与集团层和公司层数据传输的通道，应建设云服务、MEC&UPF、远程应用、数据中心，通过出口网络与集团层与公司层通信，通过核心交换设备与煤矿层通信。煤矿层地面网络应通过工业环网、F5G、PON、WLAN、移动通信等技术，实现生产、办公、调度、生活等应用。煤矿层井下网络应采用工业以太网、F5G、IPRAN，构建井下控制环网、视频环网、安全环网。煤矿层井下网络宜采用 OPC、MODBUS、MQTT、RTSP 等技术，实现设备有线接入；宜采用 4G、5G、WiFi6 等技术实现设备无线接入。

智能化煤矿网络安全系统应根据不同应用对象的安全保护需求完成安全建设或安全升级，建立安全技术体系和管理体系，实现流量分析、风险识别、态势分析。

三、智能化煤矿业务应用架构

智能化煤矿建设是以煤炭生产为核心的系统工程，其业务架构宜包括煤矿总体基础平台、井下采掘运系统和煤矿辅助保障系统，三个系统彼此之间相辅相成，如图 2-4 所示。

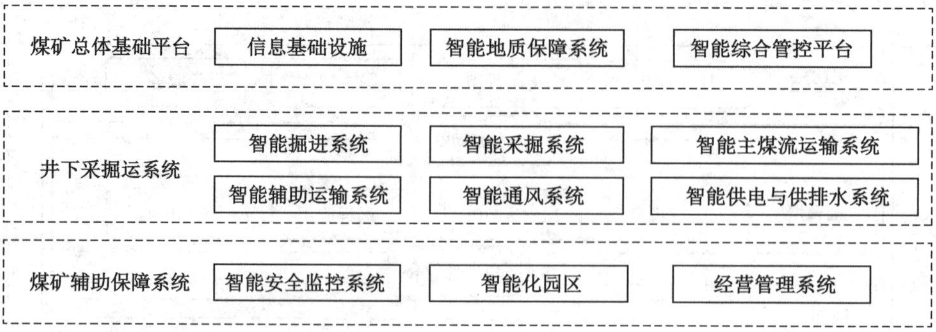

图 2-4　智能化煤矿业务应用架构

（一）煤矿总体基础平台

煤矿总体基础平台主要包括信息基础设施、智能地质保障系统、智能综合管控平台。智能地质保障系统应将地质数据与工程数据进行深度融合，采用地质数据推演、地质数据多元复用、地质数据智能更新等方法，建立实时更新的地质与工程数据高精度融合模型，实现矿井地质信息的透明化；宜采取智能采掘工作面的随采智能探测、随掘智能探测与监测的技术装备，应用智能钻探、智能物探、智能探测机器人等新技术与新装备，以静态数据为基础，融入自动更新的高精度动态地质信息。

智能综合管控平台应参考模块化、组件化的技术架构设计思路建设，集成各业务系统数据及感知层数据，运用新一代信息技术建设业务中台和数据中台，形成具有自感知、自决策、自执行的智能化平台，为上层业务应用提供统一的数据汇聚与技术支撑。建设智能生产服务和调度平台、业务综合管理系统、煤矿智能化综合协同控制平台，实现各业务系统的数据共享服务与智能协同管控。

（二）井下采掘运系统

智能掘进系统应根据矿井掘进地质条件与工艺要求，确定合理的掘进技术与装备，配套高效辅助作业系统，逐步实现掘支平行作业；宜采用智能探测、自动定向及导航、巷道断面自动截割成形、自动锚护、高效除尘等先进技术与装备，使掘进工作面生产系统具有智能感知、自主决策和自动控制的功能，实现掘进迎头少人或无人、系统高效协同运行。

智能采煤系统应根据煤层赋存条件、工作面设计参数、产能指标等要求，采用不同的建设模式：薄煤层和中厚煤层宜采用智能化无人开采模式，大采高工作面宜采用人-机-环协同高效综采模式，放顶煤工作面宜采用智能化自动割煤和人工干预辅助放煤模式，复杂条件工作面宜采用智能化监控与机械化结合的开采模式。其中，条件适宜的薄及中厚煤层实现智能化少人开采，宜采用采煤机自适应截割、液压支架自适应支护、智能放顶煤、刮板输送机智能运输、智能供液、综采设备群智能协同控制等技术；条件适宜的工作面宜开展地质模型的智能化开采实践。

智能主煤流运输系统应根据不同的主煤流运输方式，采取不同的智能运输系统。采用带式输送机进行主煤流运输的矿井，主煤流系统中带式输送机应具备单机自动控制、多机协同联动、远程集中控制、煤量自动平衡、粉尘浓度检测和自动喷雾降尘、运行工况检测及故障智能预警等功能。采用立井箕斗进行煤炭提升的矿井，提升系统应具备提升速度、提升重量、钢丝绳等智能监测功能，具备智能装载与卸载功能，且能够与煤仓放煤系统实现智能联动控制，实现立井箕斗提升的自动化远程控制。

智能辅助运输系统应以车辆精确定位信息为基础，以车载智能终端为核心，辅助井下信号灯控制系统、智能调度系统、语音调度系统和地理信息系统，实现车辆监控、指令下达、运输任务调配、失速保护、报警管理、应急响应等功能，优化作业流程，实现辅助运输业务信息化全覆盖。

智能通风系统宜采用通风系统智能精准感知技术与装备，实现对风阻、风量、风压等参数的智能感知，对通风网络阻力进行实时监测与解算。风速、温度、湿度、气压、瓦斯、一氧化碳、二氧化碳、粉尘等传感器的数量和位置应满足精确测风、瓦斯涌出量计算和环境状态识别的需要，并提供远程监测接口。井下主要进回风巷间、采区进回风巷间宜采用自动风门，正常通风时期可靠闭锁，灾变时期可远程解除闭锁。矿井主通风机、局部通风机具备远程集中控制功能，局部通风机可具有远程启停功能，实现无人值守。通风系统应具备故障自诊断与预警功能，并与其他系统实现智能联动控制，实现灾害的智能预警与避灾路线智能规划。

智能供电系统应建设基于供电系统数据、电缆监测数据、继电器保护数据、故障监测数据和电能计量数据的煤矿供电系统安全高效运行保障体系，对供电系统进行全面监测与分析，实现煤矿供电系统的全面智能化无人值守、智能监控管理。

建设基于压力、液位、流量、温度等监测传感器和电动阀的智能排水系统，实现主排水系统设备的智能运行；建设主供水智能控制系统，实现主供水系统设备的智能运行，供水用电自动削峰填谷及管网调配，自动选择最优电量；通过水泵运行等参数的监测，实现水泵控制及监测的智能化，实现对系统异常低压现象的预警；通过多传感器和各系统数据融合实现按需供水，并能实现对用水量的预分析功能。

建设污水智能处理系统，通过监测水泵及管路的运行参数、设备状态、运行时间等信息，实现能耗及产能分析和故障诊断；通过监测污水处理系统的各流程环节，及时调节污水处理的各项参数，降低系统运行成本，保证污水排放质量达标。

（三）煤矿辅助保障系统

智能安全监控系统应根据矿井地质条件和生产条件，建设井下融合通信系统及配套装备，实现煤矿安全监控系统、人员定位管理系统、通信联络系统、智能视频分析系统、智能通风系统、供电监控系统、冲击地压监测系统、水文监测系统等的统一承载、共网传输，进行人、机、环的安全检测与防护，提高安全监控、人员定位、通风、供电、应急广播等系统的抗电磁干扰水平；应建设具备水、火、瓦斯、顶板、粉尘等灾害监测与防治的综合防控系统，具备重大安全事件的应急处置管理能力，可依据灾变发展趋势，自动触发排水、灭火与除尘等系统；应建设基于综合监测的灾害防治平台，具备灾害风险监测预警、智能分析模拟、应急救援辅助指挥、事故原因分析、矿井灾变状态下避灾路线智能规划等功能。

智能化园区宜整合园区的消防、安防、停车、访客、会议管理、考勤、购物、餐厅等业务系统，形成全面感知、实时互联、分析决策、自主学习、动态预测、协同控制的智能园区管控系统。

智能化经营管理系统宜支持煤矿各业务应用的全面一体化集成，打通管理孤岛、数据孤岛；实现“人财物一体、产运销一体、业务全面互联互通”，覆盖煤矿的管理决策、财务、生产、人力、物资、机电、计划预算、安环、调度、项目管理等领域。

四、智能化煤矿管理架构

智能化煤矿管理应以人工智能、大数据等智能化技术为基础，建立智能化煤矿组织体系，通过智能化安全管理、智能化生产管理、智能化经营管理、智能化技术与装备管理、智能化人力资源管理等，完善企业责任体系、考核与激励管理，最终实现煤炭企业战略目标与领导作用。智能化煤矿管理架构见图2-5。

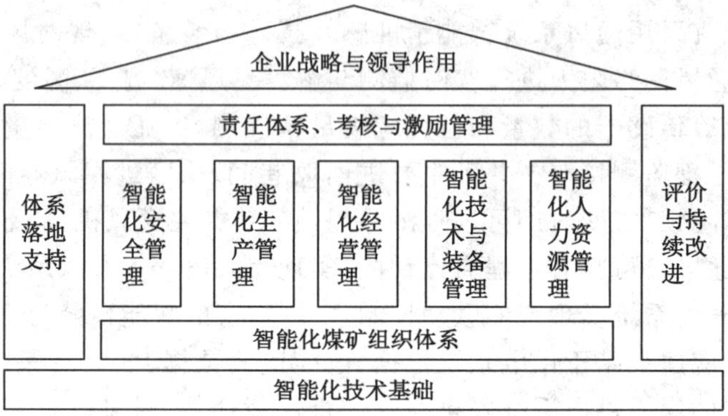

图2-5 智能化煤矿管理架构

第二节 井工智能化煤矿分类分级建设与评价

受煤层赋存条件复杂多样性影响，我国煤矿的开采技术与装备水平、工程基础、技术路径、建设目标等均存在较大差异，且受制于智能化开采技术与装备发展水平，不同煤层赋存条件矿井进行智能化建设的难易程度与最终效果也存在一定差异，很难用单一标准对所有煤矿的智能化建设水平进行评价。

一、智能化煤矿建设条件分类

根据矿井分类评价技术条件将智能化煤矿分为3类：智能化建设条件Ⅰ类煤矿、智能化建设条件Ⅱ类煤矿、智能化建设条件Ⅲ类煤矿，其分类评价指标见表2-1。

表2-1 智能化煤矿分类评价指标

序号	评价指标	单位	等级划分	指标得分	权重值
1	生产能力	万t	＜100	50	0.056 4
			100～300(不含)	60	
			300～500(不含)	70	
			500～1 000(不含)	80	
			1 000～1 500(不含)	90	
			≥1 500	100	

表 2-1(续)

序号	评价指标	单位	等级划分	指标得分	权重值
2	煤层埋深	m	＜200	100	0.052 7
			200～500(不含)	80	
			500～1 000(不含)	70	
			1 000～1 500(不含)	60	
			≥1 500	50	
3	采煤工作面倾角	(°)	＜10	100	0.094
			10～25(不含)	80	
			25～45(不含)	60	
			≥45	50	
4	煤层稳定性	—	稳定煤层	100	0.093 8
			较稳定煤层	80	
			不稳定煤层	70	
			极不稳定煤层	50	
5	褶曲影响	—	影响很小	100	0.050 6
			影响较大	75	
			影响很大	60	
6	断层影响	—	影响很小	100	0.061 4
			影响较大	75	
			影响很大	60	
7	陷落柱影响	—	影响很小	100	0.061 1
			影响较大	75	
			影响很大	60	
8	围岩稳定性	—	围岩稳定,对采掘影响很小	100	0.074 8
			围岩较稳定,对采掘有一定影响	75	
			围岩不稳定,对采掘影响较大	60	
9	煤层自燃倾向性	—	不易自燃(Ⅲ类)煤层	100	0.043 8
			自燃(Ⅱ类)煤层	75	
			易自燃(Ⅰ类)煤层	60	
10	瓦斯等级	—	低瓦斯矿井	100	0.077
			高瓦斯矿井	75	
			煤与瓦斯突出矿井	60	
11	矿井水文地质条件	—	水文地质条件简单	100	0.076
			水文地质条件中等	80	
			水文地质条件复杂	70	
			水文地质条件极其复杂	50	

表 2-1(续)

序号	评价指标	单位	等级划分	指标得分	权重值
12	冲击倾向性	—	无冲击	100	0.086
			弱冲击	80	
			强冲击	60	
13	煤尘爆炸危险性	—	无煤尘爆炸危险性	100	0.026 2
			有煤尘爆炸危险性	75	
14	热害等级	—	无热害矿井	100	0.033 8
			一级热害矿井	85	
			二级热害矿井	75	
			三级热害矿井	60	
15	原煤生产人员工效	t/工	≥30	100	0.071 3
			15～30(不含)	85	
			10～15(不含)	75	
			6～10(不含)	70	
			3～6(不含)	60	
			<3	50	
16	矿井剩余服务年限	年	≤8	50	0.041 1
			8～15(含 15)	70	
			>15	100	

根据煤矿实际情况对上表中的煤矿各项指标进行打分，指标得分与权重值的乘积为该项指标的评价值，将各项指标的评价值相加则为煤矿的综合评价值。采用百分制原则对煤矿的智能化建设条件进行综合评价，依据评价结果集：{智能化建设条件Ⅰ类煤矿、智能化建设条件Ⅱ类煤矿、智能化建设条件Ⅲ类煤矿}＝{100～85(含)，85～70(含)，<70}，确定煤矿的智能化建设条件类别。

二、智能化煤矿分级

根据煤矿智能化建设条件分类结果，分别采用对应的智能化分级评价指标对矿井智能化建设效果进行评价打分，将煤矿细分为信息基础设施、地质保障系统、掘进系统、采煤系统、主煤流运输系统、辅助运输系统、通风与压风系统、供电与供排水系统、安全监控系统、智能化园区与经营管理系统，不同建设条件的煤矿对应不同的智能化评价指标，具体参考国家能源局印发的《智能化示范煤矿验收管理办法(试行)》文件。根据评分结果，将每一类煤矿智能化评价结果细分为：高级智能化煤矿(综合评分值≥90 分)、中级智能化煤矿(综合评分值 75～90 分，不含 90 分)、初级智能化煤矿(综合评分值 60～75 分，不含 75 分)。

第三节 煤矿智能化综合管控平台

煤矿智能化综合管控平台是煤矿生产、运营的“大脑”，统一监控整个煤矿的日常运行过程，集中管理和操作各个子系统的数据，涉及工作面集控、瓦斯探测、通风、排水、防火、供电等多个子系统。系统架构如图 2-6 所示。

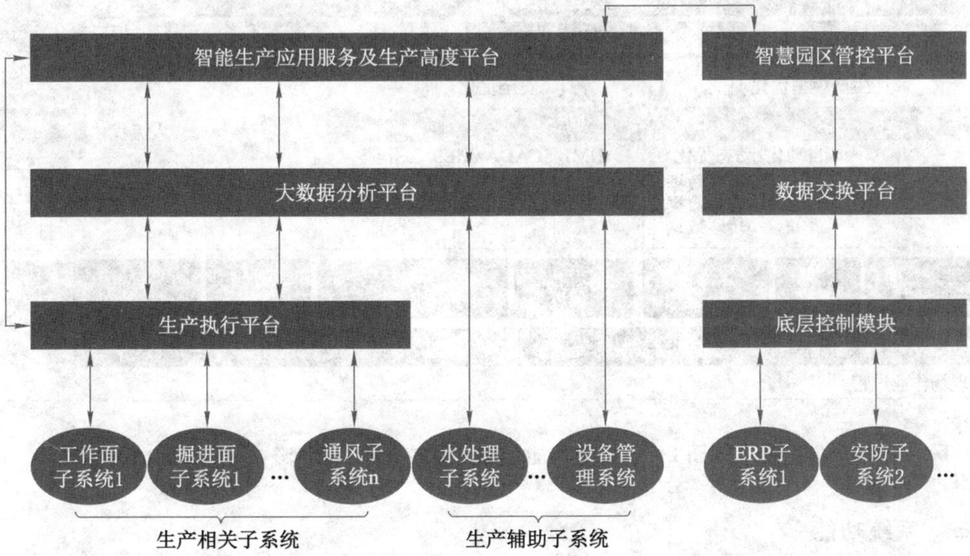

图 2-6 煤矿智能化综合管控平台总体架构

一、系统组成

煤矿智能化综合管控平台的总体应用架构体现了模块化、组件化的思想，是面向应用的业务组件集。如图 2-7 所示，平台应用架构分为应用层、使能平台层及业务子系统层，标准规范体系和运行维护安全保障支撑体系贯穿系统各层次，保证应用系统符合安全、标准、规范。

应用层：包含智能模型训练、数据计算引擎、协同管理、能效管理、经营管理、决策分析、应用门户等业务应用，为用户提供高效、便捷的应用。

使能平台：使能平台包括业务使能（煤矿综合管控平台及智能化应用服务）、数据使能（煤矿工业大数据平台）及集成使能（煤矿生产协同执行控制平台）。业务使能主要负责对接上层业务，为上层业务提供接口及应用支撑；数据使能负责数据存储及分析；集成使能负责与第三方子系统进行通信，集成第三方子系统的数据、接口及消息并将信息存储至数据使能。

业务子系统层：包括综采协同控制、综掘监控、全煤流平衡控制、辅运智能调度、一通三防安全协同控制、水处理系统、设备故障诊断等现场作业过程数据，以及摄像机、麦克阵列、机电设备监测传感器、环境监测传感器、位置传感器等监测监控设备商提供的数据访问接口。

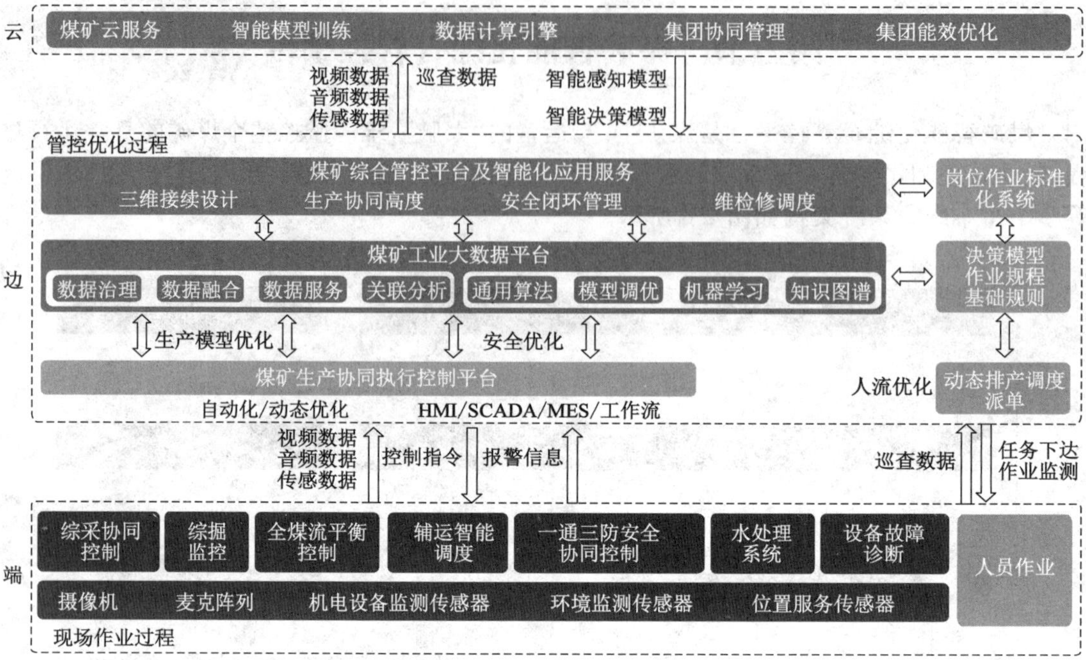

图 2-7　煤矿智能化综合管控平台应用架构

二、系统功能

（一）煤矿综合管理

煤矿综合管理主要包括企业经营管理、生产数据融合分析和运营数据分析。

1. 企业经营管理

经营管理部分主要包括生产计划与OA、内部市场化管理、供应商关系管理、客户关系管理、战略资源管理、党群管理、行政后勤管理、档案管理、企业安全文化建设等内容。经营管理部分功能把人员、设备、资金、材料、信息、时间等有限资源合理地组织起来，并最大化地发挥其作用，以达到企业经营目标。

2. 生产数据融合分析

煤矿综合管理重点是对整个煤炭产业生产、经营、安全数据进行融合分析，帮助企业提高决策能力和运营能力，包括煤矿生产数据统计、生产效能分析、设备效能分析、运输效能分析、采掘接替生产分析等。

3. 运营数据分析

主要包括成本分析、目标分析、销售分析、市场分析、吨煤效率分析、吨煤能耗比分析、资源管理和分析、精益化管理分析、人员绩效分析等。

（二）综合控制与系统集成

1. 全矿井智能控制融合

在统一开发平台的框架下，基于微服务架构（SOA）和“资源化、场景化、平台化”思想，围绕监测实时化、控制自动化、管理信息化、业务流转自动化、知识模型化、决策智能化目标进行相应业务应用设计，开发用于煤炭生产、智慧生活、矿区生态的智慧矿山生产系统、安监系统、智能保障系统、智能决策分析系统、智能经营管理系统、智慧园区(含微信企业版门户、OA、人力、财务、党政团网站等)等场景化App支持服务，实现煤矿的数据集成、能力集成和应用集成。

基于“工业以太环网＋现场总线＋无线”技术，利用多种软硬件接口(OPC、驱动、数据库、平面文件、DDE/NETDDE、PLC、子网等)，构建全矿井统一、稳定、高效的集控平台，对“采、掘、机、运、通、洗”等主要安全生产环节，进行多要素全流程的集中、协同、优化控制与智能运行。

2. 全矿井智能监控

主要包括安全监测、生产辅助及保障监控、动态目标定位及智能交通调度管理、综采工作面智能集中控制、掘进工作面智能集中控制、带式输送机智能控制、提升机智能控制、通风系统监控、压风系统监控、安全监控系统监控、智能电网监控、大型机电设备全生命周期管理、快速定量装车监控等。

(三) 生产调度

生产调度是煤矿企业组织生产的核心，生产调度相关功能主要是通过发挥其组织作用、指挥作用、协调作用和控制作用，高效开展企业生产工作。

生产调度相关的业务管理，主要包括任务排程、标准作业、日常调度、生产台账、生产绩效、重点工程、生产接续、煤质管理等模块。

(四) 资产管理

资产管理是主要实现企业设施的价值管理和企业设施的全生命周期过程维护保养的管理。资产管理重点是对设备设施进行管理，以达到其使用的最优化，因而也就能够使在这些设施上的投资回报最大化。资产管理以单台设施为基础，以设施全生命周期规范化、标准化保全作为重点。对日常运行的状态参数进行智能化诊断分析，提前制定设施的保全作业方案和备品材料最佳库存方案，最大限度地降低突发性事件对生产过程的影响，提高全局设施效率，从而建立高效的运行管理保障预警机制，提高设施管理技术和管理水平，使组织盈利最大化。

资产管理的业务模式是以资产为中心、计划为主导、工单为主线的业务模式。这个业务模式是一个完整的闭环，将资产管理、工单管理、库存管理、采购管理充分融合，信息充分共享，为企业管理者做决策提供有价值的数据，从而指导企业管理工作。

(五) 智能物流

煤矿物流是为保证矿井生产的重要构成，其包括生产所需材料的储存、发放、运输、使用与回收的全过程。智能物流从煤矿安全生产的实际需要出发，利用无线通信、射频识别、传感器等技术和设备，结合相关管理流程，实现货物运输过程管理，具有信息化、自动化、网络化、智能化、柔性化等特点，可大幅提高煤矿的生产效率。

(六) 能源管理

能源管理主要针对企业常用的煤、电、水、气、油等消耗情况进行管理、优化和考核，实现节能降耗的目标。

1. 能源规划及能耗目标制定

能源规划和能耗目标是能源管理的根本，系统可根据国家能源政策、法律法规，充分考虑经济、环境效益，确定能源规划和目标，用于指导能源管理工作。

2. 能源供应实时监控

能源供应设备与设施是能源供应的关键。做到对相关设备、设施的监控，确保能源供应是能源管理系统的基础。

3. 平衡调度，优化用能

系统可根据监测监控系统对能源的使用负载进行测算，可根据生产设备的实际情况，优化调度，实现负载均衡，保证能源供给的稳定。

4. 避峰填谷

系统可建立设备运行调整方案，结合现场的实际情况进行避峰填谷调度。如井下主排水水泵的电能使用，可根据水仓水位、水泵台数、当前电价、涌水量、排水量等进行智能分析，在保证安全生产的同时，选择电价最低时段开启水泵。

5. 节能巡查

系统建立了有效的节能巡查、投诉建议等机制，以能源管理人员为基础，发动企业员工积极性，全员参与节能降耗。

（七）环保管理

煤炭的开采，将会产生大量的矸石等废土石，同时区域塌陷也会影响整个矿区的生态环境，生态保护已成为现代化矿井不可或缺的工作之一。系统从生态保护规划、目标任务分解和实际执行情况等多方面进行管理。

系统提供对煤矸石、伴生矿物及瓦斯抽采等综合利用的管理功能，可对矿井可再利用的物料进行统一管理，在降低污染保护生态的同时提高经济效益。

通过系统提供的职业健康管理功能，可对企业从业人员的职业健康信息进行全生命周期的动态管理，以便全面了解企业人员的健康状况，方便制定针对性的管理方案。

系统具有职业危害防治领导机构与管理机构的管理与展示功能，通过该部分提供的功能可对职业危害防治领导机构、职业危害防治管理机构进行管理。系统包括机构的人员构成、组织机构、人员职责划分等内容，通过系统的功能可分别显示领导机构、管理机构，便于各级管理人员查看了解。

系统对职业健康危害相关的管理制度提供单独的管理功能，可通过该部分提供的功能对相关的管理制度进行添加、修改和删除操作，同时也可以图档的形式上传已有的管理制度。

（八）应急指挥

煤矿企业属高危行业，在事故发生时，如因缺乏高效、协调、统一的应急救援预案和机制，难以采取及时、科学和高效的应急响应对策，将会使事态进一步扩大。当前各煤矿企业虽然都已经编制了应急预案，但是，实践证明，仅仅依靠纸质文字预案管理矿山安全工作，其作用还是有限的。

1. 应急和日常相结合

应急指挥，重点包括两方面的功能，首先强调在应急事件处理时的指挥、协调、联合能力，其次是预防工作的相关功能。“平时”管理好应急资源、做好预案、演练及相关培训工作。“战时”运行融合通信、智能联动，提高应急能力。

2. 应急资源全面管理

在应急资源管理方面，做到资源的全面管理，以备“战时”所需，同时具备资源的智能分析调配能力，实现自动化的资源调配，提高应急速度。

3. 三维模拟演练

利用基于 GIS 的三维虚拟技术，进行事故模拟演练，实现对应急预案、物资储备、救生设施、信息联动等的验证，及时消除可能存在的问题。

4. 应急一键智能联动

在紧急事件发生时利用平台的所有软硬件资源，智能联动，提高应急响应能力，争取宝贵时间。

5. 日常应急知识积累

系统对典型的事故救援案例、日常应急知识等进行统一管理，使管理人员和普通员工加强学习，提高自身应急事故的处置能力，提升企业应急能力。

6. 应急资源管理

实现应急物资、救援队伍、医疗机构、行业专家等的应急资源管理。

7. 智能联动

煤矿事故发生后，现场指挥人员确定事故等级。平台管理人员填报事故信息至系统平台，系统根据事故类型与事故等级，确定是否启动既定应急预案，如果事故到达一定等级，系统启动应急预案，可实现煤矿管理部门、救援部门与事故发生现场之间的信息共享，具备快速反应、实时互动、信息联动、有效沟通、高效指挥等特点，提高煤矿安全生产应急处置能力。

(九) 企业网站

煤矿网站是对外宣传的窗口和对内信息公开发布的载体，提供统一但又个性化的服务，包括用户设置管理、用户报表服务管理、系统功能操作管理等个性化门户服务，增强用户亲和力和吸引力。

煤矿网站主要栏目有：企业概况、新闻中心、生产通知、安全管理、创新应用、生产培训等，可随时根据需要，对栏目进行修改维护，自定义栏目等。

(十) 移动互联

煤矿移动互联以移动网络作为接入网络的互联网(含煤矿 Intranet)及服务，包括移动终端、移动通信网络和应用服务三个重要组成部分。其中移动终端包括手机、矿用智能终端、便携电脑等；移动通信网络包括 4G/5G 移动通信网络、煤矿 WiFi 网络、企业内部网络及互联网等；应用服务则在终端设备和网络的基础上，利用大数据、云计算、人工智能等与煤矿企业行业信息进行深度融合，全面提升煤炭勘探、设计、生产、安全、运销、洗选、环保、管理、监管等技术水平和管理水平，促进煤矿信息技术和产业升级，实现智能矿山建设与安全运转。

综合利用位置信息服务、便携式智能终端及通信网络实现井下作业环境监测、生产工况及移动目标监测功能，实现隐患管理、违章管理、设备巡检、胶带紧急闭锁、变电站控制功能，实现基于移动设备的物资储运实时管理功能，实现监管执法与信息推送等应用功能在便携式终端上的集成和使用。

三、安全管理

(一) 安全数据统计与分析

1. 煤矿安全数据统计

统计煤矿各个安全监控系统的报警信息、违章信息、异常信息、事故信息、设备故障信息等。

2. 区域作业环境分析

通过对各子系统已接入的环境参数进行重组和计算得出每个区域的评价结果，也可结合现有其他系统（如：通风瓦斯预测、人员监测系统等）进行区域状态的综合评定，并在图中实时显示，系统可输入数据、逻辑等各种表达式进行运算得到评价结果。该功能可起到矿井安全多层防护作用，加快安全事故隐患排查效率，达到事前预警，从而提高矿井灾害预防能力。

3. 综合事故风险分析

综合煤矿存在的瓦斯、煤尘、火灾、水害、顶板等自然因素以及煤矿安全隐患数据、监测监控数据进行风险综合评估。

对于矿井事故风险评估结果，以报表、图表等多种图文形式进行展示，并提供数据钻取，在查看评估结论的同时可深入钻取到每一项指标的细节，发掘风险根源，提供矿井风险评估结果查询与统计。

4. 安全隐患分析

建立安全相关的主题数据集市，抽取并装载建立隐患检查整改记录事实表、事故记录事实表、报警信息记录事实表，以及相关的多个维度关系表。从时间、空间、类型、级别等多个维度出发，发现与隐患、事故、报警记录有较强支持度和置信度的相关属性与数据信息，找到其中可信的关联规则，并向管理人员和煤矿相关领导提供可参考且具有执行力的方案，降低隐患发生率、事故发生率和报警次数，改进煤矿安全指数。

5. 设备故障分析

煤矿开采中要使用到相当多的大型机电设备，通过研究已经积累的、海量的、煤矿机械的各种运行数据，掌握煤矿机械的故障形成和发展过程，了解设备故障的内在本质和特征，建立故障模型，提前预测故障部位，达到降低设备损耗、降低故障发生频率、减少停电停风次数的目的。

6. 智能视频违章识别监测

智能化煤矿视频监控自动采集获得视频监控图像序列，进行实时运动目标检测、识别和跟踪，通过理解分析图像画面主动发现违规行为、可疑目标和潜在危险，以快速合理的方式发出警报，指导启动相应的联动控制措施。联合背景差分信息、三帧差分信息和空间邻域信息的前景检测方法，以获得较为准确的前景目标；利用运动阴影检测与去除方法，依据在阴影覆盖前后的灰度图像中，像素具有亮度值相关性和纹理特征值不变性，实现运动阴影的检测与去除，达到人员违章智能视频识别、关键岗位脱岗智能监测报警的目的。

（二）安全管理系统

安全管理系统主要由安全管理机构、风险辨识、隐患管理、三违管理、事故管理、危险源管理、安全质量标准化、一通三防、安全智能分析、安全宣传、技术交流等部分构成，覆盖安全管理的管理体系、风险辨识、综合治理、智能分析、宣传教育等各个环节，形成多元化的安全管理体系。

1. 安全管理机构

该部分主要实现与企业安全管理相关的组织机构、考核管理办法、规章制度，以及相关的安全管理人员的管理功能。用户也可以通过该部分提供的功能对这些信息进行查询调阅。

2. 风险辨识

风险辨识的内容主要包括“固有风险”和“动态风险”两部分。固有风险指煤矿客观存在的,不以人的意志为转移的风险,也称自然风险。系统对煤矿固有风险提供管理和查询功能。动态风险部分通过从其他业务功能中收集数据进行统一展示,便于管理人员实时了解矿井各方面的安全风险状态。

固有风险管理的主要内容包括:矿井开采深度、是否高温矿井、瓦斯地质条件、瓦斯含量、瓦斯等级、瓦斯压力、煤层透气性指数、煤层相对瓦斯涌出量、煤层绝对瓦斯涌出量、是否有瓦斯灾害、煤尘爆炸性、顶底板岩性、工程地质条件、地质构造复杂程度、是否有冲击地压、水文地质条件、地表水情况、含水层情况、溶洞与裂隙、导水断层情况等。

动态风险则是将其他所有功能模块中与安全相关的所有监测监控数据进行分类展示,便于管理人员查看和分析。

3. 不安全因素排查

不安全因素的排查体系,是进行实地排查的标准,也是安全管理的根本。该体系主要包含隐患排查标准、三违排查标准、危险源管理标准、安全质量标准化体系等内容,详见综合治理各部分具体的介绍。

4. 综合治理

(1) 隐患管理

系统智能终端设备可对井下出现的隐患进行排查,并录入系统中。通过系统提供的闭环管理功能,实现隐患的追踪整改,确保隐患及时排查、及时整改。系统在具备隐患跟踪监督管理的同时,提供隐患分析功能,对隐患进行分类分析,发现矿井隐患潜在规律,找寻出现隐患的根源。

(2) 隐患分级

系统支持将隐患分为区队隐患、一般隐患和重大隐患等多个等级,并进行分级管理。对于区队隐患,矿安全管理部门只掌握其数据,不对整改过程过问,由区队独立完成整改和验收,矿安全管理部门可使用抽查的方式进行复验。一般隐患由矿安全管理部门牵头进行整改,并由该部门负责验收。而对于重大隐患则由矿领导挂牌督办,安全管理部门协同矿多个部门进行隐患整改,确保隐患及时消除。

(3) 隐患排查标准

隐患排查标准是进行隐患管理的基础,系统对隐患排查标准进行分系统(专业)、分等级管理,在保证标准符合现场需要的同时,满足数据分析的需求。标准主要属性包括标准编号、标准所属系统(专业)、标准等级、考核金额、标准化分值、详细描述等。

(4) 闭环管理模式

隐患一旦进入系统,将进入闭环管理流程,通过整改和验收后得以关闭,确保发现的隐患都能及时得到整改。闭环管理涉及功能主要包括隐患指派、整改确认、整改结束处理、整改日志填报、复查验收等。

(5) 隐患排查

系统具备多种隐患排查的手段,主要包括智能设备排查、人员排查等多种方式。隐患被排查并录入系统后,将进入闭环管理中,保证隐患被及时可靠的整改。

(6) 隐患整改

隐患整改的相关内容主要是为隐患整改部门服务,涉及整改过程的相关功能,主要包括整改确认、整改日志录入、整改限期申请、整改完成确认等功能。

(7) 整改验收

在隐患整改结束或整改到期后,由安全管理人员进行验收,并根据不同的隐患督办级别申请上级部门复验,主要功能包括现场验收、验收确认、复查验收等。

5. 三违管理

井下作业人员的三违行为是造成井下事故的最主要的原因之一,控制了三违,即从源头上减少了事故的发生。系统对于三违的管理在提供三违闭环管理的同时对三违行为进行分析,为人员培训和安全管理提供决策辅助。

系统根据三违行为的严重程度提出分级管理模式,对三违可能造成危害的严重程度可分为五级,不同等级采用不同的教育方式,分别为现场教育、深度检讨、帮扶教育、学习培训和解除劳动合同等处理。所有处理采用闭环管理模式,直至三违人员深刻意识到自身问题为止,避免问题重复发生。

系统对于三违的管理从排查、处理到处理完成,都使用工程流程的形式,各部门在完成自己的工作后,通过流程进行反映,确保所有的不安全行为都得到处理。

6. 事故管理

事故管理主要实现对事故信息统一管理,包括事故录入、通报、查询、统计等。通过该系统将所有发生的事故管理存档,以备查询和处理处罚相关人员。同时,系统提供事故案例导入功能,将重大事故导入案例库中,实现"一矿出事故,万矿受教育"的警示效果。该部分主要功能如下:事故基础数据管理、事故信息管理、重大事故督办、事故报表统计、事故案例库管理。

7. 危险源管理

危险源基础数据管理包括危险源类型、危险源等级及危险物质类型三种,可以将基础数据作为危险源基本属性进行填报。通过对危险源的本质、危险源的数量、危险源的日常巡察情况、周围环境情况等对危险源当前的安全状况进行综合评估,对于安全状态较差的危险源进行强化管理,预防事故发生。

8. 安全质量标准化

根据煤矿管理重点设计了"标准库",标准库中的"标准"可由用户根据煤矿的实际情况来新增、修改。具体考核为选择考核单位、选择标准来组成一次检查任务,根据选择的标准进行评分。评分结束后系统高亮度显示不合格的部分,并出检查报告,将结果发布,使矿领导及各队组及时掌握情况,以便管理。

9. 一通三防

根据国家的安全生产方针和安全法律法规,坚持"先抽后采,监测监控,以风定产"的治理方针。加强"一通三防"安全管理基础工作,强化"一通三防"责任落实,系统对于一通三防的管理主要涉及通风管理、防瓦斯管理、防突管理、防粉尘管理等。

10. 安全智能分析

对于安全管理部分的智能分析,其意义主要体现在两方面:一是从安全管理数据中发现潜在的规律和问题,进行针对性的管理;二是利用分析的结果对安全管理系统中的不安全因素排查标准进行自我完善，包括监测监控系统的智能筛查模型的完善等。主要的分析功能包括：智能筛查模型的精准度完善分析、不安全因素排查分析、不安全行为分析、重大危险源评估分析、安全质量标准化分析和单项事故风险分析。

思　考　题

1. 简述智能化煤矿的网络架构。
2. 简述智能化煤矿建设条件分类与建设效果分级的流程。
3. 简述智能化综合管控平台的主体架构。
4. 简述智能化综合管控平台建设的关键技术。

第三章　智慧矿山信息化基础

第一节　智慧矿山信息化系统组成及架构

通用信息系统(information system)是由计算机硬件、网络和通信设备、计算机软件、信息资源、信息用户和规章制度组成的以处理信息流为目的的人机一体化系统。其主要有五个基本功能,即对信息的输入、存储、处理、输出和控制。

矿山信息化系统是信息系统逐渐用于矿山开采系统并进行行业创新的结果。经过多年的发展和演化,矿山信息化系统已发展成以井下特殊环境安全开采为本质要求的具有矿山行业特色的信息化系统,一般由感知执行层、传输层、存储分析层、控制层、决策层组成。

初期的矿山信息化系统是随着机械化向自动化的过渡形成的单系统的"垂直"信息化改造,其架构也是基于经典控制系统架构建立的分层垂直架构,如图 3-1 所示。

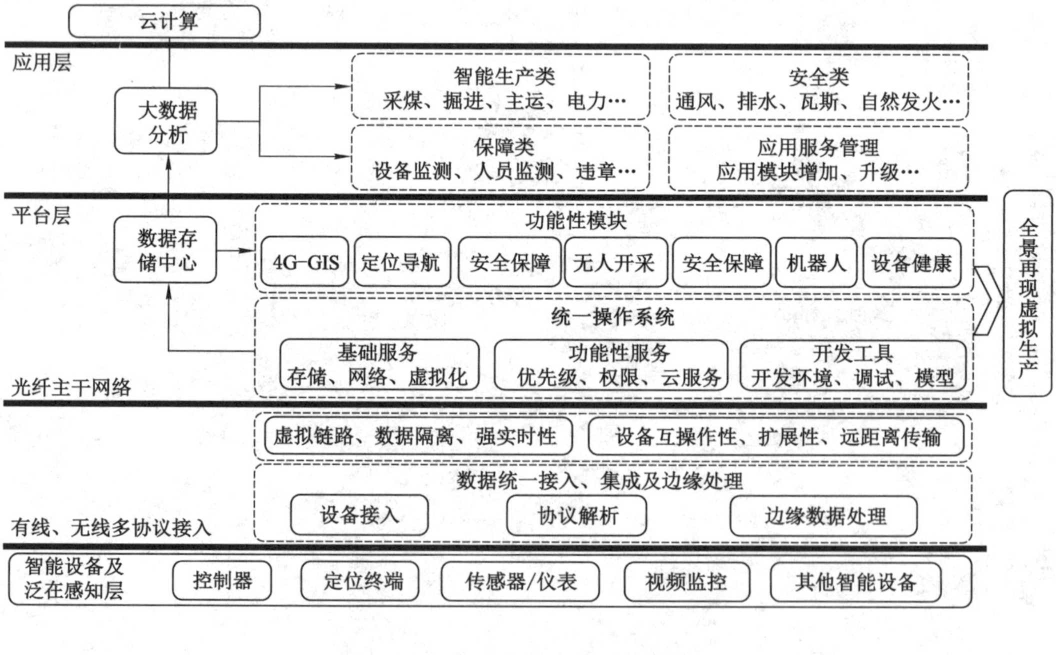

图 3-1　初期矿山信息化系统架构

以上信息化系统解决了小规模、少层级系统间协同和数据共享的难题,也为以往矿山系统的信息化改造提供了关键解决方案。但该架构仍是基于单一垂直系统的横向扩容复制，没有解决生产系统全面感知和局部敏捷响应的难题，系统间的协同和敏捷控制逐渐成为影响煤矿开采效率和安全的关键问题。

随着新一代信息技术的逐渐成熟及新一代信息技术带来的技术变革，为从整体上解决上述问题提供了技术支撑。基于广连接和敏响应的新一代网络技术的支撑，打破原有垂直层级结构和中心化思想，重塑决策层级和数据流，整体架构由中心化思想主导的主从式层级架构演化为分布式决策和微服务支撑的扁平式架构。该架构最大的特点是从矿山开采和安全的核心需求出发，基于新一代网络技术、AI 和云边端计算技术等对流程和管理进行再造，既能利用物联网和边端智能的能力保证终端系统的敏捷响应，又能充分发挥云端智能和大数据分析的优势，实现智能化开采的整体优化和高效管控。新一代信息化系统总体架构如图 3-2 所示。

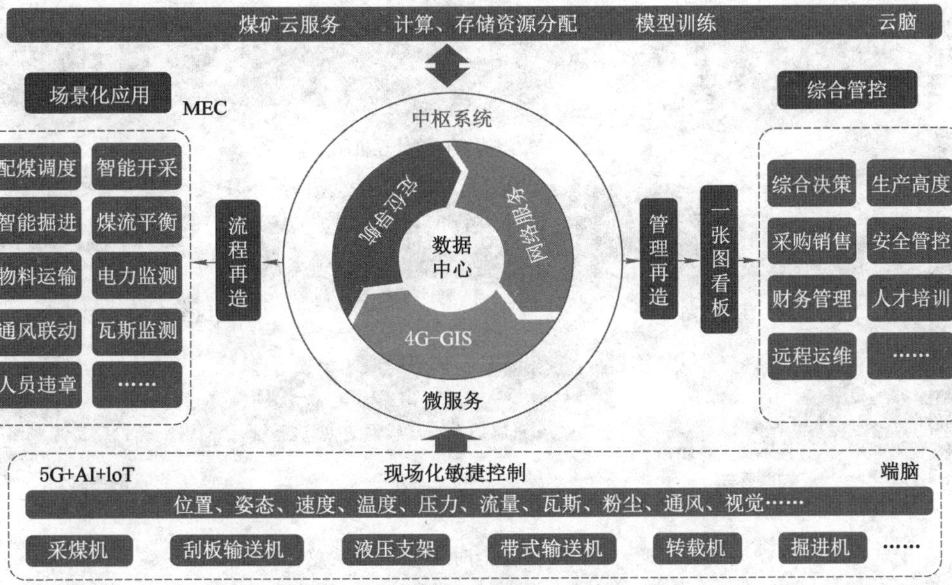

图 3-2　新一代信息化系统总体架构

第二节　智慧矿山信息感知技术

一、智慧矿山基础感知体系

矿山基础感知主要指涵盖矿山地质条件信息、危险源信息、采动空间环境信息、设备信息、人员信息等全维度的信息感知，即综合采用多传感技术实现矿山不同系统信息的全域感知。在此基础上，统一时间基准，以时间关联构建矿山各空间信息，即形成了矿山统一时空信息体系。

以煤矿为例，煤矿井下人、机、环等信息感知是进行灾害预测、预警的基础，致灾信息的全面、实时感知及融合分析预测是实现灾害防治的关键。为实现井下时空信息感知，建立井下跨系统全时空感知体系总体框架(图 3-3)，主要包括感知层、传输层、边缘处理层、数据融合层和应用层，实现煤矿井下生产管理系统的各个重要方面的透彻感知、各种感知工具和数据的互联互通、底层数据共享机制以及数据集成分析和决策的深度智能化。

图 3-3　井下跨系统全时空感知体系总体框架

在获取井下生产多参量信息后，可按照数据处理的层次，将其具体分为数据层融合、特征层融合和决策层融合，数据层融合主要根据数据的时空相关性去除冗余信息，而特征层和决策层的融合往往与具体的应用需求密切相关。

感知数据通过有线、无线网络进行不同层次的信息交互与实时互联。为保障信息传输的有效性和控制信号的低延时性，传输网络需更好地满足海量数据接入和可抵御信号干扰的需求，对多协议传输网关可采取多网协同、高层协议向下兼容解析等方式完成井下环网与感知传输网络的高效通信。

通过引入数据边缘处理层，以统一时间戳轮询方式提取不同生产系统关键参量，将关键信息汇聚于边缘端，进行底层共享和融合分析，快速制订有利于生产优化的决策方案，以及时应对不同工况环境的系统协同联动。

基于云平台的大数据分析能力，对海量数据进行融合分析，构建煤矿大数据仓库；基于微服务架构和人工智能算法构建智能数据引擎，实现业务逻辑快速组态化构建和智能分析。

二、接触式感知方法及原理

接触式感知，顾名思义是指传感仪器与被测物体产生接触从而达到感知和测量目的的方法，比如常见的矿用气体传感器、风速和流速传感器、温度传感器、粉尘浓度传感器等。

（一）矿用气体传感器

1. 催化燃烧式瓦斯传感器

催化燃烧式气体检测是利用可燃气体在涂有催化剂的催化元件表面发生氧化还原反应的一种传感技术。图 3-4 所示为催化元件结构示意图。该元件以氧化铝作为载体，外表面涂有铂等稀有金属催化层，载体内部为铂丝线圈，通过测量惠斯通电桥输出电压的大小，即可得到甲烷气体浓度值。

当 CH_4 体积分数在 0～4％时，测量值与 CH_4 体积分数呈良好的线性对应关系；当 CH_4 体积分数超过 13％时，催化反应随着 CH_4 体积分数上升而逐渐减弱，测量值下降，出现同一个输出电压信号对应 2 个体积分数值的现象，即二值性，如图 3-5 所示。在应用过程中存在高体积分数 CH_4 被误测偏低的风险。此外，当环境中 O_2 体积分数过低时，CH_4 催化燃烧反应不完全，导致传感器输出值远远低于实际值，不适用于煤矿井下密闭区、灾害事故区域等贫氧环境的 CH_4 检测；并且硫中毒会使催化元件失去活性，也不适用于存在 SO_2、H_2S 等气体的含硫煤层、废弃采空区等地点的 CH_4 检测。

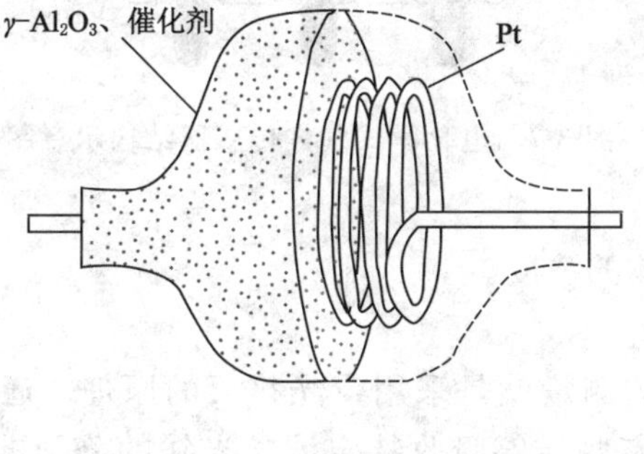

图 3-4　催化元件结构

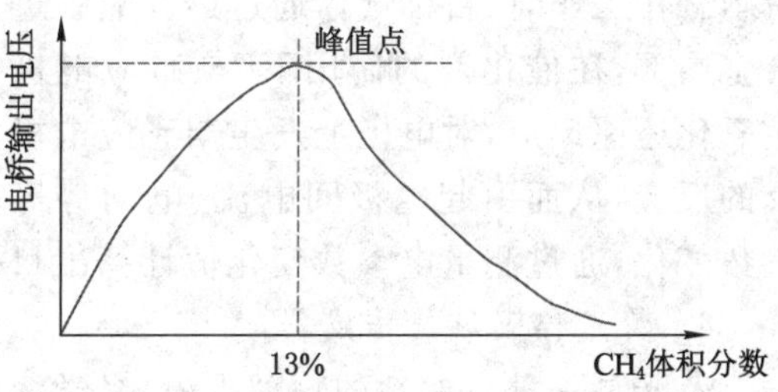

图 3-5　甲烷催化燃烧传感器的二值性

因此，催化燃烧式气体传感器主要用于煤矿中（0～4％）CH_4 气体的检测，具有电路可靠、结构简单的显著特点。但其使用寿命较短、调校周期短、贫氧环境检测误差大且易硫化物中毒。

2. 热导式瓦斯传感器

热导式瓦斯检测是通过对比被测瓦斯气体与空气热导率的差异而分析气体体积分数的一种检测方式。热导式气体传感器通常包括 2 个气室，如图 3-6 所示，一个是充满干空气的参比气室，另一个是充满被测瓦斯气体的测量气室，每个气室中都包含一个热敏电阻，其电阻随温度、湿度和气体成分而变化。当 2 个气室的温度和湿度相同时，热敏电阻的差异

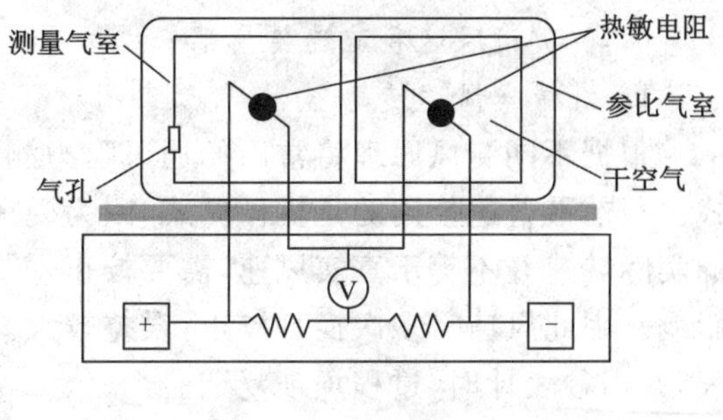

图 3-6　热导式气体传感器结构示意图

将表征气体体积分数的大小。

热导式气体传感器具有结构简单、价格便宜、检测范围广、无催化剂老化问题等优点，可在贫氧气体环境中使用。但水蒸气和 CO_2 对测量结果有较大影响，分别造成正偏差与负偏差。

煤矿井下常采用催化燃烧式＋热导两种检测原理组成矿用高、低浓度甲烷传感器，低浓度部分采用催化燃烧检测原理，高浓度部分采用热导检测原理。

3. 电化学式气体传感器

在煤矿气体检测领域，电化学式气体传感器主要用于煤矿井下 CO、O_2、H_2S、SO_2 和 H_2 等气体检测，具有功耗低、对目标气体具有一定的靶向性等优点，但测量结果易受温度影响，通常采取内部温度补偿的方式来保证测量准确度；同时电化学传感器容易受到其他气体的干扰，导致读数错误或误报警，需要对气样进行过滤处理。

电化学气体传感器检测是通过测量气体在电极处发生氧化或还原反应产生的电信号来分析气体体积分数的，电信号的强度与气体体积分数成正比。电化学气体传感器一般采用密闭结构设计，由对电极、过滤器、透气膜、电解液、管脚等组成，具体结构组成如图 3-7 所示。在工作时，目标气体通过透气隔膜进入气室内部，在催化剂的作用下，与感应电极发生氧化还原反应，对电极上发生与感应电极相反的反应，从而引起电极间电流、电动势等电参数变化，通过测量电参数变化值计算出目标气体的浓度。

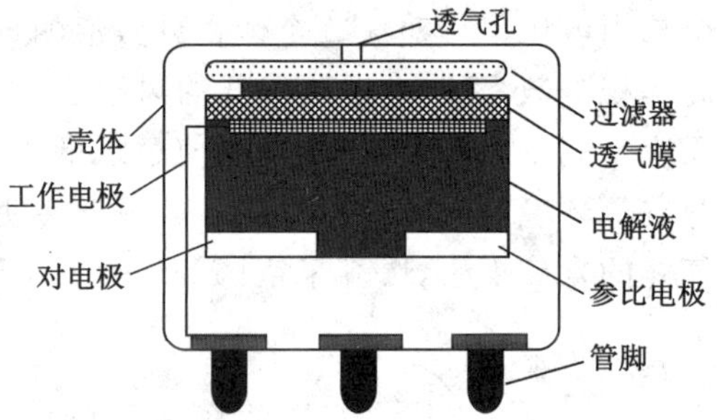

图 3-7　电化学式气体传感器结构示意图

4. 荧光猝灭氧气传感器

荧光是一种自然性的物理现象，光学溶解氧的测量就是采用荧光猝灭的原理。通过采用荧光，可测量氧气与另一种物质的相互作用。有些能够吸收特定波长光线的分子，可以在短暂延时之后释放所吸收的能量，这种机制被称为荧光现象。当传感器发出的蓝光照射到荧光物质上，使荧光物质激发出红色荧光。氧气作为猝灭剂，可使产生的红色荧光发生猝灭，猝灭时间与氧气浓度成反比，氧气浓度越高，猝灭时间越短，反之亦然。另设置一路参比红光，通过测量激发红光与参比红光的相位差，并与内部标定值对应，从而计算出氧分子的浓度。

（二）矿用风速和流速传感器

1. 机械式风速传感器

根据不同测风原理将常用的通风阻力测风仪表分为 3 大类：电子翼式、热效式、机械翼式。目前最普遍使用的是机械翼式，因为受风表摩擦力与转动部件的惯性等因素影响，翼轮的实际转速并不等于真实风速，需要校正，并受翼轮自身占用巷道断面面积导致风速增大的影响。因此风速需多次换算校正，误差较大。测量过程需携带低、中、高 3 种不同量程的风表，并需秒表计时，过程烦琐复杂。

2. 超声波旋涡式风速传感器

超声波旋涡式风速传感器首先将风速转换成与风速成正比的旋涡频率，然后通过超声波将旋涡频率转换成超声波脉冲，再将超声波脉冲转换成电脉冲，从而测得风速。由于超声波旋涡式风速传感器具有寿命长、易维护、成本低等优点，因此，其在煤矿监控系统中获得了广泛应用。

3. 差压式皮托管风速传感器

传统矿用超声波风速传感器利用超声波涡街原理设计而成，此类传感器由于受井下湿度、粉尘以及经常喷浆、冲刷巷道等因素影响，造成超声波探头性能减弱，测量误差偏大，不能准确测量煤矿井下的实际风速值，进而无法为矿方提供准确的判断依据。为了使超声波探头能够正常工作，矿上需要在有限的时间内派人定期清洗超声波探头，费时费力。

4. 流量传感器

流量传感器种类繁多、形式多样，但归结起来主要有以下几种可以用于煤矿流量的检测。

(1) 差压流量计

差压流量计的原理是在流通管道上设置节流装置，流体通过节流装置时流束会出现局部收缩，从而使流速增加，静压力降低，于是在节流件前后便产生了压力降，即压力差，此压力差与流体流量之间有确定的数值关系，通过测量差压值可以求得流体流量。差压流量计示意如图 3-8 所示。

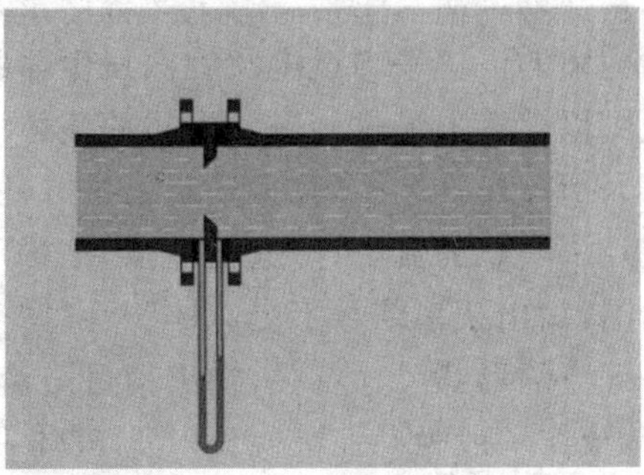

图 3-8　差压流量计示意图

差压流量计可测单相流、两相流，也可测多相流。应用最普遍的标准孔板流量计，结构简单、使用寿命长，适应能力强，几乎能测量各种工况下的流量。产生差压的装置有多种型式，包括节流装置：如孔板、喷嘴、文丘利管等，以及动压管、均速管、弯管等。其他型式的差压流量计还有椭圆齿轮流量计、容积式流量计、靶式流量计、浮子流量计等。

(2) 电磁流量计

电磁流量计的原理是基于法拉第电磁感应定律的。在电磁流量计(图 3-9)中，测量管内的导电介质相当于法拉第试验中的导电金属杆，上下两端的两个电磁线圈产生恒定磁场，当有导电介质流过时，则会产生感应电压。管道内部的两个电极测量产生的感应电压。测量管道通过不导电的内衬(橡胶，特氟隆等)实现与流体和测量电极的电磁隔离。

图 3-9　电磁流量计外观示意图

测量不受流体密度、黏度、温度、压力和电导率变化的影响；测量管内无阻碍流动部件，无压损，直管段要求较低；对浆液测量有独特的适应性；转换器采用新型励磁方式，功耗低、零点稳定、精确度高。

(3) 涡轮流量计

流体流经传感器壳体，由于叶轮的叶片与流向有一定的角度，流体的冲力使叶片具有转动力矩，克服摩擦力矩和流体阻力之后叶片旋转，在力矩平衡后转速稳定。在一定的条件下，转速与流速成正比。由于叶片有导磁性，它处于信号检测器(由永久磁钢和线圈组成)的磁场中，旋转的叶片切割磁力线，周期性地改变着线圈的磁通量，从而使线圈两端感应出电脉冲信号，此信号经过放大器的放大整形，形成有一定幅度的连续的矩形脉冲波，可远传至显示仪表，显示出流体的瞬时流量和累计量。

涡轮流量计的准确度在0.5%～0.1%左右。在线性流量范围内，即使流量发生变化，累积流量准确度也不会降低。并且在短时间内，涡轮流量计的再现性可达0.05%；涡轮流量计的量程比可达8～10；涡轮流量计可以做成封闭结构，其转速信号是非接触测量，所以容易实现耐高压设计。

(4) 涡街流量计

涡街流量计是根据流体振荡原理来测量流量的，流体在管道中经过涡街流量变送器时，在三角柱的旋涡发生体后上下交替产生正比于流速的两列旋涡，旋涡的释放频率与流过旋涡发生体的流体平均速度及旋涡发生体特征宽度有关。根据这种关系，利用旋涡的释放频率就可以计算出流过旋涡发生体的流体平均速度，再乘以横截面积得到流量。

涡街流量计结构简单，安装维护方便；无可动部件，可靠性高；质量轻，价格便宜，是一种比较经济实惠的流量计；适应性强，结构形式多种多样，可计量多种流体介质；在一定的雷诺数范围，输出频率信号不受流体物性(密度、黏度)和组分的影响，即仪表系数仅与旋涡发生体及管道的形状尺寸有关，输出信号与流量成正比，范围宽度为10∶1～20∶1，准确度等级较高，液体一般为0.5级～1.5级，气体一般为0.5级～2级，无零点漂移；压力损失小；不适用于低流速、小口径、高黏度流体的计量；旋涡分离的稳定性受流速分布畸变及旋转流的影响，应根据上游侧不同形式的阻流件配置足够长的直管段，当空间有限时应加装流动整直器；对管道机械振动均较敏感，不宜用于强振动场所。

(三) 矿用温度传感器

煤矿井下环境温度监测是煤矿安全监测的重要内容之一，矿用接触式温度传感器有热电偶、热电阻、半导体和光纤等类型。

1. 热电偶式温度传感器

热电偶式温度传感器将两种不同的金属材料连接在一起，形成一个闭合回路。当两种不同的金属材料的两个接点(冷端和热端)之间存在温差时，两者之间产生电动势，进而在回路中形成电流。

图3-10中的热电偶把两种金属(A、B)的两端焊接成闭合回路。接点1称为热端，它与被测高温接触；接点2称为冷端，它置于低温处。由于两个接点处温度不等，闭合回路中即产生了与两端温度成正比、并与制作材料有关的电动势 E，这个电动势可由串接的仪表测出。热电偶是一种自发电式传感器，无需外加电源，可以直接测量温度。

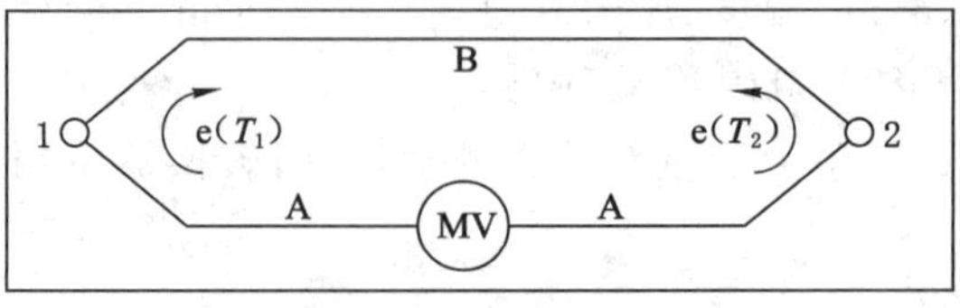

图3-10　热电偶检测原理

2. 热电阻式温度传感器

热电阻式温度传感器是利用导体电阻随温度的变化而变化的特性来测量温度的。热电阻式温度传感器的测量精度高、性能稳定、灵敏度高、成本低，主要包括热电阻和热敏电阻两种。热电阻主要针对被测范围是中低温区的情况，测温原理是依据金属导体的电阻值随温度的升高而增加这一特点来进行测温的。热电阻大多数由纯金属材料制作而成，其中应用最广泛的纯金属材料是铂和铜。

热敏电阻的测温原理是利用半导体材料的电阻率随温度改变而改变的特性来测量温度的。热敏电阻分为正温度系数(PTC)热敏电阻、负温度系数(NTC)热敏电阻以及临界温度系数热敏电阻(CTR)三类，其特性曲线如图 3-11 所示。PTC 是指电阻率随着温度的升高而急剧增加的热敏电阻。正温度系数热敏电阻作为测温工具，主要用于电冰箱压缩机的启动电路、防止电动机电流过大而产生过热现象的保和限流电路，以及干燥器上的恒温开关。NTC 是指电阻率随着温度的升高而比较缓慢匀速降低的热敏电阻，主要用在电子产品中测量微波的功率，对温度进行监测、补偿以及控制。CTR 是指在某一温度时电阻急剧降低的热敏电阻，主要用于温度开关。

3. 半导体式温度传感器

半导体式温度传感器是利用半导体 PN 结正向电压随温度变化而变化的特性来测量温度的。半导体二极管正向电压与温度的关系特性如图 3-12 所示。利用半导体三极管基极——发射极电压 U_{be} 的温度特性及外部电路，可测得环境温度的变化。因此，半导体式温度传感器具有体积小、成本低、功耗低、响应快、线性度好的优点，在煤矿监控系统中获得了广泛的应用。

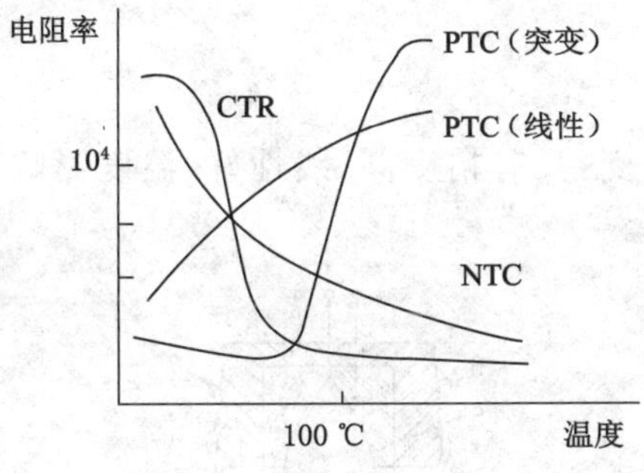

图 3-11　热敏电阻的特性曲线

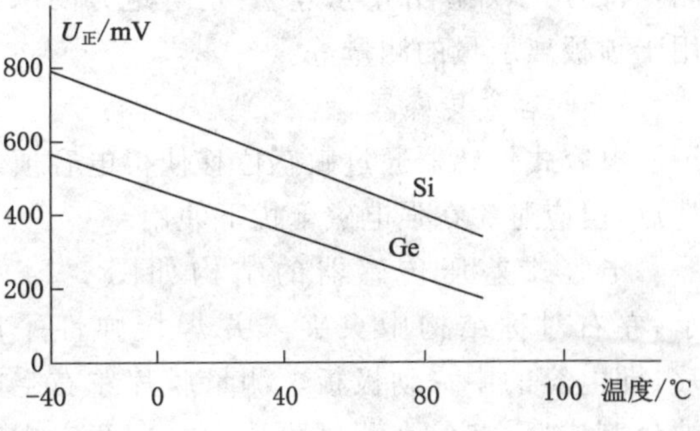

图 3-12　半导体二极管正向电压与温度的关系特性

(四) 矿用粉尘浓度传感器

粉尘浓度检测的方法虽然众多，但煤矿检测粉尘浓度的主流方法有两种，分别为人工法和在线法。在线法包括 β 射线法、压电晶体法、电容法、超声法、光电法等，下面重点讲述目前煤矿主流应用的光电法。

光电法又包括光散射、光折射、光反射、光吸收(即为光透射)等，其中光散射法是主流检测方法。本节讲述的方法主要是基于 2 个大角度光电探测器、1 个中心探测器和探测器阵列获取的信号的融合而得到的粉尘浓度。光散射法工作原理是：令激光照射在空气中的悬浮颗粒物上产生散射，同时在特定角度收集散射光，通过光电探测器得到光电流信号，如图

3-13 所示，计算机自动采集信号后进行转换、放大、解调、滤波等，最后经过数据融合算法得到粉尘的浓度。

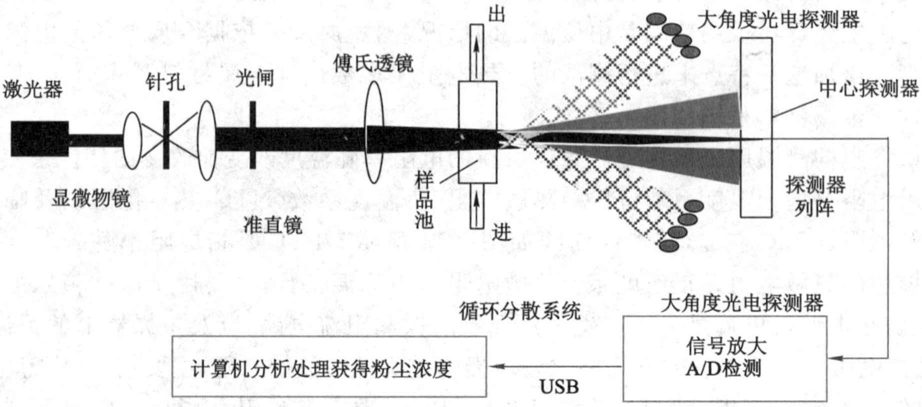

图 3-13　光散射法检测原理

（五）矿用压力传感器

1. 压阻式压力检测法

矿用压力类传感器可大多采用压阻式检测原理，压阻式传感器是利用单晶硅材料受机械应力作用下电阻的变化来检测的。

矿用压力类传感器用途众多、形式多样。有的可对管道中的气体、液体的压力进行监测，有的用于煤矿井下水仓、管道等地方的水位测量，有的用于矿井下负压的连续测量，有的用于顶板离层量的测量等。

2. 电容式传感器

电容式传感器通过敏感位移使得电容值发生改变，具有精度高、线性好、温度影响小等特点，但应避免在强电磁干扰下使用。

电容式差压传感器的结构如图 3-14 所示，左右对称结构中央夹入并焊接弹性平膜片，即电容的中央动极板。测量膜片左右空间被分割成两个室，在测量膜片的左右两室中充满硅油，当左右隔离膜片分别承受高压 p_H 和低压 p_L 时，硅油的不可压缩性和流动性便能将差压（$\Delta p = p_H - p_L$）传递到测量膜片的左右面上。因为测量膜片在焊接前加有预张力，所以当差压 $\Delta p = 0$ 时十分平整，使得定极板左右两电容的容量完全相等，即 $C_H = C_L$，电容量的差值为零。在有差压作用时，测量膜片发生变形，也就是动极板向低压极板靠近，同时远离高压测定极板，使得电容 $C_L > C_H$，这就是差动电容形式的压力，或称为差压传感器的主要工作原理。

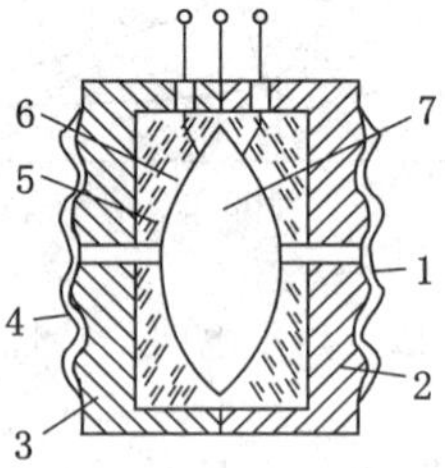

1，4—波纹隔离膜片；2，3—不锈钢基座；
5—玻璃层；6—金属膜；7—测量膜片。

图 3-14　电容式差压传感器结构示意图

（六）矿用烟雾传感器

矿用烟雾传感器用于监测煤矿井下因机械摩擦、电缆发热、煤层自燃等原因引起的火灾事故。烟雾传感器可配接断电装置及声光报警装置，实现报警及断电控制；也可与各种生产、安全监控系统配套使用。

1. 离子式烟雾传感器

离子式烟雾传感器是一种技术先进、工作稳定可靠的传感器，被广泛运用到各消防报警系统中。它的内外电离室里面有放射源镅-241，电离产生的正、负离子，在电场的作用下各自向正负电极移动。在正常的情况下，内外电离室的电流、电压都是稳定的。一旦有烟雾窜逃到外电离室，干扰了带电粒子的正常运动，破坏了内外电离室之间的平衡，电流信号便减弱，此信号变化与烟雾粒子量成比例，于是无线发射器发出无线报警信号，通知远方的接收主机，将报警信息传递出去。该传感器会产生由不带电的粒子经电离后形成的带电离子，故称为离子式烟雾传感器。

离子式烟雾传感器对各种颜色的烟雾响应均衡，对快速燃烧的火焰产生的小粒子的淡白色或黑色烟雾都有较稳定的响应性能，在整个气溶胶粒子谱线上具有较宽的响应灵敏度，尤其对产生的小粒子或者不可见粒子烟有很高的响应灵敏度，是早期报警较为理想的探测器，但由于电离电流非常弱，对电路和工艺要求非常高，且受湿度、气流等因素影响较大，误报率较高。此外离子式烟雾传感器采用的镅-241具有放射性，因此不适合在煤矿环境中推广应用。

2. 光学烟雾传感器

光学烟雾传感器内有一个光学迷宫（暗室），其主要起到防止烟雾逃逸的作用，在光学迷宫中安装有红外对管，无烟时红外接收管收不到红外发射管发出的红外光，当烟尘进入光学迷宫时，通过折射、反射、吸收（即透射）、散射等方式，接收管接收到红外光，报警电路判断是否超过阈值，如果超过则发出警报。

常见的光学烟雾传感器采用光学散射原理，散射光强与散射角度有着紧密的联系，调整一个合适的散射角，可以使其烟雾粒子的探测灵敏度达到最佳，同时光学迷宫在结构上分为立式与卧式，选择合适的光学暗室结构对提高烟雾检测率也起到重要的决定作用。

3. 气敏式烟雾传感器

气敏传感器主要包括半导体气敏传感器、接触燃烧式气敏传感器和电化学气敏传感器等，其中用得最多的是半导体气敏传感器，它将气体与浓度有关的信息转换成电信号，根据这些电信号的强弱就可以获得待测气体在环境中的存在情况，从而进行检测、监控、报警。由于烟雾中含有多种气体，因此市面上的气敏式烟雾传感器，有的含有多个检测探头，可以检测空气中的多种气体，也叫多参数烟雾传感器。

单一气敏式探头的烟雾传感器，受水汽、腐蚀性等因素影响大，如果暴露在高浓度的腐蚀性气体（如 H_2S，SO_x，Cl_2，HCl）中会引起性能质变。

4. 图像烟雾感知新技术

基于视频图像处理的烟雾检测技术是基于计算机图像处理技术、模式识别技术和机器学习发展起来的新技术。具体优点有：检测范围广和检测信息量直观丰富，对视频图像信息的反应速度快，同时远离火源并满足对广阔空间火灾探测的要求。该技术在井下的实际应用及推广是目前煤矿应需加强的。

（七）其他矿用传感器

1. 机电设备开停状态传感器

机电设备开停状态传感器主要用于监测矿井主要机电设备（如采煤机、掘进机、运输机、提升机、破碎机、输送机、主通风机、局部通风机、水泵、空压机等）的运转状态，并将检测到的开停信号转换成各种标准信号传输给上一级监控设备及相关系统，可在地面对全矿机电设备开停状态进行集中连续检测，是监测矿井生产、工作状态的重要器件之一。该传感器与被测设备没有直接电气联系，具有结构合理、性能可靠、使用方便、功耗低、多种输出信号接口、适应性强等特点，可用于煤矿井下有甲烷爆炸危险的场所，也可用于工厂、油田、码头等一般场所。

机电设备开停状态传感器主要有辅助触点型和电磁感应型两种。辅助触点型是利用机电设备的接触器或继电器中没有被其他电气设备使用的辅助触点的闭合状况来反映机电设备的开停状况的，这些辅助触点可以是常开的，也可以是常闭的。电磁感应型是通过测量向机电设备馈电的电缆周围有无磁场存在，来间接地检测设备的工作状态的。

2. 风筒风量开关状态传感器

矿用风筒风量开关状态传感器是用来检测风筒有风/无风、局部通风机状态的传感器。当局部通风机工作正常且风筒完好时，风筒中的风量正常，风筒处于打开状态；当局部通风机停止工作或风筒出现破损，风筒中的风量将减小，当风量减小到一定程度，风筒将出现闭合状态。因此，通过检测风筒工作状态也可间接地获取局部通风机的工作状态。风筒开关状态传感器检测就是利用风筒中风压或者风温在风筒开闭状态下的变化来实现的。

该类传感器性能稳定、使用方便，并能通过遥控器进行现场调整，是甲烷风电闭锁装置和煤矿监控系统的重要器件之一，可与各种类型监测系统配套使用。

3. 风门风窗开闭状态传感器

风门风窗开闭状态传感器主要用于连续检测煤矿井下通风巷道中所设置风门的开闭状态，煤矿通风系统在煤矿安全生产过程中占据重要位置，如果相邻的两道风门同时打开，将会造成某一区域的风量急剧减少，从而导致有害气体浓度过高或温度过高，严重威胁煤矿工人的生命安全，因此对风门开闭状态的检测就显得极为重要。

风门风窗开闭状态传感器由磁体感应组件和干簧开关组件组成。通过磁体感应组件，可以连续自动地检测风门的开闭状态。当风门开闭状态传感器的磁体感应组件作用面与电路组件作用面的距离达到动作距离时，电路组件内的干簧管接点发生转换，常开转换为闭合，常闭转换为断开。

4. 煤矿机械参数传感器

（1）摇臂摆动角度传感器

采高控制是采煤机自动控制的重点。摇臂摆动角角传感器是检测摇臂摆角变化、实现精确控制采高的关键要素。

为实现煤矿井下综采工作面采煤机滚筒高度的测量，保证井工条件下传感器的可靠性，利用磁敏感角度传感原理的传感器进行采煤机滚筒高度的测量。传感器通过安装于摇臂销轴处的摇杆-旋转装置获取摇臂摆角，由角度计算获得采煤机滚筒高度。传感器通过其外部平行磁场旋转角度的变化实现角度测量。测量采煤机摇臂摆角，需要将摇臂摆角转换为外部磁场的旋转角度。

（2）位置编码器

采煤机采煤工作面内的定位坐标对于采煤工作面实现自动化至关重要，获得的位置参数可为后续程序如记忆截割提供依据。

位置编码器采用多圈绝对式光电编码器，通常安装在牵引传动箱内部的高速轴端，根据高速齿轮和行走轮的减速比，得出编码器采煤机每转的距离，然后将数据发送到传感中心。

(3) 振动传感器

由于采煤机工作环境复杂、恶劣，在工作过程中经常遇到不均匀、不连续、不规则、不同性质的煤岩，这会引起采煤机的载荷变化不均匀，从而产生机身跳动等振动现象，导致采煤机的一些关键部件(如截齿、工作机构的机械零件、液压元件和电气元件)在工作过程中出现因过载而损坏的情况，从而使机器工作可靠性和使用寿命降低。因此，对采煤机振动的研究具有重要意义。

针对滚筒截齿破碎煤岩产生的包含煤岩边界特征的信号(次生效应)的产生机理，在信号相关性分析和检测优化研究的基础上，使用振动噪声传感器并配套防爆截割次生效应信号高速高精度采集存储装置，可在井下现场安装。

(4) 速度传感器

速度传感器一般用于监测一体机行走机构的速度，接触旋转式速度传感器与运动物体直接接触。当运动物体与旋转式速度传感器接触时，摩擦力带动传感器的滚轮转动。装在滚轮上的转动脉冲传感器，发送出一连串的脉冲。每个脉冲代表着一定的距离值，从而测出线速度。

5. 主运系统传感器

(1) 堆煤传感器

堆煤传感器用于检测煤仓高度、溜煤槽堵塞或者带式输送机转载点处物料堆积高度等，其输出为无源接点信号。采用两种检测方式对堆煤进行检测。

方法 1:利用一定条件下煤块电阻可测的原理来实现堆煤检测，传感器引出两根用于接触煤的信号端。

方法 2:可配接超声波物位计或红外传感器实现堆煤检测，根据超声波物位计传感器或红外传感器采集到的煤块的高度值，判别当前状态下是否形成堆煤。

(2) 跑偏传感器

跑偏传感器用于带式输送机胶带跑偏的检测和保护。一般在带式输送机机头、中部和机尾配置，就近接入沿线闭锁开关。其工作原理是将传感器安装在胶带两边的支架上，正常时胶带不接触跑偏触杆，传感器的两接线端子不接通；当胶带跑偏接触到跑偏触杆并推动触杆偏离正常位置 $30^\circ \pm 3^\circ$ 时，传感器的两接线端子接通。

胶带正常运行时，跑偏开关的触杆与胶带基本垂直。当胶带跑偏时，胶带碰到矿用跑偏开关的触杆，并带动触杆轴旋转，当触杆偏转到动作角度时，其内部的行程开关动作发出跑偏信号。

(3) 纵向撕裂传感器

胶带分上带面和下带面，正常情况下下带面无煤块，当胶带发生纵向撕裂时，上带面的煤块会漏到下带面，纵向撕裂传感器通过检测下带面是否有物体从而判断胶带是否产生纵向撕裂故障。检测下带面是否有物体一般采用压力方式等，压力方式为一定重量的物体在纵向撕裂传感器的检测面产生压力，压力信号超过一定范围后判断纵向撕裂产生的方法。

(4) 张力传感器

通过检测钢丝绳的拉力检测胶带的张紧力大小，钢丝绳穿过旁压式张力传感器，钢丝产生的纵向拉力转换为传感器横向压缩应变力，应变片形变后电桥经激励产生正比于张力的电压信号，电压信号转换为4～20 mA电流输出。

(5) 速度传感器

单位时间内位移的增量就是速度。速度包括线速度和角速度，与之相对应的就有线速度传感器和角速度传感器，统称为速度传感器。

三、非接触式感知方法及原理

(一) 红外光谱气体传感器

红外光谱法是基于极性气体分子独有的元素种类及空间关系所对应的特定红外谱段，分析红外光谱图的吸收波长位置，通过对比气体实时光谱吸收强度与红外谱图库的数据，进而检测出待测气体的方法。根据实现方式不同，红外光谱法分为色散型、非色散型。主流红外吸收光谱气体分析技术包括傅立叶变换红外光谱(FTIR)、非分散红外光谱(NDIR)和可调谐半导体激光吸收光谱(TDLAS)等。

(二) 超声波时差法风速传感器

时差法测量风速的原理是根据超声波在介质中传播，传播速度会和介质的移动速度发生叠加，因此超声波在介质中顺序和逆序传播的时间也不一样，然后通过检测技术测量出的实际时间，并通过时间差计算出介质移动的速度。

(三) 超声波频差法流量传感器

超声波频差法流量传感器的测量原理就是多普勒原理。振动源与观测者之间存在相对运动，观测者接收到的超声波信号频率相对于振动源的超声波频率会有所改变，观测者接收到的超声波频率与振动源的超声波频率的差值与流体的运动速度成正比。

(四) 红外温度传感器

非接触式温度感知多采用IC温度传感器，如红外温度感知原理，在自然界中，当物体的温度高于绝对零度时，由于它内部热运动的存在，就会不断地向四周辐射电磁波，其中包含了波段位于0.75～100 μm的红外线，红外温度传感器就是利用这一原理制作而成的。

红外辐射的物理本质是热辐射。物体的温度越高，辐射出来的红外线越多，红外辐射的能量就越强。多数情况下是通过赛贝克效应来探测辐射的，当器件接收辐射后，通过非电量的物理变化进行测量，也可通过适当变化变为电量后进行测量。

依据测温原理的不同，红外测温仪的设计有三种方法，通过测量辐射物体的全波长的热辐射来确定物体的辐射温度的称为全辐射测温法；通过测量物体在一定波长下的单色辐射亮度来确定它的亮度温度的称为亮度测温法；如果是通过被测物体在两个波长下的单色辐射亮度之比随温度变化来定温的称为比色测温法。

(五) 超声波物位传感器

其工作原理是，工作时向液面或粉体表面发射一束超声波，超声波被反射后，传感器再接收此反射波。设声速一定，根据声波往返的时间就可以计算出传吸器到液面(粉体表面)的距离，即测量出液面(粉体表面)位置。其敏感元件有两种，一种是由线圈、磁铁和膜构成的，另一种是由压电式磁致伸缩材料构成的。前者产生的是10 kHz的超声波，后者产生的是20～40 kHz的超声波。超声波的频率愈低，随着距离的衰减愈小，但是反射效率也小。

因此，应根据测量范围、物位表面状况和周围环境条件来决定所使用的超声波传感器。

（六）激光雷达传感器

其工作原理与超声波物位传感器相同，只是把超声波换成光波。激光束很细，作为物位传感器时，即使物位表面极其粗糙，其反射波束也不过加宽到 20 mm，但这仍在激光式物位传感器可以接收的范围内，激光式物位传感器一般采用近红外光。它是把光流发射出的激光利用半透射反射镜处理，一部分作为基准参考信号输入时间变送器，另一部分通过半透射反射镜的激光经过光学系统处理成为一定宽度的平行光束照射在物体面上。反射波到达传感器接收部再转换成电信号。因为从照射到接收的时间很短，所以利用取样电路扩大成毫微秒数量级，便于信号处理及时间的测量。利用微机进行数据处理，信号变为数字显示物位值的模拟输出信号，再利用软件检测输出信号的可靠性，如果测定系统出现故障则报警。这种传感器可应用于机车位置感知，还可以应用于狭窄开口容器以及高温、高精度的液面检测。

第三节　智慧矿山通信与网络

一、智慧矿山通信特点及要求

智慧矿山通信网络是智慧矿山建设的基础，它采用有线、无线等通信技术实现矿山井上下设备之间、人与设备之间的信息交互、实时控制、协同作业等功能，对矿井的自动化、信息化乃至智能化具有重要的支撑作用。

煤矿因其井下环境特殊，存在瓦斯等爆炸性气体、粉尘、潮湿、淋水、空间狭小、巷道弯曲等情况，制约着地面通信技术直接在煤矿井下的应用。其通信具有如下典型特点：

(1) 独特的电气防爆要求。煤矿井下有甲烷、一氧化碳等可燃性气体和煤尘。因此，煤矿通信系统和设备必须是矿用防爆型设备，输入输出信号必须是本质安全信号，并应优先采用安全性能好的本质安全型防爆设备。

(2) 无线通信距离受限。本质安全型防爆电气设备的最大输出功率为 25 W 左右。当电路中有电感和电容等储能元件时，将进一步降低电路中允许的最大电流和电压，功率也大大降低。无线通信基站阈功率为每路发射端的最大阈功率($P_{阈}$，单路阈功率值)之和，其中单路阈功率值为该路射频有效输出功率与天线增益的乘积，基站阈功率应满足 GB/T 3836.1—2021 中要求的≤6 W 的规定。同时煤矿井下空间狭小，有风门、机车等阻挡体，巷道介质、弯曲、分支、倾斜、表面粗糙度、巷道支护等会影响电磁波的传输，传输消耗大。

(3) 无线传输干扰多。井下巷道等无线传输的接触面粗糙、传播断面狭小、无线通信手段多样、高压变频设备众多等，导致电磁环境复杂，无线传输的反射、折射、吸收和干扰严重，无线传输的可靠性成为井下传输设计的重点。

(4) 缺少定位授时基础设施支撑。煤矿井下巷道一般布置在离地表数百米以下，最深已达 1 500 m。GPS 信号无法到达煤矿井下巷道中，因此通信网络应支持时钟同步协议。

(5) 有线无线网络融合互补。煤矿井下巷道为分支结构，呈树形布置；煤矿井下电缆和光缆必须沿巷道敷设，挂在巷道壁上。因此，为便于系统安装维护、节约传输电缆和光缆、降低系统成本，宜采用环形＋树形结构；主干网络采用环形结构，以提高网络的可靠性；分支网络采用树形结构，以适应煤矿巷道环境特点；无线加强通信覆盖，同时增强灵活接入能力，以满足井下动态推进开采需求。

随着智慧矿山建设的深入，对智慧矿山通信系统提出了更高的要求：

(1) 高可靠多源数据承载。满足数据、文件、视频等实时传输要求，支持井下语音通话、数据传输、视频监控和人员定位等信息共网传输。

(2) 高宽带主干网络。为满足矿井上下高清视频、海量监测监控信息的传输需求，需建设传输带宽≥10 Gbit/s、冗余环形结构的主干网络。其核心设备采用三层交换机，具备自诊断功能，具有网络流量管理及网络拓扑自带生成功能，网络自愈时间小于 50 ms。

(3) 高宽带无线通信。煤矿生产设备、安全监测传感器、监控摄像头等设备众多，数据节点数量多达上万个，这些设备的接入及传输需要大容量接入及高宽带传输能力。系统可接入基站容量满足矿井无线通信全覆盖的最低要求，单个基站支持不少于 32 个用户并发。

(4) 超低时延、精准时钟同步。井下通信网络能够满足自动驾驶、采掘装备远程操控等系统高实时性要求。

(5) 网络融合满足多场景应用需求。各种有线和无线通信网、网络管理系统等能实现异构网络融合，互联互通，将海量不同来源的矿山信息资源进行全面、高效和有序的管理和整合。煤矿智能化应用涉及采、掘、运、提、排、通、机修、监测、调度、控制、洗选等各生产及附属环节，涉及的高带宽应用类、高可靠低时延应用类及多用户接入应用类场景，需选用合适的网络通信技术来满足现场需求，并能实现信息共享及综合利用。

智慧矿山整体通信网络一般采用工业以太网/F5G、5G、WiFi 无线通信网络、物联网(包括现场总线、低功耗广域网等)为网络传输框架，以 IP 技术及各类通信网关实现各类异构网络的融合，其网络体系架构如图 3-15 所示。

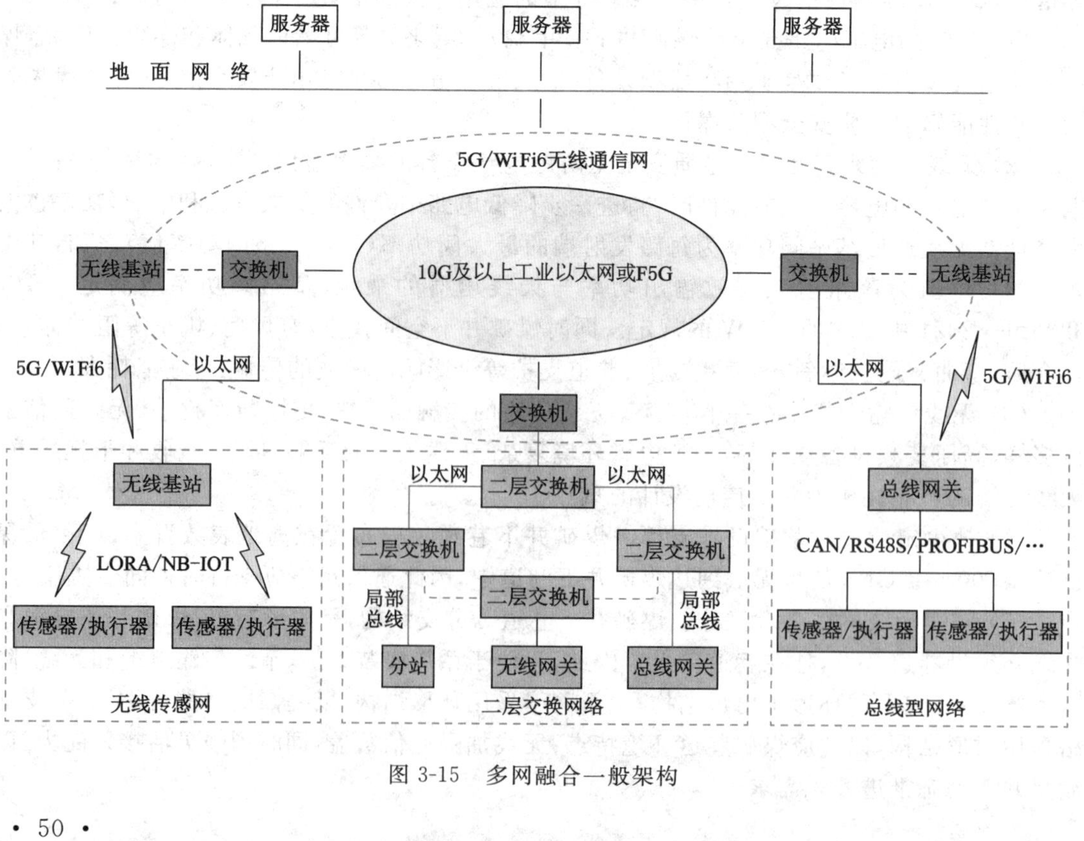

图 3-15 多网融合一般架构

二、智慧矿山主干网络

智慧矿山主干网络为高带宽工业以太网(目前为千兆/万兆及以上工业以太网)。工业以太网技术在商用以太网基础上进行了适应性方面的调整,结合工业生产安全性和稳定性方面的需求,增加了相应的控制功能,提出了符合特定工业应用场所需求的相应解决方案。工业以太网能够满足工业生产高效性、稳定性、实时性、经济性、智能性、扩展性等多方面的需求,可以真正延伸到实际企业生产过程中现场设备的控制层面,并结合其技术应用的特点,给予实际企业工业生产过程的全方位控制和管理,是一种非常重要的技术手段。

GPON(gigabit-capable PON,千兆能力的 PON)、EPON(ethernet passive optical network,以太网无源光网络)等无源光网络具有节省光缆资源、设备安全性高、建网速度快、成本低、带宽高等突出优点,除此之外,F5G 光网络技术正成为部分矿井主干网络建设的选择。F5G 是以光纤为介质的第五代固定网络通信技术,由国际标准组织为面向产业互联网应用场景提出的新一代通信标准。F5G 核心价值在于稳定可靠的固定场景网络保障,同时支持上下行速率高达对称 10 Gbps、时延降低到 100 μs 以下、连接数提升 100 倍以上等相似能力。

工业以太网主干网络主要技术特点如下:

(1) 支持 10 000 Mbit/s 及以上通信速率,核心设备采用三层交换机,支持路由、冗余功能。

(2) 基于端口的 VLAN(virtual local area network,虚拟局域网)、IEEE 802.1Q VLAN 和 GVRP,可简化网络规划。

(3) 全方位的工业网络安全功能。

(4) 支持 RSTP/STP/MSTP 等多种标准的冗余协议,如 MRP 介质冗余协议的环网或多子环协议应用。具有网络流量管理及网络拓扑自动生成功能,网络自愈时间小于 50 ms。

(5) 端口模块化设计,介质模块支持热插拔。

(6) 支持 QoS(IEEE 802.1p/1Q 和 TOS/DiffServ),提高网络稳定性。

(7) 支持 IEEE1588 等时间同步协议。

(8) 支持 Ethernet/IP、PROFINET、MODBUS-RTPS 等工业以太网协议。

三、矿山无线通信技术

(一) 无线通信系统现状

在矿井无线通信方面,可承载通话、高清视频的 4G、WiFi 已经广泛应用,新一代的 5G、WiFi6 也已进入矿用化阶段。在适用于低功耗感知终端的无线传输网络技术中,LoRa、ZigBee、Bluetooth 等技术较为常见,技术特点各有优劣;UWB、NB-IoT、Wave Mesh 等通信方案在部分产品中有少量应用,由于受到网络节点容量、吞吐量、实时性等性能影响,目前尚在技术瓶颈攻克阶段。

(二) WiFi 无线通信

1. WiFi 技术介绍

WiFi 已成为当今世界无处不在的无线局域网技术,为数十亿设备提供连接,也是越来越多的用户上网接入的首选方式,并且有逐步取代有线接入的趋势。为适应新的业务应用和减小与有线网络带宽的差距,每一代 802.11 的标准都在大幅度地提升其速率。1997 年

IEEE 制定出第一个无线局域网标准 802.11，其后 802.11b、802.11a、802.11g、802.11n、802.11ac 等标准相继发布并应用。随着视频会议、无线互动 VR、移动教学等业务应用的不断丰富，以及物联网的发展和应用，越来越多的移动终端需要接入 WiFi 网络。然而，由于无线终端设备的增加，导致 WiFi 网络变得拥挤。

2019 年，802.11ax 标准发布，该技术使用了 OFDMA（orthogonal frequency division multiple access，正交频分多址）、MU-MIMO（multi-user multiple-input multiple-output，多用户多入多出）等技术。MU-MIMO 技术，其最高速率可达 9.6 Gbit/s，允许与多达 8 个设备通信，使得网络速率、效率大幅提高。WiFi6 是 802.11ax 标准的简称，是根据 WFA（WiFi alliance，WiFi 联盟）新一代命名方法命名的 WiFi 标准。WiFi6 兼容之前的 802.11a/b/g/n/ac 标准，原有的 WiFi 终端可以无缝接入 WiFi6（802.11ax）网络。

2. WiFi 技术在煤矿的应用

目前矿用 WiFi 无线通信系统仍以 WiFi4（802.11n）为主，WiFi5（802.11ac）由于采用 5 GHz高频段，目前在矿井应用较少。随着支持 2.4 GHz 频段的 WiFi6（802.11ax）的应用，将推动矿用 WiFi 系统升级。

（1）矿用 WiFi6 无线通信系统特点

矿用 WiFi6 无线通信系统可接入井下工业以太环网，无需额外建设专用的语音传输线路，可减少线路建设资金的投入。

矿用 WiFi6 基站单流无线速率可达 1 200 Mbit/s，可实现语音、数据、图像的综合传输。

矿用 WiFi6 基站最多支持 200 个用户接入。

系统可实现井上井下通信一体化、有线无线一体化、调度通信行政通信一体化。

系统组网灵活，既可接入矿方现有的工业环网，也可独立组网。

无线基站之间可采用光缆连接方式，主传输线路采用星型结合树型的混合拓扑结构，便于安装使用。

采用开放的 WiFi 协议，任何符合 WiFi 协议标准的设备均可接入，从而可实现全矿井安全生产各环节的无线数据传输。

无线基站、手机等设备均采用本质安全型设计，可在工作面、回风巷等危险场所使用。

（2）矿用 WiFi6 系统架构

矿用 WiFi6 无线通信系统由调度交换机、录音服务器、无线管理控制器、触摸屏调度台、地面无线基站、矿用本安型无线基站、矿用本安型手机、矿用隔爆兼本安型电源及其他配套设备所组成，系统接入矿井在用工业以太环网。其系统架构图如图 3-16 所示。

矿用 WiFi6 系统具有传输带宽高、系统简单、建设维护成本低等优点，但也存在移动性差、传输时延较 5G 大、通话质量相对 4G/5G 系统低等劣势，适用于矿井下有大量并发流量、移动性/通话质量要求不高的场景，除提供语音通信外，还可用于移动宽带传输、高清视频传输、应急救灾通信、井下无线互联等，同时，还可与人员定位、调度通信等系统深度融合，构建多系统融合一体化网络，推动智能化矿山的建设与发展。

（三）5G 无线通信技术

5G 技术，即第五代移动通信技术（5th generation mobile communication technology）。国际电信联盟（international telecommunication union，ITU）定义了 5G 的三大类应用场景，即增强移动宽带（enhanced mobile broadband，EMBB）、超高可靠低时延通信（ultra reliable

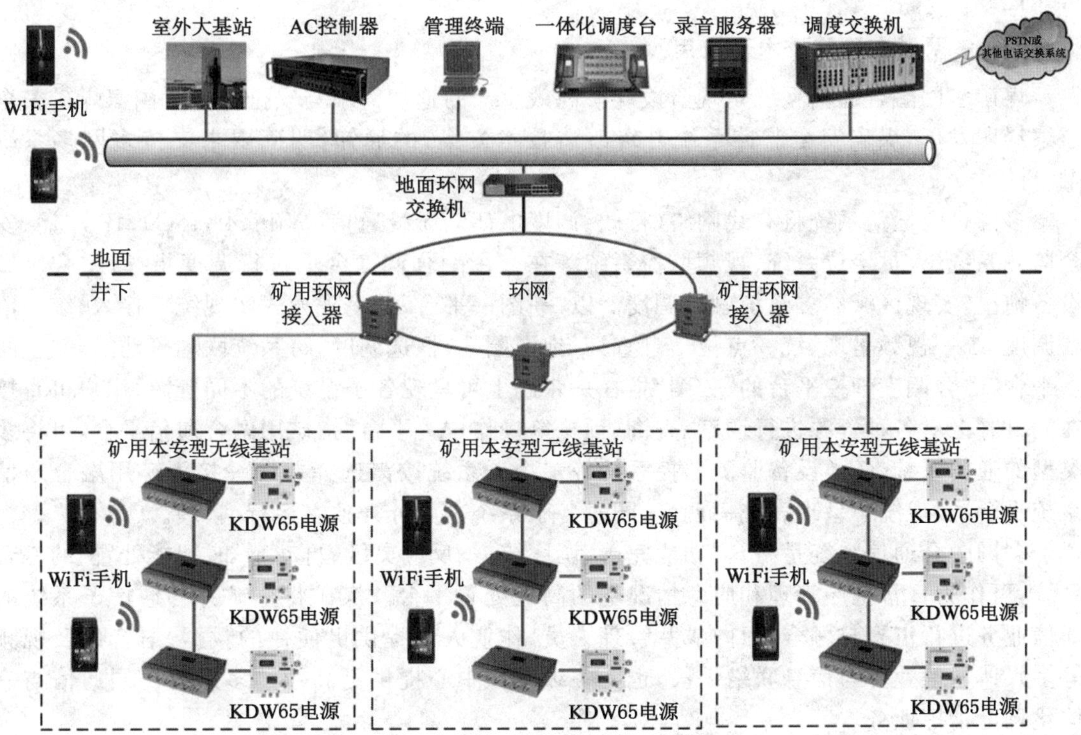

图 3-16　矿用 WiFi6 系统架构图

low latency communications,URLLC)和海量机器类通信(massive machine type communications,MMTC),具备大宽带(用户体验速率达 1 Gbit/s)、低时延(低至 1 ms)、广连接(用户连接能力达 100 万连接/km^2)的特性。

5G 技术具有以下特点:

(1) 连续广域覆盖。最传统的通信场景,以保证用户的移动性和业务连续性为目标,为用户提供 100 Mbit/s 以上无缝的高速业务体验。

(2) 热点高容量。主要面向局部热点区域,为用户提供 1 Gbit/s 的数据传输速率,满足网络流量密度需求。

(3) 低功耗大连接。针对物联网中部署大量终端的应用场景,满足每平方千米百万连接数的密度指标要求,终端功耗低。

(4) 低延时高可靠。主要面向车联网、工业控制等垂直行业的极端性能需求,为用户提供毫秒级的端到端时延或接近 100%的传输可靠性。

5G 技术在煤矿专网的应用,为煤矿提供了井上下一体化无线高可靠宽带传输平台,实现移动语音通信及调度、移动高宽带传输、高清视频传输、实时远程操控、应急救灾通信、井下无人驾驶、井下工业互联等功能,为矿山信息化、自动化、智能化建设提供可靠的通信保障,满足了井下人-人、人-物、物-物互联的通信需要。

矿用 5G 通信系统采用 SA 架构组网,5G 核心网本地化部署,5G 无线专网与公网物理隔离，核心网、基站均在煤矿本地部署，以保证数据不出矿区，从而提高数据传输的安全性和可靠性。

四、多网融合通信技术及应用

煤矿多网融合通信系统是现阶段煤矿高效生产的迫切需求与安全保障。国家煤矿安全监察局印发了《煤矿安全监控系统升级改造技术方案》的通知，明确要求支持多网多系统融合。

多网融合通信系统将有线网络（行政、调度电话）、无线通信（WiFi、4G、5G）、IP广播、安全监测系统、人员定位系统、视频监控系统等在一个融合调度台上进行调度指挥，结合区域设备情况，实现区域的多系统融合调度。以“一图一平台”的呈现方式实现统一接入、统一语音调度、统一视频呈现、统一点位信息查询、地图圈选/框选调度、跨系统联动等功能。“一图一平台”综合调度管控平台的“一图”指在一张图上可呈现各子系统的不同资源，用户可直接在“一图”上对各种资源进行调度、查询、预览等操作；“一平台”指矿用融合通信平台，可将多类型的通信系统、各类设备监测监控系统等多个子系统按需选择并统一接入矿用融合通信系统平台，实现统一呈现和统一调度，同时各子系统也可分开独立运行、管理。

多网融合通信系统是一套“功能完善、调度统一、反应灵敏、自动感知、智能处置”的综合系统，可作为日常生产管理和应急情况下的高效处置平台。煤矿将全矿井各通信子系统的通信业务进行汇聚与融合，面向矿井管理人员、作业人员提供更便捷的数据、语音以及视频等多媒体通信业务与信息联络手段，也为各级集控中心提供更高效的多系统协同通信与一体化调度指挥业务。

多网融合通信包括不同层面的融合：

(1) 主干网络与无线宽带网络融合。主干网络（工业以太网或F5G光网络）与5G、WiFi6等宽带无线网络融合，构建覆盖井上下的一体化通信网络平台，满足智慧矿山海量数据实时传输的需求。

(2) 无线通信和有线通信融合。整合矿井工业以太网、有线调度通信、无线通信、广播等系统，支持手机、固话、IP电话、4G/5G/WiFi终端、SIP广播终端等设备的接入，业务上能够实现数据、语音、视频等媒体的多制式融合通信。

(3) 不同无线通信制式融合。不同应用场景对通信的要求各不相同，需要采用不同的通信制式来满足需求，如5G NR通信模组因体积大、成本高、功耗大就不适合用于井下大量无线传感器的接入，而短距离无线通信技术（如ZigBee，LoRa等）就比较合适。

(4) 网络通信系统和其他子系统融合（多系统融合）。提供丰富的对接接口，可对接安全监测、风门监测控制和应急救援等系统，满足井上下人、机、环之间的快速信息传输与通信，辅助矿井安全生产与决策管理。无线通信系统作为矿井通信联络装备的主要组成部分，实现和其他系统的融合是必然趋势，除满足双向语音通信需求外，还可实现移动数据上传和指令有效下达。

多网融合通信系统典型应用框图如图3-17所示。

多网融合通信系统统一调度的功能基于信令交换技术，通过语音网关、SIP通信协议等将有线网通信、无线网通信及公网通信进行有效整合，可扩展接入应急广播系统，以及其他SIP智能通信终端设备实现多种异构通信系统的互联互通、资源共享、统一指挥和协同调度。

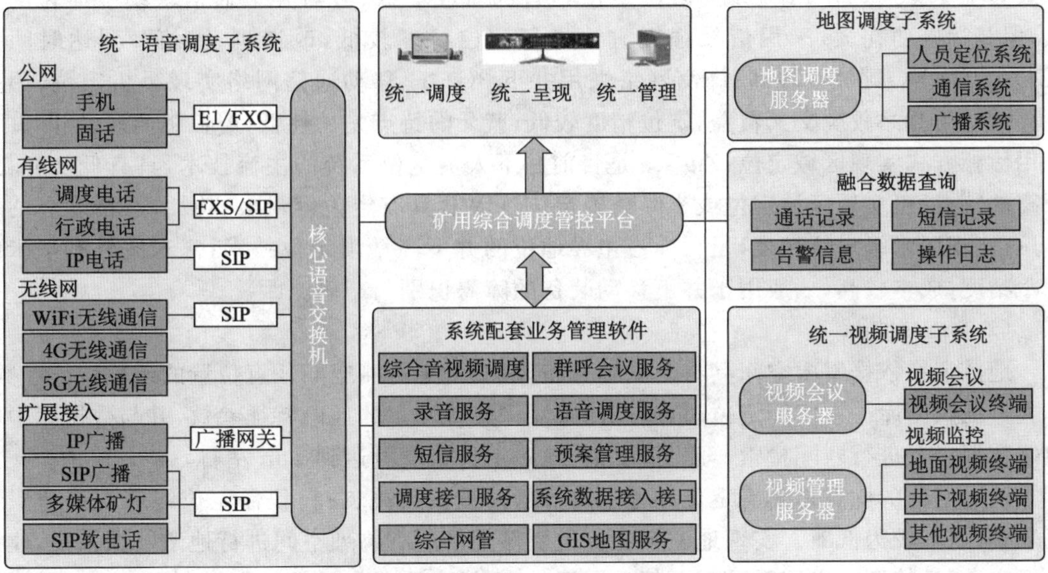

图 3-17　多网融合通信系统典型应用框图

第四节　井下位置服务系统

一、井下位置服务系统概述

（一）井下位置服务系统定义

井下位置服务系统作为智能矿山建设重要的公共基础设施，通过建立开放服务和统一架构的井下类 GPS 高精度定位系统，满足智能矿山不同场景、不同应用目标的定位、跟踪、导航和协同作业等需求。

（二）井下位置服务系统组成

井下位置服务系统整体可划分为位置获取、位置传输、位置服务和位置应用四个层次。

位置获取层包含定位基础设施，包括分布式位置服务控制器、定位基站、目标标签等。

位置传输层一般接入矿井现有的高速有线环网或无线通信网络，也可以由定位基站集成网络交换单元组成光纤或无线级联网络。

位置服务层对于基础设施装备的主要功能分为坐标管理、时钟同步管理、基站配置管理、设备状态管理和位置交互。在高精地图数据库和定位导航算法的支撑下，位置服务层为上层应用系统和分布式服务控制器提供基于四维时空位置可视化服务，并支撑所有位置相关子系统的运行。

位置应用层不需要关注定位实现的具体细节，在系统支撑下专注于实现各类智能化业务应用。

二、井下位置服务定位原理及方法

（一）无线定位

无线定位技术从承载无线电角度可以细分为 WiFi、蜂窝网络、蓝牙、ZigBee、UWB、毫米波等主要类别。WiFi 无线局域网定位具有部署成本低、可与井下通信系统一体化的优点,但是标签功耗大,采用信号强度方法进行定位精度较低,改造到达时间/到达时间差(TOA/TDOA)则成本较高;蜂窝网络采用井下 3G/4G 移动通信网络实现手机定位,因井下移动通信基站较少交叉覆盖,定位精度较低;蓝牙的特点是功耗低,覆盖距离短,实际井下采用信标方式实现区域定位;ZigBee 是目前井下人员定位系统的主流技术,具有低功耗、短距离的特点,可实现区域定位或米级精确定位;UWB 具有定位容量大、功耗低、精度高的优点,可实现厘米级定位精度,是目前占主导地位的井下高精度定位技术;毫米波具有毫米级测距精度,成本较高,一般用于井下移动装备的障碍识别与精确测距。

(二) 地磁定位

地磁定位依据室内空间具有的磁场分布特征,采集待测空间任意位置的地磁特征参数,建立特征数据库。在实际定位时,通过传感器采集待测点的地磁特征参数,并与数据库中的地磁数据集合进行匹配检索,理想情况下,地磁定位精度可达到 2 m 左右。

地磁定位的优点是无需定位参考基站等额外基础设施支持,仅需定位终端支持地磁特征采集,成本较为低廉。实现地磁定位首先要对现场所有物理空间进行地磁数据采集,建成数据库,一旦特征改变即需重新更新数据记录,现场实施工作量和难度较大。

煤矿井下是一个环境较为复杂的特殊场所,各种机电装备的电磁干扰,采掘装备、支架、锚杆、护网金属屏蔽与反射等使得井下的地磁参数极不稳定,甚至无法提取有效特征,仅依赖地磁信息实现井下定位,目前取得的效果并不理想。

(三) 惯导定位

惯导定位采用多轴加速度传感器、陀螺仪和磁力计等惯性测量单元(inertial measurement unit,IMU)测量被测目标在三维空间的方向速度和加速度,根据一定规则推算目标位置。惯导定位的优点是不需要额外硬件基础设施的支撑,但是它是一种相对定位方法,存在起始位置漂移问题,且方向测量中细小的误差也会随着时间的推移导致位置估算产生很大误差。

因为成本较高,井下激光、光纤等高精度惯导定位仅在采煤机定位等少数场景下得到应用,对于绝大多数井下动目标定位则是采用微机电(micro-electro-mechanical system,MEMS)惯性传感器进行位置推算,MEMS 惯性传感器具有体积小、功耗低等优点,但是普遍精度不高,尤其是温度变化等因素易导致误差积累,使得速度和位置解发散,对最终定位精度造成很大影响。

(四) 视觉定位

视觉定位是利用计算机图像处理技术,从视频图像推算待测目标距离位置的方法。视觉定位可区分为单目视觉定位、双目视觉定位和 RGB-D 视觉定位。单目视觉定位成本低,精度较差;双目视觉定位计算较为复杂,精度更高;RGB-D 能实现三维立体位置推算,且可避免光照影响。

视觉定位已经在井下局部应用,如井下视频监控、人员限入管理、违章行为监测等场景。由于摄像机的取景范围限制,视觉定位适用于井下较小范围内的定向区域目标位置估算,不适用于大容量多目标的全矿井定位。视觉定位的定位精度一般可以达到米级,但由于井下粉尘的影响,实际场景下的精度和可靠性仍然有待提高。

(五) 融合定位

1. RSSI 与 TOF 融合定位

在信号传输过程中,移动节点接收到的信号强度会随着距离的变化而变化。采用 log-normal shadowing 模型时,传输损耗与节点间距离的关系为

$$P_r(d)=P_r(d_0)+10\alpha\cdot\lg\left(\frac{d}{d_0}\right) \tag{3-10}$$

式中,$P_r(d)$为固定节点接收到的信号强度;d 为固定节点到移动节点的距离;$P_r(d_0)$为移动节点在参考距离为 d_0 时所接收到的信号强度。使用 RSSI 标定位置受非视距(NLOS)影响较少,但 RSSI 定位精度低,且远距离效果差。

双边测距(two-way-range,TWR)方法通过 2 次消息交互消除定位基站与标签之间的频偏,具有测距精度高、距离计算简单等特点,在 TOF 井下精确定位系统中都有着广泛的应用,但容易受 NLOS 影响,造成定位抖动。

2. UWB 与惯性导航融合定位

利用扩展卡尔曼滤波,对 UWB 和惯性导航的位置和速度进行松组合或紧组合。通过惯性导航系统辅助,可以更有效地减弱 UWB 非视距误差,并在 UWB 信号缺失的情况下保持定位结果的精度和稳定性。与单 UWB 系统相比,UWB 和惯性导航的组合结果具有更高的定位精度及连续性。

UWB 与惯性导航融合定位首先要建立系统方程描述动态特性,将滤波方法分成直接滤波和间接滤波两种。利用导航子系统的直接输出参数,如加速度、航向角等信息进行融合滤波的方法为直接滤波法。间接滤波法将导航系统输出的误差量作为状态估计变量实现最优估计。直接滤波法在构建系统方程的基础上,真实反映系统动态特性,可以准确地描述系统变化过程。而间接滤波法,采用误差量作为状态输入,具有一定的近似性。UWB 和惯性系统结合形成组合导航系统,采用直接滤波法,可以实现导航参数解算和滤波估计的双重作用。

(六) 位置服务定位方法比较

井下定位方法性能优缺点比较见表 3-1。从井下位置服务的应用需求来看,单一技术目前很难满足需求,综合一种或多种技术的优点,采用融合方法才能进一步提高在井下复杂环境下的定位精度和可靠性。

表 3-1　井下定位方法性能优缺点比较

井下定位技术		定位精度/m	定位距离/m	产品价格	主要优点	主要缺点
无线定位	WiFi	3～10	100～600	较低	成熟技术,部署成本低	精度较低,终端功耗较大
	蜂窝网络	25～50	100～400	较高	能够实现定位通信一体化	精度较低、终端价格高
	蓝牙	1～3	3～15	较低	成熟技术,超低功耗	覆盖距离短
	ZigBee	1～3	30～250	较低	成熟技术,低功耗、部署成本低	定位稳定性较差,易受环境影响
	UWB	0.1～0.3	200～800	较低	容量大、功耗低、精度高	NLOS 问题突出
	毫米波雷达	0.02～0.05	20～100	较高	成熟技术,定位精度很高	成本较高,定位场景受限

表 3-1(续)

井下定位技术	定位精度/m	定位距离/m	产品价格	主要优点	主要缺点
地磁定位	1～3	—	较低	无需定位基站等基础设施	定位精度受环境影响大
惯导定位	0.2～1	—	较低	无需定位基站等基础设施	存在零点漂移、误差累积问题
视觉定位	1～3	10～50	较高	定位与视频监控一体化	成本高，定位场景受限

三、井下位置服务系统应用

井下位置服务系统可以满足不同场景、不同目标的定位、跟踪、导航和协同等多种技术需求，典型应用包括：井下人员精确定位安全管理、井下搜救自主定位与路径规划、井下机车交通控制、井下物流与运输管控、井下移动装备人机接近安全监测、井下掘进装备方向纠偏、采掘设备自动协同作业、井下无人驾驶导航等。

第五节　智慧矿山物联网

一、智慧矿山物联网特征

智慧矿山物联网主要基于矿山自动化、信息化和数字化的前期建设，运用网络和各种现代化技术，具有更加精准的环境感知能力。智慧矿山物联网以多系统综合应用、感知层和应用平台开放和综合构建逻辑子系统等为主要特征，具体如下：

1. 多系统综合应用

煤矿生产与安全保障所需的子系统众多，除骨干传输网和调度室设备外，主要生产与监控子系统多达数十个。智慧矿山总体设计要求将所有这些子系统均作为矿山物联网的内容，纳入统一网络进行监测、控制与管理，实现全面的智慧矿山。显然，这与地面单一功能的物联网系统存在明显的差异。

2. 感知层和应用平台开放

智慧矿山物联网的开放性体现在两个方面：一是感知层是开放式的，可以使其他应用服务很好地利用感知网络，方便接入智慧矿山物联网。二是应用平台层也是开放式的，各种服务能架构其上，第三方可在此平台层上方便开发应用服务，供煤矿企业应用，其开放包括数据描述、数据通信接口、统一的数据仓库和中间件等。只有按照物联网概念构建的智慧矿山物联网，才能真正实现矿山的物与物相联。

3. 综合构建逻辑子系统

智慧矿山物联网子系统建设应该是煤矿综合自动化子系统接入、分布式传感器和执行器接入方式的组合。正是感知层的存在，为分布式接入提供了可能，使得智慧矿山物联网具备了方便快捷布署和构建逻辑子系统的能力，使网络应用更适应煤矿动态布署、流动作业的需求，也为服务与数据协议及网络元素的解耦提供了可能，提高了系统的互操作性和可移植性及专业化服务水平。

二、智慧矿山物联网体系结构

智慧矿山是通过物联网的基础架构，深度融合云计算、大数据、人工智能、自动控制等现代矿山开发技术，最终实现“智能化”与“无人化”的目标。物联网信息化建设过程中，不仅需要进行管理维护，确保信息的安全性，还要具有标准保障。智慧矿山物联网总体架构具有六个层次和三大保障体系，如图 3-18 所示。

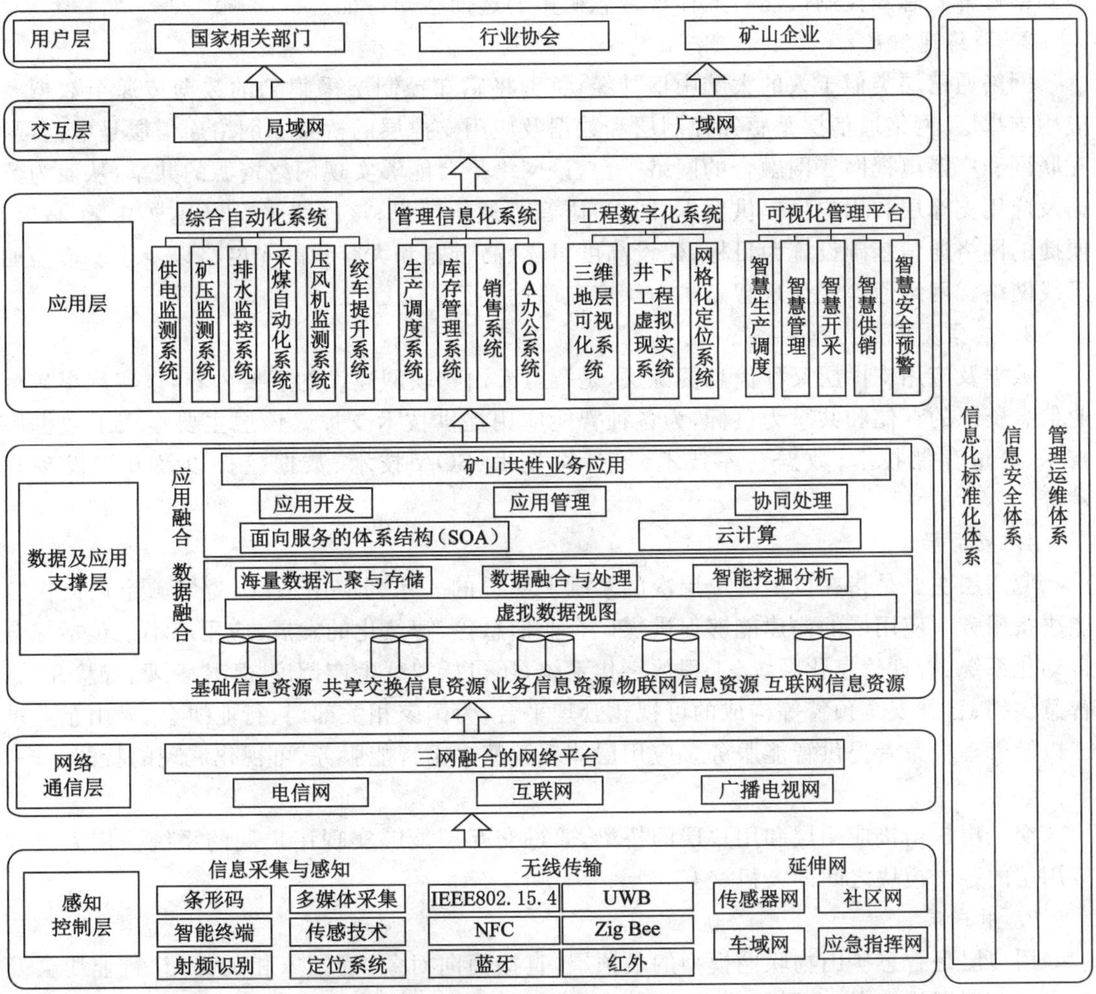

图 3-18　智慧矿山物联网

（一）六个层次架构

1. 感知控制层

感知控制层是智慧矿山物联网模型中最底层的支撑，以物联网技术为核心，感知获取煤矿企业井下设备、人员、环境、灾害等相关的信息。感知控制层包括三个部分：信息采集与感知、无线传输及延伸网。信息采集与感知主要采用条形码、智能终端、射频识别、多媒体采集、传感技术、定位系统等技术。无线传输是将采集感知的信息传输到网络，主要采用蓝牙、红外、超宽带设备技术（UWB）、NFC、IEEE802.15.4、ZigBee 等技术。延伸网是依附传统电信网用户接入点的网络，主要包括传感器网、车域网、社区网、应急指挥网等。

感知控制层可以通过对煤矿企业井下温度、湿度、矿压、甲烷浓度、CO 浓度、设备运行、网络基础设施、人员安全等信息的感知、采集、监测及控制，借助蓝牙、红外、传感器网等短距离传输技术传递数据至智能终端，再利用智能终端内置的 WiFi 接收器通过网络通信层将数据传递至数据及应用支撑层，实现人员安全预警、各种灾害事故的预测预警预报、设备的预知维修等。感知控制层能有效体现智慧矿山的透彻感知特征。

2. 网络通信层

网络通信层类似于人的大脑中枢神经，负责将感知控制层采集到的数据传递至数据及应用支撑层，网络通信层是感知控制层和数据及应用支撑层的桥梁。网络通信层是电信网、互联网和广播电视网三网融合的网络平台，该网络平台能够实现网络资源的共享，从而为数据及应用支撑层和用户层提供数据、图像、语音等通信信息；该网络平台以建立共享、高速、便捷的网络通信基础设施为目标，建设高度可靠、高带宽和大容量的光网络以及全矿覆盖的无线网络。网络通信层体现智慧矿山深度互联的特征。

3. 数据及应用支撑层

数据及应用支撑层又称信息资源层，是智慧矿山物联网建设的重要内容，以实现煤矿企业信息资源的存储和共享为目标，为各种智能应用提供技术支撑。该层主要运用了数据库技术、海量存储技术、数据仓库技术、云计算技术、SOA 技术、数据挖掘以及知识发现技术等。

4. 应用层

应用层主要是指在以上三个层次的基础上建设的一系列应用系统，为煤矿企业提供智能决策服务。应用层的构建能够促进煤矿企业信息化、智慧化的发展，应用层不仅包括综合自动化系统、管理信息化系统、工程数字化系统，还包括智慧生产调度、智慧管理、智慧开采、智慧供销、智慧安全预警等构成的可视化管理平台，为国家相关部门、行业协会、矿山企业员工以及管理决策者提供智能服务。应用层体现智慧矿山智能服务、可视化展现的特征。

5. 交互层

交互层是衔接应用层和用户层的桥梁，通过交互层能够实现用户层的系统使用人员和应用层的各个模块之间的人机交互。

6. 用户层

用户层是智慧矿山物联网模型的最顶层，直接面向对象，为国家相关部门、行业协会及矿山企业高层管理者、中层管理者、基层工作者提供一个统一、完美的登录入口。

（二）三个保障体系

标准化、信息安全和管理运维三大体系为智慧矿山的各个层面提供可靠的保障。标准化体系是应用系统开发、管理、运行维护过程中需要遵循的协议、规范以及技术范本等，用以指导智慧矿山信息化建设，为各横向层次和其余两大体系提供保障，确保智慧矿山信息化目标乃至智慧矿山目标的实现。标准化体系为六个层面的建设提供各种协议、规范、接口标准等，有利于各个系统的集成，有效降低集成成本。信息安全体系通过构建信息安全保障体系、权限控制机制、终端安全控制机制以及安全应用支撑平台，为六个层面提供完善、可靠的安全服务，保障通信、数据传输的高效、安全。管理运维体系为六个层面的技术、运行进行维护管理，是综合调度指挥集成平台安全正常运行的重要保障体系，包括系统管理、质量管理、软件工程以及运行维护，确保通过智慧矿山物联网的建设，实现煤矿企业生产自动化、管理高效化以及网络基础设施智能化等，并全面保障智慧矿山物联网建设的有效实施。

三、智慧矿山物联网关键技术

（一）智慧矿山物联网数字孪生技术

数字孪生(digital twin,DT)是指在物理实体和数字孪生体之间全面建立精确映射的孪生关系,从而实现物理世界与信息世界的互通交融。数字孪生技术建立了虚实融合和知识生成机制,能够将现有的矿山机理模型、经验知识和矿山大数据有机融合。根据数字孪生程度,其分为组件、资产、系统和过程等不同的等级。

(1) 组件孪生:数字孪生最基本最小化的功能组件单元。

(2) 资产孪生:当多个组件协同工作时形成资产孪生,形成后产生大量可以处理的运行数据,可用于产生分析指导用的见解。

(3) 系统孪生:能够看到不同的资产如何组合在一起形成一个完整的功能系统。系统孪生提供有关资产交互的可见性,并可能提供建议实现性能增强。

(4) 过程孪生:创建一个完整的生产过程,过程中揭示了系统如何一起工作,可帮助决策者确定各种有效的方案。

从组件孪生、资产孪生、系统孪生到过程孪生,三维模型都有重要的作用,三维模型作为载体加入井巷系统、综采设备、掘进设备、人员定位信息,便构成了煤矿最重要采掘场景的数字孪生。

数字孪生具有以下三个要素:

(1) 数字模型:采用虚拟仿真的数字化表达方式,建立一个与实体在外形、内容和属性等方面基本一样的数字模型;

(2) 空间关联:通过物联网建立数字空间和实体空间之间的关联,二者之间可以进行全要素、全生命周期的数据交互;

(3) 实时监测:一方面,实体空间的动态更新数据要实时地在数字孪生体系中反映出来;另一方面,数字孪生基于实测感知大数据进行分析和决策,进而反馈到实体空间,实现对实体对象的控制。

随着煤炭智能开采与虚拟现实技术进入深度融合阶段,基于数字孪生的无人化精准开采、透明开采和流态化开采,以及全方位、全时空、智能化监控研究已逐渐迈向前台。数字孪生技术将促进煤矿智能化技术发展,将为智慧矿山技术赋能。虚拟模型如图 3-19 所示(扫描右侧二维码可得相应彩图)。

图 3-19　虚拟模型

如图 3-20 所示，数字孪生矿山建设利用三维建模、三维 GIS、虚拟现实、地表摄影、三维激光扫描、360°实景复制等技术手段，将矿山地表、地下工程和矿体、采矿设备和设施、生产作业和环境、安全与环境监测等矿山要素进行数字孪生矿山三维数字化建模以及实时三维可视化，解决了矿山信息化建设过程中基础信息不足、信息孤岛和可视化等方面的问题，进一步加强了信息融合。

图 3-20　数字孪生矿山三维模型及实时可视化

矿山数字孪生模型(mine digital twin modeling，MDTM)是智慧矿山物联网的关键技术。它采用数字孪生“信息物理融合”的思想，通过建立数字孪生矿山场景、设备和作业流程等虚拟仿真模型，实现信息空间的仿真模型与物理空间物理实体之间的映射反馈，以及全要素、全流程的虚实映射和交互融合，形成虚实共生的迭代协同优化机制，实现物理空间实际场景与所对应的虚拟空间仿真场景虚实交互、数据同步，真正实现面向矿山综采工作面的智能化设计与迭代优化。

数字孪生矿山以矿山安全、环保、生产管理为目标，通过利用矿山生产和安环监测数据及空间数据库，从而使整个矿山价值链得到优化，同时利用矿山的历史和当前数据，针对不同的地质条件对勘探、回采、破碎、配矿、选矿等流程环节进行综合优化。数字孪生矿山技术是成功实现智慧矿山的关键技术之一。

（二）智慧矿山物联网边缘计算技术

边缘计算是指在靠近智能设备或数据源头的一端，提供网络、存储、计算、应用等能力，达到更快的网络服务响应，更安全的本地数据传输。边缘计算可以满足系统在实时业务、智能应用、安全隐私保护等方面的要求，为用户提供本地的智能服务。

智慧矿山物联网边缘计算系统一般由智慧矿山物联网云端管理系统、本地核心节点和普通设备组成，智慧矿山物联网云端系统负责设备管理、配置设备驱动函数和联动函数、设置消息路由等功能，本地核心节点一般是计算能力较强的设备，如路由器和网关，提供本地计算、消息转发、设备管理的能力；普通设备一般指可以接收网关下发的指令和上报数据给网关的设备。

智慧矿山物联网边缘计算系统具有设备接入、联动规则、函数计算、消息路由、断网续传、无线更新、本地机器学习与推理等功能。本地业务中经常会有需要利用机器学习算法构建推理模型，进行推理计算的业务，在智慧矿山物联网边缘计算架构中，机器学习模型、训练和推理都需要在云端完成，在一些对实时性要求较高或网络状态不好的情况下，推理的过程可能延迟，影响本地业务进行。

（三）智慧矿山物联网数据处理技术

面向矿山多源海量监测数据，需构建可靠性高、容量大、存储速度快、具备高度的伸缩性和扩展性的分布式存储架构，实现矿山安全生产过程大数据的高效泛在存取。智慧矿山物联网数据处理技术主要包括以下几个方面。

1. 信息高效接入与预处理

包括采掘、提升、通风、压风、供电、排水、胶带、调度通信、语音广播、视频监控等多源异构系统数据的海量实时接入、分发技术，实现矿山多类型、多参数系统信息的高效接入与实时协同控制。分析多源异构数据的内在特征、关联特征和时空分布特征，研究面向泛在监测数据属性约简、过滤清洗、数据融合及知识表示的实时分析和预处理模型与方法，构建面向矿山设备监测数据的实时分析与智能预处理方法体系。

2. 矿山大数据分布式存储

在数据存储层面，面向视频监控数据、设备监测数据、生产调度信息、巡检文档等多源异构数据，根据数据的类型和应用场景采用不同的分布式存储技术进行存储，如 Hive、HBase、HDFS(hadoop distributed file system)、RDBMS(relational data base management system)等。在数字平台中构建可靠性高、容量大、存储速度快、具备高度的伸缩性和扩展性的分布式存储架构，能够满足矿山设备监测数据结构化、半结构化、非结构化多种类型并存的数据特点和 PB 级的数据规模高效存取需求，为矿山生产过程安全状态分析与设备智能调度管控提供数据支撑。

3. 矿山大数据分布式计算服务

在针对矿山生产过程中海量监测数据的不同信源特性（包括生产信息、环境参数等缓变数据，振动、电磁等高频数据，视频、点云等高密度数据）的基础上，采用内存计算技术（如 spark）、即时查询技术（如 impala）、实时流处理技术（如 storm）和并行批处理技术（如 mapreduce）相融合的计算框架。针对矿山多源监测系统高吞吐量、高并发、海量数据的特点，利用分布式实时计算流处理技术解决监控系统及传感器信号的在线分析与处理问题，利用分布式离线批处理计算技术解决海量历史数据多维度关联分析问题，满足矿山生产过程大数据深度挖掘应用的需求。

4. 矿山物联网大数据分析

在大数据管理的基础上，集成大数据分析与人工智能算法工具，如 Tensorflow、Caffe、Mahout 和 SparkMLlib 等，集成回归分析、因子分析、特征提取、聚类分类、预测分析、关联挖掘、深度学习等算法，提供面向矿山物联网感知信息的信号分析、特征提取、智能判识和深度挖掘服务接口。结合矿山“人-机-环”状态感知模型、生产过程多源感知信息关联关系以及安全状态经验知识，研究面向多维异构矿山生产过程数据的分析与挖掘方法，研发机理与数据混合驱动的矿山生产过程安全大数据深度挖掘分析、知识发现与聚合平台。

思 考 题

1. 5G技术的全称是什么？它定义了哪三类典型应用场景？
2. 井下位置服务系统涉及的定位方法包括哪些？各有什么优缺点？
3. 井下位置服务系统的典型应用包括哪些？
4. 智慧矿山物联网总体架构的六个层次和三大保障体系分别是什么？
5. 什么是数字孪生技术？
6. 简述数字孪生三个要素。
7. 什么是矿山数字孪生模型？
8. 智慧矿山物联网数据处理技术主要包括哪几个方面？

第四章　智慧矿山数据治理与分析

第一节　智慧矿山数据数字化基础概述

一、智慧矿山数据分类

科学的数据分类是数据资源规划的大前提和入手点。合理地对数据资源进行分类，首先要建立合理的数据分类维度，再结合煤矿生产与管理实际的数据资源，选择适合的数据分类方法进行类别划分。依据国家标准《信息技术 大数据 数据分类指南》(GB/T 38667—2020)，数据分类过程划分为分类规划、分类准备、分类实施、结果评估、维护改进 5 个阶段，具体过程如图 4-1 所示。

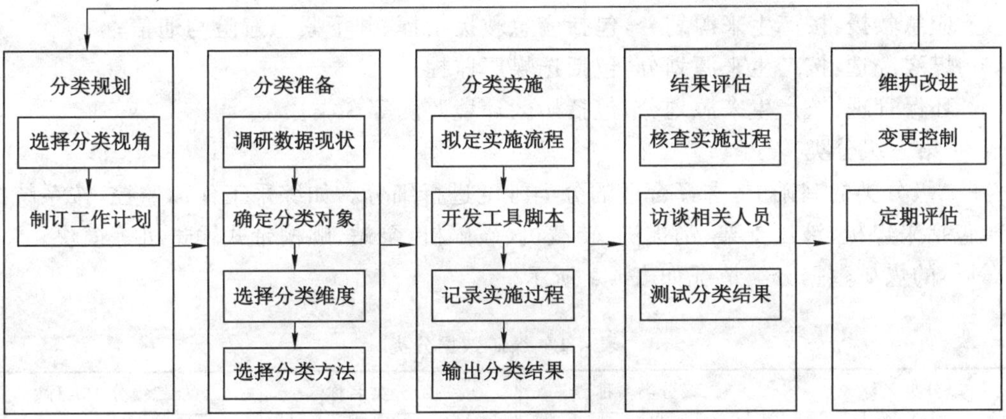

图 4-1　数据分类过程

煤矿数据范围涵盖煤矿安全生产经营的全过程，主要分为煤矿安全、煤矿生产、煤矿经营三大领域。煤矿数据呈多样化结构特征，其类型包括结构化数据、半结构化数据和非结构化数据；数据产生频率差异也很大，既包括各种频率的设备实时数据，也包括业务系统不定时产生的事务数据；此外，还有很多不同分类维度的数据，如根据产生来源、业务归属等划分的各个方面数据。

在充分考虑数据特性和数据实际情况的基础上，通过数据性质、数据产生方式、数据结构特征、数据业务归属几个维度将煤矿数据划分为若干大类，再根据大类中数据特征选择适当视角和维度对数据加以细分。

煤矿数据分类如下：

(1) 第一级分类

按数据业务归属分类，将煤矿行业数据分为12个主题域，包括煤矿经营、地质地测、矿井设计、矿建工程、机电运输、“一通三防”、安全管理、调度管理、生产管理、应急救援、煤炭洗选、环保管理。

(2) 第二级分类

根据业务域对煤矿经营、地质地测、矿井设计、矿建工程等第一级煤矿数据进行二级分类；根据产生来源对机电运输、“一通三防”、安全管理、调度管理、生产管理、应急救援、煤炭洗选、环保管理等第一级分类进行细分，具体分类如下：

① 煤矿经营：按业务域划分，包括煤矿基础信息、人力资源管理、培训管理等9类；

② 地质地测：按业务域划分，包括地质和测量；

③ 矿井设计：按业务域划分，包括设计依据、设计过程和设计成果；

④ 矿建工程：按业务域划分，包括矿建、土建和机电安装；

⑤ 机电运输：按产生来源划分，包括综掘工作面监控、综采工作面监控等18类；

⑥ 一通三防：按产生来源划分，包括瓦斯抽放监控、矿井通风自动监控等7类；

⑦ 安全管理：按产生来源划分，包括安全监控系统、人员及车辆定位等14类；

⑧ 调度管理：按产生来源划分，包括综合调度指挥和班组信息管理；

⑨ 生产管理：按产生来源划分，包括无人采矿、生产执行系统等5类；

⑩ 应急救援：按产生来源划分，包括应急救援指挥、井下紧急避险与通信；

⑪ 煤炭洗选：按产生来源划分，包括选煤厂监控；

⑫ 环保管理：按产生来源划分，包括矿区环境监测等3类。

(3) 第三级分类

在二级分类的基础上，选择合适的分类维度进行细分。如综采工作面监控，按系统模块划分，包括采煤机、液压支架、刮板机、转载机、破碎机、泵站、顺槽带式输送机等模块。

具体的煤矿数据分类情况如表4-1所示。

表4-1 煤矿数据分类

一级分类名称	二级分类名称	一级分类名称	二级分类名称
煤矿经营	煤矿基础信息	一通三防	瓦斯抽放监控
	安全生产经营指标		矿井通风自动监控
	人力资源		消防防尘监控
	财务管理		火灾监测
	物资管理		煤与瓦斯突出监测
	煤质管理		水文监测
	煤炭销售		冲击地压监测

表 4-1(续)

一级分类名称	二级分类名称	一级分类名称	二级分类名称
煤矿经营	IT 资源管理	安全管理	安全监控系统
	园区管理		人员及车辆定位
地质测量	地质		视频监控
	测量		矿压监测
矿井设计	设计依据		井筒安全监测
	设计过程		矸石山监测
	设计成果		尾矿库(坝)监测
矿建工程	矿建		放炮监测
	土建		语音广播监控
	机电安装		电子指示监控
机电运输	综采工作面监控		安全保障
	综掘工作面监控		安全风险分级管控
	轨道运输监控		安全隐患闭环管理
	无轨运输监控		三违管理
	带式运输监控	调度管理	综合调度指挥
	矿井提升监控		班组信息管理
	辅助运输监控	生产管理	机电管理
	矿山供电监控		生产执行系统
	矿井排水监控		外购煤(矿石)监控
	压风监控		井下作业人员管理系统
	供水监控		产量计量监测
	注浆监控	应急救援	应急救援指挥
	填充监控		井下紧急避险与通讯
	制冷降温监控	煤炭洗选	选煤厂监控
	快速装车监控	环保管理	矿区环境监测
	注氮监控		地表沉陷监测
	矿井污水处理监控		降雨量监测
	锅炉房监控		

二、智慧矿山数据处理要求

随着煤矿信息化技术的不断发展,煤矿数据呈几何级数增加,数据范围广,数据结构多样,包括生产、安全、管理、运销等诸多方面。从数据来源角度划分,煤矿数据以设备环境监测及生产经营业务等内部数据为主,并分布管理包括煤矿市场动态、供应服务商信息、气象信息等外部数据。从数据结构种类划分,煤矿数据包括各种数据采集与监视控制系统(supervisory control and data acquisition,SCADA)及智能仪表所生产的结构化数据、管理过程中所产生的报表等半结构化数据以及井下视频、音频等非结构化数据。

1. 煤矿数据特征

煤矿数据除满足数据规模大、高速性、多样性、价值密度低等基本数据特征外，还具有数据源分散、数据结构复杂、时效性强、特征数据稀疏、关联性强等特征。因此，煤矿数据具有典型的工业大数据特征。

(1) 煤矿数据源分散。产生煤矿数据的系统包括 SCADA 系统、地理信息系统、安全管控系统、生产执行系统、调度管理系统、企业资源计划管理系统等不同系统。这些系统由不同部门分散放置、分布管理，易造成“信息孤岛”。

(2) 煤矿数据结构复杂。煤矿数据类型十分多样，其数据长短、数据频率、数据格式都不同。因此，煤矿数据处理难度大，尤其是对煤矿数据进行关联分析。

(3) 时效性强。煤矿行业实行 24 h 倒班作业，要求数据处理的实时性与准确性，特别是生产安全相关数据处理需实现快速反馈甚至是提前预测。

(4) 数据特征稀疏。煤矿数据量虽大，但能显示其有效数据特征的数据极少，往往只存在浅层趋势信息，缺乏具有限制特征的数据样本，如设备故障数据或环境灾害数据，亟需挖掘其潜在特征关联，实现数据预测与决策。

(5) 数据关联性强。煤矿监测数据强调时序性，数据全生命周期过程时序关联，而生产过程中各关键环节相互耦合，特别是与地理信息系统中的空间数据具有较强关联。

2. 煤矿数据处理要求

针对煤矿特殊数据特征，煤矿数据处理技术架构显著区别于传统数据处理技术，具有更高的数据处理要求。

(1) 多种数据源抽取融合。数据平台需集成主流关系型数据库、非关系型数据库、流式数据等多种抽取方法，形成融合数据抽取方案，对业务数据、物联网数据和外部数据实现全面采集。

(2) 多类型数据抽取转换装载(extract transform load，ETL)方法融合。为了保证数以万计的物联网节点产生的实时数据流能够被及时处理，增加基于大数据分布式技术的 ETL 集群，支持横向扩容，消除数据清洗瓶颈。

(3) 实时流式计算。为保证数据处理的时效性，构建流式计算框架，基于分布式内存并行计算，兼具数据处理速度与计算内存调度管理。

(4) 多元数据服务融合。为支撑煤矿智能化不同应用系统的数据，数据平台需包含从算法库到数据接口的多元化数据服务，特别是元数据的数据管理。

(5) 人工智能算法实现数据挖掘。应用深度学习、知识图谱等算法挖掘数据纵向和横向关联关系，实现全面态势感知与预测。

三、智慧矿山技术文件的数字化转化

技术文件是煤炭企业管理中一类重要的数据资产。技术文件的数字化管理，能有效提高企业文件流转共享效率，降低纸质文档依赖，加速企业的知识积累。

1. 文件存储

文件存储位置包括服务器磁盘、HDFS、HBASE。

2. 文件分类

文件分类信息包括分类编码、分类名称、存储位置、排序号等。

3. 文件属性

文件属性又称为文件元数据，包括属性名称、英文名称、数据类型、长度、引用数据字典、是否非空、排序号、文件名称、文件大小、扩展名、所属分类、存储位置、密级、上传人、上传时间等。

4. 文件权限

文件权限包括管理权限、查看权限、下载权限等，通过赋予不同用户的不同文件管理权限，多维度保障文件管理安全。

5. 文件维护

文件维护包括查看、查询、上传、下载、移动和删除等。

四、智慧矿山大数据平台及数据服务架构

基于 Hadoop 生态的大数据平台发展成较为成熟的技术架构，煤矿大数据平台自下而上包括数据接入层、数据存储层、数据资产管理层、数据服务层等，技术架构如图 4-2 所示。

在该总体技术架构下，煤矿大数据主要围绕数据接入与存储系统、主数据管理系统及数据服务系统进行搭建，从而建立大数据平台基础框架，为煤矿数据融合分析提供基础数据与资源支撑。

（一）煤矿大数据采集与数据接入

数据源特征决定了数据采集功能的实现方式。根据前文所述煤矿数据来源，煤矿数据主要包括各生产 SCADA 系统的实时数据、各信息化系统的关系型数据库、各类消息队列、图纸报表文件等各类文档以及视频音频等非结构化数据。

1. 煤矿数据接入方式

由于煤矿各安全生产监测管理系统多业态、多采集场景，数据形式各异，需引入不同的数据采集方式。煤矿大数据平台应支持以下几种方式。

（1）消息队列方式

消息队列就是一个消息的链表，相当于消息的传输过程中保存消息的容器。源系统产生的消息被发送到队列中，消息队列管理器充当中间人将消息从源中继传到目标过程。队列的主要目的是提供路由并保证消息的传递；如果发送消息时接收者不可用，消息队列会保留消息，直到可以成功地传递。

（2）实时数据同步方式

传统业务系统中，有很多是采用的 Oracle、DB2 等关系型数据库来实现数据存储和计算的。实时数据同步方式是一种基于日志的结构化数据复制备份的技术，通过解析源数据库在线日志或归档日志获得数据的增量变化，并将其应用到目标数据库，从而实现源数据库与目标数据库同步。

（3）ETL 方式

ETL 用来描述将数据从来源系统经过抽取、转换、加载至目标库的过程。

（4）文件交换方式

有一些系统，由于安全的需要或者系统压力的考虑，不能通过直连的方式进行数据抽取。在这种情况下，可以采用源系统按照协商好的接口格式导出数据到文件系统之中，数据引擎到文件系统中取文件的方式。

（5）企业服务总线方式

企业服务总线（enterprise service bus，ESB）提供了事件驱动和文档导向的处理模式、

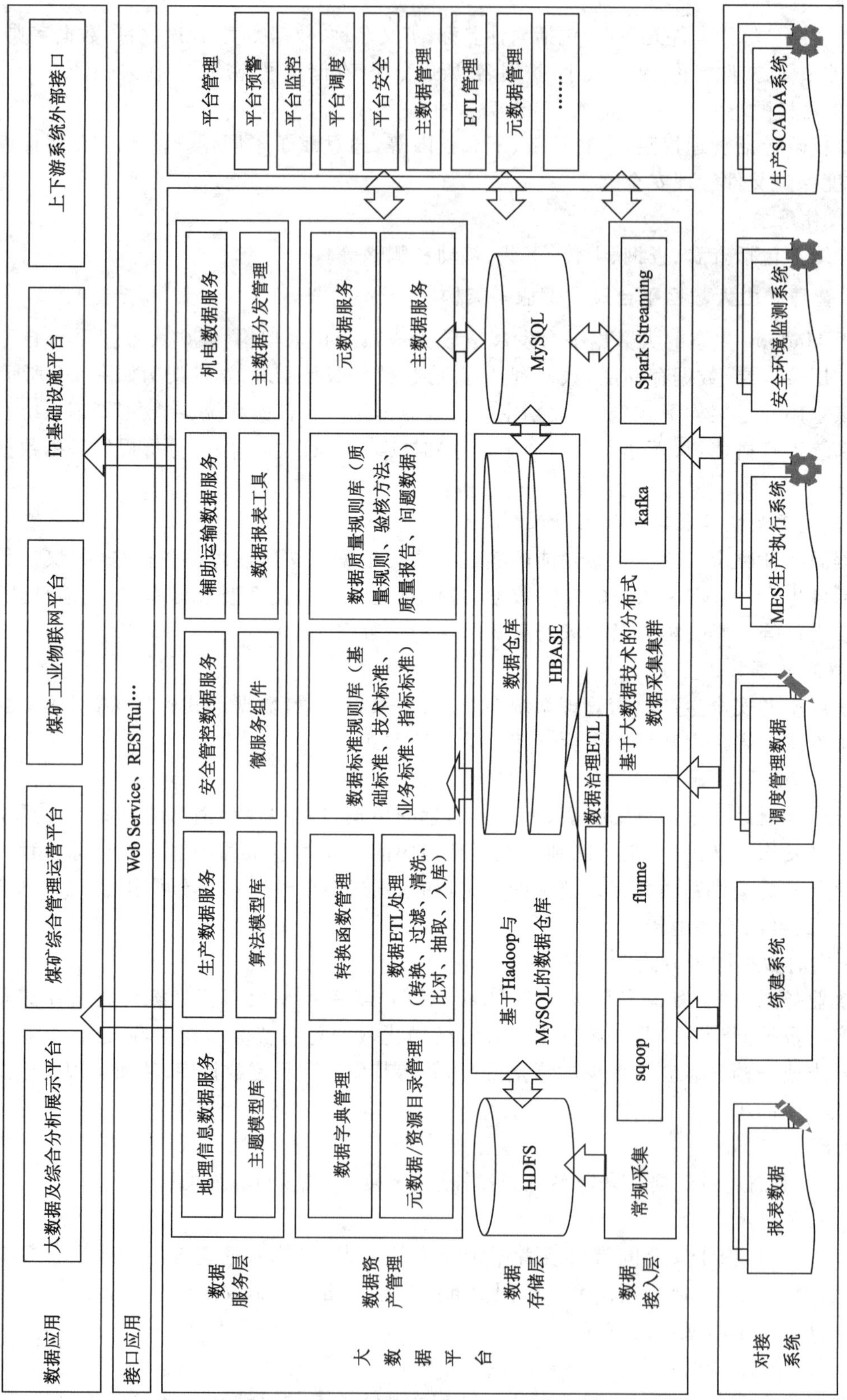

图4-2　煤矿大数据平台技术架构

分布式的运行管理机制，支持基于内容的路由和过滤，具备复杂数据的传输能力，能提供一系列的标准接口。

(6) 网站接口方式

有些网站数据，提供有偿接口，可通过相关 API 获取相关所需数据。

针对实时生产数据，需要强大的分布式 ETL 处理集群，才能完成海量高频率(毫秒级)的实时数据采集。针对各类信息化系统所涉及的关系数据库，由于数据频率较低，可以开发相应组件以 JSON 或 XML 格式文件形式来定时采集。对于图纸、报表、文件等各类文档非结构化数据，一方面对服务器源目录实时监听，进行实时采集；另一方面可以开发相应分析 meta server 组件，对文件进行解析，抽取元数据进行结构化数据存储。煤矿大数据采集与数据接入处理流程如图 4-3 所示。

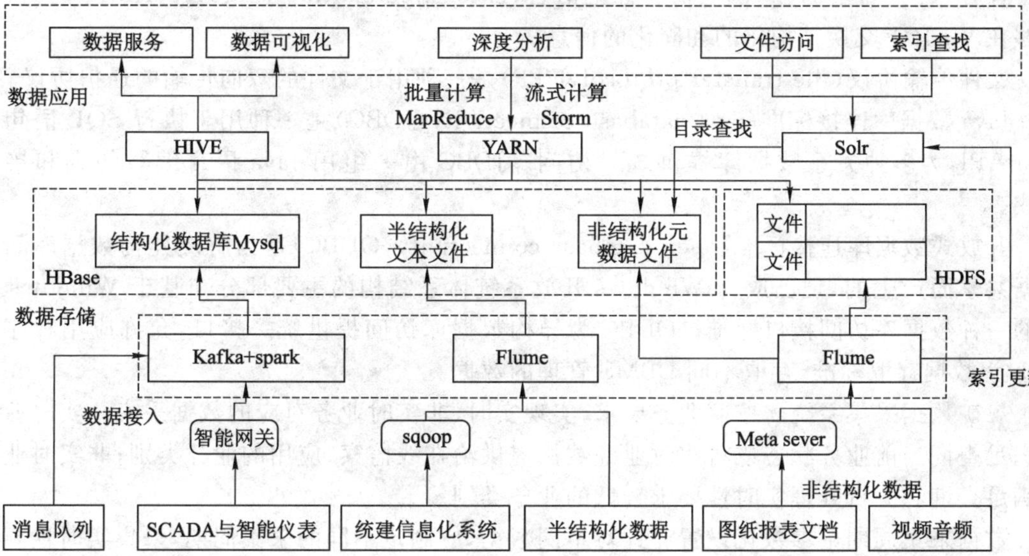

图 4-3　煤矿大数据采集与数据接入处理流程示意图

2. 煤矿数据源管理与数据采集协议

数据源管理作为数据接入的第一步，统一管理所有需要接入的数据来源连接信息，包括针对矿业上生产设备、监测监控系统等数据源的创建和管理、数据输出方向 Kafka 的数据源创建和管理。

根据数据的多种采集方式，相应地也会涉及多种的采集协议，平台支持的采集协议包括如下几种：

Modbus 通信协议支持传统的 RS-232、RS-422、RS-485 和以太网设备。许多工业设备如 PLC、DCS、智能仪表等都在使用 Modbus 协议作为设备间的通信标准。

ProfiBus 是德国标准(DIN19245)和欧洲标准(EN50170)的现场总线标准，由 ProfiBus-DP、ProfiBus-FMS、ProfiBus-PA 系列组成。ProfiBus-DP 用于分散外设间高速数据传输，适用于加工自动化领域；ProfiBus-FMS 适用于纺织、楼宇自动化、可编程控制器、低压开关等；ProfiBus-PA 用于过程自动化的总线类型，服从 IEC1158-2 标准。

面向过程控制的对象链接与嵌入(object linking and embedding for process control, OPC)数据采集协议为基于 Windows 的应用程序和现场过程控制应用建立了桥梁。OPC 标准以微软公司的对象链接与嵌入(object linking and embedding, OLE)技术为基础,通过提供一套标准的 OLE/COM 接口完成协议制定。OPC 技术采用 OLE2 技术,其中,OLE 标准允许多台微机之间交换文档、图形等对象。

消息队列遥测传输(message queuing telemetry transport, MQTT)是 IBM 开发的一个即时通信协议,是物联网的重要组成部分。

超文本传输协议(hypertext transfer protocol, HTTP)是用于从万维网服务器传输超文本到本地浏览器的传输协议,可以使浏览器更加高效,使网络传输减少。

简单对象访问协议(simple object access protocol, SOAP)是交换数据的一种协议规范,是一种轻量的、简单的、基于可扩展标记语言(extensible markup language, XML)的协议,能够在 WEB 上交换结构化的和固化的信息。

文件传输协议(file transfer protocol, FTP)是一种用于文件的双向传输的通信协议。

Java 数据库连接标准(java database connectivity, JDBC)是一种用于执行 SQL 语句的 Java API,为多种关系数据库提供统一访问。JDBC 由一组用 Java 语言编写的类和接口组成。

开放式数据库连接标准(open database connectivity, ODBC)是为解决异构数据库间的数据共享而产生的,现已成为 Windows 开放系统体系结构的主要部分和基于 Windows 环境的一种数据库访问接口标准。ODBC 为异构数据库访问提供统一接口,允许应用程序以 SQL 为数据存取标准,存取不同 DBMS 管理的数据。

煤矿数据采集系统需按照业务要求,实现实时、非实时业务对应的数据采集。实时业务是满足查询当前业务状态或将实时业务数据提供给在线监察、应用的业务类别;非实时业务是满足查询和分析处理实时性要求较低的业务类别。

数据采集周期可参数化设置。针对不同数据,应制定不同的采集周期,采集实时性要求较高的数据点,如自动化设计监测系统,应采用较高的采集频率;采集实时性要求较低的数据点,如车辆定位系统数据等,采用较低的采集频率。

(二) 煤矿大数据存储

煤矿大数据存储与管理是针对具有多样性、多模态、高通量和强关联等特性的煤矿大数据进行的高吞吐量存储、数据压缩、数据索引、查询优化和数据缓存等操作。

1. 多源异构数据存储

多源异构数据是指数据源不同、数据结构不同、数据类型不同的数据集合。为了将多来源、多种类、多类型的环境数据及时、准确、有效、安全地整合到煤矿大数据中心,需设计一套多源异构数据存储方案,提供协议解析引擎、预处理引擎、存储引擎和对解析、处理和存储进行配置管理的元数据管理系统。

在元数据管理系统中针对要采集的数据进行数据描述,明确协议解析规则、预处理规则、存储规则一体化配置等。协议解析引擎可以针对元数据管理系统中配置的协议,启动相关协议的监听程序或者拉取、爬取等程序,将数据解析之后存入消息队列中。预处理引擎可以从消息队列中取出解析后的数据,然后根据元数据管理系统中相应的处理配置进行预处理,然后再存入消息队列中。存储引擎可以从消息队列中取出经过处理的有效数据,然后根据配置的存储规则存储到相应的存储中心。由此，不仅解决了环保数据种类繁多、来源广泛且协议多样化不统一的问题，也可解决数据杂乱、质量不高和数据架构混乱、存储不一等问题。

2. 多模态数据存储

工业大数据来源十分广泛，包含生产过程的非结构化工程数据、企业信息、服务维修数据、机器数据等。上述数据格式不同、结构不同、含义复杂。在工业大数据应用中，能够将多模态数据有机地结合在一起，是多模态数据集成的目标。

文本、图片、视（音）频等不同模态数据在不同程度上具有不同层次的知识表达性，为了克服结构差异对多模态表示造成的影响，需要建立认知数据支持的深度特征学习与关联表示模型，从而将语言和视、听觉等不同模态的信息投影到相互关联的共同子空间中，实现知识层面的多模态数据协同表示，进一步支持多模态融合的知识获取。

多模态数据集成技术带动产品创新、智能服务、数据管理等更优化，有利于新一代信息物理系统数据管理与服务技术的研发。

（三）煤矿大数据仓库与数据处理

数据存储仓库大致分为以下六层：

原始数据存储（operational data store，ODS）层：数据来源可能是通过 Flume、Kafka、Sqoop 导入，存放从煤矿各业务系统汇集的原始数据。该层数据模型保持与源业务系统结构和内容上的一致性，记录数据变化，为上层数据计算提供充分的扩展性。

数仓明细（data warehouse detail，DWD）层：存放经过标准化处理的结构、类型、命名统一的规范化数据。

数仓汇总（data warehouse service，DWS）层：也称主题表，以某维度为线索，组成跨主题的宽表。

应用数据（application data store，ADS）层：与需求对接，面向煤矿智能化分析应用提供定制化的数据模型，在基础指标层基础上计算衍生指标，实现跨主题指标关联拼接，提供多维度、多指标的综合型分析模型。

数据维度（dictionary data market，DIM）层：存储各层公用的维度数据。为各个层级数据模型计算提供统一的维度信息，同时为煤矿智能化分析应用提供用于维度扩展的属性信息。

临时数据层（temporary data layer，TEMP 层）：存储一些中间计算结果。

以综采工作面数据仓库构建进行解释，如图 4-4 所示。

原始数据层按照数据采集单元划分为液压支架传感数据等，记录所有类型的历史采集数据，最大程度地保留数据原始特征。

明细数据层和基础指标层数据模型按照数据域进行组织，划分为生产域和设备域。生产域包括割煤、装煤、运维、支护等生产过程的明细事实及基础指标；设备域包括与设备运行状态和参数相关的基础指标。明细数据层数据模型按照基础事实信息构建，主要包括滚筒电流模型、牵引温度模型、胶带转速模型等。在此基础上，基础指标可按照指标计算逻辑构建设备电流指标模型、设备温度指标模型、采煤机循环割煤指标模型等。

服务数据层按分析主题进行组织，构建主题分析模型，如设备分析主题下的功效分析模型、停机分析模型等，安全分析主题下的矿压分析模型、移架分析模型等。

公共维度层包括基础属性模型（如设备信息维度模型、液压支架属性维度模型），还包括

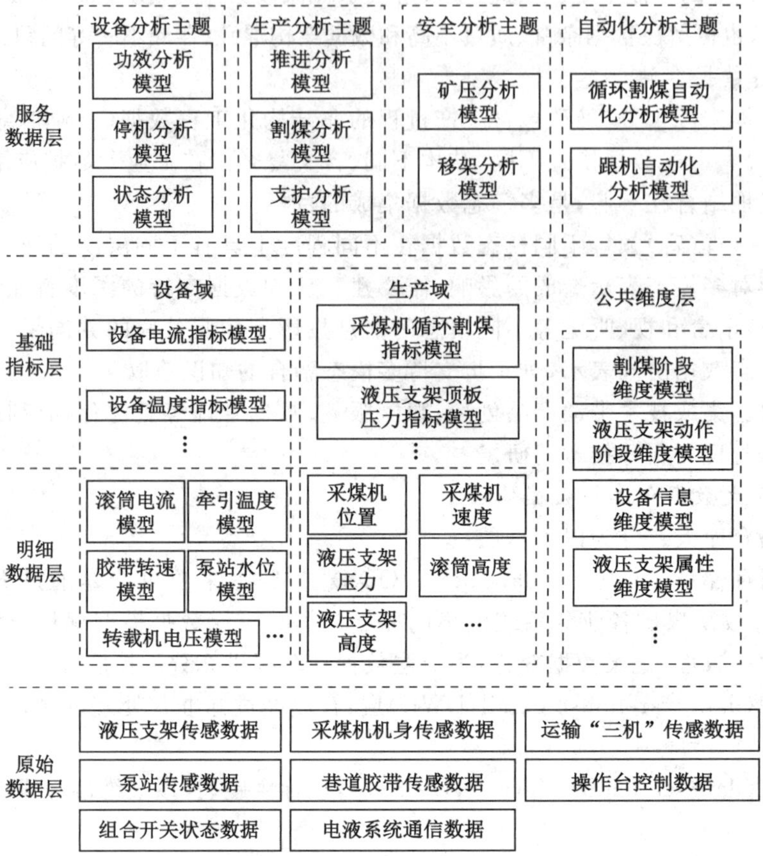

图 4-4　综采工作面数据仓库构建

基于机理模型阶段划分模型(如割煤阶段维度模型、液压支架动作阶段维度模型等)。

(四)煤矿数据可视化

数据可视化是指将大型数据集中的数据以图形、图像形式表示,并利用数据分析和开发工具发现其中未知信息的处理过程。数据可视化技术的基本思想,是将数据库中每一个数据项作为单个图元元素表示,大量的数据集构成数据图像,同时将数据的各个属性值以多维数据的形式表示,可以从不同的维度观察数据,从而对数据进行更深入的观察和分析。

1. 支持大规模设备多源异构数据融合

大数据平台基于分布式的数据库存储服务,可实现多机房自动冗余备份,采用自动读写分离保证数据库的稳定性。其内部组件包括:企业级数据仓库系统,整合、融合设备运行状态数据、运维与管理数据、人员数据等多源异构大数据;数据仓库 ETL 程序,对各种时序数据、表格数据的清洗和标准化,为数据分析和数据应用提供整合的数据源;支持设备传感器数据和运维数据,在数据仓库中进行永久保存,通过提供数据库接口实现数据使用。

2. 提供面向大数据的统计、查询、挖掘分析工具

大数据平台通过提供面向大数据的统计、查询、挖掘分析工具,基于浏览器访问的集成化挖掘分析环境,包含基础统计组件、数据查询组件、挖掘分析组件、运行等工具,兼容主流

大数据分析与机器学习框架，实现 TB 乃至 PB 级别的分析任务处理。

3. 定制化数据报表系统

借助大数据平台，能够有效整合煤矿全方位信息，实现企业数据与分析成果的即时分享和业务协同，重点关注包括煤矿生产、安全风险管控、资源调度、设备管理等煤矿经营相关信息，寻找数据内在关联价值。

4. 数据驾驶舱

数据驾驶舱是面向煤矿调度管理层的决策支持系统。通过详尽的指标体系，实时反映煤矿的运行状态，并运用适合的数据挖掘等管理分析工具对信息进行处理，使信息变为辅助决策的知识，将采集的数据形象化和直观化。具体如图 4-5 所示。

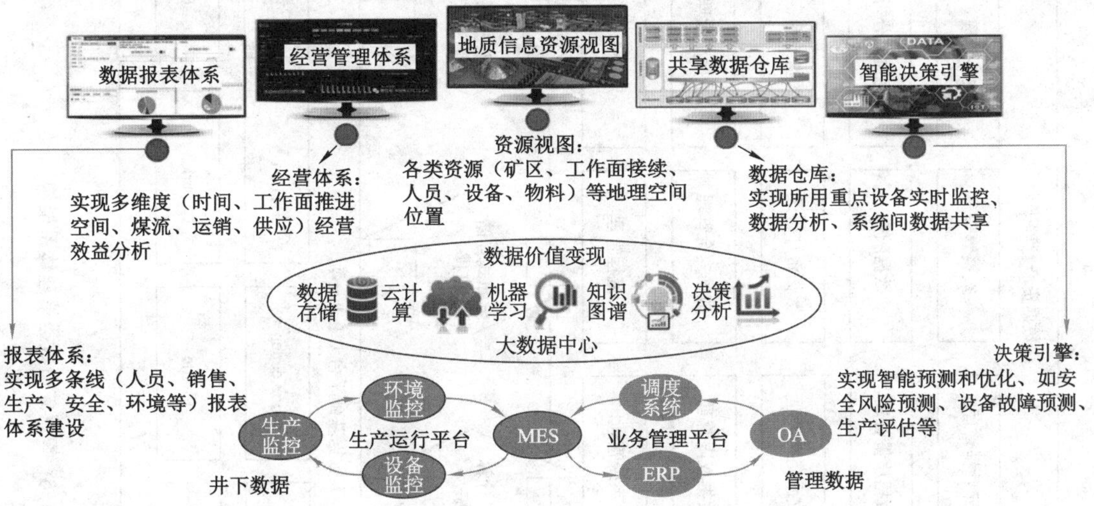

图 4-5　煤矿数据驾驶舱系统

第二节　智慧矿山数据治理体系

一、智慧矿山数据治理体系架构

智慧矿山数据治理基于数据中台，其一般可由三部分构成，分别是大数据基础平台、数据接入平台和数据资产管理平台。智慧矿山数据治理体系架构如图 4-6 所示。

大数据基础平台基于 Hadoop 生态构建，旨在为数据接入平台和数据资产管理平台提供多种分布式计算框架支撑，以及面向多源异构数据资源的分布式存储支撑。

数据接入平台面向煤矿工业数据资源提供基于 OPC 等工业协议的实时数据接入，半结构化实时数据向结构化数据的自动转换，以及消息队列等高效的结构化实时数据共享等。

数据资产管理平台以大数据处理技术为支撑，以数据规划与管理方法为指导，以数据聚合、治理、融合、服务为核心，为煤矿提供有效的数据资产沉淀工具，构建煤矿数据资产的归集、存储、管控、治理、融合、交换及应用环境，支撑煤矿元数据及数据统一管理、数据问题发现治理、数据指标加工融合，以及数据资产交换共享。

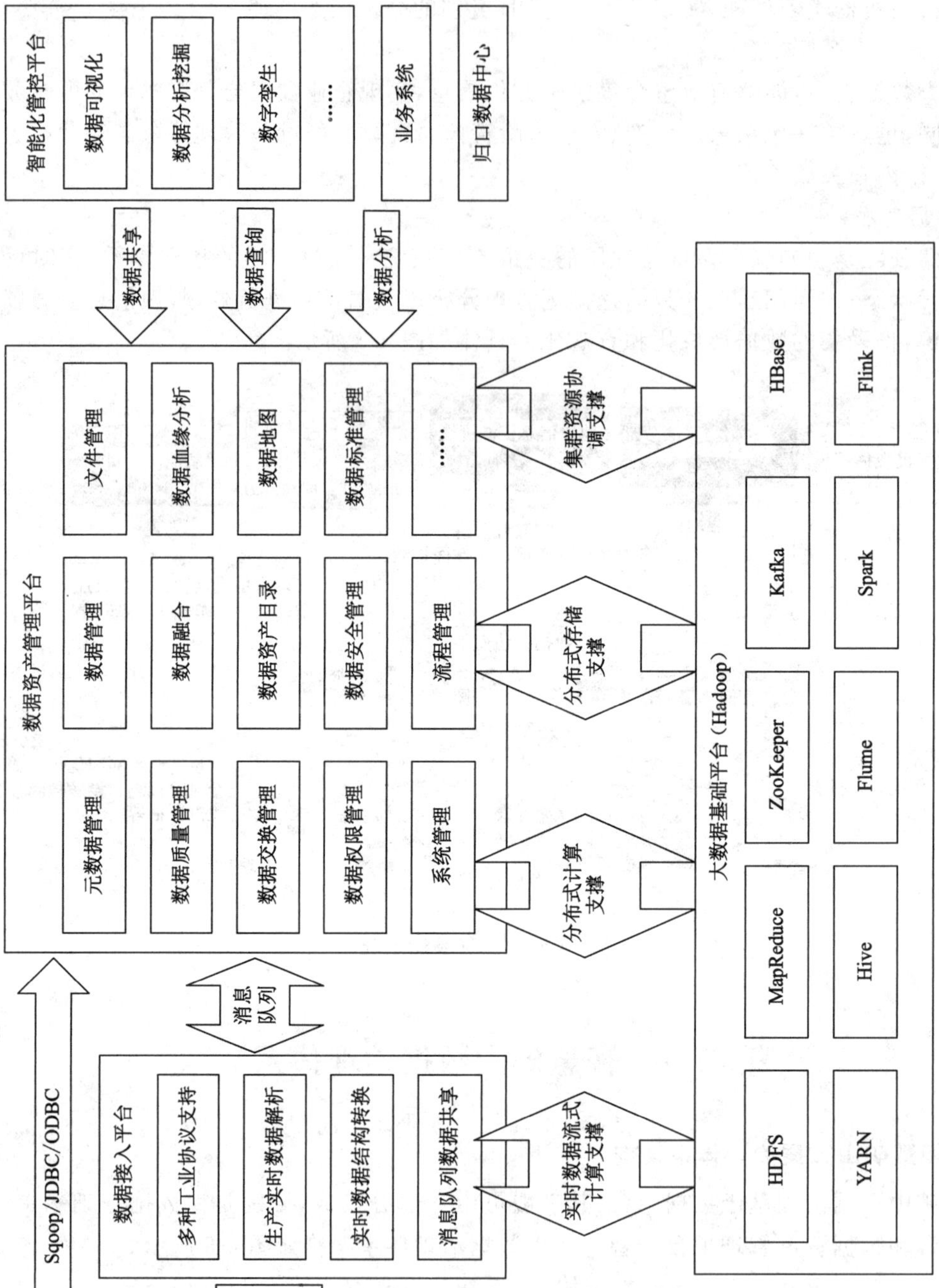

图4-6　智慧矿山数据治理体系架构

智慧矿山数据治理体系的构建为煤矿企业提供了数据全生命周期管理场景，让数据资产可见、可管、可用、可靠，帮助煤矿建立基于自有数据优化煤炭生产、降本增效、促进业务和平台创新升级的能力，实现数据驱动业务、支撑数据价值发现。

二、智慧矿山结构化数据管理

智慧矿山结构化数据也称作智慧矿山行数据，是由二维表结构来逻辑表达和实现的数据，严格遵循数据格式与长度规范，主要通过关系型数据库进行存储和管理。

1. 数据模型管理

数据模型管理是数据标准化应用的核心关键要素，依赖于大数据平台的模型抽取功能实现，在数据模型发生变化时，可自动同步最新的数据模型，与数据所在系统中的数据模型保持一致。

2. 数据归档

对系统中较低业务价值或无法满足业务需求的数据需进行归档及冻结处理，归档后的数据不能被随意更改，但可查询、调用。如果需要对归档的主数据进行修正或更新，需通过数据变更流程完成，同时系统中将保存历史版本，以便在需要时进行回退或比对。

3. 数据质量管理

为保证数据的质量，需对数据进行质量评估。针对不同类别的数据特征建立质量评估规则，并将之作业化执行，发现并改正不完整、不正确和不一致的主数据，反馈给数据所属的系统，以提高数据质量。质量评估过程意在发现并纠正数据中可识别的错误，包括检查数据一致性、处理无效值和缺失值。

数据质量评估规则如下：

① 完整性：描述数据是否存在缺失记录或缺失字段；

② 唯一性：描述数据是否存在重复记录；

③ 精确性：描述数据是否与对应的客观实体特征相一致；

④ 合法性：描述数据是否满足用户定义条件和域值范围内。

4. 数据集成和分发

大数据平台能够将各级应用系统提供的数据进行集成，实现高效的数据整合。通过建立数据的模板和标准，以标准集成服务的方式把统一的、完整的、准确的、权威性数据分发给使用这些数据的各个应用系统。

应用系统与数据管理系统交互如下：

数据接收：应用系统作为数据源，大数据平台接收业务系统发送的数据。

数据分发：数据中台作为数据源，业务系统接收数据中台发送的数据。

数据分发是实现数据同步和数据一致性应用的关键过程。数据分发支持分发系统、分发频率、分发数据范围、数据同步规则等全面自定义功能，实现分发日志自动跟踪和记录；支持多种分发模式和分发数据协议，支持异常处理。

三、智慧矿山非结构化数据管理

智慧矿山非结构化数据是指未通过数据模型预先定义的数据，包括关系数据和模型数据。在煤炭企业的整体数据架构中，非结构化数据往往是指不适合用数据库二维关系逻辑表来展现的数据，包括所有格式的办公文档、标准通用标记语言下的子集、各类报表、图像和音频视频文件以及工程图文档信息等。

1. 非结构化数据管理体系

非结构化数据与结构化数据有明显的差异，随着大数据存储和计算能力的增强，非结构化数据基于丰富和多样的信息量，较之结构化数据拥有更大的数据资产化价值空间，应注重非结构化数据在数据管理中的有效管理，针对非结构化数据的无序性、分散性开展价值挖掘，对缺乏规则化的非结构化数据，以及对分散在个人电脑、服务器、各种应用程序及大数据存储中的非结构化数据开展全面的治理，进一步发挥非结构化数据的资产化价值。

构建非结构化数据管理体系，需要基于顶层设计及战略开展非结构化数据治理，落实非结构化数据管理各项职能活动，实现非结构化数据资产价值。非结构化数据管理体系包括五大核心方面及十六个重点领域，如图 4-7 所示。

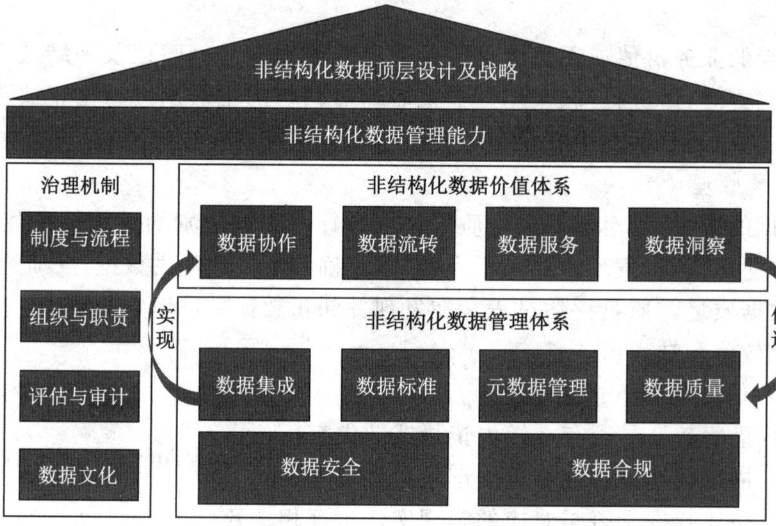

图 4-7 非结构化数据管理体系

其中核心领域如下：

(1) 非结构化数据顶层设计；

(2) 非结构化数据管理能力成熟度；

(3) 非结构化数据治理，包括组织与职责、制度与流程、评估与审计、数据文化；

(4) 非结构化数据管理，包括非结构化数据集成、非结构化数据标准、非结构化元数据管理、非结构化数据质量、非结构化数据安全和非结构化数据合规；

(5) 非结构化数据价值，包括非结构化数据协作、非结构化数据流转、非结构化数据服务和非结构化数据洞察。

2. 非结构化数据管理应用类型

随着信息技术全面升级，智慧矿山不仅关注内容管理层面，更关注利用内容助力业务流程来进一步提升生产效率，以及挖掘数据价值从而进一步提升企业竞争力。典型的企业内容管理系统包括内容协作和交互、内容全生命周期管理、统一的内容管理、内容的知识化、内容归档和合规管理平台，以及电子文档安全管理平台等。

(1) 内容协作和交互

煤炭企业内容管理系统可以通过完善的共享、外发、扩展编辑、检索等环节实现远程办公,文档协作和交互,并通过完善的权限管理机制,保证文档应用安全。

(2) 内容全生命周期管理

煤炭企业内容管理系统可以建立电子文件全生命周期管理;根据煤炭企业业务过程来管理企业内容,建立全程可追踪的管理体系。

(3) 统一的内容管理

统一的内容管理平台可以通过标准化应用程序接口,与各大系统对接,建立跨系统内容协作,并通过分布式部署等途径,打破物理空间对内容管理的限制,以整合各类数据的资源。

(4) 内容的知识化

煤炭企业内容管理系统可以对知识进行沉淀与传承,构建知识管理和应用体系,使显性知识规范化,并挖掘存储在员工头脑中的隐性知识,使隐性知识显性化。

(5) 内容归档和合规管理平台

煤炭企业内容管理系统可以自动化和智能化地收集、管理、保存和利用企业档案,同时使之符合法律法规要求,满足煤炭企业合规性管理要求。

(6) 电子文档安全管理平台

非结构化数据可以用于涉密或商秘电子文档的集中存储及安全管控,提供全程安全可控的文档管理业务系统与环境。

3. 非结构化数据管理应用实践

(1) 非结构化数据中台

非结构化数据中台为企业提供非结构化数据统一存储、统一管理的内容管理平台和内容服务平台。通过构建煤矿非结构化数据中台,提供方便于前台应用统一输出的各种非结构化数据服务,通过门户、建模和表单三大引擎快速构建各种以非结构化内容为主的业务应用,实现煤矿生产管理业务的内容驱动和精细化运营。

(2) 文档档案一体化应用

文档档案一体化应用模式遵循"文件生命周期理论",为煤矿档案信息化建设提供应用解决方案,譬如基于电子文档全生命周期管理功能,以满足煤矿生产企业非结构化数据的统一采集、存储、保护、管理、使用和交换需求。

按照煤矿企业档案管理规范,将档案收集工作前置,约束各个职能部门在日常文档管理过程中进行预归档整理,定期向档案系统归档,可实现文档业务充分融合,同时将档案记忆知识化,为企业再生产活动提供强有力的知识支撑。

(3) 文件安全交换应用

文件安全交换是融合网络隔离技术和网盘技术于一体的专业应用,文件安全交换具有全方位安全管控的特点,通过授权、审批、审计、查杀毒、敏感性检测和文档标签追踪等方式保障了数据交换全过程的安全性。用户在不同网间进行数据摆渡时,系统会进行严格地交换安全控制,并留有完整日志和摆渡文件以备后续审计追溯,以保障用户在不同网间、不同环境下的数据传输、存储、交换、共享与分享的安全性。

四、智慧矿山元数据管理

智慧矿山元数据是最基础的数据,是用于描述其他数据的结构数据。元数据描述数据定义、数据约束、数据关系等。在物理模型中，元数据定义了表和属性字段的性质。

由于元数据是其他数据依存的基础，元数据管理在企业数据管理中起关键性的作用。元数据描述了系统中的表和属性字段的性质，所以应该在数据库设计阶段进行准确的定义，并在数据库的整个运行过程中保持不变。元数据的改变将从底层改变其他数据的结构，对整个系统产生影响。例如，如果将系统中客户信息的姓氏字段从 20 字节增长为 40 字节，则系统中对客户信息以及与客户信息相关的业务信息、财务信息的查询、显示以及报表等诸多功能都将随之发生变化。

在数据平台建设中，首先需要制定煤矿元数据标准和煤矿信息资源目录体系，包括对煤矿日常安全、生产、经营业务管理及重大危险源识别、预测、预警全过程数据集的描述；对数据集中分类标准的描述；对各数据项、数据来源、数据所有者及数据序列等的说明；对数据质量的描述，如数据精度、数据的逻辑一致性、数据完整性等；对数据转换方法的描述；对数据库更新、集成方法等的说明。

1. 元数据描述方法

(1) 总体要求

元数据应使用中文名称、定义、短名、数据类型、值域、最大出现次数、约束等属性，对煤矿元数据的元数据实体和元数据元素进行描述。

(2) 中文名称

赋予元数据元素或元数据实体的一个中文标记。元数据中文名称在本文范围内应唯一，元数据元素名称在元数据实体中也应唯一。

元数据中文名称中宜采用的国际通用表示词，如表 4-2 所示。

表 4-2　数据元中文名称

表示词	含义
名称	表示一个人、客体、地点、事件或概念的词或短语
代码	表示一组值中的一个值的字符串，可以是字母、数字或符号，以及它们的组合
编号	表示一个人、客体、地点、事件或概念的排列顺序或排列位置的字符串
说明	描述相关信息的一段文字
日期	表示年、月、日
时间	日期加上以 24 小时制计时方式表示的小时、分、秒的组合
期限	两个日期点之间的时间长度说明，可以用起始日期至终止日期表示，也可直接用时间长度表示(如 1 年)
金额	与货币种类、货币计量单位有关的数值(币种，默认人民币)
数量	与非货币计量单位有关的数值
比率	具有相同计量单位的两个量值的比
百分比	以百分数形式表示的具有相同计量单位的两个量值的比
标志	又称指示符，表示值域只有两种情况：是/否、开/关、真/假、1/0 等

(3) 定义

对元数据元素或元数据实体含义的解释，以使元数据元素或元数据实体与其他元数据元素或元数据实体在概念上相区别。

(4) 英文名称

赋予元数据元素或元数据实体的一个英文名称，用英文全程表示，所组成的复合词汇为无间隔连写。其中：

元数据元素的英文使用驼峰命名法，即首词汇全部采用小写字母，其余词汇的首字母采用大写。

元数据实体的英文使用帕斯卡命名法，即全部词汇的首字母采用大写。

对存在惯用英文名称缩写的，采用惯用缩写。

(5) 短名

元数据元素或元数据实体的英文缩写名称。其中：

元数据元素的短名使用匈牙利命名法，以数据分类与描述标准中规定的二级分类编码为命名域，以两个独立单词或缩写为名称，用下划线连接。

元数据实体的短名使用数据分类与描述标准中规定的三级分类编码。

短名应唯一。

(6) 数据类型

对元数据元素的有效值域的规定和允许对该值域内的值进行有效操作的规定，例如数值型、字符串、日期型、布尔型等。本标准的常用数据类型如表 4-3 所示。

表 4-3　常用数据类型

数据类型	说　明
布尔型	元数据的值只有两种且两种值之间互斥，如真/假，开/关等
字符串	采用字符形式(汉字、字母字符、数字字符等符号)表示元数据的值。注 1：包括 ASCII 字符集(英文字母大小写、数字 0—9、符号等)。注 2：汉字字符集默认使用 GB 2312—1980，如使用其他字符集需说明
数值型	采用数字 0—9 和小数点“.”形式表示的数值，可进行数学运算
日期型	采用 GB/T 7408—2005 中规定的 YYYYMMDD 格式表示年、月、日的组合
时间型	采用 GB/T 7408—2005 中规定的 hhmmss 格式表示一天以 24 小时计时制的时、分、秒的组合
日期时间型	参考 GB/T 7408—2005 中规定的 YYYYMMDDThhmmss 格式表示年、月、日、时间的组合，并去掉时间标识符“T”，得到 YYYYMMDDhhmmss 格式
二进制	以上类型无法表示的其他数据类型，如图像、音频等
复合型	由多种数据类型组合而成，用于描述元数据实体的类型

2. 煤矿元数据模型

(1) UML 模型符号

煤矿元数据模型宜采用统一建模语言(unified modeling language，UML)描述元数据子集、元数据实体和元数据元素之间的关系。用 UML 中的包表示元数据子集，类表示元数据实体，属性表示元数据元素。UML 模型符号如图 4-8 所示。

(2) 煤矿元数据子集包

煤矿元数据集合应以煤矿数据分类与描述标准中规定的一级分类为子集。煤矿元数据包如图 4-9 所示。

每个子集包含的子集对应煤矿数据分类与描述标准中规定的二级分类。

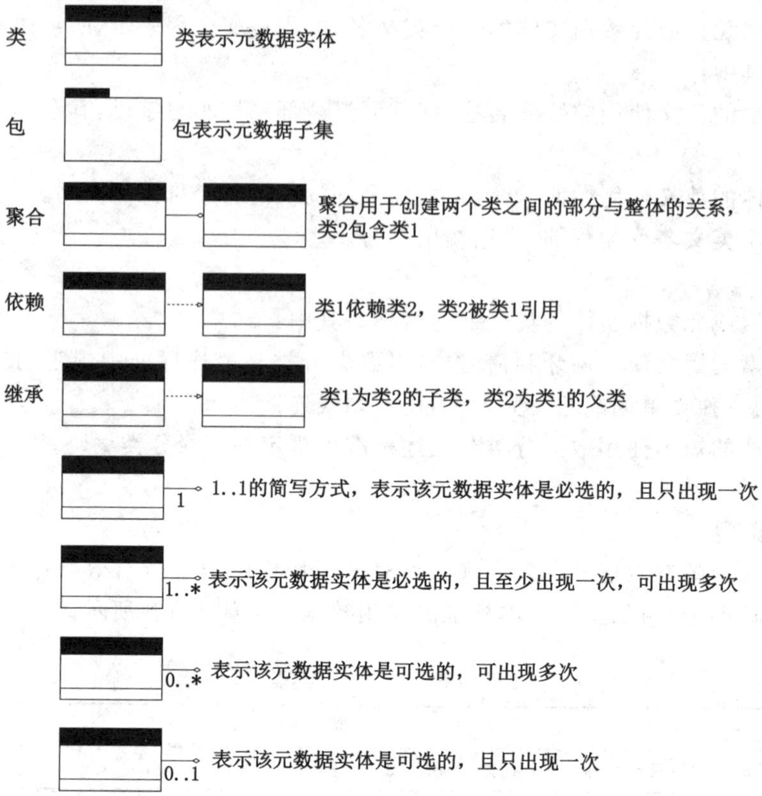

图 4-8 UML 模型符号

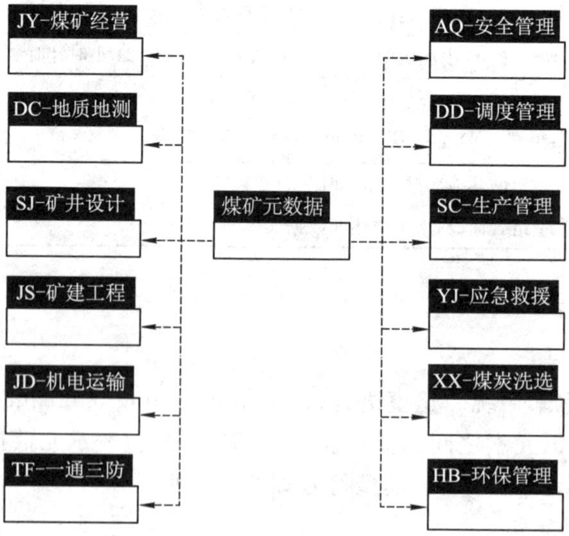

图 4-9 煤矿元数据包

(3) 煤矿元数据实体类

煤矿元数据实体应与煤矿数据分类与描述标准中规定的三级分类相对应。煤矿元数据实体的 UML 模型参考图 4-10。

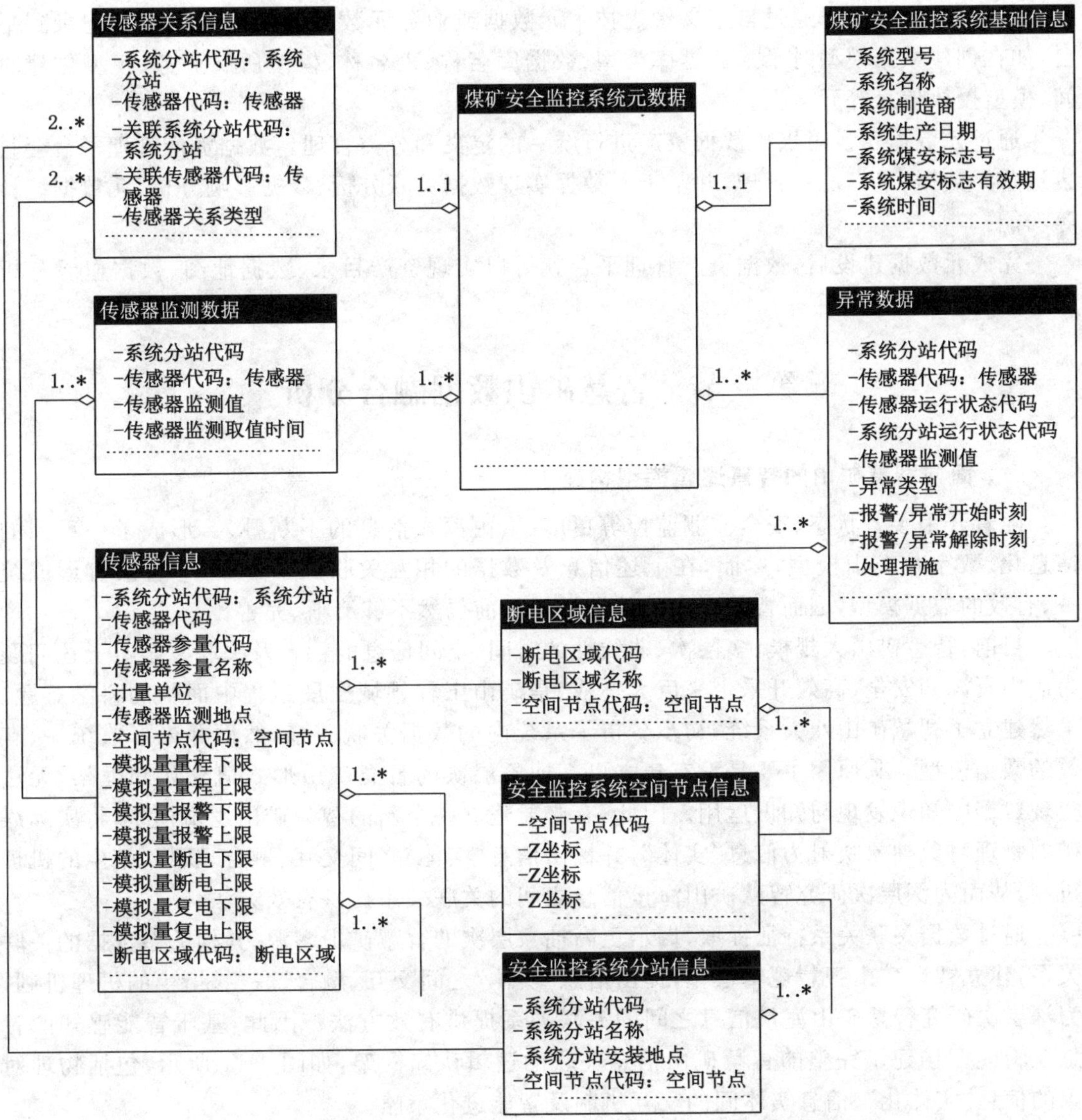

图 4-10　煤矿元数据实体类

(4) 煤矿元数据使用

煤矿数据模型应基于煤矿元数据构建，避免在同一个数据集中出现重复定义的元数据。数据模型可以直接基于元数据模型构建，也可以作为元数据模型的子类构建。如安全监控系统产生的传感器监测数据类的数据模型，都作为传感器监测数据元数据模型的子类实现。

元数据作为煤矿数据建设的基础，从数据模型的最小元素开始进行标准化规定，并通过

“元数据元素→元数据实体→元数据集合的方法逐步完成数据属性→数据模型→数据库”的建设。整个构建过程应在煤矿选用的数据治理工具中完成，并实现基于元数据的深化应用，包括但不限于数据量统计、数据加工统计、数据类别管理、数据血缘分析、数据影响分析等。

元数据来自数据治理过程的各个环节，如数据建模、数据接入、数据抽取-转换-加载、数据服务等，每个环节都通过自定义录入技术元数据或业务元数据的功能将元数据记录到平台，如在创建数据模型时录入数据库类型、数据库名称、表名称、模型所属业务、模型创建时间、模型授权信息等元数据。

通过元数据建设对煤矿数据资产进行统一的定义和分类管理。数据资产管理平台会收集这些元数据，集中统一管理，并基于元数据实现数据关联分析、数据影响分析、元数据统计等功能。

完成元数据建设后，数据资产管理平台就可以实现资产目录、数据地图、数据血缘分析等功能。

第三节　智慧矿山数据融合分析

一、面向智慧矿山的智慧逻辑模型构建

随着开采装备状态、安全监测监控等更广泛、更深入信息的不断融入，形成了一系列的信息化、数字化矿山模型，然而，在上述信息及数据的相互关联关系方面，一直没有形成统一、有效的数据模型，因而智慧矿山的信息框架目前仍然不够清晰、完善。

目前，智慧矿山大规模、多层次、非线性的时间、空间信息的耦合及关联复杂。上述问题为矿山资源的安全、高效开采带来巨大挑战，是矿山工程领域发展过程中面临的科学难题。虽然建立了智慧矿山八大系统，初步分析了系统内的数据关联关系，然而并未形成统一、有效的数据模型。其原因主要是没有建立更高抽象层次的智慧矿山形式概念认知框架，无法实现数据中知识发现与知识运用。因此，有必要建立一个新的智慧矿山逻辑模型，将实际煤矿的物理对象抽象映射为信息“实体”，并提出信息“实体”之间交互、融合、联想、衍生的机理机制，从而为深层次研究智慧矿山海量信息之间的关联关系提供有效方法。

通过数据关联关系特征提取，揭示更高抽象层次的智慧矿山多源、异构关系数据的关联关系，建立智慧矿山智慧逻辑模型，提出信息“实体”之间交互、融合、联想、衍生的机理机制，为深层次研究智慧矿山海量信息之间的关联关系提供有效方法。因此，基于智能感知的智慧逻辑模型构建了完整的智慧矿山信息关联的逻辑认知框架，如图 4-11 所示，包括物理对象的信息“实体化”、信息实体间的交互机制及智能进化策略。

1. 基于信息“实体”的智慧矿山智慧逻辑模型

基于对煤矿物理对象关联关系的理论建模，提取不同种类、不同层次、不同模式、不同特征的关系抽象数据；提出多源、异构关系数据的统一描述方法，构建具有物理逻辑、功能逻辑、事件逻辑的多层次智能信息实体（基本信息单元）。在此基础上，构建具有多种类、多层次、多模式、多特征的智慧矿山智慧逻辑模型，从而在煤矿系统、装备构成的物理对象空间与多层次智能信息实体构成的信息空间的统一映射关系中，揭示大数据驱动下的虚实系统实时映射机理。

基于“信息”实体的智慧逻辑模型基本信息单元可借助煤矿装备维护知识图谱来构建，

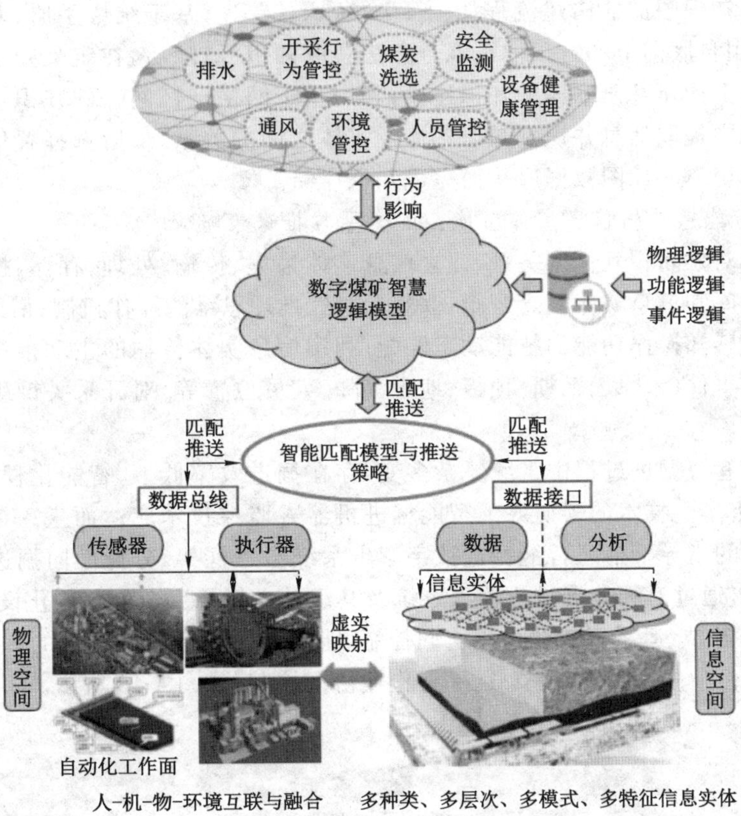

图 4-11　基于智能感知的智慧逻辑模型

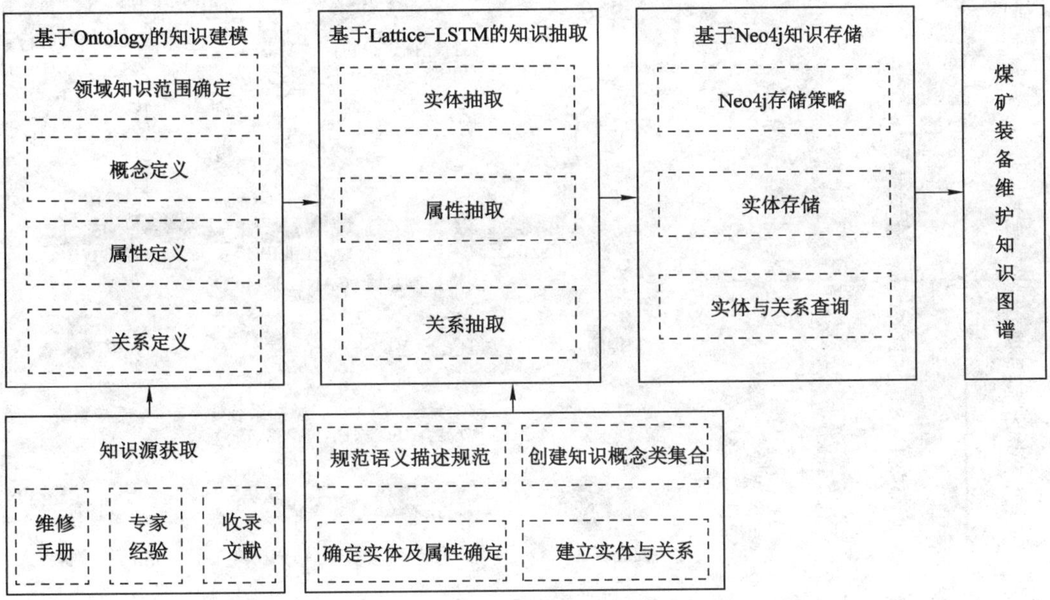

图 4-12　煤矿装备维护知识图谱构建流程

煤矿装备维护知识图谱的构建流程如图 4-12 所示。首先，基于维修手册、专家经验以及已发表论文，采用自底向上和自顶向下混合方法获取知识源；随后，在定义知识图谱概念及关系模式的基础上构建基于本体的知识建模；利用基于网格记忆网络的知识抽取方法从相关知识的数据源中提取信息并识别知识实体及实体之间的关系；最后选择置信度高且可靠性强的内容存储至 Neo4j 图数据库从而完成知识存储。

2. 基于智能感知的信息实体智能匹配模型与推送策略

依据物理对象间相互作用关系，建立信息实体采集、传输、处理、存储、控制和管理等基本的操作功能库和信息实体概念逻辑、联想、记忆、推理思维的操作机制；借助机器学习算法实现外部智能感知操作功能的智能动态匹配；利用信息实体传输的主动推送策略为表征物理对象的空间事件（水、火、瓦斯、顶板、地表沉降、人员位置等）对开采关键生产环节的影响实时信息服务。

煤矿井下巷道掘进过程中工况复杂多变，存在掘进效率低下、智能化程度不高等问题，为此，基于数字孪生技术的煤矿井下智能掘进机器人监控技术应运而生。在数字孪生技术通用参考框架的指导下搭建智能掘进数字孪生系统参考框架，分析面向掘进的数字孪生系统成熟度模型，通过对智能掘进机器人系统及其组件进行数字孪生实例化设计，实现智能掘进机器人群的掘-支-运平行作业过程协同控制，能够有效提升巷道掘进的智能化水平，可适应复杂地质条件下多机器人掘-支-运平行作业协同控制，如图 4-13 所示。

图 4-13　掘进机器人数字孪生总体控制架构

3. 基于开采行为预测推理的煤矿智慧逻辑模型进化机制

对于矿山地理信息、位移及压力变化、设备空间及状态变化的预测推理，形成依赖于时间变化的信息实体更新因子，建立开采行为对煤矿动态影响的智慧逻辑模型进化机制和智慧逻辑模型更新算法。这样的方案，可以解决智慧矿山智慧逻辑模型信息“实体”交互融合及依赖于时间变化的多源、异构关系数据进化更新机制的问题。该方案具体的研究方法包括：

(1) 数据特征提取。基于对煤矿物理对象关联关系的理论建模，提取不同种类、不同层次、不同模式、不同特征的关系抽象数据。

(2) 数据描述模型构建。以本体和语义网技术为基础，研究智慧矿山的广义数据描述模型，建立基于大数据的智慧矿山语义知识模型库，形成面向智慧矿山设备大数据的统一的数据描述模型和接口标准。

(3) 智能信息实体的动态建立。采用形式概念分析理论和本体理论相结合，基于大数据分析煤矿系统各组成部分的内涵特征和外延对象的融合关系，实现各层次系统实体的整体性和自动化建模，形成具有物理逻辑、功能逻辑、事件逻辑的智慧矿山多层次智能信息实体。

(4) 大数据驱动的虚实系统实时映射。构建具有多种类、多层次、多模式、多特征的智慧矿山智慧逻辑模型，确定煤矿系统、装备构成的物理对象空间与多层次智能信息实体构成的信息空间的统一映射关系。

在上述研究基础上通过研制智慧逻辑服务样机，分别模拟多类型设备数据供给和多层次、多类型数据需求，给出数据匹配优化策略，通过历史数据验证及优化预测推理模型及算法，最终形成能够在系统级运行的智慧逻辑模型，并为开采系统的智能化控制奠定基础。智慧逻辑模型构建的技术路线如图 4-14 所示。

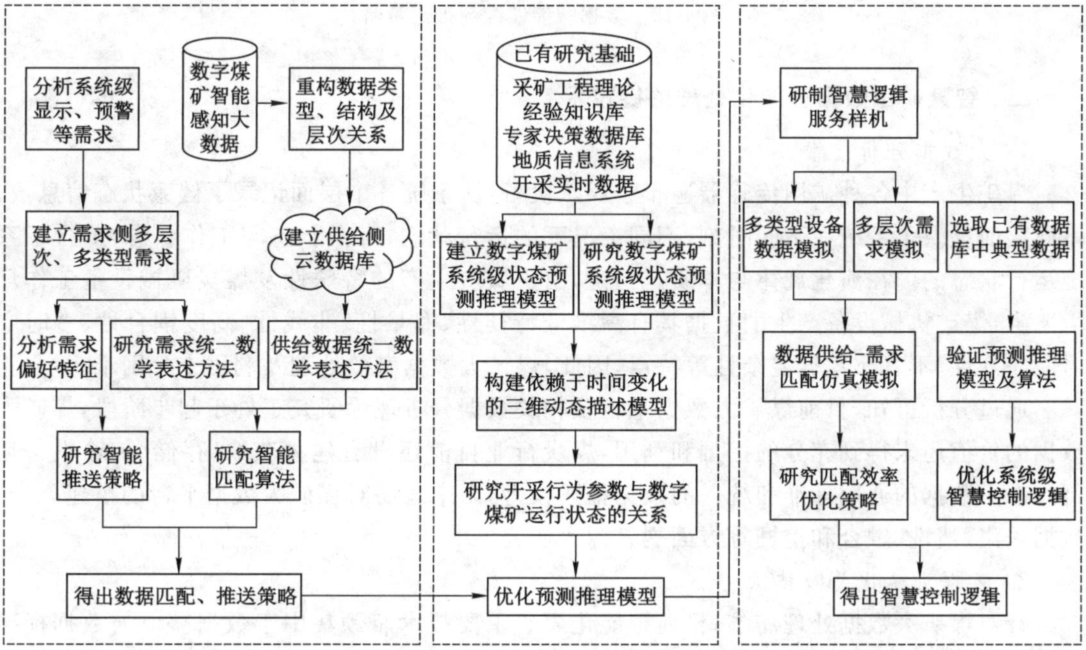

图 4-14　智慧逻辑模型构建技术路线图

二、智慧矿山信息实体的智能匹配与推送方法

在智慧矿山信息实体的智能匹配与推送方法上，重构已有数据，分别从数据类型、结构及层次等方面进行数据属性的识别拆分，通过建立操作功能云数据库研究供给数据的统一数学表述方法；分析系统级显示、预警等的需求，建立多层次、多类型的需求库，并研究其统一数学表述方法；分析需求侧的“偏好”特征，为数据的主动感知与推送提供优化依据，构建数据供给-需求映射关系；结合需求“偏好”特征，以数据匹配算法完成数据的智能匹配与推送，从而解决智慧逻辑模型所需的“智慧数据流”的难题，整体数据智能匹配与推送策略如图 4-15所示。

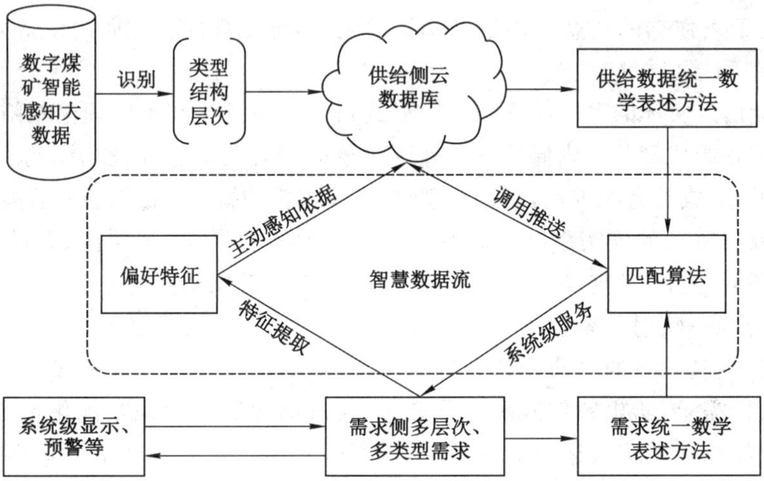

图 4-15　数据智能匹配与推送策略

三、智慧矿山数据智能化处理关键技术

1. 大数据分析技术

煤矿生产中各种矿用传感器遍布于煤矿设备，从系统各个层面记录了健康状态信息，在不同层面反映了系统在不同时刻、不同工况下的运行状态、寿命状态与工作状态，蕴含了系统运行状态的内在演化规律与本质。但是，由于煤炭生产的特殊性及煤炭机械设备工作环境恶劣，煤矿机械设备产生的数据具有高维低特征性、海量性、非线性、高度耦合性、多时空时间序列性、不真实数据混杂性等特点，因此，煤矿大数据有效处理及利用十分困难。

通过分析可知，目前煤矿大数据平台及相关数据分析理论研究正处于起步阶段，煤矿大数据的价值还未得到充分的挖掘和利用，煤炭行业目前还没有建立获取、存储、传输设备运行状态大数据的通用标准和统一的数据描述模型，未来还需对煤矿大数据平台的搭建、煤矿数据采集、清洗、融合和挖掘等方面展开深入研究。

2. 数据可视化关键技术

针对煤矿大数据处理需求，目前智能化煤矿主要技术瓶颈集中于数据获取与数据标准管理，数据分析与融合处理以及数据可视化关键技术。智慧矿山数据智能化处理将新一代信息技术与设备维护理论相结合，通过对海量数据的有效利用，实现设备运行状态的主动感

知、大数据存储与分析、设备故障诊断与预测、设备维护决策等行为，将传统的“被动式业务管理”演变为“主动式预测预防管理”，实现数据驱动的全寿命周期智能决策，促进设备过程管理的持续优化与改进，最终降低煤矿业务成本。

（1）智能化煤矿获取与数据标准管理

数据标准化是系统相关数据信息纵向贯通、横向共享的基础，将直接关系到智能化煤矿各应用系统的数据共享、系统集成与信息联动的成功与否，是大数据分析的前提条件。由于前文所述煤矿数据特征表现为与煤矿空间位置特征产生关联，参考现有煤矿生产监测系统位号标准及煤矿实际应用情况，设计应用于煤矿领域的位号数据标准，以解决数据标准及管理问题。

（2）数据分析与融合处理

① 多源异构数据采集、清洗与分布式存储

基于现有自动化系统及各工况监测系统，全面采集现有采煤机、刮板输送机、乳化液泵站系统的状态监控信息，包括电压、电流、功率、转速、油温、油位、振动等相关状态参数，用于数据清洗降噪，见图 4-16。

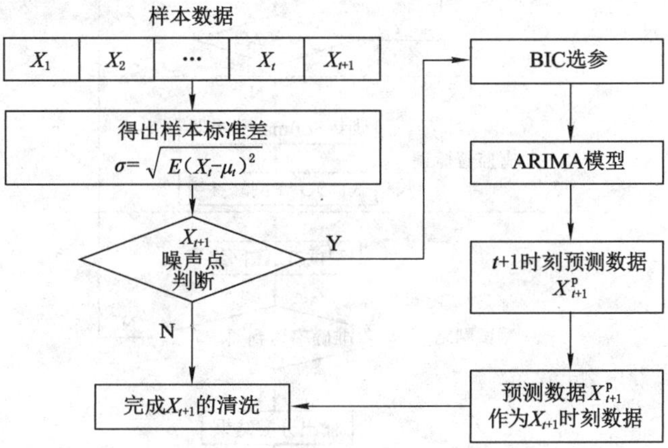

图 4-16　数据清洗模型步骤

基于子空间的在线状态数据重构模型，分离离群点，确定边界矩阵低阶近似算法。借助低秩矩阵恢复算法，依据设备数据的高耦合性，利用历史监测数据提取当前设备数据特征以及新采集的状态数据更新子空间以跟踪设备状态演化特征，实现状态数据的在线重构和数据的一致性。

② 数据特征提取

基于 SDAE 网络对相关数据进行深层特征提取，见图 4-17。实现煤矿物理对象关联关系的理论建模，从而提取不同种类、不同层次、不同模式、不同特征的关系抽象数据。

③ 数据描述模型构建

以本体和语义网技术为基础，建立基于大数据的智慧矿山语义知识模型库，形成面向智慧矿山设备大数据的统一的数据描述模型和接口标准。根据开采设备语义知识模型库，构建煤矿装备维护领域知识图谱。

④ 关键设备故障状态定量诊断

建立特征数据驱动的煤矿设备故障智能识别算法，建立数据驱动的设备故障识别系统，

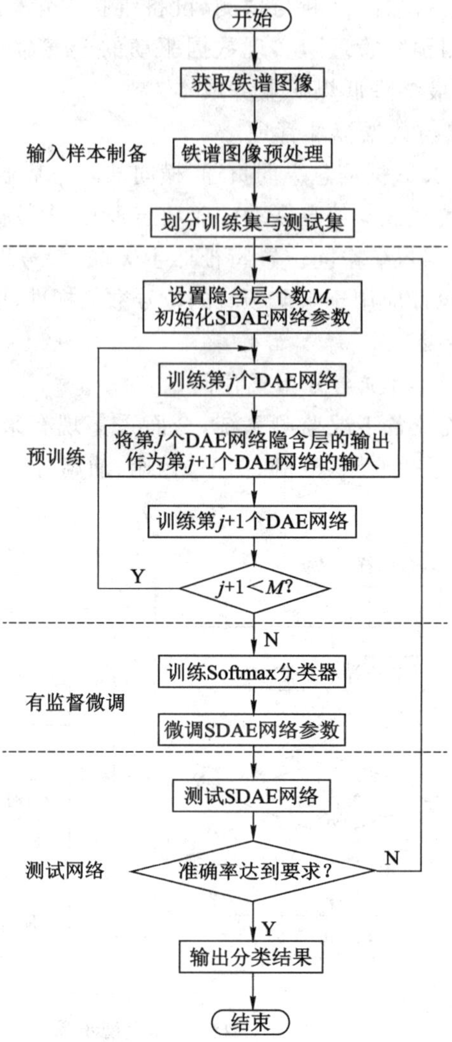

图 4-17　基于 SDAE 网络的机械设备磨损状态识别流程图

实现关键设备的故障识别。利用基于云模型理论和卷积神经网络的采煤机健康状态评估方法，集成多种设备健康状态识别方法，构建服务于预知维护决策的设备健康状态评估体系（图 4-18）。此外，采用基于组合赋权法的采煤机健康状态评估方法，可有效解决评估过程中单一赋权法存在权重分配缺陷的问题。

⑤ 关键设备故障状态趋势分析

为建立适应采煤机、刮板输送机等综放关键设备的故障状态退化表征及退化趋势预测模型，利用相应的故障状态趋势预测系统模块，实现对综放装备未来状态的超前预测。利用基于 Self-Attention-LSTM 的设备剩余寿命预测方法，解决设备结构复杂、状态参数多以及部件间相关联且具有时间依赖性等问题；采用基于 ARIMA-Elman 状态预测方法自适应预测滚动轴承状态，实现状态预测组合模型自适应动态调整权重；构建基于时间序列和支持向量回归机的状态预测方法（图 4-19）。

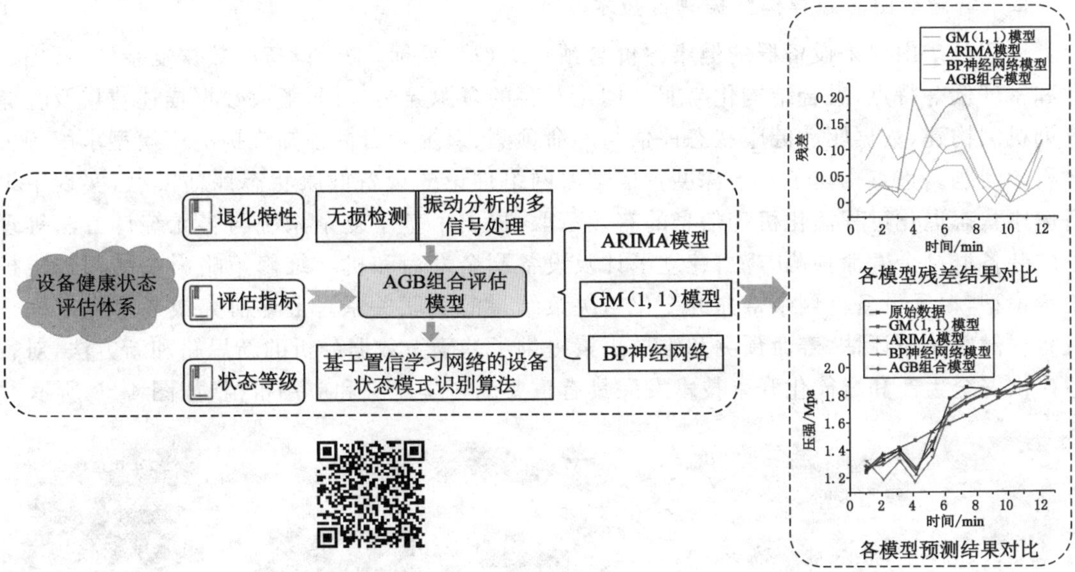

图 4-18　设备健康状态评估体系

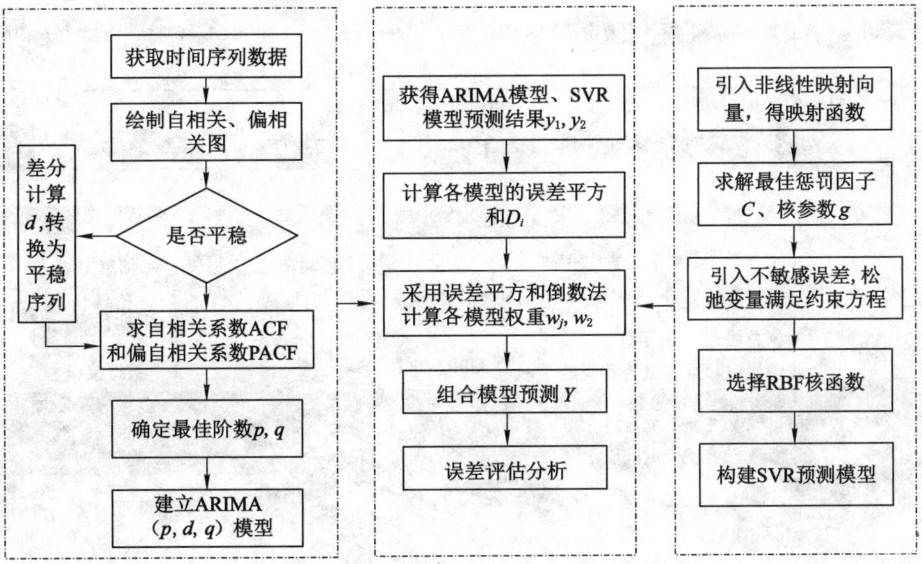

图 4-19　基于时间序列和支持向量回归机的组合预测模型流程图

⑥ 故障监测与智能诊断系统开发

故障监测与智能诊断系统主要包含三个模块：采用 B/S 架构开发了基于多源异构大数据的综放关键设备的故障监测与智能数据预处理模块、故障诊断模块以及数据采集模块。

四、智慧矿山多源异构数据融合技术

以智慧矿山综采设备群的健康评价与预知维护为目标，基于设备群数据复杂性、不确定性和密度低等特点，融合结构化与非结构化并存的多源异构数据，解决数据描述建模及存储查询机制构建、数据驱动健康状态评估与寿命预测、系统多目标预知维护决策模型求解等关键科学问题。重点构建了基于深度置信学习网络理论的设备健康状态评估模型，实现了设备健康状态退化过程演化机理信息的有效萃取；提出了基于复杂系统与多元统计方法等理论的装备群剩余寿命预测方法；建立了计及设备剩余寿命和机会维修策略影响的预知维护决策模型，揭示设备群剩余寿命的变化与决策结果的关联关系。上述研究成果为煤矿综采设备群健康状态评估、寿命预测和维护决策提供了基于大数据分析的新思路和新方法，对智慧矿山安全生产和智能化开采技术发展具有重要的科学意义和应用价值，如图 4-20 所示。

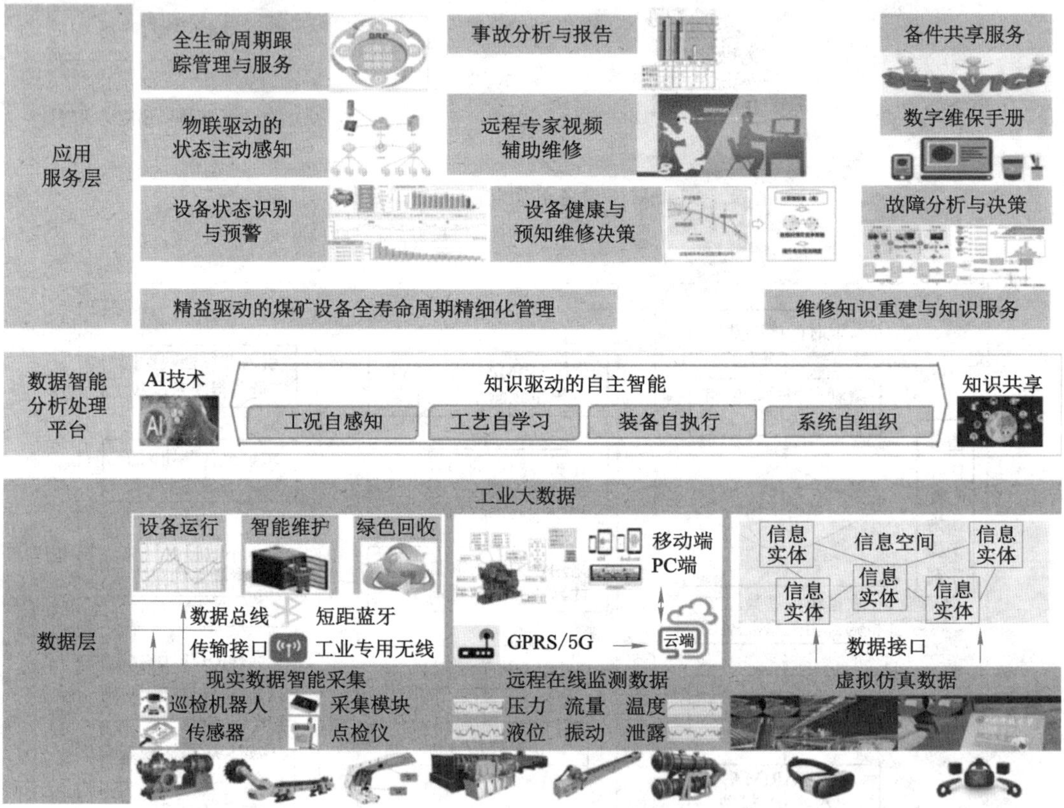

图 4-20　基于多源异构大数据的煤矿装备全生命周期健康管理系统图

1. 多源异构大数据描述建模及分布式存储查询机制构建

多源异构大数据描述建模及分布式存储查询机制的构建过程如下：

(1) 完善原始数据存储和高性能计算平台。根据已经积累的多个煤矿综采工作面设备群多年的状态监测数据，包括振动、温度、油压、功率等信息，还有多个煤矿综采设备群多年的维修历史记录，进一步完善基于 IBM822LC 高性能计算机的云计算和大数据分析平台。

(2) 构建大数据描述模型。针对大数据来源多样、格式和标准不同、结构化或半结构化数据并存问题，建立基于语义描述的统一的设备状态大数据描述模型，实现异构多源监控信息的规范、统一化描述，形成面向煤矿设备大数据的统一的数据描述模型和接口标准，为后续数据处理奠定基础。

(3) 清洗大数据。针对综采设备群大数据来源多、纬度高、多时空时间序列性、不真实数据混杂性等导致的数据不确定性问题，基于子空间的在线状态数据重构模型，分离离群点，建立边界矩阵低阶近似算法；依据设备数据的高耦合性，利用矩阵地接近似算法提取当前设备特征，借助新采集的状态数据更新子空间以跟踪设备状态演化特征，实现状态数据的在线重构和数据的一致性。

(4) 快速查询机制。基于 ApacheStorm 开源大数据流平台，建立大数据模式提取的分布式计算架构和数据分布式存储模型，实现大数据时间序列模式快速处理；利用 Granger 因果分析方法提取时间序列因果关系，实现大数据分段快速匹配，形成一种高效的检索机制，为智慧矿山的发展奠定数据基础。

2. 多源大数据驱动的综采设备群健康状态评估与寿命预测方法

(1) 数据驱动的健康状态评估方法。采用深度置信学习网络的大数据学习框架，融合设备 SCADA、DCS、EAM 系统的历史数据与实时参数数据建立健康状态评估模型，分析网络层次优化结果，确定各层节点数量，分析数据样本时域统计特征、小波特征及特征组合对健康状态模型识别效率的影响。最后，建立适应煤矿设备特点的健康状态评估模型，确定健康状态定量评估指标，利用状态空间模型实现健康状态评估指标的空间重构，采用支持向量回归建立设备剩余寿命预测方法。

(2) 构建基于复杂系统理论的综采设备群工作流关联模型。结合设备健康评估结果，采用复杂系统理论、多元统计分析、数据可视化等多模型混合分析策略，确定综采设备群内部各设备、部件间的耦合关系，实现综采设备群的健康状态评估与寿命预测。

3. 计及设备剩余寿命和机会策略的多目标预知维护决策模型与优化

(1) 结合煤炭开采过程特点，综合考虑维护对煤炭生产和安全的影响，采用主观赋权的线性加权法建立综合考虑系统维修安全损失、维护经济损失数学表达，以计算结果最小为目标，基于预测的设备剩余寿命、维修资源等约束，利用机会维修思想，增加机会维修阈值，构建系统预知维护决策模型。

(2) 考虑机会维修策略导致决策过程的复杂性，利用更新过程理论，利用马氏决策过程构建复杂系统机会维修部件状态变化模型，预测并优化各维护周期内的设备剩余使用寿命，综合考虑设备维护行为与设备性能的交叉影响，分析维修目标随设备剩余寿命或使用时间的变化规律，确定设备剩余寿命的变化与系统决策结果的关联关系，系统性地分析不同机会维修方式对维护决策结果的影响。

(3) 利用遗传算法、蒙特卡罗仿真等方法求解决策方案，实现机会维修决策优化问题的求解。

五、智慧矿山云计算与边缘计算技术

1. 云计算

智慧矿山是采矿科学、信息科学、人工智能、计算机技术和 3S(地理信息、定位、遥感)技术发展与高度结合的产物。智慧矿山的本质是建设安全矿山、高效矿山、清洁矿山。智慧矿山是将矿井原始数据和煤层、围岩等地质信息数字化，采用三维实景融合全面详尽展示；在三维全景中嵌入采掘、通风、运输、供电、给排水等生产系统上的设备状态、环境、人员信息、生产经营管理信息等实现全过程的主动感知、自动分析、快速处理，达到安全生产全过程的基础信息数字化、管理控制一体化、决策处理集成化。智慧矿山云计算建设是采矿发展的高级阶段，是推动煤炭安全、高效、环保开发的新手段，也是未来煤矿建设的发展趋势。

针对传统的矿山统一数据库系统架构应用存在的问题，一些学者提出了一种基于云计算的一体化煤矿安全监管信息系统，用于解决煤矿安全监察中存在的任务繁重、人员力量薄弱、信息化水平偏低等问题。利用云计算和管理型架构，提出一套煤矿安全监察管理系统解决方案，系统安装在煤矿安全监察部门的云计算中心的服务器上，将相关服务部署在数据库服务器上。用户直接通过浏览器访问应用服务器提供的服务，不需要在本地系统上部署，按需提供低成本的基础设施服务以应对业务负载变化，同时为相关部门提供大数据挖掘、分析和管理海量数据的决策能力。

2. 边缘计算

随着智慧矿山建设的深入推进，未来将有更多场景如煤矿机器人应用、视频安全行为识别、大数据 AI 灾害预警，基于 AR 的远程智能控制或基于高精度物探的透明工作面自动开采等应用场景逐步落地这类场景中，工业系统的智能检测、控制、执行对时延的要求均达到了毫秒级，同时设备安全、网络安全、数据安全与应用安全的防护难度也大幅增加。而传统集中式数据处理的云计算架构，即通过将数据传输到远端的云中心进行分析处理后再将结果传输给用户端的模式，在这个过程中，将会面临三大主要问题：

(1) 随着应用场景的逐步增加，海量数据的回传核心网将不堪重负；

(2) 大数据回传集中处理造成拥堵形成的时延将大幅降低现场智能控制的可靠性和稳定性；

(3) 工控数据传输的安全可靠问题难以解决。

为了解决上述问题，部署在近数据源一侧的边缘计算作为融合网络、计算、存储和应用的新网络架构，以实现敏捷连接、就近服务发布、实时分析计算和安全隐私保护等关键需求。通过边缘计算尽可能少地将数据回传云端，则可降低响应时延和带宽消耗、减轻云中心压力，但是单一的边缘计算无法满足矿井各系统全覆盖、与云端协同处理和高安全性等需求。

目前，边缘云计算技术利用云计算技术的核心和边缘计算的能力，通过分布在网络边缘侧的小规模云数据中心进行实时数据处理、分析决策，通过将网络转发、存储、数据分析等工作放在边缘侧进行处理，降低响应时延、减轻云端压力、降低带宽成本并提供全网调度、算力分发等云服务。

3. 智慧矿山云计算、边缘计算建设条件

与云计算、边缘计算相结合的智慧矿山是指将互联网技术和互联网思维应用到煤矿领域，煤矿安全生产与运作管理、互联网云计算的聚合效应将带来巨大的效益。智慧矿山应重点关注以云计算、大数据为代表的新一代信息技术与煤矿安全生产经营的融合发展，智慧矿山的云计算、边缘计算前期建设需要完成以下 4 个方面的内容：

(1) 建立煤矿安全生产和经营管理实时基础数据中心库，利用云计算、大数据并结合专家预测模型进行集中分析实现煤矿安全生产环境全过程透明展示。

(2) 建立实时判断煤矿井下安全生产状况、灾害早期发现与预警、专家远程事故诊断、区域安全形势专项预测评估等的功能平台。

(3) 建立不同层级、不同区域的煤矿安全生产技术远程服务平台，形成煤矿企业、煤矿集团、全国煤矿的时空多维数据共享机制，实现煤矿安全生产信息的跨区域、实时远程监测及诊断的共享服务。

(4) 建立煤矿安全产业链协同数据交换服务中心，实现监察、执法、隐患排查治理及应急救援等政府监管工作，促进传统煤炭工业向智慧能源的转型升级。

思考题

1. 简述智慧矿山数据分类的原则与数据处理要求。
2. 简述智慧矿山数据治理流程。
3. 简述智慧矿山数据融合分析的相关技术。
4. 简述云计算与边缘计算的区别及应用场景。

第五章 智能化井巷掘进技术及装备

第一节 智能化井巷掘进概述

近年来，新一代信息技术持续助力智能化井巷掘进技术及装备水平不断提升，为适应我国不同区域复杂多样的煤层条件，井巷掘进装备和工艺呈现多样化，智能化井巷掘进面临严峻挑战，尤其是智能破岩、智能导航、智能协同控制、远程智能测控等已经成为影响和制约智能井巷掘进技术快速发展的关键难题。

虽然矿井井筒工程量一般仅占矿井建设工程量的5%～10%，但是施工时间约占矿井建设总工期的30%～50%，常用的钻孔爆破普通凿井方法，井下作业人员多，工人劳动强度高，存在粉尘淋水、有害气体、噪声等严重的职业伤害。普通凿井方法爆破工序的存在，造成凿井施工无法实现连续作业，更难以实现智能化。为提升井筒掘进的智能化水平，多年来开展了大量机械破岩机理和破岩刀具研究，解决机械破岩效率和成本问题。在此基础上，研制了竖井钻机、反井钻机和竖井掘进机等机械破岩凿井装备，形成钻井凿井、反井钻井凿井和竖井掘进机凿井的新的施工方法，初步实现井筒机械化和智能化建设。

我国煤矿巷道围岩地质条件复杂多变，除陕西榆林、内蒙古鄂尔多斯地区的一些矿井地质条件相对简单外，大部分属于一般和复杂地质条件，表现为围岩松软破碎、开采深度大、采动影响强烈，有的甚至出现冲击地压现象。目前，陕北、神东等围岩条件较好的矿区，采用掘锚一体化机组、连续采煤机等装备，月掘进进尺可达到1 000 m以上，最高已超过3 000 m；而其他占全国约90%的一般及复杂地质条件的矿井，普遍采用综掘机掘进，平均月进尺在200 m左右。且掘进工作面用人多(约为采煤工作面人员的3倍)，机械化、自动化程度较低，支护、辅助运输等多个环节仍主要依赖人工。掘进工作面环境差、粉尘浓度高，影响作业人员的身体健康。

煤巷掘进全过程任务包括掘前准备、掘中监控、掘后评价。掘前准备工作非常重要，除常规的地质力学测试与评估，围岩稳定性、可掘性、可钻性、可锚性分析外，有条件可采用千米定向钻机配套孔内物探仪器，对整条巷道或分段超前探测，实现掘探分离。根据探测结果对围岩进行超前改造，如对破碎围岩进行超前注浆加固，对高应力、冲击性围岩进行超前压裂等，为正常掘进提供良好条件。掘进过程中应实时监测围岩条件变化，监测掘进与支护装备位姿、轨迹、力学参数的变化，随掘监测围岩位移，通过监测数据分析与实时反馈，调控装备参数，优化空顶(帮)距及支护参数。掘后要进行全面、准确、实时的施工质量检测与矿压监测，并进行实时分析、评价与反馈，实现支护参数动态修改、反馈与执行。

掘进过程自动化、智能化是煤巷快速掘进的主要发展方向，为此提出煤巷掘进自动化、智能化框架，包括以下关键技术：

(1) 快速、准确的围岩地质力学参数获取技术，掘进工作面超前探测技术与装备，围岩稳定性、可掘性、可钻性、可锚性分析评价技术，围岩超前改造技术与材料等。

(2) 掘进装备高精度定位、导航技术仪器。一方面，不断提高现有定位、导航技术与仪器的精度，另一方面采用多传感器、组合与融合的方法，充分发挥不同方法、仪器的特点与优势，实现精确、高效导航。

(3) 自动化、智能化截割技术。包括煤岩界面识别技术；截割动载荷识别与截割参数自动调节技术，实现掘进机自主截割；截割轨迹自动规划算法及控制技术，提高截割效率与巷道成形质量；低扰动截割技术，减少截割扰动对围岩稳定性的影响。

(4) 临时支护技术。突破传统的柱式、框式等被动的临时支护方式，开发随掘随喷、薄膜式临时支护技术、材料及自动化喷涂设备，以及可替代金属网，及时封闭围岩，实现临时支护的技术变革。

(5) 锚杆、锚索自动化施工技术与装备。突破传统锚杆、锚索安装工艺繁琐复杂的技术瓶颈，开发钻锚一体化技术及装备，大幅简化锚杆、锚索安装。

(6) 掘进装备群协同控制技术。基于装备工况与位姿精准感知、5G 通信、大数据模型、边缘计算、数字孪生、故障诊断与维修等关键技术，解决掘进工作面装备群的协同控制难题。

(7) 巷道围岩稳定性自主评价与动态智能支护设计。开发掘前、掘中与掘后全生命周期全面、准确、实时及多源数据的围岩稳性监测系统，包括随掘围岩位移监测，巷道随掘地质建模，围岩位移、应力与支护体受力监测，巷道变形与破坏巡检机器人等，建立掘进工作面与巷道矿压及环境监测大数据库，并实时分析、反馈，自主判断围岩稳定性，自主修改支护参数，真正实现动态智能支护设计。

将超前探测、掘进、支护、运输、通风、降尘等掘进涉及的全系统进行自动化、智能化升级，才能大幅提高掘进速度与效率，实现掘进过程的智能、高效、少人甚至无人。

第二节　先进建井技术与装备

一、竖井钻机凿井技术及装备

(一) 竖井钻机凿井技术

竖井钻机也称为盲井钻机，是在井筒内充满泥浆等洗井介质条件下，采用钻杆驱动，由上向下钻进井筒的一类钻机。将竖井钻机安装在设计的井筒位置上部，采用机械破岩的方式，钻进深度和直径满足要求的井孔，并进行永久支护形成井筒的方法称为钻井法凿井，简称钻井法，如图 5-1 所示。钻井法凿井需要以井筒穿过的地层条件为依据，根据井筒设计的钻井深度、钻井直径选择相适应的竖井钻机和配套装备，并制定相适应的钻井参数，以达到高效、安全钻进成井的目的。

钻井法凿井机械化程度高，全部作业在地面进行，实现了“打井不下井”，避免了恶劣的工作条件，将建井工人从笨重的体力劳动中解脱出来，是一种劳动强度小、无职业病危害、安全可靠、成本低、成井质量好的煤矿大直径井筒施工方法。该方法适合于我国东部深厚含水

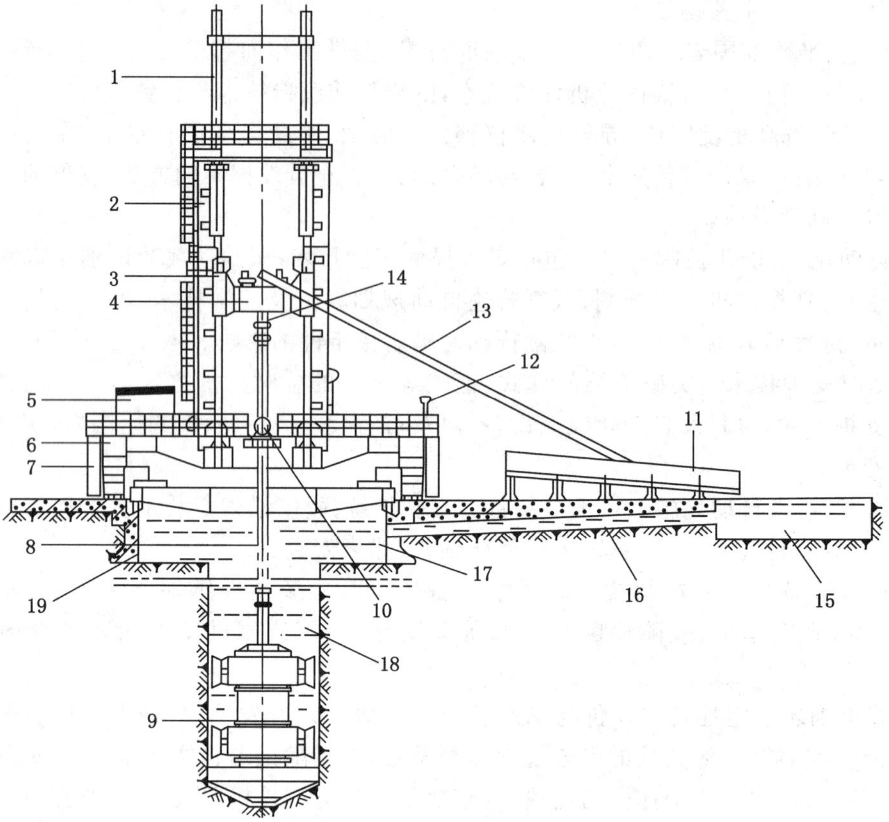

1—竖井钻机主推进油缸；2—钻架；3—滑架；4—动力头；5—液压、电气控制系统；
6—钻机平台；7—封口平车；8—钻杆；9—钻头；10—抱卡；11—排浆槽；12—排浆管支撑架；
13—排浆管；14—钻杆接头；15—沉淀池；16—泥浆沟槽；17—泥浆；18—井孔；19—钻井井筒锁口。

图 5-1　液压竖井钻机钻进井筒示意图

不稳定冲积地层的井筒施工，开始在西部弱胶结地层煤矿井筒建设中应用，对于推动西部煤炭资源开发，实现机械化和智能化井筒建设技术的发展具有重要意义。

采用地面大型钻机通过驱动装置驱动钻杆及钻头刀具实现全断面或部分断面破岩钻进，配合泥浆护壁、反循环排渣、有效断面及偏斜测量、地面预制井壁、井壁悬浮下沉安装、壁后充填固井等工艺，形成满足工程要求的井筒。

（二）竖井钻机分类

1. 转盘式竖井钻机

随着东部煤矿开发深度逐渐增大、井筒穿过的地层更加复杂、冲积层厚度增大的客观需求，主要针对两淮、徐州、济宁、铁法、永城等矿区地层，研制出多种与之相适应的竖井钻机。随着钻头结构方式的改变，研制了星轮式、行星式、潜孔式竖井钻机；随着旋转驱动和提吊方式的发展，先后研制了转盘驱动和大钩提升，以及液压动力头驱动和液压油缸提升，其中我国研制的安全气动抱钩技术处于领先水平；对于钻杆的连接方式，先后使用了螺纹连接、螺栓法兰盘连接和花键牙嵌连接等钻杆连接方式，其中我国独创的花键牙嵌连接方式，连接速度快、运行可靠。星轮式钻头的BZ-1型竖井钻机、采用行星式钻头的“红阳大钻”竖井钻机，以及分级扩孔的ND-1型竖井钻机、用于坚硬岩石的“9.2”型钻机、目前仍在采用的AS9/500G型竖井钻机，为转盘驱动、气动抱钩提升、塔式井架悬吊机械传动式钻机，部分钻机的主要技术参数见表5-1。

表5-1　钻井法凿井发展前期研制和应用的竖井钻机技术参数

钻机型号	ZZS-1	QZ-3.5	红阳大钻	BZ-1	9.2	ND-1
钻井深度/m	120～150	110	800(120)	250	1 000	500
钻井直径/m	4.3(5.5)	4.4(6.2)	6.2	6.5	2～4	7.4(8.8)
洗井方式	压气反循环	压气反循环	压气反循环	压气反循环	压气反循环	压气反循环
提升力/kN	1 300	1 300	750	1 150	3 000	3 200
扭矩/(kN·m)	39.2	15～56	39.2	117.6	280	196
钻头直径/m	1.0、1.3、2.5、3.5、4.3、5.5	3.2、5.0	6.2	2.5、4.4、6.5	2、2.5、3.5、4.0	2.5、3.0、5.7、6.3、7.4、8.8
设备总功率/kW	100	100	115	75.2		320

2. 动力头式竖井钻机

为了适应深厚冲积层覆盖的煤炭资源开发，在AS-9/500型竖井钻机的基础上，研制出AS12/1000型竖井钻机。同时开始全液压钻机研制，形成了AD12/800型和AD130/1000型全液压竖井钻机，实现液压马达动力头驱动、液压油缸提升的传动推进方式，此类竖井钻机技术参数见表5-2。自主研发了国内外设计能力最大、自动化程度最高、性能可靠的液压竖井钻机，例如研制的L40/1000型竖井钻机，完成了最大成井直径8.3 m、最大钻井直径10.8 m、最深钻井深度660 m的井筒；研制的AD130/1000型液压驱动竖井钻机，具备了钻进深度1 000 m、直径13 m的竖井井筒能力。

表5-2　大型竖井钻机技术参数

钻机型号	AD130/1000	AD120/900	AS12/800	AS9/500G	L40/1000
钻井深度/m	1 000	900	800	800	800
钻井直径/m	13.0	12.0	12.0	11.0	10.0
洗井方式	压气反循环	压气反循环	压气反循环	压气反循环	压气反循环
提升力/kN	7 000	7 000	5 500	3 850	4 000
扭矩/kNm	600	600	500	400	400
转速/rpm	0～9～18	0～9～18	0～12	0～12	0～12
钻头直径/m	6、10、13	5、9、12	4.5、8.5、12	4、6.1、9、11	4、8、10

表 5-2(续)

钻机型号	AD130/1000	AD120/900	AS12/800	AS9/500G	L40/1000
设备总功率/kW	1 050	644	640	400	400
驱动方式	液压动力头	液压动力头	转盘	转盘	转盘

二、反井钻机凿井技术及装备

(一) 导孔钻进

导孔的作用是将钻具下放到下水平,以便连接扩孔钻头。导孔钻进一般采用三牙轮钻头破岩,导孔直径小,钻机需要对钻杆施加向下的推力,转矩和钻压小,旋转速度高。钻进过程采用正循环方式洗井排渣,即用泥浆泵或清水泵将钻井液通过钻杆中心孔压入三牙轮钻头喷嘴,喷射到导孔孔底,洗井液将钻头破碎的岩渣,经过钻杆外壁和孔帮之间的环形空间携带至地面,如图 5-2 所示。在地面将洗井液和岩渣分离后,洗井液通过高压水泵或泥浆泵再次压入钻孔内循环利用。

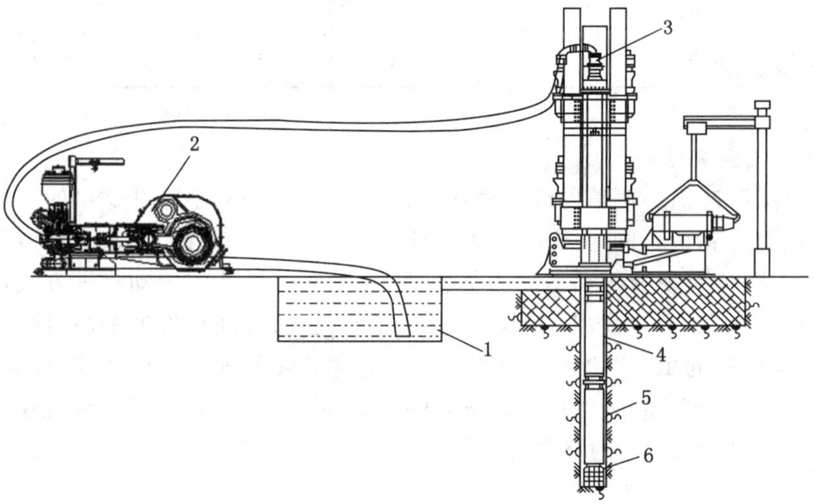

1—循环池;2—泥浆泵;3—水龙头;4—钻杆;5—孔帮;6—导孔钻头。

图 5-2 反井钻机导孔循环及冷却系统示意图

虽然导孔破岩量只占总破岩量的很小一部分,但是导孔钻进关系到钻孔的质量,是反井施工的关键。导孔的垂直度决定了钻孔的偏斜率;导孔钻进过程也是对地层探测的过程,可以了解岩石性质、地质构造等,对扩孔钻头破岩刀具选择及工程支护方式选择都有参考价值;还可以通过导孔,对稳定性较差的地层进行预加固处理。在导孔钻进过程中,使用测斜仪测量钻孔的偏斜率,如果偏斜率超过 5‰,采用螺杆钻具及时纠偏,以保证成孔偏斜率满足要求。

(二) 扩孔钻进

在导孔钻进的同时,将扩孔钻头和导孔钻头拆装工具通过下水平空间运输到预定位置。当导孔钻透至下水平空间后,通过井上、井下的相互联系,上下配合将导孔钻头拆下,安装扩孔钻头。扩孔钻进直径大,钻机需要对钻杆施加向上的拉力,转矩和拉力大,旋转速度低。

扩孔钻头上的破岩滚刀在钻杆拉力和扭矩驱动下，对岩石进行挤压、冲击破碎形成井筒空间。岩渣依靠自重落到下水平空间，使用适宜的设备运走。扩孔过程是大量破碎岩石的过程，需要根据岩石条件选择破岩滚刀，设计扩孔钻头结构及刀具布置方式，并制定相应的钻进参数，以达到钻进效率最优。

（三）井帮支护

反井钻机扩孔钻进的同时，可进行井帮支护材料、临时井架、提升设备、悬吊设备、吊盘、锚杆钻孔设备、喷浆机、压风系统等的施工准备工作。当完成扩孔钻进后，为防止井帮暴露时间的增加导致井帮破坏、坍塌，应尽快拆除反井钻机，提出扩孔钻头，安装临时井架、组装吊盘等，快速转换为支护作业。

反井钻机是完成反井施工的核心装备，还需要其他辅助设备系统配合，才能构成反井钻机钻井系统。反井钻机技术参数及配套辅助设备要满足钻进工艺要求，才能达到较好的钻孔精度和较高的钻进效率。反井钻机及配套装备，主要由主机系统、钻具系统、液压或电控系统、冷却系统、排渣系统和辅助系统组成。

三、竖井掘进机凿井技术及装备

竖井掘进机也称为无杆竖井钻机，是一种用于矿山和其他地下工程开凿井筒的高效机械破岩装备。其特点是采用机械破岩的方式实现井筒岩石的连续破碎，整个井筒断面破岩过程一次完成或分区域完成。依靠机械、液力或自重掉落方法排出岩渣，依靠地面提绞设备完成人员、材料、岩渣的提升。通过布置在竖井掘进机上部井筒内的其他辅助设施，进行临时支护或永久支护作业，最终形成井筒。按竖井掘进机破碎岩石的排除方式，可将竖井掘进机分为上排渣式和下排渣式；按竖井掘进机采用钻头的结构形式，可将竖井掘进机分为全断面式和部分断面式。

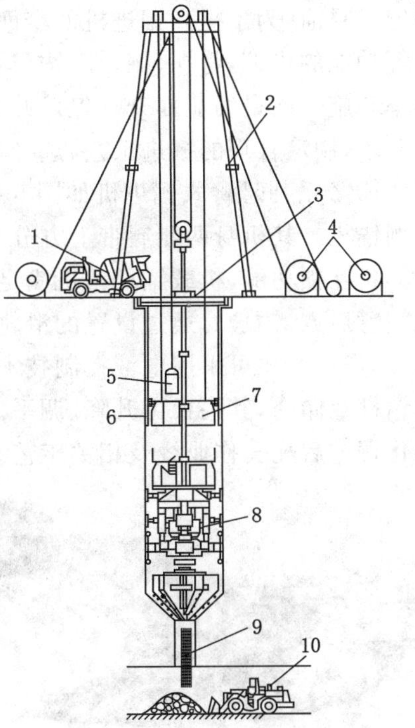

1—混凝土供料系统；2—专用凿井井架；3—封口盘；4—提升及悬吊系统；5—提升吊桶；6—井壁；7—工作吊盘；8—竖井掘进机；9—导井；10—出渣设备。

图 5-3　竖井掘进机凿井工艺布置

竖井掘进机及竖井工程的特点，决定了竖井掘进机的凿井工艺布置（图 5-3）。首先进行溜渣导井钻进，可采用大型反井钻机完成直径 1.2～1.8 m 的导井，用于竖井掘进机钻井过程溜渣、排水、通风等；施工井筒锁口、安装地面提升装备、组装竖井掘进机，开始向下掘进一段长度的井筒，并进行必要的临时支护；具有安装吊盘的井筒空间后，安装辅助吊盘，并进行已掘进段的永久支护，再采用竖井掘进机继续破岩掘进，同时利用吊盘进行井筒支护作业；竖井掘进完成后，提吊并拆除井筒内吊盘结构，将钻杆和竖井掘进机连接，拆除钻头的扩展部分，把竖井掘进机整体提出地面；最后进行井筒装备的安装工作。

竖井掘进机钻进所用的主要设备和设施包括凿井井架、提升绞车、悬吊稳车、提升滑轮组、井筒封口盘、固定盘、竖井掘进机提吊系统、材料和人员输送吊桶、辅助作业工作吊盘、破岩钻进竖井掘进机等。

第三节　煤矿巷道智能化快速掘进技术与装备

一、悬臂式煤巷掘进机及配套掘锚系统

（一）悬臂式掘进机

悬臂式掘进机早在20世纪70年代开始研制，2000年国产化设备开始大量应用，是目前煤矿巷道掘进的重要装备之一。以悬臂式掘进为龙头，配以桥式转载机搭接工作面带式输送机，是适用性最广的掘进作业方式。截割滚筒通常分为纵轴式和横轴式，其作业线被广泛用在全岩巷道、半煤岩巷道以及全煤巷道掘进中，可截割不同形状规格的拱形、矩形、梯形、圆形等多种断面，通常情况下，空顶距和空帮距以及循环步距可根据顶板揭露情况进行确定。目前，为了提高掘进机的全面性和安全性，已经开发出了具备机载临时支护、锚护钻臂等功能的机型，将探、掘、支、锚、运等作业集成，后配套设备逐渐丰富和成熟，工作面掘进效率和施工质量明显提升。煤矿井下煤层赋存环境多变，往往是根据煤岩层地质条件与巷道要求，制定合理的掘进工艺，选择适宜的设备配套。

EBZ系列悬臂式掘进机如图5-4所示。目前，通常把机载锚杆钻机的悬臂式掘进机，称为掘锚机。其机身两侧履带上方分布有2～4台锚杆钻机，掘进机与锚杆钻机、临时支护设置具备互锁功能，机载锚杆钻机满足最小空顶距300 mm的顶板条件。截割时，锚杆钻机在截割臂后方，锚护时通过设置的滑轨向迎头前方滑移1.5 m，并超过截割头1.5 m进行锚护作业，作业方式可采用电液控制技术，左右电机相互安全闭锁，另外钻机配备锚护作业平台和钻杆存储仓，其平台可升降、调平。下面主要根据后配套方式的不同，介绍两种常见的智能化掘进后配套作业线及相关工艺。

（a）横轴式岩巷掘进机　　（b）机载锚杆钻机的掘锚机

图5-4　EBZ系列悬臂式掘进机外形图

（二）智能化掘进核心工艺

1. 智能化掘进作业线Ⅰ

“掘锚机＋带式转载机＋迈步式自移机尾＋除尘系统＋两臂锚杆钻车＋顺槽车”，如图5-5所示。主要后配套装备性能特点如下。

（1）带式转载机

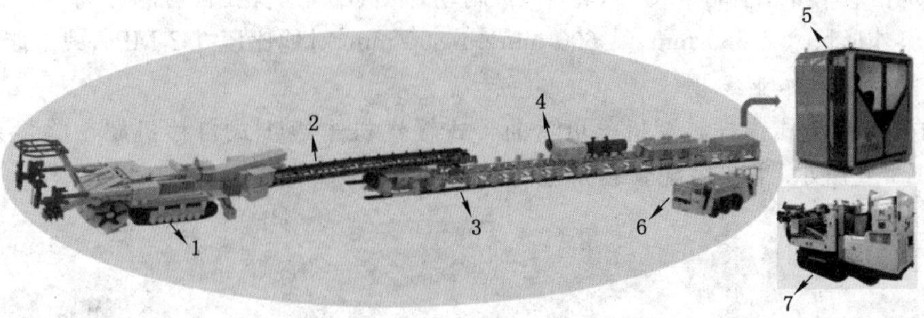

1—掘锚机；2—带式转载机；3—迈步式自移机尾；4—除尘器；5—集控中心；6—顺槽车；7—两臂锚杆钻车。

图 5-5　智能化掘进作业线Ⅰ

① 以桥式搭接方式，作为掘锚机和迈步式自移机尾的过渡运煤设备，可满足日进尺 20～50 m 搭接行程，减少延长胶带的次数。

② 驱动方式为电滚筒，丝杠张紧胶带，输送能力和转载大；机头与机尾处均采用多自由度铰接连接形式，具备胶带防跑偏功能。

③ 机头部设置有紧急停机装置，与前方掘锚机实现顺序联锁功能。

④ 装机功率分为 37 kW 和 45 kW 两种，运输能力≥1 000 t/h，驱动方式为电动滚筒。

(2) 迈步式自移机尾

① 迈步式自移机尾是带式转载机工作面带式输送机之间的煤炭运输单元，由中间架、调偏尾架、清扫尾架、中间架、迈步推移轨道等部分组成，销轴连接，满足巷道掘进日进 20～100 m 时，免移机尾或快速拉移机尾，工人劳动强度明显降低。

② 采用迈步自移方式，尾架具备左右调偏功能，并设置有胶带防跑偏托辊。

③ 采用无线遥控、本机先导手动控制，后部设置若干电缆槽、材料框。

④ 装机功率 55 kW，运输能力 1 000 t/h，供电电压 660 V/1 140 V，推移行程约为 1 200 mm，抬升行程为 250 mm。

(3) 两臂液压锚杆钻车

① 小巧灵活，可与掘锚机在巷道内水平错车，液压马达驱动行走，实现迎头前方顶帮锚杆支护；

② 满足不同断面的巷道顶锚杆与帮锚杆的锚护需求，可一键启动自动钻孔，电液比例控制，旋转和进给速度可调，具有自动夹钳机构；

③ 采用机载电缆自动收放技术，“车走自动放缆、车退自动收缆”，启动与倒车有声光语音报警功能，行走、锚钻工作模式实现闭锁切换；

④ 装机功率 55 kW，外形尺寸 6 200 mm×1 400 mm×2 350 mm，适应巷道宽度 3 000～6 000 mm，适应巷道高度 2 600～4 500 mm，对地比压 0.15 MPa。

(4) 顺槽车

① 最常见的 WC3Y(c)型防爆柴油无轨胶轮车，双向驾驶，最大爬坡能力 14°、最大侧斜 7.5°，适应巷道最低高度 2 100 mm；

② 柴油发动机，最大功率 65 kW，4 缸水冷、电喷燃油，压缩空气启动，转弯半径外径3 500 mm；

③ 原地滑移转向,全时 6×6 六轮驱动、制动,聚氨酯充填轮胎,可侧卸物料;

④ 整车外形尺寸 4 880 mm×1 600 mm×1 850 mm,对地比压 0.2 MPa,载重能力 3.0 t。

2. 智能化掘进作业线Ⅱ

“掘锚机＋跨骑式锚杆转载机＋可弯曲带式输送机＋迈步式自移机尾＋除尘系统＋顺槽车”,如图 5-6 所示,主要后配套装备性能特点如下。

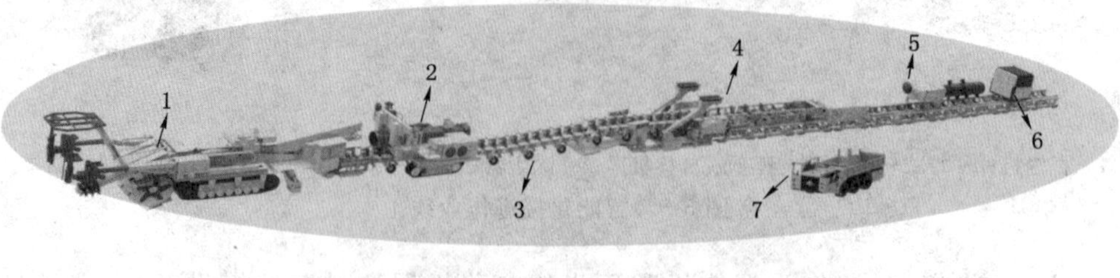

1—掘锚机;2—跨骑式锚杆转载机;3—可弯曲带式输送机;4—撑顶式迈步式自移机尾;
5—除尘器;6—集控中心;7—顺槽车。

图 5-6 智能化掘进作业线Ⅱ

(1) 可弯曲带式转载机

① 负责承载来自掘进机带式转载机运出的煤炭,与自移机尾的搭接有效长度为 20～100 m;

② 可实现移动式的弯曲运输,采用被动牵引,胶带架下方布置胶轮和独立的油气悬挂机构;

③ 输送带选用经向强度≥1 250 N/mm 的织物叠层阻燃输送带,具备自动张紧功能;

④ 转载胶带架两侧带有固定电缆、水管的管夹,动力站通过液压马达＋减速器＋销齿销排机构在迈步刚性架上行走,可拖动带式转载机后退;

⑤ 首尾各布置一台电动滚筒,采用 2 台变频器分别驱动,实现带速调节;

⑥ 总装机功率 135 kW,胶带宽度 1 000 mm,运输能力最大 1 600 t/h,水平最小转弯半径 10 m,额定电压 1 140 V。

(2) 跨骑式液压锚杆钻车

① 锚杆钻车采用跨骑式结构,履带行走,马达加减速器驱动,带式转载机从锚杆钻车下方穿过;

② 行走具备遥控功能,实现远程控制;

③ 锚杆钻车设计有储存锚杆、药卷等支护物料的空间;

④ 锚杆钻车钻孔作业时,湿式除尘具备自动进水功能;

⑤ 总装机功率 90 kW,爬坡能力 10°,钻臂数量可根据支护需要调配,接地比压0.15 MPa。

(3)“撑顶式”迈步自移机尾

① 自移机尾整机与带式转载机重叠,搭接有效长度为 20～100 m;

② 采用顶天立地式的迈步式自移机构实现前移,内部集成左右调偏机构;

③ 刚性架底部自带可升降的滑轨,迈步时刚性架依靠滚轮在轨道上运动,减少运行阻力;

④ 与带式转载机重叠的刚性架,侧方配备电缆导槽和 O 型电缆夹板,用于敷设重叠段的电缆;

⑤ 总装机功率 45 kW，适应巷道高度 2 600 mm 以上，最大宽度 3 100 mm。

二、全断面煤巷掘进机及配套掘锚系统

（一）全断面煤巷掘进机

近年国内外对盾构法巷道掘进进行大量研究，推动了煤矿智能化快速掘进的发展。盾构法集钻、掘、护、运于一体，能够有效实现长大巷道施工的工厂化作业，是世界上最先进的大型综合性隧道施工方法，代表着国际隧道施工技术的最高水平。

全断面煤巷掘进机是一种专门用于巷道/煤巷工程的大型高科技综合施工设备。从煤矿采掘生产过程和实现功能的角度出发，把全断面煤巷掘进机系统分解为：掘进系统、输送系统、支护系统、导线系统、冷却与除尘系统、控制系统、语音通信系统和设备列车。控制系统是全断面煤巷掘进机的核心，监控盾构系统中全断面煤巷掘进机、输送设备、支护设备。全断面煤巷掘进机外壳（简称盾壳）是钢质结构，在巷道内可以移动，开挖机构、排土机构、支护机构和推进机构等机械装置装在盾壳内，进行煤层挖掘、碴土排运和盾构推进行走等工序操作，保证巷道结构在一次施工中完成。

全断面煤巷掘进机根据工作原理一般分为手掘式盾构、挤压式盾构、半机械式盾构（局部气压、全局气压）、机械式盾构（开胸式切削盾构、气压式盾构、泥水加压盾构、土压平衡盾构、混合型盾构、异型盾构）。

全断面煤巷掘进机工作原理为结合了隧道掘进的盾构技术和煤矿巷道的悬臂式掘进技术，通过左右两个刀盘和上下滚筒的旋转完成切割，截割系统的转动均由电机驱动，通过履带行走获得向前的推力，履带是液压马达驱动。切割下的物料由左右刀盘臂向中间剥离，通过下滚筒的螺旋输送，物料被抛到铲板上，通过刮板式运输机将物料输送到后方其他设备。截割系统的调整都是通过液压驱动油缸完成的。控制系统分本地控制和遥控控制，正常工作时一般采用遥控控制，检修时可采用本地控制。检修履带等时可通过前后支撑将整机支起，进行相应作业。整个设备向前行走的定向靠陀螺仪导向，操作人员坐在距设备 20 m 外的后方支护完整区域内时时监视电脑屏幕上相应参数，配合遥控器操作，完成相应的工作作业。

（二）配套掘锚系统

锚杆台车是在井下巷道顶板或侧帮中钻凿锚杆孔并完成部分或全部安装锚杆工序的自移式设备。随着矿山井巷、隧道等地下工程锚杆支护作业的普及与发展，各大矿山设备公司都相继推出了功能全、自动化程度高的台车式锚杆钻装车，真正实现了锚杆支护施工的高度机械化、智能化，从而减轻了工人负担，提高了工作效率和施工质量。

锚杆台车按照打钻机构数量分为单臂锚杆台车、两臂锚杆台车、三臂锚杆台车等多种形式；按结构不同可分为塔架式、推进器式及转架式三种；按行走机构可分为轮胎式和履带式两种；按驱动方式可分为电力驱动、液压驱动及防爆型柴油机驱动等形式，见图 5-7、图 5-8。

锚杆台车主要由打钻部、行走部、本体部、升降部、工作平台部、电气系统、液压系统、水路系统等组成。

锚杆台车在巷道支护机械化作业中提供更高作业效率在当今采矿业中属必然发展趋势，煤矿巷道自动化装备作业在减人提效、降低工人劳动强度、降低工作危险系数等方面起着关键作用。锚杆台车自动化控制系统作为核心部件，在原理、可靠性、集成度、管路布局上必将持续优化研究，最终实现锚杆台车智能化支护。

图 5-7　KM311 型全液压锚杆台车

图 5-8　两臂轮式锚杆台车

三、掘锚一体掘进机及配套掘锚系统

掘锚一体机组是目前煤矿智能化快速掘进的重要发展方向，主要由掘锚一体机、锚杆转载机、带式转载机以及自移机尾等主要设备构成。一方面，掘进时可实现矩形断面一次性全宽截割，另一方面在截割的同时可进行锚杆支护作业，实现了掘锚平行作业，甚至在条件理想的情况下，将锚杆支护滞后，由锚杆转载机组作业，实现同一时间锚杆的多维度同步支护，极大提高了掘进速度。另外，掘锚一体机还可以按需配置临时支护、探水钻机、除尘风机等功能性装置单元，极大丰富了其掘进功能。

（一）高效掘进系统集成配套技术

通过构建人-设备-环境深度融合模型，梳理并细化掘进工作面工艺、工序、工位、工步，研究工作面可用空间，实现工作面受限空间下生产要素一体化，创新研制掘锚一体机、锚杆转载机、跨骑式锚杆钻车和柔性连续运输系统等装备，代替单一功能的掘进机、单体钻机、桥式转载机，为掘进工作面一体化提供了装备支撑。

依据不同围岩条件和支护参数进行设备综合配套。稳定围岩条件下（空顶距约 20 m），配套掘锚一体机、锚杆转载机、跨骑式锚杆钻车和柔性连续运输系统，掘锚一体机截割落煤，锚杆转载机破碎转载，支护由掘锚一体机、锚杆转载机、跨骑式锚杆钻车同步完成。中等稳定围岩条件下（空顶距约 2 m），配套掘锚一体机、锚杆转载机和柔性连续运输系统，支护由掘锚一体机和锚杆转载机同步完成。综掘技术配套与掘锚一体化高效掘进技术配套如图 5-9所示。

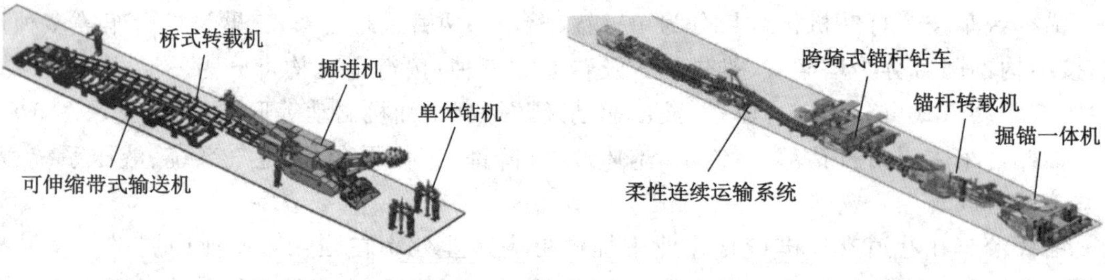

图 5-9　综掘技术配套与掘锚一体化高效掘进技术配套对比

（二）掘、支、锚一体化技术

掘锚一体化技术不仅要实现掘锚平行作业，而且要实现截割、装载、临时支护、锚杆支护等工序的平行作业。研制了双圆柱低阻滑动式底盘（图 5-10），底盘由可相对滑动的主副机架构成，副机架由油缸推动截割系统掏槽，铲板和运输机随动，主机架保持静止并机载钻机同步支护作业。为解决传统临时支护因空顶距大对软岩顶板适应性差的问题，创新研制前探式机载临时支护，将临时支护空顶距由 1 m减至 0.4 m，提升了锚护作业安全性，较高支护力（最高可达 400 kN）有效提高锚杆预紧力，提高了锚杆及时主动支护效果。

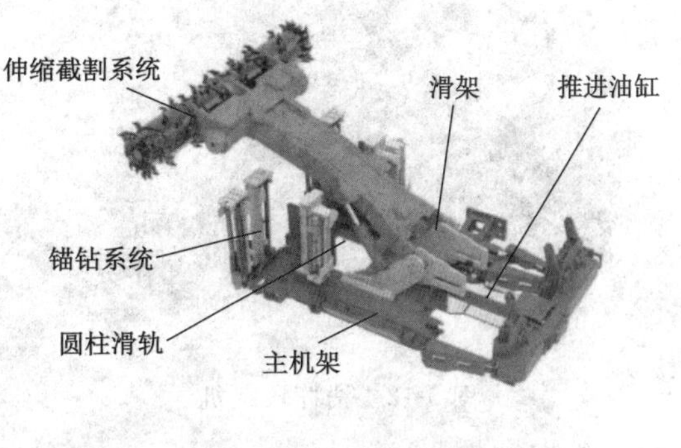

图 5-10　双圆柱低阻滑动式底盘

当截割和锚杆支护功能集成同台设备后，整机机重增加，接地比压增大，难以适应底板偏软工况，通过轻量化设计并研制宽履带底盘，将整机接地比压由 0.28 MPa 降至 0.2 MPa；行走采用千伏级交流变频调速技术，起动转矩大、易于实现定量调速，从而增强了整机对底板的适应性。

（三）全宽截割技术

全宽截割技术是实现快速截割的关键技术，通过一刀成巷消除超、欠挖现象，提高巷道成形质量。实现滚筒伸缩的关键在于将旋转零件内的压力油可靠地输入伸缩油缸内，通过攻克高压油旋转配液技术，解决油道路径规划、高压油旋转密封等难题，开发了可伸缩横轴式截割滚筒，将落煤时间由 12～16 min 减至 6～8 min；全宽截割的另一项难题是动载荷大，要求截割能力强，自主研制了双驱动高速合流重型截割减速器，实现截割功率达 340 kW（进口机型 270 kW）。

基于掘锚一体化和全宽截割等技术，研制了交流变频电牵引掘锚一体机（图 5-11）。

图 5-11　交流变频电牵引掘锚一体机

（四）空间多维度同步支护技术

空间多维度同步支护技术面向空间，研制针对性专用支护设备，利用多组施工机具实现多排多臂分段平行支护，掘进工作面采用低密度强力锚杆支护控制顶板，后部同步实施增强永久支护，形成“前疏后密、快速推进”协同支护体系。采用锚杆支护动态信息法，掘进过程中对围岩状态实时监测，动态调整空间支护顺序保证支护强度。通过大量高效快速掘进技术的应用逐步摸索出普适性规律及支护方法。

如图 5-12、图 5-13 所示，研制了锚杆转载机和跨骑式锚杆钻车等新型支护设备，解决了锚杆支护和运输同步作业的难题，有效平衡产线节拍，提高了支护效率。锚杆转载机集转载、破碎和锚杆支护功能于一体；跨骑式锚杆钻车通过跨骑式底盘实现运输机相对穿行，机载多组钻机（最多 10 组）同时支护，从而实现支护作业与掘进、运输分离。

图 5-12　锚杆转载机

图 5-13　跨骑式锚杆钻车

（五）高效锚钻技术

高效锚钻技术是为提高单台钻机的支护效率而开发的综合技术，主要包括锚索自动连续钻孔技术和钻机电液控制技术。锚索自动连续钻孔技术是利用“左轮手枪”原理，钎杆由机械手自动续装，由钎杆仓多根存储（图 5-14），实现锚索支护由多人单机手工间断操作向单人多机一键式操作的技术跨越；钻机电液控制技术是将压力、转矩、转速等变量转化为数字信号控制的技术，实现了钻机自动控制和健康诊断，提升了钻机可靠性。

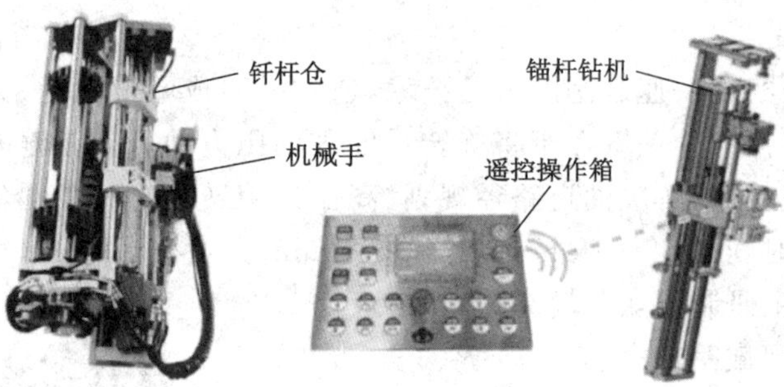

图 5-14　自动锚索钻机与电液控锚杆钻机

第四节　随掘地质保障

一、地层改性处理

竖井掘进机施工要求井筒所穿过的地层地质条件稳定，涌水量小。当井筒穿过的地层地质条件、水文条件复杂，如冲积层、软岩孔隙富水地层，凿井时会发生大量涌水，或开挖后的井帮岩层、土层坍塌、垮落，均会影响掘进安全或造成无法掘进。对于这类地层，应先进行改性处理，再实施凿井。对于基岩裂隙含水地层，可采用地面预注浆法对地层进行结构改性。对于裂隙发育、涌水量大的岩体，可采用注入具有凝结性的流体材料充填裂隙的方式，将松散岩石胶结在一起，提高岩体密度、强度、抗渗透等性能，形成一定厚度的帷幕，隔断掘进井筒工作面和未处理地层的水力联系。

对于冲积层和孔隙含水弱胶结地层，可采用冻结法对地层进行物理改性。通过人工制冷，将岩土层内赋存的液体水或附在矿物颗粒的水连同矿物一起，从流动状态变成固体状态，提高岩土力学性能，形成一定形状冻结体帷幕，隔断掘进断面与外界的水力联系，从而承受施工期间外部水压和抵抗地层压力。采用冻结法和注浆法对地层进行改性处理，极大拓展了竖井掘进机的应用范围。

二、导井钻进

下排渣式竖井掘进机不但需要有下水平空间，还需要钻进溜渣导井。根据竖井的岩石条件、钻井深度、导井直径和对导井的偏斜要求，确定需选反井钻机的技术参数，包括推力、拉力、扭矩、出轴转速、钻机的推进方式、旋转驱动方式、钻机的动力来源、钻机功率等。同时考虑工作条件，如供电、供水、运输等，还要确定钻机功率、主机重量、主机最大外形尺寸、电压等级、循环泵排量等参数及配套设施。最后确定适用的反井钻机型号和适宜的反井钻井工艺，并按照竖井掘进机凿井对导井直径和偏斜的要求钻出导井。导井施工准备时，需要根据工程条件对钻机参数进行验算，选择满足要求的反井钻机进行导井钻进，即反井钻机的导孔钻进和扩孔钻进。

导孔的偏斜决定了导井的偏斜，竖井掘进机具有一定的纠偏能力，但过大的偏斜将无法纠正。反井钻机直接钻进导孔的优点是不必增加过多的辅助设备，缺点是导孔的精度难以控制，一般只能控制在1.0%左右，不能满足竖井掘进机钻进深井和提升井筒的需要。为了达到更高的钻孔精度，需要采用定向钻进技术，即以定向钻机和随钻测量纠偏系统为基础，先钻出满足精度要求的小直径定向孔，然后拆除定向钻机，再利用反井钻机扩大定向孔和进行扩孔钻进，形成满足精度要求的导孔。

三、破岩排渣

竖井掘进机以滚刀作为破岩基本单元。滚刀两把为一组，按照一定的规律在钻头上进行布置，形成中心刀、正刀和边刀的组合，达到各把滚刀破岩量基本均衡。采用导井溜渣时，滚刀破碎的岩石靠自重沿钻头形成的锥形边井底坡下落到导井中，落到下水平巷道内由其他装运设备排出。竖井掘进机对钻头施加推力和旋转扭矩，钻头向滚刀输送破岩能量，滚刀通过挤压、剪切和刮削等综合作用将岩石从岩体上分离出来。电动机带动齿轮箱齿轮减速实现钻头旋转，推进油缸通过推进齿轮箱沿掘进机支撑立柱上下滑动，并向钻头传递推进力，主框架结构通过油缸支撑在井帮岩壁上，上、下支撑系统承受破岩反推力、反扭矩。推进油缸完成一个行程后，主框架结构沿竖井轴线向下移动一段距离，然后支撑油缸推动支撑靴板继续支撑在井帮上，经找正后，继续下一循环破岩。要根据掘进机高度和凿井循环的需要，确定推进油缸行程。

四、临时支护

竖井掘进机支撑结构在工作时，对井帮施加一定压力，起到防止井帮破坏的作用。竖井掘进机采用滚刀破岩，对围岩扰动小，对井帮围岩稳定有利。但是钻进井筒时会遇到不同类型岩石及构造，一些节理或裂隙会对井帮稳定造成很大影响，如果长时间暴露，可能造成井帮坍塌，影响工作人员和设备安全，必须进行必要的临时支护。在竖井掘进机上方，利用多层吊盘结构，可实现锚杆孔钻进和挂网、喷浆等临时支护平行作业；利用竖井掘进机提供的动力，最下层吊盘上设置的锚杆钻机可以进行钻凿锚杆孔、挂网和锚杆安装等临时支护作业；利用吊盘上的喷浆机进行喷浆作业，对井帮围岩进行及时封闭，保证施工安全。

五、永久支护

对于一些服务年限短、非提升井筒或不需安装安全设施的通风井，可将锚杆、挂网和喷浆作为适用的支护方式。如果井筒为长期服务的或提升井筒，则需要浇筑混凝土井壁，也可先进行锚喷临时支护；在井筒钻进完成、竖井掘进机拆除后，采用滑模工艺由下向上浇筑永久井壁。

六、超前探测

由于导井采用反井钻机钻进的工艺方式，反井钻机钻进导孔时已经对地层进行了探测，竖井掘进机掘进时不需要再进行超前探测。但是，在竖井掘进机钻进、在导井下口出渣时要注意岩屑的状况。破岩滚刀破碎形成的岩屑一般为薄片状，最大外形尺寸应该小于 50 mm，并且存在明显的滚刀刀齿压入的痕迹。如果发现下部存在不规则、表面有原生破裂、尺寸大小不一的岩屑的状况，可能是导井坍塌所致；如果坍塌量较大，说明导井出现大面积坍塌，则需要停止钻进，采取措施处理导井坍塌问题。

七、通风

竖井掘进机凿井为机械破岩，相对于爆破破岩产生的有害气体和粉尘要少，同时由于减少了井下作业人员，所需要的通风量少。采用反井钻机提前钻成的导井，将地面与矿井的通风系统连通，会形成服务井筒凿井作业的通风循环。根据井筒通风系统设置，导井处于进风状态，竖井掘进机凿井一般不需要单独设立通风装置。在特殊工程和地质条件下，可设置局部通风机。

八、排水

从地质条件分析，如果凿井过程中地层涌水量较大时，可预先采用地层改性方法封堵涌水、稳定地层。如地层涌水量小，由于反井钻机所钻出的导井的存在，少量涌水将直接通过导井流到井筒下部，汇入矿井的排水系统排出，所以在竖井掘进机钻进时，不需要对局部涌水进行处理。但是在进行井筒临时支护和永久支护时，需要对竖井掘进机钻出的井帮涌水，采取截、导措施，减少涌水对混凝土强度的不利影响。如果井帮涌水量大或者是支护的井筒有大量渗水，则需要进行局部注浆处理。

九、冷却

竖井掘进机采用滚刀破岩，破岩过程中需要向滚刀施加推力和扭矩，这些力和力矩所做的功主要作用于岩石使其破碎，还有一部分转化为热量，使滚刀发热。通风可以降低滚刀温度，但还不能满足滚刀降温的需求，还要根据钻进的需要，在钻头上设置冷却水系统，采用喷淋冷却水的方式，降低滚刀温度。同时喷淋冷却水还有助于减少破岩产生的大部分粉尘的扩散。

十、有害气体检测

在一些工程中，煤矿和一些岩层释放有害气体，需要检测有害气体浓度，以保证施工安全。根据不同工程条件，在竖井掘进机的不同位置设置有害气体传感器，包括甲烷（CH_4）、一氧化碳（CO）、二氧化碳（CO_2）等传感器。测量数据传输到竖井掘进机控制系统，通过系统数据分析，实时提醒操作人员采取相应措施。

十一、其他

在采煤工作面的煤炭生产过程中，为了防止顶板垮落，维持一定的工作空间，保证工作人员的安全和各项作业的正常进行，必须对顶板进行支护。典型的支护装备包括锚杆台车和临时支护装备。

思考题

1. 硬岩悬臂式掘进机快速掘进系统的组成有哪些？
2. 简述竖井掘进机的分类。
3. 随掘地质保障有哪些？
4. 先进建井技术分为哪几种？

第六章 井工煤矿智能化采煤技术与装备

第一节 井工煤矿智能化采煤概述

一、智能化开采概念

井工煤矿智能化采煤是应用物联网、云计算、大数据、人工智能等先进技术，使工作面采煤机、液压支架、输送机（含刮板输送机、转载机、破碎机、可伸缩带式输送机）及电液动力设备等形成具有自主感知、自主决策和自动控制运行功能的智能系统，实现工作面落煤（截割或放顶煤）、装煤、支护、运煤作业工况自适应和工序协同控制的开采方式。

智能化开采的特点是工作面系统和装备具有智能感知、智能决策和智能控制三个智能化要素。三要素中，智能感知发展相对充分，智能控制也有一定程度发展，而智能决策则相对滞后。由于我国煤矿煤层赋存条件复杂多样，需要开发适用于不同煤层条件的无人化智能开采模式。就目前技术而言，智能化开采可分为薄煤层刨煤机无人化智能开采、薄及中厚煤层滚筒采煤机无人化智能开采、大采高工作面智能耦合人机协同高效综采、综放工作面智能化操控与人工辅助放煤开采、复杂条件机械化＋智能化开采等模式。

二、智能化开采模式

1. 薄煤层刨煤机无人化智能开采

对于煤层厚度小于 1.0 m、赋存稳定、煤层硬度不大、顶底板条件较好的薄煤层，可采用刨煤机无人化智能开采模式进行开采。采用刨煤机智能截割控制系统（图 6-1），基于控制程序自动调整刨煤速度与深度，按照程序规划的刨煤机截割路径进行记忆截割。通过变频刮板输送机进行刨煤机与刮板输送机智能联动控制，实现刨煤机刨煤速度和刮板输送机运速自动控制。基于液压支架智能控制系统，实现刨煤机的精准定位与液压支架自动推移。

刨煤机（图 6-2）是以刨头为工作机构，采用刨削方式破煤的采煤机械。刨头以工作面输送机进行导向，在圆环链的牵引下，沿着工作面可弯曲刮板输送机的中部槽导轨往复运行，运行过程中刨刀将煤刨落，刨落的煤在刨头犁形斜面的作用下被装入输送机送出工作面。

2. 薄及中厚煤层滚筒采煤机无人化智能开采

滚筒式采煤机最大特点是适应能力强，可用于条件较复杂的工作面开采。对于煤层厚度大于 1.3 m 的薄及中厚煤层，目前主要采用滚筒采煤机智能化开采模式进行开采。

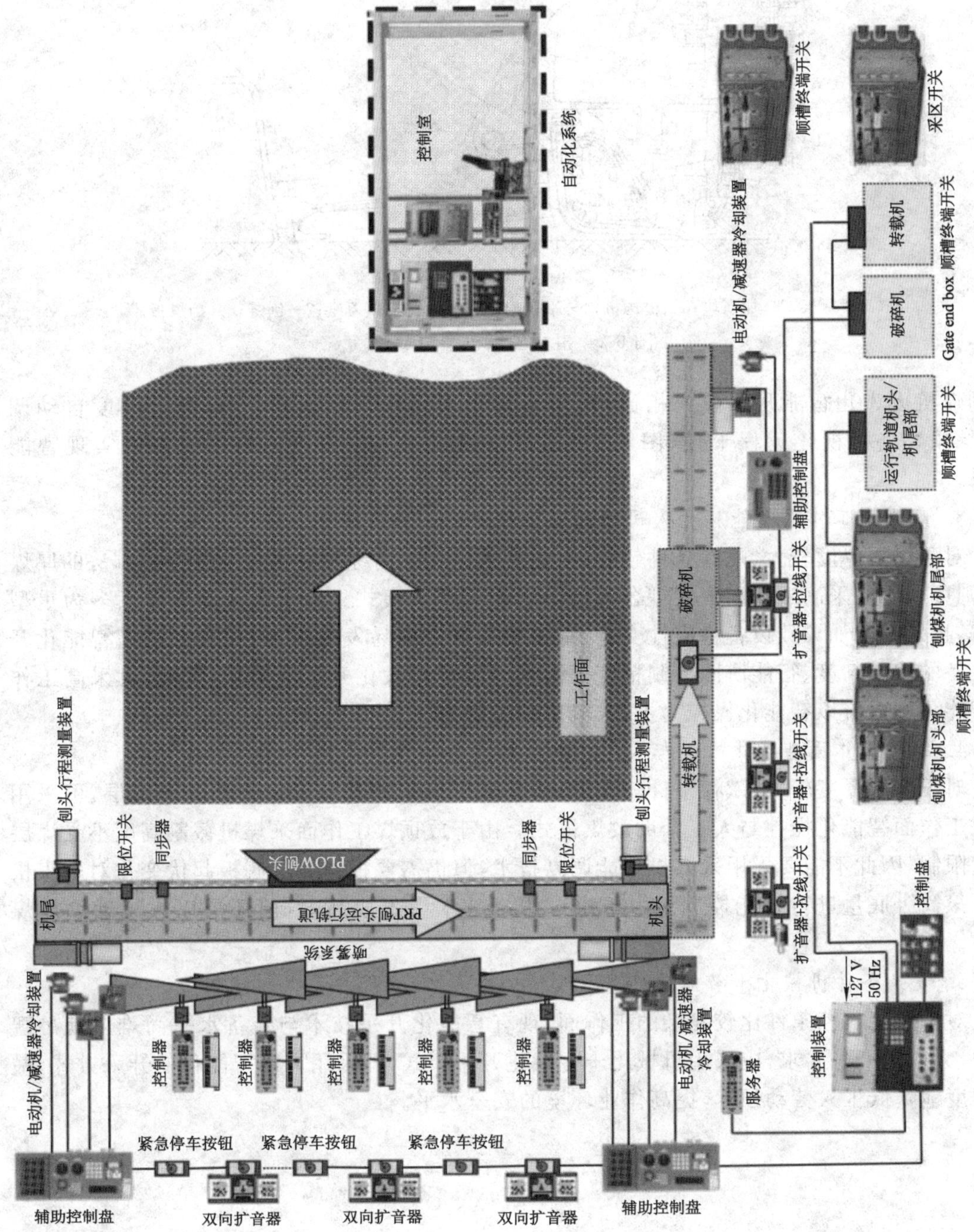

图6-1　刨煤机自动控制系统示意

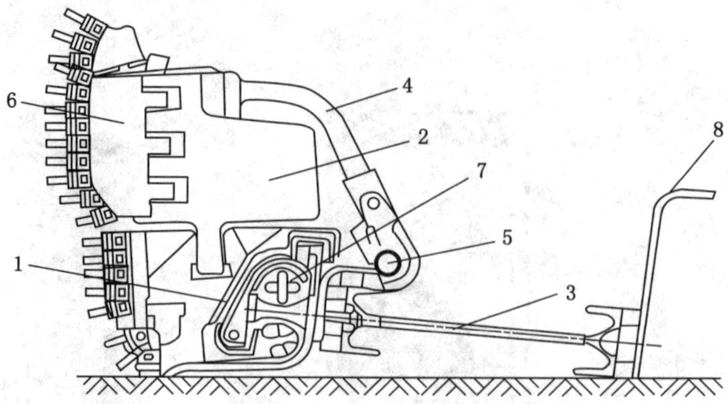

1—滑行架;2—加高块;3—输送机;4—平衡架;5—导轨;6—顶刀座;7—刨链;8—挡煤板。

图 6-2　滑行刨煤机结构示意

与刨煤机无人化智能开采模式相比,其主要基于采煤机记忆截割、工作面直线度自动调控、综采装备可视化远程干预(图 6-3),通过采煤机对煤层厚度的自适应截割实现智能开采。

3. 大采高工作面智能耦合人机协同高效综采

对于煤层厚度较大、赋存条件较优越、适宜采用大采高综采一次采全厚开采方法的厚煤层,则可采用大采高工作面智能耦合人机协同高效综采模式。由于大采高工作面多为重型装备,且采高增加导致设备稳定性变差,重型装备群之间易发生干涉,现有大采高智能化开采装备的控制精度、智能协同控制精度等尚难以满足无人化开采的要求,因此,大采高工作面智能化开采应以智能化操控为主、人机协同控制为辅。

4. 综放工作面智能化操控与人工辅助放煤

对于煤层厚度较大、赋存条件较优越、适宜采用综采放顶煤开采方法的厚煤层,可采用综放工作面智能化操控与人工辅助放煤模式。由于放顶煤工作面采煤机截割高度不受煤层厚度限制,因此不需要采用采煤机智能调高技术,但仍需要根据煤层底板起伏变化对采煤机的下滚筒卧底量进行智能控制。由于煤矸识别技术尚不成熟,目前还是以人工辅助放煤为主。

5. 复杂条件机械化+智能化开采

对于煤层赋存条件比较复杂的工作面,现有智能化开采技术与装备水平尚难以满足智能化、无人化开采要求,应采用机械化+智能化开采模式,即采用局部智能化的开采方式,最大程度地降低工人劳动强度,提高作业环境的安全水平。

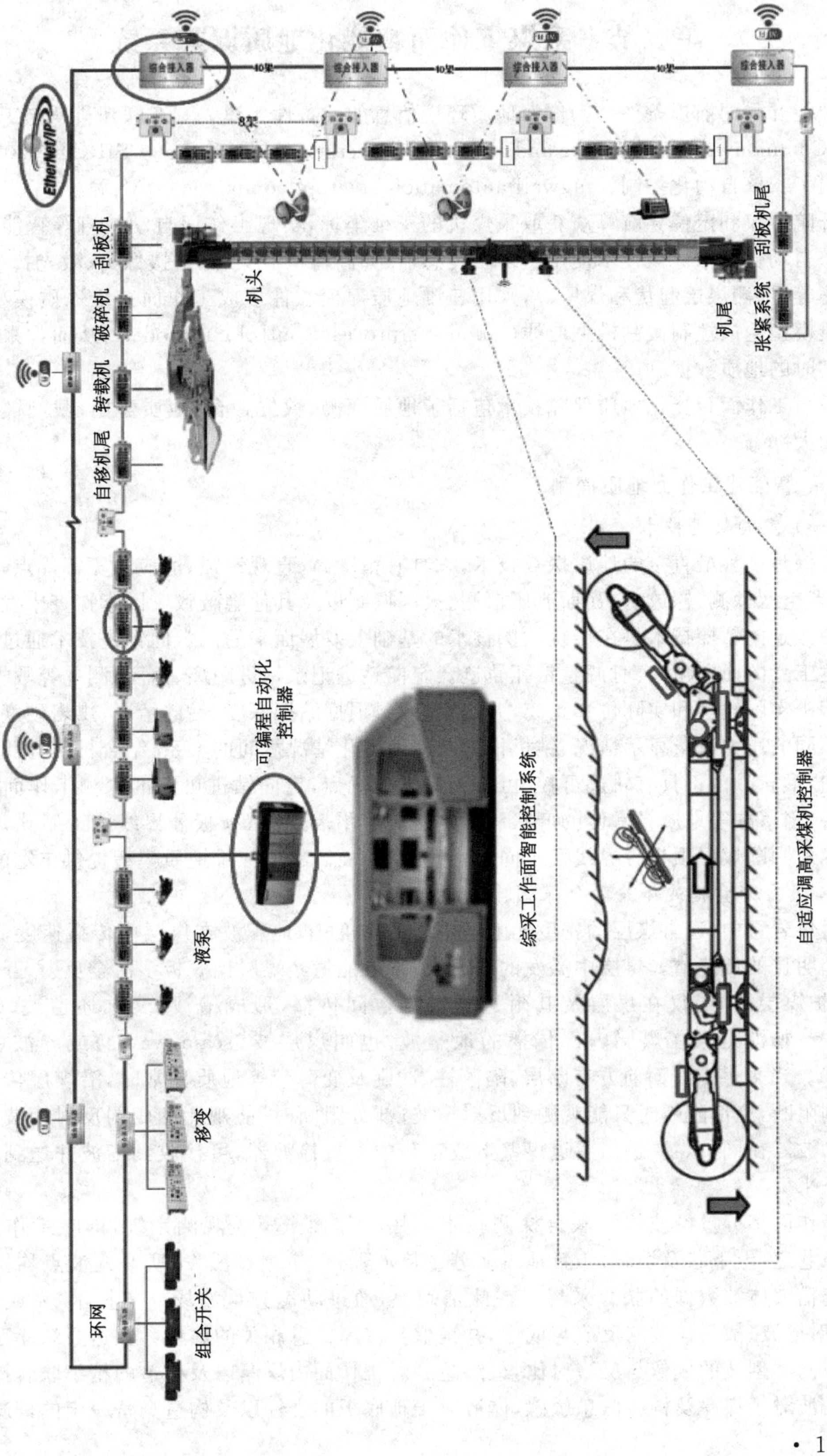

图6-3 采煤机自动控制系统示意

第二节 采煤工作面智能化地质保障系统

智能开采的前提条件是工作面地质环境信息的完备性。澳大利亚联邦科学与工业研究组织(Commonwealth Scientific and Industrial Research Organization,CSIRO)于2001年首次提出了长壁自动化控制(longwall automation steering committee,LASC)技术,采用高精度光纤陀螺仪和定位导航算法获取采煤机的三维坐标,实现工作面自动找直等智能化控制和长壁自动化开采。该技术使用了多种传感器(如高清摄像头、红外摄像头、激光扫描仪、地质雷达等)探测煤层起伏和煤厚等,采用三维地质建模软件形成工作面三维地质模型,并切割地质模型生成控制截割模型曲线(landmark process control cut model),从而为采煤设备提供实时的地质数据。

采煤工作面智能化地质保障技术包括了地质探测、数据融合、地质建模、截割模型曲线输出四大部分。

一、智能化工作面地质探测

(一) 定向钻进技术

钻探是一种最直接的地质探查技术,它具有精度高、直观性强、适应面宽等优点,在构造探测、老空区探测、探放水、瓦斯泄压探测、火区探测以及其他隐蔽致灾因素探查中发挥着重要作用。定向钻探技术是在传统钻探技术的基础上发展而来的。定向钻进技术通过调整螺杆马达工具的面向角,实时调整钻孔轨迹。定向钻进记录钻进距离、角度、测井等数据,能够测算探头实际轨迹和实际位移距离,并确定标高,根据钻探深度、钻硝情况、煤岩硬度及钻进煤岩不同的压力流量显示情况、钻机推力及转速变化情况之间的关系,结合标高等测算出煤层走向、形状。由于具有轨迹可控、可分支钻进的优点,定向钻进可精准探测工作面内部隐伏断层、陷落柱等地质异常体的产状和影响范围。沿着煤层、顶板分界线施工钻孔,可以比较准确地判断煤层顶板分界线及走向,为建立工作面高精度三维地质模型提供丰富的数据。

(二) 多分量槽波体波联合探测

含煤岩系中,通常煤层的密度比上下围岩的密度小,地震波在煤层中传播速度低,煤层是一个明显的低速槽。煤层中激发的地震波,部分能量经煤层顶底板多次全反射,互相叠加干涉,被煤层制导,仅在煤层及其附近的二维空间传播,形成槽波(又称通道波,channel waves)。槽波是只在煤层内部传播的地震波,也叫煤层波(seam waves)或导波(guided waves)。当采煤工作面前方有断层、陷落柱、冲刷及变薄带等地质异常时,沿煤层传播的槽波受到阻断,全部阻断时只能观测到反射槽波;部分阻断时,能观测到较弱反射槽波及弱的透射槽波。在同一煤层适当巷道煤壁上或钻孔中安置检波器,可接收到槽波并送到地震仪记录下来。

工作面多分量槽波体波联合探测技术采用工作面全覆盖观测系统,即在工作面至少2～3条巷道(上下巷及切眼)布置地震多分量检波器,单个炮点激发,所有检波点均接收,进行现场槽波体波数据的联合采集。在此基础上,通过动态矢量波场分离技术,完成透射槽波、反射槽波、散射体波的反演与成像,并提取与煤厚信息相关的属性参数进行煤厚反演,通过对不同类型波的成像与反演对比,最终达到对工作面内煤厚以及构造的精细联合探测。

槽波对于煤厚及构造信息敏感,体波对于顶底板的岩性以及构造具备一定的探测效果,以槽波为主、体波为辅的联合探测可进一步提高探测精度，为实现工作面的地质透明化目的提供有效的方法与手段。

（三）钻孔地质雷达探测技术

钻孔地质雷达是地质雷达的一种，具有高精度、高效率、高便捷性等特点，在工作面精细探测中发挥着越来越重要的作用。该设备由一体化主机、天线及配套软件等部分组成。根据电磁波在有耗介质中的传播特性，钻孔地质雷达以宽频带短脉冲的形式向介质内发射高频电磁波（70 MHz～1 GHz），当遇到不均匀体（界面）时会反射部分电磁波，其反射系数由介质的相对介电常数决定。通过对雷达主机接收到的工作面顺层钻孔中的反射信号进行处理和图像解译，达到识别隐蔽目标物的目的。通过对雷达数据进行处理和成像，能够较为准确地分析钻孔周边一定范围内的地质异常体和地层界面。

（四）煤岩层识别技术

煤岩层识别技术是利用智能开采过程获取的最新煤岩层界线和相关地质信息，不断更新工作面三维地质模型，能够保证开采过程中煤壁及附近地质数据的准确性。世界各主要产煤国在煤岩分界面自动识别方面做了大量研究工作，目前业内已经提出了 20 多种煤岩层界面识别技术和方法，包括振动探测法、截割电流法、图像识别技术、γ 射线法、超声波法、地质雷达法、激光扫描法等。煤岩界面识别技术尚不成熟，多信息融合识别精度明显高于单一信号识别精度。

二、智能化工作面多源数据处理与融合

多源数据处理与融合是综合多种物理勘探、地面测绘及钻探技术的优点，将其有机融合而形成的一套完整的三维数据。综合利用钻孔、采掘、雷达、槽波、地震等多源数据，建立能够完整、准确表征复杂地质现象边界条件的工作面地质模型。

① 统一地理、地质、地面地震、井下物探、遥感、钻探、井下素描等建模数据的坐标系和比例尺，构建原始资料数据库；

② 利用叠前深度偏移获得地震数据，并开展井震标定以及地震多属性分析；

③ 精细构造解释以地震数据构造解释为核心，将已知揭露信息与地震解释相结合，实现点面结合控制采区构造变化；

④ 岩性分析以钻孔为主，利用取芯和测井数据分析岩性垂向分布，结合掘采等信息，融合采区所知全部岩性信息，包括煤层以及煤层顶底板岩性；

⑤ 采用多源数据融合技术，开展煤层顶底板精细解释，通过高分辨层序地层学分析建立对地层厚度及其空间位置的预测具有重要约束作用的地层框架，作为地质统计学反演的基础。

⑥ 利用高分辨的地质统计学反演，将精细构造解释信息与岩性信息作为先验输入信息，精细地刻画煤层厚度及顶底板厚度与岩性；获得精细化三维地震模型，该地质模型具有空间任何一点的岩性与构造等信息。

三、智能化工作面三维地质建模与动态更新

上述精细化地震模型分辨率高、数据量巨大，因此还需要进一步转换为常规的三维地质模型，从而为智能工作面提供轻量化的截割数据。

三维地质建模理论和技术已经较为成熟。几何建模方面，根据体元规整性分为规则体

元和非规则体元两个大类。规则体元最常用的是块段模型(block)。不规则体元最常见的为四面体结构、四面体、三棱柱等。属性建模方面,一般采用克立格(Kriging)法、距离反比加权法和径向基函数法(radial basis function,RBF)等。三维建模的流程为:确定合理的体元剖分规则→构建工作面煤层及顶底板几何模型→构建工作面煤层及顶底板属性模型→工作面初始模型。

在地质模型的更新方面,开采过程中通过煤岩层识别、实际测量、地质素描等方法,能获得最新的地质数据。将这些已知数据加入初始地质模型中,通过设置新增数据点的插值影响范围和范围内的已知数据点位置和属性,对影响范围内的未知数据点或待插值点进行重新局部建模或者全局建模,更新地质模型。

四、智能化工作面截割曲线的输出

智能化工作面要将三维地质模型输入采煤机控制系统中,使得采煤机能够获得当前截割位置的煤层顶底板曲线,并按照顶板和底板模型数据,自动调整滚筒高度,尽量减少采煤机截割顶底板岩石。因此地质保障技术要为控制系统提供截割参考曲线。

具体工作流程包括:根据当前工作面三维地质模型,生成工作面前方一定范围内顶底板格网坐标数据,存入数据库,结合采煤机机械约束、采煤机运行数据优化采煤机推进路径,计算获得每刀滚筒调整值与割煤基线,人工认证后,下发至采煤机控制平台。

第三节　智能化采煤工作面总体配套与控制系统

一、智能化采煤工作面设备配套要求

(一)系统配套要求

智能化采煤工作面应根据煤层厚度和具体赋存特点,在薄煤层刨煤机无人化智能开采、薄及中厚煤层滚筒采煤机无人化智能开采、大采高工作面智能耦合人机协同高效综采、综放工作面智能化操控与人工辅助放煤、复杂条件机械化+智能化开采等开采模式中选择合适的开采技术方法进行开采。

(二)智能割煤子系统要求

采煤机应具备运行工况及姿态检测、机载无线遥控、精准定位、记忆截割、“三角煤”机架协同控制割煤、远程控制、故障诊断和环境安全瓦斯联动控制等功能,应向工作面智能集控中心提供控制接口,并将运行状态实时上传到工作面智能集控中心,实现在工作面智能集控中心对采煤机进行实时远程监测与控制及在地面监控中心对采煤机进行实时远程监测。

(三)智能支护子系统要求

液压支架应配备电液控制系统,应实现跟随采煤机自动移架、推溜,具有远程控制、自动补液、自动反冲洗、自动喷雾降尘功能,应能实时液压支架立柱支护阻力、推移行程在线监测,并将监测数据实时上传到工作面智能集控中心。超前支架应配备电液控制系统,具有就地控制与遥控控制功能,宜有状态智能感知和自主行走功能。端头支架应配备电液控制系统,具有就地控制与遥控控制功能,应与工作面液压支架联动,实现工作面端头区域安全支护。

(四)智能运输子系统要求

刮板输送设备应具有软启动控制、运行状态监测、链条自动张紧、断链保护、故障诊断、

自动控制和远程控制功能。刮板输送设备应具备与工作面智能集控中心双向通信功能，实时将运行监测数据上传到工作面智能集控中心，实现刮板输送机的远程监测和控制。

带式输送机应具有运行工况监控与综合保护功能，实时监测胶带运行工况，并将堆煤、烟雾、纵撕、跑偏、自动洒水、周边环境等监测信息实时上传到工作面智能集控中心，出现故障时应进行预警联动。带式输送机煤流运输应顺煤流启动，宜有煤流量监测、异物识别和自动变频速度调节功能，能够根据煤流量大小自动控制带速，实现节能运行。

（五）智能控制子系统要求

工作面智能集控中心应实现集中、就地和远程控制，实现采煤机、液压支架、刮板输送机、破碎机、转载机、带式输送机、乳化液泵站、喷雾泵等协同控制；地面监控中心具备工作面设备"一键启停"功能，宜实现在地面对采煤工作面生产系统远程监控和采煤工作面辅助生产系统远程监视。

（六）网络通信子系统要求

智能化采煤工作面宜采用标准无线通信系统，无线通信带宽不低于 100 Mbps，有线网络传输速率宜不低于 1 000 Mbps。通信系统具有工作面数据通信、语音视频通信、视频监控、人员定位、语音广播等功能。智能化采煤工作面网络通信系统应具有安全防护功能，能够抵御攻击，确保通信安全可靠。

（七）智能视频子系统要求

智能视频子系统应采用矿用本质安全型高清摄像仪，视频系统具备第三方接口，具备对工作面内无死角覆盖监控，具有视频增强、跟随采煤机自动切换视频画面和自动清洗功能，视频线路传输速率不低于 1 000 Mbps。

（八）智能喷雾降尘子系统要求

工作面智能喷雾降尘子系统应具有跟随采煤机联动定点和定时自动喷雾降尘、移架喷雾降尘、放煤喷雾降尘等功能。当有煤流运输时，自动进行喷雾除尘；当有人员经过时，自动停止喷雾；根据粉尘浓度智能调节喷雾开关，自动控制喷雾量，提高降尘效果。

（九）智能供液子系统要求

智能供液子系统应具有反渗透水处理、清水过滤、自动配比补液、多级过滤、高压自动反冲洗、高低液位自动控制、乳化液浓度在线监控、单泵或多台泵的单动与自动运行、系统运行信息检测与上传功能。智能供液子系统宜与液压支架用液量协同联动，实现工作面供液系统的智能控制。

（十）智能巡检子系统要求

智能巡检子系统包括工作面智能巡检分系统、煤流运输智能巡检分系统，智能巡检分系统利用巡检机器人实现工作面设备运行状况、开采环境、煤流状态的例行巡检和异常情况实地巡查。

（十一）智能供电子系统要求

工作面智能供电子系统能够对整个工作面电力系统进行监控，动态显示警示、预警和报警信息，能够显示开关分合闸状态，并在权限允许的范围内对开关分合闸进行操作，同时能够对供电系统中过流、短路、过压、欠压、漏电等保护跳闸的事件进行记录，并显示实时数据和保存历史数据。

（十二）辅助生产系统要求

工作面语音系统：具有工作面语音子系统状态显示功能，包括电话闭锁状态显示、急停状态显示、断路位置显示和胶带沿线无盲区语音通话，停电后应能正常通话。

工作面通风监控系统：实时监测工作面风量，实现工作面通风状态的自动识别。

智能安全监测系统：实时监测工作面甲烷浓度、风速、风压、粉尘浓度、一氧化碳浓度、水文、矿压、温度等开采环境参数，并将监测数据实时上传到矿井安全监控系统。

工作面三维地质模型系统：能够根据生产实测数据和煤岩层识别数据，自动修正已有的三维地质模型，实现三维地质模型可视化展示，实时修正采煤机截割模板。

二、智能化采煤工作面控制系统

（一）液压支架电液控制系统

液压支架电液控制系统是无人化智能开采的基础。其主要由主控制台（MCU）、数据传输控制单元和电液控制单元组成，主控制台一般设在工作面运输巷内，电液控制单元主要包括支架控制器（SCU）、电源箱、电液控制阀（电磁先导阀、主控制阀）、液电信号转换元件（压力传感器、行程传感器）等部件（图 6-4）。液压支架电液控制系统具备本架、邻架和隔架以及成组移架、推溜功能。基于红外感知装置，实时感知采煤机位置，实现液压支架跟随采煤机自动移架。

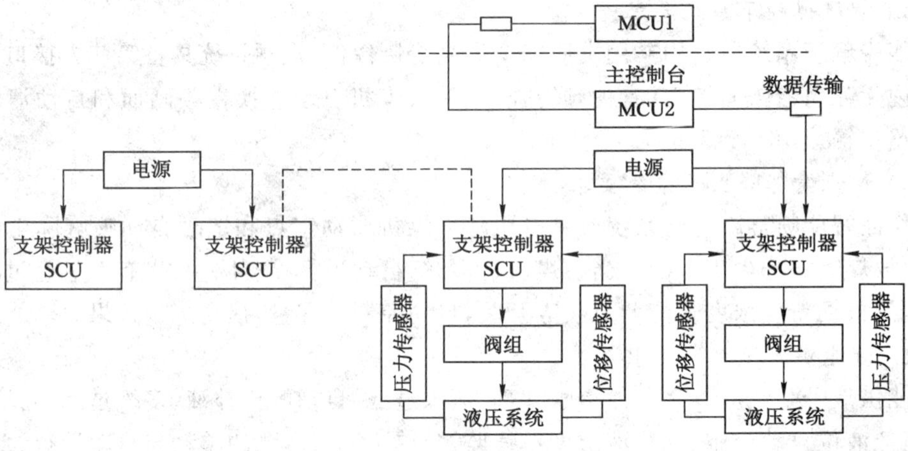

图 6-4 液压支架电液控制系统组成

（二）综采工作面智能化控制系统

智能化工作面控制系统在目前工作面监控平台基础上，将现有的监控平台升级为智能化控制系统，在目前单机智能控制的基础上，通过对液压支架、采煤机、刮板输送机等设备的关联状态感知，并根据工作面综采设备群之间的位姿关系与开采工艺时序控制逻辑，进行综采装备群的智能控制（图 6-5）。

基于激光扫描、红外感知、惯导定位、高清图像等全面智能感知手段，实现煤流识别、测距导向、碰撞检查、信息识别等智能分析功能，基于煤流检测实现采煤机与刮板输送机的协调联动，实现采煤机截割速度与刮板输送机运煤速度的协调匹配；基于惯导定位与视觉测量，实时获取工作面推进度、液压支架移架速度等信息，实现采煤机与液压支架的协调联动，

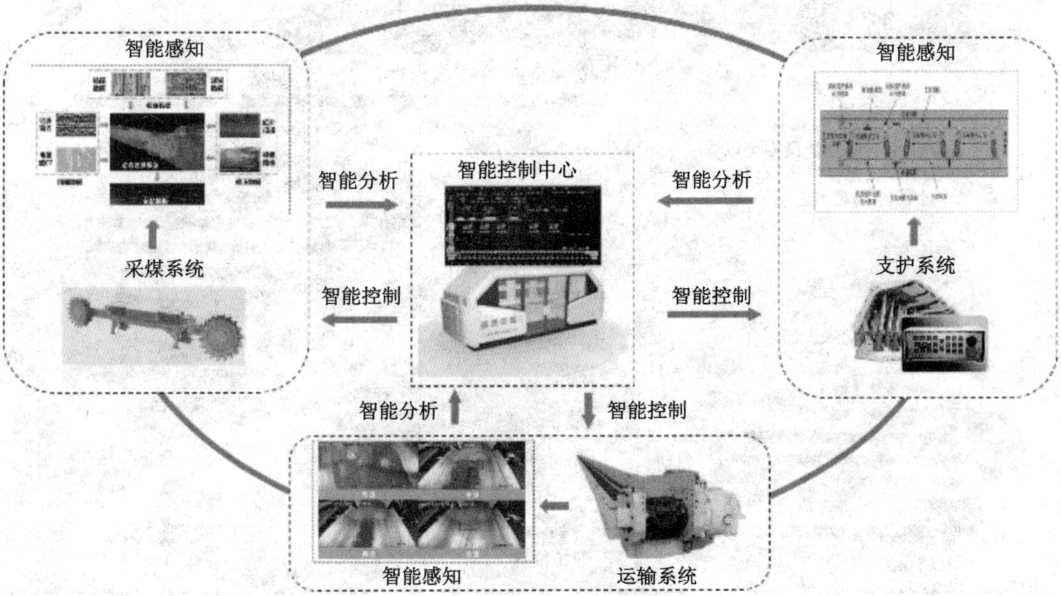

图 6-5　智能化控制系统示意

通过可视化三维视觉沉浸系统、人员与设备及环境安全预警系统、高可靠通信网络系统等多项关键技术组成的多位一体的智能控制系统，实现综采装备群的智能控制。

1. 基于区域协同与数据共享的综采智能化架构

基于区域协同的智能化控制系统，是建立在数据共享的基础之上的，以智能控制中心为控制中枢建立工作面智能控制中心，以工作面地理信息系统提供的地质数据为基础，根据工作面视频系统自动感知与分析结果作为决策依据，通过真实物理场景驱动的虚拟现实系统，实时修正采煤机记忆截割模板，实现采煤机智能截割；通过采煤机、液压支架和刮板输送机协调联动机制，实现工作面综采装备智能控制。

2. 工作面设备协调联动控制

以工业以太网作为传输通道，监控中心作为控制中枢，视频信息自动捕捉与分析处理作为决策依据，根据工作面和上、下两端头"三角煤"跟机生产工艺，通过液压支架电液控制系统与采煤机控制系统二者的协同配合，实现液压支架与采煤机的协调联动。

(1) 三角煤自动截割工艺

利用采煤机轴编码器和红外发射与接收传感器，实时获取采煤机位置信息，进刀方式为割三角煤端部斜切进刀。当采煤机割至工作面端头时，其后的液压支架顺序动作。系统根据工作面支架状态是否满足采煤机进行下一阶段自动作业条件，触发自动控制功能。

工作面端头三角煤作业时，采煤机斜切进刀前，系统自动监测斜切进刀段支架推溜状态。当斜切段运输机弯曲度无法满足采煤机斜切进刀条件时，机架协同功能模块自动发出采煤机停机指令。当支架状态满足三角煤作业条件时，系统自动发出采煤机调整姿态指令和牵引指令，采煤机按照记忆割煤程序执行相应动作。采煤机斜切进刀完成后，系统自动监测三角煤作业区域支架是否完成移架、推溜及端头支架姿态(图 6-6)。

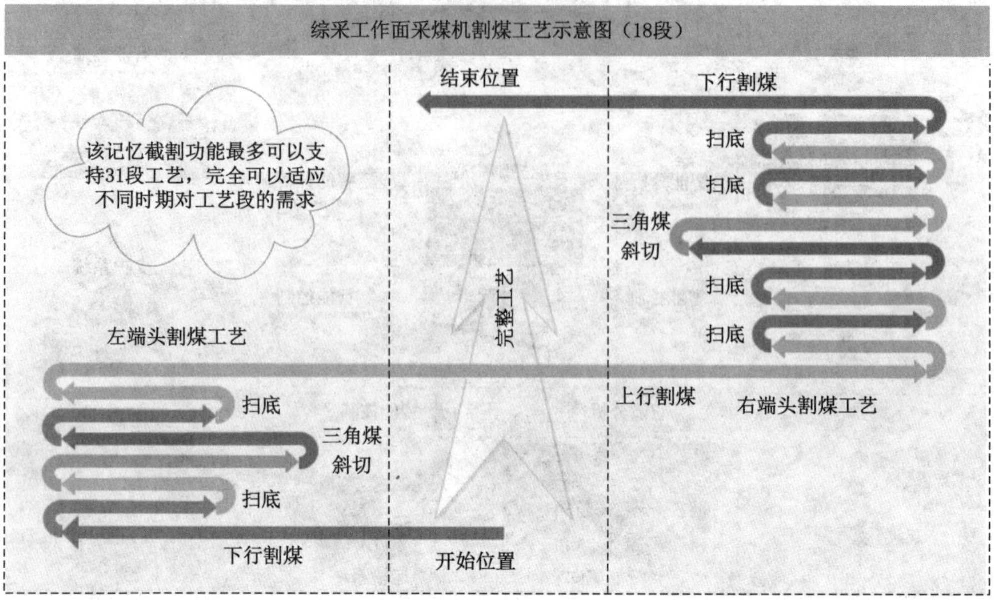

图 6-6　工作面记忆截割示意图

(2) 工作面支护系统分组及组间协调控制策略

基于液压支架载荷沿工作面推进方向的分布规律及设备间协调联动关系，建立随工作面推进的设备组动态调整策略；提出不同位置的设备组自动控制目标及组间协调、融合控制方法。下面以液压支架伸缩梁和护帮板动作控制策略为例，给出工作面支护系统分组及组间协调控制方法。

如图 6-7 所示，液压支架收护帮板的区域内，采煤机正常割煤时前方的第四号支架护帮板已开始动作，护帮板收回到完全收回时的 1/4，第三号护帮板收回到完全收回时的 1/2，第二号护帮板收回到完全收回时的 3/4，紧邻采煤机的液压支架护帮板已完全收回。通过煤机前方支架自动收护帮板与伸缩梁，一方面防止煤机截割滚筒与支架顶梁碰撞干涉，另一方面实现液压支架与采煤机的动作协同控制。

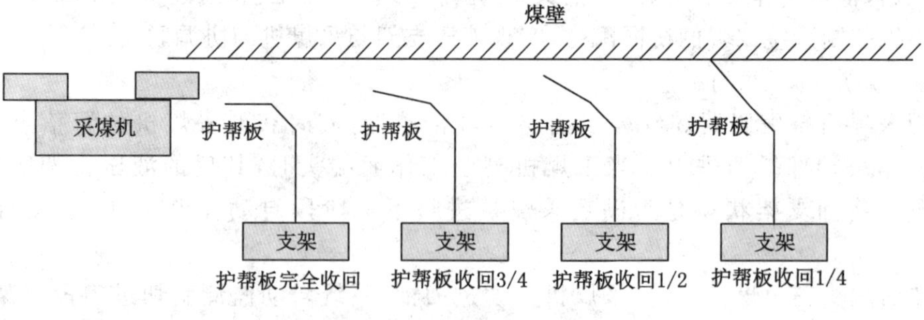

图 6-7　护帮板依次动作示意

(3) 采煤机与液压支架协调联动

利用采煤机与液压支架协同与数据共享技术，实时获取采煤机和液压支架位置信息，基于工作面水平直线度测量、仰俯导向、深度三角煤自动截割和自动调控工艺，由液压支架自动跟机、成组推溜、三角煤截割，结合工作面智能控制系统，实现电液控制系统与煤机控制系统协同配合。

智能控制模块主要包括采煤机自动调速控制和液压支架跟机自动化控制等两个核心控制单元。系统实时监测刮板运输机电流值，当运输机负荷超限以后，控制采煤机速度，超限到设定值后，停止牵引采煤机，达到刮板输送机和采煤机联动控制的效果。

(4) 采煤机与刮板输送机协调联动

利用刮板输送机上方煤流检测装置，检测刮板输送机煤流量，基于煤量智能监测系统，结合刮板输送机电机功率和转矩监测数据，分析刮板输送机煤流量，实时调整采煤机割煤速度、刮板输送机运煤速度，实现采煤机与刮板输送机的协调联动。

（三）工作面智能供液系统

采用集中分布式控制方式，具有就地、集中、上控等多种控制模式，实现单泵或多台泵的单动与自动运行，满足工作面智能供液要求。乳化液泵兼具电控、液控两种卸载功能，实现乳化液泵的空载启、停等控制，卸载与增压压力能够通过软件设置。具有乳化液主泵变频控制功能，能够实现自动调节转速，实现快速供液。

第四节　智能化采煤工作面主要装备

一、智能化采煤工作面主要设备

如图 6-8 所示，采煤工作面装备主要由液压支架、采煤机、刮板输送机、转载机、破碎机等组成。无人化智能工作面在上述各装备基础上加上智能感知元器件、智能控制系统和执行部件，工作面系统和装备智能感知工作面开采信息和设备运行状态，通过智能控制系统进行分析决策，然后对相关元器件进行智能控制，进而实现无人化智能开采。

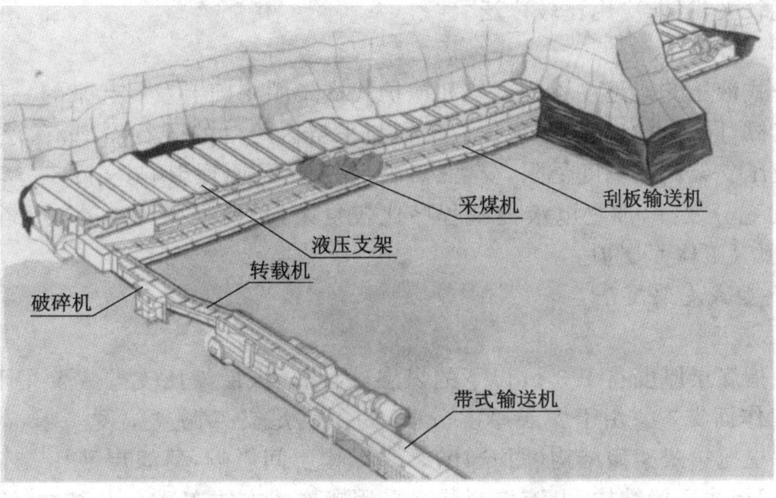

图 6-8　综采工作面主要设备

二、液压支架及群组自适应支护

(一) 架型分类

我国生产的液压支架根据支架与围岩相互作用的方式和功能结构的不同,可分为支撑式液压支架、掩护式液压支架和支撑掩护式液压支架三大基本类型,如图 6-9 所示。

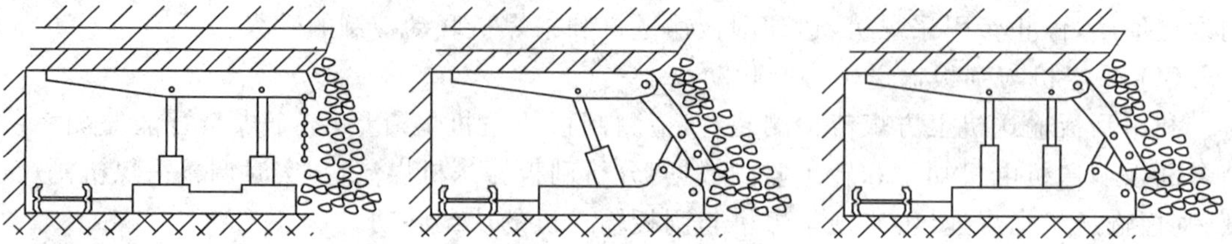

(a) 支撑式液压支架　(b) 掩护式液压支架　(c) 支撑掩护式液压支架

图 6-9　液压支架分类

1. 支撑式液压支架

支撑式液压支架是最早出现的液压支架。它是在一个底座上竖置几根立柱支撑顶梁并通过顶梁支撑顶板的结构基础上发展起来的。支撑式液压支架主要由顶梁、底座、立柱、推移及挡矸装置等组成。该型支架的特点是没有掩护梁,支架不密封,矸石容易窜入工作空间。目前已很少使用。

2. 掩护式液压支架

掩护式液压支架都有一个宽大的掩护梁将作业空间与采空区垮落的矸石隔绝,封矸性较好。顶梁和掩护梁间设有平衡千斤顶,用以调整顶梁姿态。平衡千斤顶在一定程度上可以调节顶梁上方合力作用点位置。掩护梁下端一般用前、后连杆与底座相连,以保持较稳定的梁端距和承受水平推力。掩护式液压支架只有一排立柱,结构简单,便于实现电液控制,加之调高幅度较大,目前应用比较广泛。

3. 支撑掩护式液压支架

支撑掩护式液压支架是在垛式支架和掩护式支架的基础上发展起来的一种架型。其采用双排立柱支撑,同时也有掩护梁将作业空间与采空区垮落的矸石隔绝,有较好的封矸性。支撑掩护式液压支架调高幅度受限,受“三点决定一平面”原理影响,实际支撑时有根立柱支撑性能得不到充分发挥,加之电液控制程序比较复杂,目前很少用于一次采全高综采工作面,多用于放顶煤工作面支护。

(二) 主要型式支架简介

1. 薄煤层液压支架

薄煤层系指煤层厚度在 1.3 m 以下的煤层,因此薄煤层液压支架主要用于煤层厚度小于 1.3 m 的工作面支护。由于煤层厚度较薄,为了满足支架调高幅度要求,薄煤层液压支架主要采用两柱掩护式架型结构(图 6-10)。受结构空间影响,薄煤层液压支架结构都比较简单,一般采用板式顶梁结构,电液控制装置采用镶嵌式方式布置在支架内部。为了保证支架支护性能,支架主体结构件一般采用 Q890 等高强度结构钢进行焊接。

2. 中厚煤层液压支架

中厚煤层液压支架一般是指适用于煤层厚度 1.3～3.5 m 的液压支架。中厚煤层液压

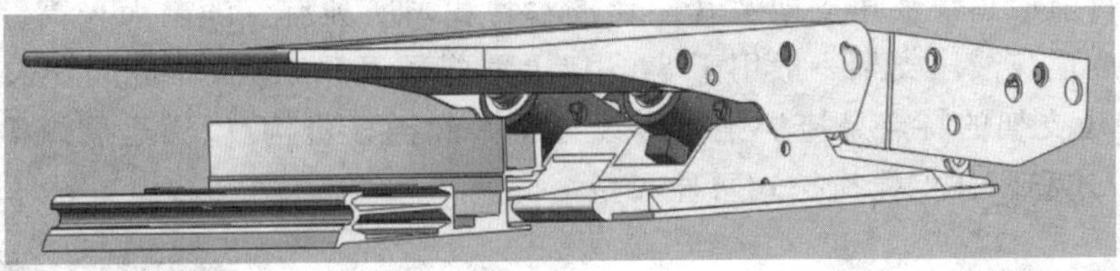

图 6-10　薄煤层液压支架外形结构

支架使用量较大，原因是中厚煤层赋存量较大（图 6-11），加之煤层高度适用，工作面煤壁不易片帮，适合高产高效开采。为了增强支架护顶、护帮性能，中厚煤层支架一般采用伸缩梁或护帮板结构。

图 6-11　中厚煤层工作面实物照片

3. 大采高液压支架

大采高液压支架是指煤层厚度在 5 m 以上的支架。经过多年发展，目前我国是大采高支架原创国，也是应用数量最多的国家，完全拥有自主知识产权，实际使用的大采高支架最大高度已达 8.8 m，工作阻力 21 000 kN。如图 6-12 所示，一般采用伸缩梁带多级护帮机构，以满足煤壁护帮需要。

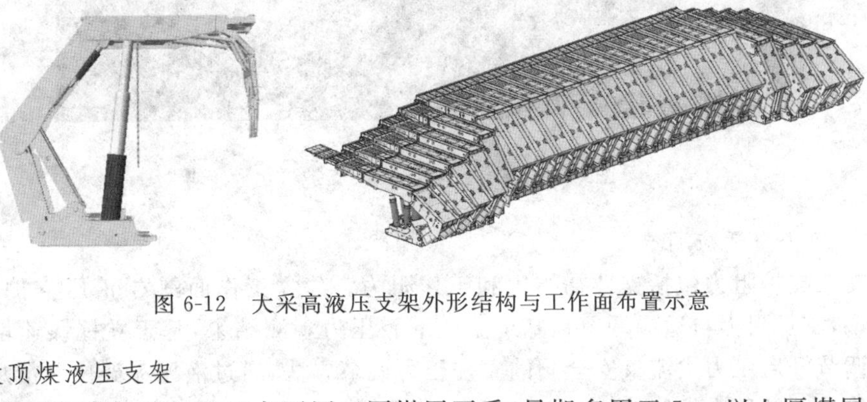

图 6-12　大采高液压支架外形结构与工作面布置示意

4. 放顶煤液压支架

放顶煤液压支架（图 6-13）主要用于厚煤层开采，早期多用于 5 m 以上厚煤层开采。经过多年发展，目前放顶煤液压支架及其配套技术为我国所独有。随着大采高综采技术的日渐成熟，目前放顶煤液压支架一般用于 8 m 以上厚煤层开采，一次性最大开采厚度可达 20 m。放顶煤液压支架的特点是掩护梁下方设有尾梁和插板机构，以满足放煤需要。目前主要有两柱掩护式和四柱支撑掩护式两种架型结构。

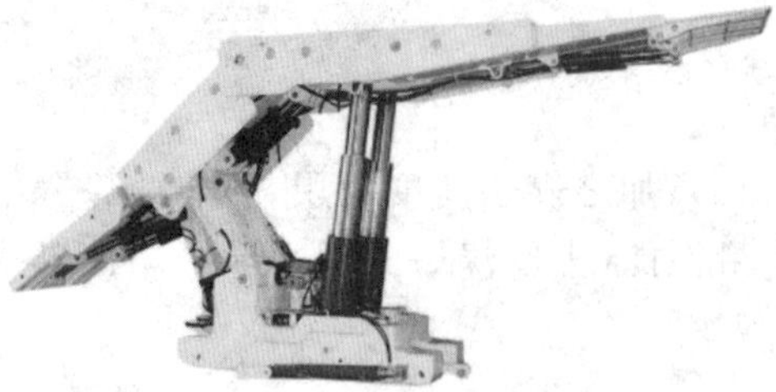

图 6-13　放顶煤液压支架实物照片

（三）液压支架群组自适应支护

液压支架群组自适应支护是指液压支架具有根据载荷变化与围岩变形自主调整支护阻力、支护状态与支护方式的能力。

根据液压支架在工作面内的位置，分为三个组：机头支架组、中部支架组及机尾支架组（图 6-14）。基于支护系统自适应支护及协同推进的时序关系，工作面支护系统采用“单机控制-组控制-群控制”三级控制架构。

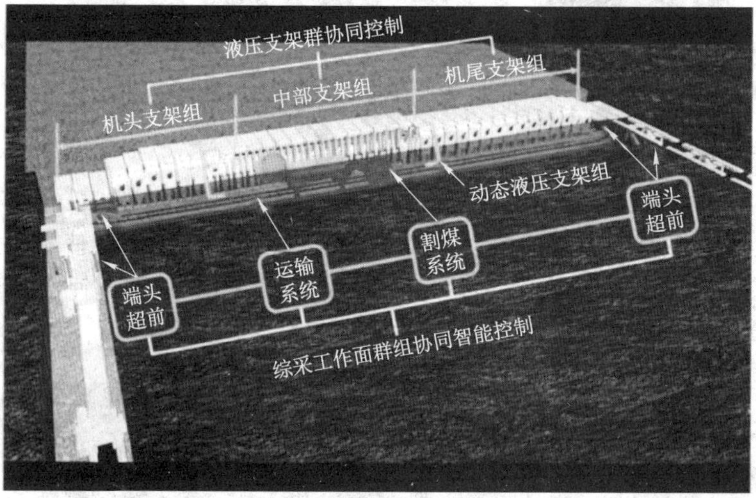

图 6-14　工作面液压支架支护群组

1. 支护阻力自适应调节

液压支架支护阻力包括支架初撑力和工作阻力。建立工作面围岩-液压支护系统自适应控制模型，支护阻力自适应调节是基于立柱下腔压力观测结果，基于立柱快速增压、卸压装置及可调节开启压力大流量安全阀的立柱压力调节方法，通过液压支架位置信息、顶底板岩性及结构的立柱压力控制策略，实时调整液压支架支护姿态，实现液压支架支护特性（支护强度、刚度及稳定性)的自适应控制,如图 6-15 所示。

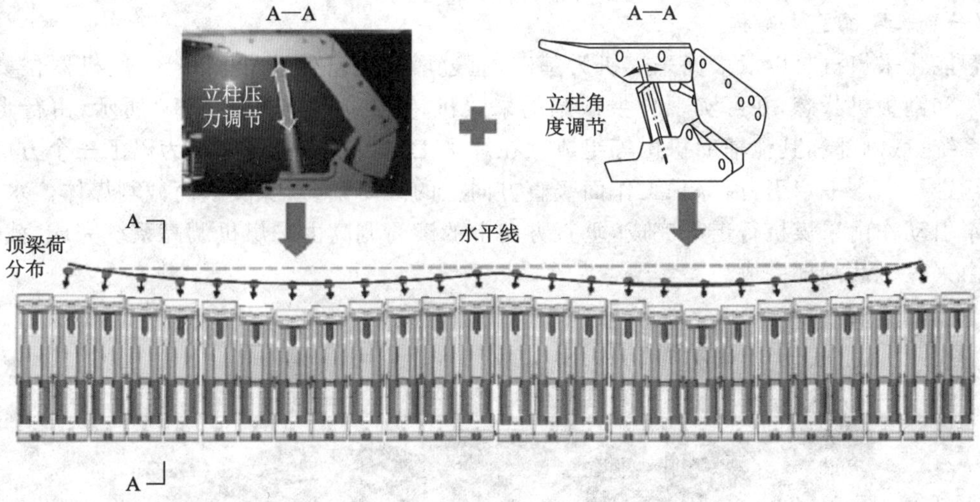

图 6-15　液压支架支护阻力自适应调节

2. 支护方式自适应支护

当工作面起伏变化时,通过红外感知、高清视频图像自动捕捉,结合工作面设备精确定位系统,自动提取煤机位置信息与滚筒截割轨迹线,实时分析截割曲线与地质模型扫描线偏差,修正记忆截割模板,规划滚筒截割路径,结合液压支架防止咬架和左右支架最大截割量,自动调整滚筒高度,实现液压支架根据工作面煤层变化自适应支护。

3. 支护状态自适应原理与方法

在底座、顶梁、掩护梁上安装角度传感器,在立柱上设置压力传感器收集支架姿态与支护阻力参数信息,获取支架几何参量,通过支架多维度姿态控制器实时感知支架姿态,判断支架平衡状态,通过电液控制系统调控立柱支护高度和相关千斤顶行程,改变顶梁和掩护梁姿态,调整支架支护状态(图 6-16)。通过上述方法,实现超前支架支护状态自适应调控。

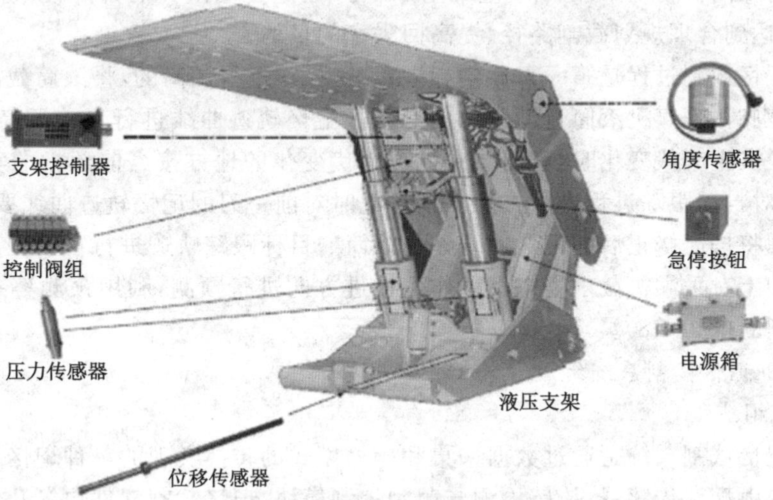

图 6-16　液压支架支护方式自适应调节

三、智能化采煤机及自适应截割

（一）采煤机总体结构

智能化采煤机是以双滚筒采煤机为基础，通过增加大量传感器感知环境、机器位姿、液压支架和刮板机状态，并可实现自主截割的采煤机，其整体结构如图 6-17 所示，由行走部、调高系统、截割部和其他辅助机构等组成。在综采工作面的动作可归纳为以下三个方面：沿刮板输送机的水平牵引，沿综采工作面竖直方向上的滚筒调高，螺旋滚筒截割煤体。水平方向的牵引动作由采煤机行走部完成，垂直方向上的滚筒调高由采煤机调高系统完成，截割动作则由采煤机截割部完成。

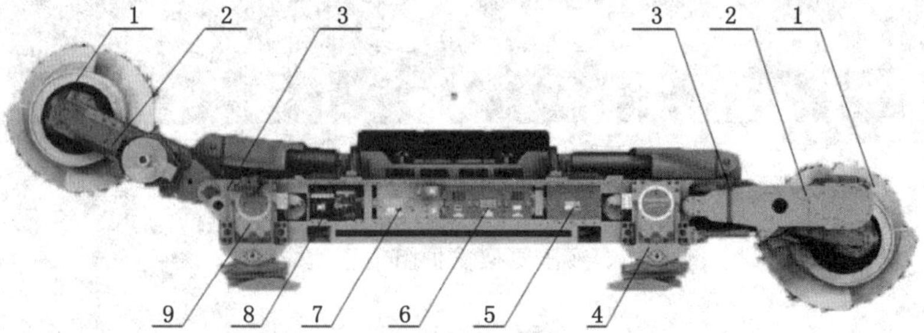

1—截割滚筒；2—摇臂；3—连接机架；4—导向滑靴；5—变压器箱；6—变频器箱；7—高压开关箱；8—液压系统；9—行走部。

图 6-17 智能化采煤机基本结构

（二）采煤机智能截割技术

采煤机作为煤炭开采的主要采煤设备，其自动化水平是综采工作面自动化的关键。采煤机滚筒自动调高就是按照顶板和底板变化确定的采煤工艺设定滚筒的自动调整高度，尽量减少采煤机截割顶底板岩石，保证工作面顶底板的平整性。也就是说要使采煤机的前后滚筒截割后形成的顶底板要跟踪按照采煤工艺设定的顶底板的曲面，同时保持跟踪轨迹的平滑性。滚筒调高机构是采煤机的重要组成部分，通过控制滚筒的升降使滚筒在合适位置进行截割，能达到合理规划截割路径、提高回采率的目的。

采煤机记忆截割过程是第一刀截割，是由人工操作进行调高的，将滚筒截割轨迹记忆下来；第二刀截割时，采煤机滚筒自动跟踪前一刀的记忆轨迹曲线进行自动调高；在后刀截割过程中当顶板发生起伏变化时，就需要在顶板起伏变化的地方按当前顶板的实际情况进行人工调高，即对自动跟踪过程进行人工干预。此时对前一刀的记忆轨迹曲线要进行修正，而下一刀的截割将按此修正后的记忆曲线作为滚筒的目标跟踪轨迹进行自动调高。可以在记忆截割的基础上对采煤机截割姿态沿工作面推进方向进行预测，利用预测姿态参与采煤机调高状态的判断(图 6-18)。

1. 采煤机记忆截割系统组成及其工作参数

（1）系统组成

采煤机记忆截割系统是通过数据采集和操控模式的转换实现的一种记忆自动化截割的方法。该系统由配套传感器、传感检测与截割控制模块、记忆截割软件包等几部分组成。配套传感器主要包括左摇臂摆角传感器、右摇臂摆角传感器、采煤机牵引速度与工作面位置旋

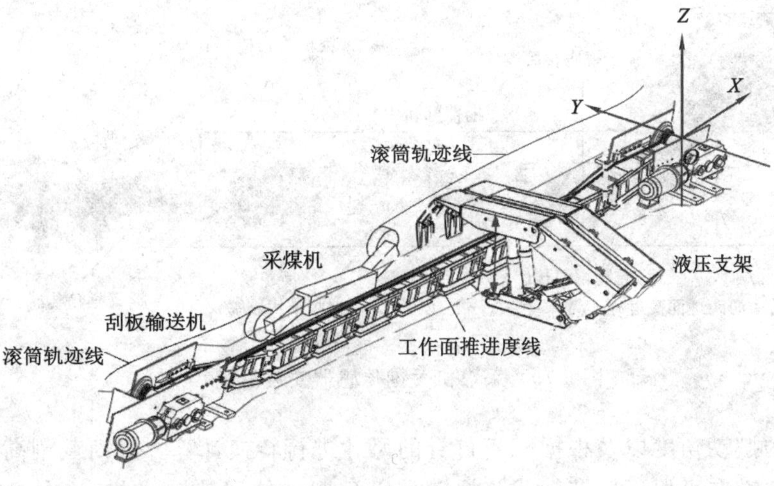

图 6-18 采煤机滚筒调高示意

转编码传感器、采煤机机身倾斜传感器、采煤机机身三轴陀螺仪等。传感检测主要检测各传感器的实时数据，截割控制模块里面安装有记忆截割工作程序，记忆截割模式开启后，采煤机工作的指令发送由截割控制模块来完成。记忆截割软件包就是采煤机记忆截割程序，在记忆截割过程中，通过传感检测到的实时传感器数据与学习记忆的数据进行比较，经过记忆截割程序的运行，将采煤机各动作指令通过截割控制模块实施，完成记忆割煤工作。

(2) 工作参数

采煤机记忆截割主要涉及的参数有：摇臂长度、摇臂相对机身回转中心长度（该长度的一半用于定位机器中部位置）、摇臂回转中心高度（回转中心相对于所骑运输机安装地平面垂直高度）、支撑腿跨距（两支撑滑靴支撑面几何中心之间距离）、纵向尺寸（支撑滑靴支撑面几何中心到滚筒最大截深处的水平面投影距离）、滚筒直径、机器测量牵引速度（从左往右牵引时，速度值为正，从右向左牵引时，速度值为负）、机身中部相对于设定参考零点的距离（在参考零点的右侧输出为正值，左侧为负值，用于支架号定位计算和常规显示的数据一般是在此基础上根据现场配置和用户习惯变换后的计算值）。

2. 采煤机记忆截割系统传感器布置

(1) 记忆截割检测传感器

采煤机要进行精准的记忆截割，离不开相应传感器传递的参数。记忆截割中核心的变量参数主要为采煤机所处的相对位置、在此位置处两滚筒的高度以及采煤机牵引速度。通过旋转编码传感器来给出采煤机的相对位置与速度，旋转编码传感器安装在牵引减速箱四轴位置处，通过计数转动圈数核算行走轮走过的截距，得出采煤机的位置与速度。通过摇臂摆角传感器计算出两滚筒的高度，通过摇臂摆角传感器的角度与摇臂长度进行核算，最后加上摇臂回转中心距地面高度得出两滚筒高度。采煤机关键传感器安装位置如图 6-19 所示。

(2) 滚筒截割高度传感器

滚筒截割高度传感器采用摇臂摆角传感器进行感知，对于当前采高的计算，通过测量摇

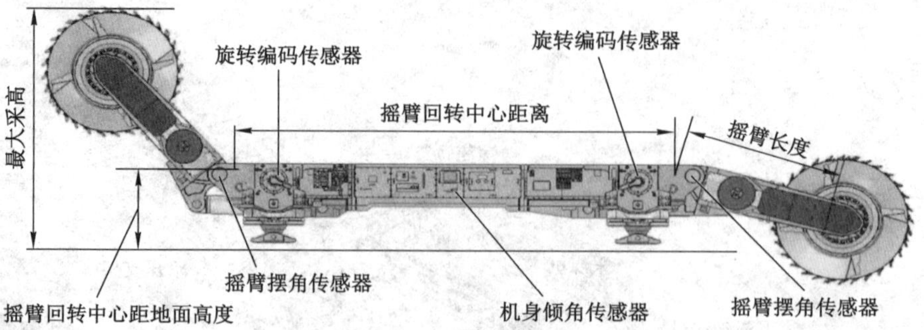

图 6-19　采煤机关键传感器安装位置

臂相对于机身的摆动角度以及根据机身自身的尺寸进行转换计算。滚筒截割高度传感器在安装过程中的关键在于保证旋转轴线与摇臂和机身摆动的回转轴线共线，在运行过程中若出现读数波动较大、失效等现象，需对传感器的安装工况进行排查，查验摇臂铰接销轴的连接牢固程度，尤其是活动回转部分是否随摇臂摆动、传感器到检测模块的电缆连接是否正常等。应当注意的是控制系统中对采高的输出有几种形式，包括摇臂相对于机身的摆角、滚筒旋转中心到所骑运输机安装平面垂直高度、滚筒顶部截割高度和后滚筒最下部截割高度(卧底量)，在系统不同环节使用不同数据形式。

(3) 采煤机位置传感器

采煤机在工作面的位置检测与牵引速度传感器位于行走箱驱动轮转轴处，采用多圈旋转编码传感器检测牵引行走轮的转动圈数与角度，通过定时采样计算出机器牵引行走的距离与速度。采煤机行走采用齿轮与齿轨啮合的方式，使得采煤机工作面位置检测有较高的精度和长期稳定性，从而大大降低检测传感器对位置同步清零装置的依赖性。该传感器较为精密，在安装使用及检修过程中应注意其保护罩、连接电缆是否完好。检测信号出现输出异常时，应首先检查传感器连接电缆状况以及传感器的驱动轴套与行走驱动轮之间的连接固定是否牢靠。机身两维倾斜传感器被集成到位于电控箱内的模拟量混合输入模块内部，为了保证一定的测量精度，模块出厂前相关传感器都经过适当的校准。模拟量混合输入模块的安装和更换都必须小心，注意其安装方向与位置与整机出厂安装状态一致。

3. 采煤机记忆截割系统运行模式与状态

(1) 系统运行模式

采煤机记忆截割系统的运行控制模式主要有人工操作模式、学习模式、自动截割模式三种工作模式，现场操作过程中，三种工作模式可自由进行切换。① 人工操作模式。在该模式下，司机手动控制采煤机截割高度、牵引速度及方向。② 学习模式。在该模式下，司机人工操作采煤机进行煤壁截割和牵引行走，记忆截割系统软件记录并存储工作过程中的机器所有相关运行数据和状态变量。③ 自动截割模式。该模式是一个对学习模式运行下的数据进行重复再现的过程，同时在自动截割过程中通过机身装有双轴倾角传感器，收集采煤机在工作面走向和纵向倾角的变化，并通过计算机进行计算自动修正滚筒位置。该模式可以启动的前提条件为：已经学习完成的工艺数据，采煤机屏幕显示“进入自动操作允许”。

(2) 系统运行状态

系统在学习模式阶段主要是存储工作面顶部和底部高度变化曲线以及行走的最大和最小位置。系统提供一个参数可配置的工序指令表，该指令表定义进行一个完整的循环所需要的工序步骤以及每一步的区段位置、摇臂与牵引方向的对应关系。系统成功进入自动模式后，将按该工序指令表的定义顺序进行所有操作，并在完成当前循环后重复进行。在进行记忆截割运行过程中，可能存在下述一些运行状态。

① 人工中断状态。在自动操作模式运行过程中，司机发现特殊情况临时中断（禁止）机器某些动作的自动运行，人工干预或修正采煤机的运行数据（采高、速度等），通过特殊区域或退出中断状态后可恢复到自动重复运行状态。

② 在线学习（修改）状态。与中断状态类似，在自动运行中司机人工干预或修正机器的运行，但改变后的机器运行数据将被存储到相应的学习记录存储器，在下次自动操作模式中，采用最近修改过的学习记录。

③ 截割高度外延控制状态。在自动控制模式下，如果某一截割滚筒从有记忆（数字设置）的区域进入了无有效数据的区域，则该滚筒的截割高度控制进入自动外延状态，即其采高将保持最后一个有效记录所设置高度，直到该滚筒进入有效控制区取得新的有效数据。其间，司机可以自由手动调节其高度。

④ 错误模式状态。系统自动运行中出现不可自动恢复的故障或数据错误，系统进入该模式进行报警输出，并根据错误性质停止牵引，等待司机进行确认复位（系统复位）。可导致进入该模式的常见故障和错误有：从人工操作模式进入学习或自动控制模式后，检测到煤机位置传感器异常；在学习或自动控制模式中发现有采高传感器异常；历史数据或编程参数异常。

⑤ 存储器清除模式状态。在牵引停止的人工操作模式下可以选择进入该模式，在该模式下用户可以选择将以前的学习记忆的数据全部清除，格式化存储器为开始全新的数据记录作准备。

(3) 采煤机记忆截割系统操作

在需要采煤机进行记忆截割前，首先保证采煤机储存刀完成截割数据，在采煤机记忆截割系统进入前，首先进行学习模式，经过一个完整的学习后方可进入记忆截割操作。

① 进入学习模式

在进入新的学习模式之前，需要清除之前记录的学习数据，对存储器进行格式化清除操作。通过显示控制键盘进入自动操作功能显示界面，确认当前存储器的状态。一般存储器有未初始化、格式化后空白以及记录有效（有学习记录，同时显示初始学习记录的日期，学习记录的起始和结束位置）三种状态。启动进入通常的人工操作状态后，通过显示按键，进入到自动操纵状态画面，按屏幕上的提示，通过无线电遥控发射机上特殊功能组合键“F2＋”选择菜单，进行存储器的格式化清除操作。进入学习过程前，要求相应的记忆存储器为格式化后的空白状态（可以通过参数配置，选择每次进入学习模式前自动格式化，以清除存储器中已有记忆数据）。

② 学习模式操作

a. 学习模式启动

只有在系统行走位置传感系统、采高传感系统和牵引系统均无故障的前提下才能进入到学习模式，否则采煤机记忆截割控制系统会锁定到报错警告状态。如果选择进入学习模式，只有牵引系统启动并且有方向指令后，学习记忆过程才会真正开始。如果记忆存储器处于格式化后的空白状态，可以在人工操作模式下正常牵引的行走过程中，随时通过遥控器发射机上的特殊功能组合直接进入学习模式开始一个学习过程。学习记忆的内容包括采煤机在工作面的位置、牵引速度、方向、截割顶板和底板的高度、机身两维倾斜以及部分隐含状态关系。

b. 学习循环深度

采煤机记忆截割系统中引入了一个循环深度（层数）的概念。循环深度（层数）简单来讲，指完成一个完整的工作面截割循环记录轨迹中牵引方向给定改变的次数。开始一个新的循环学习记忆后，每次司机改变牵引方向给定，记忆循环深度（层数）会加 1。一个正常的学习记忆过程，记忆循环深度（层数）不允许超过 30。

c. 牵引过程暂停

在学习过程中，如果司机停止采煤机牵引，单独进行摇臂调高（比如在端头支架处），则程序暂停采高学习，待牵引重新启动后，记录两摇臂的高低状态关系。

d. 截割高度记忆重复

在行走过程中，学习记录截割高度为顶板（前滚筒）高度和底板（后滚筒）截割高度，对于牵引的同一个位置，如果两次或多次截割高度不一致，则记录最后一次司机给定的高度。当采煤机牵引速度绝对值小于最小记录限定速度（默认设置为 0.3 m/min）时，司机对采高的调整过程数据将不会记录，这主要是为了能够正确记录和存储斜切和抹三角煤过程中工作面断面高度。

e. 学习过程的结束

司机可以通过发特殊牵引停止命令人工结束当前学习过程，也可由内部软件自动判断何时结束当前学习过程。如果学习过程中出现重载反牵，反牵过程不会被记录，但是如果学习记忆过程中出现过载、过热等保护停止或主控系统进入故障锁定状态，学习过程会被强制结束进入自动截割模式。

③ 进入自动截割模式

在内部程序的控制下，机器按照之前学习的参数自动重复牵引与截割的过程称为自动截割。进入自动截割模式的前提条件为：一是系统检测到存储器中有相应的学习记录数据；二是采煤机进入有学习记录对应的工作面位置；三是系统中采高与位置传感器正常，不存在影响牵引的故障。

④ 自动截割模式操作

a. 自动截割模式启动

在手动操作模式下，司机可以通过遥控器按键“F2＋”或通过顺槽上位机发送命令，使其进入自动操纵状态。只有在采煤机进入或停止在之前开始学习的区域内时，才能进入自动操作模式，否则系统将进入一种等待进入状态。在检测到采煤机已经位于之前开始学习的区域后，采煤机牵引将先自动停止，如果找到相应的记忆数据，则读出相应的记录数据，按记录执行相应的牵引和截割，自动操纵软件将搜索记忆截割存储器，寻找其中可应用到当前牵引位置状态的运行关键参数。自动截割模式启动必须满足两个条件：一是已经学习完成具有完整的循环深度；二是采煤机屏幕显示“进入自动截割允许区”。

b. 溜车处理

自动截割模式启动后，由于机器惯性等，运行中发现其位置飘移到了无有效操作记录的位置，系统软件将首先按原来牵引的方向横向搜索最近的有效记录位置。如果在附近 0.5 m 位置范围内未发现有效记录，则进入下一个循环层进行搜索，如果仍然没有发现有效记忆数据，则报故障并退出自动操作模式。如果发现有效记录，则将按该有效记录进行操作。

c. 自动截割模式退出

司机可以通过遥控发射运停命令，使其退出自动操作模式，这时机器将停止自动牵引和调高，并进入手动操作模式。

d. 在线学习

当机器进入自动截割模式工作时，可以通过遥控发射机发射在线学习指令，启用在线学习功能。在自动截割模式下，在线学习记忆的内容包括司机对两侧摇臂采高的调整以及满足条件件的牵引过程的记录。牵引过程的在线学习记录功能只针对自动截割过程中牵引速度改变和人工操作牵引进入当前循环层中未曾进入过的区域时的速度方向。需要注意的是，在线学习模式不能改变记忆的循环深度（尤其是端头斜切或反向割三角煤的次数），如果需要改变记忆循环深度，只能清除存储器后，开始一个全新的学习过程。

四、智能化刮板输送机

（一）智能刮板输送机结构

刮板输送机是综采工作面以链条为牵引机构的运输机械，可在倾斜角度较小的工作面工作，对环境有良好的适应性。其主要由机头部、机尾部、中间部分和附属装置等组成，如图 6-20 所示。

1—驱动系统；2—刮板链；3—机头；4—过渡槽；5—中部槽；6—机尾。

图 6-20　刮板输送机结构示意图

1. 机头部

机头部主要包括机头架、电动机、链轮组件和减速器等，如图 6-21 所示。机头架承担固定、连接、传递动力等作用，需要具备足够的强度和刚度，以支撑机头部其他组件的安装。

电动机和减速器构成驱动部，将电能转化为动能。二者一般由液力耦合器连接，其优点是过载保护以及减缓冲击和振动的作用。在大型综采工作面，重型刮板输送机常采用液力耦合器代替联轴器。链轮和连接滚筒组成的链轮组件是刮板输送机的传力部件，常受到静动载荷和脉动作用，铸造材料需具备较高的硬度。

图 6-21　刮板输送机机头部

2. 张紧装置

张紧装置用于调整刮板链张力，使其处于适度的张紧状态。该部分由紧链器和阻链器组成。

3. 推移装置

随着采煤机向工作面前方推移截割，推移装置需要不断推动中部槽向煤壁方向移动，通过推移千斤顶与中部槽的推移销耳连接，完成刮板输送机和液压支架交替前移工作，如图 6-22所示。

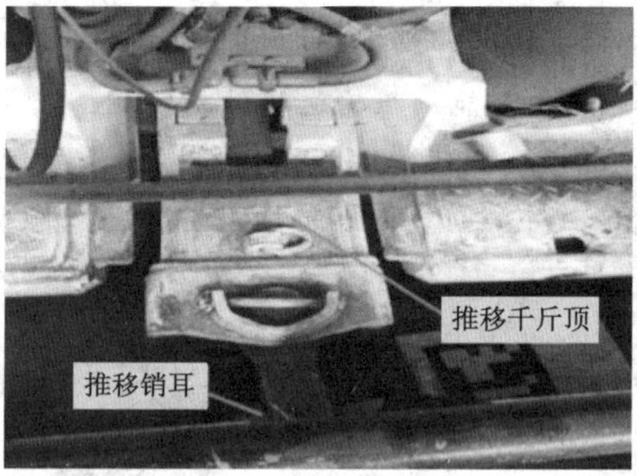

图 6-22　刮板输送机推移装置

4. 中间部

中间部主要包括溜槽和刮板链。溜槽包含中部槽、过渡溜槽和调节溜槽。相邻溜槽之间由哑铃销连接，这种安装连接方式使得中部槽在水平方向允许 1°～2°的偏转、垂直方向允许 3°～4°的偏转，以适应水平弯曲和底板起伏。

刮板链在溜槽内刮运物料，由多个圆环组成，是输送机的关键部件。刮板链与溜槽的摩擦作用较强，因此材质需要具备高强度和耐磨性。刮板链的三种形式如图 6-23 所示。中单链受力均匀，边双链拉煤能力强，而中双链则结合了二者的优点，常用于大型煤矿的重型刮板输送机。

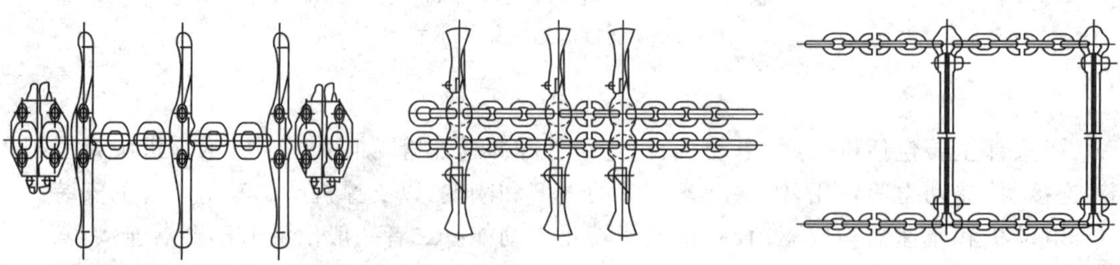

(a) 中单链　(b) 中双链　(c) 边双链

图 6-23　刮板链示意图

5. 机尾部

机尾部一般分为有、无驱动装置两种。在煤料运载量较大的情况下，需要较大的驱动力，采用带有驱动装置的机尾部。无驱动装置的机尾部只有改变刮板链方向的轴部件。

(二) 刮板输送机智能控制技术

1. 刮板输送机智能驱动技术

刮板输送机驱动装置为高压变频器，变频器具有 2 个独立的输出回路，能够带动 1 250 kW 大功率电动机，实现对电动机启、停的控制。变频器采用的通信方式为 CAN 总线通信，能够实现从运行到动态的平衡控制。驱动系统如图 6-24 所示，其关键技术如下。

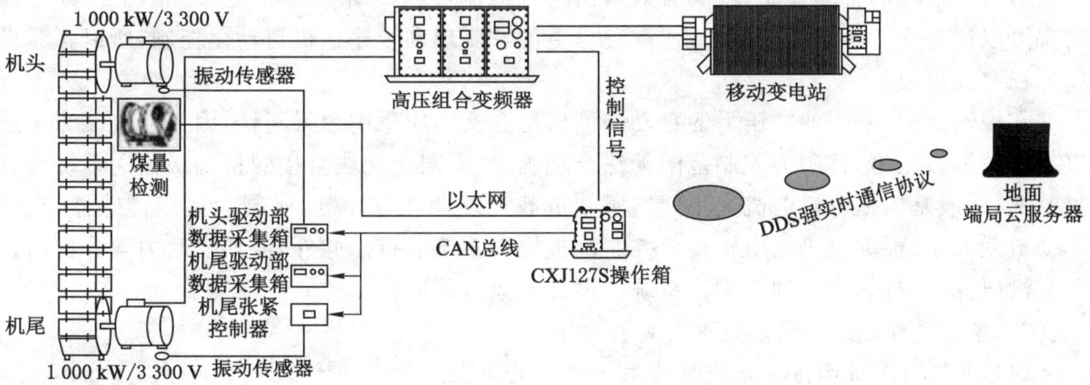

图 6-24　智能刮板输送机驱动系统

(1) 变频器技术

变频器技术是一种集数字变频装置与防爆控制技术为一体的综合类型技术，主要解决异步电动机的使用控制问题，包括电流与力矩的适应性控制。借助于该技术，能够很好地应对不同类型的电网环境，降低设备运行过程中的电路波动。由于实际使用曲线能够根据具体环境进行调节，减少设备启动冲击电网的不良影响，所以适应性极强。

目前，大功率变频驱动技术广泛应用于重型、超重型刮板输送机成套装备，主要有一体式变频驱动和分体式变频驱动两种形式。两种变频装置对比分析见表 6-1。

表 6-1　一体式变频驱动和分体式变频驱动对比分析

布置方式	优　点	缺　点
一体式变频驱动	电机和变频器集成在一起，结构紧凑，占空间小，电缆使用少，易安装，应用效果好	现场无法维修；售价较高，供货周期长
分体式变频驱动	电机和变频中心单独布置，通过电缆相连；变频中心采用模块化设计，抽屉式安装；价格较低，供货周期短，配件较易购买	结构不紧凑，电缆布线复杂

(2) 控制技术

变频控制器具有变频、短路等方面的保护功能，可以通过显示器切屏展示的方式来解决各种具体问题。变频控制器主要借助于计算机、显示器、处理器实现数据的采集以及煤量数据分析、设备连接等，显著提升了工作的效率与精准度。

(3) 扫描技术

扫描仪主要用于解决刮板输送机的煤量分布与控制，通过激光扫描仪探测。扫描仪对刮板输送机上煤块的每个断面上的每个测量点进行测量，可以准确计算出煤块的断面积以及外形轮廓，能够计算刮板输送机的运行速度，能够准确计算出煤流体积以及刮板上的煤流量。

(4) 链条张紧设备

链条张紧控制技术主要借助于伸缩装置、传感设备来实现，通过该技术能够满足刮板运输设备运输过程的合理控制，解决有效输出与轴承温度控制等方面的要求。由于各部分之间都可以通过冷却水温度控制来进行解决，更能够实现刮板输送机自动化控制，所以张紧设备的稳定性更强。

在控制方面，基于油缸压力的自动伸缩机尾在实际应用中效果不佳，因为油缸压力无法直接反映链条张力，且压力控制范围无法合理确定；受限于无法直接测量刮板输送系统的煤量情况，一般是依据电机电流大小间接感知负载实现调速等控制，研制大扭矩传感器，直接感知负载大小，根据电机输出轴转矩控制刮板输送系统运行。此外，需加强动力学分析与控制方法研究与应用，指导刮板输送系统的设计与运行控制。

2. 智能刮板输送机状态监测关键技术

(1) 刮板输送机运行状态监测技术

刮板输送机运行状态监控重点是掌握电动机、减速器等设备运行情况。在减速器、组合开关、电动机等设备上安装电流、温度、电压、速度、振动等各类传感器，实时采集上述主要运行参数，并通过现代数据传输技术及计算机技术对数据采集结果进行综合比对分析，绘制得到刮板输送机运行模拟曲线。刮板输送机运行监控系统结构如图 6-25 所示。

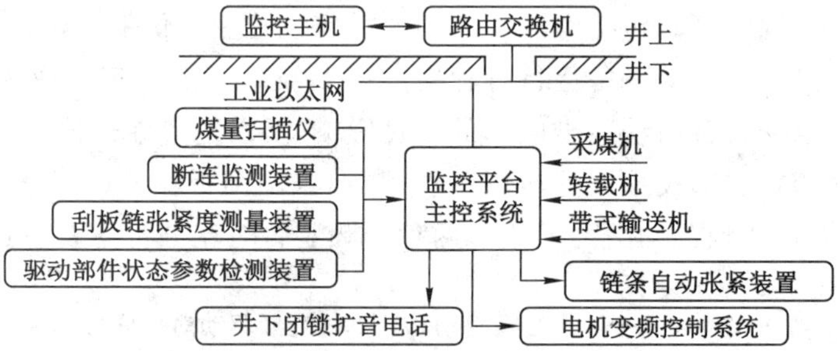

图 6-25　刮板输送机运行监控系统结构

对减速器内油质状况进行监控是实现运行状况监控的重要组成，为了提高监控综合自动化水平，可在减速器油路上增加布置油液监测传感器，通过分析油路中磨粒尺寸、浓度等判定减速器磨损程度以及润滑油油质。振动传感器监测获取的振动信号传输给控制器，控制器通过内置分析软件对振动信号进行分析，从而对减速器等设备运行情况进行监测。

(2) 刮板链张力调节技术

刮板链是运行过程中最容易出现磨损、损坏的单元，最为常见的故障类型有断链、卡链等。通过对刮板链张力进行监控并根据现场情况进行调节，对提高刮板输送机工作效率、降低故障发生率等有重要意义。目前常用ACTS液压油缸推移可伸缩机尾实现对刮板链张力的自动调节。

具体原理为:在刮板输送机机头、机尾链轮位置布置传感器对刮板链松紧度进行监测,对传感器监测获取到的刮板链松紧程度进行判定,并向电液控制阀组发出控制指令调节液压油缸压力,从而实现对刮板链张紧力自动调节,确保刮板链松紧程度始终在合理范围内。具体张力自动调节装置结构见图6-26。

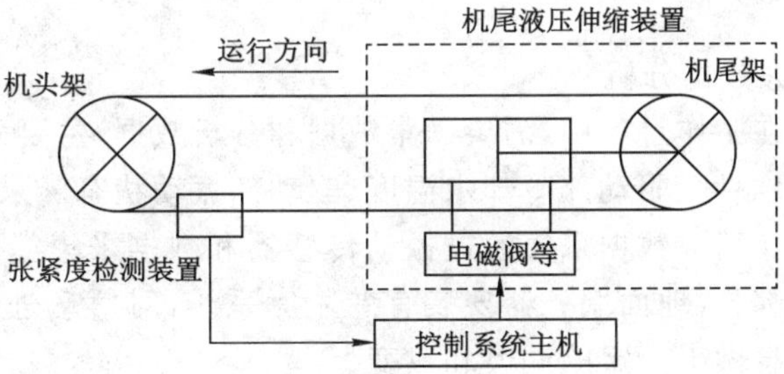

图6-26　张力自动调节装置结构示意图

(3) 煤量检测技术

刮板输送机驱动系统包含煤量检测仪,这种检测装置含有激光扫描设备。激光扫描设备放置在刮板输送机的两侧,对输送机上的煤炭进行检测。

激光检测技术的原理为:在激光扫描范围内,不同的测量点具有不同的高度,从而计算出面积微元,在测得这些数据的基础上,能够获得刮板输送机的煤层面积。根据煤层面积、坐标、煤层轮廓等,加上刮板输送机工作速度,能够得到单位时间内刮板输送机输送的煤炭量。当煤量处于一个合理的范围之内,煤量检测仪不会报警,当煤量出现巨大的差异时,检测系统显示警报信号,从而提醒工作人员刮板输送机存在煤量运输故障。

(4) 故障检测技术

针对跑偏、打滑、横向断带等故障,出现了多种故障保护装置,各故障类型常用的传感器类型、监测策略及相应保护装置见表6-2。

表6-2　输送机主要故障类型常用的监测策略及保护方式

故障类型	监测策略	传感器类型	保护装置或方法
跑偏	监测胶带偏移量	位移传感器、光电传感器、计算机视觉	托辊组自动无源纠偏、有源纠偏(液、电、气驱动)、物料中心校正等
打滑	监测速度差值 监测输送带张力	接触式:压轮式测速装置 非接触式:电感、磁电式传感器	停机、张紧力调节、清扫滚筒和输送带
纵向撕裂	监测是否漏料 监测带宽变化 监测输送带质量	机械式漏料传感器、超声波传感器、X射线检测、压力传感器、光电传感器、电磁式传感器、计算机视觉	停机维修

表 6-2(续)

故障类型	监测策略	传感器类型	保护装置或方法
断带	监测接头处外观变化 监测钢丝绳芯和接头完整性	人工测量、X射线检测、霍尔元件传感器(磁力传感器)、弱磁传感器	停机及断带抓捕
火灾	测量温度、烟雾、CO气体等起火特征量	温度传感器、烟气传感器、红外传感器、计算机视觉	停机维修

(5) 数据采集及大数据分析

煤矿刮板输送机在工作过程中,需要采集数据和分析数据,主要采集的数据包括三个部分:减速器温度和电机温度、驱动部冷却水温度、驱动部振动状态。采集的数据保存起来,经过传输系统传递到操作箱。数据采集通过振动传感器和数据采集箱实现,以太网交换机是数据传输的重要组成部分,地面服务器安装有专家库系统,对信息进行处理,刮板输送机能够根据这些采集的信息做出一定的调节和改变。

刮板输送设备感知与控制技术的研究应用在逐步拓展,但基础研究不足,缺乏坚实的理论支持。由于配套传感器、监测监控系统、变频驱动系统、电控系统在可靠性、稳定性方面存在差距,国产设备还需要进一步在提升控制精度及设备稳定性、降低故障率方面进行优化,部分传感控制技术仍处于试验验证阶段,与工作面无人化要求尚有差距。

3. 刮板输送机关键智能化技术

智能刮板输送机采用矩形模型算法,把刮板输送机每节溜槽简化为平面矩形模型,通过对弯曲段中部槽数量的精确计算,进一步减少了推溜过程中弯曲段长度,保证弯曲度的一致性,进而减少刮板输送机前的堆煤量,保证刮板输送机在推溜过程中的安全运行和自动化精确控制。

在运用大数据、机器视觉等先进技术突破煤流量检测技术后,刮板输送机将根据煤流量信息进行实时智能调速,实现刮板输送机低功耗运行。此外,在故障检测技术得到突破后,刮板输送机将故障信息实时上传至地面集控中心并启动保护措施,避免引起其他故障。

刮板输送机智能控制系统架构如图 6-27 所示,主要包含设备监控和设备健康管理两个功能。刮板输送机智能控制系统中包含若干子系统,可实现不同的功能。

(1) 数字型水冷却技术

数字型水冷却技术与刮板输送机传动装置工况监测系统相融合,形成集冷却水压力传感器、流量传感器、过滤器、减压阀、压力表于一体的新型智能型冷却系统。该系统体积小、集成度高,且冷却水压力调节方便,传感器的监测及数据采集方式方便灵活,极大地提高了输送设备传动部冷却系统工作的稳定性及可靠性。数字型水冷却系统如图 6-28所示。

(2) 数字型液压马达紧链技术

数字型液压马达紧链技术旨在有效解决远程、遥控及集中控制液压马达紧链功能。该技术可实现对数字马达转速,进、回液口的压差、流量的监测,以及控制数字马达正反转,并通过马达的工作口压力、绝对压力及马达转速,计算得出链条张紧力和链条行走距,达到切链后精确接链的目的。

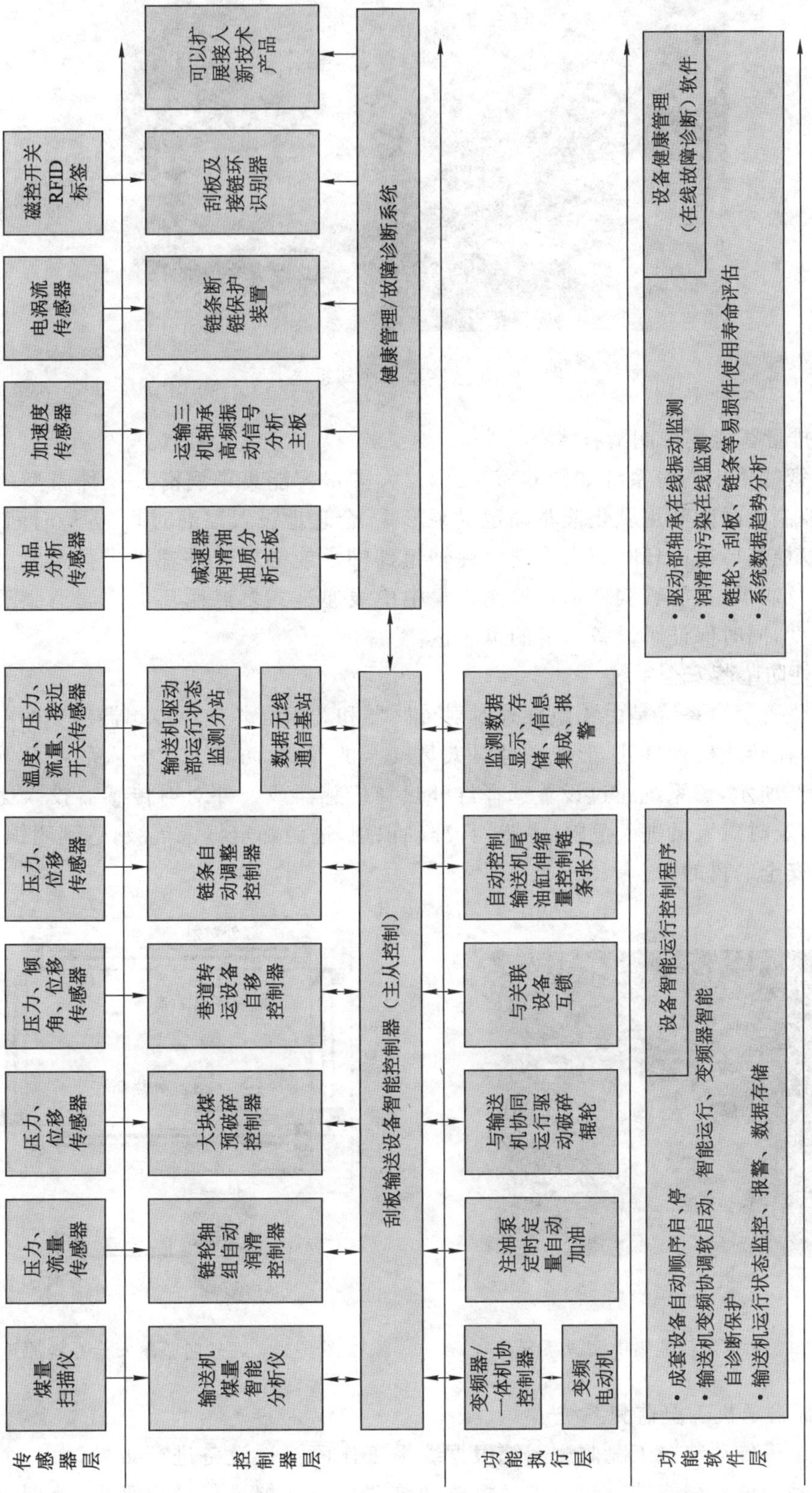

图6-27　刮板输送机智能控制系统架构

图 6-28　数字型水冷却系统

(3) 大排量智能集中润滑技术

大排量智能集中润滑系统如图 6-29 所示。大排量智能集中润滑是一种新型的脂润滑技术，通过控制电磁阀利用乳化液驱动定量泵形式，合理地设置注油时间、等待时间、回程时间等参数，以控制单次循环时间来实现对锤轴组件轴承或链轮组件轴承进行定时、定点、定量自动注油及润滑，且能够实现远程控制。集中单线递进式多点循环加注润滑脂降低了工人的劳动强度，同时保证了设备润滑的可靠性。

(4) 红外防坠落安全系统

红外防坠落安全系统是由 4 组红外对射传感器和 2 组红外热释传感器形成的电子光栅矩阵网，安装在转载机入口处，形成一种对人员安全的保护，防止人员进入危险区域。系统原理如图 6-30所示，该系统通过设置选择红外热释传感器或红外对射传感器投入比例及逻辑处理关系，及时对人员进入危险区域进行准确识别，进而确定报警等级，达到闭锁电机、保护进入人员安全的目的。

图 6-29　大排量智能集中润滑系统

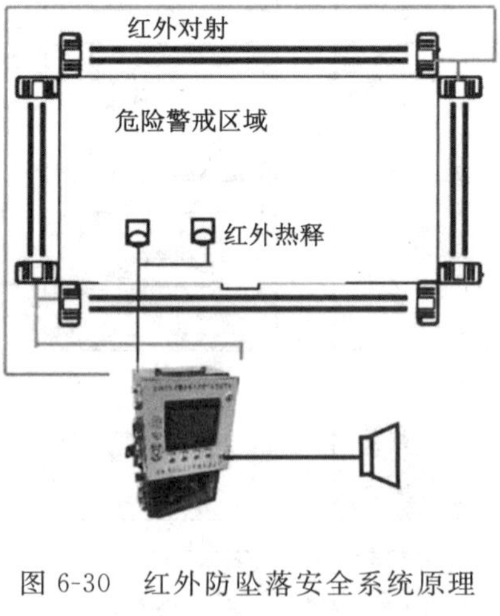

图 6-30　红外防坠落安全系统原理

(5) 刮板输送机工况监测系统

刮板输送机传动装置工况监测系统根据综采工作面输送设备进行布局，由一个总站和多个分站组成。该系统能够对刮板输送机传动装置工况数据进行就地采集、处理、显示、上传和远程监测、显示等功能。分站既可独立使用，又能相互协调工作，组成有机整体。系统结构如图 6-31 所示。

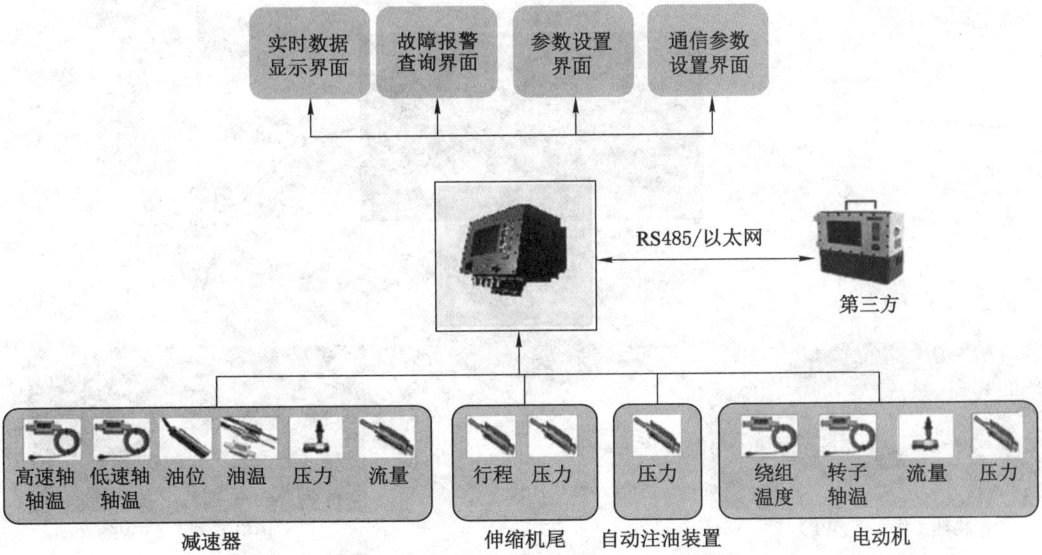

图 6-31　刮板输送机传动装置工况监测系统

大部分煤矿井下环境差，信息采集、传输系统的可靠性和耐用度不能满足使用要求；工作面设备、通信系统由多个供应商分别提供，信息网络整合不到位，数据的可信度低；且未对工作面设备的数据标准、电磁兼容、数据共享提出要求，无法形成可信的数据池等。上述问题导致工况感知系统不能发挥出其应有作用，限制了智能技术的长期、稳定、可靠的应用。

第五节　采煤工作面数字孪生技术

数字孪生是将复杂物理系统的结构、状态、行为、功能和性能映射到数字化的虚拟世界。数字孪生技术是指以数字化方式设计物理实体的虚拟模型，多维度、多物理地仿真其在真实环境中的各种状态的技术，其主要技术内涵是指通过构建的虚拟模型来更好地进行研发、生产及应对生产管理中面对的决策与分析。

采煤工作面数字孪生技术架构主要包括物理工作面、虚拟工作面、孪生数据、系统服务和它们之间的连接五个部分，工作面数字孪生系统软件功能主要包括主界面、进入漫游、虚拟切割、煤层展示等功能模块，基于地质模型的开采工艺大数据决策模块，构建采煤机开采模型、电液控开采模型、刮板输送机开采模型，实现了数据驱动工作面设备三维模型协同开采，基于智能规划协同控制子系统，结合工作面设备实时定位与姿态控制技术，实现模型自动选择控制参数，通过不断的数据挖掘及自适应，实现开采模型的智能决策和自主学习。

一、工作面数字孪生技术架构

数字孪生已经成为工业互联网关键支撑，其利用边缘计算、5G、大数据、人工智能等数字技术对分布式资源物理实体的特征、行为、过程和性能等进行动态建模，为工业物联网在矿山领域应用落地提供了全息数据和技术支撑。工作面数字孪生技术架构,如图6-32所示。

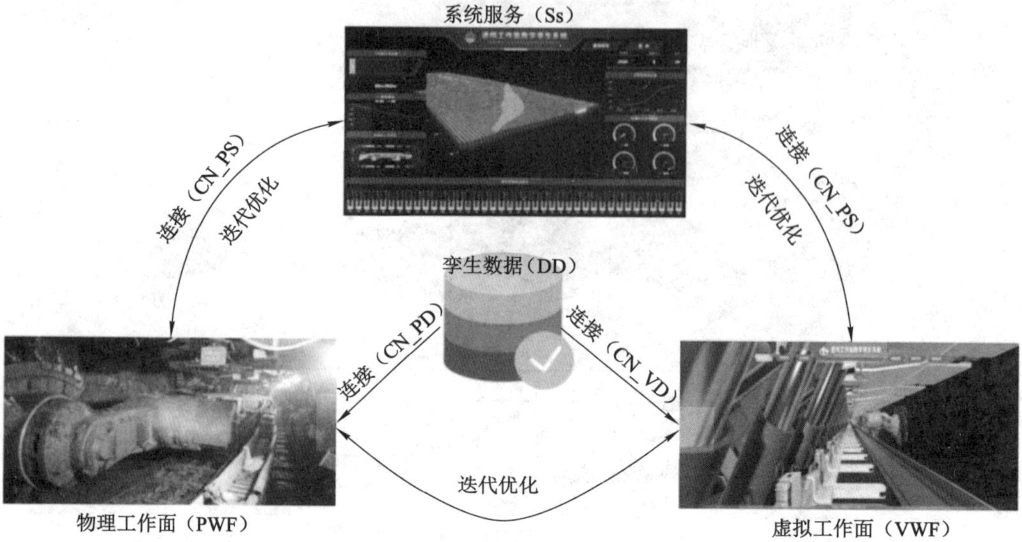

图6-32　工作面数字孪生技术架构

二、物理工作面

物理工作面是指切眼煤壁信息、综采工作面设备以及它们的分布、工况信息和环境因素等。切眼煤壁信息包括煤厚信息、顶底板信息和巷道坡度等;机电设备包括采煤机、刮板输送机、液压支架、转载机、破碎机、带式输送机、超前液压支架、端头异型切顶支架、水泵、泥浆泵、组合开关等,其中采煤机、刮板输送机和液压支架的运行位置和姿态是物理工作面的重点。

三、虚拟工作面

虚拟工作面是对物理工作面的数字化描述,从几何、物理、行为、规则等出发构建物理工作面的数字化模型。因此,根据物理工作面的实际情况,需要建立切眼煤壁模型和设备模型。

(一)采煤机数字化模型

采煤机由左右滚筒、左右摇臂、左右牵引箱、左右行走箱、破碎机和中间控制箱组成,通过行走轮与刮板输送机的齿轨啮合以实现其在综采面的往复运动,调高油缸的伸缩可以调整滚筒的高度以适应煤层的高低起伏变化。

在割煤时,采煤机的运动主要包括左右牵引速度和方向、摇臂的旋转实现滚筒调高。因此为了在工作面数字孪生系统中实现采煤机的同步映射,不仅需要建立采煤机的整体三维模型,还必须对采煤机的左右滚筒和摇臂增加相应约束条件,这是实现虚实交互和同步映射的前提。利用三维建模软件建立采煤机的三维模型,并对采煤机的左右滚筒和摇臂添加相应的约束条件。采煤机的数字化模型如图6-33所示。

(二)刮板输送机数字化模型

刮板输送机在采煤、割煤、装煤后实现综采面的运煤动作,并在机头通过转载机、破碎机

图 6-33　采煤机的数字化模型

转移至带式输送机上运出工作面。在工作面数字孪生系统中，刮板输送机的动作主要包括刮板的移动方向和速度，可仅仅用动画模拟以实现虚拟仿真。利用三维建模软件建立刮板输送机的三维模型，如图 6-34 所示。

图 6-34　刮板输送机的数字化模型

（三）液压支架数字化模型

液压支架主要由底座、前连杆、后连杆、掩护梁、顶梁、立柱、平衡千斤顶、推移千斤顶、推移杆等部件组成，其结构如图 6-35 所示。顶梁是顶板载荷的重要承载部件，掩护梁是上端

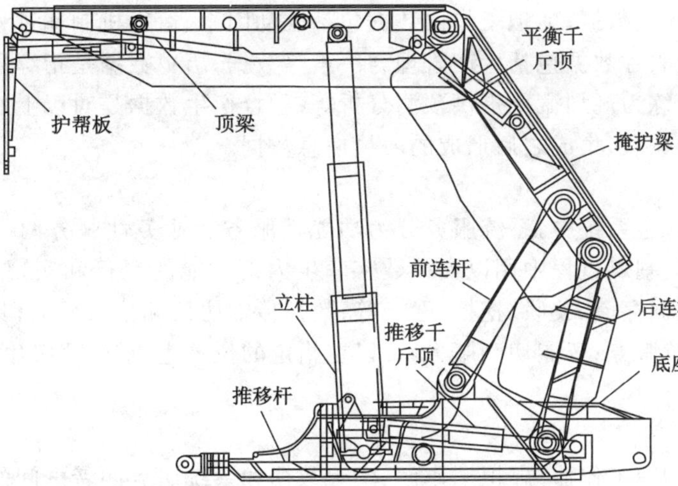

图 6-35　液压支架结构图

与顶梁铰接,下端与前后连杆连接的部件,其作用是隔离采空区,防止采空区垮落的岩石窜入工作区域。底座将顶板载荷传递至底板,并与立柱、前后连杆、推移千斤顶连接,并通过推移千斤顶的伸缩,完成移架动作。液压支架的底座、掩护梁、前连杆和后连杆组成一个四连杆机构,用于承受偏载扭矩,提高液压支架的稳定性。立柱和平衡千斤顶是液压支架动作的主要运动部件,立柱是用于支撑顶板压力、调节支护高度的千斤顶。

在工作面数字孪生系统中,液压支架的主要动作包括升柱、降柱、推溜、拉架、伸护帮板、缩护帮板、起底共 7 个动作,因此要实现液压支架的同步映射,必须对立柱、推移油缸、护帮板、千斤顶等增加约束条件。

在采煤机、刮板输送机和液压支架的三维数字模型构建完成之后,结合透明地质模型,编写相应脚本实现综采工作面的工作逻辑,并进行动画渲染,构建虚拟工作面(图 6-36)。

图 6-36　虚拟工作面

(四) 孪生数据

孪生数据是工作面数字孪生系统的驱动链,主要包括物理工作面的实体数据、虚拟工作面数据、系统服务数据、历史数据以及融合衍生数据。

其中,物理工作面的实体数据来自采煤机、刮板输送机和液压支架等机电设备的状态监测数据、位姿数据、环境数据;虚拟工作面数据包括驱动因素、运行机制和过程验证、仿真、预测等模型数据;系统服务数据包括生产管理与决策等数据;历史数据是指综采面运行的历史纪录数据,可用于训练为规划截割提供预测分析等;融合衍生数据是对以上的各类数据加以转换、预处理、分类、关联、集成之后形成的海量信息数据。

(五) 系统服务

在工作面数字孪生系统中,系统服务分为功能性服务和业务性服务两部分。功能性服务在综采工作面智能割煤过程中用以支撑数字孪生内部功能的运行和实现,包括数据管理和处理服务,例如数据存储、关联、挖掘、融合等;数据传输协议和接口服务;具备高保真度和高置信度的场景漫游服务;智能切割服务,可以在指定的位置生成“CT”切片数据,并存入数据库。

(六) 连接

连接主要实现物理工作面、虚拟工作面、孪生数据和系统服务四者之间的互联互通。在该系统中,利用各类传感器、数据采集卡等对物理工作面的机电设备、环境因素等进行实时采集,并通过工业以太环网根据分配的 IP 地址传输至虚拟工作面,用于驱动数字模型,并通过大数据分析和处理可用于更新校正相应的数字模型。

四、关键技术

采煤工作面数字孪生智能工作面具有可视性、可解释性、可计算性、可交互性和可预测性的技术特性，主要包含5项关键技术。

（一）数字孪生体

数字孪生体是实现矿山信息物理系统（CPS）与物理实体交互映射的关键技术，通过几何、物理、行为、规则的约束对数字孪生体进行全息投影和数字化描述，并基于VR、AR或MR虚拟技术映射物理场景的实时数据、历史数据、运行状态及动态性能，体现数字孪生工作面的可视性。

（二）映射算法

数字孪生系统运行依靠各类精准高效的映射算法，根据静态、动态的驱动模型，建立采煤过程复杂对象、属性、关系的数学描述算法，通过数据和算力驱动实现物理实体与数字孪生体的映射交互，从而建立起模型、数据、算力驱动的控制模式，体现数字孪生工作面的可解释性。

（三）边缘计算

智能化采煤工作面数字孪生监控需要采用边缘计算技术对视频图像等非结构化数据进行处理，在智能化采煤工作面的煤机装备智能终端，利用边缘网关在本地进行计算分析和处理，以减少上行数据流量对网络通信的压力，提高信息交互反馈和远程监控的实时性，体现数字孪生工作面的可计算性。

（四）交互机制

数据交互和信息互联是智采工作面与虚拟工作面、智能管控中心之间的信息通道。通过智采工作面实时感知、动态控制、自主学习构建交互机制CPS，利用边缘计算、5G通信和智能控制技术，实现采煤工作面虚实融合与共智协同，体现数字孪生工作面的可交互性。

（五）数据线程

数据线程是数字孪生的驱动引擎，涉及物理实体、数字孪生体、服务及知识数据等同步映射，包括环境参数、状态参数、设备性能及耦合扰动等感知数据，对象、过程、行为等仿真数据，以及物理过程、驱动因素、运行机制等模型数据，服务及知识数据（如模型、算法、开采工艺等功能型数据），体现数字孪生工作面的可预测性。

思考题

1. 简述三角煤自动截割工艺。
2. 谈谈智能化采煤机及自适应截割在实际应用中可能遇到的问题。
3. 谈谈智能化采煤工作面主要装备在大倾角等复杂地质条件下还需要考虑哪些问题。
4. 对工作面数字孪生技术架构谈谈自己的看法。

第七章 煤矿提升与运输系统智能化装备

煤矿运输是煤炭生产的重要组成部分。根据任务的不同，煤矿运输分为主要运输和辅助运输。煤矿主要运输指煤流从工作面至地面煤仓的所有运输环节，主要包括带式输送机和主井提升系统；煤矿辅助运输泛指煤矿生产中除煤炭运输之外的各种运输的总和，主要包括材料、设备、人员和矸石等的运输。

第一节 变频传动技术

一、智能节能传动技术

电动机作为原动机拖动生产机械被广泛应用于煤炭生产领域，是煤炭生产不可缺少的一种传动方式。电机驱动方式主要经历了“电机＋液力耦合器驱动”、“双速电机驱动”、“电机＋可控启动传输（controlled start transmission，CST）驱动”和“变频器＋电动机驱动”四个阶段。

随着现代电力电子技术发展，变频驱动技术趋于成熟。采用变频驱动有以下优点：启动时速度缓慢增加，对机械结构冲击较小，最大限度延长设备的使用寿命；可根据电机空载运行情况，实现断链保护，减少安全事故；低载或空载时，控制系统能根据负载情况自动降低电机的转速，进而节能。“变频器＋电动机驱动”方式凭借良好的节能效果、较高的功率因数等优势得到广泛的应用。但由于变频器和电机是两个独立的单元，“变频器＋电动机驱动”的分体式传动方式存在占地面积大、谐波干扰大以及电磁污染严重等问题。

变频调速一体机采用一体化集成方式将变频器和电动机进行有机整合，实现机、电一体化，变频输出电缆长度近似为零，减小了变频器工作产生的高次谐波对电机及沿线其他设备的影响，逐渐成为新一代传动方式的发展方向。

变频调速一体机根据所集成电动机类型的不同，可分为异步变频调速一体机和永磁同步变频调速一体机。目前矿用变频调速一体机已广泛应用于煤矿井下工作，根据电压等级和电机类型分类，如表 7-1 和表 7-2 所示。

表 7-1 变频调速一体机的电压等级

电压等级	分类
1 140 V 及以下	低压变频调速一体机
3 300 V～6 kV（不含）	中压变频调速一体机
6～10 kV	高压变频调速一体机

表 7-2　一体机的分类

电机类型	分类
异步电动机	异步变频调速一体机
同步电动机	永磁同步变频调速一体机
	直驱式永磁同步变频调速一体机
	减速式永磁同步变频调速一体机
	永磁同步变频调速一体式电动滚筒

二、提升与运输智能传动技术

(一) 提升系统智能传动技术

目前提升系统驱动方式常采用变频驱动方式，因此本书重点介绍基于中压交-直-交变频驱动的全数字调速系统和功率单元级联型高压变频两种调速方式。

1. 基于变频驱动的全数字调速系统

5 000 kW 以下功率电机采用单绕组。因为电机电流较大，5 000 kW 以上功率电机定子采用双绕组。定子单绕组电机驱动系统主回路如图 7-1 所示，适用于 5 000 kW 及以下功率电机的驱动系统。定子双绕组电机驱动系统主回路如图 7-2 所示。该方案配套 2 套变频器，驱动 2 个定子绕组运行，可实现 5 000～10 000 kW 大功率电机的驱动需求。该方案可在单台变频器故障或检修时，通过切换开关将 2 个定子绕组串联，让另一个变频器驱动串联的 2 个定子绕组实现全载半速运行(图 7-3)。定子双绕组电机驱动系统原理图如图 7-4 所示。

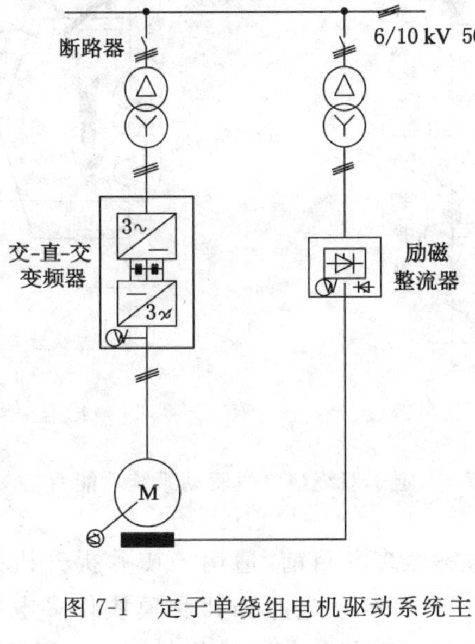

图 7-1　定子单绕组电机驱动系统主回路

2. 功率单元级联型高压变频调速系统

中高压大功率矿井提升机的电机电压等级一般为 6 kV 和 10 kV，在中高压大功率的交流传动场合，多电平变流器已经得到成功的应用。在异步电动机驱动的矿井提升机上采用

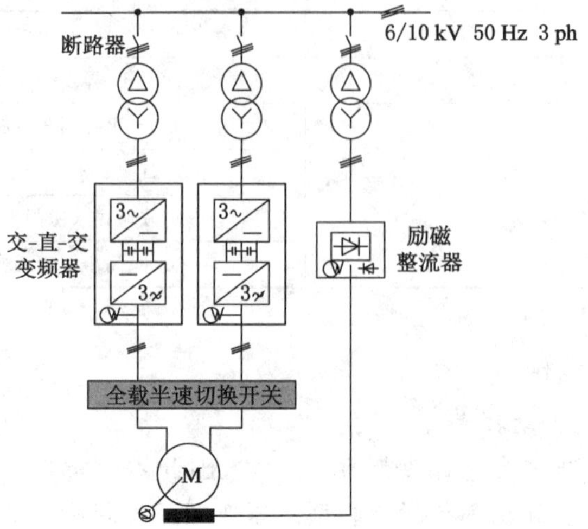

图 7-2 定子双绕组电机驱动系统主回路

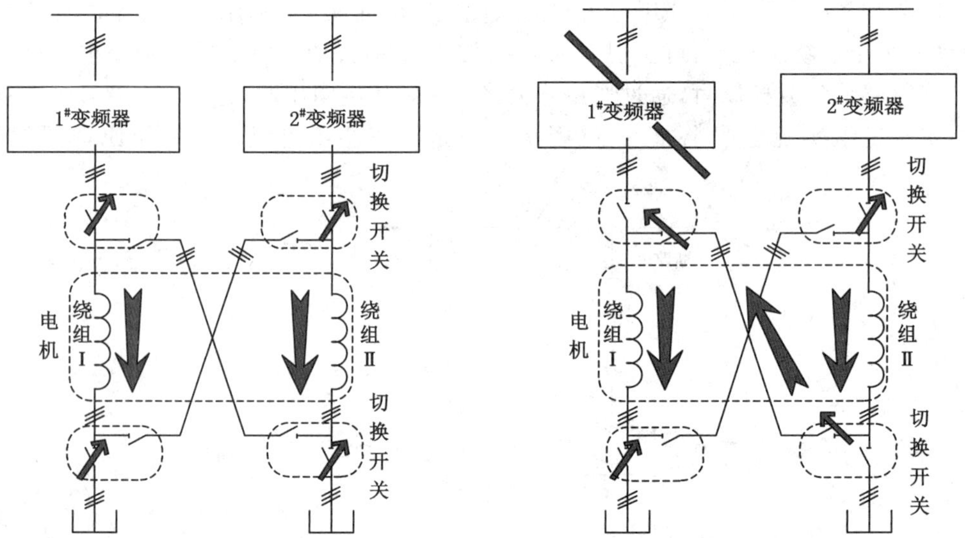

(a) 全载全速状态　　(b) 全载半速状态

图 7-3 定子双绕组电机驱动系统功能

单元级联四象限高压变频器的方案较多。目前,适用于矿井提升机的多电平变流器基本电路拓扑结构有两种:单元级联式多电平变换电路拓扑和模块化多电平变换电路拓扑。单元级联四象限高压变频器驱动 10 kV 电动机的拓扑结构如图 7-5 所示。

（二）带式输送机智能传动技术

1. 异步变频调速一体机＋减速器

异步变频调速一体机＋减速器驱动带式输送机这种驱动方式具有灵活性高、方便检修、

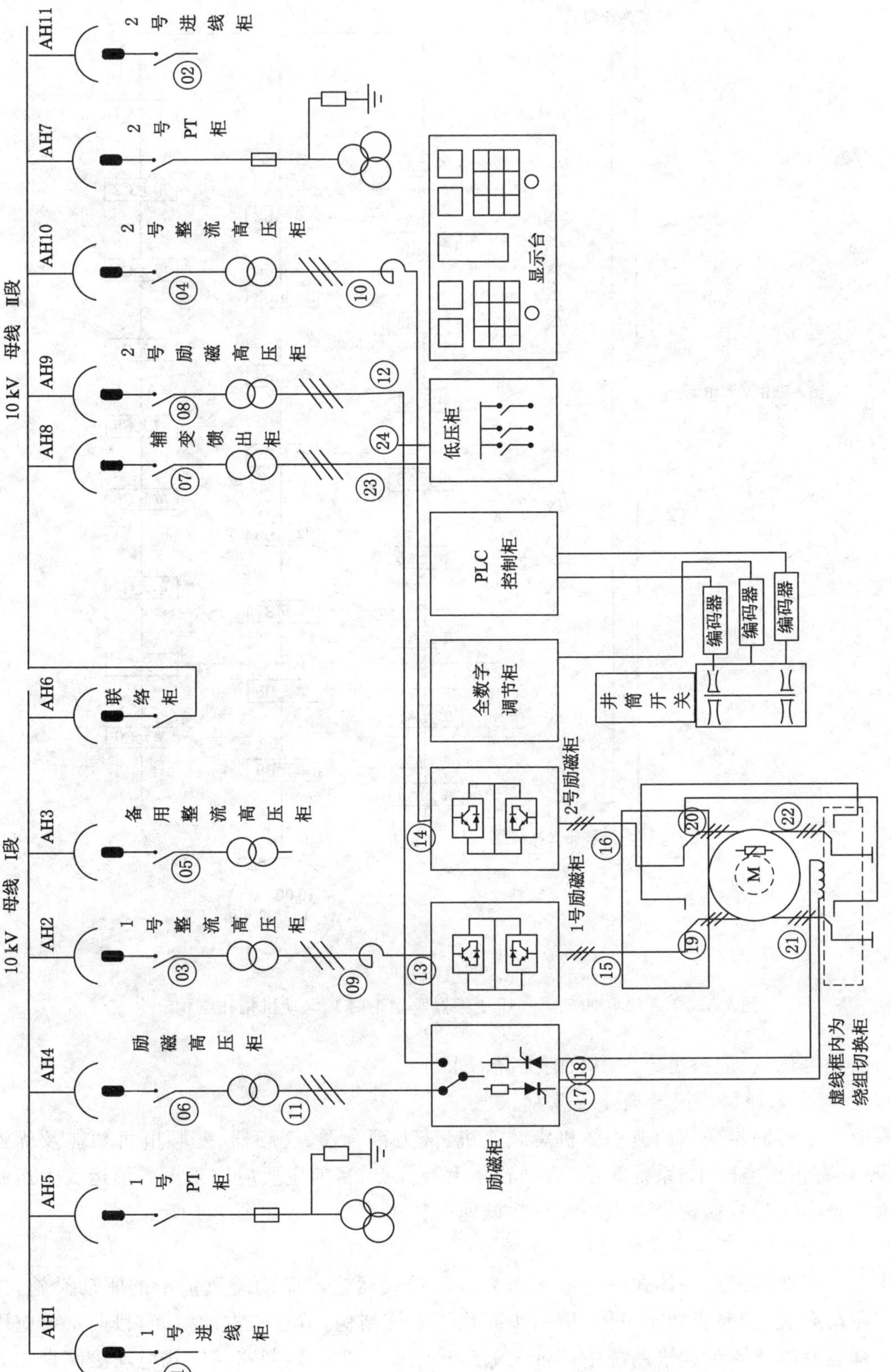

图7-4 定子双绕组电机驱动系统原理图

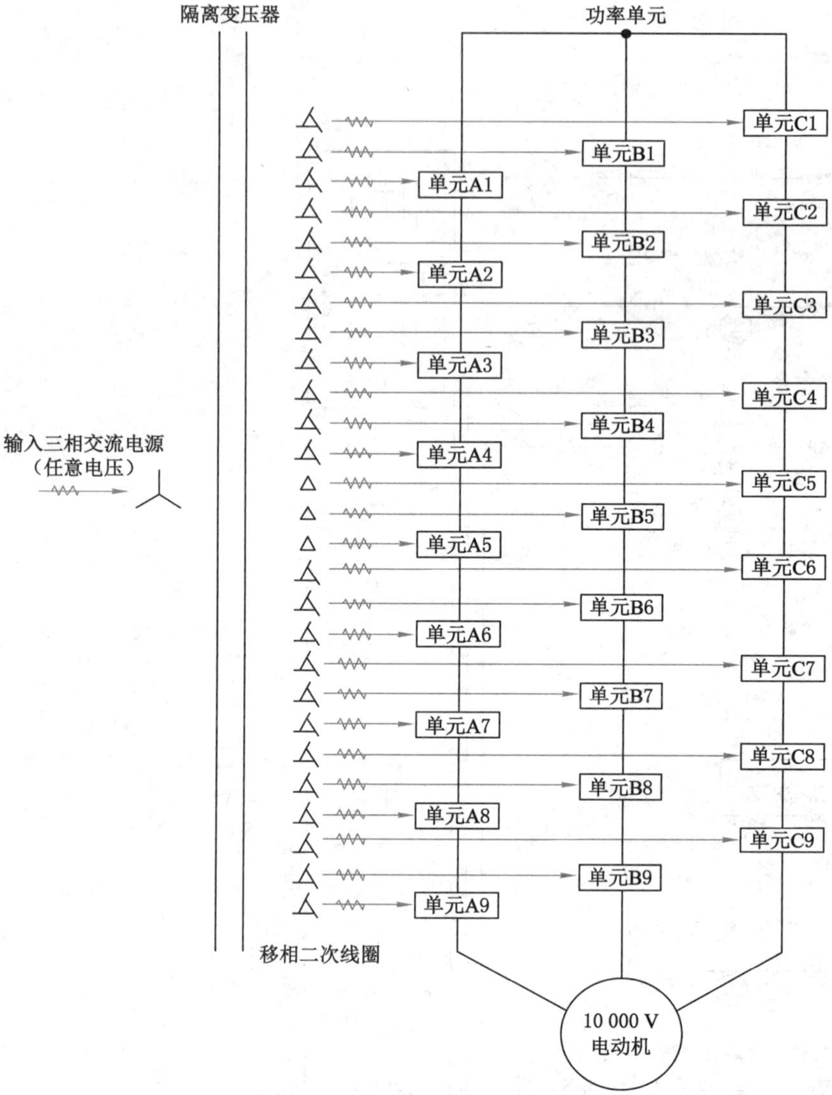

图 7-5 单元级联四象限高压变频器驱动 10 kV 电动机拓扑结构

可重载启动等优点，能满足绝大多数的工况需求。

2. 直驱式永磁同步变频调速一体机

直驱式永磁同步变频调速一体机集减速机、液力耦合器、变频器、变频电机功能及优点于一身，具有占地空间小、系统简单、启动转矩大等优点，目前主要应用于煤矿辅运及主运胶带运输系统中。带式输送机永磁同步变频调速一体机直驱方案如图 7-6 所示。

3. 永磁同步变频调速一体式电动滚筒

永磁同步变频调速一体式电动滚筒作为目前带式运输机驱动装置前沿的驱动设施，集滚筒与驱动电机、变频驱动于一体，进一步简化了系统结构，节省了占地空间，目前主要应用于煤矿辅运及顺槽胶带运输系统中。带式输送机永磁同步变频调速一体式电动滚筒直驱方案如图 7-7 所示。

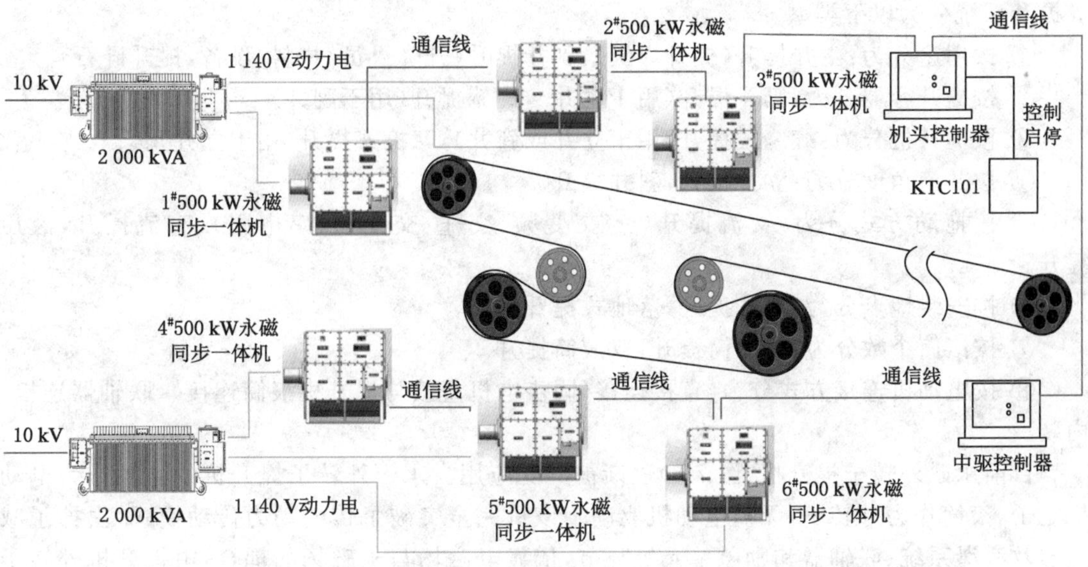

图 7-6　带式输送机永磁同步变频调速一体机直驱方案

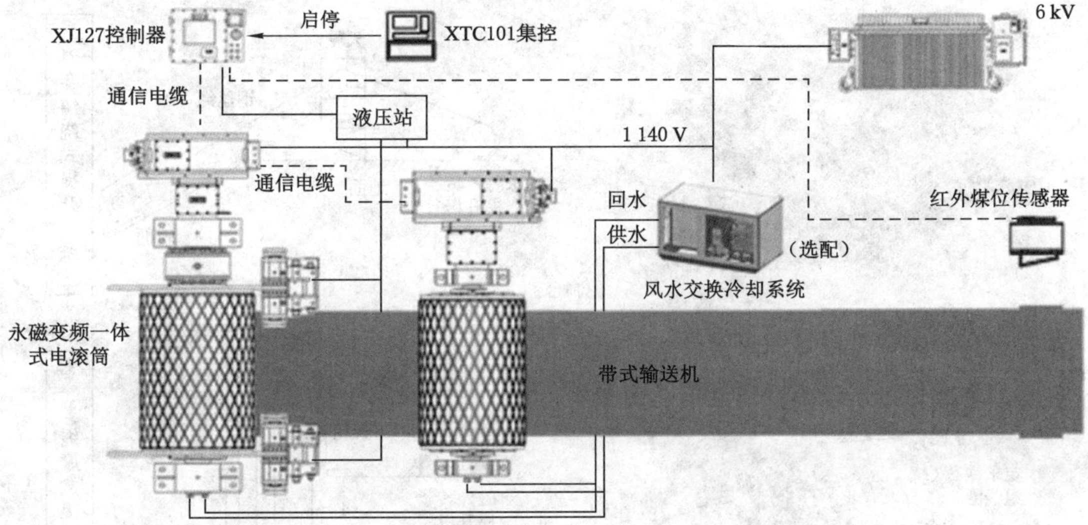

图 7-7　带式输送机永磁同步变频调速一体式电动滚筒直驱方案

第二节　井工煤矿提升系统智能化装备

一、井工煤矿提升系统组成

井工煤矿提升系统担负着提升煤炭、矸石，下放材料，升降人员和设备的任务，是集机、电、液于一体的大型复杂系统，主要由提升机、制动系统、装载(操车)系统和控制系统等组成。按用途、提升容器、提升机、井筒角度、拖动方式、安装地点、滚筒个数、电动机连接方式等提升系统分为以下类型。

① 按用途分为：主井提升(提升煤炭)，副井提升(升降人员、材料、设备，提升矸石)。

② 按提升容器分为：箕斗提升(用于主井)，罐笼提升(用于副井)。

③ 按提升机分为：缠绕式提升(用于立井或斜井)，摩擦式提升(用于立井)。

④ 按井筒角度分为：立井提升，斜井提升。

⑤ 按拖动方式分为：交流提升(交-交变频、交-直-交变频、串电阻)，直流提升，液压提升。

⑥ 按安装地点分为：塔式提升，落地式提升。

⑦ 按滚筒个数分为：单滚筒提升，双滚筒提升。

⑧ 按电动机连接方式分为：直接连接(同步电机直接与提升机滚筒连接)，联轴器连接，内装。

目前永磁外转子提升机(图 7-8)逐渐被广泛应用。永磁外转子提升机的主轴作为电动机定子，滚筒作为外转子，无需电动机驱动。该机完全突破了传统动力传动模式，去掉了减速器及润滑系统、联轴器和励磁单元等环节，依靠电磁场与永磁场的耦合，由提升机外转子滚筒直接驱动绳牵引负载，具有高效率、低噪音、少磨损、调速范围宽和超低速运行平稳等突出优点。

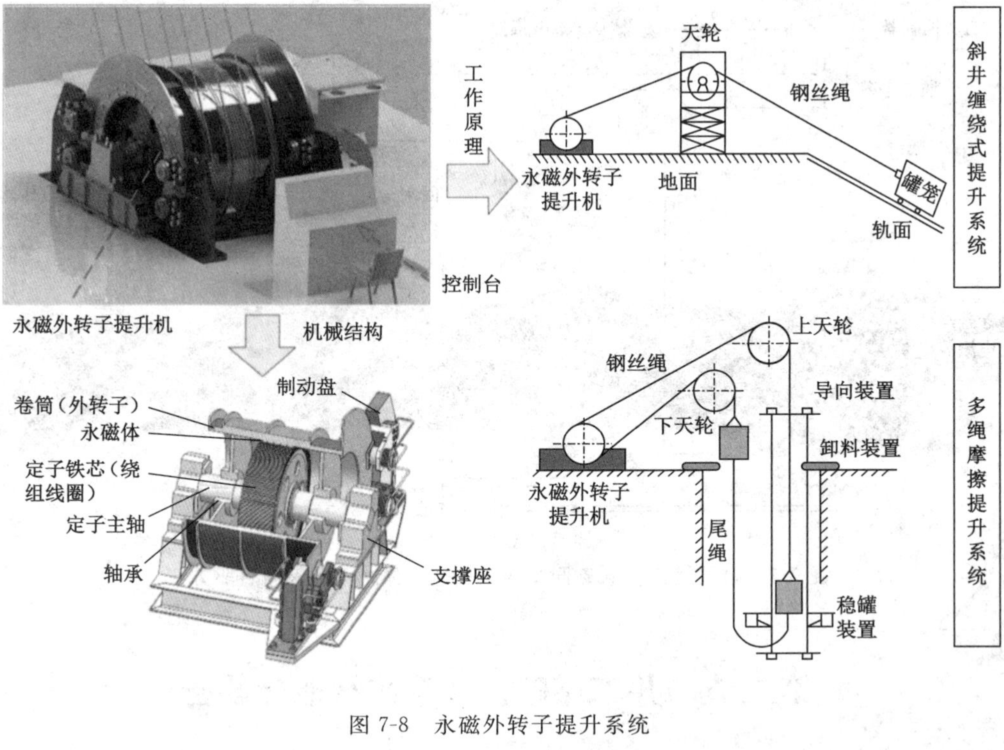

图 7-8　永磁外转子提升系统

二、煤矿提升机智能控制技术

交-直-交变频调速依据其控制策略可以分为矢量控制和直接转矩控制两类。矢量控制(vector control)的基本特点是以转子磁通定向，在转子旋转坐标系下同步分解定子电流矢量，使之解耦为转矩和磁通两个分量，通过控制两分量间的幅值和相位，即控制定子电流矢量，达到间接控制电机转矩的目的。

（一）dq 坐标系电流闭环 PI 调节的 FOC 控制系统

在 dq 坐标系下采用电流闭环 PI 调节的矢量控制系统原理图如图 7-9 所示。在实际的矢量控制系统设计中，根据要求的转速和转矩设定 i_{dref} 和 i_{qref}，通过转速环和电流环的闭环控制，使得实际值 i_d 和 i_q 跟随设定值 i_{dref} 和 i_{qref}，即可实现对电机的转速和转矩的控制。

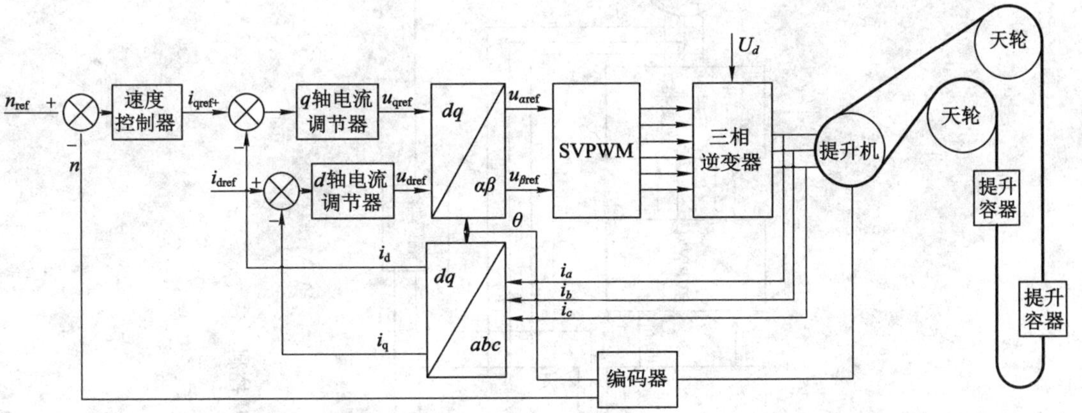

图 7-9　同步电机矢量控制系统原理图

（二）基于滑模速度控制器的矢量控制

电机是一个非线性、强耦合的多变量系统，当控制系统受到外界扰动的影响或者电机内部参数发生变化时，传统的 PI 控制方法并不能满足实际的要求。为了提高同步电机调速系统的动态品质，利用滑模控制对扰动与参数变换不敏感、响应速度快等优点，基于滑模速度控制的矢量控制被广泛应用，如图 7-10 所示。

（三）经典直接转矩控制

同步电机的直接转矩控制系统原理图如图 7-11 所示，利用转矩闭环直接控制电动机的电磁转矩，因而得名"直接转矩控制"。经典的直接转矩控制是在定子静止坐标系中针对电动机的定子磁链和电磁转矩实施独立控制——通过在适当的时刻选择优化的电压空间矢量去控制电压型逆变器来实现两者近似解耦的控制系统。为了配合这种控制方法，定子磁链与电动机转矩的两个调节器不再选用 PI 调节器，而是采用具有继电器特性的 Bang-Bang 控制器。直接转矩控制技术将电压型逆变器与永磁同步电机作为一个整体，并基于电压型逆变器输出的电压空间矢量对永磁外转子提升机定子磁场和电磁转矩进行控制。

Bang-Bang 控制器的工作原理是根据提升机的实际值和期望值得出其差值，同时设置滞环的容差值，当其差值未超过容差值的范围时，就继续沿用上次的信号输出，输出一般为 1 和 0。当实际值大于期望值且在容差值之外时，就输出信号 0，表示需要减小输出；当实际值小于期望值且在容差值之外时，就输出信号 1，表示需要增大输出。

经典 DTC（直接转矩控制）采用两个 Bang-bang 控制器分别对转矩和磁链幅值进行控制，响应快速，对系统参数摄动和外干扰鲁棒性强，但存在较大的磁链和转矩脉动、逆变

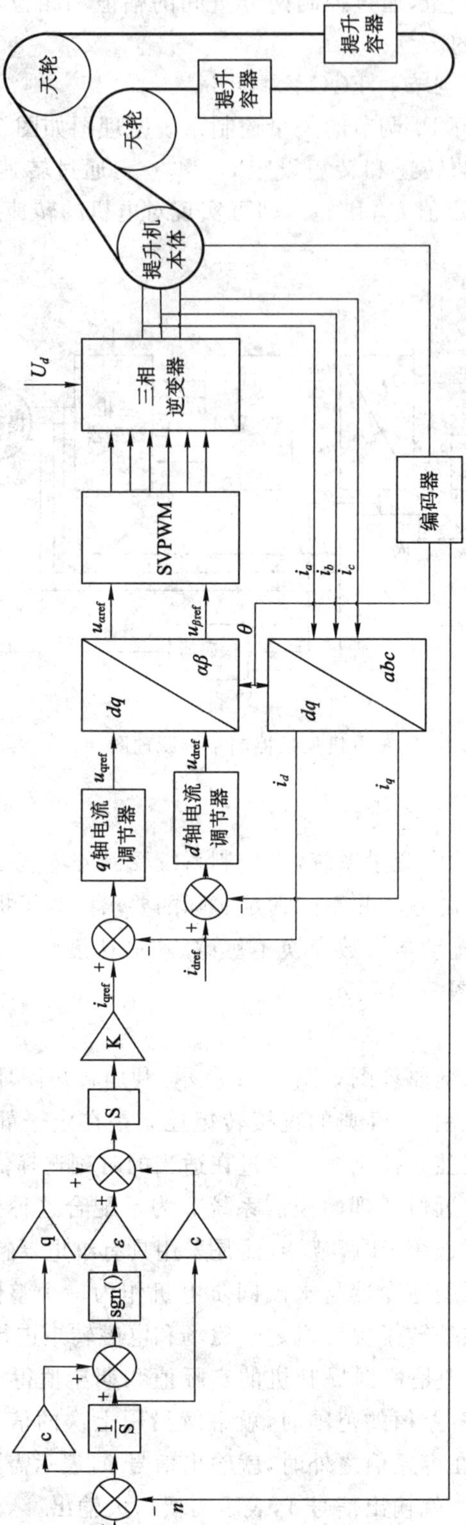

图7-10　基于滑模速度控制的矢量控制

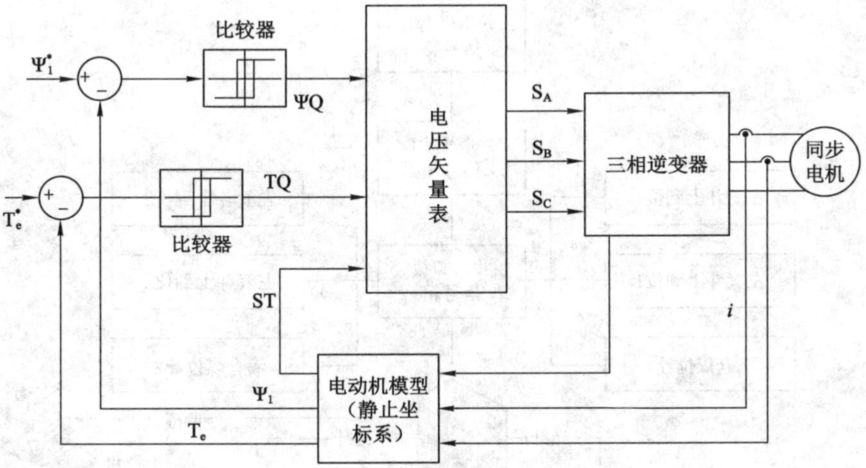

图 7-11　同步电机直接转矩控制系统原理图

器开关频率不恒定、低速时系统难以精确控制，以及因转矩脉动引起的高频噪声等问题。经典 DTC 中磁链和转矩脉动过大是因逆变器的实际开关频率不够高，从而导致一个数字控制周期中所选用的有效电压矢量无法与期望的电压矢量一致。针对这些问题，目前多采用以下几种解决方案：对传统 DTC 的开关表加以改进，如增加零电压矢量和矢量细分等；采用多电平控制功率变换器，通过多个空间电压矢量作用于电机，使磁链、转矩平滑，但这增加了系统硬件成本和复杂性；运用空间电压矢量调制方法使逆变器开关频率恒定，以减小转矩脉动。这种解决方案一般利用 PI 调节器替代滞环调节器来控制定子磁链和转矩，但特定的 PI 调节器参数对电机参数、转速和负载变化敏感，存在系统鲁棒性不强的问题；利用滑模控制 DTC，以解决传统 DTC 存在的转矩和磁链脉动较大、逆变器开关频率不恒定等问题。

三、智能装载卸载系统

智能装载卸载系统如图 7-12 所示。当空箕斗降至井底煤仓后，井底煤仓的煤炭经智能装载卸载系统被装入箕斗内。同时，已提升至井口卸载位置的重箕斗通过井架上的卸载曲轨作用，箕斗底部的闸门自动开启，把煤炭卸入地面煤仓。两端装载卸载工作均完成后，启动提升机，使井底重箕斗向上运送；同时，井口轻箕斗向下运动，从而完成了提升煤炭的任务。智能装载卸载系统具有自动、手动、检修控三种工作模式。在自动控制方式下，地面上位机直接远程控制井下给煤机、定量斗和信号打点等装置，为装载硐室无人值守提供了前提条件。根据各工艺状况系统将自动完成装、卸载整套工艺流程，并且系统具有单边装、卸载功能。手动控制方式时，通过手动实现装、卸载；检修控制方式时，各设备之间无任何闭锁。

四、提升容器智能监控系统

提升容器智能监控系统由无线发射和接收系统、井底箕斗闸门自动控制系统、罐帘门自动控制系统和张力监测系统等组成。提升容器智能监控系统，可实现提升容器状态的实时

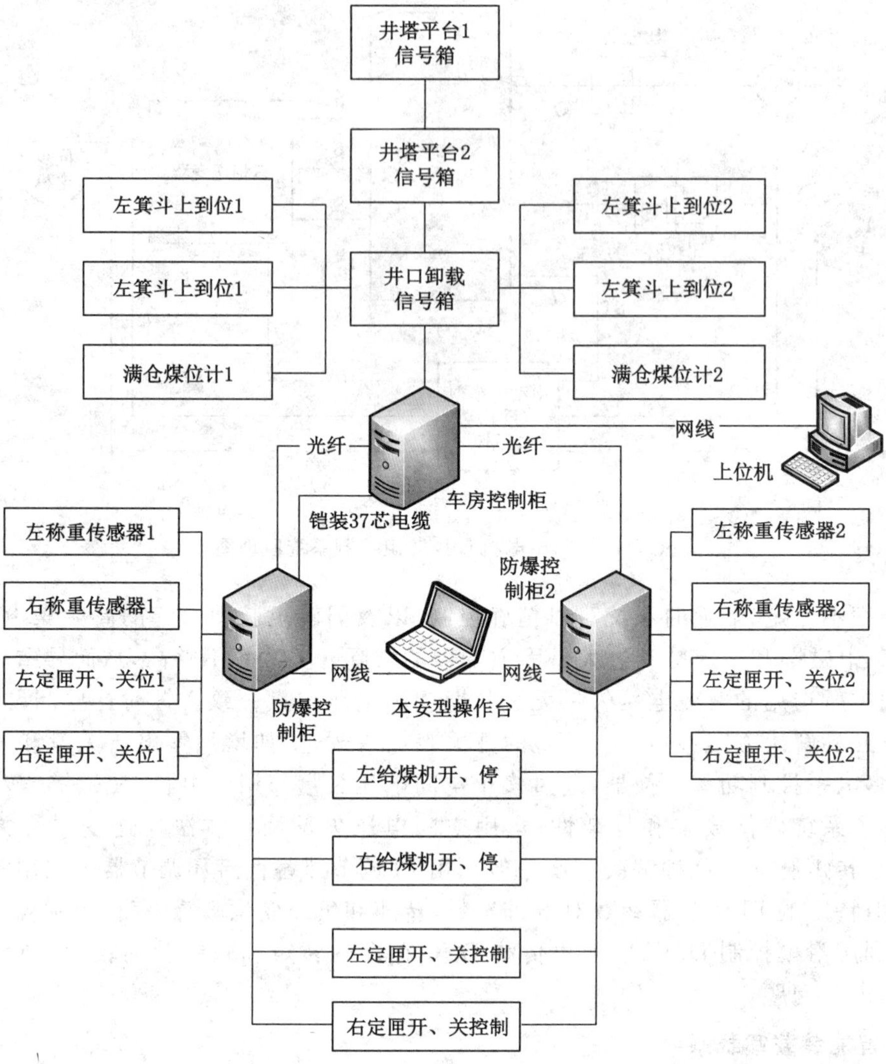

图 7-12　智能装载卸载系统

化监控与罐帘门的自动控制。

井底箕斗闸门自动控制系统通过张力传感装置采集箕斗重量，通过无线发射系统将张力信号发射出去，由井口与井底无线接收器进行信号接收，并判断绳端张力大小是否超载。当张力传感器测出箕斗端张力达到设定值时，闸门自动关闭，切断煤流，从而实现煤流可控。罐帘门自动控制系统通过电机驱动、钢丝绳传动、蓄电池供电、遥控操作门挡垂直折叠升降，实现罐帘门开启与关闭。提升容器智能监控系统可监测张力变化。若张力变化超出了提升机最大允许的张力时，进行报警停车；若测出的绳端载荷很小，远低于箕斗本身重量时，则表明箕斗出现卡罐现象，需要及时停车处理并报警。同时对多根提升钢丝绳张力进行比较，当张力差大于规程规定的10%时则进行报警处理。

五、煤矿提升机智能化系统

煤矿提升机智能化系统是目前提升系统研究的重要方向之一，其技术架构如图7-13所示，它包括提升系统智能终端、提升机孪生模块、信息模块、控制模块和通信模块等关键技术。

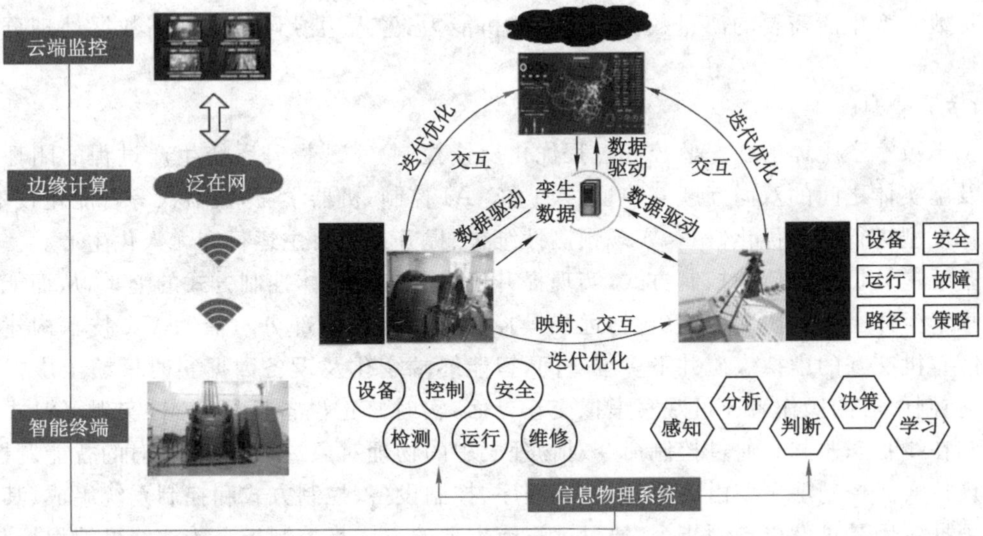

图7-13　煤矿提升机智能化系统技术架构

（一）提升系统智能终端

数字孪生煤矿提升机的智能终端包括提升机、提升容器、装载系统、操车系统、制动系统。这些终端可单机智能化运行，具有感知化、数字化、自动化能力。智能提升机应具备在提升过程中能够实现力感调速、工况智能识别和自适应控制等智能性能。智能提升容器全面感知和评估井筒内设备状态，井筒内提升容器及其相关联的提升钢丝绳、平衡钢丝绳、滚轮及罐道的状态，能实现井筒内设备维检智能化。

（二）提升机孪生模块

提升机孪生模块分为孪生实体与孪生数据。孪生实体是对真实提升机的数字化描述与映射，它能够服从实体的几何、物理、行为规则的约束。它包括但不局限于对提升机真实体零部件的高精度刻画，配合关系及行为的理论及仿真分析，动态行为及未来行为的描述与预测。提升机孪生实体并不是被动的，而是交互的，从孪生体之中也能够进行真实体状态的推演。

孪生数据是提升机生产全过程的数据与信息流的集合，包括设备生产数据、设备行为特征数据、环境数据、流程数据、交互数据、知识数据等。各种数据信息流是整个智能化系统的动态保障。通过信息流在流道和模块之间的交互反馈，能够实现系统的智能决策与迭代更新。

（三）信息模块

构建提升系统数据采集、存储、分析、计算、优化平台，为提升机物理及数字孪生体提供强有力的数据支持，形成智能提升系统的“大脑”。利用先进传感器技术，实时采集设备状态参数识别、状态监测、载荷监测等提升过程数据，并结合提升系统现有的工业以太环网、CPS系统和通信基站，构建全传感信息智能感知传输网络系统，将获取的数据流送入存储分析平台；再使用基于大数据、深度学习等先进智能决策方法，实现数字化模拟与数据分析。

（四）通信模块

构建智能提升机系统物联网、5G通信网和泛在互联网，在云端服务平台上，运用云计算来满足数字孪生所需要的海量数据存储和分析能力，融入边缘计算来提高数据处理分析的实时性。

（五）控制模块

基于数字孪生体的状态监控和过程优化反馈控制，实现提升系统生产过程的闭环反馈控制及虚实体之间的双向互联互控；融入PLC、AI控制，机器学习，机器人等智能化技术，对虚拟体模型进行实时优化修正，实现预测性维护、提升系统自主运行和无人化生产。

基于提升机真实体的控制方式，实现提升机孪生体对整体控制方式的继承，从而能够通过虚拟孪生体驱动的协同控制（包括远程操控和人机协作两部分），借助VR技术构建“人、机、环”有机交互的虚拟煤矿井下多维空间，智能终端变化及设备数据实时反馈至虚拟监控平台，控制中心的操作者通过观察虚拟交互界面，实时修正设备运行状态，实现沉浸式远程操控和在线状态监测。通过控制命令对物理层中的物理对象进行在线、实时的智能调控，实现以虚控实。控制层主要由决策者、控制程序、控制设备、控制方式和控制系统组成，其中决策者根据应用需求发出控制指令，通过远程或本地的方式将控制指令传达给可编程控制器、工控机等控制单元执行控制命令，完成现场过程控制。通过对数据的挖掘分析，建立设备的超前预判系统，对过卷、过放等异常情况进行预警。并且根据控制结果对控制方式进行实时优化与更新，形成闭环反馈的自我更新虚实反向控制方式。

（六）支持与服务互动模块

支持互动层提供数字孪生系统需要的包括内置与外接的全部仿真、建模、在线分析软件及硬件，以及可视化工具、页面组态工具、模型服务工具、算法编排工具、权限管理工具，用于通信的硬件接口和协议的统一接入，主要包括以太网、RS485、CAN、5G、WiFi6、ZigBee、Lora、UWB等有线及无线通信网络的支持。服务互动包括物理模型和虚拟模型的仿真、验证、监测、诊断、控制、优化以及数据的加载、交互、更新与反馈等服务。提升机数字孪生模型中应该提供矿山生产场景的在线感知与状态分析服务、交互再现与干预预测服务、智能决策与协同管控服务、安全态势分析与预警等服务，还提供矿井日常服务，包括数据查询、自适应调度、辅助决策、安全报表、人员信息管理、人机交互、员工培训与沉浸式体验等。

第三节　井工煤矿带式输送系统智能化装备

一、井工煤矿带式输送系统的组成

带式输送系统是目前我国井工煤矿最常用的煤炭输送系统，具有运输量大、承载能力强、维护量小、运输距离长、转载环节少等特点，在我国的主要产煤区山西、内蒙古、陕西、新疆、山东、安徽等地煤矿中得到广泛应用。井工煤矿带式输送系统主要由带式输送机、装载装置、胶带秤、转载机以及卸载装置等组成。

（一）带式输送机

带式输送机是一种以输送带兼作牵引机构和承载机构的连续运输设备，主要由输送带、托辊、驱动装置及滚筒、拉紧装置、制动装置、机架、清扫设备等部分组成，其主要结构如图7-14所示。

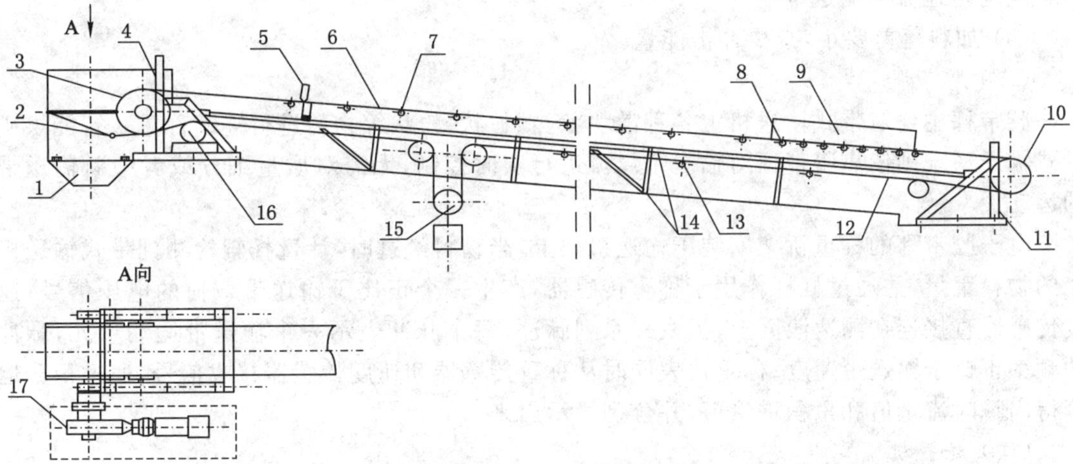

1—头部漏斗；2—头部清扫器；3—驱动滚筒；4—头架；5—安全保护装置；
6—输送带；7—承载托辊；8—缓冲托辊；9—导料槽；10—改向滚筒；11—尾架；
12—空段清扫器；13—回程托辊；14—中间架及支腿；15—拉紧装置；16—增面滚筒；17—驱动装置。

图7-14　带式输送机基本结构

输送带绕经驱动滚筒和机尾改向滚筒形成一个无极的环形带，上、下两股输送带分别支承在承载和回程托辊上，拉紧装置为输送带提供正常运转所需的拉紧力；驱动滚筒在驱动装置驱动下旋转，驱动滚筒与输送带之间的摩擦力带动输送带及输送带上的物料一同连续运转；当物料运输到机头部时，由于输送带的转向而完成卸载。

带式输送机主要用于采区顺槽、采区上下山、运输平巷、斜井以及地面选煤厂的煤炭运输，可沿水平或倾斜线路进行布置。使用光面输送带沿倾斜线路布置时，不同物料的最大运输倾角是不同的；即使同一类物料，当其湿度和块度不同时，其相应的最大输送倾角也有所不同。在输送原煤时，向上最大输送倾角一般为17°～18°，向下最大输送倾角一般取15°～16°。当采用花纹输送带加之其他措施时，上运倾角可达28°～30°，下运倾角可达25°～28°。如果采取某些特殊措施，输送机可实现更大的输送倾角，甚至垂直提升。

带式输送机的结构特点决定了其具有优良的性能，主要表现在：① 运输能力大，可实现连续输送，且工作阻力小，能耗低，约为刮板输送机能耗的1/3～1/5；② 由于物料同输送带一起移动，同刮板输送机相比其磨损量较小，物料的破损率小；③ 带式输送机的单机运距较长，与刮板输送机比较，在同样运输能力及运距条件下，其所需设备台数少，转载环节少，节省设备和人员，并且维护比较简单。

（二）装载装置

带式输送机依靠装载装置对煤炭等物料进行装载，装载装置的结构取决于所输送物料的性质和装载方式。

装载时，物料的冲击作用会对输送带的寿命产生很大的影响。为尽可能减少这种冲击作用，常对装载装置提出如下要求：

(1) 装载时利用缓冲板、溜槽等装置，使料流方向和料流速度尽量一致。

(2) 加料均匀，若为冲击式加料（如抓斗等给料），应先经过漏斗或料仓的缓冲，然后使物料能均匀地流到输送带上。

(3) 加料落差要小，减少冲击能量。

（三）胶带秤

胶带秤主要对带式输送机上各种散块状、颗粒状、粉状等物料进行连续称重。智能煤矿带式输送系统则依靠胶带秤对输送带煤流进行实时控制，无需对质量细分或者中断输送带的运动。

电子胶带秤的称重桥架安装于输送机架上，当物料经过时，计量托辊检测到带式输送机上的物料重量，并通过杠杆作用于称重传感器，产生一个正比于输送带载荷的电压信号；速度传感器直接连在测速滚筒上，提供一系列脉冲，每个脉冲表示一个输送带运动单元，脉冲的频率正比于输送带速度；称重仪表同时从称重传感器和速度传感器接收信号，通过积分运算得出瞬时流量值和累积重量值，并分别显示出来。

（四）转载机

转载机作为一种中间转载输送设备，一般与工作面刮板输送机、破碎机及顺槽可伸缩带式输送机配套使用，其作用主要体现在以下两个方面：

(1) 连接工作面刮板输送机和顺槽可伸缩带式输送机，改变煤炭运输的流向，完成煤炭的转运。

(2) 桥式转载机通过支承小车搭接在可伸缩带式输送机机尾上，工作面推进时，机身的拱桥段可容纳带式输送机的部分机尾，从而减少可伸缩带式输送机的拆装次数，提高生产效率。

（五）卸载装置

带式输送机的卸载方式有两种：端部卸载和中途卸载。

端部卸载时，物料因惯性作用抛离滚筒，因此应当装设适当形状的护罩和卸料漏斗来收拢物料，并防止扬尘。

中途卸载可借助犁式卸料器或卸料小车来完成。

犁式卸料器是一种与输送带的运动方向成一定角度的卸载挡板，运行的物料碰到挡板时，被挡板推向边侧卸下。犁式卸料器按卸料方式可分为单侧卸料和双侧卸料。

卸料车为是一种装在四轮框架上的双滚筒卸料器。输送带先受到小车上倾斜辊道的作用升高，当物料未经过上部滚筒时，在惯性作用下抛离滚筒，经护罩和引送槽卸到料斗中，而输送带经过下部滚筒的作用，回到机架上的辊道中，完成卸料作业。

二、煤矿带式输送装备智能化检测技术

井工煤矿带式输送机智能检测技术主要涉及输送带撕裂检测、跑偏检测、张力检测、温度检测、煤尘与烟雾检测、煤流检测与无人巡检等领域。

（一）输送带撕裂检测

1. 纵向撕裂检测

输送带纵向撕裂是沿着轴线方向发生的撕裂，输送带发生纵向撕裂后会直接造成输送

带的破损甚至造成报废，增加运输成本，影响正常运行甚至造成安全事故。常见的输送带撕裂原因为：工人施工时遗留的钢钎、工字钢、大块煤矸石等坚硬物件进入煤仓下落时插入输送带，输送机高速运转造成输送带纵向撕裂；采煤过程中遗留的锚杆与大块煤矸石随着带式输送机进入煤仓，卡在给煤口长时间摩擦、卡压输送带，最终穿透输送带造成撕裂；中间托辊脱落，输送带直接压在支撑中间托辊的支架上，支架穿透输送带造成撕裂等。

(1) 撕裂检测方法

① 压力检测技术

压力检测技术是在托辊的表面放置压力传感器，正常运输的过程中，压力保持恒定，压力传感器不会发出警报。但是当输送带发生纵向撕裂时，利物的尖端会穿过输送带，直接与压力传感器进行接触，此时，压力传感器所受压力急剧增加，当超过某个界限时，报警装置将会发出声光警报，使得运输机强制停止。该检测技术结构简单，安装方便，可用于某些输送距离短、工作环境优异、检测精度要求不高的场所。

② 棒型检测技术

该技术与压力检测技术结构相似，不同点在于安装更方便，成本更低。其原理就是在输送带与托辊之间放置一根与输送带形状相似的橡胶棒，使其与机架两端的限位开关相连，当输送带由于利物刺穿发生纵向撕裂时，刺穿输送带的利物将带着橡胶棒一起转动，使得限位开关关闭，整个带式运输机随之停止运行。虽然该技术安装方便，原理简单，成本低，但是，该装置受环境因素影响较大，当输送带发生大幅度震动或者机架发生晃动时，橡胶棒也会随之转动，容易产生误判。

③ 基于机器视觉的检测技术

在使用该类检测技术对输送带进行故障检测时，可以不用改变带式输送机原有的结构，只是在载货带和回程带之间放置上图像采集装置以及相应的图像传输装置，利用上位机中已经编写好的程序和算法，即可自动地对输送带表面的撕裂情况进行实时检测，具有非接触、低延迟、可靠性高等特点。

(2) 输送带纵向撕裂检测流程

以基于机器视觉的输送带纵向撕裂检测为例，该流程主要含有激光投射、图像采集、图像传输、图像处理以及电路控制五大部分，整体流程如图 7-15 所示。其中图像采集装置由相机和红色线性激光设备组合而成，用来采集输送带表面的实时数据信息。该装置放置在

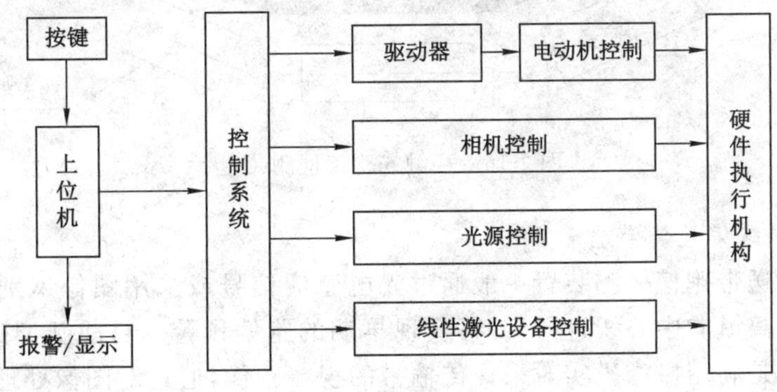

图 7-15　纵向撕裂检测流程

运输机的承载带与回程带之间，通过螺栓螺母将其固定在安装支架上。具体的采集过程是：先由红色线性激光设备投射到输送带的下表面产生一条红色激光条纹，然后使用相机对其进行拍摄，之后通过图像传输装置将采集到的输送带表面数据上传至上位机电脑进行图像处理。最后对目标区域进行特征分析，确定是否存在纵向撕裂。图像处理完成之后如果检测到纵向撕裂，立即启动报警装置，并关停运输机，将故障信息传递给巡查人员，使其可以及时对输送带进行修复。

2. 横向撕裂检测

输送带横向撕裂是垂直于轴线方向的撕裂，横向撕裂多由内置钢丝绳断裂、尖锐物体凿穿输送带等所致，由于钢丝绳带增加了输送带的抗拉强度，横向撕裂少有发生。横向撕裂检测方法主要是安装类似于声光类的传感器，输送带在扫描感应头上方运行时，钢丝绳和传感器可等效为两个磁铁，并在其中生成静磁回路。输送带发生横向撕裂故障，内部的钢丝绳因断裂导致磁场变化，这一变化会被两个磁铁间的霍尔效应传感器发现并发出警报及时停机。

（二）跑偏检测

带式输送机在运行过程中，普遍存在输送带偏离原有的纵向中心线的跑偏现象，即输送带跑偏。输送带跑偏严重时，会造成设备损伤和物料抛洒。根据检测装置的结构特点不同，现有的输送带跑偏检测装置可分为接触式和非接触式两大类。

1. 接触式跑偏检测装置

接触式跑偏检测装置在带式输送机上的安装及工作原理如图 7-16 所示，接触式输送带跑偏检测装置一般通过机械装置直接触碰输送带来确定输送带边缘的位置，跑偏检测装置的立棍，垂直于输送带边缘设置，距离输送带 30～100 mm。当输送带跑偏时，输送带边缘碰触检测装置的立辊，立辊旋转并受挤压倾斜，带动装置内部的微动开关并发出信号给带式输送机控制系统。现有接触式跑偏检测装置的输出信号通常只有两个位置信号，分别为“轻跑偏”和“重跑偏”信号，无法准确给出输送带的跑偏量大小，且检测装置不能及时有效地提供输送带跑偏位置信息。

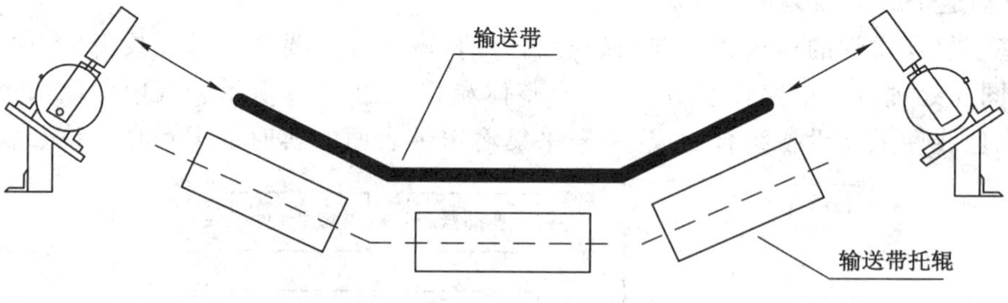

图 7-16　接触式跑偏检测装置

2. 非接触式跑偏检测装置

非接触式输送带跑偏检测装置一般通过光电感应信号或采用图像识别原理，对输送带运行位置是否偏离纵向中心线进行判断，实现早期的跑偏预警。目前新型的非接触式输送带跑偏检测装置是利用摄像机实时采集传输带的视频图像，通过对图像处理，提取输送带运行状态特征，然后再根据输送带运行状态特征与输送带正常位置的特征进行对比来判断输送带是否处于跑偏状态。技术路线如图 7-17 所示。系统具有非接触、检测精度高、实时性好等优点，保障了带式输送机连续高效运行。

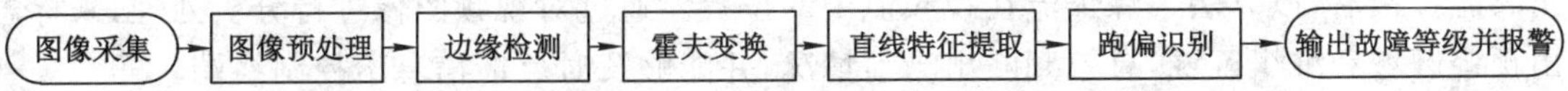

图 7-17　非接触式跑偏检测技术路线图

（三）温度检测

带式输送机运行时，输送带会与滚筒和托辊之间发生机械摩擦，摩擦则会导致温度的升高，如果温度持续升高就会有发生火灾的风险，所以对带式输送机温度进行实时检测是很有必要的。目前对温度的检测方法主要有两种，分别是接触式检测方法和非接触式检测方法。其中非接触式检测方法放置安装检测设备较为便捷，但精确度比较低，定位不够准确。接触式检测方法的优点是检测和定位比较准确，但是由于滚筒不断运动的特性导致传感器安装方面比较困难。

目前矿井下普遍采用的温度检测装置主要以非接触式为主，其工作原理如图 7-18 所示。装置主要由两部分组成，分别是数据检测终端和数据接收终端。其中检测终端主要安装在滚筒内侧靠近输送带的位置，由于金属良好的热传导效应，在内侧就能够检测到外侧的温度，同时将检测到的温度通过内置的射频芯片处理后以广播的形式发送出去。信号的接收端固定在离滚筒较近的机架上，内部有射频信号接收装置，将广播的信号接收下来，并通过内部的信号处理芯片将信号转换为现场总线格式的信号，并将其传输到控制器或信号中继站，从而完成整个流程。

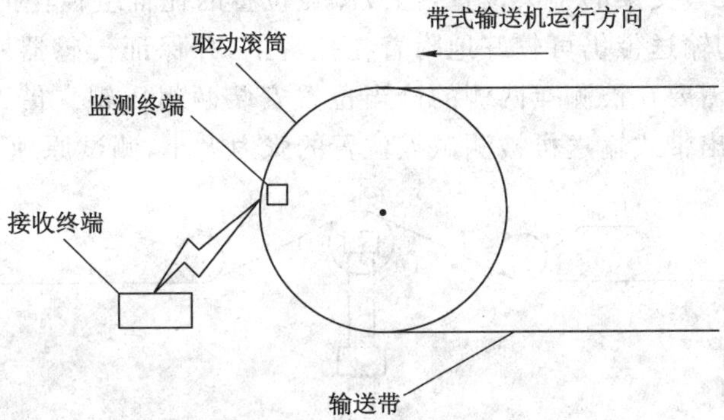

图 7-18　非接触式温度检测装置工作原理图

（四）煤流检测

在智慧矿山各环节中，智能生产、智能运输及智能调度管理等环节都需要煤流数据的支持。而在运输过程中，当煤量过大时，带式输送机上煤炭流动的速度会远小于带式输送机自身的转动速度，如果直接采用转动速度来计算煤流量，就会影响煤流量的测量精度。现有的煤流检测装置按原理不同也可以分为接触式和非接触式两种，除了上文所述的胶带秤等接触式煤流检测装置，近年来非接触式检测方法在煤流检测领域也得到了广泛应用。

非接触式煤流检测方法如图 7-19 所示，主要利用模式识别、背景差分等方法，实现非接触式可视化远程监控与测量。首先，采用激光扫描对煤料区域进行图像扫描及预处理，剔除一些干扰点和无效点。其次，是对处理好的图像提取特征点，根据特征点匹配的方法，识别出煤流。最后，以算法跟踪煤流在视频流中的位置。通过对视频图像进行分析处理，来标志出预警区域和堆煤区域，有效判断出当前情况，并能够及时反馈信息给控制终端。

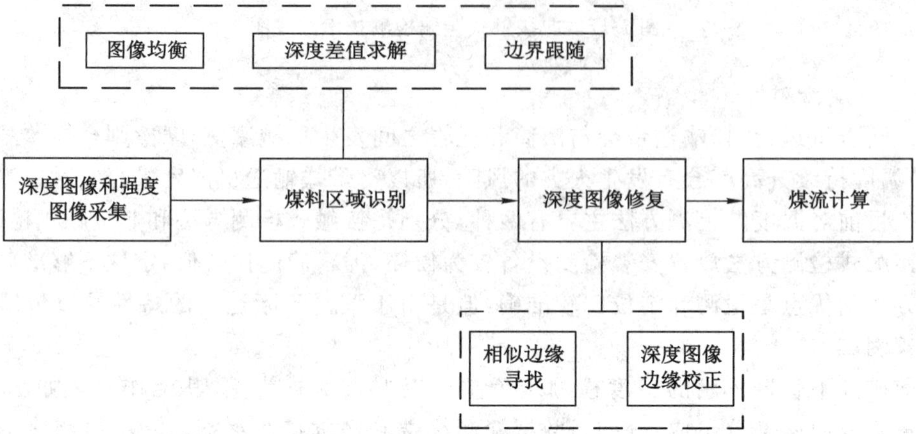

图 7-19　输送带非接触式煤流检测方法

（五）张力检测

带式输送机在使用过程中，张力过大时输送带容易过度磨损且易拉断，张力过小时摩擦力减小容易引起打滑。张力属于力学参数，借助力传感器将非电信号转变为电信号进行检测。传感器安装到拉紧支架的中央位置，把被测点位置的托辊组轻轻抬起至恰当的位置，保证测试点之外位置的输送带仍可较好地附着在托辊上，并保证传感器所测量的各种数据都具有较高的准确性，需要在被测点两侧的恰当位置安装两组压辊。借助传感器所获得的受力值，就可精准计算出带式输送机被测试点位置的张力大小，测试原理图如 7-20 所示。

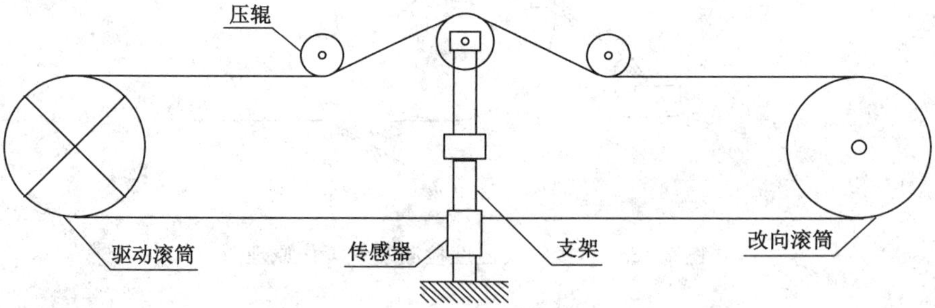

图 7-20　输送带张力测试原理图

（六）煤尘与烟雾检测

带式输送机运输巷道和走廊内一般有煤、线缆和输送带等可燃物，且设备运行中可能出现电火花和设备过热等现象，加之煤炭在输送过程中会形成一定浓度的煤尘，一旦遇到明火就会发生爆燃事故，因此有必要对带式输送机运输过程中的煤尘与烟雾进行检测。

1. 煤尘检测

由于煤尘达到一定浓度时，遇明火就会发生爆炸燃烧，因此对煤尘浓度进行检测是十分必要的。在煤炭运输过程中，出现煤尘的原因主要是在煤含水量不高时，转载落煤产生的煤尘，因此只需要在带式输送机的机尾处设置煤尘浓度传感器。煤尘浓度传感器利用激光散射原理，对单位体积空气中指定粒径的煤尘个数进行精确检测、计算和科学标定，来实现煤尘浓度的实时监测。

2. 烟雾检测

烟雾探测器在烟雾浓度为 0.001%obs/m 时即可发出警告，灵敏度是普通烟感探测器的 2 000 倍，灵敏度极高。整个设备包含电源、采样管网和探测器，探测器包括控制器、工业级光学探测腔、过滤器和吸气泵。工作时，采样管网在吸气泵的作用下对输送通道内空气进行取样，灰尘、煤尘等影响探测准确性的杂质会由过滤器过滤掉，气体样本被送到工业级光学探测腔接受高强度宽光谱光源照射，根据高强度宽光谱光源的强弱变化，测出烟雾浓度。浓度数值会自动传输到工控机和移动终端，生成动态曲线；浓度达到报警值时，系统会对采样管进行定位并发出报警信号，同时启动细水雾喷淋装置进行灭火。

（七）无人巡检/机器人

带式输送机系统在运行过程中，容易发生托辊损坏、断带、纵撕、跑偏、打滑、堆煤、火灾等各种事故，对人员和机械设备的安全造成极大的危害。传统的方式通常采用人工巡检或固定摄像头定点监视，前者浪费人力，效率低下，并且恶劣条件对人身安全存在威胁；后者属于定点监视，范围有限，需要在沿线布置大量摄像头，不仅图像切换、监视、存储任务量大，而且布线多、功耗大，维护任务艰巨，效率低下。巡检机器人通过钢丝绳、轨道、履带等行走驱动方式，搭载高清摄像装置、热成像仪等，可执行诸多煤流输送系统井下巡检任务，取代传统的人工巡检，实现智能化检测预警，如图 7-21 所示。

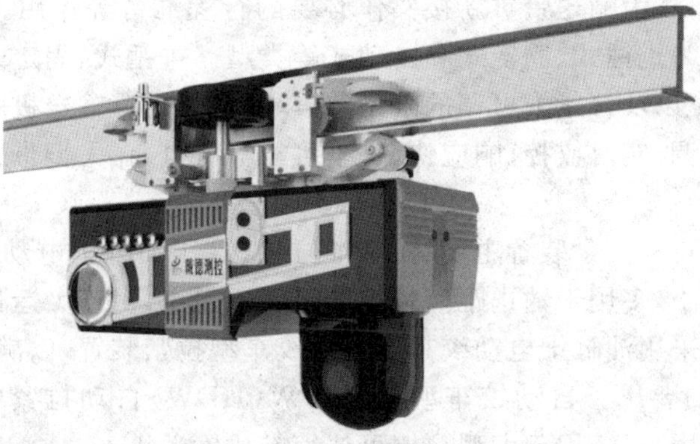

图 7-21　带式输送机巡检机器人

巡检机器人依靠轨轮和轨道配合，沿带式输送机线路移动；通过 4G 通信实现巡检仪与基站双向数据传输，进行指令接收（运行、停止、声光报警）；通过编码定位、位置传感器，进行位置识别；具有音视频采集、断网图像存储及恢复续传功能；通过图像识别处理技术，智能识别停止转动的托辊，通过热成像仪实时检测托辊的温度，当其温度低于正常工作的温度范围，认定其损坏，及时定位损坏位置并上报主控台；利用神经网络在图像中具有优异特征学习能力的特点，通过图像智能识别输送带跑偏；搭载粉尘、甲烷、一氧化碳、温湿度等多种传感器，实时检测有害气体浓度与环境温度，建立阈值报警功能。

三、煤矿带式输送装备智能化控制

（一）带式输送机软启动控制技术

长距离、大运量的带式输送机在启动过程中，会产生较大的瞬时冲击，容易造成滚筒、托辊和输送带等部件损坏。带式输送机软启动控制技术通过电机调速控制设备，使系统启动后运转速度由零缓慢地上升到额定转速，从而克服机械惯性启动，降低机械冲击，减小启动电流，实现带式输送机启动过程的平稳、可控。

根据调速设备的不同，带式输送机软启动技术主要包括变频调速软启动、液体黏性调速软启动和液力调速软启动三类。变频调速软启动控制技术能有效控制带式输送机的软启动、软停车，同时几乎可以满足各种负载状况的场合，在使用多电机驱动的带式输送机系统中能够动态分配各个电机的输出功率，精度高，波动范围小，因此变频调速软启动控制技术在煤矿应用最为广泛。

变频软启动工作原理是三相对称交流电经过整流桥后转化为脉动直流电，再通过逆变器将直流电转换为频率可调、电压可调的等效交流电，输出给异步电机。可以用以下公式表示电机转速 n、电源频率 f、电机转差率 s、电机极对数 p 之间的关系。

$$n=\frac{60f(1-s)}{p}$$

由于电机的转速与电源频率成正比，通过改变电源输出的频率，调节驱动电机转速，从而实现带式输送机的平滑软启动。

（二）带式输送机自动拉紧控制技术

拉紧装置是带式输送机不可缺少的重要组成部分，它具有保证输送带有足够的拉紧力、补偿输送带的弹性伸长、为输送带重新接头作必要的行程准备等作用。目前根据拉紧装置的结构不同主要可分为重锤式、固定式和自动式等类型。重锤式、固定式等纯机械拉紧装置受拉紧距离、拉紧速度以及拉紧力可调的限制，难以适应长距离输送机的拉紧要求。而自动拉紧装置具有张力可调、实时监控、响应快、安全可靠等特点，在大型带式输送机上得到广泛的应用。

目前国内常用的自动拉紧装置主要有：全油缸型、液压油缸＋电动绞车和自动绞车型。全油缸型拉紧行程较小，多用于输送距离较小的强力输送机；对于大运量、长距离、大功率强力带式输送机一般多采用油缸＋电动绞车或自动绞车型拉紧装置，以满足拉紧行程大、拉紧拉力大、动态响应快的要求。自动绞车型，如 APW（HDW）自动拉紧绞车，为国外进口产品，价格昂贵，维修费用高，多用于大型顺槽可伸缩带式输送机。

自动液压拉紧装置，以 ZYJ 型液压拉紧装置为例，该装置主要由液压站（含蓄能器）、拉紧油缸、钢丝绳、导绳轮、配套电控箱、拉紧小车等组成。压力油由电机带动液压泵提供，系统保护压力由安全阀调定，当电机过载和液压拉紧力过大时，安全阀可以防止输送带或钢丝绳安全系数降低。系统工作压力由压力传感器精确检测，保证拉紧力在线显示和保护，压力设定可以根据现场需要设定。当油压低于设定值时，自动启动油泵电机供油，当油压达到额定值时油泵自动停机；手动换向阀用来控制拉紧油缸的伸缩动作，即缩缸为拉紧过程，伸缸为松绳过程，为输送带或钢丝绳重新接头提供行程。当进行检修时，可以通过蓄能器下节流阀卸压。

自动绞车拉紧装置，以 APW 绞车拉紧装置为例，该装置由 APW 绞车、液压系统、电控部分组成，是专为调节与控制带式输送机的输送带张力而设计的拉紧装置，它具有快速的紧带和松带性能、反应敏捷、体积小、运行可靠、控制灵活、操作简单等优点。

（三）下运制动控制技术

大倾角下运带式输送机正常运行时，物料在重力作用下产生的下滑分力由电机发电产生的制动力来平衡。当停机制动时或采区突然停电时，电机的制动力消失，物料在重力作用下产生的下滑分力和物料的惯性力都将作用在制动控制系统上，如果没有合适、可靠的制动控制系统，有可能造成飞车、打滑、滚料等事故的发生，后果非常严重。

下运带式输送机的制动控制技术主要包括控制单元、制动单元、带式输送机传动系统和信号传感反馈单元。当控制单元得到主控信号，要求制动器实施制动，即向带式输送机传动系统输出一个制动力矩，则控制单元发送一定值的电流与电压信号，然后由信号传感单元反馈加速度信号与速度信号到控制单元中，控制单元即可按一定的指标来实现对力矩的调节功能，使带式输送机传动系统的制动满足工况要求。

带式输送机制动装置主要以机械式摩擦制动方式为主，其依靠摩擦副之间的摩擦力作用吸收运动能量进行制动，可以提供必要的减速力矩和产生最后的锁紧动作。按结构不同，机械式摩擦制动器又可以分为带式制动器、盘式制动器和块式制动器三种。带式制动器由于受散热条件的限制，只能在小功率的输送机上单独使用。盘式制动器制动力矩大且可调、动作灵敏、散热性能好、使用和维修方便，既可以在高速轴上也可以在低速轴上安装，如图 7-22 所示。块式制动器具有结构简单、安装方便、成对的闸瓦压力相互平衡、使制动轮轴不受弯曲载荷等优点。值得注意的是：与块式制动器相比，盘式制动器的可靠性高，其原因是块式制动器是连杆串联的结构，当其中某一环节出现故障，将造成制动器的失效，可靠性低；盘式制动器是成组制动闸并联结构，若某一制动闸出现故障，其他制动闸仍然不会失效。

图 7-22　液压盘式制动器

（四）多点驱动协同控制技术

多电机驱动带式输送机由于输送带的黏弹性特性，在启动过程中会在输送带内积聚极大的黏弹性冲击力，传统的多电机驱动控制方案主要采用了电流调节控制法，通过调整各驱动电机的电流分配来实现多电机驱动的稳定运行，但在实际使用中由于较少考虑黏弹性冲击对各驱动电机驱动特性的影响，导致在启动瞬间会产生巨大的冲击和电机功率失稳，易引起机架受损、电机过载等问题，给输送机的运行安全和使用寿命造成了极大的影响。目前多采用带式输送机多点协同驱动调速技术，该技术采用了主从协同驱动控制的策略，以头部驱动控制为核心，实现对中部和尾部两个从动系统输出转矩和转速的调整，能够有效地解决多电机驱动控制系统启动冲击大、电机功率失稳严重的问题，有效减小输送机在启动过程中的冲击，提高了启动稳定性。

主驱动电机在头部驱动滚筒处，从动驱动电机在中部驱动滚筒和尾部驱动滚筒处。多点驱动协同控制系统包括输送机模块和电动机变频驱动模块两个部分，输送机模块主要是指主动滚筒和从动滚筒，该模块作为多点驱动调速控制系统的执行单元及闭环反馈单元，用于为多点驱动系统的调速和运行控制提供基础信号和反馈调节信号。

变频驱动模块则主要是用于对主动电机和从动电机的联合驱动控制，该变频驱动采用直接转矩控制原理。在工作时首先利用各类传感器设备对主动电机和从动电机的工作电压和电流情况进行监控，然后通过调速控制系统对不同电机在空间静态坐标系下的电流和工作电压进行转换，得出各个电机在同一时刻的静态输出电磁转矩。将计算结果和控制系统中的理论输出转矩进行对比，获取转矩差值，然后将其转换为控制信号并输入各个驱动电机的逆变器中进行直流逆变，最终转换为直接作用在电机上的调整控制信号，从而使各驱动电机获取最佳的功率平衡输出，抑制电机过载和空载运行情况。在控制的过程中从动电机的控制信号均来自主动电机的调节信号，使对从动电机运行状态的调整均通过主动电机控制，避免了统一采用输送机运行信号控制导致的调节一致性差的问题。

四、煤矿带式输送装备智能化系统

井工煤矿带式输送装备智能化系统又称为智能化煤流系统，主要由三个部分组成，即煤量检测系统、带式输送机智能控制系统和煤流输送系统大数据远程监控云平台。

（一）煤量检测系统

煤量检测是实现煤流输送系统智能调速的基础。煤量检测技术通过视频图像分析处理，检测出煤流输送线上煤料的宽度、截面积或体积，从而计算出瞬时煤量，作为煤流输送系统智能化调速的数据来源。

1. 基于激光扫描的带式输送机瞬时煤量检测

在带式输送机输送带上方安装激光发射器和数字摄像机，激光发射器垂直安装在输送带上方，数字摄像机以一定角度安装在带式输送机上方，可拍摄激光发射器照射的输送带区域。数字摄像机通过网络将拍摄图像传送给计算终端，计算终端通过视频图像分析，提取出带式输送机上煤料轮廓线。激光投射到煤料面上产生的激光线与投射到无煤的带式输送机输送带上产生的激光线不同，两者之间有一个形变，形变可以反映煤料的深度信息，根据煤料的深度信息可计算瞬时煤量。

2. 基于视频识别的带式输送机煤量检测

基于视频识别技术，在带式输送机上方安装摄像头采集视频图像，通过对图像分析与数据处理，检测出带式输送机分布煤料边缘，即得到带式输送机分布煤料的宽度。输送带呈弧形，并且煤量不同，输送带发生的形变也会不同，因此根据煤料堆积轮廓线即可计算出瞬时煤量。此种检测方法的关键是煤料边缘的检测，即分辨出无煤区域的传输带像素值和有煤区域的像素值的差异。

（二）带式输送机智能控制系统

带式输送机智能控制是指在煤流实时检测的基础上，按照煤炭运输流程需求智能地控制每条带式输送机的启动、停止及智能调速。带式输送机多采用永磁同步电机变频驱动，永磁同步电机变频驱动核心由永磁同步电机和专用变频控制系统组成。电机工作所需的磁通主要是由永磁体提供的，几乎不需要外界的做功，所以其功率因数和效率明显高于异步电机。另外，永磁同步电机还安装有高精度速度传感器，可以将速度和转子绝对位置信号实时传送到变频控制器中。运行过程中，变频控制系统根据实时的电机磁极运动状态，施加矢量电流控制电机运转，对电机转速和转矩精准控制，进而可实现带式输送机启停自适应控制、煤量自适应调速、多级协同控制等。

1. 启停自适应控制

带式输送机系统启动的传统工艺为逆煤流启动，即上下游输送机全部运转的状态下，才能开始给料。因此，流程中的带式输送机越长，转接输送带数量越多，各下游带式输送机处于无物料状态的空载运行时间就越长，系统机械损耗就越高，而运输量却没有增加，导致单位产量能耗上升，能源浪费。

在煤矿带式输送机上安装煤量检测装置和速度传感器，可以检测带式输送机上煤料信息。通过煤量检测装置检测后级带式输送机的煤量信息，测量到有煤量信息，前级带式输送机开始启动运转；如果出现后级带式输送机煤量已到机头，前级带式输送机还未运行，停后级带式输送机。如果检测前后级带式输送机均有煤量信息，则按逆煤流方式启动沿线带式输送机。

2. 煤量自适应调速

根据煤流量对带式输送机进行智能调速，通过建立带式输送机调速模型，根据产量，优化出带式输送机截面煤的最优高度，调节电机转速，改变输送机的物料填充，增加电机的负载率，从而调节带式输送机速度，降低运行的能耗，减少设备磨损。控制工艺采用分段节能的方式，运量在 80%不需要调速，运量在 40%可调速节能，避免频繁调速，运量少或者没有则停止。

3. 多级协同控制

为实现主输煤线最大运量，就需要对沿线各条带式输送机及设备进行多级协同控制。协同控制策略即通过求解约束条件下贮运模型运量最大时各条带式输送机及设备的运量来实现对各条带式输送机及设备的控制。目前，煤矿输煤系统沿线带式输送机的搭接方式主要有 4 种：带式输送机串联式搭接、带式输送机汇集式搭接、带式输送机搭接煤仓和煤仓搭接带式输送机。

带式输送机串联式搭接指多条带式输送机按首尾关系进行串联搭接，这种模式下运量最小的带式输送机的运量作为沿线带式输送机运量控制的基准。带式输送机汇集式搭接指多条带式输送机向中央带式输送机上运输物料，这种模式下要通过调速或者停掉某条带式输送机，来协调沿线各条带式输送机的运量，不能超过中央带式输送机的运量。带式输送机搭接煤仓的协同控制策略，指带式输送机向煤仓运煤时，按照煤矿安全生产要求，煤仓不允许出现冒仓现象，因此煤仓物料存贮容量为带式输送机运量的约束条件，协同控制策略为在满足约束条件情况下，实现煤仓上游所有搭接带式输送机总运量最大。煤仓搭接带式输送机的协同控制策略，指煤仓向带式输送机放煤时，煤仓下游带式输送机运量是煤仓放煤量的约束条件，同时出于安全生产考虑，煤仓不能出现空仓现象，协同控制策略为在满足约束条件情况下，实现煤仓下游带式输送机运量最大。

(三) 煤流输送系统大数据远程监控云平台

煤流输送系统大数据远程监控云平台是对煤流输送系统运行状态的在线与离线检测、分析及智能控制平台。系统在大数据平台架构的基础上构建，实现对煤流输送系统运行状态数据的采集、存储、分析、展示；主要检测对象为输送带、机架、托辊、驱动装置、清扫装置、拉紧装置、保护装置、视频监控等，解决了煤流输送系统作业过程中的依赖人工监视、巡查，煤流输送系统生产故障排查耗时、滞后等问题；实现了煤流输送系统生产作业过程中的少人化、数字化、远程实时监控；智能化计算分析设备生产状态，提前做出预警及反馈控制，精准地将故障原因、地点等信息推送至前端管理人员。

1. 煤流输送系统大数据远程监控系统的功能

以煤流输送系统生产、运营、维护端为业务域，构建煤流输送系统装备智能运维服务中心，对煤流输送系统装备进行运行状态检测、故障诊断、预防性维护、远程维护等。通过收集装备的设计资料、试验数据、使用记录、故障信息、实时数据等，构建基于小样本数据的融合经验公式、机理模型、动态模型的性能可靠性计算与评估方法，并应用于煤流输送系统装备的运维过程。

2. 煤流输送系统大数据远程监控系统的组成

煤流输送系统远程监控和运维服务系统包含：带式输送机平台管理系统、带式输送机远程数据检测子系统、带式输送机远程智能控制子系统、带式输送机状态分析诊断系统、带式输送机信息物理(CPS)子系统、带式输送机视频监控系统。其应用平台功能架构如图 7-23 所示。

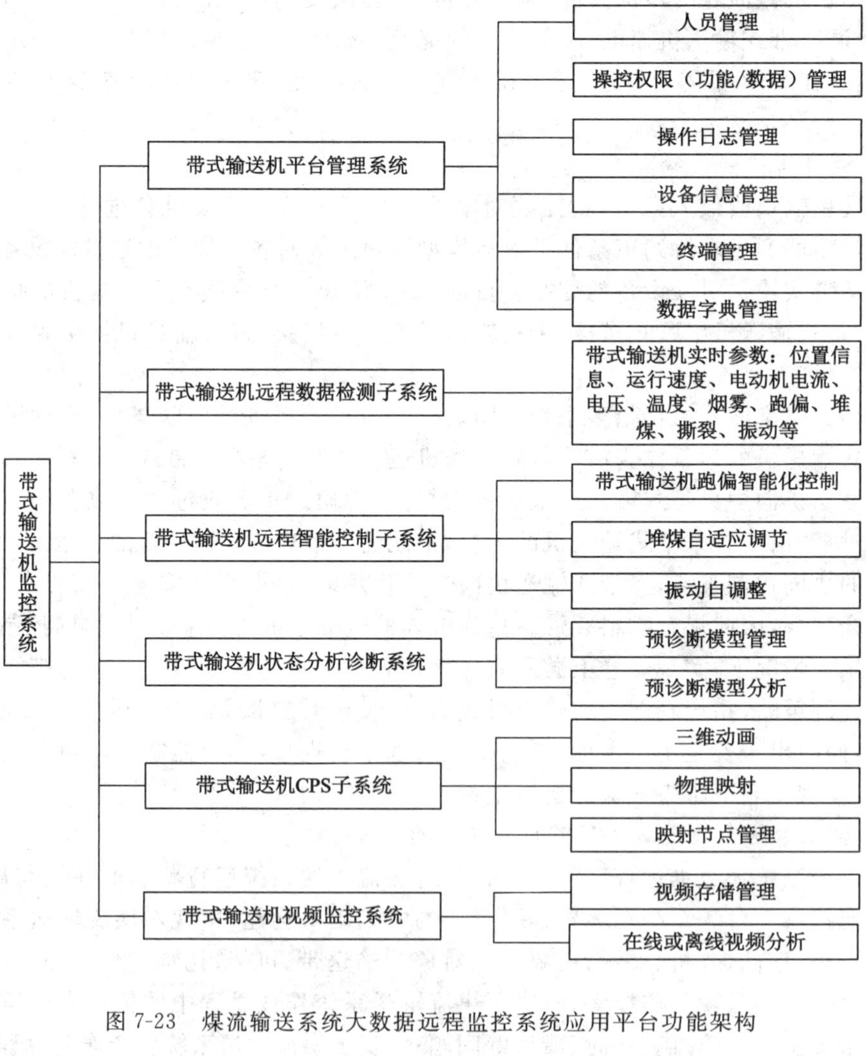

图 7-23　煤流输送系统大数据远程监控系统应用平台功能架构

带式输送机平台管理系统：该板块主要对系统平台人员、权限、设备、数据的管理。具体包含操控权限管理、操作日志管理、设备信息管理、终端管理、数据字典管理等。

带式输送机远程数据检测子系统：主要对带式输送机系统机电设备作业运行状态实时数据的检测、展示，如带式输送机位置信息、运行速度、电动机电流、电压、温度、烟雾、跑偏、堆煤、撕裂、振动等远程数据信息进行分析，并以数字、图表形式在系统平台上对工作人员进行状态信息的展现。

带式输送机远程智能控制子系统：主要通过远程监控平台基于采集的带式输送机系统大数据信息对井下带式输送机运输系统作业进行智能化控制，如带式输送机跑偏智能化控制、堆煤的自适应调节、振动的自调整等。根据带式输送机的实际作业需求，生产工艺要求，智能优化控制算法、模型，实现平台对带式输送机系统的远程智能化作业控制。

带式输送机状态分析诊断系统：该板块功能主要对带式输送机系统的全生命周期管理，实现对煤流输送系统设备关键部件数据的分析、诊断，提前预警。重点研究带式输送机关键部件的预测分析、诊断算法。

带式输送机 CPS 子系统：基于大数据平台，建设了带式输送机的信息物理系统，以三维视景形式展示带式输送机运输系统实时动画状态。

带式输送机视频监控系统：该板块将带式输送机各段的视频信号采集，并传送至带式输送机大数据远程监控平台，实现视频信息的存储与展示。在平台上可在线与离线播放带式输送机运输系统视频。同时可以实时通过视频图像分析算法对在线或离线带式输送机运输作业情况、生产安全情况进行分析，及时发现设备故障及安全生产等问题并预警。

第四节　井工煤矿轨道运输系统智能化装备

煤矿辅助运输泛指煤矿生产中除煤炭运输之外的各种运输的总和，主要包括材料、设备、人员和矸石等的运输。它是整个煤矿运输系统不可或缺的重要组成部分。

煤矿辅助运输具有运输线路经常变化、工作地点分散、运输线路环节多、分支多、待运物料品种多、井下巷道空间受限多等特点，因而决定了辅助运输设备的类型必须具有多样性。当前国内外井工煤矿辅助运输系统设备类型较多，主要有地轨运输设备、顶轨运输设备和无轨运输设备三大类，如图 7-24 所示。

一、地轨运输设备

（一）矿用机车

1. 矿用机车概述

矿用机车主要用于井下运输大巷和地面的长距离运输。它相当于铁路运输中的机车头，牵引着由矿车或人车组成的列车在轨道上行走，完成对煤炭、矸石、材料、设备、人员的运送，如图 7-25 所示。矿用机车按其动力装置不同可以分为电机车和防爆内燃机车两种。

防爆内燃机车（图 7-26）具有良好的牵引性能和启动加速性能，目前已被世界矿业发达国家广泛地作为井下牵引动力运输设备。以柴油机作为动力的内燃机车机动灵活，安全可靠，适应性强，不受环境条件和外界情况的影响，并具有运输效率高，综合经济效益好，能源利用合理等优点。

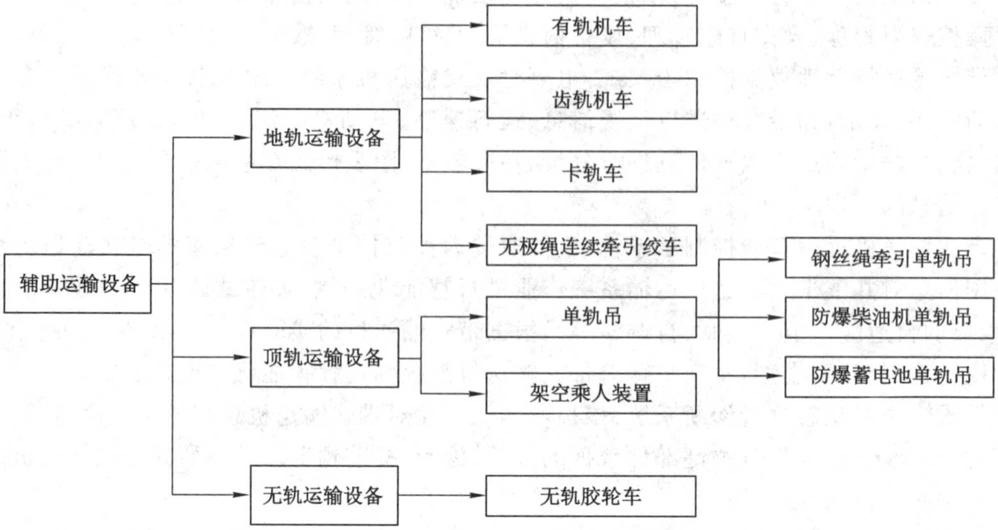

图 7-24　辅助运输设备分类图

（a）架线式电机车　　（b）蓄电池机车

图 7-25　矿用机车实物图

图 7-26　防爆内燃机车

2. 矿用机车组成及其工作原理

矿用机车由机械部分和电气部分组成。机械部分包括:车架、轮对、轴承箱、弹簧托架、制动装置、撒砂装置、连接缓冲装置等。电气部分包括:直流串激电动机、控制器、电阻箱、受电弓、空气自动开关(架线式电机车)或隔爆插销、蓄电池(蓄电池电机车)。

(1) 架线式电机车工作原理

架线式电机车的工作过程是,高压交流电经牵引变流所降压、整流后,正极接到架空线上,负极接到铁轨上;机车上的受电弓与架空线接触,将电流引入车内,再经空气自动开关、控制器、电阻箱进入牵引电动机,驱动电动机运转;电动机通过传动装置带动车轮转动,从而牵引列车行驶;从电动机流出的电流经轨道流回变流所。

(2) 蓄电池机车工作原理

蓄电池式电机车的工作过程是,蓄电池提供的直流电经隔爆插销、控制器、电阻箱进入电动机,驱动电动机运转;电动机通过传动装置带动车轮转动,从而牵引列车行驶。

(3) 防爆柴油机车组成及特点

防爆柴油机车主要由动力系统、换挡变速箱、驱动箱和轮对、车架及悬挂系统、驾驶室及操纵机构、制动系统、监控系统等构成;它以防爆柴油机为动力源,整车具有防爆性能,用于含有瓦斯和煤尘等易燃易爆的环境;这种牵引机车不仅具有电力牵引机车的一切性能,而且更安全、更经济、更易于维护和维修。比较传统牵引设备,这种牵引车还有一种优势:当发生断电或巷道灌水等事故时仍能可靠运行。

(二) 齿轨车

1. 齿轨车概述

齿轨车运输系统是在两根普通钢轨中间加装一根与轨道平行的齿条作为齿轨,而在机车上除了车轮做黏着传动牵引外,另增加1~2套驱动齿轮(及制动装置)与齿轨啮合以增大牵引力和制动力的系统。

齿轨车越来越多采用防爆柴油机作为动力,牵引力大,图7-27所示是CCG/C160Y煤矿用防爆柴油机钢轮/齿轨机车,是以低污染防爆柴油机为动力,采用液压驱动,在齿轨轨道上运行的牵引机车,主要用于煤矿井下物料、设备和人员的运输,可实现从井底车场至采掘工作面的直达运输。

图7-27 CCG/C160Y煤矿齿轨车

相对于矿用机车，齿轨车具备以下优点：

牵引能力大，爬坡能力强；在异形轨上全程卡轨运行，不掉道、不翻车、不跑车；运行距离长，运输效率高，机动灵活；采用DA控制闭式液压系统，机车不熄火，污染小，寿命长；具备行车制动、停车制动和超速自动制动功能，并设有多项液压、电气监测保护，安全程度高；可无线遥控操作，调度车辆更加方便、安全；司机室设有彩色液晶显示器，实时显示车速、发动机转速、总里程、油位、水位、水温、排温、表温、电池电量、甲烷浓度等参数。

齿轨机车分为柴油机齿轨机车和蓄电池齿轨机车两种形式。

柴油机齿轨机车又分为柴油机驱动机械传动齿轨机车、柴油机驱动液压传动齿轨机车。

2. 齿轨车工作原理及主要组成部分

齿轨机车是利用齿轮啮合的原理，在普通机车驱动形式的基础上，增加了特殊的驱动齿轮，驱动齿轮在车身下部两轨中间位置，目的是把机车牵引力由普通机车的黏着力方式改变为啮合力方式，以此来克服普通轨道机车不能适应巷道坡度变化的缺点。

以防爆柴油机齿轨机车(图7-28)为例，防爆柴油机齿轨机车是柴油机驱动机械传动的齿轨机车，主要由机架，司机室，柴油机及其防爆、净化与冷却系统，机械传动系统，液压制动系统，气动控制保护系统，操纵系统，电气系统等部分组成。

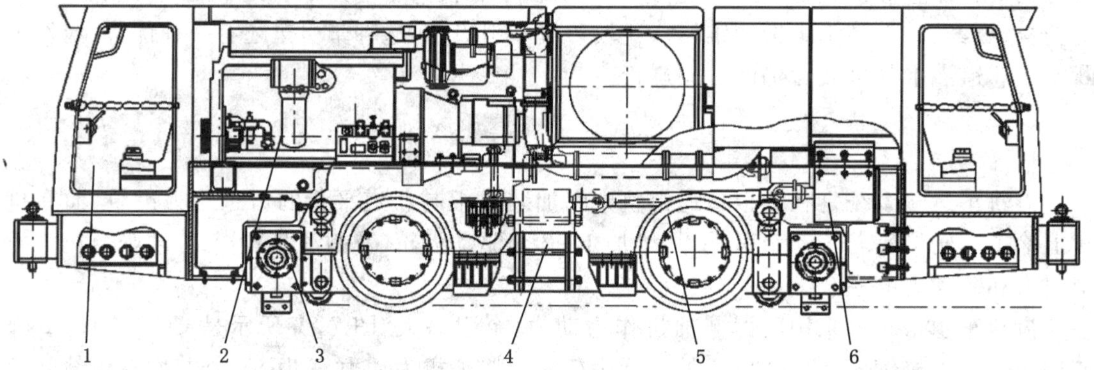

1—司机室；2—动力系统；3—冷却系统；4—传动系统；5—行驶系统；6—制动系统。

图7-28　柴油机驱动齿轨机车

3. 齿轨车特点

(1) 齿轨机车系统的最大优点，可以完成大巷—上下山—采区顺槽轨道机车牵引列车直达，实现一条龙运输。机车上装有工作制动、紧急制动和停车制动三套系统，并可在被牵引的列车上装制动闸，从机车上操纵制动，可以保证在10°以内的上下坡道上可靠运行。齿轨机车中牵引特性、适用性和经济性较好的是柴油机驱动的齿轨机车。

(2) 齿轨机车质量较大，造价较高，约比一般机车高1～2倍。齿轮轨道造价也较高，约比普通轨道高2倍，并要求安装稳固，经常维修清理，否则在轨道上运行时不能正常啮合，容易造成出轨事故。

总的来看，齿轨机车系统只能在水平大巷及与其相连的坡度不大的主要上下山巷道中使用；由于转弯半径要求较大，因此基本上不能用于采区巷道。

（三）卡轨车

1. 卡轨车概述

卡轨车是一种由钢丝绳牵引或者机车牵引、装有卡轨轮、在轨道上运行的运输车辆，卡轨车的特点是载重大、速度快、运输距离远、爬坡能力强、运输安全可靠，能适应起伏、弯曲和倾斜的巷道。

按照牵引方式可分为钢丝绳牵引和机车牵引卡轨车；机车牵引卡轨车按动力又可分为防爆柴油机卡轨车、防爆蓄电池卡轨车。

2. 卡轨车主要组成及工作原理

卡轨车系统主要由轨道装置、卡轨车车辆及牵引控制设备三部分组成。

卡轨车车辆按其功能分为：基本运输车、牵引车、制动车及专用乘人车等。卡轨车系统的运输车辆是根据运输任务临时组合的。在整个列车组中，牵引车和制动车是必不可少的。

(1) 基本运输车

基本运输车也称载重车，它按不同运送物品的形状制成不同结构，其基本结构由两个带转向架的车轮组和车架底板构成。

基本运输车载重为 0.5～10 t，根据载重量不同，车轮组中轮对数也不同。

(2) 牵引车

钢丝绳牵引的牵引车品种较多，它是钢丝绳牵引卡轨车组中唯一与牵引绳连挂的车辆，它的主要结构特征是在车底架上装有固定绳的楔形绳卡。按其功能不同有专用牵引车和兼用牵引车之分。

在专用牵引车上，除设有牵引绳固定绳卡外，有的还装有储绳滚筒、驾驶室、紧急制动装置及随车乘人座椅等，根据需要可任意组合。

(3) 制动车

水平运输和斜坡道上的运输均需要制动车。水平运输时制动装置（设置在牵引车上，由司机控制）使列车保证在允许的制动距离内停车及在事故情况下紧急停车；倾斜运输时制动车挂接在列车的下方（即上行时挂接在列车运行方向的后方，下行时在前方），当列车断绳脱钩或超速时制动，使列车减速停止，防止列车跑车。制动车紧急制动系统的动作可手动实现，亦可自动实现。

卡轨车的牵引方式有液压绞车钢丝绳牵引，也有内燃机和蓄电池电机车牵引。

（四）无极绳绞车

1. 无极绳绞车概述

无极绳连续牵引车是以钢丝绳牵引的煤矿辅助运输系统，主要用于煤矿井下工作面顺槽、采区上下山、回风巷及集中轨道巷，直接利用井下现有轨道系统，实现不经转载的连续直达运输；无极绳连续牵引车适用于长距离、多变坡、大倾角的大吨位运输，特别适用于大型综采设备的运输，也可用于进出罐笼、地面调车等轨道运输；无极绳连续牵引车是一种可调配不同配置的成套设备产品，系统配置有牵引绞车、张紧装置、梭车、尾轮、压绳轮组及托绳轮组等，通过钢丝绳组合成一套完整的运输系统，在不同工况条件下，系统可通过不同配置来满足不同工况要求。

无极绳连续牵引车按牵引绞车驱动方式分为抛物线单滚筒和绳槽式双滚筒两种型式；牵引绞车变速方式又分为单速、机械换挡双速、变频调速和开关磁阻电机调速四种。

2. 无极绳绞车主要组成部分

系统主要由无极绳牵引绞车、张紧装置、梭车、压绳轮组、托绳轮组、尾轮、操纵装置等部分组成,各主要配套部件通过钢丝绳组成完整的运输系统。无极绳连续牵引车布置示意图如图7-29所示。

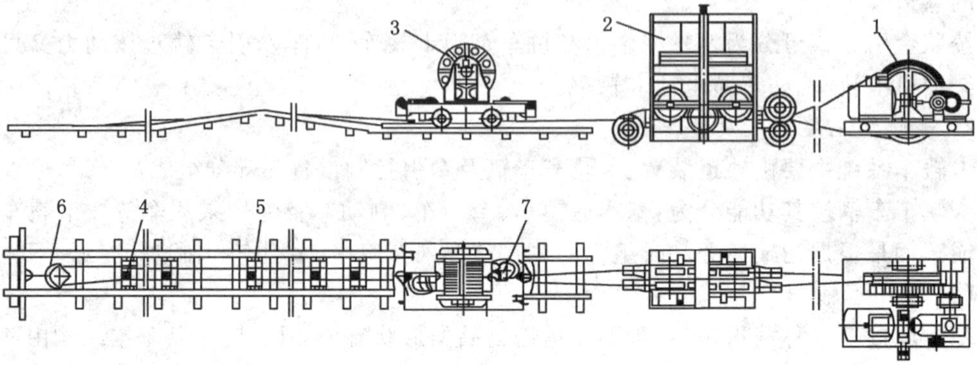

1—牵引绞车;2—张紧装置;3—梭车;4—压绳装置;5—托绳装置;6—尾轮;7—楔块。

图7-29 无极绳连续牵引车布置示意图

(1) 牵引绞车

牵引绞车由底座、防爆电机、联轴器、电液制动闸、手动闸、减速箱(变速箱)、驱动滚筒及防护罩等组成,是整个系统的动力源,采用摩擦方式带动无极钢丝绳驱动系统运转。

(2) 张紧装置

由于无极绳连续牵引车运输距离大,钢丝绳变化积累量较大,要求张紧装置保证钢丝绳恒定的牵引力,必须具有较大的吸收和张紧钢丝绳的能力。张紧装置可以有多种张紧形式,出于对结构简单、反应速度快、成本低的特点考虑,一般采用三轮或五轮重锤式张紧器。

(3) 压绳、分绳装置

无极绳连续牵引车需要在上下起伏的巷道里工作,牵引钢丝绳会因为张紧力的作用出现向上飘绳与拉棚的现象,直接影响到系统运行效果甚至巷道支护的安全。为防止钢丝绳出现拉棚现象,并有效防止车辆掉道,必须采用可靠的压绳措施。在轨道竖曲率凹弧段,采用强制性压绳装置,并以此防止两钢丝绳由于轨道不直而相互交叉。

(4) 梭车

梭车的主要作用是连接车辆通过弯道和主压绳轮组,并且具有固定钢丝绳和储存钢丝绳的功能。梭车主要由下列部分组成:车架、储绳筒、车轮组件、楔块、牵引板等,不同制动方式的梭车还配备有相应的制动闸。

为保证运行安全,要求梭车具有可靠的紧急制动机构,对钢丝绳断绳进行保护。借鉴插爪式斜井人车制动装置,设计有防跑车装置,在意外情况下,插爪下落,在轨枕上实施制动;或设计断绳超速保护系统,速度达到设定值时自动对轨道两侧施闸,制动闸为失效安全型,液压松闸,碟形弹簧制动。由于梭车在起伏坡道运行,均设计为双向制动。

(5) 转弯装置

煤矿井下巷道因各种原因导致底板起伏,除此之外还经常出现水平转弯。为使无极绳连续牵引车能够顺利通过轨道的平曲率弧段，就必须设置可转弯装置。

转弯技术是通过梭车和弯道系统来实现的，梭车通过弯道时借助弯道轮组与轨距的偏差，通过牵引板将钢丝绳强制偏离轮组，实现车辆通过。梭车通过后，钢丝绳由于张力自行回位，完成转弯。

(6) 尾轮

尾轮固定在运距的终端，支承整个系统的反力，并可随运距的变化方便地移动，以满足变化运距的运输线路要求。在运输液压支架时，需浇灌水泥基础固定尾轮，其他情况可用锚杆或其他方法固定尾轮。

3. 无极绳绞车工作原理

无极钢丝绳通过驱动轮摩擦传动，牵引车辆沿轨道往复运行。

牵引钢丝绳绕过摩擦轮后，一端固定在梭车上，另一端绕经张紧装置后，再绕过尾轮，固定在梭车上；钢丝绳两端固定好后，由张紧装置拉紧，使之具有一定的初张力；然后启动电动机，带动驱动滚筒运转，从而驱动牵引绞车的摩擦轮运转，使无极绳和连接在钢丝绳上的梭车做往复运动，带动车辆运行。它与一般无极绳牵引的不同之处是用梭车来固定牵引钢丝绳的两端，钢丝绳不是循环运行，而是做往复运行，运输距离可以通过梭车上的钢丝绳储绳筒来调节。

(五) 胶套轮机车

为了增加车轮与钢轨间的黏着系数，在机车的钢轮上套一个胶质圈套做轮缘踏面，这种机车称为胶套轮机车。

胶套轮机车以防爆柴油机为动力，只在普通钢轨上运行的称为防爆特殊型胶套轮电机车；可分别在普通轨和齿轨上运行的称为防爆胶套轮齿轨机车。胶套轮适于在小于6°坡道上使用；齿轨适于在6°～18°坡道上使用。

胶套轮机车与架线机车或蓄电池机车相比较，不需要复杂的供充电设备；与绳牵引辅助运输设备相比较，具有机动灵活、连续运输距离长、可同时为多个端头服务的优点。

二、顶轨运输设备

顶轨运输设备主要包括单轨吊和架空乘人装置。

(一) 单轨吊

单轨吊是将运送人员、物料等功能的吊挂车辆悬吊在巷道顶部特制工字钢单轨上，用牵引设备牵引，沿轨道运输的设备系统的总称。其运行轨道采用工字型钢制成，由链条柔性地固定于巷道顶部；驱动轮及承载轮卡人工字钢两侧，产生牵引力和支撑吊挂车辆。单轨吊作为煤矿井下高效辅助运输设备，适用于煤矿井下人员、材料设备和矸石等运输，可实现轻型液压支架的整体搬运。

单轨吊作为煤矿的一种辅助运输设备，具有安全性强、驱动力大、适应性强、经济效益可观的优点，是适应我国大多数煤矿的辅助运输设备。

1. 单轨吊的分类

按牵引力类别和使用特征分，单轨吊可以分为钢丝绳牵引单轨吊、防爆柴油机单轨吊和防爆蓄电池单轨吊三种类型。

(1) 钢丝绳单轨吊：以卡轨车或小绞车为动力牵引单轨吊装置，并在巷道中敷设轨道系统，钢丝绳通过导向轮和滑轮导向，钢丝绳牵引单轨吊在轨道上行走，运输携带的重物。

(2) 防爆柴油机单轨吊:以防爆低污染柴油机为动力的单轨吊车,特点是体积小,机动灵活,适应性强,不怕水,不受底板状况影响,过道岔方便,连续运输距离长,用于掘进巷道时能迅速接长轨道,能够实现从井底车场到采区工作面的直达运输。

(3) 防爆蓄电池单轨吊:以防爆特殊型蓄电池为动力、由直流牵引电机车驱动的单轨吊车,能适应起伏多变(坡度小于10°)的巷道和半径不小于6 m的变道及多支路运输。

2. 单轨吊的结构

(1) 钢丝绳牵引单轨吊

钢丝绳牵引单轨吊车主要包括牵引部分、列车部分、轨道系统、导绳滑轮组、电气及联络信号部分等(图7-30)。牵引车、运人车和起吊梁悬挂在悬吊轨道上,通过滑轮组与悬吊轨道滑移连接;压绳轮组与悬吊轨道用压板固定连接,回绳轮安装在悬吊轨道的尾端,钢丝绳穿过动力系统、张紧装置、压绳轮组和回绳轮,钢丝绳的头部和尾部均与牵引车固定连接;在运输过程中由电控系统控制,由钢丝绳来牵引单轨吊车运行。

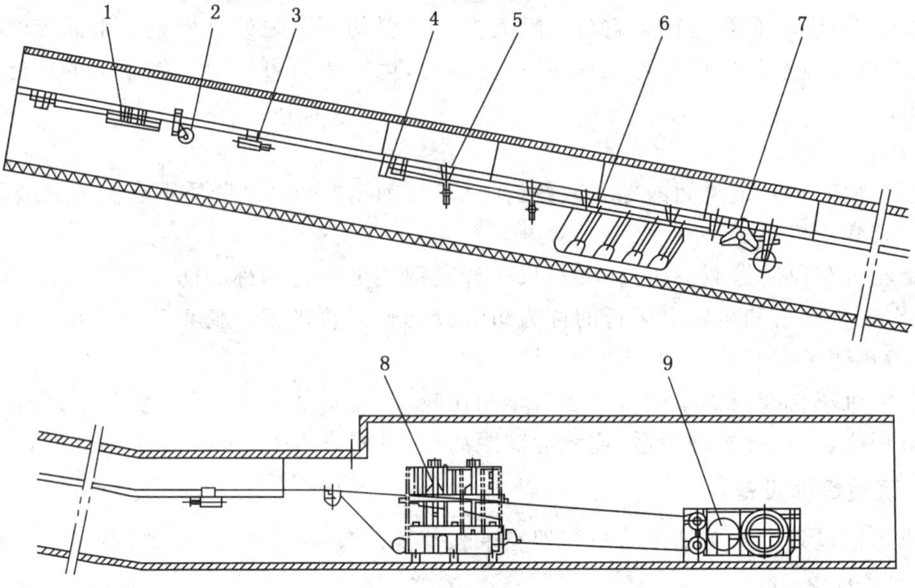

1—回绳装置;2—导绳滑轮组;3—阻车器;4—制动车;5—载重车;6—人车;
7—牵引储绳器;8—张紧装置;9—绞车。

图7-30 钢丝绳牵引单轨吊基本结构

(2) 防爆柴油机单轨吊

防爆柴油机单轨吊车主要包括司机室、主机、驱动器、制动车、起吊梁和液压支架等部分(图7-31)。机车以防爆柴油机做动力,依靠夹紧于轨道腹板上的驱动轮产生牵引力,在悬挂于支架上的单根轨道上行驶;驱动轮在工字钢的两侧成对装设,用弹簧或液压缸使驱动轮紧压在工字钢单轨的腹板两侧;柴油机带动驱动轮旋转时,驱动轮产生牵引力使机车运行;驱动轮外表面衬有高摩擦系数的聚氨酯,借以提高牵引力,使机车可以在大倾角坡面运行。

(3) 防爆蓄电池单轨吊

防爆蓄电池单轨吊车由驱动部、电源箱、司机室等组成(图7-32)。每个驱动部由机架、

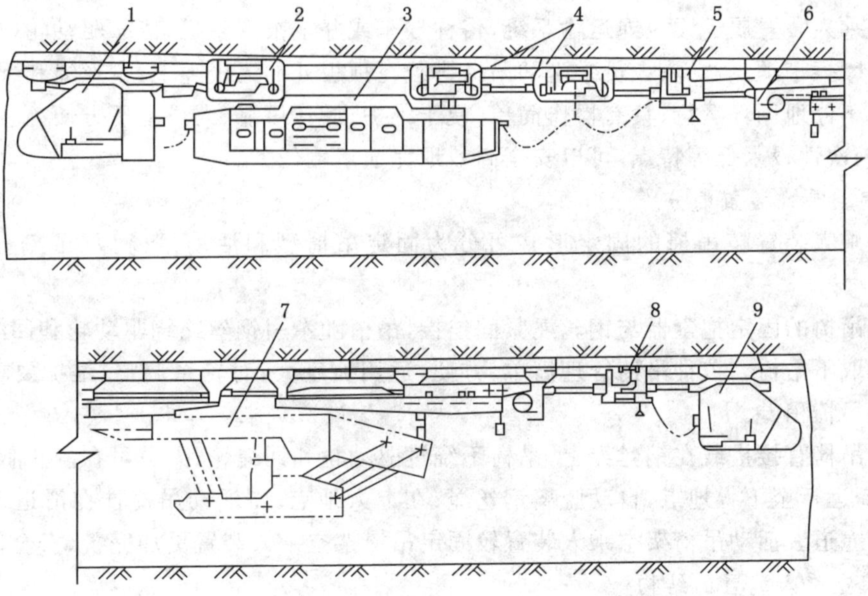

1,9—司机室;3—主机;2,4—驱动器;5,8—制动车;6—起吊梁;7—支架。

图 7-31　防爆柴油机单轨吊基本组成

直流牵引电机、分动箱、摇臂架和驱动轮组成。一个驱动部一般由一个电机通过分动箱把动力传送给两个摇臂和驱动轮,在两个摇臂架之间由挤压油缸拉紧,使驱动轮紧压在轨道腹板上以产生黏着牵引力。驱动部上还设有工作制动器和安全制动闸。电源箱是防爆机车中特殊型电源装置,由专用吊梁挂在机车中,并设有升降机构,以便于更换。

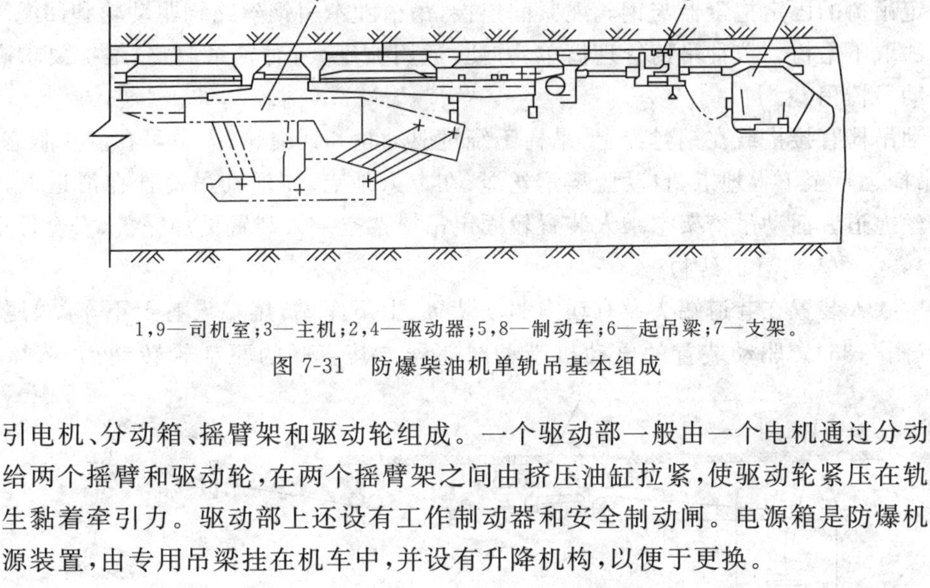

1—轨道;2,9—司机室;3—连接拉杆;4,8—驱动部;5—制动闸;6—起吊梁;7—电源箱。

图 7-32　防爆柴油机单轨吊基本结构

(二) 架空乘人装置

架空乘人装置属于无极绳运输系统,俗称猴车或井下乘人索道,依靠驱动轮(衬垫)和钢丝绳之间摩擦带动钢丝绳;人员乘坐的吊椅搭载在顶板处的无极绳上,钢丝绳和乘人器一起在线路上不停地循环运行;具有操作简单、便于维护、操作可靠、人员上下方便、随到随行、不需等待、一次性投入低等特点,可以安全高效地完成运输任务。

1. 架空乘人装置的分类

架空乘人装置按吊椅的固定形式可分为固定吊椅型和活动吊椅型(可摘挂吊椅型)两种。

固定吊椅的固定抱索器与钢丝绳紧固连接,吊椅随牵引钢丝绳绕驱动轮和回绳轮运动,乘人无法取下吊椅。该种吊椅管理简单、方便,适用坡度大;对轮系调整、维护要求高,安全性较活动吊椅稍差。

活动吊椅直接搭载在钢丝绳上,吊椅不绕过驱动轮和回绳轮;人员可在静止状态下上下人车;吊椅运行至下人地点,自动脱离钢丝绳;在上人地点,将活动吊椅挂在滑道上,靠自重滑入钢丝绳道。活动吊椅架空乘人装置较固定吊椅架空乘人装置更加完善,安全性更好。

2. 架空乘人装置的结构

架空乘人装置在巷道端头设有动力驱动装置、上下车站,尾端设有上下车站、尾轮和张紧装置(图 7-33)。驱动装置的电动机带动减速器与其直联的驱动轮转动,并依靠驱动轮

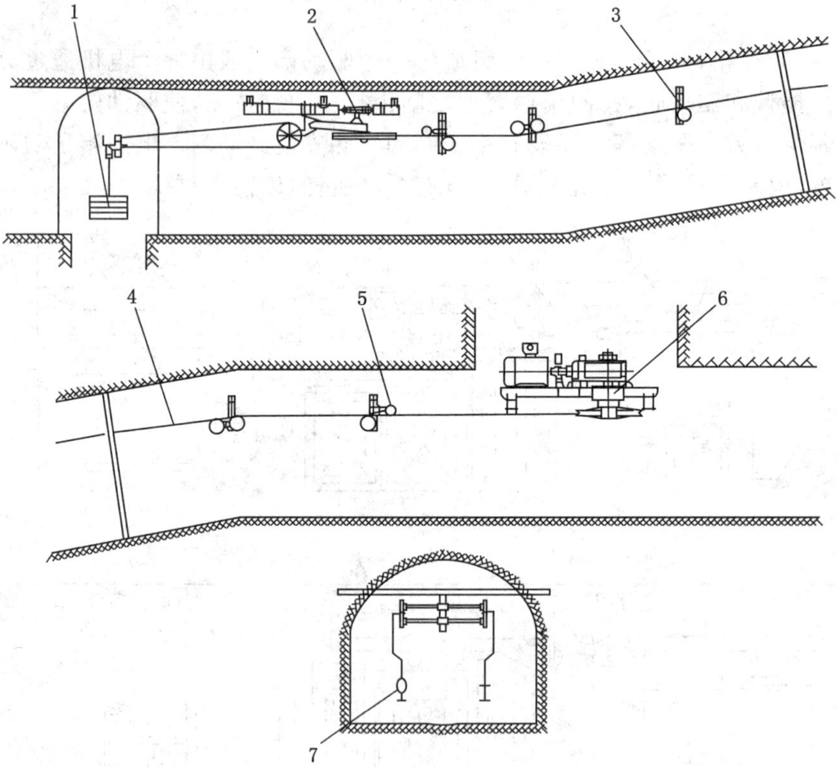

1—重锤;2—尾绳装置;3—托绳轮;4—钢丝绳;5—压绳轮;6—驱动装置;7—吊椅。

图 7-33 架空乘人装置基本结构

(衬垫)和钢丝绳之间的摩擦带动钢丝绳和乘人器一起在线路上不停地循环运行,完成运送人员的任务。

架空乘人装置电控系统由调速、控制及信号保护三个部分组成。采用PLC电控系统,具有设备电气互锁、电机保护(失压,短路,过载)、张紧保护、沿途紧急停车闭锁等较为全面的安全保护功能,还具有无人值守停车控制、启动前预警信号、开(停)车设定程序自动控制、线路语音通信联络等功能。

由于实行了自动化控制系统,架空乘人装置不仅能够实现无人值守,而且还能够节能运行,减少机械磨损、延长轮衬和钢丝绳的使用寿命。

三、井工煤矿辅助运输装备智能化系统

(一)辅助运输智能调度系统技术架构

煤矿井下辅助运输智能调度系统主要任务就是通过煤矿井下各类辅助运输设备,将物料运送至需求点。在上述过程满足井下巷道调度任务和煤矿安全的多种复杂约束条件的前提下,辅助运输智能调度系统需要对井下辅助运输设备进行智能化调度,使辅助运输设备在执行调度任务时,能够智能选取调度策略,安全高效地将物料运送至井下需求点。

煤矿辅助运输智能调度系统需要以下部分(图7-34):

(1) 地面中央调度室:用于查看井下辅助运输各设备的状态,调度人员可通过中央调度室下发调度指令,控制所有辅助运输设备,对整个辅助运输流程进行规划。由主控计算机、服务器、无线传输装置以及显示器、电源等组成。

(2) 分布于井下各个变电所的数据传输接口:通过接口协议来选择性传输主控设备存储在井下分站的数据,实现井上与井下的数据互联。

(3) 布置于井下的辅助运输巷道的关键点控制分站:负责及时管控分站固定设备,及时上报流动设备状态,保证所属区域内设备的正常运行,与中央调度室实时沟通,并能够向中央调度室及时反馈信息,从而确保调度的及时性、准确性,能够让总控人员及时管控整个调度过程。

(4) 基于5G传输的检测硬件和智能设备:检测设备通过5G无线传输信号,井下设备通过各个分站进行数据传输,智能控制电机车、绞车、单轨吊等设备进行工作。

(5) 井下无线信号传输所需要的基站设备:分布于井下各平直巷道的数个5G分站,分站与信号机、读卡器、转辙机相交互。例如电机车上的电子标签通过5G信号传输其位置信息至读卡器。

煤矿井下辅助运输智能调度系统旨在减少作业人员的负担,用于煤矿井下的日常调度,在提高煤矿井下物料调度效率、减轻工作人员工作量的同时,保障工作人员的安全。调度系统需要搭建识别控制层,用来接收和识别煤矿生产的各种资料、排班信息和数据,实现系统对辅助运输过程的数据收集和处理;结合网络设施层、数据传输层来将所有信息和数据进行汇总,筛选有用信息进行传输,解决矿井数据不互联的问题;调度系统通过应用系统层来分析调度数据信息,通过交互层、用户层来实现调度系统的智能调度。

煤矿井下辅助运输智能调度系统的总体架构如图7-35所示。

(1) 识别控制层:通过ZigBee定位、红外设备等短距离传输数据的设备,使用井下流行的射频识别技术(RFID)、超宽带技术(UWB)感知并识别存储好的数据,并将数据通过井下基站传输至调度平台中,操作人员能够通过相关按钮,从调度中心发送指令至井下,从而实

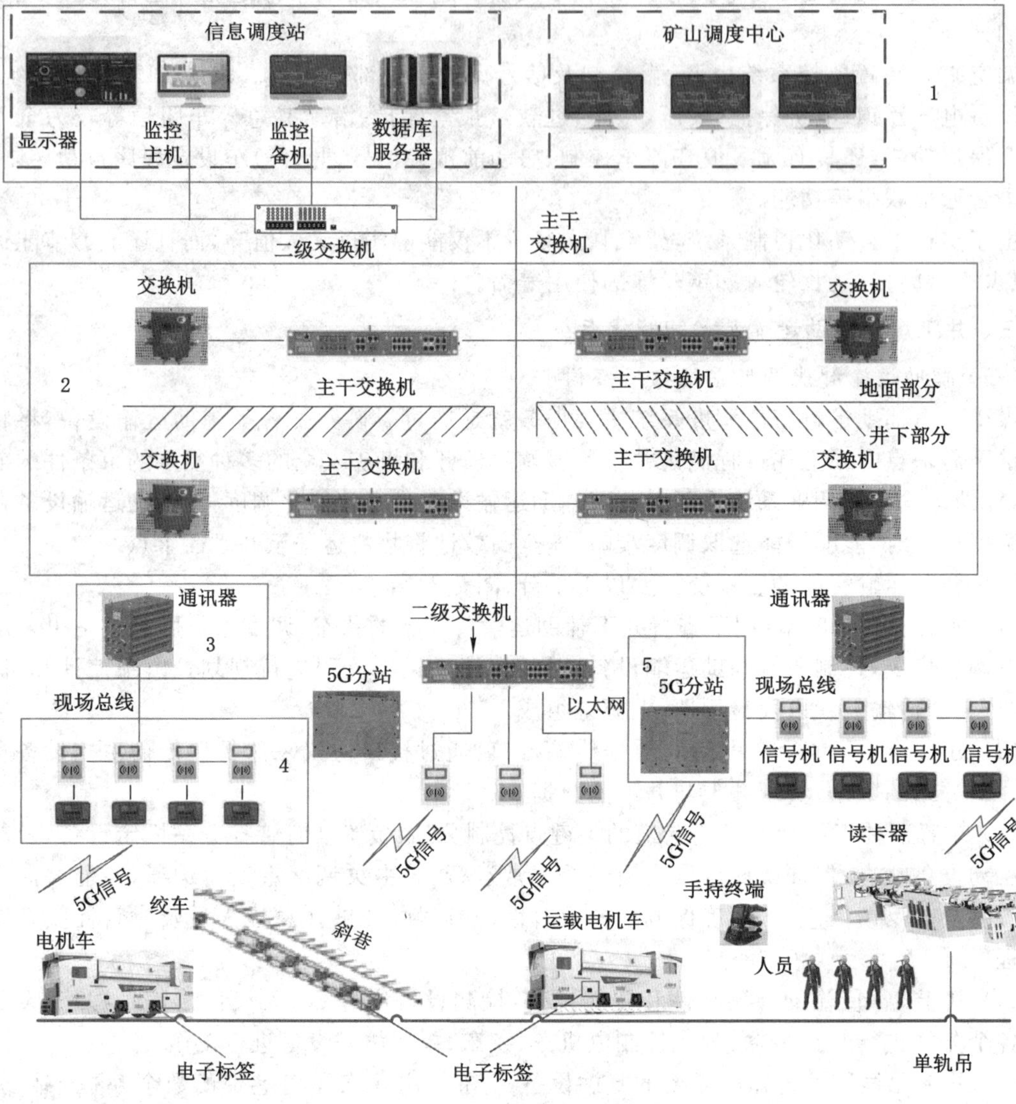

图 7-34　智能调度系统拓扑图

现井上对井下物料的识别控制。

(2) 网络设施层:网络设施层通过电信网、互联网和电视网构建融合网络平台,实现井下与井上的实时互联。通过多个通信体系,利用电缆、无线、光纤或者一些井下特殊的电磁系统来发射和接收特殊定义的标识、文字、图片、声音等相关信号。

(3) 数据传输层:信息资源管理中心负责接收各类数据,并对数据进行处理,基础数据库存储从网络设施层接收到的相关运行数据,业务数据库存储从应用系统层发送的相关任务单数据,而决策数据库通过对比基础数据库和业务数据库,对决定后的任务派发情况进行存储。

(4) 应用系统层:是整个调度系统的中心模块,通过调取各种数据中的数据信息,对物料及人员进行分配,生成调度任务,通过对各级任务单的选择性派发,并根据井上、井下各关

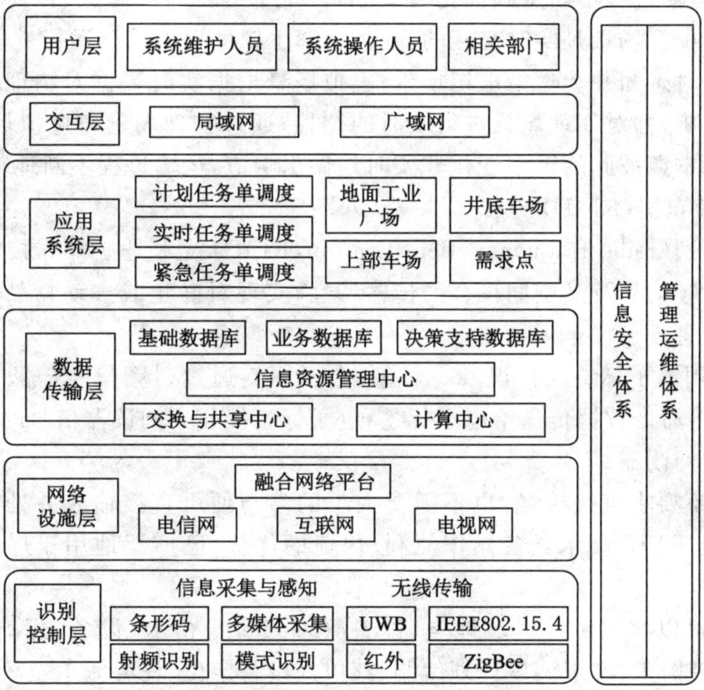

图 7-35 调度系统总体架构

键点的实时观察,实现煤矿辅助运输的智能调度。

(5) 交互层、用户层:相关平台操作人员、相关部门负责人通过账号登录对系统的相关部分进行操作,通过软件进行信息交互。

(二) 辅助运输智能调度系统关键技术

1. GIS 地图技术

地理信息系统(GIS)技术对于矿井环境的地图构建具有重要作用,它是一种基于计算机的工具,可以对空间信息进行分析和处理(简而言之,是对地球上存在的现象和发生的事件进行成图和分析)。GIS 技术把地图这种独特的视觉化效果和地理分析功能与一般的数据库操作(例如查询和统计分析等)集成在一起。

地理信息只是一堆数字记录,需要有合适的软件去把它表示出来;与此同时,地理信息数据库的建立,亦有赖合适软件的帮助,把地理数据信息化。OpenLayers 是一个专为 Web GIS 客户端开发提供的 JavaScript 类库包,用于实现标准格式发布的地图数据访问。

2. 数字孪生技术

数字孪生是利用物理模型、传感器更新、运行历史等数据,集成多学科、多物理量、多尺度、多概率的仿真过程,在虚拟空间中完成映射,从而反映相对应的实体装备的全生命周期过程。

辅助运输系统物理场景与虚拟场景是双向真实映射的。首先,虚拟场景通过数据实时更新与模型校正,实现与物理场景不断从不一致到一致的共同进化。其次,物理场景真实地再现虚拟场景定义的运输过程,严格按照虚拟场景定义的运输过程以及仿真和优化的结果进行运输，使得运输过程不断得到优化。

物理场景与虚拟场景是实时交互的，在数字孪生辅助运输系统运行过程中，物理场景的所有数据会被实时感知并传送给虚拟场景；虚拟场景根据实时数据对物理场景的运行状态进行仿真优化分析，并对物理场景进行实时的调控；通过物理场景与虚拟场景的实时交互，二者能够及时地掌握彼此的动态变化并实时地做出响应，运输过程不断地得到优化。

3. 无线射频识别(RFID)技术

无线射频识别(radio frequency identification，RFID)技术是一种非接触式的自动识别技术。它通过射频信号及其空间耦合的传输特性，实现对静止或移动物品的自动识别并获取相关的数据信息。

RFID系统用电子标签来标识某一对象；电子标签通过射频信号与阅读器进行数据交换；阅读器可以将命令数据传送给电子标签；电子标签接收到阅读器信号时被激活并将其记录的数据返回给阅读器。

RFID技术不要求直接接触，也不需要人工的参与便可直接输入并处理相关信息。与传统方式相比较，RFID技术具备操作便利、快捷的优势，已广泛地用于煤矿辅助运输设备及人员定位中。

RFID技术可以实现矿井区域地点、设备管理人员身份卡、设备铭牌信息的唯一性管理；并能结合管理需求，实现调度计划编制、菜单式设备定位、任务派单及故障处理等日常业务功能，提高了设备使用率、工序效率乃至全矿生产效率。

4. 无线异构通信网络技术

采用“宽带光纤网络＋宽带无线网络＋窄带无线网络”融合的异构网络，可以满足井下的固定点及移动无线视频传输、工控类设备的数据采集无线传输和控制，以及辅助运输设备定位和通信联络功能。

无线异构网络主要由调度中心显示大屏、矿用隔爆兼本安型交换机、矿用本安型无线通信基站、矿用隔爆兼本安型直流稳压电源、矿用本安型手机等设备组成。

宽带无线网络可以采用井下4G移动通信网络技术(简称4G)或者WiFi无线通信技术(简称WiFi)。利用新的通信技术，根据煤矿井下环境和巷道电磁波传输特性设计的矿井移动通信系统，来不断提高无线通信的网络效率和功能。

四、辅助运输智能调度系统功能

(一) 调度信息管理功能

调度信息管理功能包括物料管理、设备管理、人员管理、调度管理等信息。

物料管理包括基础管理、物料申请、物料装配；基础管理包括物料类型、物料编码、物料名称、规格型号、物料单位、单价规格以及主机厂家。可在物料管理中更新物料信息。

(二) GIS实时监测功能

实时监测功能主要监测物料及龙门吊、电机车、绞车、转载机器人、单轨吊、风门及道岔等设备状态。以龙门吊为例(图7-36)，龙门吊实时监测页面主体是龙门吊的3D模型图，左侧显示监控的参数：起重重量、起升高度、回转角度、运行行程、风速及工作时间等信息；左下角是操作台，绿色表示正在进行，红色表示停止状态；右下角包括实时运行画面和龙门吊累计工作时间。

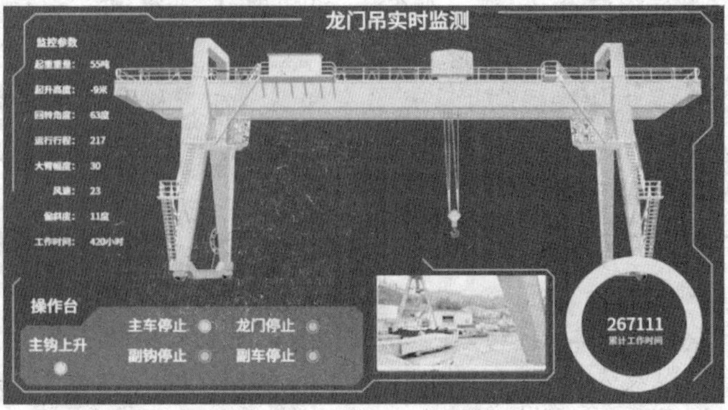

图 7-36　龙门吊实时监测

（三）通信功能

通信功能主要是指车载终端及智能调度大屏之间的通信，可实现对设备状况进行实时观察，辅助调度业务执行等；且车载终端（图 7-37）能够与工作人员进行电话联系，传递调度信息；在车载终端大屏上可显示调度任务及任务执行情况。

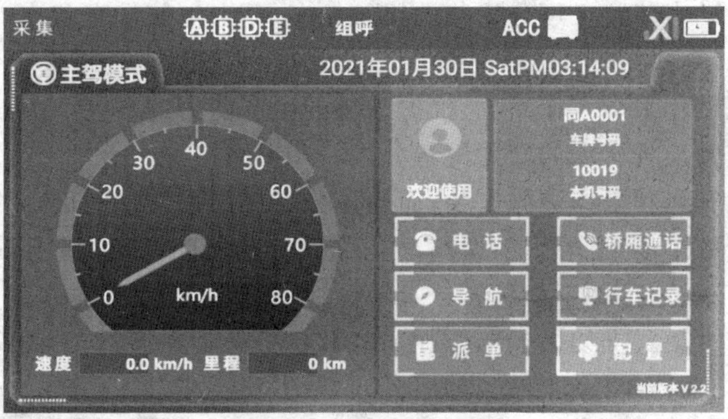

图 7-37　车载终端

第五节　井工煤矿无轨胶轮车运输系统智能化装备

一、井工煤矿无轨胶轮车特点

无轨胶轮车是用于井下的、在巷道底板上运行的胶轮运输车，不需专门的轨道。它以柴油机或蓄电池为动力，由牵引车和承载车组成，前部为牵引车，后部为承载车，前、后车铰接。无轨胶轮车是在铲运机的基础上演变而来的，具有以下特点：

（1）实现了机械化采煤设备、液压支架等一次性装载后从地面直到采区工作面或从井口至采区工作面不经转载的直达运输，运速快，运输能力大，从而可节省大量辅助运输人员，提高运输效率。

（2）实现了综采工作面的液压支架、采煤机、刮板机、转载机等各种装备的拆、装、运搬家，用传统的方式需要 40～60 天；而采用支架搬运车等无轨辅助车辆实施搬场作业仅需1～2周。

(3) 车型多、应用范围广,可实现一机多用,可集铲装、运输和卸载功能于一体。综采工作面设备搬迁时,可自装自卸,做到拆除、铲装、运输、卸载和调整就位工作由一机完成,既减轻了工人的劳动强度,又大幅度提高了生产效率和安全性。利用快速更换装置,可以迅速地完成工作机构的更换,可以根据不同的作业要求选择安装多种工作机构,如铲斗、铲板、叉架、升降台、维修吊架、客厢和货厢等。

(4) 爬坡能力强。最大重载时可爬坡 14°,横坡 7°~8°,完全可以满足在各种赋存条件下的煤层中使用。

(5) 载重能力大。重型支架搬运车可整体搬运液压支架等大型设备,运输能力可达 80 t;轻型车可运输材料及人员,一车最多可运 25~40 人;也可载运 12~25 t 矸石,在 20 s 内完成自卸作业。

(6) 机械化作业,运输成本低,从而降低了吨煤成本。

二、井工煤矿无轨胶轮车分类

无轨胶轮车按用途分为运输类车辆和铲运类车辆。运输类车辆主要完成长距离的人员、材料和中小型设备的运输,它包括运人车、运货车和客货两用车;铲运类车辆主要完成材料设备装卸、大型设备运输,它包括铲斗和铲叉多用式装载车和支架搬运车。

无轨胶轮车按动力装置又可分为柴油机胶轮车、蓄电池胶轮车和拖电缆胶轮车(梭车)。

(一) 煤矿井下液压支架搬运车

在煤矿井下机械化采矿工作面上,根据采场的生产能力的不同,在采场工作面采用各种规格的液压支架作为顶板支承的专用设备。当一个准备开采的采场的采准工作完成后,液压支架由支架搬运车运到采场进行安装;而当该采场煤层矿块采完后,支架搬运车又将液压支架装车并运往新的采场工作面。它具有作业效率高、机动灵活、转场时间短、劳动强度低等显著优点,已经广泛用于井工煤矿。

支架搬运车有框架式支架搬运车(图 7-38)和铲板式支架搬运车(图 7-39)两种形式。

图 7-38　框架式支架搬运车

图 7-39　铲板式支架搬运车

框架式液压支架搬运车结构特点如下:

(1) 防爆柴油机动力,实心轮胎,轮式行走;

(2) 铰接式车体结构,前后车架均设置防碰撞保护结构;

(3) 车轮的四点悬挂装置,有效地提高了附着性能;

(4) 有液压支架的升降结构和稳固定位机构。

如果在装载液压支架的框型空间内加装料斗,即可装运散装物料或其他重型装备,实现一机多功能。图 7-40 是配置了料斗斗底结构的支架搬运车,它可以搬运各种重型装备。

图 7-40　配置斗底结构的支架搬运车

（二）煤矿井下无轨梭车

梭车的总体结构由整体式机架、动力传动系统、刮板运输机构、驾驶室、电控系统和制动系统组成。其外形如图 7-41 所示。

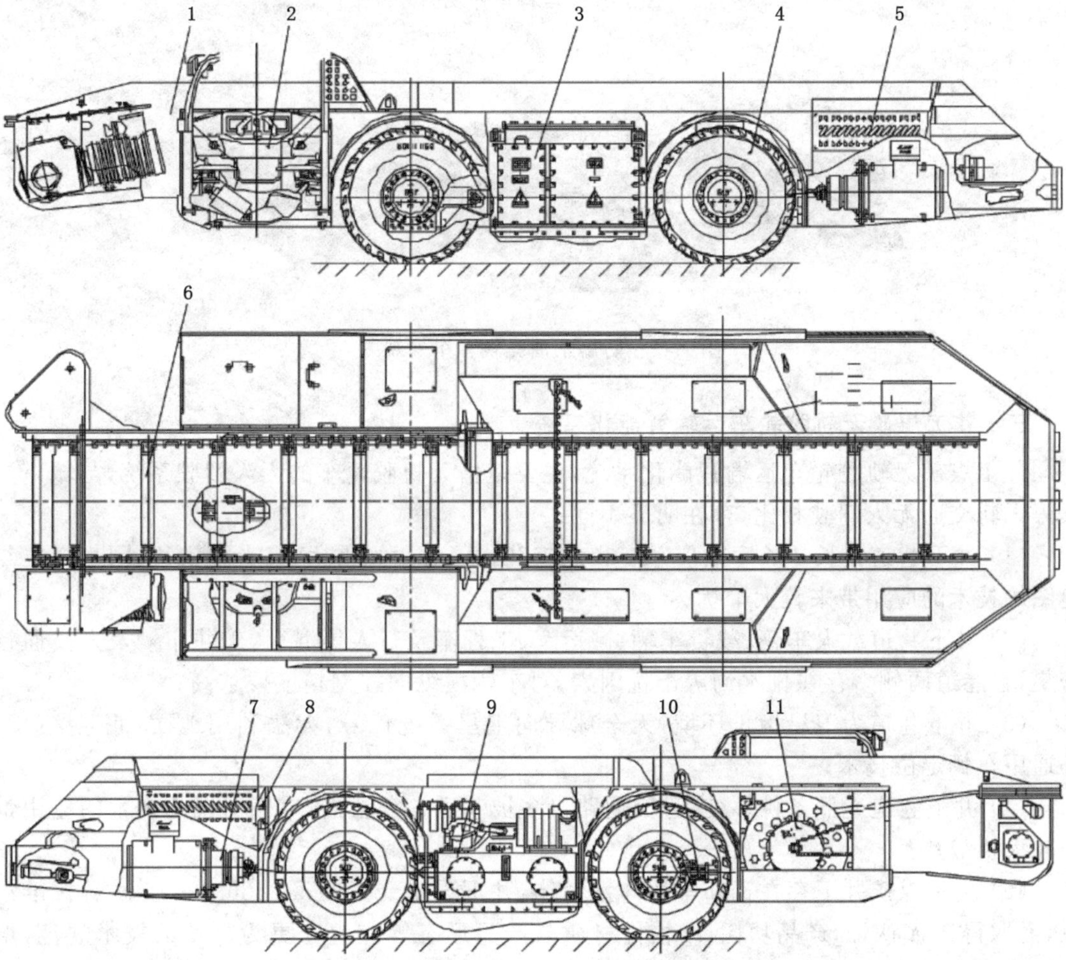

1—前机架；2—驾驶室；3—电气系统；4—行走部分；5—后机架；6—刮板运输机构；7—制动器；8—润滑系统；9—液压系统；10—冷却动力部；11—卷缆机构总成。

图 7-41　梭车外形图

（三）防爆柴油无轨运料车和客车

防爆柴油无轨运料车（图 7-42）与客车（图 7-43）共同拥有相同结构和配置的前车体。

运料车是铰接式车体结构，在前车体和后车体之间由中间铰接架相连接，后车体布置有可倾翻的料箱，料箱装备有自动后开门机构等。

客车后车体是客车车厢；车厢后部是双开门结构，车厢前端两侧均设置有滑移式单门；顶部和底部均设计有逃生门。

图 7-42　运料车外观图

图 7-43　防爆柴油无轨客车外观图

三、井工煤矿无轨胶轮车运输智能化系统

井工煤矿无轨胶轮车运输智能化系统，主要是指无轨胶轮车的无人驾驶系统，与城市汽车等无轨交通无人驾驶相比，存在明显不同：

(1) 井下巷道狭长，"长廊效应""多径效应"明显，对激光雷达、毫米波雷达、同步定位与建图等技术的应用带来较大干扰；

(2) 井下巷道载人车辆、载货车辆、搬运车、工程车及行人等混行，矿井车辆及人员通行密集，且巷道两侧多存在排水沟等干扰因素，对车辆横纵向控制精度要求高；

(3) 井下巷道为卫星拒止环境，无全球导向卫星系统信号，无法利用地面"北斗"、GPS等通用车辆定位技术；

(4) 井下巷道光照条件多变，且交通路口多被巷道壁等阻挡，对机器视觉技术的应用带来较大挑战；

(5) 由于煤矿井下存在瓦斯等爆炸性气体，井下设备受 GB/T 3836.1—2021 等标准约束，需取得 MA 认证，产品功耗、结构件材质与产品形态等应遵守更为严苛的技术规范，增加了技术实现难度；

(6) 系统设计需遵循故障安全与功能安全原则，安全措施需多重冗余设计。

（一）无轨胶轮车运输智能化系统架构

无轨胶轮车运输智能化系统，即无人驾驶系统，由无轨胶轮车、车载智能感知系统、车载决策控制系统、矿用智能路侧单元、通信网络、远程控制平台等组成，如图 7-44 所示。

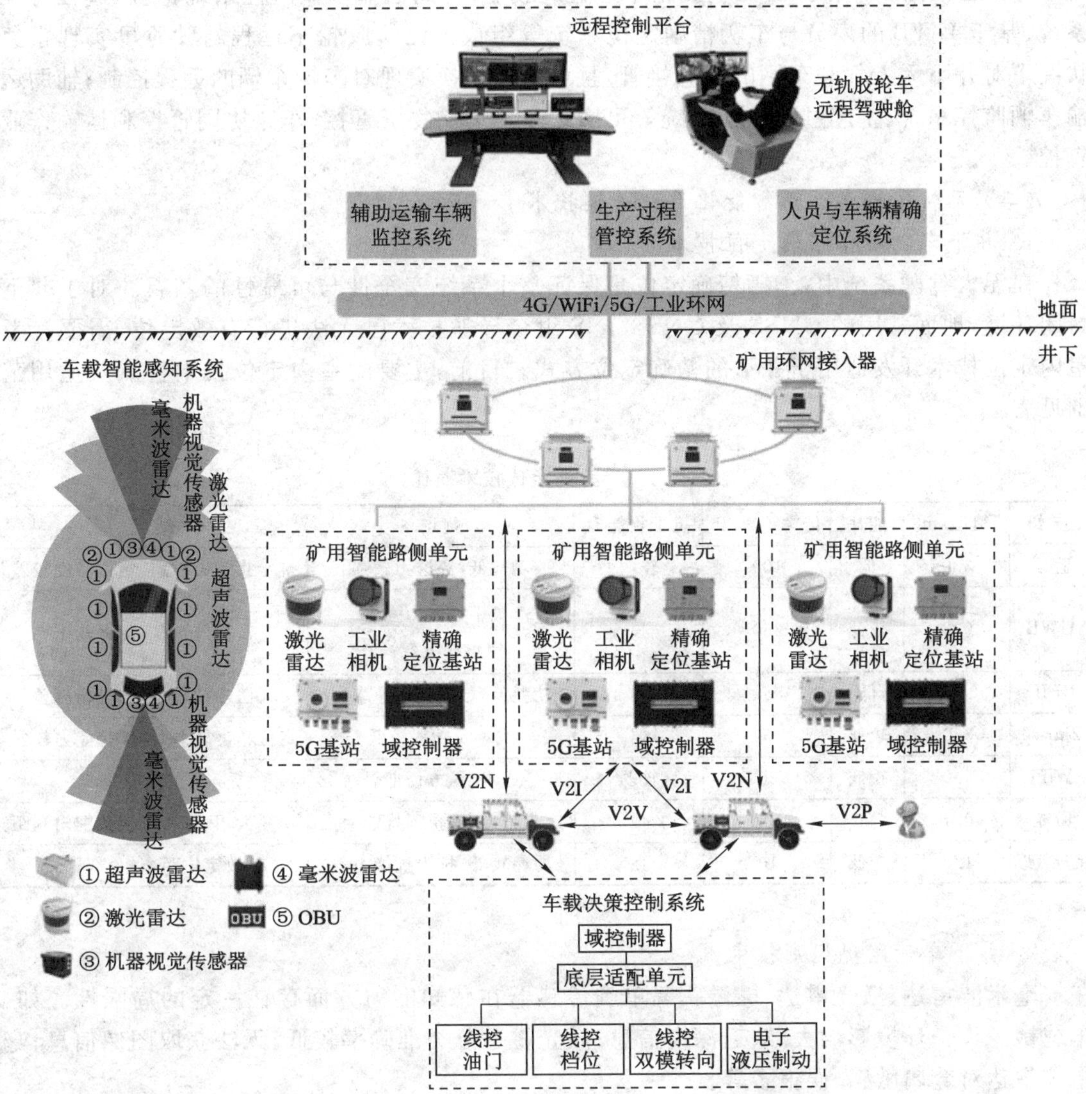

图 7-44　煤矿井下无轨胶轮车无人驾驶系统架构

（1）车载智能感知系统。主要包括超声波雷达、毫米波雷达、激光雷达、车载机器视觉传感器及车载单元，可实现全天候、复杂工况环境下车辆行驶路径范围内路况及障碍物的高精度智能感知，以及一定安全系数的感知冗余设计。

（2）车载决策控制系统。主要包括域控制器、底层适配单元、线控油门、线控档位、线控双模转向、电子液压制动等。

（3）矿用智能路侧单元。主要包括 5G 基站、超宽带精确定位基站、激光雷达、工业相机及域控制器等。

(4) 通信网络。由煤矿局域网、辅助运输巷道的工业环网、链接车端的无线接入网构成,建立从地面到井下的数据交互通道,实现管控命令交互、状态信息传输、图像视频信号传输等功能。

(5) 远程控制平台。由无轨胶轮车远程驾驶舱、辅助运输车辆监控系统、生产过程管控系统、基于 UWB 的人员与车辆精确定位系统等组成。无轨胶轮车远程驾驶舱可实现紧急状况下对井下无人驾驶车辆的紧急接管,且可快速切换实现对多辆车辆的远程控制;辅助运输车辆监控系统、生产过程管控系统等可实现车辆运输物资管控、车路协同管控和运输作业管控。

(二) 无轨胶轮车运输智能化系统关键技术

1. 井下车辆动态精确定位技术

在无人驾驶系统中,车辆精确定位是保证整个系统安全性与可靠性的基石。对于井下封闭环境,地面常用的 GNSS 及 GNSS/INS 组合导航技术已无法进行有效定位,需要参考室内定位技术开发适用于井下的精确定位方式。目前,主要的室内定位技术特点及适用范围见表 7-3。

表 7-3　室内定位技术对比

技术	精度/m	能耗	传输距离/m	抗干扰能力	优点	缺点
蓝牙	3.0	低	100	较弱	功耗低,穿透力较强	抗干扰能力较弱,定位精度较差
UWB	0.3	较低	250	强	抗干扰能力强, 定位精度较高	需额外设备,部署较难
RFID	1.0～5.0	低	5	弱	功耗低,数据传输速率高	无法连续定位,定位精度差
ZigBee	3.0	较低	5	弱	成本及功耗较低	定位精度较差,抗干扰能力较弱
WiFi	5.0	较低	50	较弱	成本低,方便部署	定位精度差
激光	0.1	高	300	强	定位精度高,抗干扰能力强	功耗大,只可在可视范围内测距
超声波	1.0	较低	10	强	功耗较低,抗干扰能力强	有效定位距离短,部署难

2. 井下车辆路况识别技术

毫米波雷达、激光雷达、摄像头等单类传感器在感知能力方面存在一定的局限性。如:车载摄像头受环境影响大、缺乏深度信息;激光雷达分类准确率较低、无法获取图像信息;毫米波雷达对金属敏感、误报多等。

为满足井下环境无人驾驶感知需求,需充分利用多传感器特性进行冗余感知。多传感器融合技术分为多传感器前融合技术与多传感器后融合技术。

多传感器前融合技术是指在原始数据层面将所有传感器的数据进行直接融合,通过 1 种感知算法输出感知目标的类别、位置、速度等信息。

多传感器后融合技术是指各个传感器均独立采用各自的算法输出探测数据,在对各传感器数据进行处理后,根据位置及分类信息进行融合,得到感知信息。

考虑到井下环境恶劣及算力功耗限制,为实现分布式算力分配及避免单个传感器故障导致整个感知算法失效,多传感器后融合技术更适用于井下车辆路况识别。基于多传感器融合的井下车辆路况识别如图 7-45 所示。

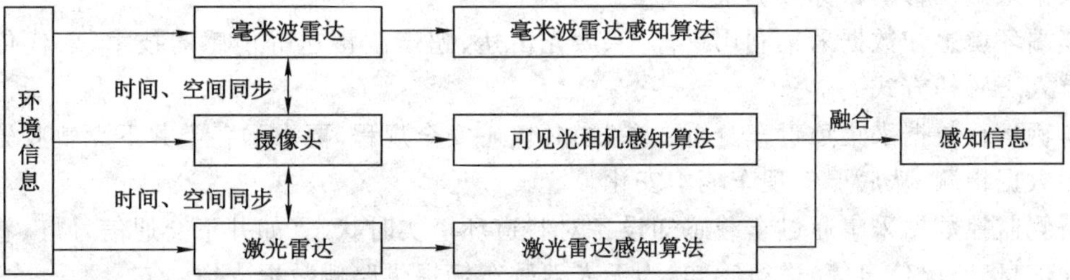

图 7-45　基于多传感器融合的井下车辆路况识别

3. 井下车辆路径规划技术

井下无轨胶轮车在运行过程中会遇到较多岔道，存在视野盲区。同时，井下巷道具有通道狭窄、工作地点分散、易变动等特点，因此，在井下车辆路径规划过程中，需要考虑算法的实时性及最优性。

按照已知环境信息的程度，路径规划算法可分为两类：一类是对外界环境信息完全已知的算法，即全局路径规划算法；另一类是对外界环境信息部分或完全未知的算法，即局部路径规划算法。目前常用的路径规划算法优缺点及适用环境，见表 7-4。

表 7-4　常用路径规划算法优缺点及适用环境

算法	优点	缺点	适用环境
Diikstra 算法	使用贪心策略选择最优节点，能获得最优路径	运算过程中会占用大量计算资源，规划效率较低	环境信息已知的全局路径规划
A 算法	通过启发式采样方式搜索节点，算法搜索效率高	对地图要求较高，无法保证得到最优解	环境信息已知的全局路径规划
快速搜索随机树算法	通过随机采样搜索节点，适用于非完整约束场合	生成路径非最优，且规划效率低	环境信息已知的全局路径规划
人工势场法	能够实时避障，生成的路径平滑、安全	障碍物较多时容易陷入局部最优，造成目标不可达	既可用于全局路径规划，也可用于局部路径规划
动态窗口法	能够考虑无人驾驶车辆的速度与运动学约束，生成的路径平滑	存在局部最优解，且在复杂环境下计算复杂度高	环境信息部分已知的局部路径规划
蚁群算法	容易与其他启发式算法结合，能寻找到全局最优解	搜索具有盲目性，容易陷入局部最优	环境信息部分已知的局部路径规划

全局路径规划算法能够从全局角度出发，找到全局最优解，而局部路径规划算法能在规划过程中躲避障碍物，找到局部最优解。因此，在路径规划中，通常需要这两种算法协同运行。先利用全局路径规划算法规划出从当前位置到目标位置的全局最优路径，在车辆行进过程中采用局部路径规划算法，躲避随机出现的动态障碍物，从而实现完整的路径规划任务。

4. 多源数据采集技术

多源数据采集大致可分为 4 个部分：车端环境感知数据采集、车辆运行数据采集、路侧监控数据采集及移动目标数据采集。

车端环境感知数据采集利用摄像头、激光雷达、超声波雷达等传感器技术，取代传统的驾驶员人工感知方式。

车辆运行数据采集负责车身重要参数和《煤矿安全规程》要求的各类井下无轨胶轮车安全监测数据检测，从底层实现车辆本安化。

路侧监控数据采集通过车载感知设备对巷道环境实时状态（如井下交通信号灯、巷道意外事件信息、路况信息等）进行感知，为无人驾驶车辆提供路侧数据支撑。

移动目标数据采集依托井下车辆智能调试系统，实时获取一定安全区域内交通参与者的运动状态及位置信息，为井下无人驾驶车辆的路径规划选择、安全预警制动等功能提供数据保障。

5. 海量数据实时交互技术

无人驾驶车辆在运行过程中，始终在与相关设备进行交互，产生海量数据，这些数据的实时交互是无人驾驶车辆平稳运行的重要保障。

井下无轨胶轮车无人驾驶系统依托井下 5G 及其他相关蜂窝网络，形成整个无人驾驶数据交互网，如图 7-46 所示。

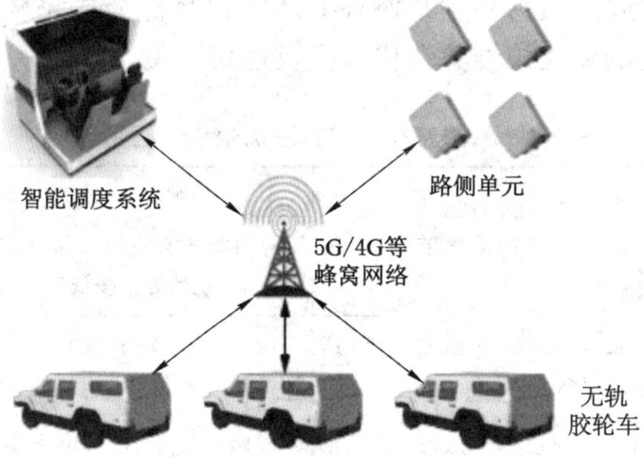

图 7-46　无人驾驶数据交互网

6. 井下车辆智能调度技术

井下车辆智能调度技术，可实现对井下无轨胶轮车进行日常调配，实现人员及物料运输、车辆运行信息显示等数字化管理等功能。井下车辆智能调度工作机制如图 7-47 所示。

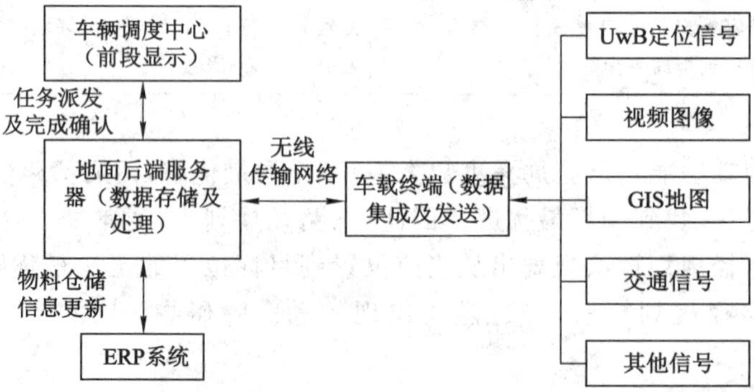

图 7-47　井下车辆智能调度工作机制

利用井下 UWB 精确定位技术实时获取井下车辆位置信息，结合交通信号、视频图像、井下高精 GIS 地图等相关数据进行分析、筛选、融合，由车载终端通过 5G 等井下无线传输网络将数据发送至地面后端服务器进行存储，数据经处理后发送至矿车辆调度中心进行实时显示。

车辆调度中心可将新的运输任务通过井下无线传输网络派到后端服务器选择的最优车辆的车载终端，由司机或无人驾驶系统确认接收及完成任务情况，无人驾驶车辆自行规划行驶路径。

后端服务器与矿企业资源计划(ERP)系统交互，实现物料库存信息的实时更新，同时反馈到调度中心进行确认，提高井下车辆运输效率。

7. 基于边缘计算的分布式算力共享技术

煤矿井下无轨胶轮车无人驾驶系统需要大算力，用以支撑系统识别巷道场景、感知车身四周环境、规划控制行驶路径等。典型的无人驾驶系统单车每日产生的数据可达 TB 级别，只有及时更新、分析数据才能保证车辆安全行驶。然而，受煤矿井下本安型设备的功耗限制，车载计算单元的算力往往无法支撑海量数据的实时运算。

针对上述矛盾，研制矿用本安型高性能边缘计算装备，开发基于边缘计算的分布式算力共享技术，可突破车端算力瓶颈对无人驾驶系统的性能限制，其电气原理如图 7-48 所示。

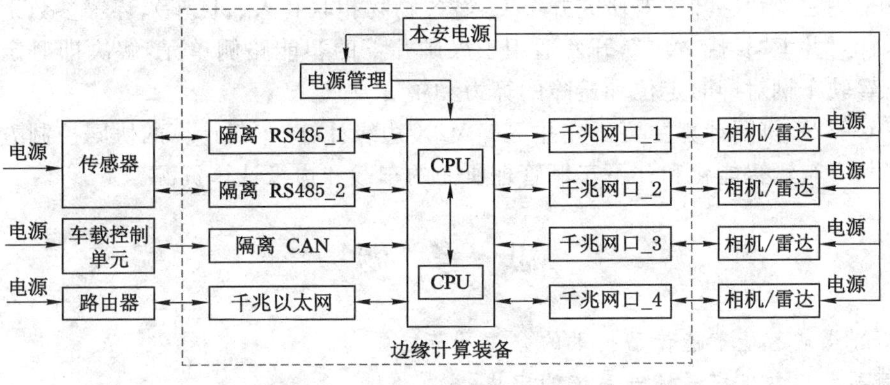

图 7-48　矿用本安型高性能边缘计算装备电气原理图

8. 矿用化车辆线控技术

线控底盘作为无人驾驶的执行基石，是发展无人驾驶的具体抓手。矿井具有防爆、本安的特殊要求，因此，车辆线控系统的矿用化尤为重要。制约于井下车辆运行环境存在的路面起伏多、有坑洼积水、照度低等因素，煤矿井下车辆线控技术应用的关键为防爆技术、电液控制技术和冗余技术。

9. 井下 C-V2X 技术

井下 C-V2X 技术是矿山物联网的重要应用分支，是实现井下车辆与周围的人、机(车)、环、管等全方位连接和通信的新一代通信技术。C-V2X 通信包括车与人之间、车与车之间、车与基础设施环境之间、车与管控平台之间等的通信，如图 7-49 所示。

参考通用 C-V2X 关键技术，井下 C-V2X 关键技术主要包括车路协同远程监控、井下车辆超视距感知和井下 C-V2X 协同计算。

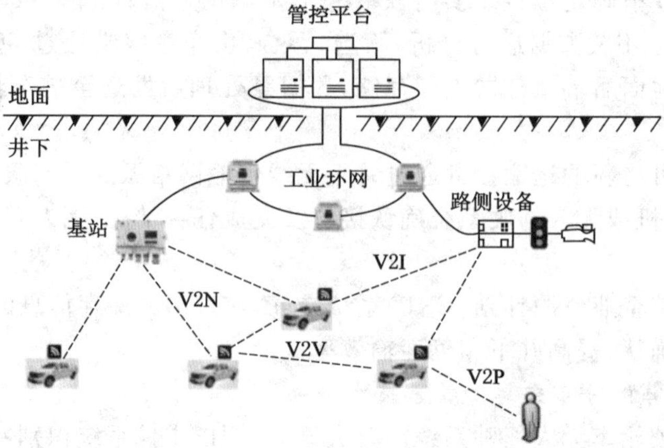

图 7-49 井下 C-V2X

车路协同远程监控是指在智能矿山基础信息平台的支撑下，通过系统监控井下车辆及驾乘人员的动态位置信息、工况，实现井下车辆管理的透明化、可视化，进而实现车辆和人员智能化管理，必要时远程遥控井下无人驾驶车辆。

井下车辆超视距感知主要研究井下 C-V2X 物物相联和人、机(车)、环等参数采集、融合及传输。针对井下“长廊效应”，开发适用于煤矿井下的智能路侧单元，解决即时定位问题，降低无人驾驶车辆对即时定位和避障的算力和精度要求。

井下 C-V2X 协同计算主要研究井下 C-V2X 边缘计算、车载计算的协同控制方式，合理配置使用井下车辆智能化和井下车辆管理所需的车载和边缘计算资源。

思 考 题

1. 简述煤矿智能节能传动技术的分类及节能原理。
2. 简要叙述井工煤矿提升系统的组成。
3. 阐述井工煤矿智能提升系统的工作原理。
4. 简要分析煤矿井工带式输送系统的组成及工作原理。
5. 简要谈一谈煤矿智能辅助运输系统的发展方向。

第八章　煤矿智能供电技术

第一节　煤矿供电负荷分类及电压等级

煤矿供电系统是指将煤矿的供电、用电、控制和保护等电路组合在一起构成的系统。其主要作用是从电力系统取得电能，通过变换、分配和输送等环节将电能安全、可靠地输送到井上、井下各生产用电设备上，以满足煤矿生产的需要。

一、供电系统负荷分类

电力负荷是电力系统中所有用电设备消耗功率的总和。煤矿电力负荷是指矿井的用电设备所消耗的功率。根据用电设备的重要性、中断供电对人身安全的影响程度以及经济适用性等方面的不同要求，将煤矿电力负荷分为三级管理，实现不同情况下的合理供电。

1. 一级负荷

若因突然中断供电会造成人员伤亡，损坏重要设备且难以修复，致使长期不能恢复生产，给国民经济造成重大损失者，均为一级负荷。对于一级负荷设备，为使其可靠运行，应采用两个独立电源供电。

煤矿一级电力负荷主要有矿井主通风机、井下主排水泵、井下各水平的中央变(配)电所、升降人员的立井提升设备、瓦斯抽放设备等。《煤矿安全规程》规定，矿井应有两回路电源线路。当任一回路发生故障停止供电时，另一回路应当担负矿井全部用电负荷。矿井的两回路电源线路上都不得分接任何负荷。正常情况下，矿井电源应当采用分列运行方式。若一回路运行，另一回路必须带电备用。10 kV 及以下的矿井架空电源线路不得共杆架设。矿井电源线路上严禁装设负荷定量器等各种限电、断电装置。

2. 二级负荷

凡因突然中断供电使经济等方面造成较大损失或影响重要设备正常工作的，均为二级负荷。煤矿二级电力负荷主要有矿井升降人员的斜井提升设备、提升煤和物料的立井提升设备、地面集中空气压缩机站、矿灯充电设备、井筒保温设备、以电动机车为主要运输方式的整流和充电设备、采区变电所和综采工作面的电气设备，以及矿井上下主要生产环节的照明设备、大中型监控与管理计算机的用电设备、电气集中的铁路运输信号设备、职工医院的手术室等。

3. 三级负荷

中断供电不会在经济上或其他方面造成损失或影响的用户负荷，为三级负荷，如地面机修厂和职工生活用电等。此类负荷一般对供电无特殊要求，可设单一回路供电。

二、供电系统电压等级及电源

1. 煤矿供电系统电压等级

为方便不同距离和不同功率的输电及用电，国家规定了标准的电压等级。各电压等级依据供电功率的大小及供电距离的远近而定，供电功率越大、距离越远，供电电压等级越高。由于煤矿生产条件的特殊性，所以采用了一些特定的电压等级。煤矿常用的电压等级及应用范围见表 8-1。

表 8-1 煤矿常用电压等级及应用范围

电压/kV	应用范围	备注
0.036 及以下	井下电气设备的控制及局部照明	
0.127	井下照明及手持式电钻	
0.22	矿井地面照明	
0.25	电机车	直流
0.38	地面及井下低压动力	小型煤矿井下使用
0.5	电机车	直流
0.66	井下低压动力	
0.75	露天煤矿工业电机车	直流
1.14	井下综合机械化采区动力	
1.5	露天煤矿工业电机车	直流
6	井上、井下高压电机及配电电压	
10	井上、井下高压电机及配电电压	
35	一般用于矿区配电或受电电压	
110	大型矿区受电电压或配电电压	

为了保证煤矿井下供电安全，《煤矿安全规程》第四百四十五条规定，井下各级配电电压和各种电气设备的额定电压等级，应当符合下列要求：高压不超过 10 kV，低压不超过 1 140 V；照明和手持式电气设备的供电额定电压不超过 127 V；远距离控制线路的额定电压不超过 36 V；采掘工作面用电设备电压超过 3.3 kV 时，必须制定专门的安全措施。

随着井下机械化程度的提高、采掘工作面机组容量的加大，6 kV 供电电压在某些矿井已不能满足要求，特别是一些大型矿井甚至特大型矿井的出现，开始采用 10 kV 电压直接下井。

2. 煤矿供电电源

为保证煤矿供电系统的安全可靠，对煤矿企业的供电电源有如下规定。

(1) 煤矿企业的一级负荷应由两路电源供电，且两路电源间允许无联系和有联系，当两路电源有联系时，应同时符合下列规定：当发生任何一种故障时，两路电源的任何部分应不得同时受到损坏；当发生任何一种故障且保护装置动作正常时，应有一回路电源不中断供电；当发生任何一种故障且主保护装置失灵，以致两路电源均中断供电后，应有值班人员完成各种必要的操作，迅速恢复一个电源的供电。

矿井两回电源线路应分别来自电力网中的两个区域变电所或发电厂。如实现这一要求确有困难时，则必须引自同一区域变电所或发电厂的不同母线段。

(2) 对属于二级负荷的设备，应由两回线路供电，但若在取得两回线路有困难时，亦可由一回专用线路供电。对于井下普采或高档普采工作面供电的采区变电所电源线，也可采用一回专用电缆。

(3) 采用两回及以上供电线路时，当任一回路停止运行，其余回路应能担负矿井的全部用电负荷；露天矿和其他矿山工程的供电能力应能承担一级和二级用电负荷。

第二节　煤矿供电系统组成

煤矿供电系统是由各类地面变电所、井下中央变电所、采区变电所、移动变电站、配电点和相应的供电设备及供电线路，按照一定方式相互连接起来的一个整体。大型矿井一般采用三级供电方式，即地面变电所、井下中央变电所、采区变电所；中小型矿井一般采用二级供电方式，即地面变电所和采区变电所。

一、地面供电系统组成

地面供电系统包括地面总变电所和各类车间变电所。

(一) 地面总变电所

1. 主要任务

地面总变电所是全矿供电的总枢纽，担负受电、变电、配电的任务。地面变电所接受电网馈来的 35 kV 或 110 kV 电压，降压后把 6 kV(或 10 kV)电压分配给矿山的高压用电设备(如主通风机及井下中央变电所等)，把 380/660 V 电压分配给地面低压动力及照明设备。地面变电所分为 35 kV 变电所或 110 kV 变电所。

2. 位置选择

在选择地面总变电所位置时，应靠近主要负荷和入井电缆井筒，减少金属导线消耗，降低电能损耗；架空线与变电所地址同时确定，以便为各级电压线路进出变电所留有走廊；尽量不设在空气污秽的地区，应将其设在常年主导风向上风侧，避开污染源；具有适宜的地形和地质条件；避开危险区和排废场，与铁路距离大于 40 m，交通方便，有扩展空间。

一般 10 kV 及以下电压等级的配电装置采用户内式成套配电装置；35 kV 及以上电压的采用户外架构式配电装置。在特殊地区或场合应用时，35～110 kV 变电所也可采用户内式配电装置。为保证运行时电气设备和人员的安全以及检修维护和搬运的方便，对室内外配电装置的各个部件，规定了最小的电气绝缘间距。

3. 主接线方式

根据矿井类型及电力系统的电压，地面变电所受电电压一般为 35～110 kV，由于煤矿属于一级用户，故采用双回路独立电源受电。

图 8-1 所示为一典型的地面变电所线路图。该变电所除向 1 号矿井供电外，还向 2 号矿井、3 号矿井的地面变电所供电。由于该变电所一、二级负荷较多，并且还向 1、2 号矿井变电所转送电能，总容量较大，所以变电所高压侧采用双母线供电的接线方式。

变电所的电源来自 110/35 kV 区域降压站。两回 35 kV 电源进线分别经断路器 QF_1、

QF_2 和相应的隔离开关接到变电所的双母线 WB_1、WB_2 上。两段母线之间由断路器 QF 开关支路联络。

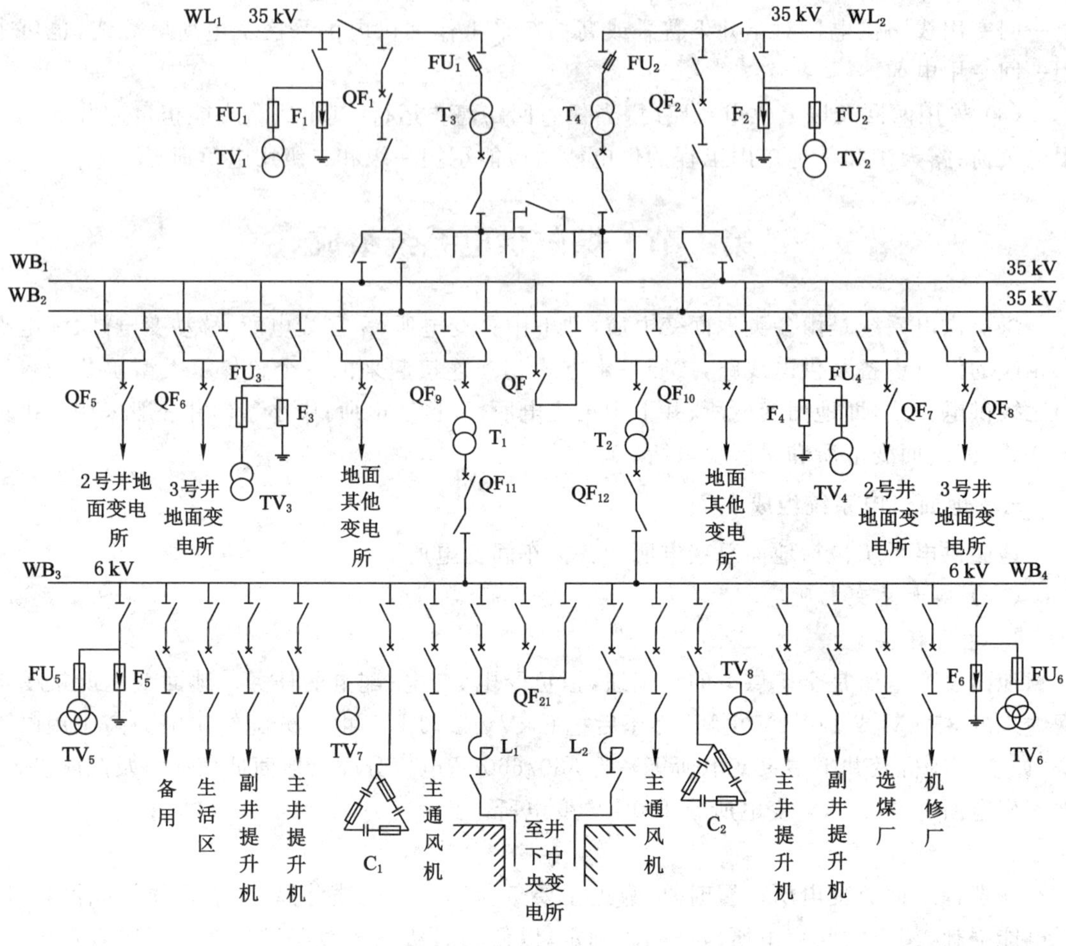

图 8-1　煤矿地面总变电所线路

35 kV 电源进线处经跌落式熔断器 FU_1、FU_2 接 2 台小容量变压器 T_3、T_4，用于变电所的低压动力、照明及直流操作电源。为了防止雷电对变电所的侵害，在两路电源进线处分别设置了避雷器 F_1、F_2 和用于提供测量信号的电压互感器 TV_1、TV_2。

2 号矿井、3 号矿井地面变电所的电源，从双母线上经断路器 QF_5～QF_8引出，分别形成两回 35 kV 电源供电，以保证对 2、3 号矿井重要的一、二级负荷的供电。双母线上的避雷器 F_3～F_4 用来防止沿 2、3 号矿井变电所架空线入侵的雷电危害。相应的电压互感器 TV_3、TV_4 用于提供测量与继电保护信号。

变电所的主变压器 T_1、T_2 一次侧分别经断路器 QF_9、QF_{10}及相应的隔离开关接在双母线上，其二次侧经断路器 QF_{11}、QF_{12}分别接到 6 kV 的两端单母线上。6 kV 配电采用单母线分段接线方式，以适用一级负荷的要求。断路器 QF_{21}作为两段母线的联络开关。为防止沿 6 kV 架空线入侵的感应雷，分别在两段母线上设置避雷器 F_5、F_6。与避雷器共设于 1 个配电柜内的电压互感器 TV_5、TV_6 有 2 个二次绕组，其中一组用于电气测量，另一组接成开口三角形，为监视与接地保护装置提供零序信号。

为了提高电力负荷的功率因数，在两段 6 kV 母线上集中设置了电容补偿装置 C_1、C_2 和相应的三相电压互感器 TV_7、TV_8。

6 kV 母线上的一级负荷，如主通风机、主提升机及井下中央变电所等，都分别接在 2 段母线上形成两回独立电源供电，以保证供电的可靠性。入井线路上所接的电抗器 L_1、L_2 用于限制井下供电系统的短路电流。

（二）车间变电所

当车间变电所设有一级负荷时，应采用两回独立电源供电，并设 2 台动力变压器。车间变电所接线电路如图 8-2 所示。

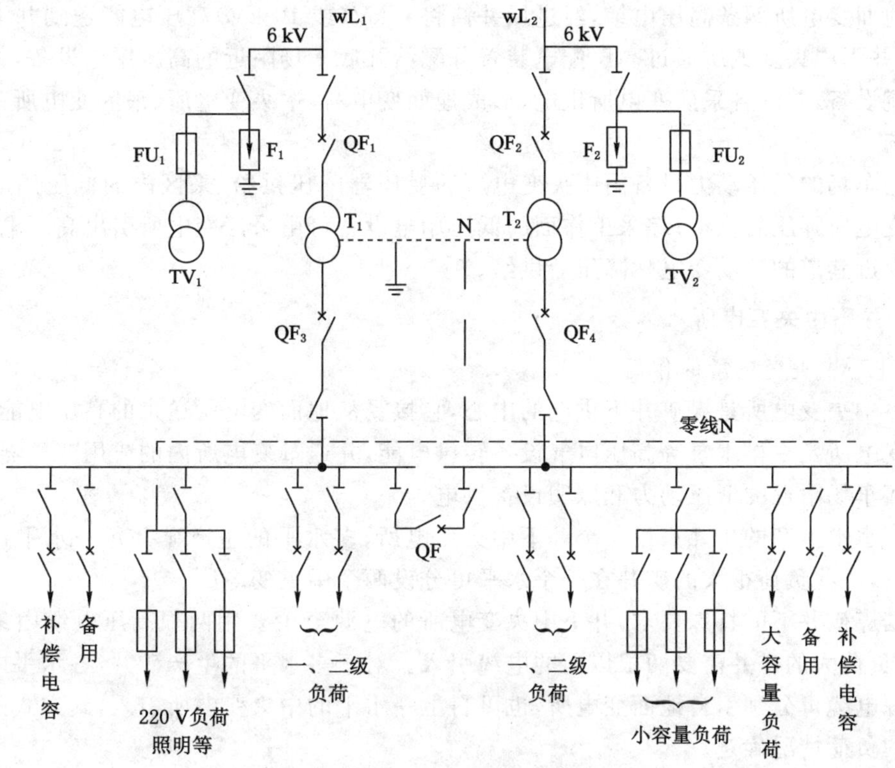

图 8-2　车间变电所线路图

两路 6 kV 电源进线 WL_1、WL_2 可以是架空线，也可以是电缆。变压器高压侧根据实际情况可采用不同的接线方式。一般情况下，车间变电所距总变电所较近，多采用高压侧无母线的接线方式。当任一变压器或线路发生故障或需要停电检修时，可通过低压侧的单母线分段联络开关给重要的一、二级负荷送电。

变电所的低压系统采用三相四线制供电，其电压等级为 380/220 V。重要的一、二级负荷分别接在 2 段低压母线上，形成双电源回路供电。对容量较大的负荷可单独使用 1 台低压配电柜，容量较小的负荷可几个负荷共用 1 台配电柜。

为了提高车间变电所负荷的功率因数，可设置低压电容补偿装置，并分接在 2 段母线上。图 8-2 中的虚线为三相四线制零线 N，可供 220 V 低压照明用电。

二、井下供电系统组成

决定井下供电方式的主要因素有井田范围的大小、煤的埋藏深度、年生产能力、开采方式、井下涌水量、矿井瓦斯等级、机械化程度等。深井供电系统适用于矿层埋藏深、倾角小，采用立井和斜井开拓，生产能力大的矿井。图 8-3 所示为典型的深井供电系统。矿井电源从矿区变电站 35 kV 母线上取得，由两回路架空线直接将高压深入矿井的负荷中心——地面变电所，用两台主变压器将 35 kV 电压变为 6 kV(或 10 kV)经母线配电后供给地面的主要高压设备，如主提升机、副提升机、主通风机等。地面变电所另设 6/0.38 kV 变压器构成三相四线制向地面低压动力及照明设备供电。

由地面变电所两条高压电缆，经进风井筒将 6 kV(或 10 kV)高压电能送到井下中央变电所，在井下中央变电所通过高压配电装置分配给井底车场附近的高压用电设备，如主排水泵和变流设备，并向各采区变电所供电，形成地面变电所、中央变电所、采区变电所三级高压供电系统。

井底车场的低压动力设备由中央变电所的变压器降压供给；采区内的低压用电设备则由采区变电所降压后供给；综采工作面的低压用电设备可由采区变电所引出高压电缆，送至工作面附近巷道的移动变电站降压后供给。

三、井下中央变电所

1. 井下中央变电所的作用

井下中央变电所是煤矿井下供电的中心，它接受从地面变电所送来的高压电能后，分别向采区变电所及主排水泵等高压电气设备转供电能，并通过变电所内的矿用变压器降压后，再向井底车场附近的低压动力和照明设备供电。

单一水平生产的矿井只设一个井下中央变电所，多水平的生产矿井每一水平设一个中央变电所，一些负荷很大的矿井在一个水平可分设两个中央变电所。

根据煤矿井下的特殊要求，井下中央变电所的电源至少要用两根高压电缆由地面变电所引入，负荷大的矿井需要两根以上的电缆引入。对于多水平的生产矿井，各水平中央变电所的电源电缆可分别引自地面变电所，也可自上一水平的中央变电所引入，其方式的选择视各水平的负荷情况确定。

2. 井下中央变电所的位置选择原则

井下中央变电所的位置应尽量靠近负荷中心，并根据通风良好、交通方便、进出线易于敷设、顶底板条件及保安煤柱的位置等因素，综合加以考虑。根据现行开采方法，井下中央变电所一般设在靠副井的井底车场范围内。

井下中央变电所可与主排水泵房、牵引变流所组成联合硐室，也可单独建立硐室。当为联合硐室时，应有单独的通道通向井底车场或大巷。井下中央变电所的硐室不应与空气压缩机站硐室联用或毗邻。

每一个水平，一般设置一个中央变电所。当考虑多水平的某一水平由邻近水平供电在技术、经济上合理性时，也可由附近水平的变电所供电。若矿井涌水量很大，且有几个主排水泵房时，可根据技术、经济比较的结果，确定中央变电所的位置和数量。

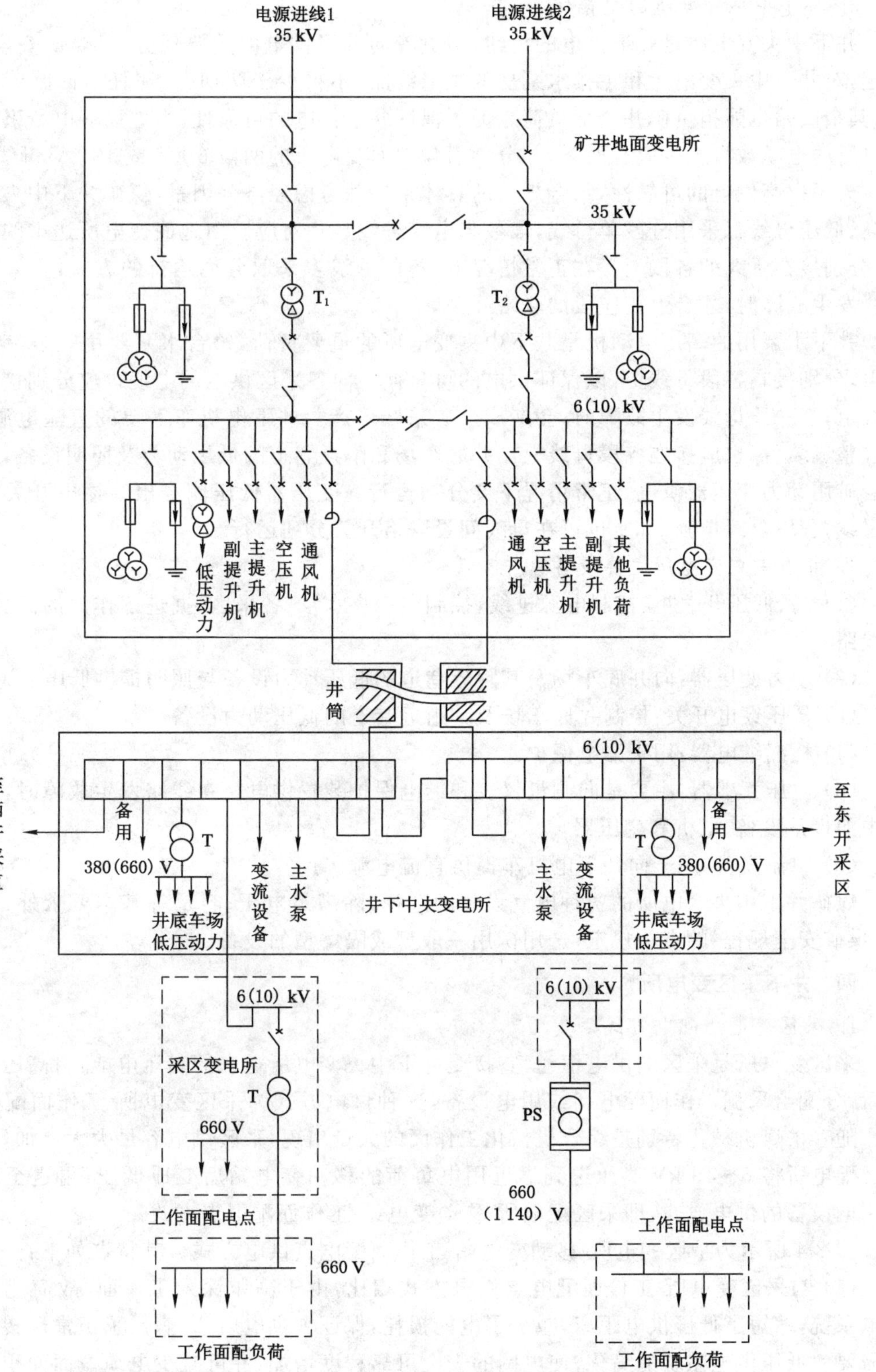

电源进线1
35 kV
电源进线2
35 kV
矿井地面变电所
35 kV
T_1
T_2
6(10) kV
低压动力
副提升机
主提升机
空压机
通风机
通风机
空压机
主提升机
副提升机
其他负荷
井筒
6(10) kV
至西开采区
备用
T
380(660) V
井底车场低压动力
变流设备
主水泵
井下中央变电所
主水泵
变流设备
T
备用
380(660) V
井底车场低压动力
至东开采区
6(10) kV
采区变电所
T
660 V
工作面配电点
660 V
工作面配负荷
6(10) kV
PS
660
(1 140) V
工作面配电点
工作面配负荷

图 8-3　深井供电系统

3. 井下中央变电所的主接线

井下中央变电所是井下供电的枢纽，担负着向井下供电的重要任务。《煤矿安全规程》规定，对井下中央变电所和主排水泵房的供电线路，不得少于两回路，当任一回路停止供电时，其余回路也能担负矿井全部负荷。为了保证井下供电的可靠性，由地面变电所引至中央变电所的电缆数目至少应有两条，并分别引自地面变电所的两段 6 kV 或 10 kV 母线上。

为了提高供电的可靠性，结合煤矿的具体条件并考虑经济等因素，煤矿井下中央变电所的高、低压母线都采用分段单母线，段数与电缆进线数相对应。由地面变电所送来的电缆进线，分别接在母线的各段上。在正常情况下，各段母线多采取分列运行的方式，当某根电缆进线发生故障时，才合上相应段的联络开关。

井下水泵用的高压电动机是井下中央变电所的重要负荷，每台水泵要用一根专用电缆供电，分别接在各段母线上，以保证供电的可靠性。向各采区供电的电缆也应分别接在各段母线上，当一段母线发生故障时，会造成全矿采区停产。井下电机车需要的直流电源，一般用硅整流装置，也应接在各段母线上。井底车场和附近巷道的低压动力及照明设备，一般设两台矿用动力变压器供电，正常情况下要分列运行。变压器低压侧经出线馈电开关接至低压母线，各段母线单独供电，也可在母线间设联络开关分列运行。

4. 井下中央变电所主要设备

(1) 高、低压开关柜：控制电源进线，控制向中央水泵、各采区、掘进工作面的高、低压供电线路。

(2) 动力变压器：向井底车场及其附近巷道的低压动力设备与照明提供低压电源。

(3) 低压馈电开关：控制井底车场及其附近巷道的低压动力设备。

(4) 检漏继电器：用于漏电保护。

(5) 电压互感器：主要是向测量仪表和继电保护装置供电。在线路发生故障时，保护线路中的贵重设备、电机和变压器。

(6) 整流设备：用于向井下电机车提供直流电源。

煤矿井下中央变电所的各种电气设备的选择，除满足电压、容量等基本要求外，还应符合《煤矿安全规程》的有关规定，选用矿用一般型或隔爆型的设备。

四、井下采区变电所

1. 采区变电所配电方式

采区变电所是采区的供电枢纽，它接受井下中央变电所送来的高压电能，将高压变成低压后，分配给采掘工作面配电点或用电设备，这种供电方式为采区变电所-工作面配电点方式。随着采煤机械化特别是综合机械化工作面的大量出现，采区供电容量大大增加，出现了采区配电所将 6～10 kV 高压送到靠近用电负荷的移动变电站后变成低压，再送至配电点或用电设备的供电方式，即采区配电所-移动变电站-工作面配电点方式。

图 8-4 所示为采区变电所-移动变电站-工作面配电点供电方式。其特点如下：

(1) 与采区变电所-工作面配电点供电方式相比，由于高压深入工作面，故简化了低压供电系统，缩短了低压供电距离，减少了电能损耗，保证了供电质量，满足了正常运转和启动的需要。低压供电系统的简化，使电网的安全可靠程度增加，并可减少电缆截面面积和低压开关数量。

(2) 采用了干式自冷变压器，提高了采区供电的防爆性能，有利于安全，且便于检修。

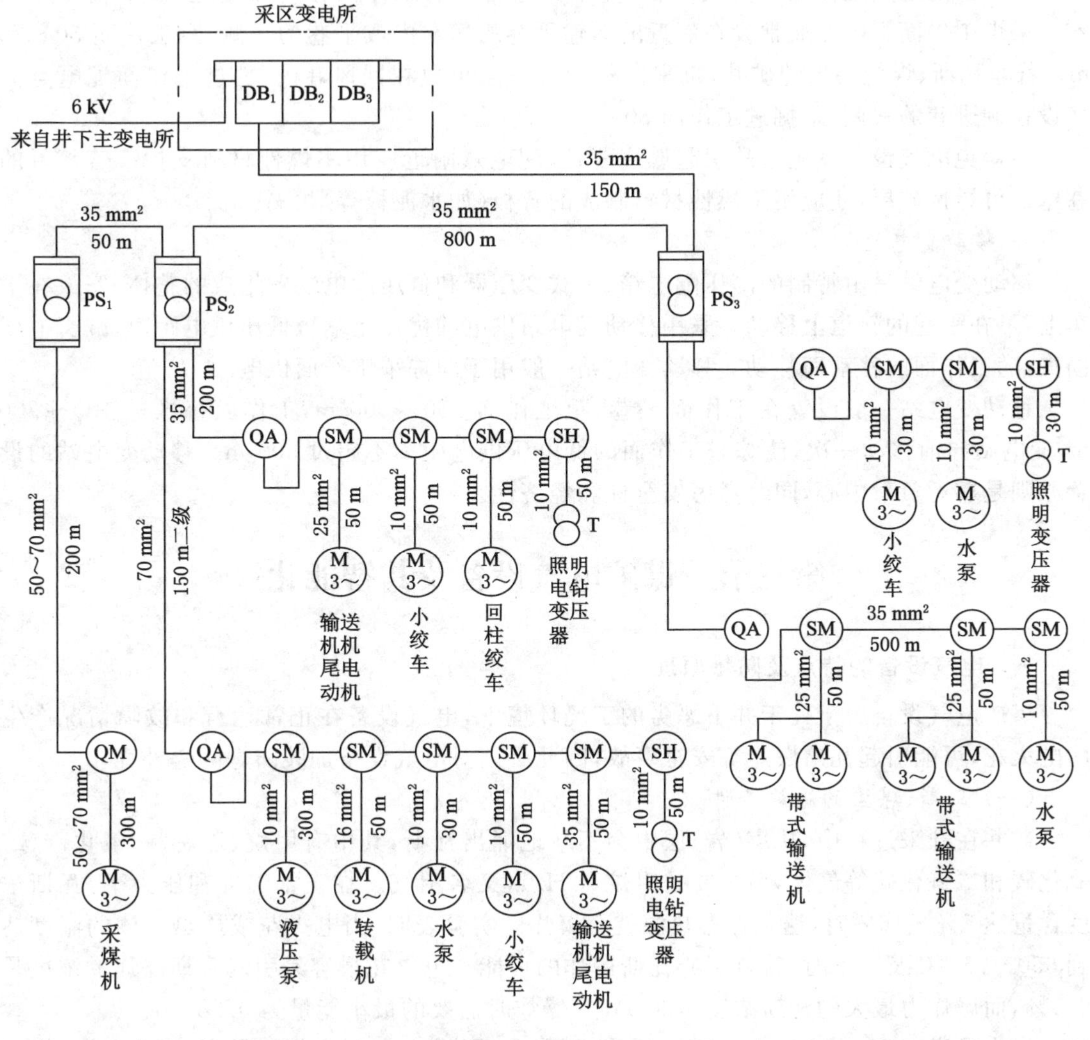

DB—高压配电箱；PS—采区分变电所；QA—自动馈电开关；QM—自动组合开关；
SM—磁力启动器；SH—手动启动器。

图 8-4　采区变电所-移动变电站-工作面配电点供电方式

(3) 移动变电站可根据需要在轨道上移动或固定，不需建造变电所硐室。但在这种供电方式中，由于 6～10 kV 高压直接深入采区工作面附近巷道，并且其低压侧电压也提高到 1 140 V，故对安全不利。为克服上述不利因素，应在移动变电站高、低压两侧均设漏电、监视保护装置，以防止漏电事故发生。此外，由于采用了移动变电站，故需拓宽巷道，以便在工作面运输巷中为其铺设轨道。同时因地质条件变化不定，使移动变电站的安装、运输和维护都受空间的限制。

2. 工作面配电点

工作面配电点接受由采区变电所或移动变电站送来的低压电能，通过控制开关、电磁启动器，用软电缆向采煤或掘进工作面的机电设备供电。同时，它还利用干式变压器或煤电钻变压器综合装置，将电压降为 127 V，供电钻、照明和信号灯用。

工作面配电点是低压开关集中处，由于其经常要随工作面移动和搬迁，故不设专用硐室。采煤工作面配电点通常设在邻近的运输平巷的槽龛内或平巷的一侧，距工作面 50～70 m。若非瓦斯、煤尘突出的矿井，机采工作面配电点可放在回风巷内，掘进工作面配电点大多设在掘进巷的一侧，距掘进工作面 80～100 m。

为避免电气设备发生事故引起燃烧蔓延，配电点附近应用不燃性材料支护。若邻近的巷壁是可燃性矿层，还应用不燃性材料制成的背板(如水泥板等)相隔。

3. 移动变电站

移动变电站是由特制的高压配电箱、干式变压器和低压配电装置组成的整体，安放在平车上，可在平巷的轨道上移动。采用移动变电站供电的优点是缩短低压供电距离，减少电压损失，随工作面的移动而移动。移动变电站一般用于向综采工作面供电。

移动变电站一般设置在工作面平巷，距工作面 150～300 m，工作面每推进 100～200 m，变电站向前移动一次，使综采工作面的低电压供电距离不超过 500 m。移动变电站的设置原则是靠近负荷中心，同时考虑安全性和经济性。

第三节　煤矿电气设备及其智能化

一、电气设备的特点及防爆原理

煤矿电气设备由于处于井下恶劣的工况环境下，电气设备在正常运行和故障情况产生的电火花，可能引起瓦斯爆炸等安全事故，因此必须对电气设备加装防爆隔爆外壳。

(一) 瓦斯、煤尘的爆炸条件

矿井在开采过程中，从煤(岩)层中会不断地涌出瓦斯，其中有甲烷、乙烷、一氧化碳、二氧化碳和二氧化硫等气体，但主要是甲烷(CH_4)，又名沼气。在正常温度和压力下，瓦斯浓度含量达 5%～16%时，遇到点燃热源就会爆炸。实验表明，当电火花或灼热导体的温度达到 650～750 ℃及以上时，就有引起瓦斯爆炸的可能。电火花最容易引起瓦斯爆炸的浓度是 8.5%，而爆炸力最大的瓦斯浓度是 9.5%。爆炸时需要的最小能量为 0.28 mJ。

煤尘粒度在 1 μm～1 mm 范围内，挥发指数(即煤尘中所含挥发物的相对比例)超过 10%，且飞扬在空气中的含量达 30～2 000 g/m^3 时，遇有 700～800 ℃点燃温度时便会爆炸，爆炸后还生成大量一氧化碳，它比瓦斯爆炸具有更大的危险性。爆炸最猛烈的煤尘含量大约为 112 g/m^3。

(二) 电气设备的防爆途径

为了不使电气设备成为引起瓦斯爆炸的起因，一般采取以下方法加以预防。

1. 采用隔爆外壳

电气设备置于隔爆外壳内，隔爆外壳具有足够的机械强度，即使在壳内发生瓦斯爆炸，外壳也不至于破裂或变形，并且从间隙逸出壳外的火焰已受到足够的冷却，不足以点燃壳外的瓦斯和煤尘，即外壳必须有耐爆和隔爆性能。

耐爆性能由外壳的机械强度保证。实验证明，壳内爆炸压力与外壳的容积大小和形状有关。外壳形状以长方形为压力最小，故近年来隔爆电气设备的外壳多设计成长方体。外壳净容积越大，爆炸时产生的爆炸压力也越大，因此不同容积外壳的机械强度要求见表 8-2。

表 8-2　隔爆外壳的试验压力

外壳容积/L	$V \leqslant 0.5$	$0.5 < V \leqslant 2.0$	$V > 2.0$
试验压力/MPa	0.35	0.6	0.8

为了保证隔爆性能，要求外壳各部件之间的隔爆接合面符合一定的要求。这样当壳内发生爆炸时，火焰通过接合面间隙向外传播的过程中，受到足够的冷却，使其温度降至瓦斯点燃温度以下。因此，对接合面的间隙、最小有效长度和粗糙度均有一定要求。粗糙度的要求，对静止的隔爆接合面和插销套应不大于 6.3，对操纵杆应不大于 3.2。对隔爆接合面的最大间隙或直径差 W 和最小有效长度 L 及螺栓通孔至外壳内缘的最小长度 L_1 的要求见表 8-3。

表 8-3　矿用电气设备隔爆外壳隔爆接合面结构参数

接合面型式	L/mm	L_1/mm	W/mm 外壳容积/L	
			$V \leqslant 0.1$	$V > 0.1$
平面、止口或圆筒结构	6.0	6.0	0.30	—
	12.5	8.0	0.40	0.40
	25.0	9.0	0.50	0.50
	40.0	15.0	—	0.60
带有滚动轴承的圆筒结构	6.0	—	0.40	0.40
	12.5	—	0.50	0.50
	25.0	—	0.60	0.60
	40.0	—	—	0.80

注：1. 对于操纵杆，当直径 $d \leqslant 6.0$ mm 时，隔爆接合面的长度 L 须不小于 6.0 mm；直径 $d \leqslant 25$ mm 时，L 须不小于 d；$d > 25$ mm 时，L 须不小于 25 mm。

2. 当轴与轴孔不同心时，最大单边间隙须不大于 W 值的 2/3。

2. 采用本质安全电路和设备

所谓本质安全电路和设备，就是在电路系统或电气设备上采取一定的技术措施，使之在正常和故障状态下产生的电火花能量均不足以点燃瓦斯和煤尘。

电火花分为电阻性、电容性和电感性三种。电路开关在开合过程或发生短路时，均能产生电火花，其能量大小取决于电源电压和回路阻抗。对纯电阻电路，火花能量取决于电压和电流；对电感电路，主要取决于电流和电感；对电容电路，主要取决于电压和电容。电火花能量是决定能否点燃瓦斯的主要参数，在设计本质安全电路时，必须限制火花能量。其方法主要有：合理选择电气元件，尽量降低电源电压；增大电路中的电阻或利用导线电阻来限制线路中的故障电流；采取消能措施，消耗或衰减电感元件中的能量。

由于电火花能量受到限制，故只适用于信号、通信、测量仪表、控制回路等弱电系统，且本质安全型电路不需要隔爆外壳，具有体积小、重量轻、安全可靠等优点。

3. 采用超前切断电源和快速断电系统

利用瓦斯、煤尘具有点火迟延的特性，使电气设备在正常和故障状态下产生的热源或电火花尚未引起瓦斯爆炸之前，即自然切断电源达到防爆的目的，此作用称为超前切断电源。这种防爆原理，目前在防爆白炽灯、启爆器及屏蔽电缆保护系统中得到应用。

快速断电系统的工作原理是：电火花点燃瓦斯和煤尘需要一定的时间，其时间长短因电路参数和故障原因不同而不同，但最短不少于 5 ms。如果故障切除时间小于 5 ms，则无论电缆受何损伤，其火花均不能点燃瓦斯和煤尘。一般快速断电系统的断电时间为 2.5～3 ms。

二、电气设备的类型

根据矿用电气设备结构特点及不同的要求，分为矿用一般型电气设备和矿用防爆型电气设备。

1. 矿用一般型电气设备

矿用一般型电气设备，是指一些专为煤矿井下条件而生产的不防爆电气设备。它们与地面普通型电气设备相比较，其外壳坚固、封闭，能防尘、防滴、防溅；绝缘更加耐潮；与电缆连接采用专门的电缆接线盒或插销装置，没有裸角接头；接线端子相互之间以及和外壳之间，有增大的漏电距离和电气间隙；有防止从外部直接触及壳内带电部分的机械闭锁装置，因而适用于煤矿井下无瓦斯和煤尘爆炸危险的场所。矿用一般型电气设备的外壳上标有“KY”。它与普通电气设备相比有以下特点：① 外壳机械强度较高，防滴、防溅；② 绝缘材料耐潮性好；③ 漏电距离及空气间隙较大；④ 采用电缆进出线。

2. 矿用防爆型电气设备

矿用防爆型电气设备属于第Ⅰ类电气设备（工厂用属于第Ⅱ类），其外壳上和设备铭牌上都有 Ex 标志。它分为以下几种：

(1) 隔爆型电气设备（Exd Ⅰ）。隔爆型电气设备是具有隔爆外壳的电气设备，标志符号为“d”。这种设备将可能产生电火花和电弧的元件放在隔爆外壳中，使其与外界环境隔离。其旧标志符号为“KB”。

(2) 增安型电气设备（Exe Ⅰ）。又叫矿用安全型电气设备，其标志符号为“e”。增安型电气设备在正常运行中不会产生电弧、火花或可能点燃爆炸性混合物的高温，它不采用隔爆外壳，只是采取适当措施，以提高安全程度。在正常时有可能产生电火花的部分，须采取局部隔爆措施。其旧标志符号为“KA”。

(3) 本质安全型电气设备（Exia Ⅰ或 Exib Ⅰ）。其标志符号为“i”（本安型又分 a 和 b 两个等级，a 等级安全程度高于 b 等级），本安型电气设备是指全部电路均为本安型电路的设备。其旧标志符号为“KH”。

(4) 隔爆兼本质安全型电气设备（Exdia Ⅰ或 Exdib Ⅰ）。其标志符号为“di”，这种电气设备是隔爆型与本安型的组合，它的非本安电路部分置于隔爆外壳中。其旧标志符号为“KBH”。

(5) 充砂型电气设备（Exq Ⅰ）。其标志符号为“q”，充砂型电气设备外壳内充填砂粒材料，使其在规定的使用条件下壳内产生的电弧、火焰只使外壳壁或砂粒材料的表面过热，但均不能点燃周围爆炸性混合物。

(6) 正压型电气设备（Exp Ⅰ）。它是一种具有正压外壳的电气设备，其标志符号为“p”，所谓正压外壳，是指保持内部保护气体的压力高于周围爆炸性环境的压力，阻止外部混合性气体进入壳内。

此外，还有充油性电气设备(o)、无火花型电气设备(n)和特殊型电气设备(s)等。

三、电气设备的智能化

煤矿供电系统的智能化是以智能测量仪表、智能开关、智能电压互感器、智能变压器等设备智能化为核心。供电设备具有信息数字化、功能集成化、结构紧凑化、状态可视化等主要技术特征，符合易扩展、易升级、易改造、易维护的工业化应用要求。

(一) 电子式互感器及智能电表

电力系统的电流/电压检测是由互感器完成的。互感器的作用是将电力系统一次侧高电压、大电流转换成标准的低电压、小电流的重要设备，是继电保护、电能计量、在线监测诊断的重要组成部分。它的测量准确度、运行稳定性和安全性是电力系统能安全、稳定、经济运行的可靠保证。传统互感器包括电磁式电流、电压互感器和电容分压式电压互感器。电磁式互感由铁芯和一次、二次绕组组成。传统的电流互感器二次绕组不能开路；电压互感器二次绕组不能短路，并且由于结构中包含铁芯，在电力系统发生短路故障时可能引起铁磁谐振、互感器过饱和等现象，从而造成继电保护拒动作或误动作，导致电力系统故障进一步扩大。

与传统互感器相比，电子式互感器由于结构中不包含铁芯，不会引起铁磁谐振和互感器过饱和现象；绝缘性能优良，不用通过充油、充气等方式解决绝缘问题等优点；抗干扰能力强、测量精度高、结构简单。

1. 电子式电流互感器

有源电子式电流互感器是将罗氏线圈或低功率线圈套在被测量物体上，利用电磁感应原理将被测电流转换成与其成正比的交流电压信号，并经过积分变换和模数转换后通过光纤将参数传递给二次侧，供继电保护装置和电能计量装置使用。其原理图如图 8-5 所示。

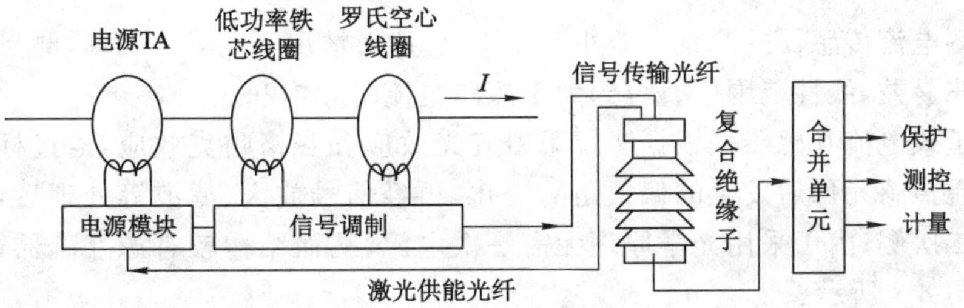

图 8-5　有源电子式互感器原理示意图

罗氏线圈是将导线均匀地绕在一个非铁磁性环形骨架上，一次母线置于线圈中央，因此绕组线圈与母线之间的电位是隔离的。如果母线上的一次电流为 $I(t)$，线圈匝数为 N，线圈横截面积为 S，线圈半径为 r，则在罗氏线圈上产生的感应电动势为：

$$e(t)=\frac{\mathrm{d}\varphi(t)}{\mathrm{d}t}=\frac{\mu_0 N\cdot S}{2\pi r}\cdot\frac{\mathrm{d}I(t)}{\mathrm{d}t} \tag{8-1}$$

式中，μ_0 是空气(或真空)磁导率。

由罗氏线圈测量回路的等效电路图(图 8-6，R_L 为线圈电阻，L 为线圈自感，R_o 为信号输出电阻)，得到：

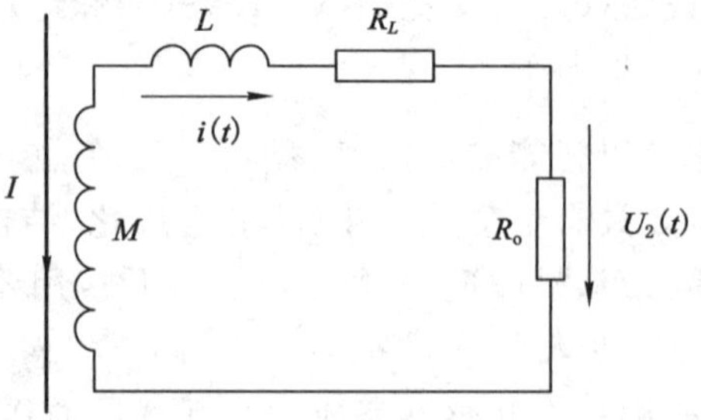

图 8-6　罗氏线圈等效电路

$$e(t) = L\frac{\mathrm{d}i(t)}{\mathrm{d}t} + (R_o + R_L)i(t) \tag{8-2}$$

由于，$L=\frac{N\varphi}{I}$，$\varphi=BS$，$B=\mu_0 H$，$H=\frac{NI}{2\pi r}$，所以：

$$e(t) = \frac{\mu_0 N \cdot S}{2\pi r} \cdot \frac{\mathrm{d}I(t)}{\mathrm{d}t} = \frac{L}{N} \cdot \frac{\mathrm{d}I(t)}{\mathrm{d}t} \tag{8-3}$$

将式(8-2)代入式(8-3)得：

$$\frac{L}{N} \cdot \frac{\mathrm{d}I(t)}{\mathrm{d}t} = L\frac{\mathrm{d}i(t)}{\mathrm{d}t} + (R_o + R_L)i(t) \tag{8-4}$$

由于罗氏线圈的电感 L 远大于内阻(R_o+R_L)，则有：

$$\frac{L}{N} \cdot \frac{\mathrm{d}I(t)}{\mathrm{d}t} = L\frac{\mathrm{d}i(t)}{\mathrm{d}t} \tag{8-5}$$

根据以上关系式，可以得出输出电阻 R_o 上的输出电压 u_2 与一次电流 $I(t)$ 的关系为：

$$u_2 = \frac{I(t)}{N}R_o \tag{8-6}$$

罗氏线圈电流传感器的测量误差小于 1%，在补偿情况下可达 0.2%，测量带宽可以从几赫兹到几兆赫兹，线性范围一直可到大于短路电流时才饱和。

无源电子式电流互感器是根据法拉第磁旋光效应和赛格耐克效应，通过标准光在经过一次光学电流传感元件后发生的偏振角的变化，再经信号放大、滤波等处理后，以数字量的形式输出给二次侧；由于采用光学原理无需一次电源，从而结构较有源互感器也相对简单。其原理图如图 8-7 所示。

2. 电子式电压互感器

有源电子式电压互感器根据采用电学原理的不同分为电阻分压型、电容分压型两种。电阻分压型通过由多个电阻串联组成的电阻分压器将一次侧电压转换为成比例的低电压信号。其原理图如图 8-8 所示。根据电阻串联分压公式(8-7)，可以得出电阻分压器的分压比。

由于测量系统输入阻抗一般为 1 MΩ 以上，因此它对电阻式电压分压器影响极小，如果是 10 kV 或 35 kV 系统，完全可利用图 8-8 所示的电阻式电压分压器，将一次电压变换成 5～10 V，由于测量系统输入阻抗为 1 MΩ 以上，所以 R_2 一般取 10 kΩ 左右，T_V 是过电压保护装置，一旦出现 R_2 损坏，可以限制 U_2 电压升高，保护测量系统。

$$U_2 = \frac{R_2}{R_1 + R_2}U_1 \tag{8-7}$$

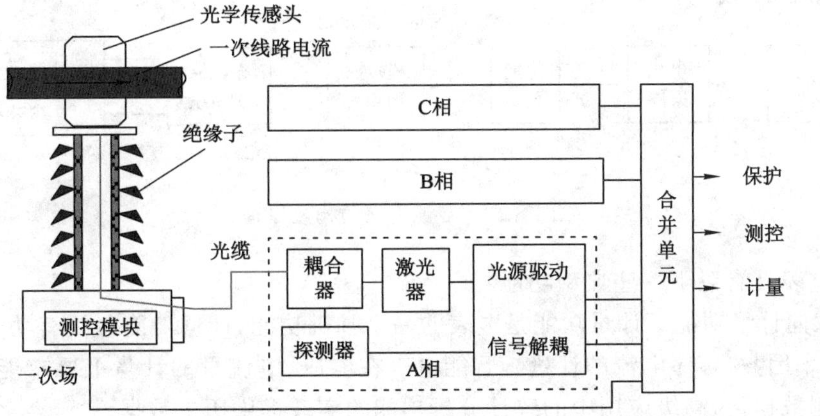

图 8-7　无源电子式互感器原理示意图

电容分压型电子式电压互感器原理如图 8-9 所示。一次母线与中间电极之间电容 C_1 为高压臂，中间电极对地电容 C_2 组成低压臂，一般 C_2 的值很小，因此可求出输出电压 U_2：

$$U_2 = C_1 R_1 \frac{\mathrm{d}U_1}{\mathrm{d}t} \tag{8-8}$$

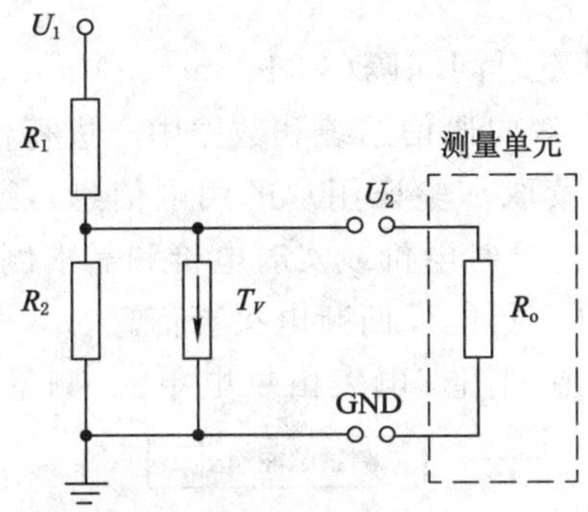

图 8-8　电阻分压型电子式电压互感器原理示意图

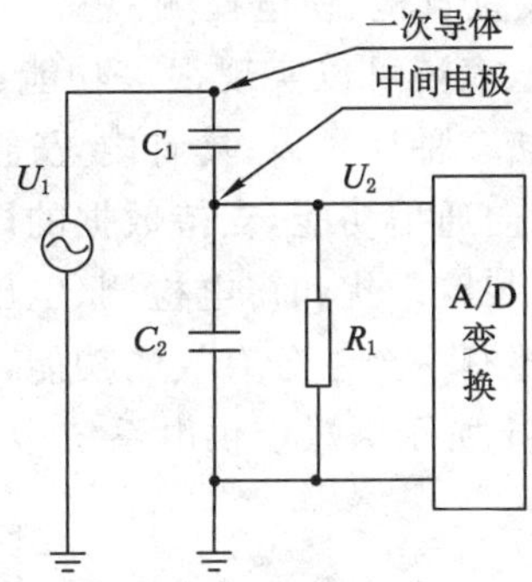

图 8-9　电容分压型电子式电压互感器原理示意图

3. 智能电能表

智能电能表(简称智能电表)不仅仅能实时监测煤矿井下各用电设备的用电情况，而且当将其安装于配电变压器和中压馈线上时，与实时数据采集和控制系统相结合，可支持系统监测、故障响应等功能。

智能测量电表是在电子式电表的基础上开发面世的高科技产品，它的构成、工作原理与传统感应式电能表有着很大的差别。感应式电表主要是由铝盘、电流电压线圈、永磁铁等元件构成，其工作原理主要是通过电流线圈与可动铝盘中感应的涡流相互作用进行计量的。而电子式智能电表主要是由电子元件构成，其工作原理是先通过对用户供电电压和电流的实时采样，再采用专用的电能表集成电路，对采样电压和电流信号进行处理，并转换成与电能成正比的脉冲输出，最后通过微处理器进行处理、控制，把脉冲显示为用电量并输出，其构成原理如图 8-10 所示。

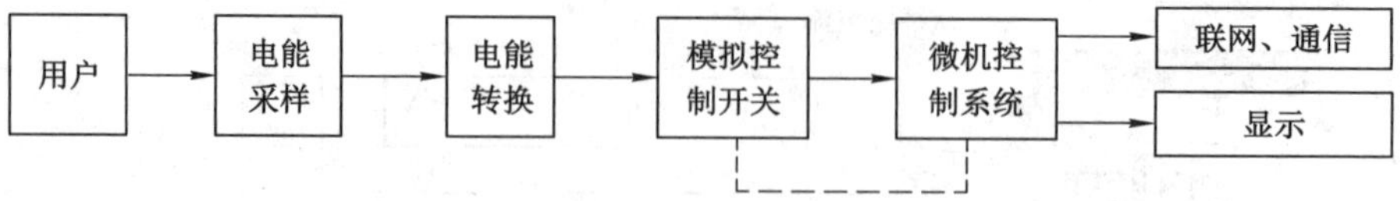

图 8-10 智能电表的构成原理

智能电表具有以下一些典型功能：

(1) 双向计量功能。计量功能是电表的一个基础功能，计量功能包括有功、无功、电压、电流量、功率因数、零序电流的计量。智能电表在电压、电流量的计量上要求能够提供足够点数的量测数据，为高级应用中的统计分析功能的实现提供历史数据。

(2) 提供断电报警和供电恢复确认信息处理。

(3) 提供电能质量监视。

(4) 可以进行远程编程设定和软件升级。

(5) 提供分时或实时电价，支持用户需求响应。

(6) 支持远程时间同步。

(7) 能根据需求侧响应要求，进行远程负荷控制。

(8) 装置自检、窃电检测。

智能电表还可以实现很多功能：它能根据预先设定时间间隔(如 15 min、30 min 等)来测量和存储多种计量值；具有内置通信模块，能够接入双向通信系统和数据中心进行信息交流；具有双向通信功能，支持数据的即时读取(可随时读取和验证用户的用电信息)，远程接通和开断、装置干扰和窃电检测、电压越界检测，也支持分时电价或实时电价和需求侧管理。智能电表还有一个十分有效的功能，在检测到失去供电时，能发回断电报警信息。

图 8-11 所示为煤矿供电系统中使用的智能电表原理图。电表由供电单元、测量单元、

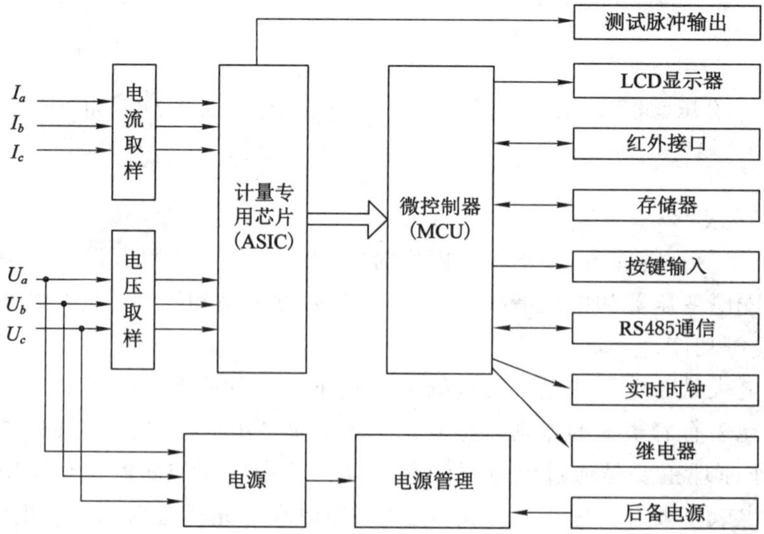

图 8-11 智能电表原理结构图

通信单元、数字处理单元、输入检测单元、控制输出单元等组成；用于计量三相有功与无功电能、分相有功电能，并能实时测量电压、电流、用电功率等电网参数；能正确记录电网供用电过程中发生的各类事件，并能根据用户需求关联报警开关；具有远程 RS485 通信接口及专用红外接收电路。该智能电表可采用三相四线接入以及三相三线接入两种方式。

（二）智能断路器

断路器在变电站中起着控制和保护的双重作用，是电力系统中广泛应用的开关电器设备之一。智能断路器是由传感器、执行器、断路器本体以及智能组件共同组成的智能化开关设备，可以实现合/分闸线圈电流、储能电机电流、动触头行程、SF_6 气体等参数监测，并经过相应的智能电子装置将断路器的设备状态信息上传。

智能断路器的智能操作是由数据采集、智能识别和调节装置三个模块配合完成。当接收到继电保护装置或操作人员发出的合/分闸动作指令，智能识别模块通过当前设备状态的信息，判断断路器的工作状态，并根据仿真结果选择合适的断路器运动特性后，向调节装置发出定量的调整命令；待操动机构调整完成后，断路器进行合/分闸动作，其工作原理示意图如图 8-12 所示。

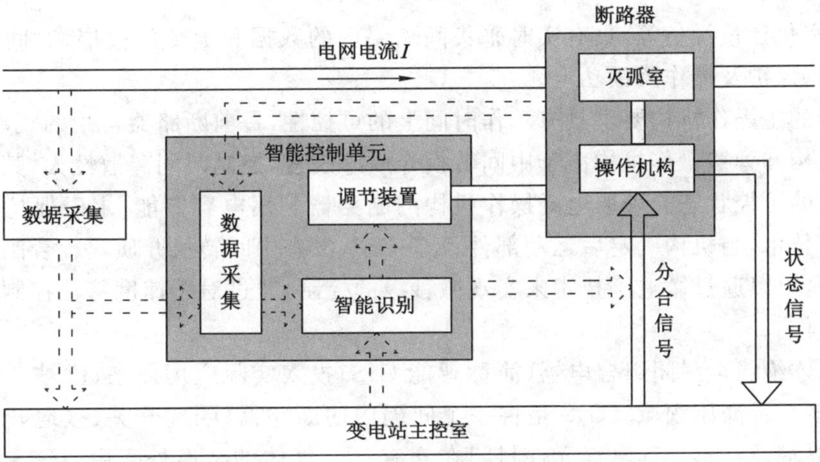

图 8-12　智能断路器工作原理示意图

智能操作断路器的工作过程是：当系统故障由继电保护装置发出分闸信号或由操作人员发出操作信号后，首先启动智能识别模块工作，判断当前断路器所处的工作条件，对调节装置发出不同的定量控制信息而自动调整操作机构的参数，以获得与当前系统工作状态相适应的运动特性，然后使断路器动作。

智能断路器数据采集及网络传输结构如图 8-13 所示。模块主要由新型传感器组成，随时把断路器工作状态数据以数字信号的形式提供给断路器在线监测装置，并按 IEC 61850 系列标准将断路器的计量、保护、控制以及在线监测四大功能，从逻辑层面和物理层面上分成了站控层、间隔层和过程层三层网络，并定义了它们之间的接口。

过程层设备包括各种智能互感器及传感器、合并单元及智能识别装置等，为间隔层设备提供数字化、智能化服务，执行间隔层设备发出的操作命令等。

间隔层设备测控智能电子装置（IED）、继电保护测控装置、电能质量监测装置、故障录

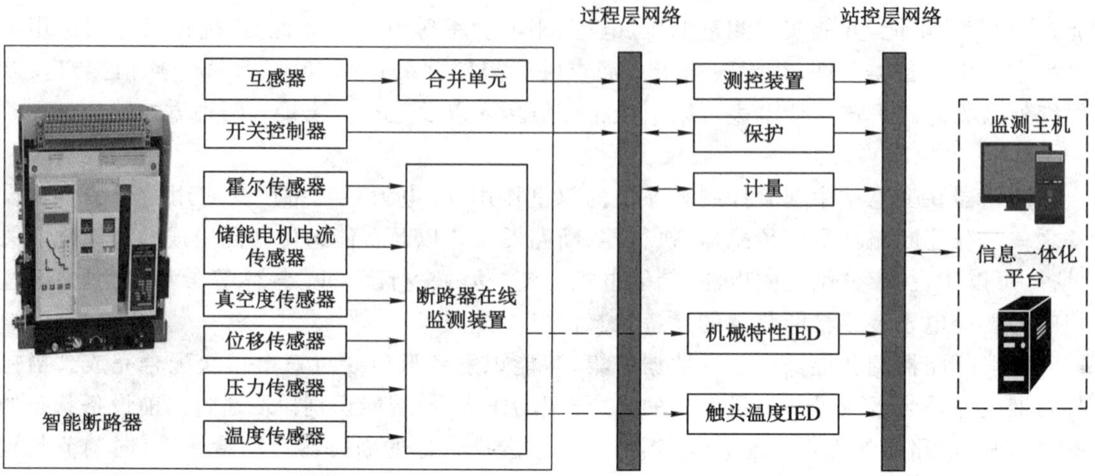

图 8-13　智能断路器内部结构图

波装置、数字化计量设备等，具有实时采集间隔层内的数据和上传站控层，对间隔层内的设备进行控制、保护及操作闭锁功能。

断路器的主操作机构要求具有动作时间上的可控性，目前断路器常用的气动操作机构、液压操作机构和弹簧操作机构由于中间转换介质等因素，控制时间离散性大，其运动特性很难达到理想的可控状态。采取电磁操作机构的断路器利用电容储能、永磁保持、电磁驱动、电子控制等技术，当机构确定后运动部件只有一个，没有中间转换介质，分/合闸特性仅与线圈参数有关，可以通过微电子技术来实现微秒级的控制，通过对于速度特性控制实现断路器的智能化操作。

智能气体绝缘全封闭组合电器（简称智能 GIS）投入实际应用以来，已被广泛应用在高压、超高压甚至特高压领域。GIS 是将一个间隔内的断路器、隔离开关、接地开关、母线、避雷器、电缆终端及互感器等电气元件封闭在充有 SF_6 气体的金属外壳中。GIS 拥有运行可靠性高、检修周期长、不受外界环境影响等特点，但由于金属外壳的封闭致使维护检修较为困难。智能 GIS 利用先进的传感器技术、微电子技术以及信号处理技术，并用电子式互感器代替传统互感器、智能操作机构代替原来的继电器，实现了 GIS 的智能化，使得它的运行可靠性进一步提高。

（三）智能馈电开关

煤矿井下馈电开关是连接变压器和用电设备之间的一个开关保护装置，对下一级的供电线路起保护作用，方便下一级线路检修。在下级线路出现故障时及时起到保护断电的作用，并对上一级供电线路隔离。作分支开关使用时，调整相应的整定值，对相关线路故障单独保护断开和隔离，并能方便地从显示窗看到故障信息，方便快速检修和排除故障。

1. 智能馈电开关所采用保护的原理及实现

（1）过流、过载保护

目前，用于煤矿井下低压供电短路保护的原理有电流幅值鉴别、相敏保护、电流不平衡保护、断相保护等。

电流幅值鉴别：是最常见的保护原理，即以检测电流大小来鉴别有无短路故障。一般以躲过电动机的启动电流来整定，以保护范围内最小两相短路电流来校验灵敏系数。目前矿井低压开关短路保护绝大多数采用此保护原理。其缺点是当供电距离长，且供电系统中有大电动机，尤其是在供电系统的近处有大电动机时，电动机的启动电流有可能接近或等于最小两相短路电流，使短路保护难以整定。解决方法一般是增大电缆截面或在供电线路远端加分支馈电开关，前者可增大最小两相短路电流，后者可以减小短路保护的整定值。

相敏保护：是利用短路状态和电动机启动状态的功率因数角差别来实现的。短路时，功率因数角很小，电动机启动时，功率因数角较大。因此，可以用功率因数角的大小来判定是否是短路故障。这样，可以大大降低短路保护的整定电流，来提高短路保护的灵敏度。这是相敏保护的优点。其缺点是：① 当在变压器近处发生短路时，由于变压器的阻抗是感性的，因此功率因数也很低，可能出现保护死区；② 相敏保护安装时要保证相序的正确，否则不能正常工作，反而可能发生误动作。

电流不平衡保护：当发生两相短路或有断相故障时，故障电流是不对称的，而电动机的启动电流是对称的。因此，可以利用微机有长记忆的特点，对对称故障和不对称故障分别整定，降低不对称故障整定值，从而提高短路保护的灵敏度。采用电流不平衡保护原理安装时无须考虑电源的相序，不易发生错误，也便于与过载过流保护配合，并且还不存在相敏保护的缺点——有“动作死区”。

断相保护：可以归入不平衡故障内，即采用电流不平衡原理来工作。

(2) 漏电保护与漏电闭锁

附加直流电源的漏电保护：在三相电网中附加一独立的直流电源，使之作用于三相电网与大地之间，这样，在三相对地的绝缘电阻上将有一直流电流流过，该电流的大小直接反映了电网对地绝缘电阻的变化。有效地检测和利用该直流电流，就可以构成附加直流电源检测式漏电保护。漏电闭锁是在馈电开关合闸前检测供电线路是否对地漏电，如果检测到对地绝缘电阻小于允许值时，则闭锁合闸回路，不允许带故障合闸。漏电闭锁一般均采用附加直流电源的方法来实现。

(3) 零序电流方向保护

零序电流方向保护是利用故障支路零序电流方向与非故障支路零序电流方向相反来判断故障选线。该保护的最大优点是漏电故障动作有选择性，可大大提高供电的可靠性。但这种保护：一是只能反映不对称漏电故障，不能反映对称漏电故障，因此，必须与附加直流电源原理漏电保护配合使用，形成漏电保护系统；二是零序电流方向保护要求零序电流不仅要有一定的幅值，同时不能随便改变其流向，因此不允许再采用中性点电抗接地方式，并且一般为保护装置正确动作，要在中性点加电容或电阻，这会增大人身触电电流和接地电流，对安全是不利的。

2. 煤矿井下低压智能馈电开关的硬件组成

图 8-14 所示为煤矿井下低压供电系统馈电开关的硬件组成，微处理器可采用单片机或DSP。过流保护采用电流幅值鉴别保护、相敏保护、电流不平衡保护相结合的保护方法，并具有反时限特性，能很好地解决过载、过流保护的可靠性与灵敏性问题。漏电保护采用零序电流方向原理的选择性漏电保护和附加直流电源总检漏继电器组成的选择性漏电保护系统。附加直流电源总检漏继电器的作用是：作为供电系统的总绝缘监视；作为供电系统的对

称性漏电故障的保护;作为分支馈电开关选择性漏电保护的后备保护。选择性漏电保护和漏电闭锁的任务是:作为分支线路的非对称性漏电故障的主保护;当分支线路有漏电故障时,闭锁开关,不允许带故障合闸。考虑馈电开关的通用性,总馈电开关和分支馈电开关保护功能相同,用一个开关设置,区分是用于总馈电开关或是分支馈电开关保护功能。

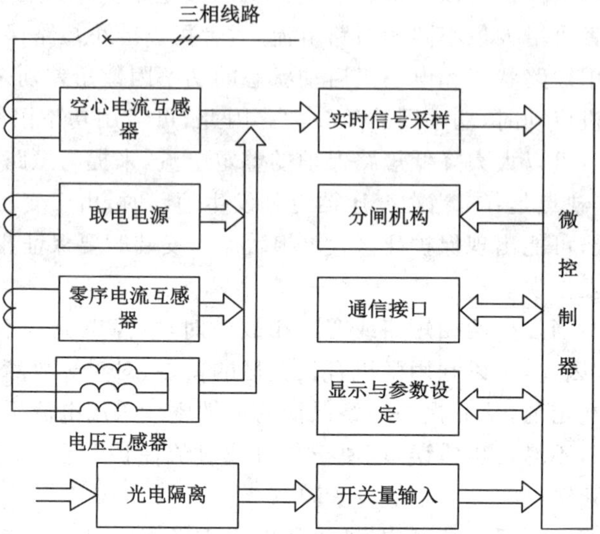

图 8-14 低压馈电开关的硬件组成

保护电路由电流互感器、零序电流互感器、零序电抗器、主控板、显示器等组成。电流互感器获得与一次侧电流成正比的电流信号;零序电抗器、零序电流互感器获取零序电流、零序电压信号及判别零序电流方向;复式电源提供单片机所需电源及附加直流等;主控板对采集的模拟量及开关量进行快速采样并完成各种运算处理;显示器以中文形式设定参数、实时读数等,显示器上还设有 3 个按钮,通过操作可随时对保护器的参数进行设定。

（四）干式变压器及智能监测

矿用隔爆型干式变压器主要用于矿井中有爆炸危险的场所,箱壳的全部接合面均按隔爆要求制作,能承受 0.8 MPa 的内部压力。变压器的结构主要包括:矿用变压器主体、高压侧进线端高压头(用于控制高压侧进线端的通断,设有保护电路)和低压侧出线端的低压头(用于控制低压侧进线端的通断,设有保护电路),如图 8-15 所示。容量在 100 kV·A 以上的隔爆型变压器常与隔爆型开关箱组合成隔爆型成套移动变电所,其输出电压有 400 V、690 V 和 1 200 V,以满足矿井用电设备的需要。它的进、出线是电缆通过出线套引出的,绝缘等级通常为 H 级。

在突发自然灾害或设备事故而需立即进行抢险救灾供电的紧急状态下,如系统无备用容量,可全部或部分替代某一常规变电站迅速投入供电。在采区供电中,采用移动式变电站,可以满足重型机械化采煤机组大容量、高电压供电要求,并能随采掘工作面一起推进,能较好地解决供电压降过大或短路保护灵敏度不足的问题。

1. 矿用干式变压器的智能化

通过对干式变压器实时状态感知、故障智能研判,实现矿用干式变压器的智能化检测,

图 8-15　矿用隔爆型干式变压器

以一二次融合、物联网技术为基础构建矿用干式变压器智能系统是智能运维的迫切需求。

智能矿用干式变压器由变压器本体、附件、变压器智能物联感知终端及各感知设备共同组成。欲实现矿用干式变压器的智能运维，需要对电气量、设备状态量和环境量进行实时监测及智能分析。通过加装电压电流互感器进行电气量的测量，实现电压、电流、功率、功率因数、频率、谐波、电压合格率、过压、欠压、缺相、失压、功率因数越限、频率偏差、三相不平衡度、谐波含有率等的计算和判别，此类功能类似于配电台区 TTU 的功能；设备状态量感知主要通过加装桩头测温传感器、光纤测温传感器等各类传感设备，实现设备状态的精准感知，并以此信息为基础进行设备健康状况的判断；环境量的监测主要通过水浸、烟雾传感器、视频等设备对变压器的工作环境进行监控，实现设备运行环境、安防、设备状态的实时感知。智能物联感知终端实现对各类数据的采集、边缘计算及对外交互，其功能及设备接口见表 8-4。

表 8-4　智能矿用干式变压器系统功能及传感接口分析

功能大类	功能小类	功能描述	数据来源及接口
电气监测	电气量测量	电压、电流、功率、功率因数、频率、谐波	互感器，交流信号
	电能质量管理	电压合格率、三相不平衡度、谐波等电能质量	
	电能量采集	正反向有功电度量、四象限无功电度量	
状态监测	开入量采集	采集柜门开合状态、风机状态、烟雾报警等	开关量信号，24 V 开入量
	绕组温度监测	采集绕组及铁芯温度	荧光测温传感器，RS485 接入
	桩头温度监测	采集变压器 A、B、C 三相桩头温度	感应式传感器，RS485 接入
	局部放电监测	采集三相局部放电信号	高压侧安装高频耦合传感器，RS485 接入
	环境温湿度监测	采集变压器环境的温度、湿度	有线传感器，RS485 接入
	振动信号监测	采集变压器本体振动信号	加速度传感器，RS485 接入
	水浸监测	采集变压器部署地的水浸情况	开关量接入
	烟雾监测	采集变压器烟雾状态	开关量接入
	视频监控	采集变压器及周边视频信息	RJ45 网口接入

表 8-4(续)

功能大类	功能小类	功能描述	数据来源及接口
智能物联感知终端	边缘计算	通过温度预测变压器的剩余寿命	数据来源于绕组温度监测
		变压器绝缘性能分析	数据来源于局部放电监测、绕组温度监测等
		本体过温、过载、过压、欠压、断相、水浸、火灾等异常工况检测	数据来源于绕组温度、桩头温度、交流量等
		根据异常工况结果对风机进行联动控制	数据来源于异常工况检测结果

2. 矿用干式变压器智能系统方案

矿用智能干式变压器系统遵循“云管边端”电力物联网体系，通过智能物联感知终端集成所有传感器信息，并以应用软件(App)方式实现业务功能的自由扩展，具备矿用干式变压器的状态感知、健康评估及能效管理等功能。智能物联感知终端实现变压器的状态实时采集与处理，并通过无线/有线方式以 IEC 104 或 MQTT 物联网协议与主站系统进行数据交互。智能干式变压器系统方案如图 8-16 所示。

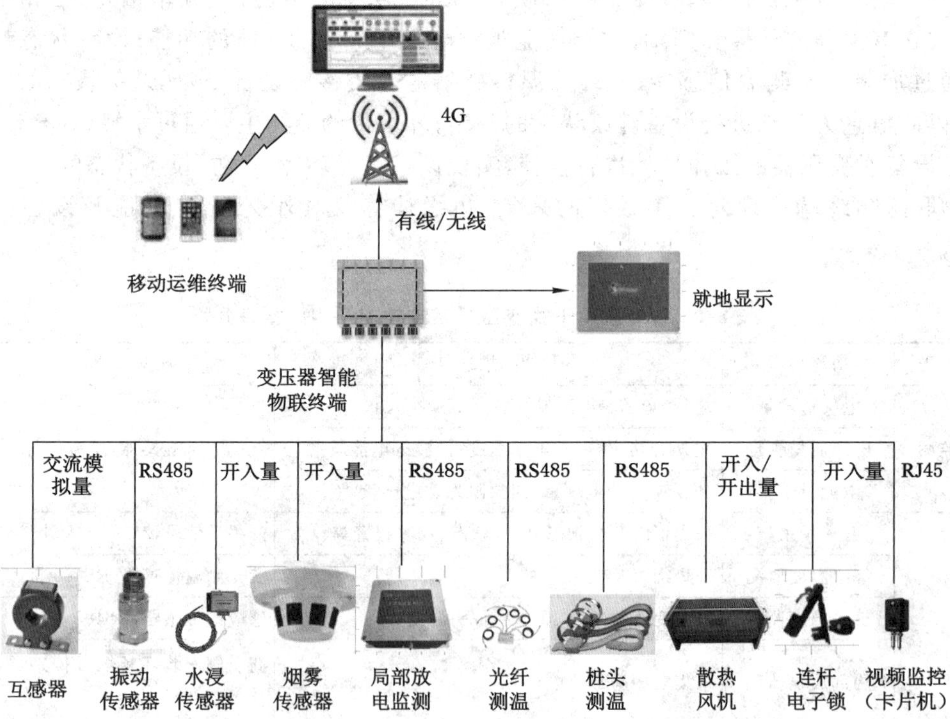

图 8-16 智能干式变压器系统方案

根据矿用干式变压器的设备特点，按照一体化设计原则，在干式变压器本体上部署互感器、振动传感器、水浸传感器、局部放电监测传感器、光纤测温传感器及智能物联终端等装置，实现矿用干式变压器本体关键信息的实时监测、分析、联动处理。智能物联感知终端安装于干式变压器本体顶部，其底座固定在高低压绝缘子支架，可以根据变压器侧出线的位置沿着绝缘子支架调整。同时在变压器安装框架上部署安装烟雾传感器、智能锁、视频监控等设备，实现对环境信息的监控及安全保护，实现设备的感知要求。

第四节　煤矿智能变电站

智能变电站除了要满足全站信息数字化、通信平台网络化、信息共享标准化的要求，还要能实现在线智能化控制和调节、协同互动、在线分析决策等高级功能。新一代智能化变电站以智能设备的高度集成为特征，通过隔离式断路器、集成电子式互感器等新一代智能化设备的应用，大幅提高了一次和二次设备的融合水平，使得变电站占用空间大幅降低，电网安全性、可靠性显著提高。

一、智能变电站与常规变电站的对比

常规自动化变电站开始于 20 世纪 90 年代，利用先进的计算机技术、现代电子技术、信号处理技术，旨在提高电能质量及降低电网损耗，保证了电网设备的可靠运行。进入 21 世纪以来，随着工业互联网技术的发展及应用，对煤矿供电技术的稳定性、可靠性及智能化提出了更高的要求。常规综合自动化变电站和智能变电站的不同之处见表 8-5。

表 8-5　智能变电站与常规自动化变电站对比表

项目	常规自动化变电站	智能变电站
一次设备	不具有真正意义上的信息化、数字化功能	智能化，信息采集就地化
互感器	1. 使用传统电磁式电流、电压互感器； 2. 电流回路不能开路、电压回路不能短路	1. 使用电子式互感器； 2. 没有电流回路开路、电压回路短路的问题
信息传输	1. 通过控制电缆传输，物理端子； 2. 采用模拟量传输	1. 通过光纤传输，虚端子； 2. 采用数字量传输
通信规约	规约私有，不同厂家之间需要规约转换	规约统一，不存在规约转换的问题
互操作性	由于通信规约的束缚，设备互操作性差、兼容性差	实现设备互操作，采用统一的建模技术
状态监测	大多没有装状态监视设备，缺乏一次设备的状态监视信息	广泛应用 IED 技术，实现对设备状态信息的实时在线观测

智能变电站与常规自动化变电站最大的差别在于：电气一次部分采用智能设备、电气二次利用网络平台、通过在线监测实现状态化检修这三个方面。智能变电站还解决了常规自动化变电站存在的以下问题：通信标准不统一、互感器特性恶化等导致的故障、电缆老化接地造成误动作等。智能变电站还具有以下优点：

(1) 信息采集和处理的范围更广、层次更深。

(2) 集成度高、结构扁平化。

(3) 可实现广域保护，防止停电范围扩大。

(4) 变电站及设备占用空间大幅降低。

(5) 地面变电站与井下变电站的调度协调、互动能力更强。

二、智能变电站的网络通信标准

国际电工委员会IECTC57技术委员会在2004年颁布了关于智能变电站数据通信的国际标准IEC 61850。该标准的宗旨是"一个世界、一种技术、一种标准",它实现了设备间的相互操作和信息共享,同时解决了常规电力系统中存在大量不同厂家的规约、系统集成难度大的问题。

(一) IEC 61850系列标准

IEC 61850系列标准涵盖了计量、保护、控制以及在线监测四大功能,它从逻辑层面和物理层面上将变电站分成了站控层、间隔层和过程层三层,并定义了它们之间的接口。

1. 站控层

设备:由站级监视控制系统(工程师站、网络打印服务器和远动主站)、站域(及广域)控制、同步对时、通信系统等子系统组成。

功能:站控层位于变电站自动化系统最上层,实现面向全站设备的监视、控制、告警及信息接收、处理实时数据,并将采集的数据实时上传至电网调度并根据运行的需要发出执行命令。

2. 间隔层

设备:包括监测功能组的智能电子装置、继电保护测控装置、电能质量监测装置、故障录波装置、数字化计量设备等。

功能:间隔层内数据的实时采集和上传;对间隔层内的设备进行控制、保护及操作闭锁功能;网络通信上衔接站控层和过程层;对数据采集、处理和设备控制有优先级别等。

3. 过程层

设备:包括一次智能设备(变压器、开关设备、GIS、电流/电压互感器等)及独立的智能电子装置或智能终端。

功能:为间隔层设备提供数字化、智能化服务,执行间隔层设备发出控制命令的重要功能,是整个智能变电站的基础。

(二) 智能变电站的网络分层

我国在IEC 61850的基础上制定了DL/T 860,变电站采用分层分布设计,每一层由不同的设备或子系统组成,其组成示意图如图8-17所示。

1. 站控层-间隔层网络架构

本层网络中传输的数据有遥测及遥信报文、控制报文、事件及设备状态报文、时钟报文等。它的典型架构有星形和环形两种。星形架构要求网络节点相对集中布置,是较为常见的一种方式;环形架构可靠性高,但是对网络节点的交换机要求较高。

(1) 单层星形单网

此种网络架构形式是通过单层星形网络实现站控层和间隔层的网络通信。它的结构简单,网络设备少;但可靠度不高,缺乏冗余性,一旦系统中某一节点发生故障,就可能导致系统崩溃。其网络结构如图8-18所示。

(2) 单层星形双网

此种网络结构如图8-19所示。采用双层星形网络架构,克服了单层星形单网架构可靠度不高的缺点,增加了核心交换机的冗余配置。双层网络间平时传输的数据不同,当某一网

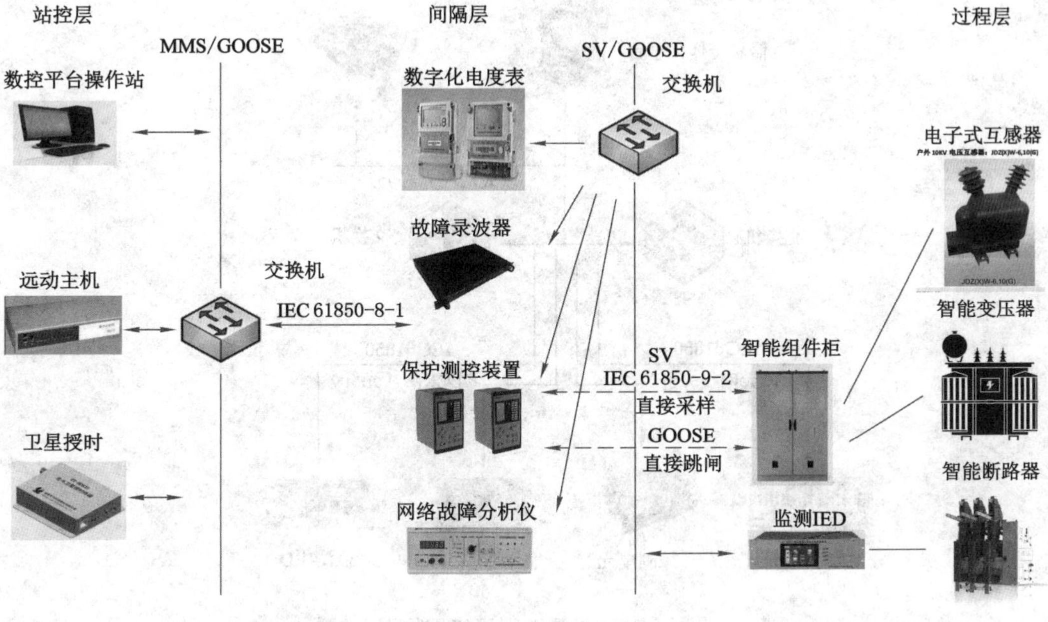

图 8-17　智能变电站网络示意图

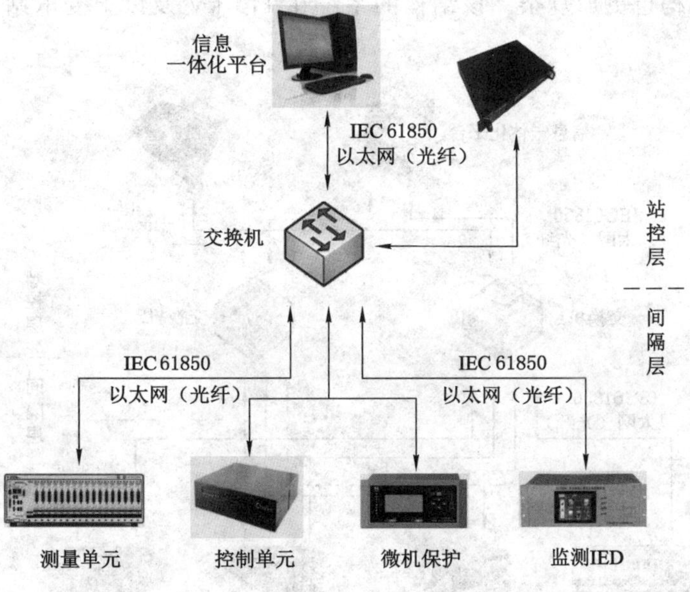

图 8-18　星形单网网络结构图

络发生故障时，另一网络可以承担起所有数据传输的任务。它的组网方式要求网络交换机冗余配置，且要求间隔层每个通信设备需要提供两个独立的网络接口。

（3）双层双网结构

此种网络结构如图 8-20 所示，它是在站控层和间隔层中建立两层相互独立的通信网络。两层网络平时以主备方式运行，当主网络发生故障导致无法工作时，备网可以承担起所

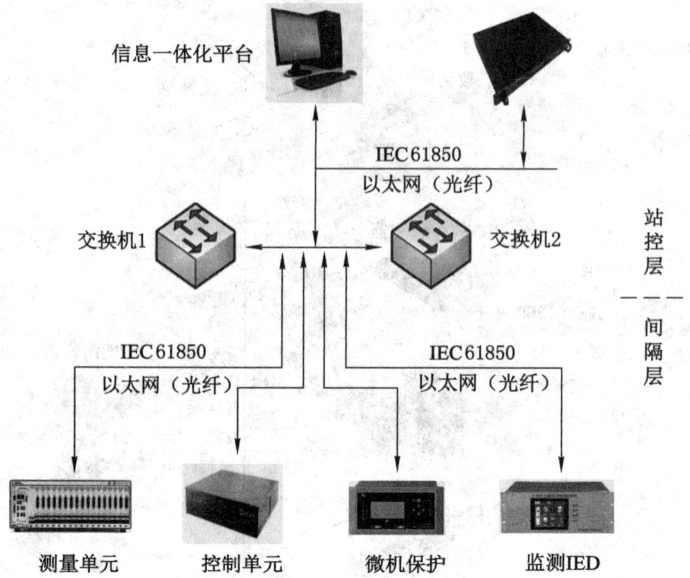

图 8-19　星形双网网络结构图

有数据传输的任务。它的特点是网络层次分明，系统结构较为灵活，通信网络可靠度大幅提高，但同时网络结构也更加复杂。该结构的系统在 110 kV 及以上变电站中获得了较为广泛的应用。

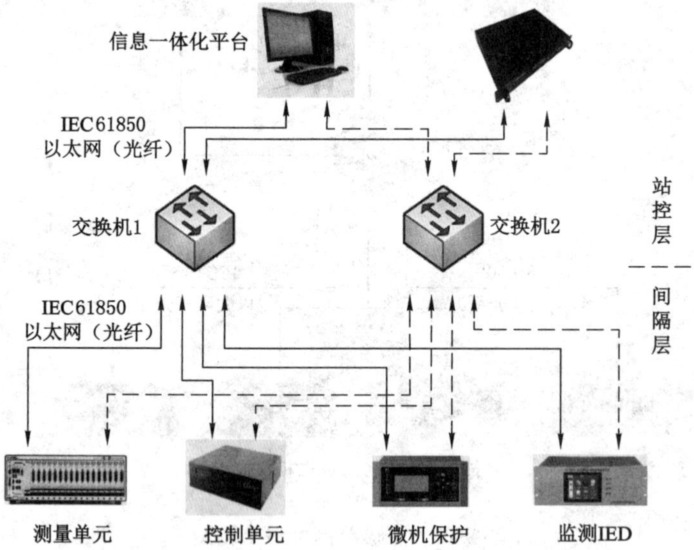

图 8-20　双层双网网络结构图

（4）环形网络架构

此种网络架构要求间隔层设备具有两个独立的网络接口，在间隔层组建环形网络；当网络中某一节点发生故障或信道断裂时，环形网络解环运行，改变数据的传输方向，从而实现网络自愈。要实现环形网络，间隔层需要选择具备环网功能的网络交换机。其网络结构如图 8-21 所示。

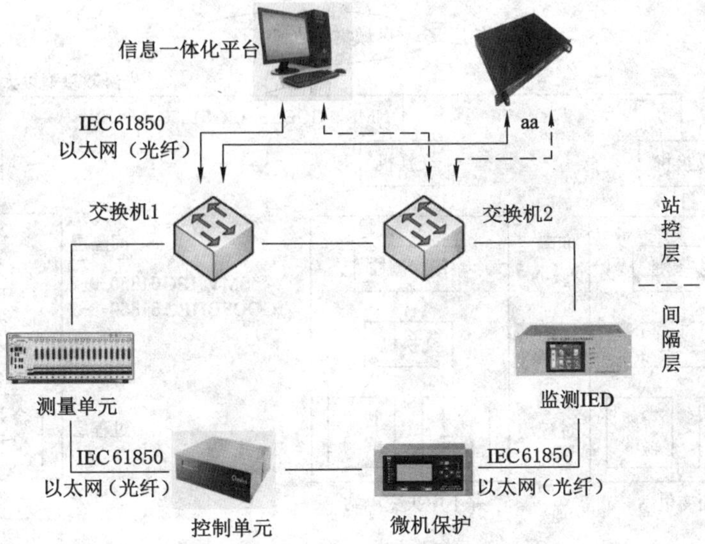

图 8-21 环形网络结构图

目前，国内电网对于 220 kV 及以上站控层与间隔层间网络推荐采用双星形或单环形冗余网络架构用于传输 MMS(manufacturing message specification，MMS)报文和 GOOSE (generic object oriented substation event，GOOSE)报文；110 kV 及以下站控层与间隔层间网络推荐采用单星形网络架构。其通信网络有的采用 GOOSE、MMS 两网合一方式，有的采用 MMS、GOOSE 和 SNTP(simple network time protocol，SNTP)三网合一方式。

2. 过程层-间隔层网络结构

过程层主要完成设备状态信息采集和执行间隔层要求的执行命令的任务。本层网络传输的数据包括电流、电压信号的 SV 报文；实现防误闭锁以及合/分闸控制的 GOOSE 报文；时钟同步报文等。一般把本层分为 SV(sampled value，SV)网与 GOOSE 网两层；通常采用星形和环形两种网络架构。

在线监测 IED(intelligent electronic device，IED)的组网一般有星形和网形两种方式。常用的通信方式有 RS232、RS485、CAN 总线或者无线通信(WiFi、ZigBee)，实现一次设备在线监测信息的各种数据信息的上传。

三、智能变电站的网络结构

煤矿智能变电站以智能开关、电子式电流/电压互感器、智能变压器等一次设备智能化为核心。过程层包括变压器、断路器、隔离开关、电流/电压互感器等一次设备及其所属的智能组件以及独立的智能电子装置；间隔层设备一般指继电保护装置、系统测控装置、监测功能组主 IED 等二次设备。35 kV 及以下电压等级的变电站，间隔层可与过程层合并。

按照《智能变电站设计规范》对 110 kV 及以下网络结构的规定，变电站自动化系统可采用三层设备两层网络结构，也可采用三层设备一层网络结构。考虑到煤矿电网结构复杂性，为提高煤矿电网智能变电站的可靠性、经济性，可采用依靠区域集中控制中心协调控制各地面及井下智能变电站区域分站的技术方案。该系统的结构图如图 8-22 所示,图中只画出了(单机单网)作为示意。

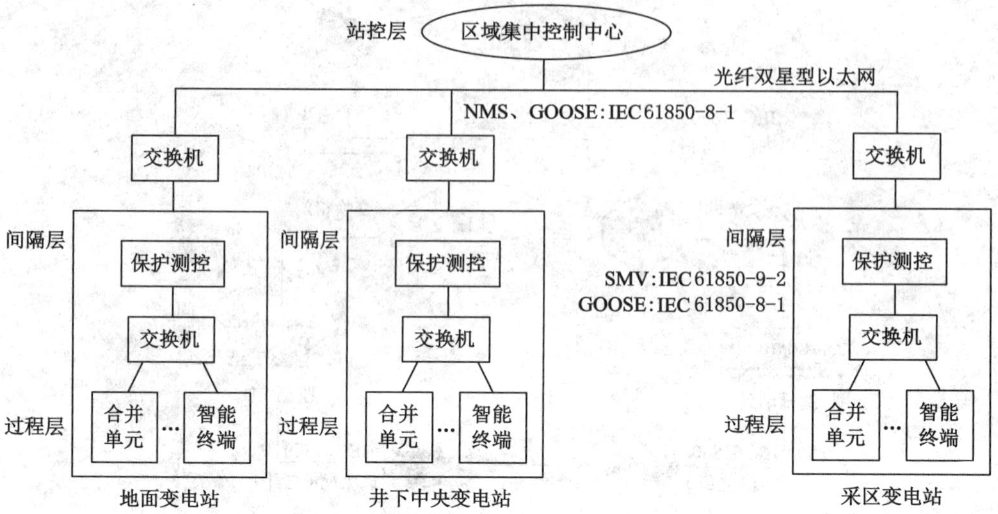

图 8-22 区域集控式智能供电系统

由图 8-22 可知,依据规范为保证系统的安全可靠工作,对集中保护测控装置和网络进行(双机双网)的冗余配置。各智能变电站均有间隔层和过程层,可以独立完成数据采集、测量、保护和控制等功能,而不依赖于区域集中控制中心。集中保护测控装置通过获取各终端电子设备(IED)的相关信息,依靠功能软件做出决策,并通过网络将保护控制命令信息下达至智能终端,由智能终端执行决策命令。

1. 区域集控中心

区域集控中心相当于各智能站的站控层,采用双星形网络结构,如图 8-23 所示。通信协议为 IEC 61580-8-1,IEEE 1588 同步系统技术,处理区域电网集控信息和各智能变电站监控信息。

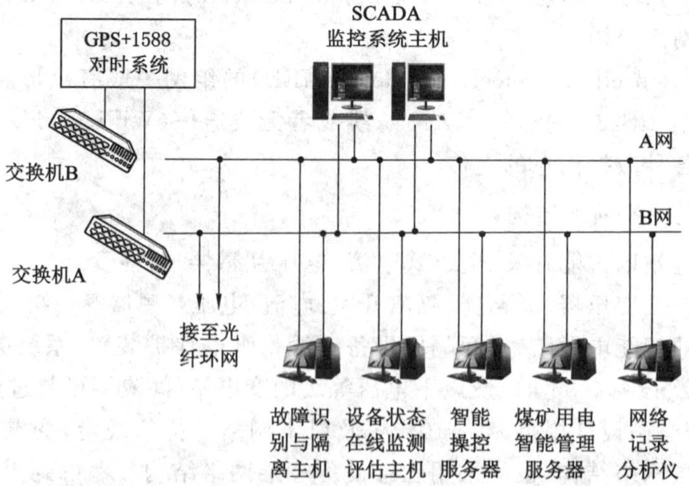

图 8-23 区域集控中心功能结构图

区域集控中心的作用是通过获取各个智能变电站的状态信息、开关变位信息、保护信息及部分重要负荷的电气量采样信息，监视整个电网的运行状况，并当各智能变电站之间需要进行信息交换时，作为各智能变电站信息交换的中介，即集控中心是作为整个电网各个智能变电站的站控层而设立的。

各个智能变电站内的信息，通过合并单元和智能终端上送至间隔层保护测控装置、电能质量监测装置，各智能变电站间隔层设备在完成相应功能的同时，通过光纤环网上的交换机设备将相关信息上送至光纤网络，各个智能变电站和区域集控中心都可以从网络上获取自己需要的信息，同时区域集控中心依据获得的广域信息，做出相应的保护和控制决策，进而发送至光纤环网，智能变电站和智能电子设备获得决策后，执行相应的保护与控制命令。

区域集控中心采用光纤环网与各个智能变电站通信，采用GPS＋1588对时系统，保证整个系统的同步。对于集控中心必须具有足够可靠的网络通信功能，同时具有一定的可扩展性，满足系统扩充与升级，并且对于外部干扰信号具有可靠的抗干扰能力，系统数据的传输延时必须满足保护与控制单元的实时性要求，数据的存储应具有冗余备份功能。

2. 地面智能变电站

地面智能变电站结构示意图如图8-24所示。主要采用间隔层与过程层网络采样数据网(SV)，面对变电站通用事件GOOSE与IEEE 1588同步对时网络，分别组网方案自成体

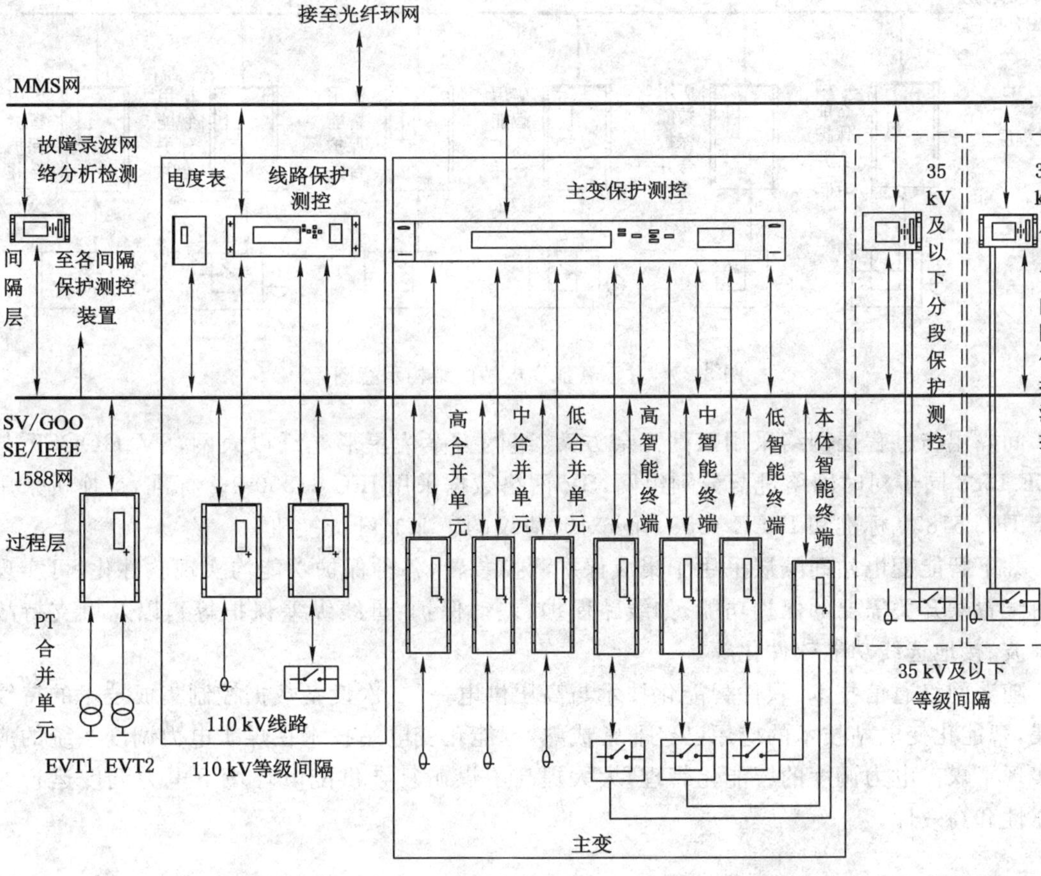

图8-24　地面智能变电站结构示意图

系，这种三网分离有效避免了不同特点的数据相互之间的影响，确保整个变电站系统的安全和稳定。GOOSE网络数据具有突发性、数据量不大的特点，但对传输的可靠性和实时性要求高。SV网传输的数据量非常大，对网络的可靠性、实时性和稳定性要求都非常高。采用光纤以太星形双网的组网方案以保证网络可靠性，SV网络数据传输采用IEC 61850-9-2标准，并根据电压等级分别组网。

3. 井下智能变电站

井下智能变电站结构示意图如图8-25所示。

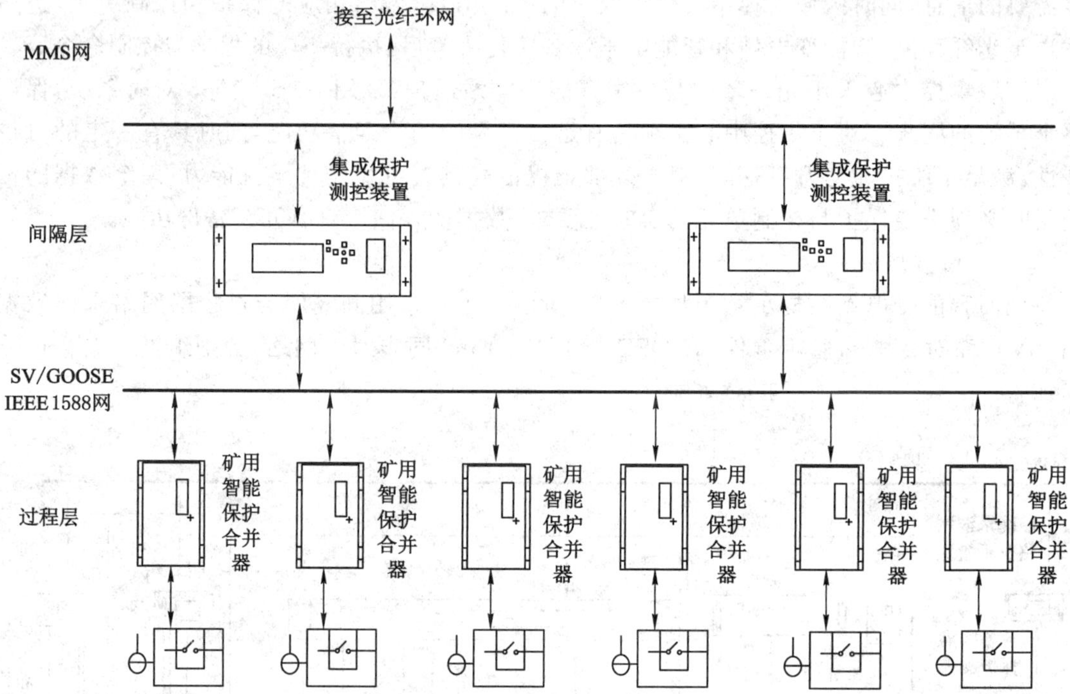

图8-25　井下智能变电站的结构示意图

间隔层与过程层网络采用双网冗余方案，组网方案为星形光纤以太网，SV、GOOSE与IEEE 1588同步对时网络进行分别组网，SV网络数据采用IEC 61850-9-2标准，交换机采用支持IEC 61850标准和IEEE 1588同步对时协议的工业光纤交换机。

井下智能变电站间隔层采用了集成保护测控装置，各种保护功能均实现软件化（可实现自由配置某开关需要的保护功能，如线路保护、差动保护、母线纵差保护等），以及可支持故障录波、接地选线功能软件化等。

随着网络通信技术、软件智能化技术与高压供电一、二次设备数据控制集成技术的持续发展，智能化变电站技术的应用已经非常成熟，智能化变电站技术在煤矿电力调度系统的应用实现了煤矿电力调度的智能化管理，大大提高了煤矿复杂供配电环境下电力调度运行的可靠性和高效性。

思 考 题

1. 煤矿企业对供电的基本要求有哪些？煤矿常用的电压等级有哪些？
2. 煤矿电气设备有什么特点？有哪些类型？
3. 矿井供电系统有几种形式？供电方式的确定取决于哪些因素？
4. 井下中央变电所、采区变电所内有哪些主要设备？其作用是什么？
5. 智能变电站与常规变电站的区别是什么？
6. 煤矿智能变电站的网络结构是怎么分层的？
7. 简述煤矿智能变电站防越级跳闸的实现过程。
8. 智能电表的原理是什么？
9. 电子式互感器与传统互感器相比有何区别？有什么优点？
10. 什么是煤矿供电 SCADA 系统？其基本功能有哪些？

第九章　煤矿智能化安全保障体系

第一节　智能化双重预防安全治理体系

一、双重预防机制基本概念与运行逻辑

安全风险分级管控与隐患排查治理双重预防治理体系是2015年年底，习近平总书记在政治局常委会上提出来的。当时针对国内重特大事故不断发生的严峻局面，习近平总书记要求“必须坚决遏制重特大事故频发势头，对易发重特大事故的行业领域采取风险分级管控、隐患排查治理双重预防性工作机制，推动安全生产关口前移”，正式提出风险分级管控与隐患排查治理双重预防机制，以下简称双重预防机制。

（一）双重预防机制的含义与特点

双重预防机制是由安全风险分级管控和隐患排查治理两部分有机融合的一个完整机制，它是通过风险辨识评估提前掌握生产过程中存在的风险，夯实各层级管控责任，并通过隐患排查治理确保风险处于受控状态的一种主动安全管理机制，如图9-1所示。

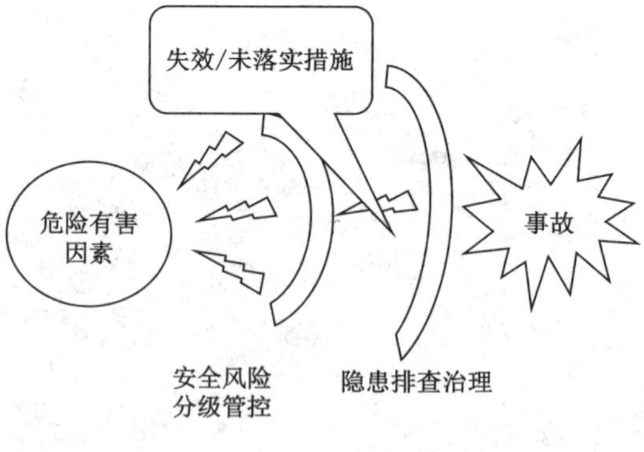

图9-1　安全双重预防机制示意图

双重预防机制构建了面向事故的两道防火墙。如图9-1所示，双重预防机制首先通过风险分级管控明确责任，确保各项管控措施落实到位，有效管控风险；如果由于各种原因，某些措施失效或未落实，则形成隐患，相关风险等级迅速提升，发生事故的可能性增大。为了遏制事故发生，通过隐患排查治理，确保失效或未落实的措施重新起作用，从而使风险等级重新回到原来的风险级别。与我国很多行业一直采用的隐患闭环管理模式相比，双重预防机制具有以下几方面的特点：

(1) 超前防范,掌握工作主动权。双重预防机制以超前风险辨识为核心,提前完善管控措施,通过各类风险管控活动,实现了安全管理由被动应对向主动预防的转变,掌握了工作主动权。

(2) 风险分级,明确工作重点。超前辨识的风险包含各种可能事件,其重要程度各有不同,必须通过风险分级区分不同的管控要求,明确未来安全工作重点。

(3) 管控清单,夯实部门、岗位职责。双重预防机制在明确风险等级、管控措施后,根据专业、层级等,制定各个部门、岗位的风险管控清单,明确各部门、岗位对相关风险的职责,避免了隐患闭环管理中职责不清问题。

(4) 隐患排查,掌握风险管控情况。双重预防机制中的隐患排查目的不仅仅是发现隐患,同时还要确认自身风险管控清单上的风险管控情况,以此判断企业的动态风险水平。

(5) 持续改进,确保风险管控措施有效性。原隐患闭环管理只侧重隐患从发现到治理验收的过程闭环,对问题缺乏明确的分析流程,造成很多企业隐患数量、类型等长期保持不变,难以从根本上提升企业的安全管理水平。双重预防机制包含了定期的持续改进分析要求,使企业能够回顾风险管控的效果,不断改进管控措施等,从而降低未来隐患的数量,不断提升企业安全治理效能。

双重预防机制通过对风险的辨识和分级、分类,使所有的风险都有人负责,明确部门和个人责任,实现了对传统隐患闭环管理模式的超越。

(二) 双重预防机制的相关概念

双重预防机制是针对我国生产经营单位长期安全管理特点的安全管理创新,既有对原有安全管理一些基本概念的继承,也有根据可操作性等原则对其进行的一些创新和调整。

1. 风险的概念

不同的文献对风险的定义有所区别,如 OHSAS 18001《职业健康安全管理体系》中称之为:发生危险事件或有害暴露的可能性,与随之引发的人身伤害或健康损害的严重性的组合。而 GB/T 23694—2013《风险管理 术语》对风险的定义是:不确定性对目标的影响。类似地,ISO 45001:2018《职业健康安全管理体系要求和使用指南》和 GB/T 45001—2020《职业健康安全管理体系要求及使用指南》中将风险定义为不确定性的影响,并在该条款的注释中进一步解释:影响是指对预期的偏离——正面的或负面的,不确定性是指对事件及其后果或可能性缺乏甚至部分缺乏相关信息、理解或知识的状态。显然,GB/T 45001—2020 为代表的观点更多视风险为中性的,而 OHSAS 18001 中则更加偏向我们对安全生产中风险的理解。本书中,我们将风险定义为:生产安全事故或健康损害事件发生的可能性和后果严重性的组合。一些专家学者也常以可能性和严重性乘积的形式直观体现风险的含义:

$$风险=可能性\times严重性$$

2. 管控措施

风险可能会给煤矿生产活动带来威胁,因此必须要通过技术、管理、培训、个人防护、应急处置等方面的措施将风险有效控制在低水平。对管控措施的明确定义较少,OHSAS 18001 中提到了纠正措施,是指出现了隐患(不符合)后为消除不符合或事件的原因并预防再次发生所采取的措施,与常说的风险管控措施有较大的区别。但 OHSAS 18001 中提到了管控措施的目的:① 应对这些风险和机遇;② 应对适用的法律法规要求和其他要求;③ 准备应对紧急情况和对紧急情况做出响应。

在具体如何制定、落实管控措施上，OHSAS 18001 提出了两项工作：第一，在其职业健康安全管理体系过程中或其他业务过程中融入并实施这些措施；第二，评价这些措施的有效性。

根据上述分析和双重预防机制理论逻辑完备及有效落地的考虑，可以认为管控措施是指：为将风险降低至可接受程度，采取的相应消除、隔离、控制的方法和手段。管控措施制定、落实的目的是管控风险的大小。如果采取某些管控措施后，风险得到有效管控，即剩余风险降低到了可接受的、低风险水平，则认为这些管控措施是足够的。

管控措施可以从事件(事故)发生的可能性上或后果严重性两方面考虑，以降低风险的等级。显然所制定的管控措施全部采取后，生产经营单位应满足适用的各项法律法规、规章制度等的要求，同时应对管控措施落实后的风险等级进行评估，即评估剩余风险的大小。如果剩余风险不能降低到低风险等级，并达到可接受水平，生产经营单位应制定、采取进一步的管控措施，直到风险能够得到有效管控。

3. 隐患的概念

隐患是我国安全管理一直沿用的核心概念之一。隐患一般指风险管控措施失效导致可能发生职业健康损害或事故的人的不安全行为、物的不安全状态、环境的不安全因素和管理上的缺陷。

在当前主流的几个安全方面的管理体系中并没有对隐患的定义，一般以“不符合”来描述该问题，如 GB/T 45001—2020 中将“不符合”定义为：未满足要求，即不符合与本标准的要求和组织自己确定的职业健康安全管理体系附加的要求有关。这里的要求包括明示的、通常隐含的或必须满足的需求或期望。为了更好建立、运行双重预防机制，我们可以将这里的需求或期望理解为生产经营单位应按照国家、省级政府及主管和监管监察部门、上级办矿主体等对安全相关工作的各项要求。当完成风险辨识、评估后，就根据前述“需求或期望”制定对风险的各种管控措施，以满足对风险管控的预期。一旦在生产经营过程中发现某些预期落实的管控措施没有落实，出现不符合，即形成隐患。隐患实质是安全风险部分或完全失去控制以后，其状态达到了企业“不可承受”的水平(不安全状态)。

正因为隐患的出现意味着某些风险管控措施失效，对应风险的数值超出预期水平，因此必须要采取措施，确保隐患得到有效治理，即失效的风险管控措施重新恢复、起效，使对应风险的数值再次降低到预期的水平。

4. 风险与隐患概念的辨析

风险和隐患是双重预防机制的两个核心概念，彼此之间既有区别，也有密切的联系。风险的管控措施失效，出现隐患，意味着对应风险的数值上升，因此可以通过隐患排查治理情况估算风险的变化情况。

双重预防机制下的风险辨识评估目的是明确安全风险管控的重点，并不代表所辨识的重大风险具有现实的高风险性，属于初始风险。因各个生产经营单位的特殊性，其重大风险各有不同，但安全监管部门可从其监管角度提出生产经营单位必须重点管控的危险因素及其伴随的风险，即重大风险直接认定，要求生产经营单位必须重视这些风险的管控，从而避免一些生产经营单位对风险认识不清、管控不到位的问题。

重大安全风险不等同于重大隐患，只是在技术、管理、资金、人员等条件有限的情况，重大风险管控难度大，易失控而产生隐患。因此，存在重大安全风险的企业发生重特大事故的可能性比较大，需要企业重点关注。同样，低风险不代表一定安全，低风险管控不好，也可能产生隐患，导致事故发生。

（三）双重预防机制运行基本流程逻辑

双重预防机制运行是指煤矿企业等生产经营单位在建成双重预防机制后，在日常安全管理工作中贯彻、落实双重预防机制的各项要求。这里我们所说的日常基本运行仅包括非作业风险的管控和对应隐患的排查治理工作。经过近年来的实践探索和理论研究，各方在双重预防机制是一个风险-隐患一体化的完整机制的认识上基本取得了共识。以运行逻辑而言，双重预防机制的流程应是风险-隐患一体化的流程：通过风险辨识掌握存在的风险，通过风险评估区分管控重点，通过管控措施明确管控程度和标准，通过分级管控夯实责任，减少风险失控情况，即减少隐患发生。通过日常风险管控和隐患排查，发现什么风险失控，通过隐患治理、督办、验收，确保隐患得到有效治理，风险重新恢复受控状态，从而避免事故发生。如果仅仅是这样，双重预防机制只能在某个固定水平不断重复，难以实现持续改进和提升，长期而言仍难以从根本上遏制重特大事故发生。因此，双重预防机制还应通过风险失控情况和隐患排查情况，分析风险失控原因，调整、优化风险辨识、管控信息，使新一轮的风险管控、隐患排查治理工作在更高的、新的水平上运行。不考虑各行业、企业的个性化安全管理方法和特点。典型的双重预防机制运作基础流程如图 9-2 所示。

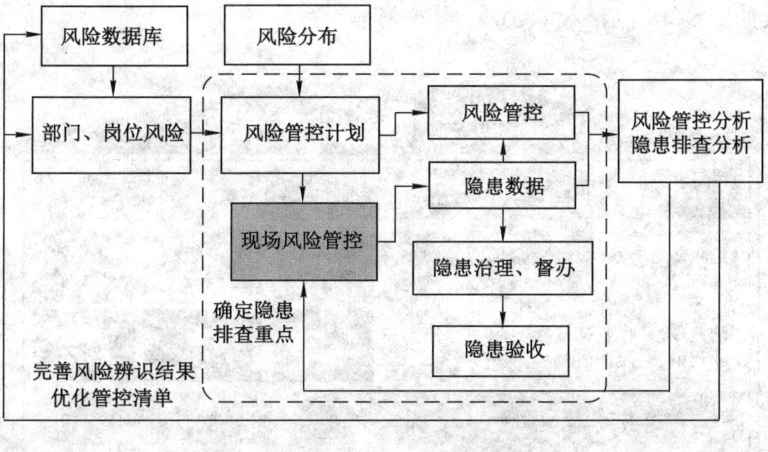

图 9-2　双重预防机制运作基本流程

煤矿企业建设双重预防机制的目的之一就是要解决“想不到、管不到”的问题，因此煤矿企业应根据分析分布情况和部门、岗位风险管控责任清单，制订风险管控计划，确保风险管控力量与风险分布情况保持一致，即风险大、风险多的风险点，风险管控的频率应更高一些。在日常双重预防机制运行工作中，风险管控和隐患排查工作应有机结合起来，一方面排查所在风险点中的隐患，另一方面确认该风险点中风险管控人员所负责管控风险的管控效果。如果发现隐患，则进入隐患治理、督办和验收流程；如果没有发现隐患，说明风险管控到位，记录风险管控情况。上述部分即为日常的开环环节核心流程。随着时间推移，煤矿企业积累了足够的风险管控和隐患排查数据，应定期对这些数据进行分析，完善风险辨识的结果，优化各类风险管控清单，使下一周期的双重预防运作在新的基础之上。这类数据分析可以根据生产现场风险变化情况按月、按季或半年的周期进行，或进一步以明确隐患排查重点确定、风险管控数据优化的目的分类，将数据分析按不同的周期开展。数据分析改进流程虽然不是双重预防机制日常运行中频繁进行的内容，但对于确保双重预防机制与煤矿企业安全生产实际情况保持一致，不断提升企业安全管理水平，具有极为重要的意义。

二、智能化双重预防治理体系基本框架与特点

随着煤矿智能化建设的快速推进，煤矿所能够采集的信息无论是种类、数量还是频率都大幅度提升，从而为企业更透彻掌握各个要素的变化提供了可能，安全生产管理工作面临着一个革命性提升的机遇。煤矿双重预防机制与智能化技术有机融合，形成智能化双重预防。

智能化双重预防是将GIS技术、移动互联网、物联网、大数据、人工智能等技术与风险分级管控和隐患排查治理深度融合，实现安全生产要素动态监控、安全风险综合评估、预测预警、事故隐患智能分析，直至应急协同指挥一体化的、从根本上遏制事故的双重预防性工作机制。为了充分发挥智能化技术的优势，又能够确保智能化双重预防有效落地，必须明确双重预防机制整体和每个逻辑流程如何与智能化技术有机结合，同时明确新的方法需要什么样的支撑要素才能够有效运行，如组织机构、人员素质、管理制度等，即智能化双重预防体系必须是一个在智能化技术加持下的、完整的安全管理体系，重新界定了安全生产工作各参与方的职责、工作流程、彼此关系等，形成一个完整的、全新的、企业层面的安全治理体系。

作为智能化技术与双重预防机制深度融合的安全治理体系，智能化双重预防的各要素及其相关关系如图9-3所示。

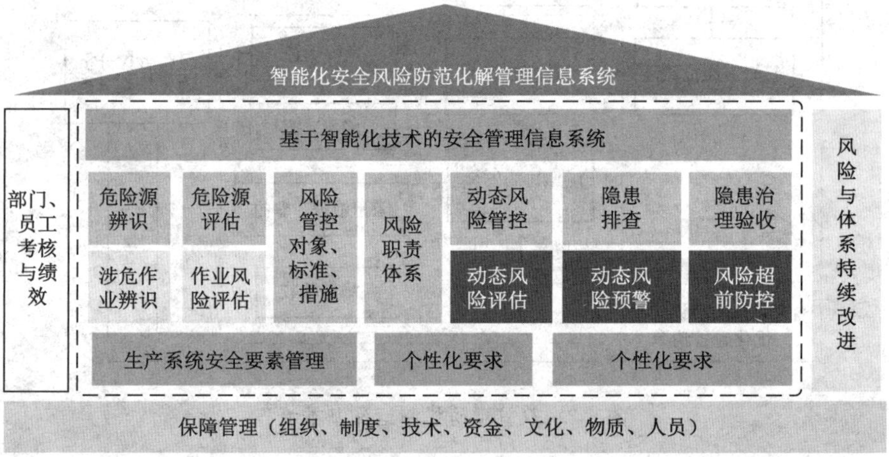

图9-3　智能化双重预防要素及框架

智能化双重预防既重视对环境和设备的危险因素管理，又重视涉危作业的风险管控；既重视对静态风险的管控，又重视动态风险的管控；既重视业务流程的顺畅，又重视保障措施的到位，而且能够兼容各种不同的安全管理体系、方法等，如安全生产质量标准化管理体系、企业个性化安全管理方法等。

智能化双重预防治理体系不仅仅是简单地将智能化设备、软件等应用在原有的双重预防机制工作中，而是从双重预防机制整体思路出发，根据智能化技术赋能，创新双重预防机制工作流程，创新风险防范逻辑，从根本上提升企业安全治理能力。智能化双重预防治理体系的特点主要体现在以下六个方面：

（1）强化双重预防遏制事故的作用，兼容不同安全管理方法。智能化双重预防并没有改变双重预防机制的核心思想，仍然能够兼容多种不同的安全管理方法。当然不同的安全管理方法融合后形成的个性化智能化双重预防在流程等方面各有不同之处，因此智能化技术与其结合也有所不同。智能化双重预防在原有双重预防基础上，进一步强化、扩展了遏制事故的机制，使动态风险管控、现场超前管控成为可能。

（2）以各类安全相关数据集成为基础，对数据采取统一管理。实现与安全生产有关数据的全面采集、集成，并保证数据采集的及时性、真实性和精度是智能化双重预防的基础。智能化双重预防与非智能化安全管理的核心区别就在于通过丰富的数据，减少了安全管理的不确定性。煤矿安全管理有关数据种类繁多、数量庞大、格式各异，给企业后续的数据分析带来了巨大的困难。因此，智能化双重预防治理体系要求将所有安全相关数据进行全面集成，规范其接口等内容，对数据进行清洗，统一管理。有条件的可以建立安全数据中台。

（3）以人工智能算法为核心，对风险进行动态评估和预测预警。通过对既往数据的大数据智能分析，能够从中发现诸多有价值的事故风险防控规律，用于指导风险防控和安全监管监察工作，有效提高安全治理效能。当前比较常见的、需要采用大数据挖掘算法进行数据处理的场景主要是对各种风险进行多层级动态评估和预测预警等。在全面汇集企业管理、感知数据的基础上，通过建立综合评价指标体系，构建深度学习等大数据算法模型，利用信息系统，从企业各个管理层级出发，对人、机、环、管四方面客体的效率、效能、优劣、风险等级、突出问题等方面进行智能评价，并进而预测未来风险变化趋势。

（4）重视重大风险管控，对固有风险进行动态调整。重大风险是企业风险管控的关键，而重大风险管控更多依赖技术措施。以煤炭行业为例，近十余年安全形势的根本改善，与技术快速发展和安全投入的快速提升有重要关系。2022 年 3 月 31 日召开的全国安全生产电视电话会议上发布的“十五条硬措施”中，也支持企业进行技术革新，从根本上提升安全生产水平。新技术措施等管控方案的完成，能够从根本上提升企业安全生产水平，改变重大风险分布，就需要智能化双重预防对固有风险进行动态调整。

（5）通过数据分析，辅助风险辨识及对风险数据动态调整。除了对固有风险的动态调整外，智能化双重预防治理体系更加重视对风险辨识结果和管控措施等的调整、完善。这样才能使每月的安全风险管控、隐患排查治理工作有效性与风险的实际情况匹配；日常现场安全风险管控时的数据才能与实际情况保持一致。

（6）减少对人员依赖，降低体系日常运行的难度。智能化双重预防治理体系与减人提效的智能化整体效果一样，也能够通过更好、更及时把握安全风险的变化，并对风险管控力量进行动态调整，而减少安全监管人员数量；而且通过智能化技术指导现场检查工作，能够极大降低对于人员素质和能力的需求，提升安全检查的工作质量和效果。

三、智能化双重预防治理体系基本流程与风险防范逻辑

在重复占有数据、分析数据的基础上，智能化双重预防治理体系极大提升了原有双重预防机制的业务流程效率，减少了体系运行的内部成本。智能化双重预防体系逻辑仍分为风险辨识与静态评估、风险动态管控、隐患排查治理、持续改进四个环节，如图 9-4 所示。

1. 风险辨识与静态评估

风险辨识与静态评估是双重预防机制的基础，解决了“管什么、怎么管、谁去管”的问题。智能化双重预防能够根据煤矿之前的风险管控、隐患排查数据，提出需要调整、新增的风险，

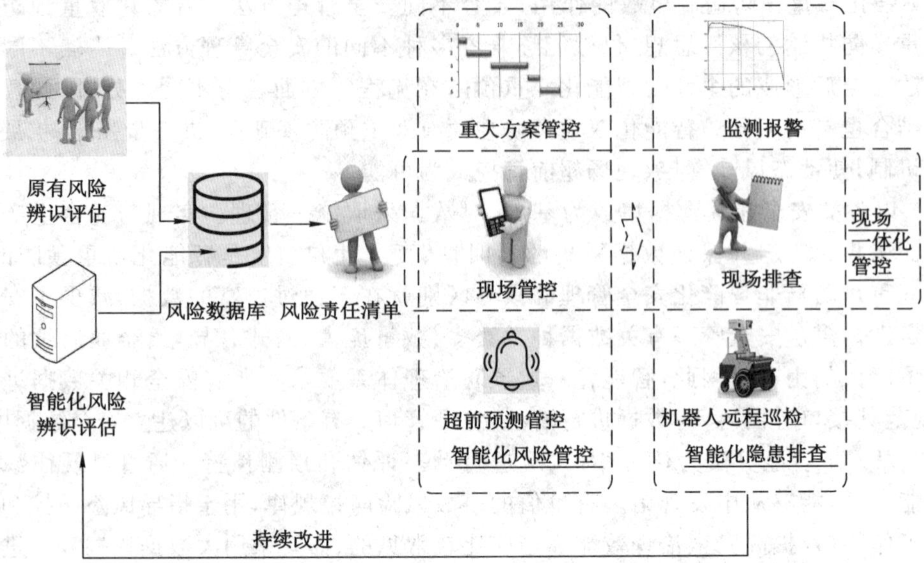

图 9-4　智能化双重预防体系流程示意图

并对风险等级进行动态评估，提出管控措施完善建议，减少了对人员经验的依赖。

2. 风险动态管控

风险动态管控是智能化双重预防体系最大的区别。除了保留原有双重预防机制的现场管控、重大方案管控渠道以外，智能化双重预防体系增加了对风险的动态评估和预测预警。风险的动态评估充分利用各种与安全有关数据，得到更加全面、科学的风险评估结果，使煤矿能够提前掌握风险变化趋势。同时，风险动态管控还可以根据对未来风险预测的变化，及时发现可能出现的隐患，实现对风险的超前管控，使煤矿能够真正掌握安全管理的主动权。

3. 隐患排查治理

智能化双重预防体系的隐患排查治理充分利用智能化技术的能力，在对原有隐患排查模式进行改进的基础上，增加了两个隐患排查渠道，切实扎牢了安全的第二道防线。通过井(坑)下精确定位，实现各种信息与现场单兵装备的互联互通，降低了现场工作的复杂性，提高了现场工作的针对性；动态监控各种与安全相关监测监控系统、工业视频等数据，一旦超出阈值直接视为出现隐患；利用安全巡检机器人、无人机等智能化设备，实现在地面开展远程巡检。三种不同方式的隐患排查方法，降低了现场数据对人工采集的依赖，极大提高了双重预防体系的数据时效性、全面性和可运行性。

4. 持续改进

通过对与煤矿风险、隐患相关大量数据的动态分析，一方面能够定期对风险辨识结果、管控效果等进行分析，动态优化管控重点、管控措施，调整风险等级等，确保日常双重预防工作的有效性；另一方面，通过双重预防体系绩效等的分析，对体系的持续改进提供决策参考。

智能化技术从数据存储、数据加工、智能化装备等几方面极大改变了双重预防机制的逻辑，更加凸显了双重预防机制在风险超前管控、遏制事故发生方面的巨大作用。

智能化双重预防体系有了智能化技术的加持，其管控风险、遏制事故的逻辑较一般双重预防机制有所不同，对风险管控手段更加多样、更加有力，也更加有效。一般双重预防机制的提前防范主要体现在提前辨识风险、制定管控措施上，做到了“心中有数”，而智能化双重预防体系则将风险超前管控的工作延伸到了风险管控过程中，有效扎牢了减少隐患的第一道防线。智能化双重预防体系遏制事故的逻辑如图9-5所示。

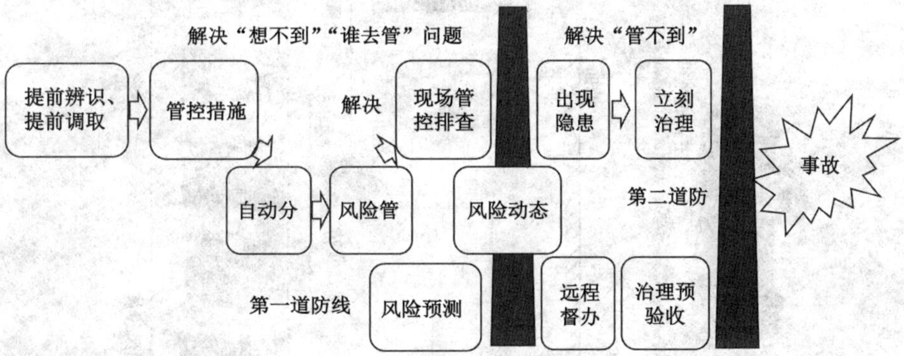

图9-5　智能化双重预防体系遏制事故逻辑

除了一般双重预防机制遏制事故的逻辑外，智能化双重预防体系还有其自身的特殊逻辑，真正做到了把安全风险管控挺在隐患前面，把隐患排查治理挺在事故前面，成为企业风险防范化解机制的核心。

第二节　智能通风系统

矿井通风智能化技术就是根据井下各个地点的温度、湿度、有害气体和矿尘浓度的变化实时保证供风质量，满足正常时期和灾变时期各用风地点按时按需供风，也是智能采矿不可或缺的重要组成部分。

一、智能通风系统架构

智能通风系统组成结构如图9-6所示。在三维可视化调风控风系统的管控之下，系统不仅集成安全监测系统、人员和车辆定位系统，而且可以对智能风门、风窗实现正常时期和灾变时期远程智能调控，对于具有变频调速的局部通风机和智能主通风机可以在线调速和调角度及其他常规控制。

按照层次划分，可把智能通风系统分为矿山4DGIS、矿山物联网、分析维护软件、智能调控和数字孪生五个层次(图9-7)：

第一层为矿山4DGIS平台，用于管理和矿井通风有关的地形、地质、井巷、硐室及工作面的空间和属性数据。

第二层为矿山物联网平台，为通风智能化建设需具备的基础网络、交换设备、精准感知设备、控制装备和智能通风设施。

第三层为智能化通防系统，主要解决通风系统优化设计、改造、4DGIS模型建立、系统初始化、静态和半静态的数据处理、分风模拟解算、机器学习等后台支持。

第四层为矿井通风智能调控系统，是实现通风系统智能化的神经中枢，在前三层的基础上，实现矿井通风的自动化和智能化，为矿井智能化建设打好“一通三防”的智能化基础。

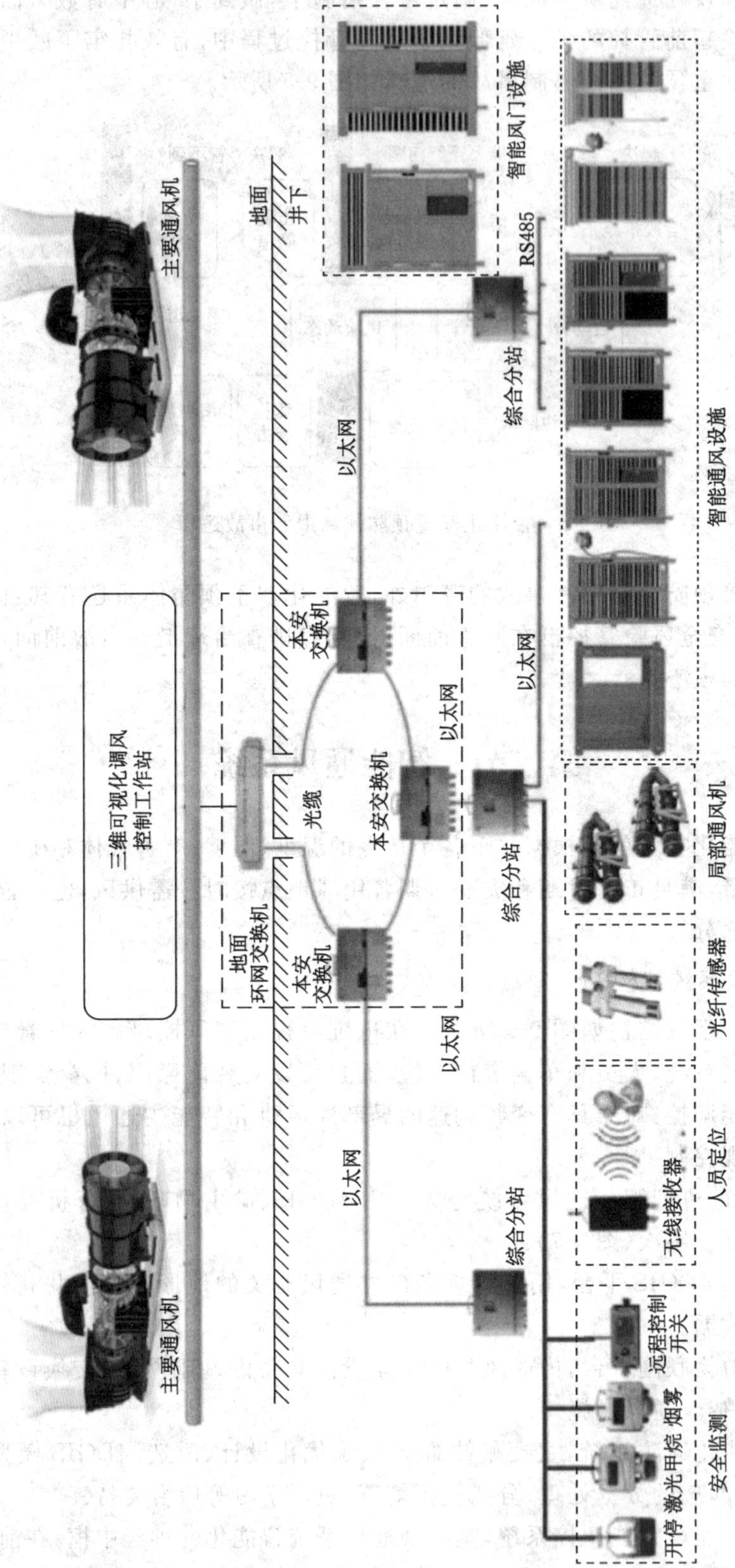

图9-6　智能通风系统组成结构

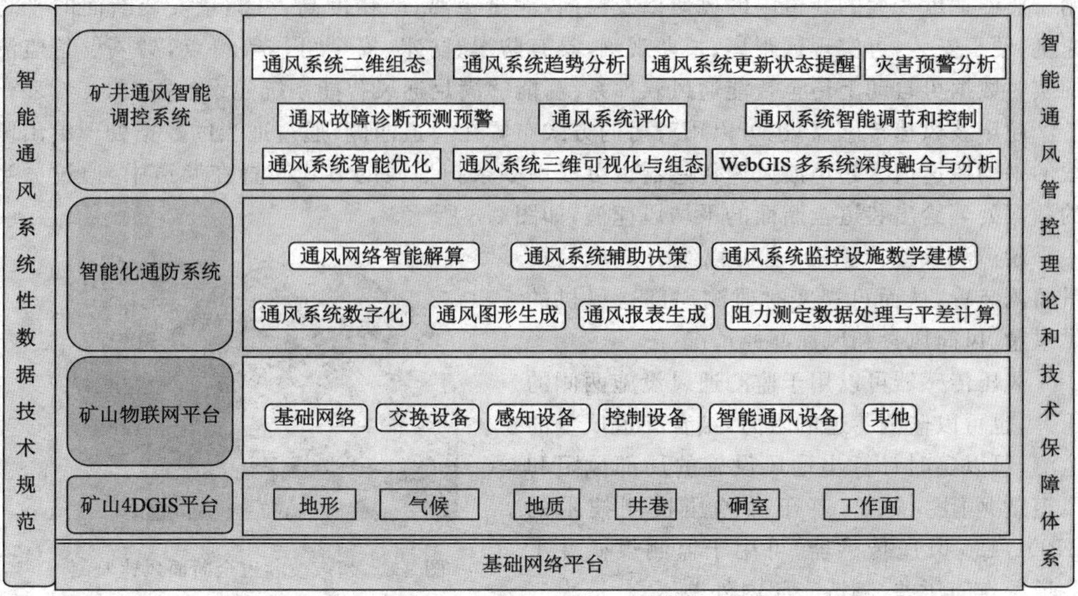

图 9-7 智能通风层次结构

二、智能通风动力设备

1. 主要通风机

硬件要求：安装动叶角度，转速，风量，风速，入口和出口的压力、静压、全压，轴温和定子温度，水平和垂直振动，供电频率等传感器，能监测电流、电压、功率、功率因数、电能等信息，并提供第三方监测接口。有变频调速装置，动叶角度在线调节装置，并提供第三方监控接口。矿井主要通风机实现在线一键式启停、反风、倒机，风机控制能与反风风道、防爆门（盖）控制设施联动，并提供第三方监控接口。

软件要求：可实现主要通风机的在线故障诊断，并提供故障信息接口，能够根据工况点的风量和风压，自动选择最优转速和动叶角度，实现在线调节，并提供第三方调控接口。

所有的监测、控制和状态诊断提供开放的通信接口和通信协议。

2. 局部通风机

软硬件要求：安装风筒风量、巷道风速、风压、轴温、水平振动和垂直振动、电频率和转速等传感器，并能监测电流、电压、功率、功率因数、电能等信息，并提供第三方监测接口。有变频调速装置，实现远程调节，能与掘进面环境监测和风筒风量监测数据联动，并提供第三方调节接口。可实现局部通风机的在线故障诊断，并提供故障信息接口。

三、智能通风测风设备

测风设备主要包括风速和风量传感器、风压和压差传感器。安装这些传感器的目的是实时监测用风点和主要巷道的供风量和阻力分布，也为动态分风解算和通风系统状态识别提供数据支撑，传统的风速传感器的启动风速在 0.3 m/s 左右，不能满足智能通风的需要。

超声波巷道风速传感器、超声波风筒风量传感器等，利用超声波在空气中传播的时间差来测风的一种技术，实现对井下巷道、局部通风机和风筒风速、风量进行实时精确监测。可用于监测宽度较大的巷道内的风速以及风向，测量距离远、精度高、可测量安装断面的平均速度、便于安装，可实现远距离、长期观测，具有防爆、防水、安全可靠等特点，测风设备监测的实时数据可自动上传至智能通风软件系统，能够满足通风智能系统建设的需要。

超声波风速传感器，也可以用对射的方式布置在巷道两侧，通过适当的数据处理给出侧线的平均风速值。超声波风速传感器也可以用多条扫描线的方式布置在巷道中，通过适当的数据处理给出巷道全断面的平均风速值，如图 9-8 所示。

超声波风速传感器，也可以组合成风筒风量监测装置，从而可视实时监测局部通风机的供风量、风筒风量和风筒漏风情况。

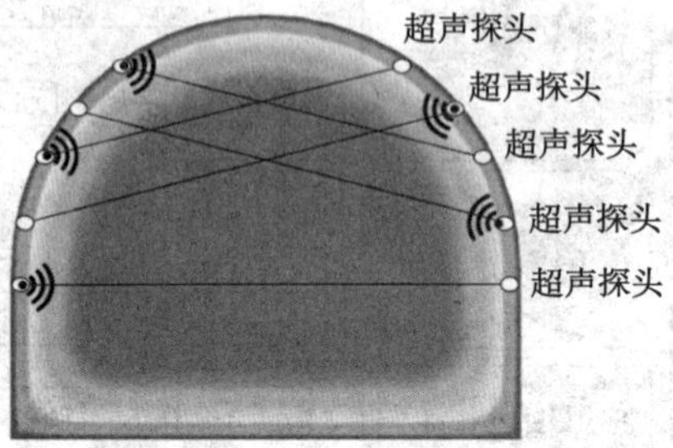

图 9-8　超声波巷道全断面风速监测

风压传感器可以用于监测通风设施两侧的压差，也可以监测巷道的阻力，结合巷道风量的监测，可以实时计算出通风设施的局部风阻和风道的风阻。例如，基于微差压检测技术的 GPD1/120 风压传感器，可用于监测煤矿井下巷道两点间压差、隔墙密闭内外差压、巷道大气压力，实现采空区漏风、隔墙密闭质量的连续监测。

四、智能通风计算模型和软件系统

首先，对风网结构及状态方程给出一个通用的数学描述，方法是根据井巷空间结构和通风系统各风道间的拓扑关系建立完整的通风网络拓扑图，而后把所有进风井口和回风井口虚拟为一个节点（编为一个节点号），所有的巷道交叉点适当简化编为其他节点，原则上按照风流方向从始点到终点对风道进行编号，得到风网结构图 G。不妨假设通风网络 $G=(V,E)$ 是一个无悬挂点的虚拟有向图，不失一般性可设 G 的基础图连通，$V=\{v_1,v_2,\cdots,v_M\}$ 和 $E=\{e_1,e_2,\cdots,e_N\}$ 分别为 G 的节点集和风道集，并记 $|V|=M$，$|E|=N$，即 G 有 M 个节点、N 条风道，第 k 条风道可表示为 $e_k=(v_i,v_j)$，其中 v_i 和 v_j 分别为风道 e_k 的始点号和终点号。

任意选择 G 的一个生成树，就可得到 G 的连支集及其对应的 $C=N-M+1$ 个基本回路，不妨假设 G 的前 C 分支为连支（否则可对 G 的分支重新排序），则可把基本回路矩阵表示为：

$$\boldsymbol{B}=(I,B_2)=(B_1,B_2)=(B_{ij})_{C\times N} \tag{9-1}$$

记第 j 条风道的状态参数向量为：

$$\boldsymbol{T}_j=(R_j,h_{nj},A_j,B_j,C_j,q_j,h_j,h_{fj})^{\mathrm{T}} \tag{9-2}$$

式中，R_j、h_{nj}、A_j、B_j、C_j、q_j、h_j 和 h_{fj} 分别风道 j 的风阻、自然风压、风机特性曲线二次项系数量、风机特性曲线一次项系数、风机特性曲线常数项、风量、风压和风机风压。

记风网 G 的状态矩阵为：

$$\boldsymbol{T}=(T_1,T_2,\cdots,T_N) \tag{9-3}$$

则根据流体管网的平衡理论可知，风网一定满足下列方程组：

$$\sum_{j=1}^{N}B_{ij}(h_j-h_{fj}-h_{nj})=0 \quad (i=1,2,\cdots,C) \tag{9-4}$$

$$q_j = \sum_{k=1}^{C} B_{kj} q_k \quad (j = 1,2,\cdots,N) \tag{9-5}$$

$$h_j = R_j \mid q_j \mid^{\sigma_j - 1} q_j \quad (\sigma_j \geqslant 1, j = 1,2,\cdots,N) \tag{9-6}$$

$$h_{fj} = A_j q_j^2 + B_j q + C_j \quad (j = 1,2,\cdots,N) \tag{9-7}$$

式中，$\sigma_j \geqslant 1$ 为流态指数（对于紊流可取 $\sigma_j = 2$）。

称式(9-4)～式(9-7)为矿井通风网络 G 的状态方程组，是矿井通风系统最基本的理论和计算模型，G 的任何一组可行状态参数，必须满足这些方程组成的非线性方程组。

通风智能化中自然分风算法、按需分风计算、风阻调节优化、通风系统状态估计、风流方向智能控制、可靠性调节优化等的理论基础简述如下。

（一）自然分风计算理论

自然分风就是在各风道的风阻和自然风压以及各风机的特性曲线系数为常数时，求解各风道的风量和风压以及风机的工况点。自 1936 年 Cross（克洛斯）提出了流体网络分析方法后，人们就开始研究用迭代方法和图论理论来分析和求解矿井自然分风问题。1951 年，英国的斯考特（Scott）和恒斯雷（Honsley），对哈德-克劳斯（Hard-Cross）方法进行了改进，提出了著名的斯考特-恒斯雷（Scott-Honsley）方法。同年，日本京都大学的平松良雄也提出了类似的方法，称为京大方法。但是，这些方法在理论上都没有证明其收敛性，更不能保证收敛到真实的系统状态，即“真收敛”。下面以一个简单的通风系统为例进行讨论。

示例的网络结构如图 9-9 所示，风道 13 中的风机特性曲线分别为：

$$h_{f13} = -1.325 q_{13}^2 + 98.676 q_{13} + 1673.09$$

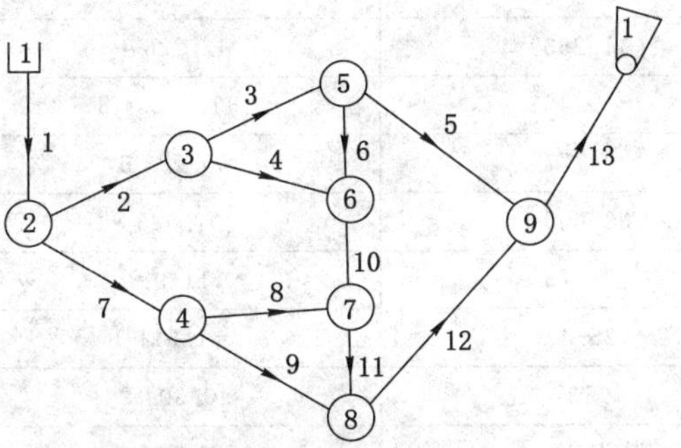

图 9-9　自然分风网络结构

上述示例的其他基础数据见表 9-1。

表 9-1　自然分风基础数据

风道号	始点	终点	风阻/(kg/m^7)
1	1	2	0.01
2	2	3	0.8
3	3	5	0.245
4	3	6	0.445
5	5	9	0.024 8

表 9-1(续)

风道号	始点	终点	风阻/(kg/m^7)
6	5	6	0.365
7	2	4	0.01
8	4	7	0.09
9	4	8	0.081
10	6	7	0.002 3
11	7	8	0.202 3
12	8	9	0.087 5

对于图 9-9 和表 9-1，如果用收敛性方法进行解算，就可以保证得到正确的结果，见表 9-2。

表 9-2　正确的计算结果

序号	风量/(m^3/s)	风压/Pa	风机风压/Pa
1	85.574	73.228 6	
2	14.797	175.158 3	
3	21.8	116.43 8	
4	−7.004	−21.826 8	
5	41.263	42.226 1	
6	−19.463	−138.264 8	
7	70.777	50.093 6	
8	33.603	101.626 8	
9	37.173	111.931	
10	−26.466	−1.611 1	
11	7.137	10.304 2	
12	44.31	171.797 9	
13	85.574	7.322 9	414.373 9

值得注意的是，即使对于最为简单的分风问题，用一般的风网解算软件也得不到正确的计算结果。因此，要实现矿井通风智能化就必须采用具有严格理论基础的模型和算法开发的软件系统，否则就不能保证计算能否收敛以及结果的正确性，也无法摆脱人工干预(包括算法选择、初值选择和结果的正确性评判等)，更无法实现矿井通风的智能化和无人化。

(二) 按需分风计算理论

按需分风解算问题是在已知各风道自然风压和各风机的个体特性曲线系数或工况的条件下，按照需要固定部分风道的风阻、风量和风压，计算出“正确的”未知风阻、风量和风压，这也是通风系统按需供风的计算基础。

仍以图 9-9 为例，假设风道 2 和 8 的风量已知，它们的风量分别为 14.797 m^3/s 和

33.603 m^3/s,风机的工况点为(85.574,414.373 9),风道 2 和 8 的风阻未知,风道 9 的所有参数都待求。为了便于计算,增加虚拟风道 14,形成解算数据见表 9-3。

表 9-3 按需分风基础数据

序号	始点	终点	风阻/(kg/m^7)	需风量/(m^3/s)	风压/Pa
1	1	2	0.01		
2	2	3		14.797	
3	3	5	0.245		
4	3	6	0.445		
5	5	9	0.024 8		
6	5	6	0.365		
7	2	4	0.01		
8	4	7		33.603	
9	4	8			
10	6	7	0.002 3		
11	7	8	0.202 3		
12	8	9	0.087 5		
13	9	10	0.001		
14	10	1		85.57 4	−414.373 9

利用按需分风计算软件进行解算,得到的结果见表 9-4。

表 9-4 按需分风解算结果

序号	始点	终点	风阻/(kg/m^7)	需风量/(m^3/s)	风压/Pa
1	1	2	0.01	85.574	
2	2	3	0.8	14.797	
3	3	5	0.245	21.801	
4	3	6	0.445	−7.004	
5	5	9	0.024 8	41.26 3	
6	5	6	0.365	−19.463	
7	2	4	0.01	70.777	
8	4	7	0.09	33.603	
9	4	8	0.081	37.174	
10	6	7	0.002 3	−26.466	
11	7	8	0.202 3	7.137	
12	8	9	0.087 5	44.311	
13	9	10	0.001	85.574	
14	10	1	−0.056 6	85.574	−414.373 9

对照表 9-4 和表 9-2 可知，在风道 2 和 8 的风阻以及风道 9 的所有参数都未知，并限定用风点分量和风机工况后，仍可反算出正确的风阻值。这也说明了关于矿井通风网络的分风解算问题，在理论上已经得到了解决。

（三）风阻调节优化理论

风阻调节优化问题是指利用单纯的风阻调节方法，计算出可行且满足正常时期、发火时期和灾变时期需要的风流控制方案，并使功率消耗极小化，这也是矿井通风智能化中用到的基础理论之一。关于矿井通风系统纯风阻优化调节问题的研究，一般有线性规划法、最大通路法、非线性规划方法以及固定风量法等。其中，线性规划法和最大通路法对系统进行大量的简化，计算结果只是在某种条件下的近似解。而固定风量法其实质就是按需分风解算的特例，用这种方法求出的风阻可能为负值，使得方案不可行。非线性规划方法虽然没有对系统进行简化，但要计算出最优调节方案也是很困难的。事实上，只要没有经过严格理论证明的方法是很难得到最优解的。下面就以图 9-10 和表 9-5 为例进行说明。

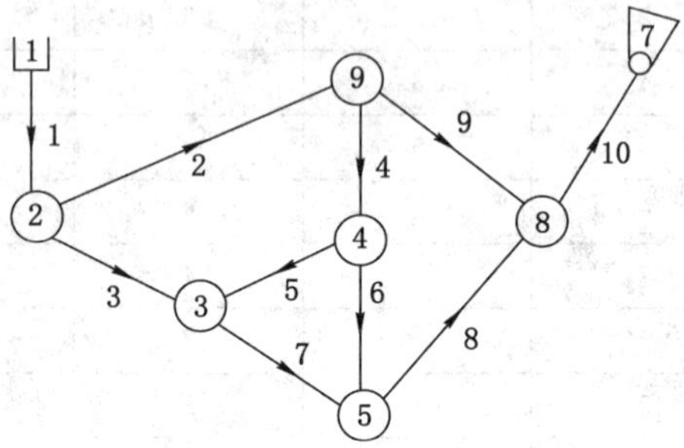

图 9-10　增阻调节风网结构

由表 9-5 可以看出，节点 7 到 1 中虚拟风机的总风量已有用风道 1、2、3 中的需风量固定，增阻优调的目的就是给出最优的增阻调节方案，使风机风压达到最小。非线性规划方法的计算结果见表 9-6。

表 9-5　增阻调节基础数据

序号	始点	终点	风阻/(kg/m^7)	需风量/(m^3/s)
1	3	5	0.17	70
2	9	8	0.06	45
3	4	5	0.06	65
4	1	2	0.025	
5	2	9	0.031	
6	9	4	0.002 8	
7	2	3	0.05	
8	8	7	0.024	
9	4	3	0.009	
10	5	8	0.03	
11	1	7		

由表 9-6 可以计算出风机的负压为 3 212.453 Pa，其中风道 9 中的增阻量达到 659 098.051 kg/m^7，说明应该关闭风道 9 中的风门。事实上，表 9-6 给出一个最优的调节结果。

表 9-6　增阻调节计算结果

序号	始点	终点	风阻增量/(kg/m⁷)	风量/(m³/s)	风压/Pa
1	3	5		70	833.0
2	9	8	0.557 21	45	1 249.853
3	4	5	0.103 62	65	691.278
4	1	2		180.0	810.0
5	2	9		109.985	375.0
6	9	4		64.985	11.825
7	2	3		70.015	245.103
8	8	7		180.0	777.6
9	4	3	659 098.051	−0.014 66	−141.722
10	5	8		135.0	546.75
11	1	7	0.202 3	180.0	3 212.45 3

（四）联合优化调节技术

上节给出单纯的风阻调节方法计算之例，如果不固定主要通风机的个体特性曲线，而可以选择最合适的风机运行曲线与风阻调节配合，就可以大幅度地降低功率消耗，这就是联合优化调节问题。同时对风道风阻和通风机转速等参数进行联合调节优化模型，见下式：

$$h_{fj}=A_j(\theta_j)q_j^2+n_jB_j(\theta_j)q_j+n_j^2C_j(\theta_j)\quad(j\in S_f)\tag{9-8}$$

式中，n_j 为风机 j 的转速；θ_j 为风机 j 的动叶角度，所有形如 $X(\theta_j)$ 均为 θ_j 的二次函数(其系数可通过最小二乘拟合得到)。

当 θ_j 一定时，$A_j(\theta_j)$、$B_j(\theta_j)$ 和 $C_j(\theta_j)$ 为风机 j 转速为 1 时的个体特性曲线系数(可由流体机械的无因次压力曲线以及压力和转速的关系获得)。

一般情况下，n_j 和 θ_j 要满足上、下界要求：

$$\theta_{-j}\leqslant\theta_j\leqslant\overline{\theta_j},\quad n_{-j}\leqslant n_j\leqslant\overline{n_j}\quad(j\in S_f)\tag{9-9}$$

这样就可形成联合调节优化模型如下：

$$\mathrm{Min}\ F=\sum_{i\in S_f}q_jh_{fj}+M_1\sum_{i\in S_1}(q_i-q_i^x)^2+M_2\sum_{j\in S_2}(q_j^2-\delta_j|q_j|q_j)$$

$$\sum_{j=1}^{N}B_{ij}(h_j-h_{fj}-h_{nj})=0\quad(i=1,2,\cdots,C)\tag{9-10}$$

$$q_j=\sum_{k=1}^{C}B_{kj}q_k\quad(j=1,2,\cdots,N)\tag{9-11}$$

$$h_j=(R_j+\Delta R_j)\mid q_j\mid^{\sigma-1}q_j\quad(j\in S_3)\tag{9-12}$$

$$h_j=R_j\mid q_j\mid^{\sigma_j-1}q_j\quad(j\notin S_3)\tag{9-13}$$

$$h_{fj}=A_j(\theta_j)q_j^2+n_jB_j(\theta_j)q_j+n_j^2C_j(\theta_j)\quad(j\in S_f)\tag{9-14}$$

$$\theta_{-j}\leqslant\theta_j\leqslant\overline{\theta_j},\quad n_{-j}\leqslant n_j\leqslant\overline{n_j}\quad(j\in S_f)\tag{9-15}$$

$$\Delta R_j\geqslant0\quad(j\in S_3)\tag{9-16}$$

当要求风流方向与 j 假设的始终点方向一致时取 $\delta_j=1$，否则取 $\delta_j=-1$。求解模型(9-8)～(9-16)可利用多层优化算法，限于篇幅要求，就不再举例说明了。

（五）智能通风软件系统

在4DGIS通防地理信息的基础上，通过集成井下安全监测监控、人员和车辆定位、通风机监控系统、局部通风机监控系统、智能调节风门和风窗监测监控系统等系统，完成通风系统实时解算、需风量预测、通风系统状态识别、正常时期优化调节、灾变时期的最优决策和远程智能控制，形成可视化智能通风管控平台，利用该平台不仅可以完成供风系统的日常维护和系统模拟分析，而且可以进行可测性、可控性、可靠性等评价，也可实现系统的故障诊断与预测预警，还可以最直接通过可视化界面实现智能通风数字孪生。

1. 辅助管理

辅助管理也称为智能通风维护平台，可以完成通防GIS系统创建、井巷空间和风网管理、阻力测定数据处理、三维建模与可视化、分风解算、通风系统优化、通风系统反风实验、为各种方案的指定和措施分析提供仿真模拟等，也可生成立体示意图、网络图、压能图，可以完成智能通风后台数据仓库和图形系统的初始化和更新功能。为用户提供了一个直观的、智能的、易用智能通风系统初始化和维护平台。

井巷管理数据库详细定义了每条井筒、巷道和硐室的断面形状、尺寸、支护类型、始终点坐标、完好状态和采掘进尺等静态和动态参数，并且与井巷连接关系进行了关联。

风网数据库详细定义了每条风道的断面形状、断面面积、断面周长、支护类型、风道长度、摩擦阻力系数、原始风阻、局部风阻、风窗面积、风门状态等50余个参数，并且与风道连接关系进行了关联，可以满足通风网络的各种分析、计算、模拟和优化。

2. 通风系统状态识别

利用安全监测监控和精准测风系统，实时计算各风道的风量、风阻和风压，实现了通风系统状态识别和通风参数实时显示，有效节省了大量的人工阻力测定和系统维护工作量。

3. 通风系统最优调节

根据各用风点需风量的动态变化，利用独有的优化算法，实现了正常时期通风系统优调优控方案的快速生成，并可远程驱动调风设施自动调风，实现按需最优供风。

4. 三维可视化

利用前述各种关键技术，通过完善空间信息、属性信息、智能通风物联网设备、智能风门风窗、智能主要（局部）通风机和智能通风服务器，搭建智能通风可视化管控平台，实现矿井通风系统的全程可视化自动调控，实现智能通风数字孪生。

在智能通风三维可视化界面中，不仅可以实现整个矿井通风场景的缩放、旋转、漫游和定位，以及主要用风地点和通风巷道中风阻、风量、风压、环境参数和风流方向的实时显示，更重要的是整个三维场景，包括井巷、主通风机房和通风机、局部通风机和风筒、风门和风窗、主要硐室和采掘工作面等设备设施采用的都是真实地理坐标和真实尺寸，并且可以集成人员定位和车辆定位系统，实现灾变时期的风流、人流和车流的可视化决策和调控。

第三节　煤矿六大灾害智能监测预警系统

一、瓦斯灾害智能监测预警系统

煤矿的瓦斯灾害和瓦斯事故主要有瓦斯超限、煤与瓦斯突出和瓦斯爆炸。瓦斯量的直接监测方法有风排瓦斯的浓度监测和抽放系统的瓦斯流量监测，与瓦斯灾害相关的间接监测方法有瓦斯涌出初速度、瓦斯放散初速度、钻屑量、微震、应力、温度、烟雾、CO、火焰等。

1. 煤矿瓦斯传感的安装布置方式

煤矿瓦斯传感器，也称瓦斯浓度传感器，其安装布置方式可按照标准 AQ 1029—2019，例如长壁采煤工作面甲烷传感器应按图 9-11(摘自 AQ 1029—2019 图 1)设置。U 形通风方式

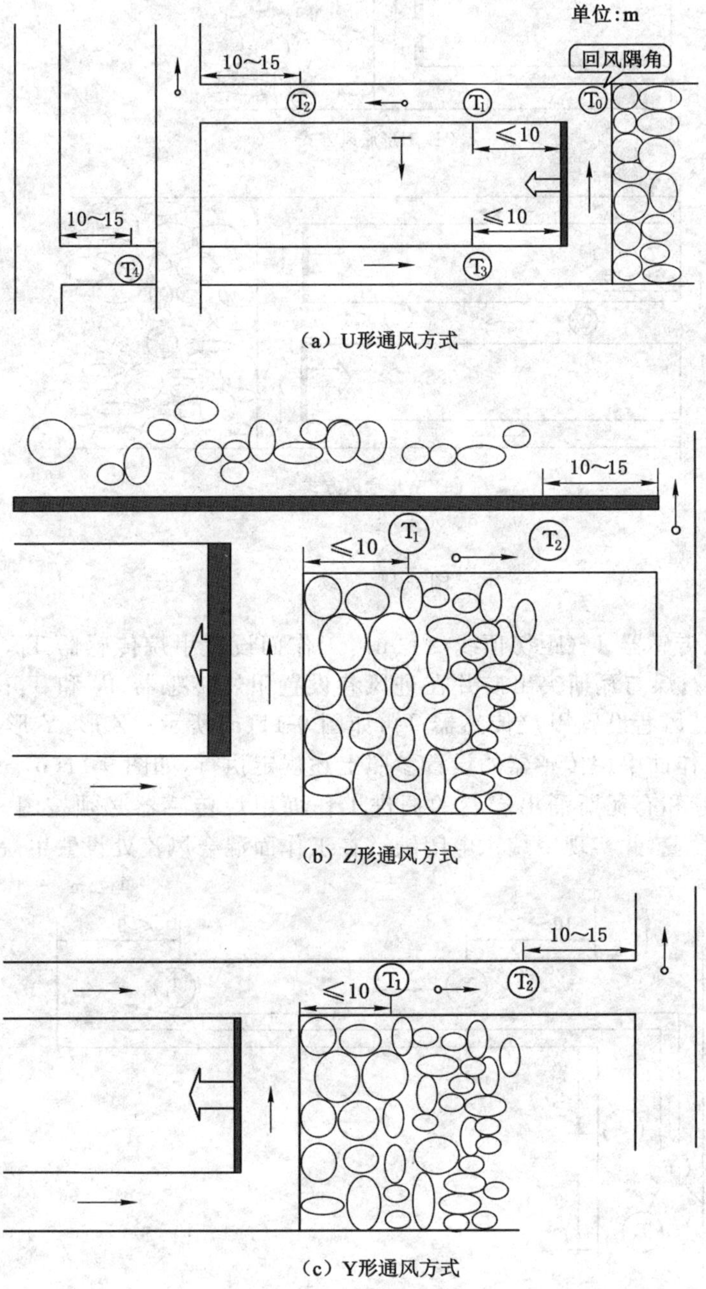

图 9-11　采煤工作面瓦斯传感器设置

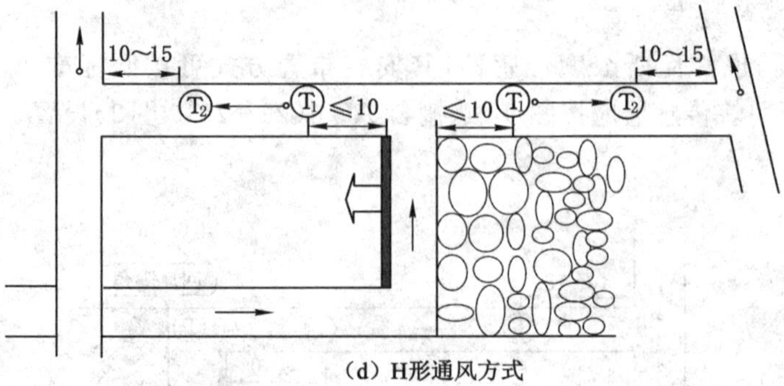

(d) H形通风方式

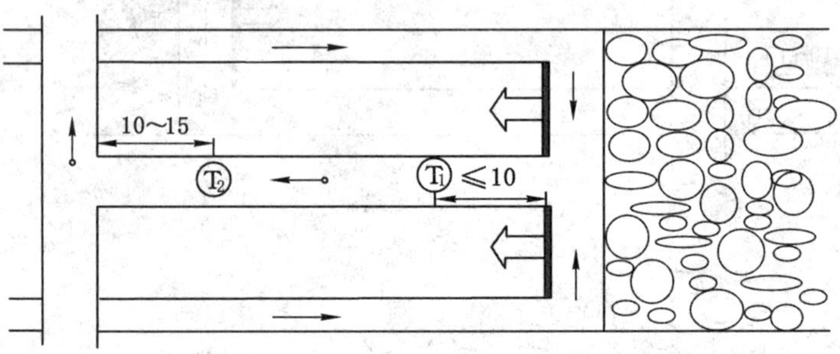

(e) W形通风方式

图 9-11 (续)

在上隅角设置甲烷传感器 T_0(距切顶线≤1 m),工作面设置甲烷传感器 T_1,工作面回风巷设置甲烷传感器 T_2;煤与瓦斯突出矿井在进风巷设置甲烷传感器 T_3 和 T_4;采用串联通风时,被串工作面的进风巷设置甲烷传感器 T_4,如图 9-11(a)所示。Z 形、Y 形、H 形和 W 形通风方式的采煤工作面甲烷传感器的设置参照上述规定执行,如图 9-11(b)～(e)所示。

煤巷、半煤岩巷和有瓦斯涌出岩巷的掘进工作面甲烷传感器必须按图 9-12(摘自 AQ 1029—2019 图 3)设置,并实现甲烷风电闭锁。在工作面混合风流处设置甲烷传感器 T_1,在

单位:m

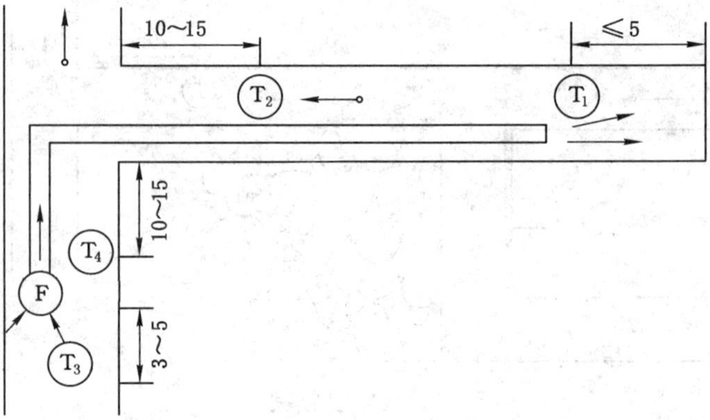

图 9-12 掘进工作面甲烷传感器的设置

工作面回风流中设置甲烷传感器 T_2；采用串联通风的掘进工作面，必须在被串工作面局部通风机前设置掘进工作面进风流甲烷传感器 T_3；煤与瓦斯突出矿井掘进工作面的进风分风口处设置甲烷传感器 T_4。

实时计算出流过 T_1、T_2 和 T_3 所在断面的瓦斯流量 W_1、W_2 和 W_3。用下式计算出工作面的瓦斯涌出量：

$$W = 0.5 \times (W_1 + W_2) - W_3$$

针对各采掘工作面的瓦斯浓度和瓦斯涌出量的短时历史数据 W 序列，可利用指数平滑、灰色系统或人工神经网络方法进行预测和预报。

2. 煤矿瓦斯灾害智能预警

大量的研究表明，采掘工作面前方煤体瓦斯涌出量的动态变化与瓦斯突出危险性强相关，瓦斯涌出状态和涌出量的变化模态隐含了瓦斯灾害环境演变规律，在出现瓦斯涌出量异常、忽大忽小或持续上升后突然下降等前兆信息时，应结合采掘推进速度、落煤量、矿压、微震监测、地应力结合瓦斯抽采监测系统反演瓦斯压力、分析围岩和煤层弹性模量、强度和硬度变化以及透气系数、涌出通道的闭合情况，从而预测煤与瓦斯突出的可能性。对于瓦斯爆炸事故可以根据瓦斯涌出量预测、结合风量控制、机电设备故障诊断等数据，利用瓦斯爆炸三角形和瓦斯爆炸事故树进行预警和报警。瓦斯突出和瓦斯爆炸灾害智能预警技术的详细描述可参考专业文献。

二、水害智能监测预警系统

（一）水害智能监测预警综述

水害智能监测预警技术即是基于煤矿突水前后相关水文地质结构、应力场、渗流场、温度场、裂隙场和水化学场等多场背景的演化特征，利用水害探测、监测等装备感知数据，通过自动化、信息化和数字化“三化”融合策略，结合信息感知、数据挖掘、突变理论、智能算法等先进技术，对水害发生前兆信息进行全面感知、自动识别、有效筛选并计算分析，提前对水害状况预判预警，及时提醒井下人员撤离并采取积极有效的防范措施，实现对水害事故的早发现、早预报、早防治。

水害智能监测预警系统主要由感知层、数据层、模型算法支撑层及应用层等构成，参考系统基本架构图 9-13，其中感知层主要是由水害各类监测设备提供监测、探测感知数据；数据层主要是建立水害数据中心，实现水害相关各类型数据的采集、存储、管理和分析等；模型算法支撑层主要包含各类预警模型算法，为水害预警提供算法支撑；应用层主要是预警结果的发布及展示、提供水害应急措施及防治措施等。

（二）水害监测感知设备

水害监测感知设备主要包含水文监测设备、地球物理勘探设备、钻探工程设备、微震监测设备及视频协同设备等。

1. 水文监测设备

矿井水文监测主要是通过布设水文传感器，对影响矿井水害因素的关键指标进行实时监测，自动长期获取矿井水文特征数据，掌握矿井地下水的实时动态变化，为水害预警提供实时水文监测数据支撑。

《煤矿防治水细则》中明确规定：矿井应当建立地下水动态监测系统，对井田范围内主要充水含水层的水位、水温、水质等进行长期动态观测，对矿井涌水量进行动态监测。

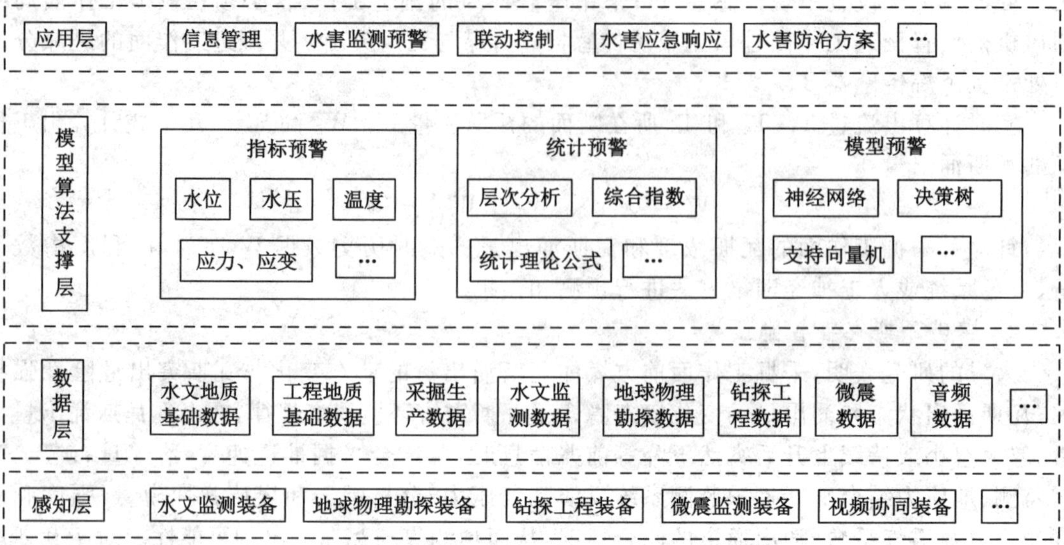

图 9-13　水害智能监测预警系统基本架构示意图

水文监测设备种类主要依据对矿井水害影响因素的分析确定，首先对矿井主要突水模式进行分析，明确其地质和水文地质条件，依据充水水源、充水通道等对煤矿突水模式进行分类，然后从煤层底板应力状态、顶底板岩石运动规律、底板破坏深度、导水带、隔水关键层、阻水性能等方面对矿井突水机理进行研究，确定煤矿潜在突水模式，并对各种潜在突水通道进行详细分析研究，其次对影响矿井突水的基础因素如断层、陷落柱、底板岩层岩性及其组合特征、含水层富水性、含水层水头压力、地应力、矿山压力、顶板导水裂隙带、老空水分布、封闭不良钻孔等进行分析，对井下实际涌水点情况进行分析，明确与突水灾害有关的各种关键因子，最终确定矿井水害监测指标及配套水文监测设备组成。

依据国内外调研现状，目前水文监测主要由表 9-7 中指标组成，可实现水量、水位、水压、水质、水温、气象、应力及位移等矿井水文相关指标变化的实时监测。

表 9-7　水文监测主要监测指标及设备

指标	监测内容	监测设备	数据特征
水量	老空区涌水量，矿井主要出水点涌水量，井下排水管道、供水管路、水沟流量，地面排水管道、沟渠、河流流量等	超声波流量计 明渠流量计 电磁流量计	实时点数据
水位	地面水文孔水位，老空区积水水位，水仓水位	水位传感器 水位、温度一体传感器	实时点数据
水压	井下水文孔水压，承压含水层水位，构造异常区空隙水压	压力传感器 压力、温度一体传感器	实时点数据
水质	地下水水质，矿井排水水质	pH、电导率及主要离子传感器	实时点数据

表 9-7(续)

指标	监测内容	监测设备	数据特征
水温	地下水水温	温度传感器 水位、温度一体传感器 压力、温度一体传感器	实时点数据
气象	降雨量、气温、湿度、风向、风速等	雨量监测传感器 气象监测传感器	实时点数据
应力	密闭墙体应力监测,采动应力监测	应力传感器	实时点数据
位移	密闭墙体破坏监测	位移传感器	实时点数据

2. 其他水害感知设备

其他水害感知设备主要包含地球物理勘探设备、钻探工程设备、微震监测设备及视频协同设备等,具体设备情况见表 9-8,根据实际需求选取相应的设备。

表 9-8　主要感知装备分类及感知内容

设备名称	感知内容	数据特征
瞬变电磁仪	电阻率分布,探测含水异常体,推测可能的含水构造	根据选择的仪器不同,分别实现线、面、体的静态数据或动态数据
槽波地震勘探设备	速度、能量分布,探测煤层连续性、起伏、厚度,隐伏构造	静态面数据
矿井地质雷达设备	浅部地层小微构造裂隙探测	静态面数据
音频电透视设备	工作面富水性探测	静态面数据
地质钻探设备	钻孔径向地质情况、分析推测地质构造特征及导水性	依据选择设备类型的不同,可分别获得点、线静态数据或动态数据
微震监测设备	监测岩体破裂,微震事件观测	实时动态数据
电阻率测试仪	岩层电阻率监测	实时线、面动态数据
视频协同设备	重点区域突水状况视频监测	实时图像动态数据

(1) 地球物理勘探设备主要包括瞬变电磁仪、槽波地震勘探设备、矿井地质雷达设备、音频电透视设备及电阻率测试仪等,通过地球物理勘探可实现含水异常体、隐伏构造、工作面富水性、岩层电阻率等的探测或监测。

(2) 微震监测设备通过监测采矿活动引发的岩体破裂(微震事件),计算微震事件的位置和能量,通过分析一段时域范围内微震事件位置及能量分布的规律,获取底板突水征兆信息。

(3) 钻探工程设备通过监测钻探施工过程中的径向地质情况及钻孔出水量,可分析推测地质构造特征及导水性。

(4) 视频设备,通过对观测区域(探放水区、采掘区)图像自动识别、抓拍、录像以获取,结合 AI 图像分析技术,实现重点区域突水异常状况视频监测。

（三）水害预警相关数据采集与管理

1. 数据采集

矿井水害监测预警相关数据构成为多源数据，为实现水害多源数据的融合，需建立数据仓库，数据仓库对多源数据提供构建数据索引及数据管理服务。数据体及图形、图像是水害信息的载体，是识别水害问题（水源、通道、涌水量）的依据。按照数据库构建原理，采集不同类型的数据，为预警模型计算提供数据支撑。根据水害预警对数据的需求，主要采集以下数据：基础数据、地质数据、水文地质数据、水文监测数据、物探数据、参数表征数据、突水案例数据库及其他数据（钻探数据、微震数据等）。

① 基础数据：开采煤层倾角、深度、厚度、采煤工艺、采煤工作面名称、采煤工作面日进尺、掘进工作面名称、掘进工作面日进尺、数据时间等数据。

② 地质数据：钻孔结构、地层结构、单孔地质柱状图、地质剖面图、构造（断层、褶皱）、陷落柱等数据。

③ 水文地质数据：含（隔）水层厚度、钻孔（井）地下水位（压）、地下水等水位（压）线图等数据。

④ 水文监测数据：水量、水位、水压、水质、水温、气象、应力及位移等矿井水文实时监测数据。

⑤ 物探数据：地球物理探测数据，包括电磁法勘探、地震勘探、测井等各种数据，主要是以图形、图像形式对含导水构造、异常区进行管理、融合和展示。

⑥ 参数表征数据：参数分为直接参数和间接参数，一些基本力学参数是作为建立力学模型、开展不同工况下突水动力学过程分析的间接参数；另一些参数则是反映底板水害问题的属性和特征、确定水害威胁程度的直接参数，如水压、隔水层厚度、突水系数、陷落柱穿越不同含（隔）水层情况描述性参数、岩（煤）体工程力学指标等。

⑦ 突水案例数据：突水案例中隐含着丰富的水害结构化信息和质量互变规则，是进行知识挖掘、空间点突水预测的基础数据。

⑧ 其他数据：微震监测震源发生时刻、震源位置、能量大小，钻探工程中钻进速度、地质情况及钻孔涌水量等。

2. 数据管理

数据管理主要实现数据录入、数据查询、数据统计、报表生成等功能。对入库数据，采用数据库接口开发，实现数据的自动同步，未入库的数据开发数据录入接口，实现数据的统一批量入库。数据录入可按照水文地质数据专业分类，采用文件批量导入方式，降低录入工作量，并提供数据导入提示及修改提示，支持数据行的手动输入与删除，可提供煤田、矿区、煤层、巷道等不同级别的定位查询，并提供方便智能搜索功能，进行精确、模糊不同程度的查询。

（四）水害预警方法

依据所使用预警数据类型和计算逻辑的不同，水害预警建模方法可概括为三类：指标预警模型、统计预警模型和智能预警模型。下面分别对三类预警建模方法进行简单介绍。

1. 指标预警模型

水害监测设备种类较多，每类设备监测数据都能实时反映当前监测点的危险状态。指标预警应用主要流程：对采掘活动过程中对影响水害因素的关键点进行监测，根据监测指标的特点和波动变化特征，确定每个监测指标异常阈值和预警阈值两个阶段的阈值，将实时监测数据值与对应的预警阈值做比较，依据实时数据超出预警阈值的范围判定发出分级预警信号。指标预警可采用梯度预警、趋势预警、回归预警及其他数学方法，每个指标在界定指标变化是否正常以及上下限有着不同的理论基础，因此应首先确定每个指标阈值的理论基础。下面以水位确定阈值的理论基础原则为例进行描述。

水位作为水害预警中重要的指标，变化情况复杂。研究水位的预警阈值，主要需在时间以及空间上将条件细化。在评价煤层底板是否发生突水时，常用的是斯列萨列夫公式，若安全水头大于实际水头，即实测水位值小于理论值，一般不会发生底板突水，所计算的理论值就是水位的预警上限值，再根据实际数据的变化特征，计算划分水位的分级预警阈值。评价顶板是否突水，通常用到是梯度下降法，在分析正常情况下含水层水位的变化中，从宏观角度出发，研究的时间尺度较大，主要以日平均水位为单位研究整年变化情况。但是，在高承压突水事件中，伴随含水层地下水的大量快速流失，往往在几个小时内，含水层水位大幅度下降。因此，当水位超过异常阈值时，在加密监测的情况下，其阈值下降的时间尺度是以每小时为单位。其次，是空间上的补充，当煤矿突水发生后，距离突水地点不同位置观测到的水位降深明显不同，因此应利用突水点影响半径内的水位变化情况进行阈值确定。

2. 统计预警模型

矿井突水是一个多因素控制而出现的现象，突水事件的孕育和发生前后，相关的水文地质条件会出现较大变化，通过监测设备获取大量前兆信息的变化，能够较为有效地反映这种现场。因此考虑多指标的综合变化情况下的水害预警方法更加系统与科学。

统计模型预警是基于大量、多类矿井突水前兆信息的预警指标体系，进行风险性评价并以定量化识别和预警发布，主要应用层次分析法、综合指数法、相关性分析法及其他统计方法。下面以层析分析法及综合指数法建模过程为例进行描述。

(1) 层析分析模型

层析分析法是从定型分析到定量分析综合集成的一种系统工程方法，将人的主观判断为主的定性分析进行定量化，将各种判断要素之间的差异数值化，是目前一种被广泛应用的确定权重的方法。

层析分析预警模型建立过程：综合矿井突水影响因素及区域关联监测指标，考虑突水中各监测指标变化特征，建立矿井突水监测指标体系。通过层次分析法对监测指标体系中的各个指标进行关键等级及层次权重划分，将多个突水监测指标进行危险性的归一化运算，利用构建的水害层次结构数学模型计算结果划分不同水害预警等级。

(2) 综合指数法

综合指数法是在确定一套合理的指标体系的基础上，对各项指标个体指数加权平均，计算出综合值。

综合指数预警模型建立过程：首先分析影响水害发生的主要地质因素和水文地质因素，在此基础上确定各个因素对水害的影响程度及其风险性指数，建立水害风险指标体系，对水害风险指标个体指数加权平均，计算出综合值，利用综合计算值划分不同水害预警等级，判断水害的风险状态。

3. 智能预警模型

机器学习是近 20 年兴起的一门多领域交叉学科，它涉及概率论、统计学、计算机科学以及软件工程等多门学科，因其需要庞大的计算和计算能力支撑，所以发展较慢。近年来，由于信息爆炸所带来的大量数据和算力优势，机器学习正快速发展。

前一小节已说明矿井突水是一个多因素控制而出现的现象，因此融合多指标的综合变化情况下的水害预警方法更加系统与科学。随着计算机科学及数据科学等的不断发展，机器学习算法也逐渐应用于水害的智能模型构建。机器学习算法是基于统计学理论，利用计算机强大的计算能力，让计算机程序自动“学习”，通过“训练”使其学习如何完成任务，“训练”时不断向模型中载入大量数据，通过从数据中自动分析获得规律，利用规律对未知数据进行预测，并且能够自动调整和改进算法模型，进而让预警结果更具有准确性。

机器学习模型和统计模型区别：机器学习模型旨在通过不断“学习训练”，可自动调整和改进算法模型，使最准确的预测成为可能；而统计模型是纯数据的模型，用于推断数据中不同变量之间的关系，构建能够预测未来值的模型。

机器学习算法较多，主要包含神经网络、决策树、支持向量机、随机森林等，依据实际应用需求，选择合适的算法。机器学习智能算法模型建立过程：以水害预警理论为基准对模型进行初始化，形成初始预警判据，将矿井监测设备所收集到的多维水文数据作为输入变量进行数据挖掘，以大量突水（未突水）案例作为训练样本，设计自适应学习策略对预警模型进行学习（有监督学习或半监督学习）优化训练，结合矿井突水影响因素静态指标和实时监测动态指标，按照一定的数学原理进行拟合，找出水害数据异常波动规律，形成动态化、参数最优的模型预警准则，构建水害智能预警模型，在检验满足预测精度的前提下，在未来地质、开采等主控因素组合的向量集约束下，对一定范围内突水发生的可能性做出预测，实现突水预警。

（五）水害预警应急智能联动与防治

水害监测预警，不仅只是实现对水害的预警，还应针对水害不同预警状况，提出积极有效的防范措施和建议。

1. 水害预警与排水系统智能联动控制

基于水害预警状况，预警井下即将发生紧急涌水或透水事故时，依据水害智能决策和数据分析技术，水害监测预警系统可及时启动应急响应机制，实时映射全矿井供排水管网的实际运行工况，自动分析排水设备设施运行状况、事故区域划分、大功率应急排水设施设备启停状况，为智能排水系统提供预警信息，实现实时联动控制开启排水系统，及时排空水仓，保持储水空间，以面对可能出现的工作面较大涌水。

2. 水害应急救援

依据煤矿巷道的基础数据信息和地图空间服务分析计算事故最佳的逃生路线、广播站位置，自动规划最快的避灾路线，获取矿井人员定位信息及附近环境相关信息，通过广播下发给井下人员避灾路径。当系统根据突水地点和突水参数，模拟出突水水位和巷道淹没情况后，设置好避灾人员所在点（即起始点）和安全地点（即目标点），系统可以根据算法计算最佳避灾路线。通过突（透）水点及其相关信息获取、巷道水流模拟、人员逃生行为模拟以及智能动态路径搜索，生成安全快速的井下人员最优疏散路径。

3. 水害预警防治

针对水害预警状况，必要情况下可进行水害超前治理：

① 顶板水害超前治理，一般是在工作面回采前，通过施工顶板探放水钻孔，超前疏放充

水水源，避免回采期间工作面发生集中涌水。

② 底板水害超前治理，通常利用物探、钻探方法进行原生导水通道的探查与治理，利用钻孔或定向水平长钻孔进行隔水层加固或含水层改造，使原本处于开采危险区的煤层经过治理达到安全开采的条件。

③ 煤矿突水事故发生后，如果突水点、突水通道能够明确，可通过突水通道的注浆封堵，完成水灾治理；如果突水通道不明确，可通过选取一段合理的井下巷道（过水巷道）进行封堵，达到快速堵水的目的。

三、火灾智能监测预警系统

矿井火灾按引火热源的不同可分为外因火灾和内因火灾两类。《煤矿防灭火细则》中要求：开采容易自燃和自燃煤层的矿井，必须开展自然发火监测工作，重点监测采空区、工作面回风隅角、密闭区、巷道高冒区等危险区域；必须建立自然发火监测系统，采用连续自动或者人工采样方式，监测甲烷、一氧化碳、二氧化碳、氧气、乙烯、乙炔等气体成分变化，宜根据实际条件增加温度监测。下面将对采空区火灾及密闭监测系统、灌浆防灭火智能联动控制系统、注氮防灭火智能联动控制系统、主斜井自动监测报警防灭火系统和火灾监测大数据分析预警平台进行具体介绍。

（一）采空区火灾及密闭监测系统

采空区火灾及密闭监测系统是指能够监测采空区及密闭区气体成分变化的系统，如束管监测系统、人工取样分析系统等，其基本原理是在煤的自然发火过程中不同阶段对应着不同的温度变化及气体产物，通过监测井下温度变化和气体成分变化特征来判断煤是否发生氧化自燃和氧化程度，可对煤自然发火进行预测预报。

1. 数据采集

采空区火灾及密闭监测系统数据采集方法分为人工取样分析法、连续自动取样分析法、传感器监测法等。人工取样分析法是指利用气泵或手动抽取监测地点气样，将气体采集至采样袋或气囊，手动送入色谱、光谱、激光等分析仪器仪表进行人工分析。连续自动取样分析法是指利用气泵抽取监测地点气样，通过束管将气样送入色谱、光谱、激光等分析仪器自动分析。传感器监测法是指在监测地点安装相应的气体监测传感器，通过传感器就地取样就地分析，分析结果以电信号方式传输到地面。

2. 数据传输与储存

传感器与分站之间以有线或无线 WiFi 传输。当采用有线传输时，通常以 RS485 或 CAN 总线通信方式进行数据传输。分站与地面主机之间的通信一般利用井下工业以太环网系统通过光纤传输。地面客户端通常采用 Browser/Server（浏览器/服务器）结构，数据储存、运算、处理等过程均在服务器上实现，而客户端选用浏览器访问。

3. 系统功能及应用实例

采空区火灾及密闭监测系统一般要求具有火灾监测气体参数的实时显示、数据储存、历史查询、数据分析、指标气体临界值设定、监测数据异常报警、自动生成报表等功能。

采空区防灭火监测系统的人机交互平台具有温度实时显示功能，可以直观体现工作面最高温度、最低温度、平均温度等功能，并可以进行火灾隐患提示与预警。具有气体实时监测功能，可监测氧气、一氧化碳、二氧化碳、甲烷、乙烯、乙炔气体，并具有曲线分析、超限报警等功能。

(二) 灌浆防灭火智能联动控制系统

灌浆防灭火智能联动控制系统集智能压力控制、无级配浆、灌浆工艺控制和灌浆成果分析与处理、接入云服务器远程控制等功能为一体的智能系统,以智能"一键灌浆"替代传统的人工灌浆,实现灌浆全过程智能化施工及管理。当灌浆系统接收到束管与采空区光纤测温系统发出的开启信号时,执行机构开始执行灌浆系统启动功能,浆液开始通过预先铺设的管路,调节相应的电磁阀将浆液泵入采空区。

(三) 注氮防灭火智能联动控制系统

注氮防灭火智能联动控制系统一般包括地面主站、地面主交换机、光纤收发器、环形以太网、防爆网络交换机、注氮控制分站、注氮控制电磁阀、流量传感器等。注氮控制分站放在储氮室,每个分站的输入端均与信号采集模块相连,每个分站的输出端均通过联动装置与注氮系统相连,每个井下分站均与防爆网络交换机相连,防爆网络交换机与光纤收发器相连,光纤收发器经地面主交换机与地面主站连接。

(四) 主斜井自动监测报警防灭火系统

主斜井自动监测报警防灭火系统是针对煤矿井下带式输送机进行火灾超前预警系统。系统采用热点信息分散式采集、集中上传、统一管理、综合决策的方法,由分布式感温光纤、烟雾传感器、火焰传感器、井下基站、网络服务器、自动喷淋系统构成和地面软件监测系统组成。通过监测带式输送机胶带托辊温度,预防带式输送机由于胶带被卡死、主滚筒打滑摩擦或托辊被卡死或托辊与胶带发生高速摩擦生热引起火灾事故,可实现矿井全线胶带火灾早期预测预报和火源定位以及自动灭火功能,为有效可靠地监控胶带火灾提供监测治理手段。

(五) 火灾监测大数据分析预警平台

矿井火灾监测大数据分析预警平台是将矿井内因火灾、外因火灾数据整合,采用矿井火灾特征信息融合识别预判方法,实现火灾灾害的动态预判,为矿井火灾判定提供决策支持。内因火灾预警方面能融合矿井束管监测数据、密闭墙监测数据、人工检测数据、矿井监测监控数据,能对多源数据进行有效融合和挖掘,分析矿井自然发火危险程度,并用不同的颜色进行区分和表示;将矿井注氮系统、注浆系统等防灭火系统进行参数监测和联动。外因火灾方面融合矿井监测监控系统、机电硐室火灾监测系统、胶带火灾监测系统等监测的数据,依据气体浓度、升温速率以及火焰、烟雾的情况,对矿井外因火灾进行报警,并提示采取相应的防治措施。

矿井火灾预警模型主要有以下几种:

(1) 矿井外因火灾预警模型

矿井外因火灾主要监测矿井巷道、硐室、胶带等主要设备,其依据的是矿井监测监控的CO、温度、火焰、主胶带光纤测温系统等,通过对检测到的温度数据进行分析,进行外因火灾的预警、报警。

① 气体浓度预警

当检测到矿井巷道、硐室 CO 浓度是正常时的 2 倍,且有不断上升的趋势时,立即进行报警,立即派人查明原因,并采取相应的措施。

② 火焰、烟雾报警

当检测到矿井巷道、胶带等位置有火焰和烟雾时,应立即报警,开启相应的喷淋、喷粉系统,采取巷道火灾应急管控措施,与智能风门、风窗实行联动。

③ 温度预警

对检测到的巷道、硐室的温度数据进行分析，对其平均温度、最高温度、最低温度进行规律分析，对矿井高温区域、最高温度、高温持续时间进行分析统计，为矿井决策提供依据，并与胶带喷淋、机电硐室喷粉系统进行联动。

(2) 内因火灾预警模型

假定某矿采空区自燃“三带”以氧气浓度18%和7%为依据进行划分，实验测试的CO的临界温度为30 ℃，此时依据回风隅角CO临界浓度模型计算得CO浓度为12×10^{-6}，氧化带内CO临界浓度为30×10^{-6}；CO生成速率加快时的拐点温度为70 ℃，此时依据回风隅角CO临界浓度模型计算的CO浓度为20×10^{-6}，氧化带内CO临界浓度为50×10^{-6}，C_2H_4的初现温度为120 ℃，C_2H_2的初现温度为220 ℃，则煤自燃分级预警示例见表9-9。

表9-9　内因火灾分级预警方法

序号	气体指标及临界值/CO(10^{-6})	自燃阶段	温度范围/℃	预警等级
1	$R_0=[(O_2\geqslant18\%\cap CO\leqslant12)\cup(7\%\leqslant O_2\leqslant18\%)\cap CO_2\leqslant30)]$	缓慢氧化阶段	0～30	安全
2	$R_1=[(O_2\geqslant18\%\cap12\leqslant CO\leqslant20)\cup(7\%\leqslant O_2\leqslant18\%)\cap30\leqslant CO\leqslant50)]$	自热阶段	30～70	一般预警
3	$R_3=[(O_2\geqslant18\%\cap CO>30)\cup(7\%\leqslant O_2\leqslant18\%)\cap CO>50)]$，但无$C_2H_4$	快速氧化阶段	70～120	较大风险
4	$R_3\cap C_2H_4$，但无C_2H_2	剧烈氧化阶段	120～220	重大风险
5	$R_3\cap C_2H_4\cap C_2H_2$	燃烧阶段	>220	特别重大风险

四、顶板灾害智能监测预警系统

顶板灾害是煤矿的主要动力灾害之一，煤矿顶板事故包含采煤工作面顶板灾害、掘进工作面顶板灾害和巷道顶板灾害，本书主要讨论采煤工作面顶板灾害的监测和预警技术。

(一) 采煤工作面顶板事故分类

(1) 采煤工作面顶板事故按冒顶范围可将顶板事故分为局部冒顶和大型冒顶两类。

局部冒顶：指范围不大，有时仅在3～5架范围内，常发生在靠近煤壁附近、采煤工作面两端以及放顶线附近。从回采工序与顶板事故发生的地点看，局部冒顶可分成靠近煤壁附近的局部冒顶、采煤工作面两端的局部冒顶、放顶线附近的局部冒顶、地质破坏带附近的局部冒顶。

大型冒顶：指范围较大，包括基本顶来压时的压垮型冒顶、厚层难冒顶板大面积冒顶、直接顶导致的压垮型冒顶、大面积漏垮型冒顶、复合顶板推垮型冒顶、金属网下推垮型冒顶、大块游离顶板旋转推垮型冒顶、采空区冒矸冲入采煤工作面的推垮型冒顶及冲击推垮型冒顶等。

(2) 按发生冒顶事故的力学原因进行分类，可将顶板事故分为漏垮型冒顶、压垮型冒顶和推垮型冒顶三类。

漏垮型冒顶：由于已破碎的顶板没有得到有效预防而冒落导致的冒顶，包括大面积漏冒型冒顶、局部漏冒型冒顶、靠煤壁附近的局部冒顶、工作面山下出口的局部冒顶、地质破坏带附近的局部冒顶、放顶线及其附近的局部冒顶。

压垮型冒顶：由垂直于顶层面方向的顶板力压坏采煤工作面支架而导致的冒顶，包括基本顶来压时的压垮型冒顶、厚层难冒顶板的大面积冒顶、直接顶导致的压垮型冒顶。

推垮型冒顶：由于平行于层面方向的顶板推倒采煤工作面支架而导致的冒顶，包括复合顶板推垮型冒顶、金属网下推垮型冒顶、大块游离顶板旋转推垮型冒顶、采空区冒矸冲入采煤工作面的推垮型冒顶。

从上述分类可以看出，顶板事故所涉及的本源因素为矿山压力和能量聚集、地应力重构、顶板和围岩的破坏情况等。

（二）顶板灾害监测技术

根据煤矿顶板灾害分类和涉及的本源因素，其前兆信息的主要监测手段有矿压监测、应力监测和微震监测（含声发射），辅助监测手段有离层监测、位移和变形监测、钻屑量监测、地表沉陷监测和电磁辐射监测。

（1）矿压监测：矿山压力监测的原理是在工作面支架和端头支架上安装压力传感器，实时监测支架立柱的压力或工作阻力，而后根据支架的液压缸缸径、液压缸的个数、支架的宽度和控顶距以及工作面之间的台数实时计算出工作面来压分布。

矿压监测的目的是通过工作面监测记录的历史数据分析出每台之间在一个移架循环内的初撑力、末阻力、阻力变化规律和顶底移近量等以及整个工作面的来压周期和来压强度，对工作面前方的来压位置和来压强度进行预测预报。

（2）应力监测：应力监测分为原位应力测试和应力在线监测。

原位应力测试：原位应力测试分为应力解除法、应力恢复法和水压致裂法三种，原位应力测试是不可或缺的重要手段，是围岩应力状态以及隧道施工开挖变化规律以及控制其力学行为的重要基础。目前，对地应力进行原位测试大多采用应力解除法空心包体来进行监测，但空心包体只能进行绝对测量而非长期变化趋势监测，不能得到掘进过程的应力变化情况。

应力在线监测：应力在线监测是能够连续监测采掘过程中的应力变化情况，目前有一维的和多维的应力传感器。基于光纤光栅的高精度三维地应力应变张量传感器，传感器筒基于空心包体测量原理，结合并利用光纤光栅传感技术本征绝缘、寿命长、易阵列复用的优势，将多个应变花封装在空心包体的管壁上，传感器既可以检测钻孔套芯应力解除过程中的应变响应，也可以将传感器放置钻孔内用混凝土注浆固化后长年测量应力应变随时间的变化，相对于传统的单方向应力应变或者位移监测，该方法可以精准获取岩体内的三维应变张量信息。

（3）微震监测：微震是指在受外力作用以及温度等的影响下，岩体等材料中的裂纹（断层）、岩层中界面的破坏、移动时，以顺态弹性波的形式迅速释放其能量的过程。通过在破裂区周围的空间内布置多组检波器并实时采集、记录微震信号，经过数据处理和分析后，采用震动定位原理，可确定微震事件发生的位置、时间和能量，并据此来推断和分析震源特征的技术称为微震监测技术（microseismic monitoring technique，MS）。

微震监测技术在地下工程中的作用是多方面的，概括起来包括监测岩爆和矿震，应力集中与重分配，岩体大冒落，边坡破坏，为地下结构设计提供参数和优化地下工程设计与施工，灾害定位监测、预报和灾害预警，地下灾害安全救助，检测工程（如大体积混凝土、地下注浆等）施工质量，监测岩体和混凝土结构的损伤和老化过程等诸多方面。

微震监测技术是在地震监测技术的基础上发展起来的，它在原理上与地震监测、声发射监测（地音）技术相同，是基于岩体受力破坏过程中破裂的声、能原理。从频率范围可以具体划分地震、微震与声发射。

(4) 离层监测：监测巷道和工作面等空区顶板各层的分离情况。

(5) 位移和变形监测：监测巷道顶底板、两帮的变形和位移，以及巷道围岩的受力情况。

(6) 钻屑量监测：通过对钻孔钻屑量的实时连续监测，间接反演钻孔周围围岩的应力分布。

(7) 电磁辐射监测：通过监测煤岩破裂的电磁辐射强度和脉冲数，预测工作面围岩破坏导致的顶板事故和突出危险性。

（三）顶板灾害预警系统

(1) 基于矿山四维空间地理信息平台，根据工作面的空间位置和地质模型，利用工作面上下各岩层的弹性模量、抗压强度、抗拉强度、抗剪强度、泊松比、内摩擦角等力学参数，结合工作面位置、尺寸和开采高度等工艺信息，通过顶板岩层及主、亚关键层分析，得出工作面顶板垮落带、断裂带、弯曲带“三带”划分情况，计算出直接顶及下位岩梁来压步距等参数，也可分析出岩梁结构类型和应力场类型，通过工作面顶板断裂和来压动态仿真，计算出从开切眼到停采线推进过程中每一个位置的顶板断裂情况、来压强度以及工作面两侧和前方的应力分布，为支架选型、初撑力、底板比压和支撑压力设置提供基础参数。

(2) 通过工作面液压支架位姿检测系统、矿压监测系统、围岩应力监测和巷道顶板离层监测系统不断采集工作面各液压支架的位置信息和矿压监测数据，利用空间步长法＋时间步长法，分析计算出工作面推进过程中每步截割过程中的平均初撑力、末阻力、最大工作阻力，计算出正常顶板来压周期、来压强度、断裂步距等，分析评价支架选型和支护设置的合理性，也为工作面后续开采过程中矿压监测、巷道变形和顶板灾害预警设置各种阈值。

(3) 以工作面的平均来压周期、来压强度、最大工作阻力和断裂步距的模态变化为顶板灾害预警主线，融合其他监测数据进行分级预警和解警。预警机理和方法可概述如下：

① 如果来压强度异常变大，且来压步距没有明显变化，则根据微震监测结果分析顶板断裂高度和岩梁结构，如果断裂高度过大，则按照来压强度、断裂高度和断裂范围进行蓝色、黄色、橙色和红色预警。

② 如果来压强度异常变小，步距变大或长时没有来压，则根据微震监测、巷道应力监测结果分析顶板是否没有正常断裂，根据来压步距增大及压力转移情况，对矿压、围岩和巷道变形进行蓝色、黄色、橙色和红色预警。

③ 如果来压步距或来压周期变小，则根据微震监测结果分析顶板是否没有正常断裂，根据来压步距变小情况进行蓝色、黄色、橙色和红色预警。

④ 如果部分支架工作阻力不足或末阻力小于初撑力，根据微震监测结果分析，对漏顶、破底或者支架漏油、歪斜情况进行蓝色、黄色、橙色和红色预警。

⑤ 综合矿压、微震、应力、离层监测结果，如果分析得出工作面顶板冒落带、裂隙带和底板破坏深度出现异常，则结合工作面水文地质情况，对水害进行蓝色、黄色、橙色和红色预警。

⑥ 如果工作面的来压周期、来压步距和来压强度恢复到历史正常状态，或经过采取切顶、卸压、支护或充填措施使得工作面的来压周期、来压步距和来压强度恢复到正常状态，则系统应给出解警信号。

五、冲击地压智能监测预警系统

冲击地压的监测预警是基于冲击地压的发生机理及矿山压力、岩石力学等理论知识，围绕冲击地压发生前表现出的强度和能量信息前兆对潜在的冲击危险进行辨识，通过实验室试验或现场仪器监测获得相关信息参量，应用相关评价理论模型对冲击地压可能发生的时间、空间及破坏强度等方面进行预测。

综合分析现今国内外常用的冲击地压监测预报方法，因其监测机理、监测方式的不同使其所获取的评价参数及采用的冲击危险评价方法亦不同。同时，由于冲击地压的发生是个复杂的过程，是多方面因素共同导致的结果，接触式（岩石力学方法）与非接触式（地球物理方法）监测手段通过对单参量的评价很难达到准确预测的效果。

因此，《煤矿安全规程》和《煤矿防治冲击地压细则》规定，冲击地压矿井必须建立区域与局部相结合的冲击危险性监测制度，区域监测应当覆盖矿井采掘区域，局部监测应当覆盖冲击地压危险区，区域监测可采用微震监测法等，局部监测可采用钻屑法、应力监测法、电磁辐射法等。

（一）冲击地压数据采集

冲击地压智能监测技术与顶板灾害智能监测技术基本相同，只是增加了两类半静态数据的采集。

1. 基础数据采集

冲击地压矿井需要采集的基础数据有：煤层赋存信息、冲击倾向性鉴定、冲击危险性评价、防冲设计等数据和矿井采掘进度数据。

(1) 煤层赋存信息。冲击地压矿井煤层赋存状态是冲击地压的主要影响因素。采集的信息有开采煤层倾角、深度、厚度、采煤工艺等数据。

(2) 鉴定、评价类信息。包括煤层、顶板、底板冲击倾向性鉴定等级、鉴定时间、鉴定单位及指标离散度，采煤工作面冲击危险性评价等级、评价时间、评价单位，掘进工作面冲击危险性评价等级、评价时间、评价单位，冲击倾向性鉴定报告、冲击危险性评价报告及防冲设计等。

2. 检测方法

20 世纪 60 年代由德国首先提出钻屑法，将钻孔排粉极限量、高应力距离、动力效应和钻屑粒度作为冲击地压评价的主要指标。钻屑法通过在煤体中钻直径 42 mm 钻孔，根据钻孔在不同深度排出的煤粉量以及有关动力现象鉴别冲击危险性。钻屑法认为测定煤层钻粉量可以了解煤层应力分布状态，从而分析确定煤层是否存在冲击危险以及冲击危险程度。目前，已经可以实现钻屑量的在线监测和传输。

（二）冲击地压数据采集

从宏观上可以把冲击地压预测预警方法分为静态划分方法、动态评价法。

1. 静态划分方法

(1) 综合指数法

综合指数法是在采掘工作前，首先分析影响冲击地压发生的主要地质因素和开采技术因素，在此基础上确定各个因素对冲击地压的影响程度及冲击危险指数，然后综合评定冲击地压的危险状态，并将冲击危险程度分为无冲击危险、弱冲击危险、中等冲击危险、强冲击危险和不安全等5种等级。综合指数法主要用于采掘工作前的静态区域预测和评价。

(2) 数量化理论方法

数量化理论评价认为冲击危险性受煤岩体自身因素、地质因素和开采条件的影响，考虑煤的冲击倾向性、顶板岩石冲击倾向性、开采深度、底板岩石硬度、煤层厚度、煤层倾角、煤层厚度变化、断层情况、褶曲情况、水平构造应力、开采布置、开采方向、开采程序等造成的应力集中以及打眼、爆破、割煤等诱发作用等因素的影响，选出12个评价项目36个类目，分为微弱、弱、中等、较强烈、强烈和极强烈等6个等级进行危险性评价。

(3) 模糊物元评价方法

模糊物元法和综合指数法一样，认为冲击地压危险性的评价主要受地质因素和开采工艺因素的影响。主要考虑煤岩的冲击倾向性、煤层厚度、开采深度、构造发育、开采造成的应力集中、开采中的诱发作用等6类指标，将各个指标分为无冲击危险、弱冲击危险、中等冲击危险和强冲击危险4级，并量化取值。

进行模糊物元法评价时，先根据冲击地压的分类资料将6个基本影响因素具体化后，形成单因素指标，计算指标的隶属度，进而确定关联度，按照最大关联度原则，从各个级别的关联度中找出最大值，作为所评价矿井的冲击地压的危险等级。

(4) 可能性指数法

冲击地压危险区的危险程度受到很多因素的影响，但是应力状态和煤岩体的性质是最主要的因素，可能性指数评价方法以冲击地压发生的可能性指数诊断法为基本方法，以构造分析、工程类比等为辅助方法进行综合研究。

可能性指数法评价的主要工作包括估算或计算采动应力场分布规律、测试煤岩体的冲击倾向性、计算应力和冲击倾向性对“发生冲击地压”事件的隶属度、计算冲击地压发生的可能性指数、诊断某一点冲击地压发生的可能性。

2. 动态评价方法

动态评价方法主要以现场监测数据为基础，通过详细研究冲击地压孕育各阶段物理力学信息特征及时空变化规律，建立冲击危险的预测模型与判据，从而实现冲击地压预测预报的目的。

(1) 临界指标法

目前应用最广泛也是最为实用的方法为临界指标法，它是在大量监测数据样本分析的基础上，依据经验或数学统计的方法来确定临界指标，当监测指标超过人为设定的临界值时，判定目标区域存在冲击危险，从而达到冲击地压预测预报的目的。

(2) 权重法

随着对冲击地压机理、前兆信息和可探测性的认识和发展，以冲击地压孕育各阶段前兆信息产生的物理机制和规律为基础，探索具有明确物理意义的指标，通过建立定量化的预测模型和方法，使冲击地压的预测预报与冲击地压机理相联系，同时考虑监测数据变化与开采活动、地质条件及工程结构变化的多参量监测预警指标，并以其发生模式为基础进行联合处理，多指标之间采用权重系数的形式相关联，形成多参量融合的综合预测模型。

该方法的核心是各指标权重值及阈值的设定，部分矿井随着采掘活动调整可能出现因权重值不合理导致预警结果不准的情况。近年来，随着机器学习、人工智能、大数据等技术的兴起，部分学者尝试通过机器学习的手段优化各指标阈值和权重值，取得了良好的使用效果。

(3) 其他理论方法

其他综合预测理论还有数理统计、神经网络、灰色理论、混沌理论和突变理论等。这些理论虽然在冲击地压预测预报中有所应用，但也存在不足之处：数理统计假定冲击地压的监测序列为随机序列，运用随机理论进行危险性识别与实际情况并不完全符合，预测结果与实际情况往往存在较大的偏差；神经网络模型不易收敛，网络结构参数的确定具有一定的随意性，且计算时常常面临陷入局部极值问题，容易导致训练失败；灰色模型在预测单调变化的序列时往往具有较高的预测精度，但当面临数据量大且波动剧烈的数据序列的预测并不理想；混沌理论能够很好地描述非线性系统运动的变化规律，但要求非常严格监测数据质量和恰当的重构系统相空间，且模型没有学习能力；突变模型在岩体工程结构的稳定性分析与预测应用比较广泛，也取得了一些成果，但突变模型中涉及大量的物理力学参数，同时对这些参数要求有较高的准确度，这些参数在冲击地压预测领域往往是难以准确获取的。

六、粉尘灾害智能监控系统

煤矿生产过程中伴随着煤和岩石破碎产生的煤粒、岩粒和其他固体物质的微小颗粒统称为煤矿粉尘。由于井下空间狭小，工作地点多变，采、掘、转、提、运等过程中产生大量粉尘，给井下环境风险管控与隐患治理造成了较大困难。粉尘会使作业人员得尘肺病，影响身体健康；当粉尘浓度、氧气含量、火源、粉尘状态、所处空间达到一定条件时会发生粉尘爆炸进而诱发瓦斯爆炸，粉尘(主要是煤尘)爆炸会产生高温、高压、大量 CO 和其他有毒有害气体，造成人员伤亡、设备损坏，严重的能毁坏整个矿井；当粉尘浓度高且呈弥散状态时会降低工作面的能见度，造成污染环境及工伤事故增多；微尘与作业场所的水合离子结合加速机电设备及转动部件的磨损与腐蚀，降低设备(特别是精密仪器)的精度和使用寿命。因此，对煤矿作业场所的粉尘进行监测预警非常重要。粉尘监测是管理人员掌握现场粉尘状况的重要手段，是粉尘危害防治和科学管理的重要环节。

(一) 传统粉尘浓度测定方法

无论对生产性的瞬态总粉尘浓度进行监测还是对个体和定点呼吸性粉尘监测，归纳起来常用传统监测方法有称重滤膜法、电容法、β 射线法、压电晶体法、光电法等。其中，电容法、β 射线法、压电晶体法因井下温湿度、电磁、强振动、噪声、射线的强辐射性等影响没有得到较大面积应用，目前煤矿普遍采用称重滤膜采样法和光电法对粉尘浓度进行监测。

(二) 新型粉尘浓度检测技术

1. 微电荷感应法

微电荷感应法是基于空气中流动粉尘颗粒的荷电特性实现粉尘浓度的检测。粉尘颗粒在流动过程中，由于颗粒与装置壁面以及颗粒之间的碰撞、摩擦、分离，颗粒和输送管道上会产生一定量的微电荷，通过电磁感应技术检测微电荷，并结合现代信号去噪、滤波、放大、转换等技术实现粉尘颗粒的浓度测量。当基于微处理器进行信号获取及处理、传输时可以实现粉尘浓度的实时、在线、快速检测及远距离传输，从而满足智慧矿山建设信息获取的要求，如图 9-14 所示。

微电荷感应法灵敏度高、结构简单、免维护，对运动的颗粒产生反应，对于静态的颗粒或

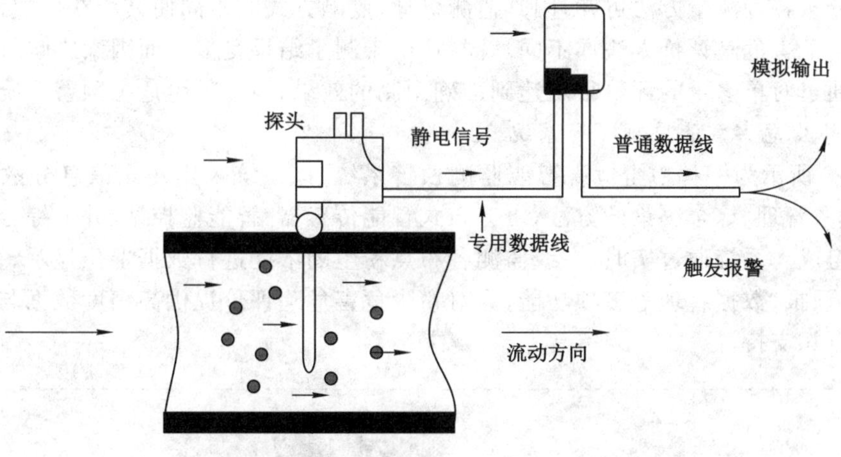

图 9-14　微电荷感应法工作过程示意图

者说对于堆积的颗粒具有免疫性，这是其他方法所不具有的。

2. 光纤法

光纤法是光电法的一种新型方法，其测量装置主要由两个对准的光纤准直器、光纤光栅、粉尘盒、光学解调探测仪、计算机等组成，工作过程示意图如图 9-15 所示。

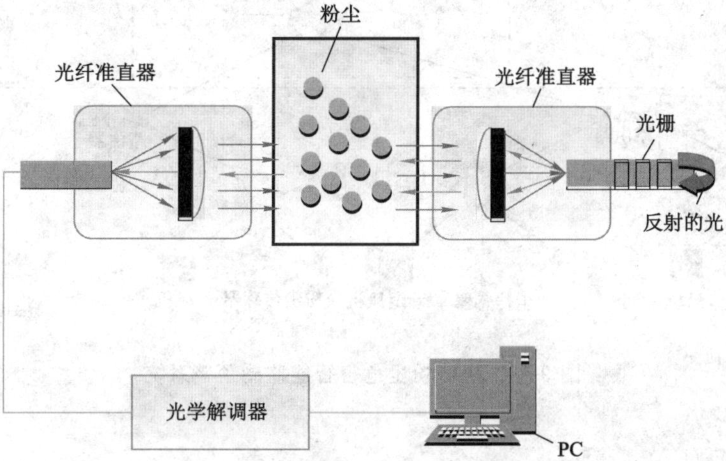

图 9-15　光纤法工作过程示意图

用光纤法测粉尘浓度的方法属于前沿技术，具有体积小、质量轻、易弯曲、抗电磁干扰、抗辐射等特点，适合应用于易燃、易爆、空间受限及强电磁干扰等恶劣环境，所以在克服如何实现井下的熔接问题后，以光纤作为敏感器件的光纤检测方法应是矿山井下粉尘检测、环境检测的主要检测方法之一。

另外，图像法也是一种新型的粉尘浓度检测方法，该法基于深度学习等人工智能技术通过对大量的有粉尘和无粉尘图像进行学习，对图像特征进行敏感度分析，选择与粉尘浓度相关性大的衰减特征作为模型的设计变量，与实际测得粉尘浓度进行逼近运算，最终得到粉尘浓度图像检测模型。

综合分析各种测尘方法可知，因其监测机理、监测方式的不同使其所获取的评价参数及采用的粉尘危害危险评价方法亦不同。同时，由于测尘结果受多方面因素影响，使得传统的监测手段通过对单参量的评价很难达到准确预测的效果，因此粉尘危害预警系统也被推出。

（三）粉尘危害智能监测预警系统

图 9-16 所示为一种粉尘危害智能监测预警系统，该系统采用热点信息分散式采集、集中上传、统一管理、综合决策的方法，由分布式智能传感器、智能监控站、井上综合控制室、网络云端等组成。系统通过实时、在线监测各布点粉尘的浓度进行数据上位显示、智能监测与控制、预测预报、数据管理等多项功能，为对粉尘危害危险评价提供高精度数据与科学治尘、控尘提供可靠支持。

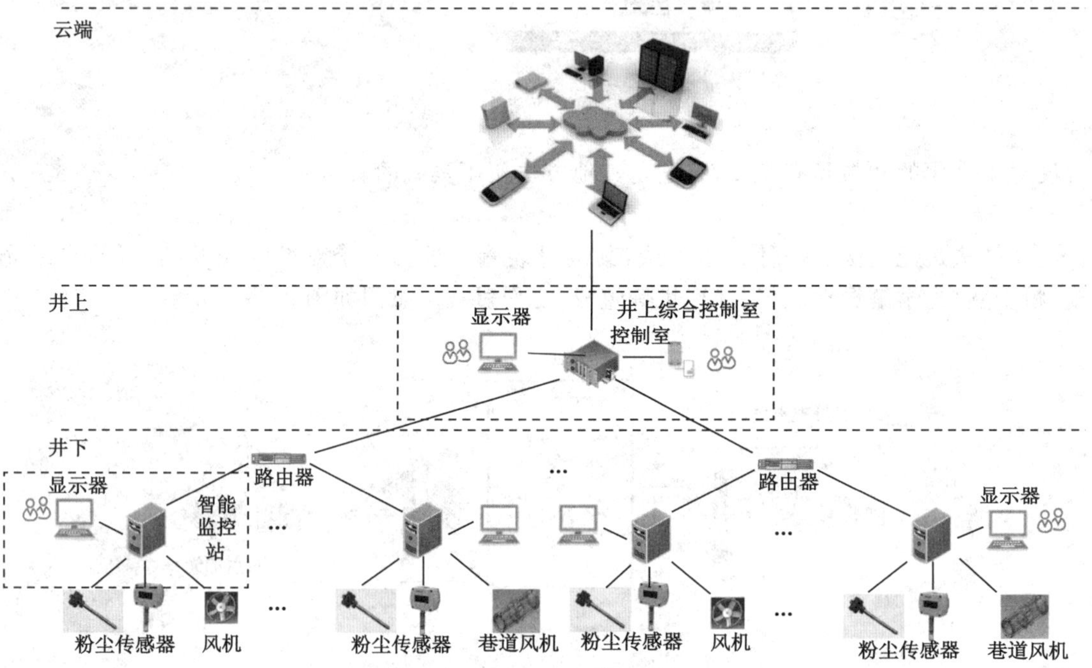

图 9-16　煤矿粉尘危害智能监测预警系统

第四节　煤矿灾害综合防治系统

煤矿灾害综合防治系统以双重预防机制为核心指导思想，着力解决智能化煤矿安全管理与灾害防治问题，破除双重预防工作落实阻碍，提高信息数据利用水平，完善煤矿智能化建设体系。煤矿灾害综合防治系统的建设将加速煤矿企业灾害防治工作扎实落地，建立起能切实发挥智能化安全效益的工作机制，有效遏制煤矿重特大事故的发生。

一、煤矿灾害综合防治系统架构设计

煤矿灾害综合防治系统的系统架构主要分四层。感知层获取人员定位等相关数据，通风机、提升机等控制系统的设备监控数据，水文监测、工业视频等环境监测数据，双防管理、设备管理等管理数据，以及地质地测等矿井基础数据。网络层通过智能网关将感知层采集

的数据进行高效输送。支撑层利用GIS技术、定位技术、大数据集成、AI视频识别、算法模型等支持管控平台系统的基础服务、功能性服务及开发工具的正常运行。应用层主要实现安全风险管控、隐患排查治理、安全风险监测预警、趋势分析预测、安全综合评判等业务功能。最后通过统一门户，在PC端、移动端、调度大屏等进行展示使用。管控平台系统架构如图9-17所示。

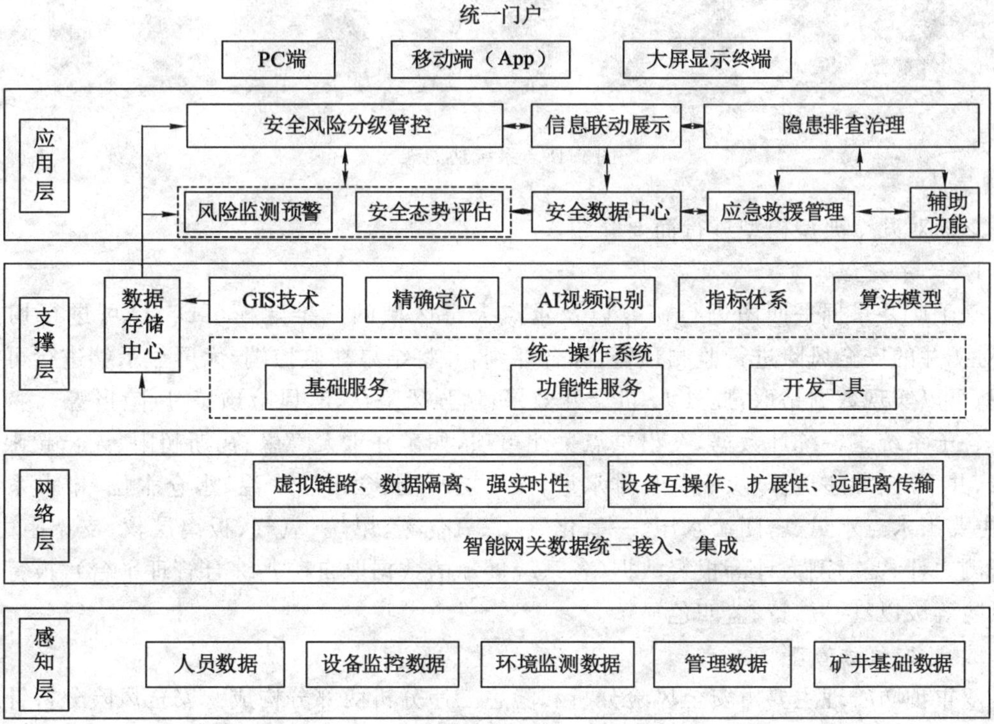

图9-17 系统架构设计

二、煤矿灾害综合防治系统功能设计

煤矿灾害综合防治系统主要包含10个主要功能模块，分别是矿井安全总览、双重预防管理、灾害智能预警、灾害综合评判、灾害事故预测、灾害应急管理、安全决策分析、灾害数据中心、辅助管理、移动端App，如图9-18所示。矿井安全总览模块作为系统前端，综合展示各项关键安全信息数据；双重预防管理、灾害智能预警、灾害综合评判及灾害事故预测为灾害综合防治工作提供支撑，通过采集信息子系统数据进行风险监测预警，根据监测数据及风险管控、隐患排查治理情况进行安全态势评判，根据灾害预测模型对灾害事故发生可能性进行预测；灾害应急管理提供灾害应急预案、物资及避灾路线管理，辅助矿井进行灾害应急处置；安全决策分析功能可输出矿井灾害治理相关评估报告，辅助矿井进行灾害治理决策；安全数据中心模块作为系统数据仓库，按照统一的编码标准集中存储信息子系统相关数据，作为智能分析决策依据。辅助管理功能提供指标体系、算法模型、预警规则、二维三维图纸及业务流程配置管理；移动端App作为PC端功能的移动端，辅助矿井人员在作业现场进行灾害防治。

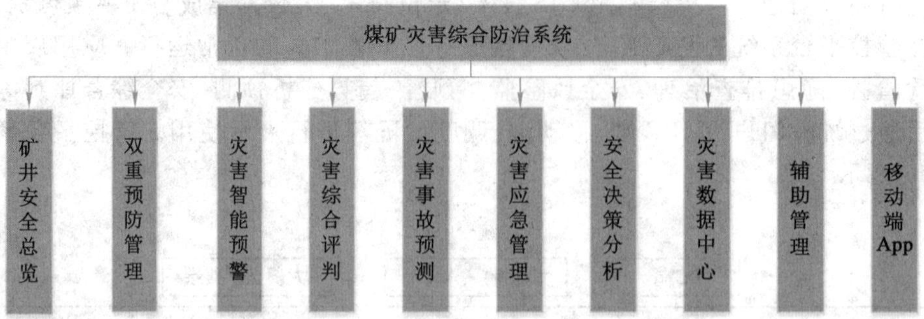

图 9-18　系统功能架构

下面对几个典型模型进行简要介绍。

1. 矿井安全总览

基于矿井采掘平面图进行矿井以及重点灾害区域的三维建模(2D/3D 可进行切换展示)对矿井的安全风险进行监测预警、综合评判,并将结果在监控端、大屏显示端进行可视化展现,可以实现数据钻取,提升人-机交互效果,增强风险认知、风险预警、风险报警。

各子系统报警统计数据,突出重点关注事项,如矿井重大隐患、瓦斯超限、人员超限、CO超限、井下/区域超员作业、矿井日排水量、含水层水位、含水层水温、水仓水位、排水系统流量、主要出水点水量、密闭墙水压、一氧化碳、二氧化碳、甲烷、氧气、板离层仪、支架阻力计、锚杆测力计、锚索测力计等报警数据(各系统展示的数据取自矿井综合管理平台),报警项按照风险等级以红、橙、黄、蓝四色显示。

2. 双重预防管理

双重预防管理主要由安全风险分析和隐患三违分析两部分构成。安全风险分析针对矿井双重预防数据进行多维度分析展示,也可从多层级角度逐层钻取相关数据,分析各层级、区域的安全风险态势。该模块包含矿井每天的风险变化信息,如重大风险及较大风险变化趋势、各风险类型占比情况;矿井红、橙、黄、蓝四色风险的数量以及各等级风险的管控情况。

隐患三违分析实现对矿井隐患、三违数据的全方面预览。横向文本指标数据实时更新矿井的隐患治理具体数字变化,点击可查看隐患变化详情。右侧区域地图与左侧图表关联同步,点击相应的风险点标记,图表数据同步更新分析结果,实现不同层级隐患数据的钻取分析。

3. 灾害综合评判

根据各煤矿基础数据、安全监测监控数据、人员定位数据、产量监控数据、工业视频监控数据、瓦斯监测数据、水文监测数据、矿压监测数据、冲击地压监测数据、火灾监测数据等系统数据中的异常情况分析,结合安全风险分布、分级管控情况以及隐患排查治理情况,建立综合评价指标体系,研究深度学习等大数据算法模型,多维度对煤矿灾害风险总体态势进行动态评判,包括矿井整体安全态势评判、重点区域的安全状态实时评判和主要机电系统安全状态评价三种类型。

每种类型的综合评判都是从人、机、环、管四个维度进行评价,综合评价反映相应的风险态势。

4. 灾害事故预测

通过构建评判指标模型，研究算法模型，综合分析矿井水、火、瓦斯、顶板、粉尘等自然灾害的风险态势，给出各类自然灾害风险等级，实现对矿井重大自然灾害事故发生的可能性进行动态预测。

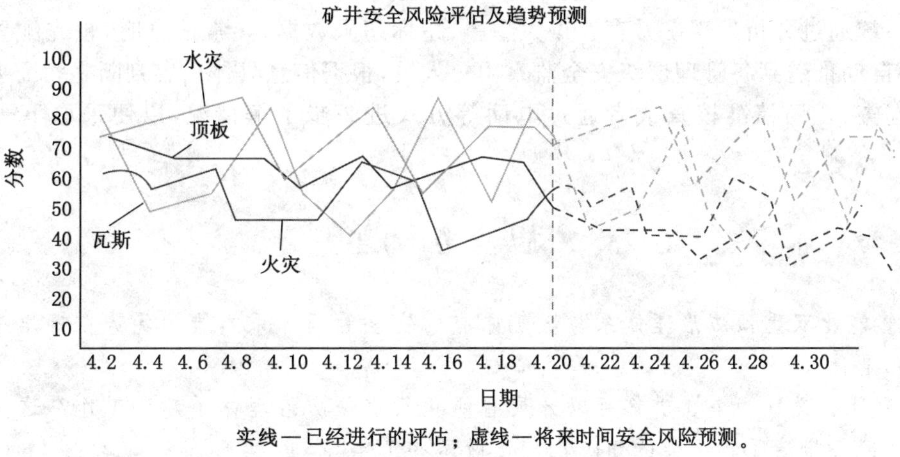

图 9-19　灾害事故预测示意图

5. 灾害应急管理

该功能模块包括四方面的具体功能：

(1) 实现矿井应急资源、人员、应急预案的管理功能。可通过系统录入煤矿应急物资、医疗用品、急救器材、自救器，按规定储存、维护、保养、更新和定期检查等，可录入应急救援人员或救护队相关信息，包括救护成员基本信息、训练内容、模拟演练等信息，便于当系统发出报警时应急救援人员可以及时收到信息提示。

(2) 通过汇聚矿井基础信息、监测预警信息、应急资源、应急处置信息，基于矿井三维模型提供应急资源、应急预案和处置方案，通过安全知识库，调阅历史事故及其应急处置情况，为事故现场应急指挥提供数据支撑；通过调阅历史的监测数据，为事故调查分析提供数据依据。

(3) 系统结合生产区域作业规程等文件，制定区域应急避灾路线并内置于系统，当井下发生紧急情况时，会根据具体的情形（如水灾、火灾），将相应的避灾路线推送至人员单兵装备或通过应急广播系统播报。

(4) 系统能够根据矿井应急预案中的避灾路线结合人员定位系统，综合查询到受到灾害影响区域的人员状态以及安全区域的人员状态，联动灾害影响区域施工地点的应急广播系统进行灾害预警提示以及避灾路线告知。

6. 安全决策分析

通过对矿井的实时监测预警，按矿井、专业、系统等维度生成统计分析报表，综合态势分析评判数据情况，对存在的问题给出合理的防治建议，生成对应的矿井风险评估报告，将各类信息进行统计、汇总，各管理层级能够通过 PC 端或者 App 端实现评估报告的预览及下载。

7. 移动端 App

通过移动端App,各管理层级人员能够通过PC端或者App端及时获取变化信息,及时掌握情况,随时随地充分利用碎片化时间的优势,将PC端的一部分功能同步到移动端,用户通过移动端开展线上巡查工作,实现“数据找人”,如根据场景主动推送重大风险管控、隐患排查治理、矿井安全环境监测等信息,方便现场安全管理工作。

当系统通过分析发现矿井存在重大隐患、超标超限数据、异常信息时,预先配置推送规则,能够自动推送到各管理层级安全监察用户人员,根据信息具体内容判断是否需要采取人工线上巡查、现场精准核查或者通过电话等方式进一步了解情况,以便采取下一步工作行动。

思考题

1. 智能化双重预防治理体系与煤矿原有的安全管理体系本质的优势在哪里?这些优势的来源是什么?

2. 为什么说每一个煤矿都可以开展智能化双重预防治理体系建设工作?这其中安全生产管理部门扮演了什么样的角色?应该做哪些工作?

3. 矿井通风在矿井安全生产中的作用是什么?什么是智能通风系统?

4. 矿井智能通风系统的理论基础有哪些?建设智能通风系统的关键技术有哪些?

5. 简述智能通风系统的技术构架和实现方法。

6. 煤矿的瓦斯灾害有哪些?煤矿瓦斯灾害与哪些因素有关?

7. 简述瓦斯灾害的预警原理。

8. 矿井水害预警涉及哪些因素?如何监测和利用?

9. 煤矿有哪几类火灾事故?都有哪些防治措施?

10. 煤矿顶板事故的监测手段有哪些?其作用是什么?

11. 简述煤矿顶板事故的预警原理。

12. 煤矿冲击危险性监测有哪些技术手段?其技术原理是什么?

13. 粉尘灾害监测预警的最新技术有哪些?

14. 煤矿灾害防治系统如何才能充分利用各种类型的数据,实现更加准确的风险管控?

15. 煤矿灾害防治系统如何才能同时兼备可靠性和简便性?尽可能多地举出煤矿灾害防治系统的应用场景。

第十章　智能露天煤矿

第一节　概　　述

一、智能露天煤矿基本概念

随着我国能源需求的不断增加，露天开采以其高资源回收率、高安全性等优势，21 世纪以来的产量逐年增加，截至 2022 年，我国露天煤炭产量约占全国煤炭产量的 21%左右。露天开采工艺类型按照采、运、排三大环节中使用的设备类型及作业的连续性，可分为间断开采工艺、半连续开采工艺、连续开采工艺和综合开采工艺。近年来，随着信息技术的发展，煤炭行业提出“智能提效、无人则安”的安全生产理念，依靠“机械化换人、自动化减人、信息化管人、智能化无人”等科技手段，加快推进矿山智能化建设。

我国露天煤矿的发展先后经历了机械化、自动化、数字化等阶段，当前正逐步由数字化走向智能化。而我国露天煤矿大部分位于北方地区，生产受自然气候影响明显，季节性剥采作业较为普遍，主要涉及采掘、运输、排土、爆破、疏干、复垦等多个复杂的系统工程，每一个系统都犹如人体器官，相互协调运转，支撑着露天煤矿安全平稳发展。如何将生产过程中的各种数据和信息有效关联，实现对生产过程监控、安全风险防控、生态环保管控，构建露天矿山的“智慧大脑”，全方位动态支配露天煤矿各个生产环节，成为露天煤矿智能化发展的主要核心。

根据国家能源局、国家矿山安全监察局制定出台的《煤矿智能化建设指南（2021 年版）》中有关露天煤矿部分内容指出，当前露天煤矿智能化建设存在以下四个主要问题：① 移动设备主要依赖人工驾驶作业，工作强度大、安全风险高；② 地面生产系统和储、装、运系统的运行维护仍以人工操控和人工巡检为主，自动化管控和智能运维水平较低；③ 矿山生产组织管理仍按固定计划人工调度，生产调度的科学性不够，经济性不佳，生产组织缺乏柔性；④ 矿山生产及设备运行数据的在线监测手段不足，无法实现数据积累和基于大数据的科学决策。

智能露天煤矿的建设需要构建快速感知、实时监测、超前预警、联动处置、系统评估、应急联动等新型能力体系，提升数字化管理、网络化协同、智能化管控水平，形成完善的露天煤矿支撑和服务体系，实现更高质量、更高效率、更可持续、更为安全的发展模式，最终实现开采无人化、监测感知实时化、风险预警智能化、应急处置快速化、绿色开采一体化的智慧露天煤矿新开发模式。

从露天煤矿生产要素角度来看，智能露天煤矿的本质是将跨越二次工业革命的信息化技术与露天煤炭工业深度融合，通过生产、安全、管理、设计等工作的信息化和矿山机械的智能化，进而实现露天煤矿劳动生产率的大幅度提高、整体生产成本的大幅度降低。

从系统论、控制论、信息论角度来看，智能露天矿山是通过集成先进的感知、计算、通信、控制等信息技术和自动控制技术，构建露天开采过程中人、机、物、环境、信息等要素相互映射、适时交互、高效协同的复杂系统，实现系统内资源配置和运行的按需响应、快速迭代、动态优化。

智能露天矿山，即以矿山数据数字化、生产自动化、管理信息化为基础，结合新的传感器技术、网络通信技术、空间信息技术、人工智能技术等，实现矿山生产及管理的智能感知、辨识、记忆、分析计算、判断和决策、评估考核改进，达到整个矿山的无人化或少人化，实现矿山的绿色、安全、高效。

二、智能露天煤矿总体架构

基于智能露天煤矿的概念可知，智能露天煤矿的建设是一个典型的多学科技术交叉的新领域，它涵盖了露天煤矿企业生产经营的全过程。因此，智能化露天煤矿建设是一项复杂、系统而艰巨的工作，既有人的观念影响，也有技术因素的影响；既有资金的影响，也有法规的约束。

通过借鉴国内外矿山的先进建设经验，结合矿山的自身特点和安全生产的特殊需求，按照管控一体化的思路，智能露天煤矿总体架构采用“4 体系＋5 层”模式，如图 10-1 所示。

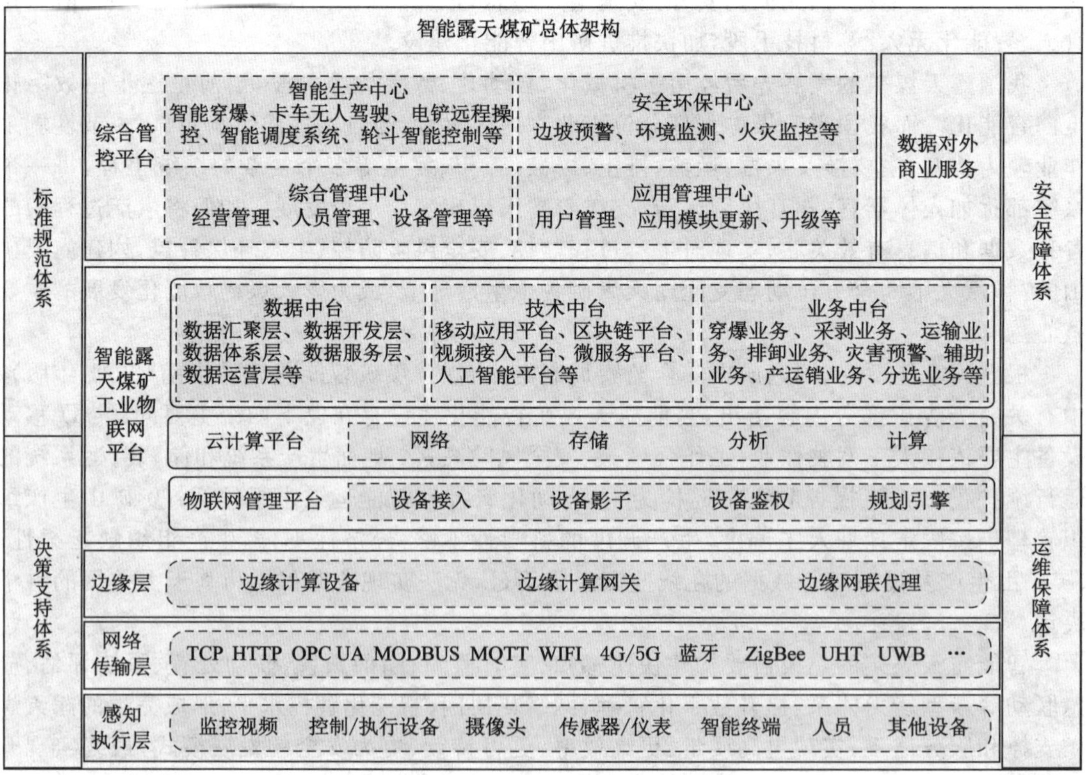

图 10-1　智能露天煤矿总体架构

“4 体系”是贯穿智能露天煤矿建设中的支撑体系和机制，包括标准规范体系、决策支持体系、安全保障体系、运维保障体系。

“5 层”为感知执行层、网络传输层、边缘层、工业互联网平台和综合管控平台，具体包含内容如下：

(1) 感知执行层：主要是布设不同类型的传感器、仪表、摄像头、监控等其他的感知设备，采集露天煤矿生产环境、作业设备、人员和管理等数据，实现对露天煤矿“人、机、环、管”信息的全面感知。

(2) 网络传输层：将感知的数据通过多种智能数据网关模块技术进行汇集，实现感知层数据的接入、上层数据的下达与共享并完成实时数据透传，为智能化煤矿的各种应用提供一条信息高速通道。感知设备的无源、无线传输方法将是智能化露天煤矿的关键核心技术之一。

(3) 边缘层：通过各类通信手段接入不同设备、系统和产品，进行大范围、深层次的海量数据采集。利用边缘计算设备实现底层数据的边缘处理，并实现数据向云端平台的集成，构建工业互联网平台的数据基础边缘计算采用网络、计算、存储、应用核心能力为一体的开放平台，满足矿山在实时业务、应用智能、安全与隐私保护等方面的基本需求。

(4) 智能露天矿工业互联网平台：基于通用 PaaS 叠加大数据处理、工业数据分析、工业微服务等创新功能，构建可扩展的开放式云操作系统。平台层由物联网管理平台、云计算平台和技术中台、业务中台和数据中台等三大中台组成。

(5) 综合管控平台：提供了设计、生产、管理、服务等一系列创新性业务应用。各类业务应用既可以共用数据信息，又可利用数据驱动模型进行独立决策与控制，实现数据的共享、单一系统的独立决策及系统间的智能联动，还可以提供数据的对外商业服务。

第二节　间断开采工艺装备

间断开采工艺指的是采装、运输和排土作业均采用周期式设备形成不连续物料流的开采工艺。间断开采工艺因其适应性强，从 20 世纪 80 年代开始，该工艺一直是我国露天煤矿的主导开采工艺。间断开采工艺的主要生产环节均采用间断作业式设备，常用的间断开采工艺为单斗挖掘机＋卡车开采工艺。

为了更加安全高效地作业，露天煤矿设备远程控制技术被逐渐应用于露天采矿领域。远程控制是指管理人员通过无线电信号对设备进行有目的的控制，进而完成开采作业。目前实现远程控制的设备主要包括钻机、矿用自卸卡车、电铲、推土机等。本节以卡车无人驾驶系统为例阐述间断开采工艺装备无人驾驶系统的原理及主要构成。

一、卡车无人驾驶系统

目前，无人驾驶逐渐开始应用于露天煤矿开采，远程控制作为无人驾驶系统的一个应急功能子系统。无人驾驶是指车辆能够依据自身对周围环境的感知、分析、决策，自行进行路径规划和运动控制，且可以达到人类驾驶员的水平。矿用自卸卡车无人驾驶系统使矿用自卸卡车可以自主实现装载、运输、卸载、避障、协同等功能。无人驾驶系统涉及多个模块，包括环境感知、地图定位、自主规划、车载作业等，对于信息传输和硬件都有着较高的要求。

(一) 系统概述

卡车无人驾驶系统是指通过对卡车进行线控化改造、智能感知与控制等系统硬件安装、无人驾驶软件部署,以实现自动驾驶能力的高集成度软硬件系统。系统软件包括车载作业管理模块、环境感知模块、高精定位模块、行为决策与规划模块、无人驾驶卡车控制模块、地图采集模块、健康管理与安全监控模块等,如图 10-2 所示。具备协同作业、自动驾驶、智能避障、自动卸载、应急接管、安全保障等功能。

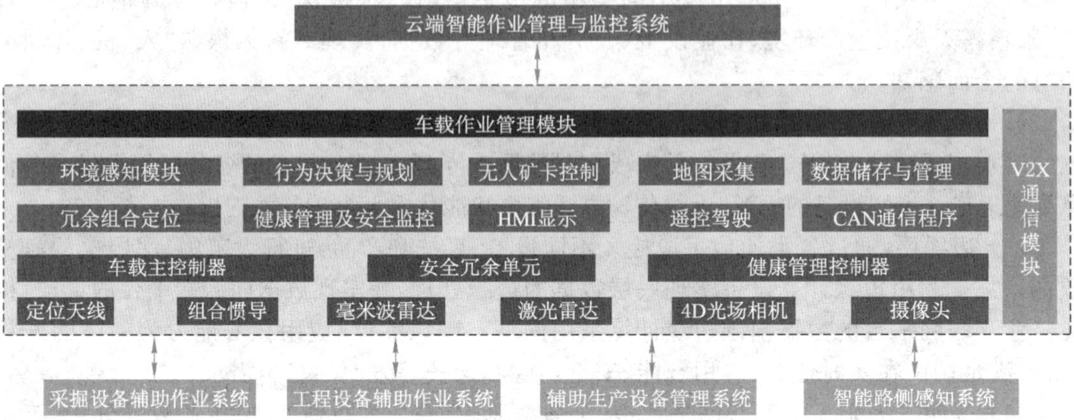

图 10-2　卡车无人驾驶系统软件模块

（二）无人驾驶卡车改造

1. 线控化改造

无人驾驶卡车的控制模块主要包括四个子模块:转向线控化改造、制动线控化改造、举升线控化改造、行车警示线控化改造。无人驾驶卡车进行线控改造的主要职能是:以决策规划模块发出的目标行驶轨迹、目标速度及自动装卸作业规划和安全监测模块的故障诊断信息为基础,结合底层以及定位系统反馈的车辆状态、位姿信息等,将多方的数据解析处理后,通过 4 个线控改造单元对接收到的信息进行计算,将求得的前轮转角控制指令、油门/制动踏板控制指令、挡位指令、货箱控制指令和警示信息指令输出给相应的执行机构,由底层控制相应的执行机构使无人驾驶卡车能够精准实现期望轨迹跟踪控制、车速控制、自动作业控制以及附件(灯光、喇叭)控制等功能。

2. 无人驾驶硬件

无人驾驶卡车硬件主要包括感知系统、定位系统、通信系统、车载控制系统等,安装示意效果如图 10-3 所示。

3. 感知系统

感知系统是利用车载传感器和车联网技术对车辆周围环境信息的理解和把握,具体包括周围行人、车辆的位置及速度,以及下一时刻预估的位置、可行驶区域、目前交通规则的使用等,给自动驾驶汽车提供决策依据。通常感知系统需要多个传感器获取周围信息,如激光雷达、毫米波雷达、摄像头。感知系统为下游模块提供了丰富的信息,除了感知对象的类别,还对包括位置、速度、方向等信息进行跟踪,并需要根据追踪结果来预测对象接下来的预计位置。

目前针对大型无人驾驶矿用卡车常用的传感器配置方案为:1 个前向多线激光雷达(通常为 64 线或 128 线),1～2 个前向长距激光雷达,1 个后向多线激光雷达,5 个摄像头,4 个

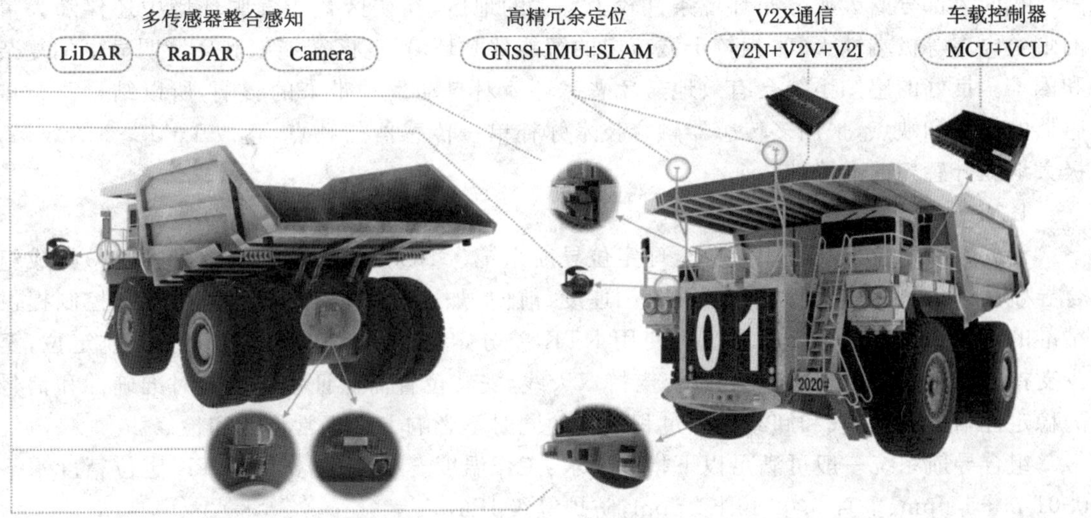

图 10-3　无人驾驶卡车硬件模块

毫米波雷达。车辆在行驶过程中车辆前部会遇到各种各样的复杂工况,所以在车辆前部装有很多基于各种原理的传感器,用以对车辆前方的工况进行更好的识别。传感器感知覆盖范围如图 10-4 所示。

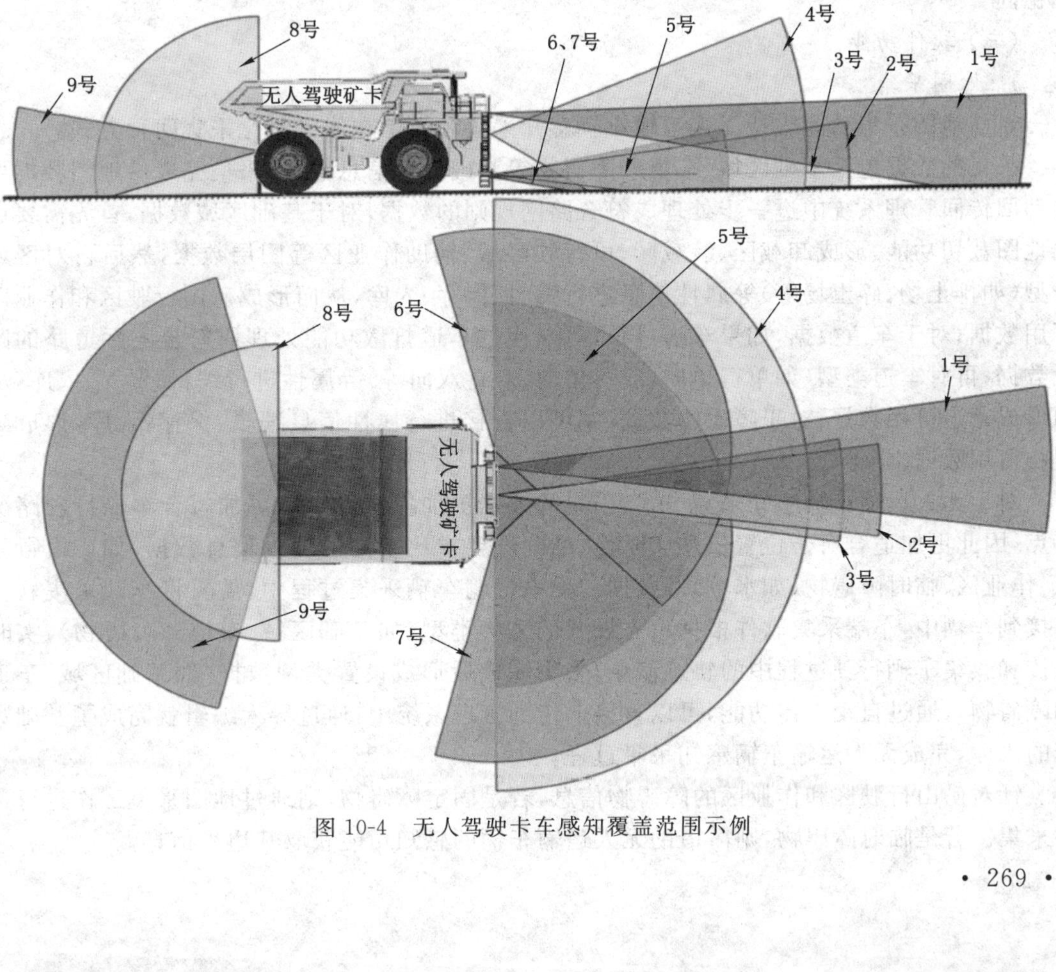

图 10-4　无人驾驶卡车感知覆盖范围示例

我国大部分露天矿分布环境条件较为恶劣的地区，在矿区智能驾驶环境中还伴随大量的烟尘雨雪等极端性天气，相较于城市内的智能驾驶环境，矿区智能驾驶环境明显更加复杂和困难。良好的感知系统会有效地避免恶劣环境对自动驾驶带来的影响，所以结合每个传感器的优点和缺点，采用多传感器融合技术弥补单一传感器的缺点，达成 1+1>2 的效果，极大地提升感知的准确性。

4. 定位系统

无人驾驶定位系统采用差分全球定位导航系统(GNSS)和惯性导航系统(IMU)构成组合导航系统，提供无人驾驶卡车的位置、速度、航向、加速度等姿态信息，为感知和控制提供精准的定位信息。组合导航系统应使用 RTK 差分定位技术实现车身厘米级导航定位，至少支持 GPS 和北斗导航信号。系统支持双天线，安装位置需保证定位的实时准确性和信号的稳定性，在不受装载和卸载作业过程干扰的同时不影响卡车正常作业和检修。

组合导航系统一般可满足以下指标要求：工作温度 −40～+75 ℃，RTK 定位精度水平 0.01 m+1 ppm、垂直 0.02 m+1 ppm，防护等级 IP67。

5. 通信及控制系统

通信及控制系统主要包括 V2X 通信系统以及车载控制器。在 V2X 通信模块的改造过程中，需加装网络 V2X 设备，该设备支持多种通信方式，且向后兼容 5G 通信。车载控制器模块是整个无人驾驶平台的计算中心，可配置双 Xavier 芯片以满足算力要求，车载主控制器与其他设备的接口一般要求采用汽车连接器、航空插头等标准级连接器，确保连接的可靠和稳固。

(三) 软件功能

1. 地图采集

目前地图采集功能支持无人运输车辆感知采集和人工在线矢量化采集两种方式。

采集的数据包括基础区域、车道和障碍物等基础地理信息数据；采集完成后地图数据可自动回传回管理系统中进一步处理成符合路网规则的数据，对于基础区域数据，首先需要通过地图裁切功能，形成卸载区、装载区、可行驶区域、辅助作业区等图层数据，然后再对区域类型(如排土场、碎土场等)等属性信息进行编辑、保存、入库，从而形成矿山行驶区和作业区可用数据；对于车道数据，如果车道过长，可以通过车道打散功能处理成符合实际道路的路段数据，再对车道类型(如单行单向、双行单向、双行双向等)等属性进行编辑、保存、入库，从而形成车道可用数据；对于障碍物数据，则可以直接进行属性信息编辑、保存、入库，形成障碍物可用数据。

对于无人运输车辆感知采集方式，采集的数据更加实时、准确，更加符合车辆行驶路况特点，因此更加适合对于位置信息实时性、准确性要求比较高的地理信息数据，如矿山行驶区、作业区、临时障碍物(如水坑)等数据。无人运输车辆采集过程中，需要将车端采集软件连接到车辆中，车端采集软件根据事先设置的采集类型(如基础区域、车道和障碍物)，实时回传和收集车辆行驶过程中的轨迹信息，采集完成后形成设置类型数据(如基础区域、车道和障碍物)，通过自动上传功能，可以直接上传到管理系统中，通过导入编辑就完成了基础数据的入库，完成无人运输车辆感知采集过程。

针对矿山行驶区和作业区的障碍物信息，若是固定障碍物，则通过地图采集工作进行边界采集。若是临时障碍物，则需借助无人运输车辆的感知功能获取其边界信息。

对于人工在线矢量化采集方式,采集的效率比较高,数据基于航片或者卫片底图,数据可能存在一定的滞后性,因此适合采集一些实时性要求不高、位置准确性要求不高但又需要在系统中进行管理的数据,如办公区、加油站等静态地图数据。直接在地图上标绘、编辑、保存、入库,形成可用数据,完成人工在线矢量化采集过程。

2. 高精定位

露天煤矿的地图可以划分为四个主要部分,即变更道路行驶区、装载区、排土场卸载区和障碍物区域,针对这几个区域的地图定位方案如下:

变更道路行驶区:采用地图专用采集车基于轨迹推算和激光雷达扫描的基础数据进行采集、拼接、去噪、应用格式转化等操作的地图更新方法。采集的数据包括道路坐标数据、道路高程数据、道路边界数据等行驶区地图要素。

装载区:采用电铲轨迹推算、车载激光雷达扫描、推土机采图三种数据融合更新方法。装载区电铲设置安全圈确保车铲保持足够安全距离,在自动给出装载点的同时会推送给电铲司机建议安全装载范围,电铲司机可根据实际情况进行微调。

排土场卸载区:采用推土机轨迹包络线自动提取、车载激光雷达扫描、推土机采图三种数据融合更新方法。在卸载区倒车时,结合后向激光雷达自适应感知挡墙做进一步修正。为确保安全,会根据挡墙形态、高度、倒车时车身姿态自动确定卸载点和卸载模式。

障碍物区域:通过无人机、车载雷达、定位轨迹等方式采集障碍物的边界包围区域,并更新到高精度地图之中。经过反复测试验证,在 4 个区域均可以根据高精地图实现高精定位功能。

3. 协同装(卸)载

露天煤矿环境复杂,一条完整的生产链需要多个机械的互相协同。协同管理模块是完成装卸(载)协同流程的关键环节。在装载区,与电铲、挖机协同,实现装载作业流程;在卸载区,与地面控制系统、推土机协同,实现卸载作业流程。

协同装载流程:无人驾驶卡车靠近装载区时,协同管理模块会通过消息处理模块发送自动入场请求,请求直接进入装载区装载;采掘设备辅助系统检查满足卡车入场条件,协同管理模块就会收到允许卡车自动入场的回复,卡车就会直接进入装载区,提高作业效率,同时通知采掘设备已经进入装载区,状态变成“入场”。

无人驾驶卡车停靠在装载点后,系统状态变成“装载请求”,协同管理模块会发送停靠到装载点消息给采掘设备,收到回复后,系统状态将会自动变成“装载”。

装载完成后,协同管理模块会收到采掘设备辅助系统的出场行驶指令,让无人驾驶卡车驶离装载点,此时系统状态变成“出场”。当协同管理模块检测到无人驾驶卡车驶出装载区后,会通知采掘设备已经驶出装载区,此时系统状态恢复成“运输”,继续向卸载区域行驶。

在装载过程完成后,无人驾驶卡车将会向指定的卸载区行驶进行卸载。无人驾驶卡车在靠近卸载区的时候,协同管理模块会通过消息处理模块发送自动入场请求给地面控制系统,请求直接进入卸载区卸载;地面控制系统根据工程设备辅助系统上报位置信息、作业状态以及其他车辆的位置信息判断是否允许无人驾驶卡车进入卸载区卸载;如果协同管理模块收到允许入场后,将自动驶入卸载区。

当无人驾驶卡车停止在卸载点后,系统状态变成“卸载请求”,协同管理模块会发送停靠到装卸(载)点消息给地面控制系统,收到卸载允许回复后,系统状态将会自动变成“卸载”;

协同管理模块会将卸载指令下发给自动驾驶模块，无人驾驶卡车开始举升，举升完成后卡车离场。

4. 障碍物处理

矿区环境复杂，随时有障碍物出现的可能(落石、凹坑、挡墙、车辆、行人等)，故需要无人驾驶卡车具备障碍物处理功能，通过前、后方安装的冗余传感器配置，可准确感知前、后方道路上的障碍物类型和运动状态属性信息(速度、位置、方向、大小等)，再结合当前道路情况和自身的车速和定位信息，做出智能的避障决策，包括遇障碍物停车、减速跟车、遇障碍物绕行、多障碍物连续绕行、遇障碍物骑行等各项功能。同时能够向地面控制平台报告障碍物信息，为调度中心提供决策依据。

无人驾驶卡车在行进过程中遇障碍物时会提前自动进行路径计算，根据车辆长、宽、高等尺寸参数，最大转向角等性能参数，以及局部地图信息进行智能路径规划。若由于道路过于狭窄或障碍物尺寸过大等原因导致车端规划模块判断无法规划出合适的通过路径，无人驾驶卡车会提前进行自动减速停车，并且能够保证停车后的位置与障碍物间留有足够的安全距离。若障碍物可以通过，则会根据卡车的动力学约束等生成安全舒适的路径。

5. 道路均衡碾压

为避免无人驾驶卡车在连续作业运行中行驶路线过于单一，轮胎反复碾压造成的车辙问题，为每台无人驾驶卡车配备了防车辙管理程序，可自动进行道路偏置均匀碾压，如图10-5所示。在同一路段，无人驾驶系统进行路径规划时，相较上次规划的路径都能够自动进行转向偏置一段距离，同时确保每次偏置后的路线都在可行驶区域内。这样无人驾驶卡车每次经过同一路段行驶的路径均不相同，可减少对于道路养护的需求，减少道路平整周期，间接提升作业效率。

图10-5　道路均衡碾压

6. 不平道路自动降速

无人驾驶系统能够自动识别道路情况，并具备根据道路情况进行实时自动调速的能力。首先会通过采集大量的有人驾驶数据，对这些数据进行机器学习，从而得到在不同颠簸程度下的最优行驶速度。继而无人驾驶卡车在运行时根据感知模块识别的道路状况、路面不平度等信息进行自动速度规划，在颠簸路面下参考最优行驶速度自动进行降速，保证无人驾驶卡车的平稳运行，防止过大颠簸对卡车车体造成损伤或者导致重载时货料颠出货箱撒到路面上，在路面变平整时自动提升速度，保证运行效率，如图 10-6 所示。

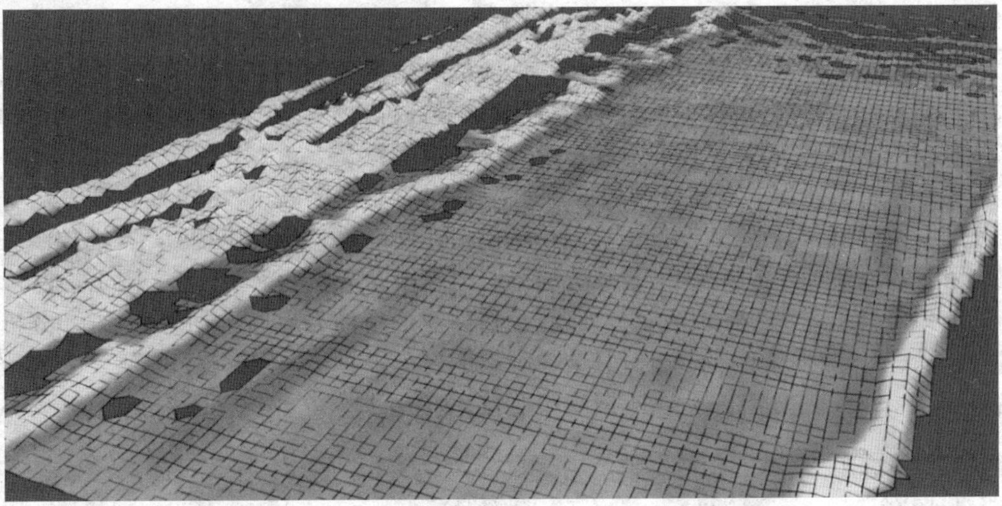

图 10-6 自动识别道路颠簸及速度裕度图

7. 自动卸载

无人驾驶系统的规划模块可以适应装卸（载）区的变化，准确进行装卸（载）点的规划，装卸（载）区是矿山无人驾驶运行中较典型的复杂场景，如常见的装载区电铲走铲，堆积落石或装载区边界变化等，卸载区原有卸载点堆积货料或者塌陷等导致原有装卸（载）点无法使用的场景，此时无人驾驶系统能够根据发生的异常情况，迅速准确规划出新的装卸（载）点以及入场路线，无人驾驶卡车能够不受装卸（载）区变化的影响，依然正常进行装卸（载）流程。向卸载点倒退的过程中，无人驾驶卡车能够根据后向感知检测的数据识别当前卸载点是否可以继续卸载，若判断此卸载点因堆满货料无法卸载，无人驾驶系统会指挥卡车自动选择其他卸载点继续作业，保证无人驾驶卡车作业的流畅性与自适应性。

8. 故障监测安全控制

该模块主要分为运行实时监视与显示、运营实时行车警示提醒、通信状态监测、查看历史回放四个部分。

为保证露天煤矿的有序运行，系统具备完备的预警机制，对矿区生成运营过程中设备状态变更、卡调任务变更、地图元素变更、系统运行异常进行分类分级管理；主要区分的告警级别包括警告、故障和错误三类。告警级别用于风险提示，此级别不需过多干预，一般系统可以自行处理；故障级别用户提示系统出现问题，需要采取处理措施。当前系统支持的处理措施包括派车维修、远程接管、自动驶入安全位置三种处理方式；错误级别比较严重，系统对于此级别问题采取的处理措施为停车并通知中心系统。系统对各类终端设备的运行状态数据进行实时跟踪，支持通过手机 App 的行车警示数据报送和管理系统操作界面对话框的方式进行报送的方式，以便相关人员适时介入或接管。同时，系统具备无人运输作业智能管理系统与终端设备之间的通信链路状态的监测机制，实时监测终端系统的卫星信号和网络信号的质量状态。

二、云端管控系统

（一）系统概述

露天矿云端管控系统基于矿区高精度地图和生产作业计划，通过智能调度算法，实现对有人/无人驾驶卡车在整个采装、运输、排卸作业流程的智能调度和实时管控，并对与无人/有人驾驶卡车配套的电铲、推土机、辅助作业设备等进行协同作业管理，实现整个矿区的生产作业监控和维护、实时上传作业信息相关的统计报表数据。

云端管控系统（图 10-7）的基础服务层由一系列的业务服务组成，包括数据推送服务、数据分发服务、信息流转服务、信息查询服务、规划计算服务、作业调度服务、交通控制服务、空间地图服务以及对外接口服务；云端管控系统的应用层由业务驱动，通过不同的业务组件实现整个矿山生产调度与管理的业务处理，包括的业务组件有地图数据管理、统计分析、集成运行监视、基础数据管理、系统管理、装（卸）载区多车作业、车辆安全防护、报警管理、车辆智能调度、自动收发车、远程遥控、车载视频监控、多岔路口复杂路况无人驾驶等。

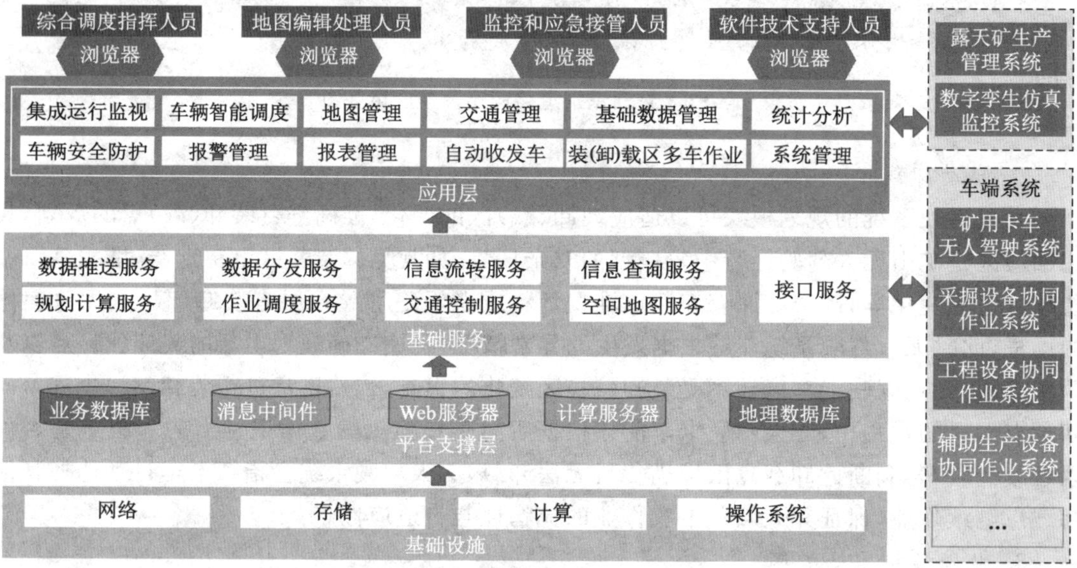

图 10-7　露天矿云端管控系统组成

（二）集成运行监控

露天煤矿开采作业是经典的复杂系统，需要使用大量的机械设备，利用监控可以有效地对设备的运作情况进行实时监控，实现生产要素的安全监管，如图 10-8 所示。系统实时监控数据通信系统的链路状态，包括地面设备间的有线通信链路状态和车地间的无线通信链路状态，并实现异常告警；在三维实景高精地图上，实时显示车辆的运行轨迹、速度、载重、海拔等运行状态数据，实时显示车辆的运行路权；按照时间、行程等维度，对无人驾驶车辆历史运行轨迹、历史运行状态、历史告警信息等进行数据查询，并在三维实景高精地图上进行场景回放显示；实现矿区运输产量、运输里程、油耗、运行时长等情况的实时监控显示；支持对所管理区域内所有行驶车辆的安全预警功能，实现无人驾驶卡车、有人驾驶卡车、有人驾驶辅助车辆在行驶状态下的碰撞预警,提升系统整体及时响应、迅速控制及快速应变能力。

图 10-8 集成运行监控界面

（三）车辆智能调度

为避免卡车出现扎堆与堵车等现象,必须进行合理的运输调度。车辆智能调度功能包括调度规则管理、调度任务管理、调度算法、路权管理、调度信息查询等子模块。

调度规则从矿区常见的几个生产调度角度来进行设定,调度规则提供设备的优先级。调度算法依据规则进行相应的计算,从而得出一个适合矿区生产的整体调度结果。

调度任务管理对调度指令的生成、下发、执行、失效整个生命过程进行实时管控,如图 10-9 所示。调度人员对调度生成结果进行相关确认后,由任务管理生成调度指令,系统记录每个调度指令的状态及执行情况,同时在执行过程中能够实时查看到调度指令的实际状态。生成调度指令以后,任务管理模块依据调度指令的分发目标(各生产设备),将相应的调度信息下发,同时各设备端在收到相应的调度信息后,会将收到指令的信息反馈到系统;在执行指令时也会将执行结果反馈到系统中。地面控制系统具备完善的调度算法,对处于正常运营状态的无人驾驶卡车进行调度任务自动分配,保证无人驾驶卡车的有序连续运输作

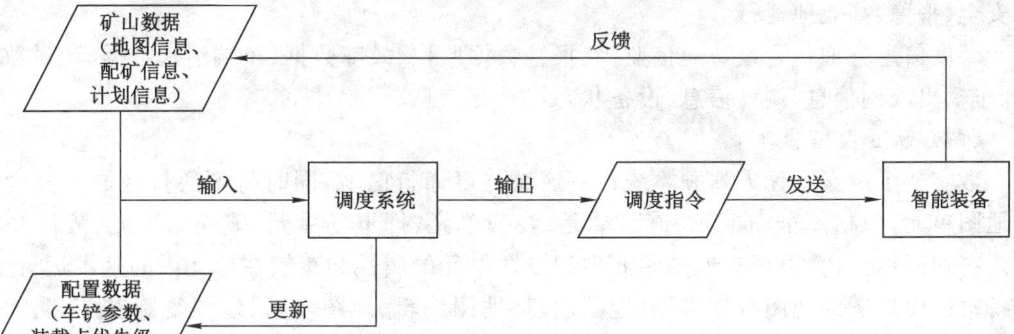

图 10-9 调度任务管理流程图

业。对于有特殊业务需求的情况，允许调度人员根据实际业务需求，对任一具备正常运营条件的车辆进行临时人工指派，前往指定的生产电铲、卸点或者其他目标。

调度算法模块主要根据设定的规则及相关的输入信息进行调度计算，并返回结果，调度的主要目标是基于实时数据优化矿山的生产与效率。传统露天矿车辆调度算法主要有线性规划、动态规划等精确算法。但随着矿山规模的扩大，模型计算的复杂性增加，精确算法已无法在有限的资源限制下得到模型的最佳方案。智能优化算法是一类近似求解算法，可以根据求解问题的不同进行算法设计，目前已经有多种优化算法在车辆调度问题中得到了应用。典型算法如混合整数线性规划（MILP）车辆调度模型，优化方法包括两个阶段（图 10-10）：第一阶段由车流分配模型确定装载区和卸载区之间最优车流；第二阶段基于最优车流构建更优的车辆调度初始解，从而实现最优调度指令的高效决策，降低矿山整体生产运行成本。

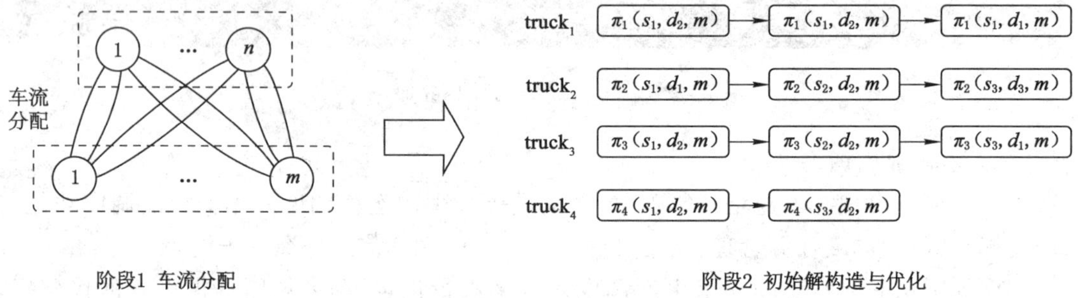

图 10-10　两阶段调度模型

路权管控算法主要负责在无人驾驶模式下，基于实时行车预测，需实现对运行中的无人驾驶车辆进行行驶路权管控，保证车辆安全、高效运行。由于矿山生产作业条件的限制，矿山路网结构中可能存在多种类型的交叉路口、上下坡路段、仅供单车通过的狭窄路段、会车频繁的装载作业区或卸载作业区等场景。另外，因为卡车空载、重载行驶固有的运动学特点，存在重载车辆上下坡不能停车、空车让重车等矿区特有的行车规则限制。构建行之有效的路网通行规则和路权控制算法，实现矿山无人驾驶车辆及辅助作业车辆在矿山道路路网上安全、平稳、高效地通行。

调度信息查询包含设备通信监控、报警数据监控、故障数据、车端请求数据、产量数据监控、车辆出入网信息、调度信息、设备状态记录等信息。

（四）地图数据管理

数字地图定义了无人驾驶系统作业区域与可通行区域，同时将可通行区域划分为不同的地图单元，包括停车场单元、道路单元、装载单元、排土场单元、破碎站单元、障碍物单元等。在地图单元内，可根据地图单元类型设置单元的属性和车辆在单元内的基本运行策略。具备对矿山地图的地图数据采集、地图创建、地图编辑、地图发布、地图复制、地图删除等功能。实现自动实时地图更新功能，可由工作区有人驾驶车辆发起，将采集的新的区域地图数据，与原有地图进行无缝拼接，完成地图更新。建立障碍物自动地图更新的功能，智能作业管理与监控系统接收到障碍物信息后，根据这些信息自动更新地图边界以及路权情况，将更新状态主动推送给用户，用户可确认完成地图更新。地图管理流程如图 10-11 所示。

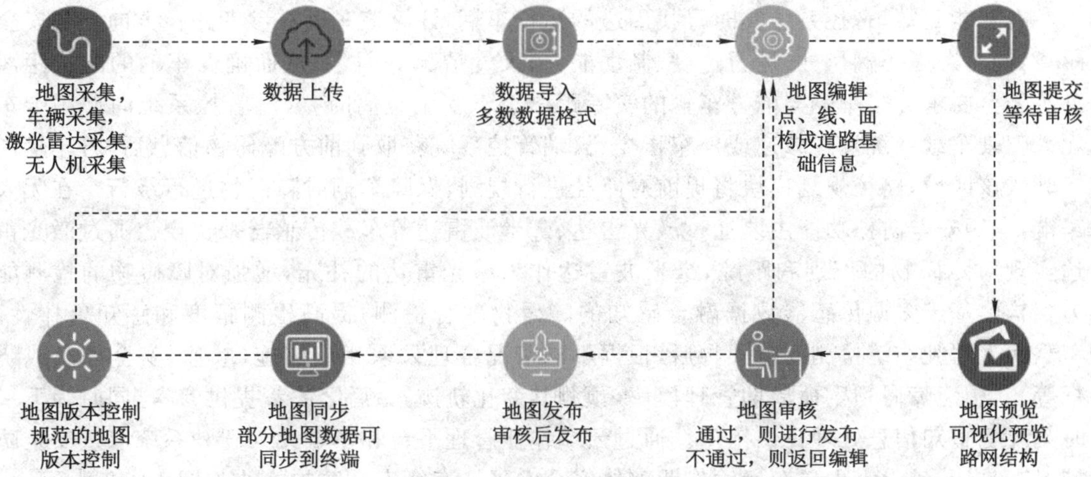

图 10-11　地图管理流程图

（五）数据统计分析

生产业务数据和系统运行数据统计分析系统（图 10-12），实现对设备运行时间、工作时间、空闲时间、故障时间，卡车平均入场/出场时间、平均装载/卸载时间，挖掘机的作业时间、作业量、装载开始时间/结束时间等关键生产数据的统计分析；实现对实际完成数据与计划完成数据、消耗数据等进行对比分析，计算出任务完成率、吨矿分析、设备完好率等多项经营指标，供管理层进行决策；根据统计数据，生成卡车运行图表、卡车当班产量图表、电铲当班产量图表、卸点当班产量图表以及其他产量业务图表，生成设备状态明细表、设备故障统计表等运行图表。

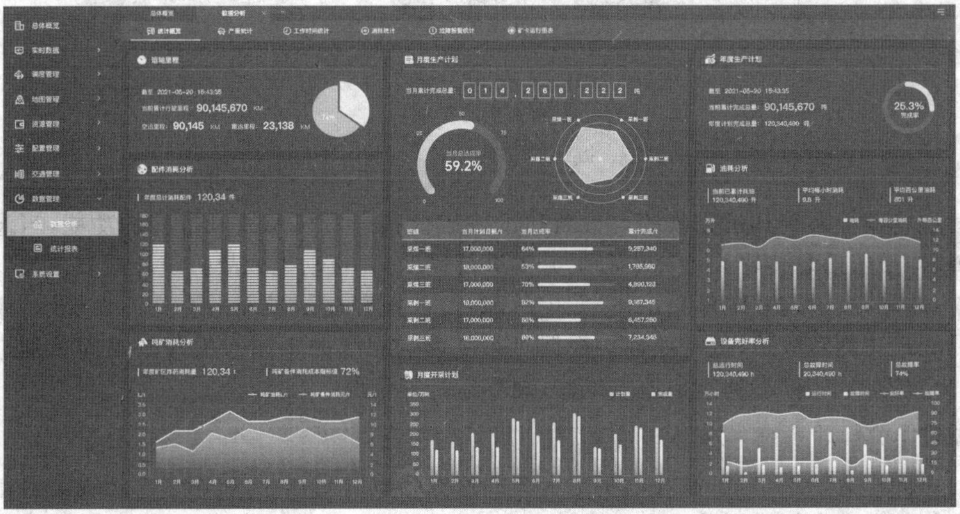

图 10-12　数据统计分析界面

（六）车辆安全防护

在智能云端，管控系统实时寻找周边的运行车辆，计算该车辆在参考路径方向上的安全距离，同时考虑车辆尺寸、运行速度、制动能力、天气情况等因素，从而确保车辆的防护距离满足安全要求。当车辆与前方车辆的实际距离小于安全距离时，云端管控系统向矿用卡车无人驾驶车载系统发送减速或停车指令；云端管控系统获取到前方障碍物信息后，若车辆尚未驶入该区域，路径规划模块将提前对路径进行规划，保障车辆对障碍物进行绕行。在无人车端，车辆安全防护功能主要通过激光雷达、毫米波雷达等车载传感器来实现。通过激光雷达实现对障碍物的识别和跟踪，毫米波雷达作为激光雷达的补充，增强对障碍物的检测能力。构建基于多源传感器数据融合感知的障碍物融合检测，提高检测精度和感知鲁棒性。车载无人驾驶系统检测到障碍物后，根据不同情况合理采取相应措施（减速、安全停车或绕行等）。构建障碍物生命周期管理模块，预测其变化轨迹，为后续决策提供参考，同时为下一时刻环境感知信息处理提供依据。通过云端作业管理平台和车端无人驾驶系统双重安全防护，切实提升矿山无人矿车运输作业整体安全水平。车辆安全防护模块如图 10-13 所示。

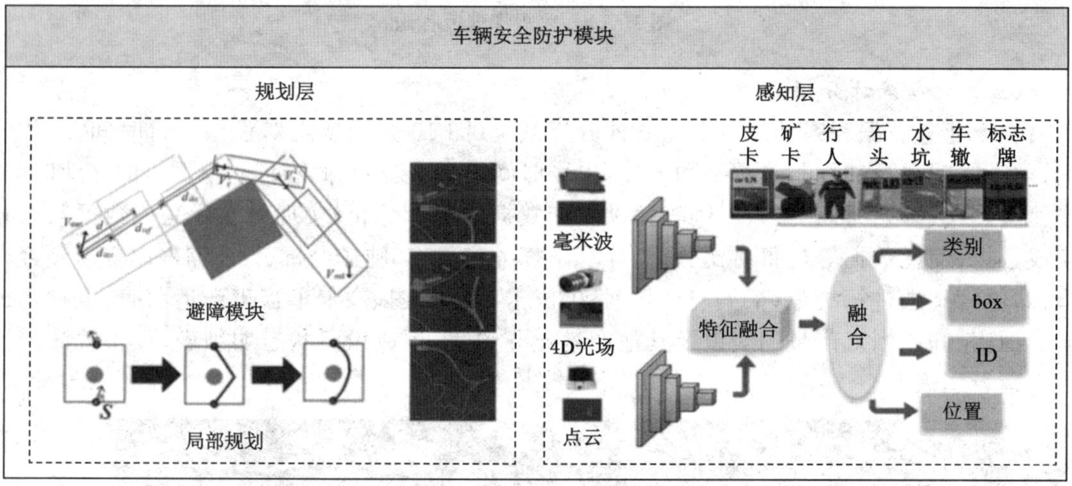

图 10-13　车辆安全防护模块

（七）报警管理

作业管理与监控系统具备完善的自诊断和设备运行状态监视及故障报警的功能，当设备发生故障时，报警信息传输到计算中心上分类进行显示，并自动生成故障统计报表。当设备（一旦发生故障，会引起系统停止工作）发生故障时，在报警显示画面上有专门的提示，以便维护人员能迅速判定故障，进行处理。根据对系统影响程度的不同对报警按不同级别进行分类，分为立即停车、停靠到指定地点维修、观察运行等情况。

三、协同作业管理系统

矿区的协同作业场景丰富，涉及电铲与卡车的挖掘装载协同作业、矿用卡车运输集群作业和运输车辆与辅助车辆协同作业等，如图 10-14 所示。这些作业既要保证配合单智能体的运行准确又要保证协同作业时的精确高效。采用虚实结合的方式，平行系统中虚拟的协同作业控制结果经过调度系统下发到现实车辆中，而真实场景中的车辆由多车协同系统完成具体的控制和操作，极大地提高多车协同效率。

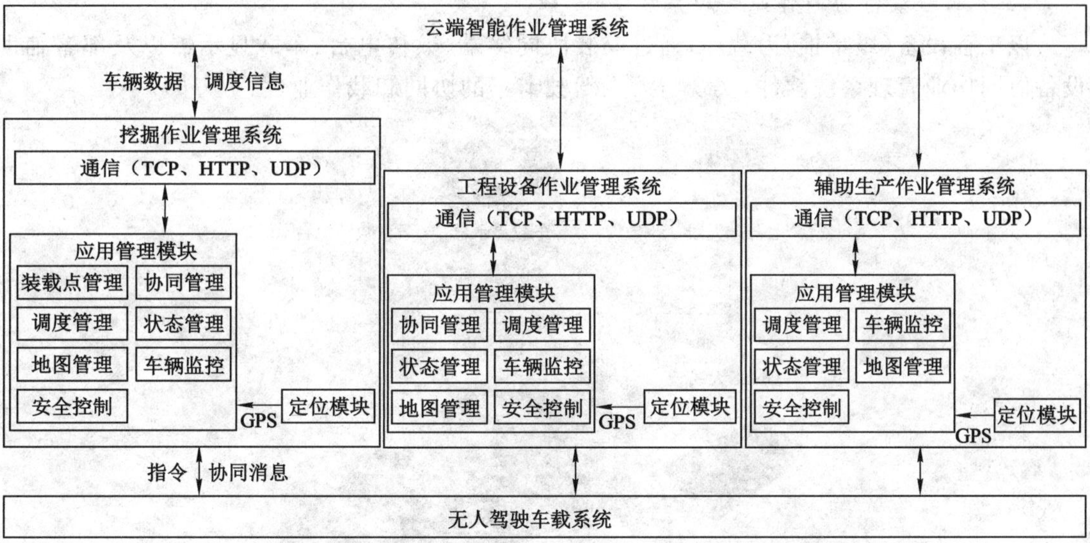

图 10-14　协同作业管理系统原理图

多车协同系统基于无人驾驶平台，在单一智能体的智能控制中，增加协作任务的计算，包括协同定位、速度一致等功能。无人驾驶平台的变化会影响整个协同系统，因此需要不断地校正从而顺利地完成工作。多车协同系统通过外部传感器的捕获获得现实状态反馈给平行系统，弥补现实和虚拟中作业的误差。

（一）系统概述

协同作业管理系统包括采掘设备、工程设备、辅助设备三类作业设备。接收智能作业管理和监控系统的命令，通过语音和显示屏辅助驾驶员完成和无人驾驶卡车协同装载、协同卸载和辅助作业任务执行等功能，从而实现无人运输系统的全流程作业。

（二）采掘设备协同作业管理系统

以采掘设备（如电铲、挖掘机等）为载体，通过安装计算单元、通信单元、定位单元、显示单元，部署采掘设备协同作业管理系统软件，实现与无人驾驶卡车的协同装载作业（图 10-15）。

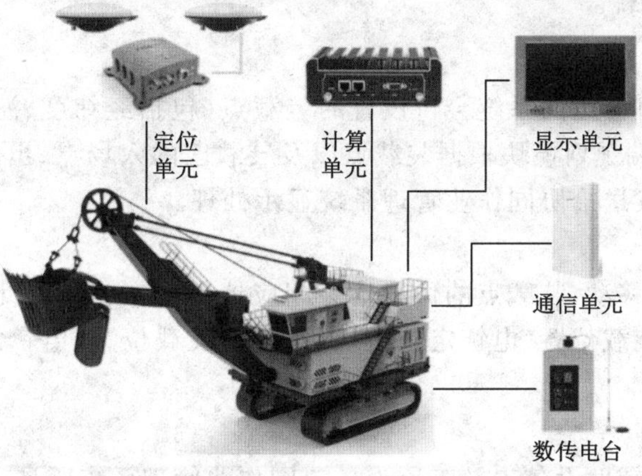

图 10-15　采掘设备协同作业管理系统

（三）工程设备协同作业管理系统

以工程设备(履带推)为载体,通过安装协同终端、数传电台、车载显示器以及部署辅助设备协同作业管理系统软件,实现与无人驾驶卡车的协同卸载作业(图 10-16)。

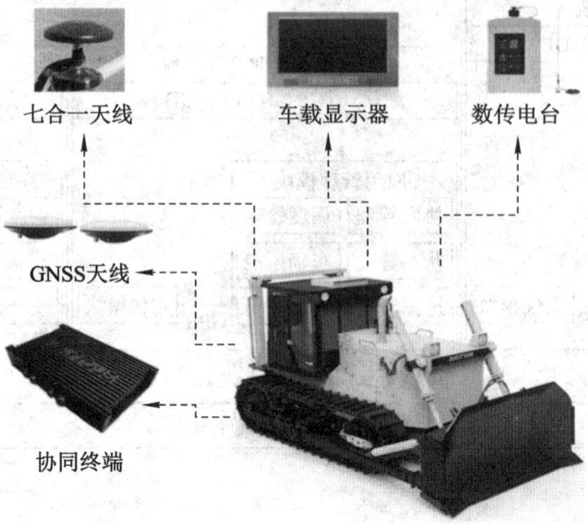

图 10-16 工程设备协同作业管理系统

（四）辅助设备协同作业管理系统

通过在辅助设备(如平路机、指挥车、洒水车等)上安装协同终端、数传电台、车载显示器以及部署辅助设备协同作业管理系统软件,实现与无人驾驶卡车的协同联合作业。

（五）协同作业管理系统主要功能

1. 位置点管理功能

位置点管理为电铲协同作业管理系统独有的功能,即设置装载点功能。设置装载点包括装载模式设置、位置点设置以及移铲对位功能。

装载模式设置之后,点击位置点设置装载点。装载点的经纬度是通过获取自身的铲斗的经纬度而来,以铲斗的位置作为装载点的位置。同时根据提前设置的装载模式确定装载点的朝向。装载点以方框的形式显示在界面上,可通过界面上点击装载点位置以及朝向进行微调(图 10-17)。

2. 路径规划

装载点设置完成后,协同系统会将设置的装载点(包括经纬度、海拔、朝向等信息)通过 TCP 发送到云端,云端规划模块根据装载点以及装载区的入场点、出场点规划路线,并将规划的结果通过 TCP 发送给协同作业管理系统显示处理。

3. 移铲对位

随着电铲的挖掘移动,装载点的位置也会相应地随着变化。因此移铲对位功能会根据上次设定的装载点、装载位置(电铲定位中心)及当前装载位置(电铲定位中心)确定新一轮的装载点。

4. 地图采集功能

地图采集功能为辅助设备以及工程设备协同作业管理系统所具有的功能。通过获取定位模块的定位信息协助采集矿山道路边界信息,并上传到云端作业管理系统进行处理更新。

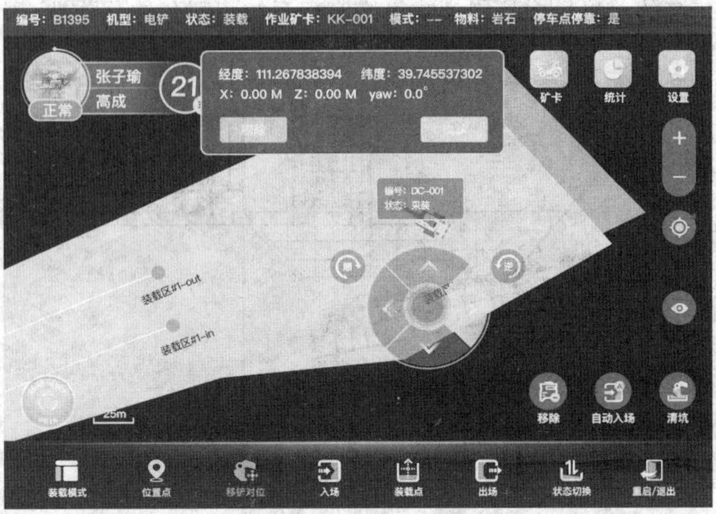

图 10-17　装载点调整界面

5. 安全控制功能

为确保露天矿无人运输过程中与无人驾驶卡车协同作业的安全，设计全方位的安全性保障措施，包括安全圈检测、协同锁定、故障检测、急停控制等功能。一方面，通过故障检测功能对设备自身以及网络状态进行自检，当出现异常情况时能以告警方式通知驾驶员，避免设备带病作业，提高安全性。另一方面，通过急停控制、安全圈检测等功能，防止无人驾驶卡车与协同作业管理系统距离过近并在异常情况下能急停周围的无人驾驶卡车，从而避免安全事故的发生。

6. 扩展功能

协同系统具备良好的扩展能力，可以在不更换设备的情况下实现对协同作业设备的智能调度功能、驾驶员行为分析功能、防超速功能等。

第三节　半连续开采工艺装备

一、破碎机/移动式破碎站远程控制系统

（一）破碎站作业流程和控制现状

露天煤矿破碎站作业是连续的，在破碎站必须设置一定容量的受料仓以满足物料缓冲的需求，物料由卡车载运至破碎站卸车台位并卸入受料仓，通过板式给料机给入破碎机，最后物料经破碎站后运送至排料胶带以及下游带式输送机系统，整个过程实现了卸料、堆料、运料、碎料和排料的作业循环。图 10-18 所示为固定破碎站机构组成示意图。破碎站作为露天开采半连续开采工艺的核心装备，直接决定了该串联系统的效能、可靠性和技术经济性。然而就国内破碎过程控制现状而言，对破碎过程的控制大部分是凭借人工经验判断，严重影响了破碎站生产效率的发挥。由于破碎系统前后装备的能力匹配差异性、传统的人工控制方式、信息孤立不联动、不能实时故障预警和状态判断等问题，极大地降低了破碎站的运行效率。随着工程机械行业自动化控制、计算机智能控制以及无线网络通信等技术结合

越来越密切，由传统的单机集中控制模式最终实现系统集群化协同作业、固定岗位无人值守和远程集中控制。

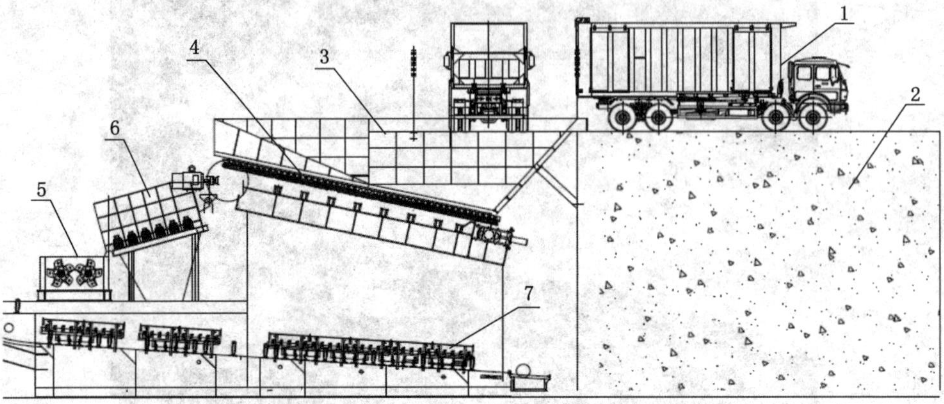

1—卡车；2—卸载台；3—受料仓；4—板式给料机；5—破碎机；6—滚筒筛；7—排料胶带。

图 10-18　固定破碎站机构组成示意图

（二）影响生产效率的主要因素

露天半连续系统虽然能够有效降低深凹、大运距露天矿生产成本问题，但是破碎站的实际运行效果低于设计能力。主要原因有：

（1）受煤炭市场供需季节性影响的露天矿煤炭产量本身的变化和破碎站前后系统装备之间能力匹配的差异，导致的设备长时间空转、低载和重载等运行状态，降低了破碎站的运行效率。

（2）破碎系统和后续的运输环节未能实现故障隐患预警、负载状态监测，造成过载、堵料、跑偏等故障停机，影响作业时效。

（3）移动式破碎站连续设备偏移、不同步、控制不协同，影响作业时效。

（4）物料性质，进入受料仓的粒度过大影响破碎效率。

（5）控制方式普遍采用人工观察和现场控制的传统模式。卡车卸载通过人工观察和手动控制指示灯，给料速度手动调节，人工强度大，人为因素影响效率。

（6）没有实现信息化、网络化，未能实现远程联锁控制和监控，故障率高且发现不及时，影响作业效率。

（三）破碎站系统无人值守远程监控系统

1. 破碎站无人值守远程监控系统概述

破碎站无人值守监控系统基于智能视觉识别、3D 扫描、自动化控制技术实现：装煤卡车自动识别及指挥卸车、受料仓料位自动检测、红绿灯自动控制、板式给料机自动调速、带式输送机自动调速、人员及设备视频监控功能。通过总线通信、无线光纤通信、上位机组态等技术，实现系统全流程远程控制，智能控制煤流和速度，一键启停自动运行，实现无人化值守。

2. 破碎站无人值守远程监控系统组成

破碎站无人值守监控系统，按功能实现可分以下几个子功能：装煤卡车自动识别及指挥卸车功能、料仓料位自动检测及信号灯控制功能、料位自动(刮板机调速)控制功能、带式输送机自动调速功能、全流程远程控制功能、人员及设备视频监控功能。通过物联网、分布式控制、多总线数据采集和智能感知技术,包括运行状态、位置等信息实时监测,并上传至远程数据中心进行统计分析和管理,实现现场设备的远程监控。远程控制系统包括现场设备数据采集和传输、远程监控中心和工业通信网络。数据采集负责采集总线上的数据,通过无线和有线工业网络上传至集控中心,实现设备集群远程故障预警、可视化监控和远程协同联动控制。图 10-19 所示为监控系统组成示意图。

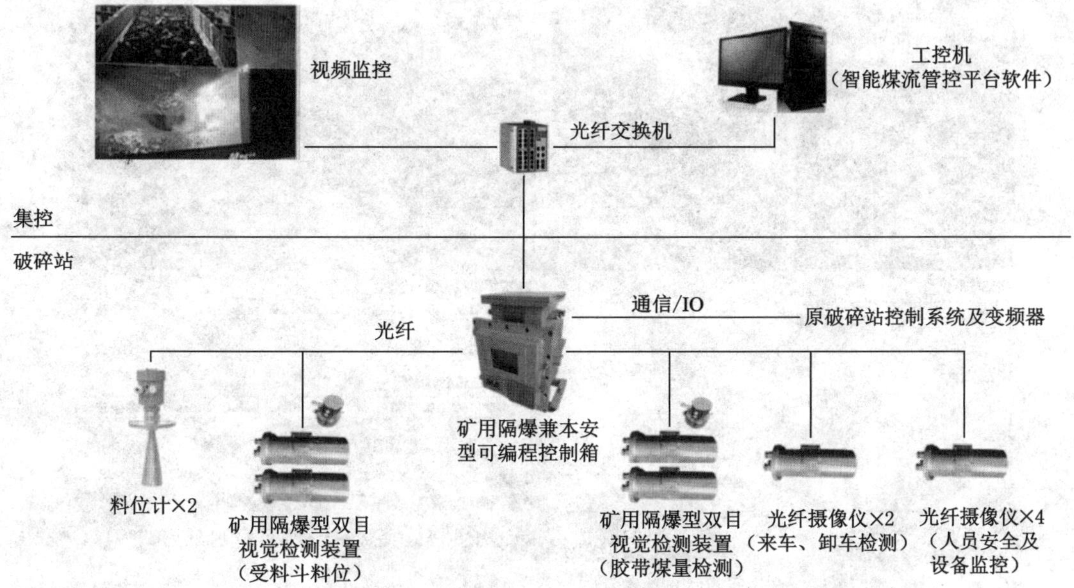

图 10-19　监控系统组成示意图

3. 破碎站无人值守远程监控系统原理

破碎站无人值守监控系统通过可编程控制箱内 PLC 系统控制破碎站联锁自动运行,实现对破碎站的远程智能控制。系统可根据来车识别、受料仓料位的设定,来控制输出刮板机的频率。在保证破碎站煤少不空仓、煤多不压车的情况下使破碎站的输出煤量尽可能稳定不频繁波动,并根据受料仓煤位控制信号灯对卡车进行指示。同时根据卸车检测联锁自动控制喷雾洒水。通过可编程控制箱内的光纤交换机,可将原系统的控制信号、实时数据、现场监控视频传输到集控的系统管理平台上,从而实现破碎站全流程智能远程监控。

(1) 来车自动识别技术

通过安装在来车路口的摄像仪、RFID 读卡器及天线实现对装煤卡车的图像及车辆信息采集。通过摄像仪监测来车情况,图像传回可编程控制箱内的算法服务器,并采用机器视觉算法对来车进行识别(图 10-20)。采用移动检测帧差法,当出现风、光线变化、振动等问题时容易受到干扰引起误判。通过 HOG＋SVM 法,对卡车的正面图像建立正样本库,对周围环境建立负样本库,对样本进行训练得到 SVM 分类器模型,可以准确地识别车辆种类。采用混合高斯背景减除法，可有效地过滤监控路杆振动引起的干扰，但在多云的天气，对云的阴影有较大影响。由于摄像机正对车道，因此车辆的横向位移不明显，导致有时检测丢失。同时在卸车口同样安装摄像仪和激光雷达（辅助）来监测车辆卸煤状态。在每辆装煤卡车上安装 RFID 标签，通过在系统平台软件对车辆的型号、载重、尺寸、车次计数、煤量累计等信息录入，当装煤卡车出现在检测距离内时，RFID 可将卡车的标签 ID 读取，系统通过 ID 号关联卡车的具体信息，同时控制摄像机将来车图片获取并保存。通过对装煤卡车的来车识别可对破碎站的除尘系统进行联锁启动，还可为破碎站的调速系统提供前馈信号。

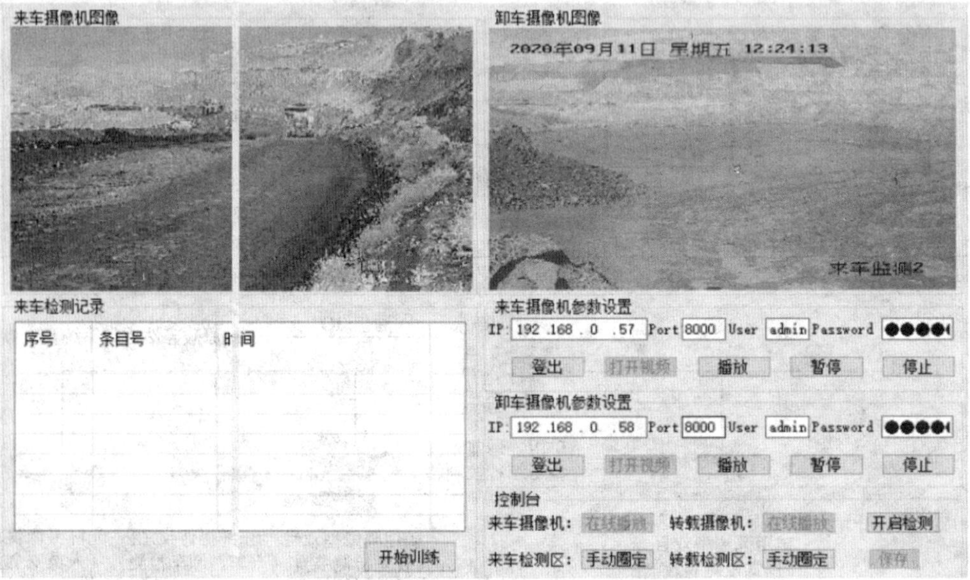

图 10-20　来车识别软件界面

（2）数字化受料仓监测技术

通过安装在煤仓上方的矿用隔爆型双目视觉检测装置、3D 激光雷达扫描仪及雷达料位共同监测煤仓煤位、保证在卸车时扫描仪不受粉尘影响。通过双目光纤摄像仪实现对煤仓煤位的实时监控及检测。通过三维扫描仪的三维点云图实现对煤仓煤位的真实还原，获取准确实时的煤仓内三维信息，实现煤仓三维可视化，解决煤仓的物料测量及信息化、数字化、透明化，并为煤位控制提供实时准确的数据。同时，根据煤位情况自动控制信号灯状态以及刮板机频率。

（3）破碎站板式给料机自动控制和调速技术

通过触摸屏或集控室上位机集中控制系统对受料仓煤位进行设定。PLC 通过检测到的煤位（控制箱内算法服务器对煤仓图像的实时煤位检测，自动计算出物料体积和质量）采用 FUZZY CONTROL 算法可无极闭环调整刮板机变频器频率，并通过合理的死区控制使受料仓煤位控制在设定值范围内。通过对煤仓煤位及来车情况的监测，来控制刮板机的变频器频率升速降速，在保证煤仓不空（煤位低限）、来车不压车（煤位高限）的情况下，实现刮板机的最优运行频率控制。

（4）带式输送机智能识别及自动调速技术

通过安装在排料带式输送机尾附近的矿用隔爆型双目视觉检测装置对带式输送机带面图像进行采集，摄像仪将采集到的图像通过光纤以太网传输至可编程控制箱(图 10-21)。可编程控制箱内配有高性能算法服务器，煤量及跑偏检测的视觉算法软件运行在此算法服务器上，采用三维视觉原理可将双目摄像仪采集的图像计算出具体的煤量及跑偏量。经过算法服务器计算出的煤量及跑偏量通过以太网传输至可编程控制箱内的 PLC 中，并通过可编程控制箱上的触摸屏进行实时显示及历史记录。通过可编程控制箱上的触摸屏或集控室上位机的智能煤流管控平台软件对正常工作时带式输送机的边界进行设定，当运行在算法服务器上的跑偏检测软件检测到带式输送机边界偏离设定边界时，将实时计算出带式输送机跑偏的位移量，当超出轻跑偏设定的报警值时 PLC 输出信号给声光报警器发出报警，当超出重跑偏报警值时 PLC 将输出联锁停机信号。

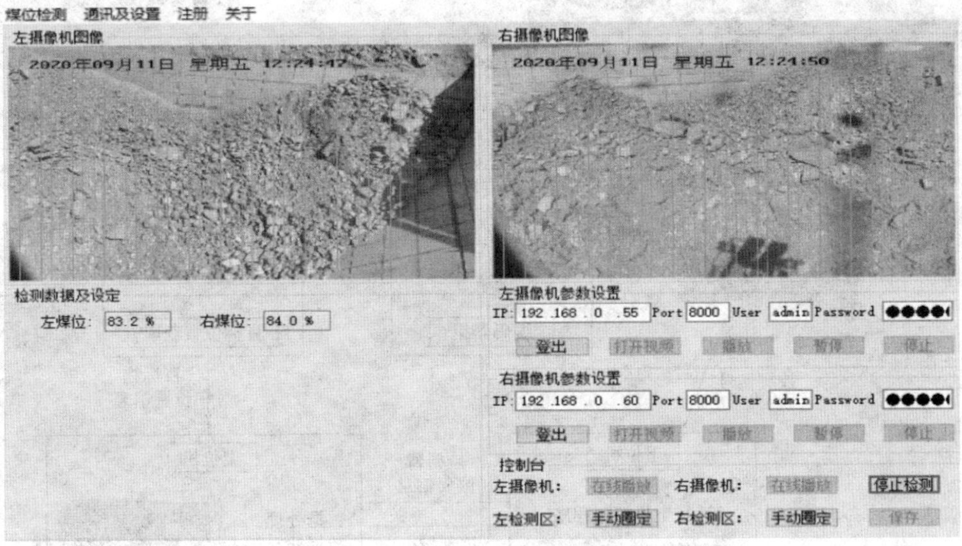

图 10-21 受料仓煤位检测软件界面

(5) 人员安全及设备监控技术

通过安装在破碎站的光纤摄像仪对主要设备及重要位置进行图像采集。采集到的图像传送至可编程控制箱内的高性能算法服务器，此算法服务器运行有视觉异物、人员安全及带式输送机跑偏等检测算法软件。通过集控室上位机的智能煤流管控平台软件可对算法软件进行管理及设定，当画面出现胶带异物、人员闯入(驱动部位等)、带式输送机跑偏时，系统会自动截图并发出报警，同时可根据报警级别及情况实现联锁停机，同时实现集控中心对破碎站各个位置的视频监控。

(6) 移动破碎站自适应给料控制技术

通过电机电流感知检测分析，自动调节变频器速度，自动调节给料量，实现给料单元与破碎主机自动联锁控制。根据主机负载状态自动做出最优速给料和停止给料等逻辑决策。

(7) 移动破碎站自动对中和姿态控制技术

基于运动学分析，通过多种传感器、差分卫星定位、双目视觉测量等组合定位检测技术，设计自动移动对中控制方法，实时采集偏差数据，建立排料臂自主发出控制指令，自动完成装备的对中。移动式破碎站排料臂对中系统测量与通信原理图如图 10-22 所示。上位机、下位机通过数据总线与双目摄像仪和传感器连接。双目摄像仪采集到的图像上传至上位机,下位机采集的传感器信息通过总线上传至上位机。上位机通过算法程序处理传感器数据和图像信息,获取悬臂姿态和目标物位置信息,同时根据位置信息运行控制模块发出控制命令,控制电机组转速和转向,自动调节排料臂位姿。

通过角度传感器的运行姿态检测、履带自动变频调速,结合优化的自动控制程序,实现装备自动调速、自动纠偏,协同移动。

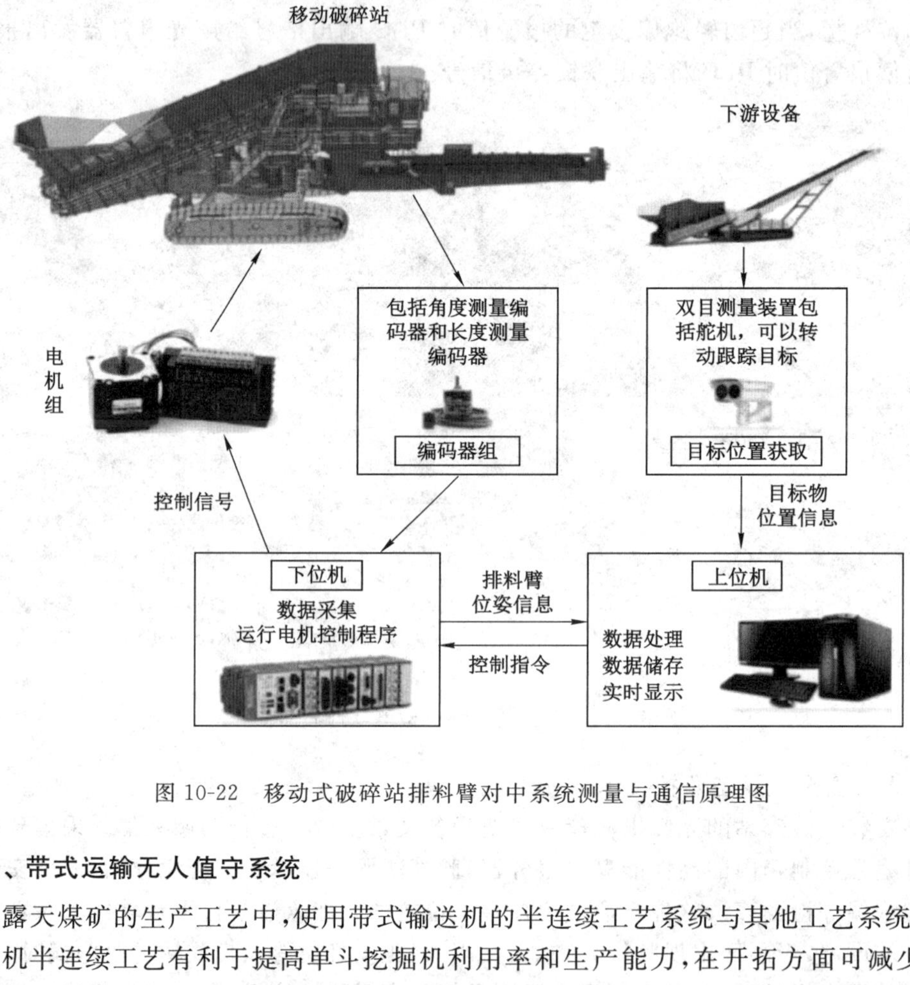

图 10-22　移动式破碎站排料臂对中系统测量与通信原理图

二、带式运输无人值守系统

在露天煤矿的生产工艺中,使用带式输送机的半连续工艺系统与其他工艺系统相比,带式输送机半连续工艺有利于提高单斗挖掘机利用率和生产能力,在开拓方面可减少运输距离和开拓工程量,带式输送机运输爬坡能力大、效率高,在一般情况下经济效果优于间断工艺。但是与国外较为发达的国家相比,带式输送机运输仍然存在着系统的运行效率不高、故障隐患不易排查、工作环境恶劣、安全隐患较高等问题。随着工程机械行业自动化控制、计算机、无线网络通信等技术结合越来越密切,实现带式运输系统无人值守,不仅能节约煤矿的用人成本,也可大大减轻生产的安全压力。

(一)影响带式运输无人值守的主要因素

无人值守带式输送机需要研究与解决的问题:① 不能根据破碎站来料自动启停/调速,带式输送机长时间处于轻载、空载状态,从而浪费了大量的电能。② 带式输送机虽安装有拉绳急停、防跑偏、防堆煤等五项保护装置，但设备存在潜在故障隐患时，设备巡检人员不能第一时间发现，易造成故障性停机。③ 无人值守带式输送机工业视频系统的应用和功能挖掘不足，需要建立工业视频分析系统，引进智能巡检机器人，分析胶带跑偏、堆煤或异物，还可防止无关人员闯入作业现场等。④ 带式输送机运输距离长，巡检人员工作环境恶劣，影响身体健康。

（二）带式运输系统无人值守的实现

1. 带式运输无人值守系统组成架构

带式运输无人值守系统由综合管控系统（SCADA 系统）、智能调速系统、智能点检系统、视频监控系统和巡检机器人系统组成，主要包括三层架构体系，分别为感知层、系统层和应用层。

感知层主要包括变频器、电机、摄像头、传感器、巡检机器人和数据采集单元等。传感器包括堆煤、跑偏、烟雾、打滑、温度、振动等传感器。

系统层主要包括智能调速系统、智能点检系统、视频监控系统、巡检机器人系统等。主要实现带式输送机速度的智能调节、设备故障预警分析、电子围栏、安全监控、带式输送机巡检等功能。

应用层为综合管控系统，SCADA 系统是以计算机为基础的生产过程控制与调度自动化系统。它可以对现场的运行设备进行监视和控制，以实现数据采集、设备控制、测量、参数调节以及各类信号报警等各项功能。形成管、控一体化的数据采集和监控，方便调度员远程控制和监视；对系统采集的数据进行处理和分析，对潜在隐患进行监测和预警。

2. 带式运输无人值守系统组成

(1) 综合管控系统

综合管控系统集成的智能调速系统、智能点检系统、视频监控系统、巡检机器人系统等子系统，可实现实时数据显示，根据系统功能的不同，可查看实时数据和状态、显示报警信息，查询某段时间内的历史数据，还能够生成统计数据报告，并且能够根据生产现场实际情况，远程对带式输送机、巡检机器人、视频摄像头进行操控。综合管控系统预留数据接口，用于其他系统的数据传输。

(2) 智能调速系统

基于动态煤量的带式输送机智能感知矢量调速系统结合视频信号、激光带式运输机断面煤量监测数据、超声波煤流传感器数据、人工智能算法，可以根据逆煤流方向前级输送机空载时间、煤量大小来控制后级输送设备的启停和运行速度以及控制顺序，实现带式运输机负载分布监测、视频识别和报警、单条带式运输机和整个运输系统的智能化动态运行控制。系统运行结构示意图如图 10-23 所示。

(3) 智能点检系统

① 设备智能点检系统以点检定修为核心，融合 TPM 设备管理理念，在系统中设定点检计划，使用智能检测器采集数据，计算机处理和查询数据，实现对巡回检查的全过程管理。设备智能点检系统通过实时记录设备运行时过程控制仪表显示的工艺参数（如电压、电流、温度压力、流量等）和观察量（如漏油、异响、部件松动、润滑状况等），并可以配合测振传感单元进行温度、振动（加速度、速度、位移、包络及 FFT 谱）的测量，采集、录入、统计分析和诊断反馈设备信息，自动生成设备点检统计分析报表，方便设备管理人员查明故障原因及设备运

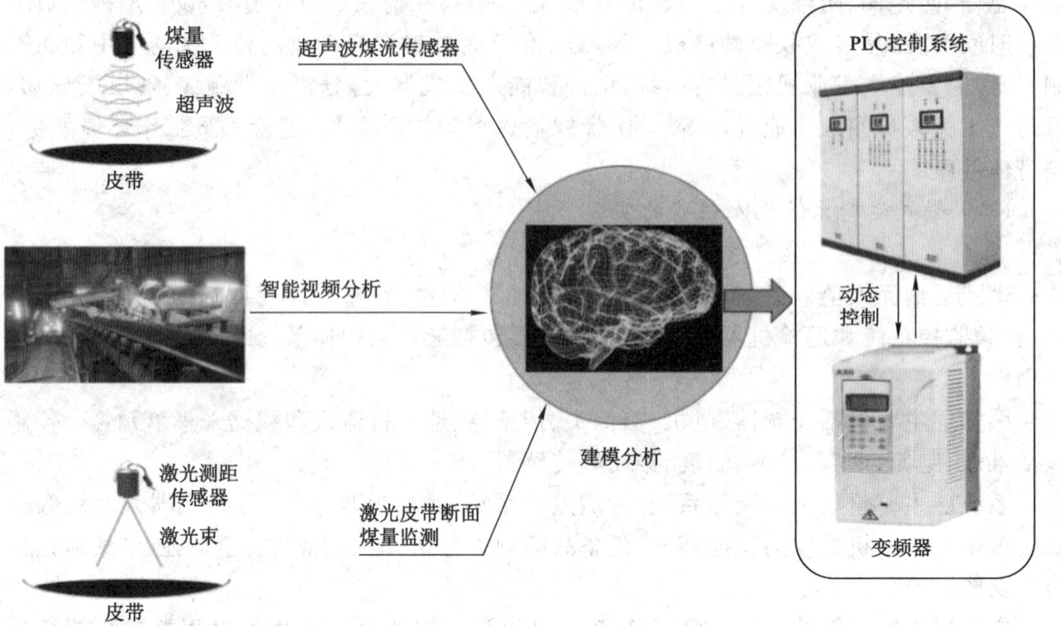

图 10-23　带式输送机智能调速系统运行结构示意图

行异常，制定合理的故障处理措施，降低维护和检修费用，保障设备运行的经济性。

② 在设备状态智能综合诊断分析技术基础上，通过仪表盘等展示形式实时显示带式输送机各类设备的健康状态，并基于大量监测数据的数据频谱曲线分析设备运行趋势技术，来找出曲线异常变动情况，并及时进行预警，最后根据设备运行情况自动生成关注清单，辅助每日的现场点检，来实现智能监控。

③ 利用移动应用技术，开发独立 App 并研发出搭载 App 的设备，通过设备的预警、报警信息可实时推送给相关设备运维人员，以便于进行现场校核。

④ 基于智能 AI 技术、大数据平台等技术，开发出应用于露天矿的人工反馈自主学习技术，通过此技术使同样误报不重复出现，通过故障信息不断积累和完善，能够更加准确、及时地实现精准故障预测。

（4）视频监控系统

① 视频监控系统将现场内各现场的视频图像传送至监控中心，管理人员在不亲临现场的情况下可客观地对各监察地区进行集中监视。

② 利用 AI 人工智能技术、高清摄像等技术研发以对重要设备如通过摄像机的移动侦测功能，划设带式输送机安全启车电子边界，防止无关人员闯入，对带式输送机跑偏、大块、撕裂，落料口的堵料进行智能识别监控。当设备启车指令发出时，利用设备安全启车监控技术，以实现有人在禁止区域活动，相关摄像机实现安全语音报警并禁止设备启车。

③ 通过将视频监控系统与集控系统网络互联，形成信息联动等技术，实现当集控系统内某台设备发生故障时，监控系统将设备的监控画面自动弹出在大屏幕的指定区域这一功能，并且输煤系统工艺流程中的设备在系统集控顺序启车时，当设备启动的同时，大屏幕会自动切换到该设备最近的监控点，并且摄像机自动转向该设备，当设备在运行过程中出现故

障，大屏幕同样能自动切换到该设备最近的监控点，摄像机自动转向该设备，同时集控系统的上位机监控画面有对应报警信息。

④ 利用人工智能的人脸识别、大数据分析技术，以及对重点设备指定每日生产定期巡查时间，摄像机在巡查时间内监测到无人员活动记录则生成报警记录，以实现对岗位巡查人员的监督。

⑤ 通过智能分析、人工智能以及红外热成像技术，实现对画面内设备超温及火灾的实时报警，信号接入集中控制室，同时联动附近报警器。

⑥ 基于人工智能识别、人脸识别、红外热成像等技术，以有人或车辆接近、跨过边界，可立即报警，自动识别人、车、动物，当动物接近时不会触发报警的安防入侵检测技术，对输送机沿线两侧划定安防电子围栏。

(5) 巡检机器人系统

① 带式输送机智能巡检机器人技术是基于自动巡检技术、云台视频监控与热成像测温技术、托辊自动识别及声音异常识别技术、火灾及烟雾监测技术、自动避障技术、自动充电等技术研发而成。

② 巡检机器人通过无线 App 与基站通信，并将数据传输至集控室上位机的平台软件与固定点监测系统构成带式输送机智能巡检系统。系统组成如图 10-24 所示。

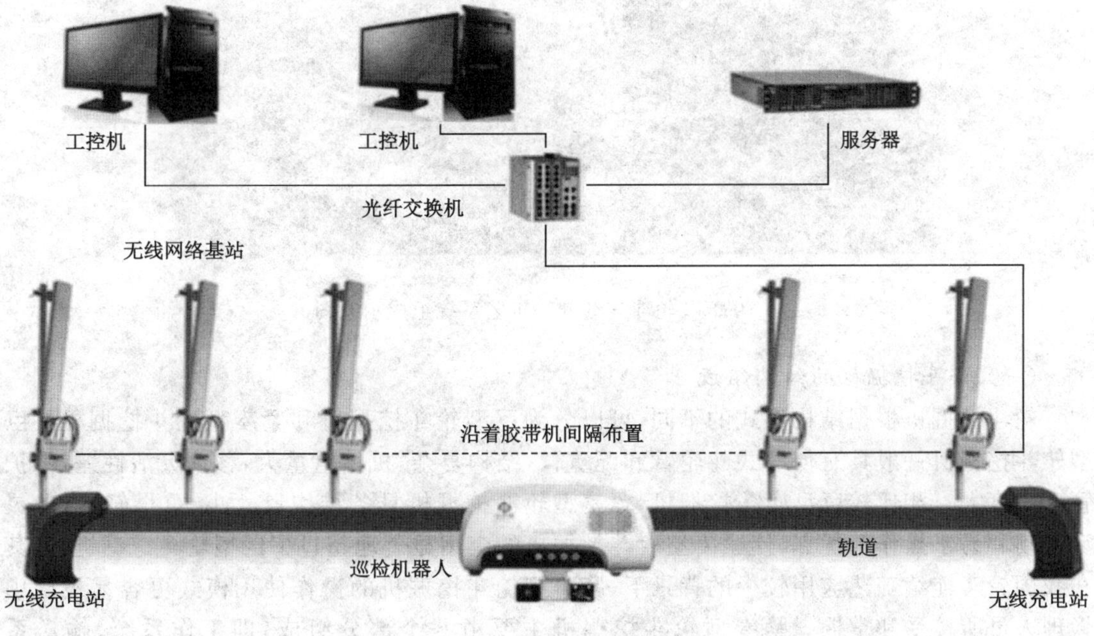

图 10-24　巡检机器人系统示意图

③ 基于视频图像识别技术、热源检测技术、环境探测技术、粉尘浓度检测技术、自动充电技术、自主避障防碰撞等技术，实现廊道内各个角度不同重点部件的图像采集和图像识别、及时报警及预定决策动作、准确检测设备表面各个温度数值，并形成热视图像，直观展示设备温度分布情况，快速定位高温故障点，能够准确检测环境中的甲烷、硫化氢、一氧化碳、氧气等气体浓度和烟雾是否超限，及时发现气体泄漏和预警着火，实时定时采集区域内粉尘

浓度，实现浓度实时检测及预警、机器人本体检测到电量低自动寻找充电桩进行充电，充电桩设计为防爆无线充电式，不影响巡检机器人环形运动，自动识别障碍物距离以及关联输料机系统实现闭锁停机等功能。

第四节　连续开采工艺装备

连续开采工艺是指露天开采的采装、运输和排卸三大主要生产环节都是连续的，物料开采后均由带式输送机运输，主要工艺形式为“轮斗挖掘机＋转载机＋工作面带式输送机＋端帮带式输送机＋排土机(剥离系统)”。

一、轮斗挖掘机连续开采工艺装备及智能控制系统现状

轮斗连续开采工艺系统组成示意图如图 10-25 所示。轮斗连续开采工艺的环节少、自动化程度高，是现有露天开采工艺中最容易实现智能化的开采工艺，但受轮斗挖掘机一直未实现国产化以及设备切割力的限制，该工艺在我国发展缓慢。

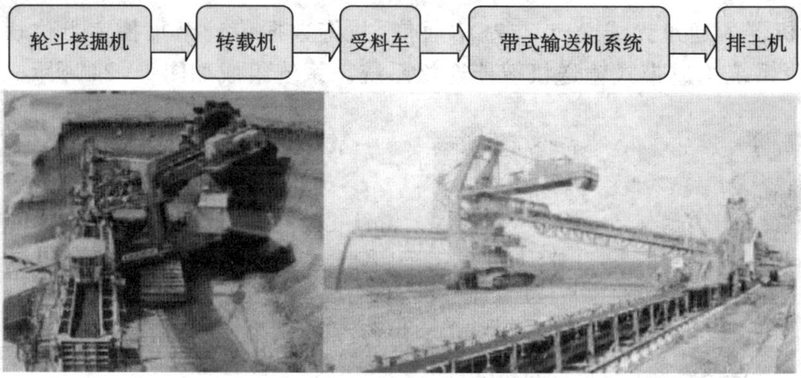

图 10-25　轮斗连续开采工艺系统组成示意图

(一) 轮斗挖掘机的结构组成

轮斗挖掘机根据结构形式的不同，可以分为巨型轮斗挖掘机和紧凑型轮斗挖掘机。巨型轮斗挖掘机一般具有伸缩式斗轮臂和配重臂，结构复杂，机体重量大，移动灵活性差，维护管理难度大。相比较巨型轮斗挖掘机，紧凑型轮斗挖掘机具备结构尺寸小、重量轻、作业灵活机动和易于操作等优点，使紧凑型轮斗挖掘机的应用显著地超过了巨型轮斗挖掘机，尤其在我国轮斗连续工艺应用较少的背景下，紧凑型轮斗挖掘机的操作使用模式更容易被矿山管理人员所接受和掌握。紧凑型轮斗挖掘机主要由 6 个部分组成，即工作系统、输送系统、回转系统、行走系统、电力驱动系统、液压系统。紧凑型轮斗挖掘机结构图如图 10-26 所示。

(二) 轮斗连续开采工艺发展制约因素

轮斗挖掘机虽然具有连续化作业、效率高、适应复杂煤层选采、操作简单、易于实现现代化管理和开采智能化等诸多优点，但是在实际应用中生产效率并没有达到预期目标，且相较于其他开采工艺市场占有率不高，分析原因主要有以下几个方面：

(1) 现有国内轮斗挖掘机在装备故障预警、自适应切割及全自动控制方面均未全面实

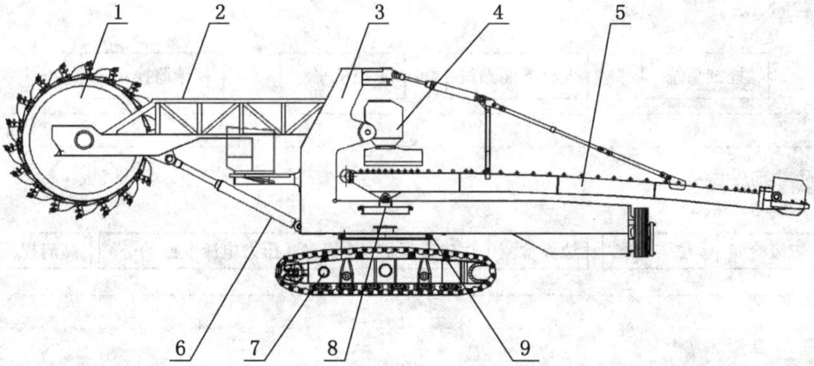

1—斗轮装置；2—受料臂；3—门型承载架；4—中心转载溜槽；5—排料臂；6—液压缸俯仰装置；7—行走系统；8—小回转系统；9—大回转系统。

图 10-26　紧凑型轮斗挖掘机结构图

现。其中，作业过程中走行及定位均需要人工操作实现，精确度差，耗时长，影响着系统的生产效率。

(2) 轮斗挖掘机与其配套的辅助设备串联作业，难实现准确对接，影响系统连续性。目前国内轮斗挖掘机移设仍然采用单一传感器和视频监控的方式，需要人工操作完成对中，精确性差，时效性低，影响连续系统的效率。

(3) 轮斗挖掘机线切割力小，限制了设备的适用范围，不能适应中硬以上物料的切割。

(4) 露天煤矿使用的轮斗设备是专用设备，需要根据矿山实际条件做定制化设计，故轮斗设备设计、选型复杂，研究难度大，准备时间长。

(5) 设备管理和维护专业性强，对用户的管理水平要求高。

(三) 轮斗挖掘机智能控制系统的实现

1. 轮斗挖掘机智能控制系统概述

轮斗挖掘机智能化控制系统，是以分布式可编程逻辑控制器为核心，以全数字化的现场总线组态模式连接现场智能控制检测设备，实现轮斗挖掘机悬臂自动工作区域识别往复回转、自适应记忆切割，带式输送机、斗轮、回转、行走自动调速，回转角度、俯仰高度、行走距离自动检测，回转、行走自动防碰撞，行走自动防偏斜，装载点自动对中，人员及设备视频监控等功能；通过物联网、无线通信等技术将轮斗挖掘机现场运行状态、故障报警信息实时与远程集控系统进线数据交互，实现设备的远程控制和监控。轮斗挖掘机控制系统架构图如图10-27所示。

2. 轮斗挖掘机智能控制系统

(1) 轮臂自动回转边界识别

通过在轮斗挖掘机斗轮臂回转机构安装绝对值编码器，并与可编程控制器通过总线数字通信采集实时数据采集，通过采集的编码器数据逻辑运算实现斗轮臂角度实时检测。当在取料时斗轮臂在设定的工作角度扇形区域自动循环往复回转。由于工作面范围会随工况而随时调整以及物料边界自然滑坡角物料，使得轮斗挖掘机自动取料回转不能自适应边界物料情况，反馈不及时极易造成空转，降低取料量，影响生产能力；空转也造成能耗的浪费，

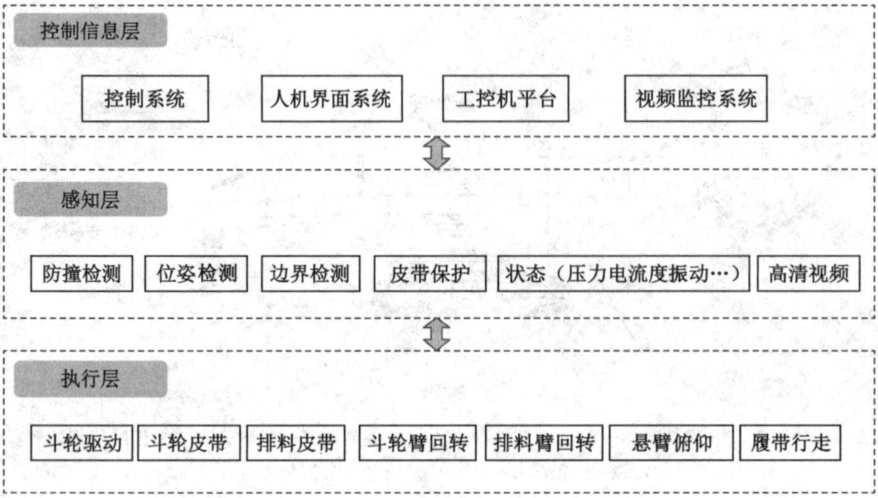

图 10-27　轮斗挖掘机控制系统架构图

增加运行成本。通过激光雷达边界识别技术，就可以对工作区域回转边界进行识别，并通过在控制回路加装电流检测装置，通过运行电流在空转和带载时的变化，对是否空转进行进一步论证，对激光雷达检测的冗余措施增加了检测的准确性。具体如图 10-28 所示。

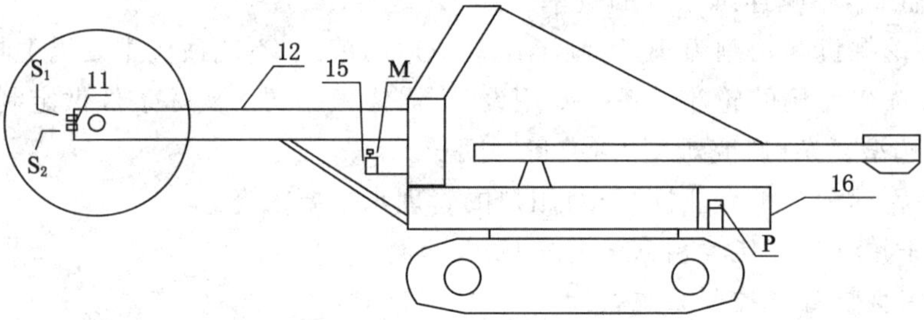

11—支架；S1—第一检测装置；S2—第二检测装置；12—轮斗臂；15—司机室；
16—电气室；P—数据采集处理单元；M—显示单元。

图 10-28　轮斗挖掘机回转检测装置布置示意图

(2) 斗轮自适应记忆切割控制技术

在斗轮驱动电机和斗轮臂回转电机处设置电流检测传感器，为避免因回转速度太快或进尺深度过大导致设备憋停，以及进尺深度过小导致开采效率低下，设置最大电流保护限值和最小电流限定值，在达到限定值一定时间后，启动斗轮转速自动调整和履带自动进退调整，使斗轮转速和进尺深度保持在合理范围内，以保证轮斗挖掘机连续作业，保障工作效率。但速度和进退调整步距不宜过大和过小，过大将影响切割效率和工作面的平整性，过小则容易造成装备的不断识别调整而影响工作效率。

(3) 履带行走自动步进同步控制技术

自动运行时，预先设置切割深度。可编程控制器通过距离检测装置检测的实时距离，完成自动切割步进。通过在履带前端安装防撞检测装置，判断该层物料是否采掘完成。通过斗轮、回转、行走联动逻辑程序算法及斗轮电流回转电流反馈检测，来控制切割深度，实现切割深度的自适应控制。通过在行走电机上设置速度检测装置，并与履带变频器可实现闭环反馈控制，无极闭环调整履带变频器频率，在保证不偏斜的情况下，实现履带的最优同步运行频率控制。

(4) 斗齿健康状态识别在线监测技术

通过在斗轮装置上设置自动识别挖掘机斗齿健康状态的装置，实现对斗齿健康状态的实时监测(图 10-29)。装置包括 PLC 控制器，调节支架及安装在调节支架上的光电感应传感器开关；在轮斗上且位于斗轮体遮挡板的上方安装斗齿健康检测装置，装置与 PLC 控制器通信连接，通过 PLC 实时采集状态数据，判断斗齿是否脱落。同时检测系统还通入了运行电流，若斗齿受力突然增加，即采集轮斗自转转速和电流的某一项突然急剧变化，则说明斗齿受冲击状态增加，斗齿发生断裂的概率增加，可间接作为判断斗齿掉落或损坏的依据。

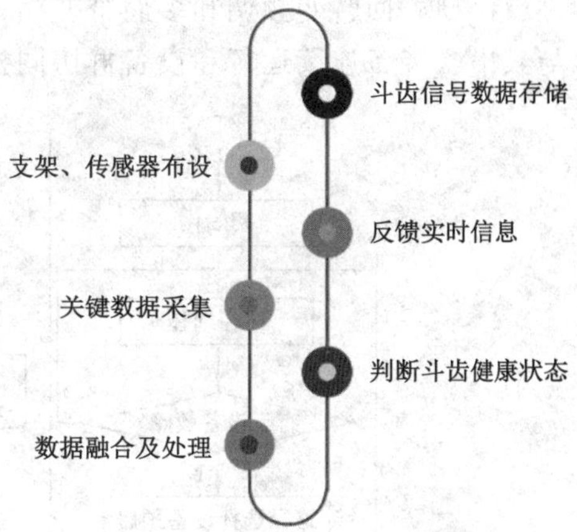

图 10-29 斗齿在线监测流程图

(5) 转载点自动对中技术

基于激光雷达技术，实现设备自动对中，通过在设备下料口加装激光雷达检测装置，实时检测与受料口的位置偏差，并与控制采集器之间通过通信连接，与预先编辑的对中值进行比较，并做出调偏纠正指令，自动控制排料臂回转和俯仰，通过自动对中装置的复位信号判断是否停止对中指令，实现设备的自动对中，减少由于偏斜过大造成的停机故障。同时对中系统还根据回转角度值和俯仰高度值作为判断是否偏斜的依据(图 10-30)。

图 10-30 转载点自动对中检测示意图

(6) 轮斗连续系统设备群远程协同控制技术

轮斗挖掘机设备群的协同控制技术是确保系统连续性的关键，通过工业物联网技术，将轮斗连续开采装备各机构的控制系统与集控系统连接，运行状态数字信息实时交互。通过人机交互的方式完成运行数据的优化和状态可视化显示，实现远程监控。集控系统根据连续工艺生产要求和采集的设备运行数据，建立多机协同控制。根据轮斗挖掘机设备群优先级启动和联锁工艺程控控制，通过检测的角度、高度、位移运行姿态检测数据，电流、压力、速度、温度等状态监测数据，防撞、跑偏、打滑、极限、过载、堵料等保护检测数据，以及轮斗变频、胶带变频、回转变频调和多履带变频自动调速，结合优化的自动控制程序，实现轮斗挖掘机与其串联装备连续运行和设备群协同控制(图 10-31)。

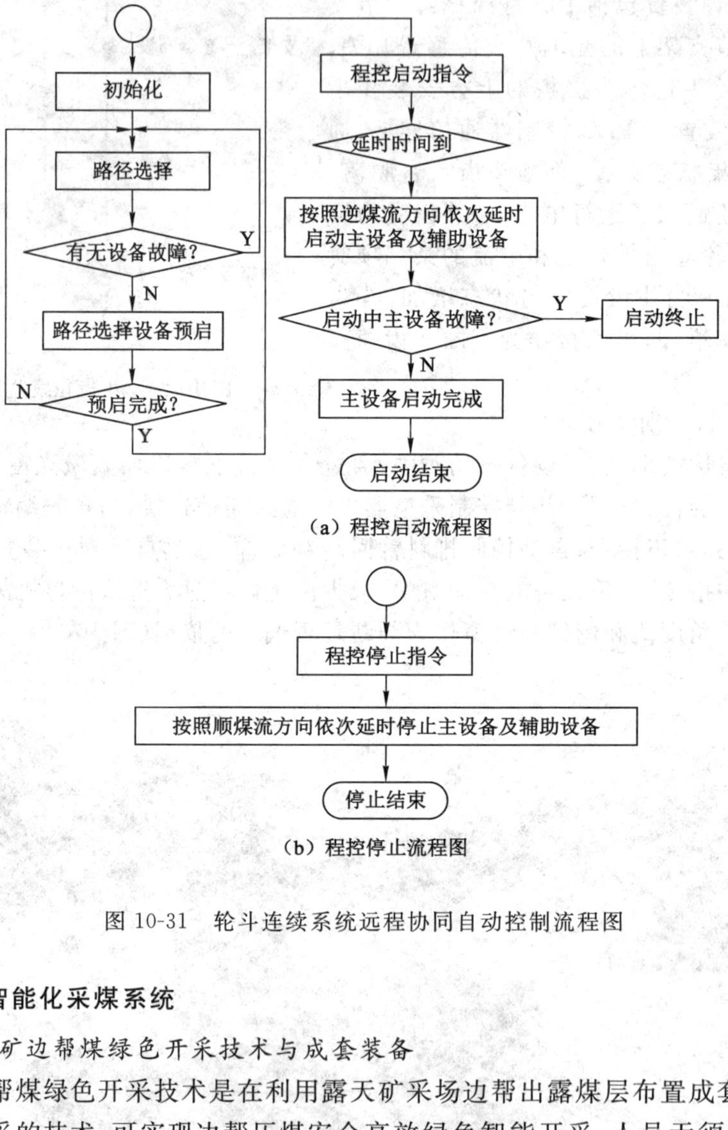

图 10-31　轮斗连续系统远程协同自动控制流程图

二、边帮智能化采煤系统

(一) 露天矿边帮煤绿色开采技术与成套装备

露天矿边帮煤绿色开采技术是在利用露天矿采场边帮出露煤层布置成套设备进行巷道式边帮压煤开采的技术，可实现边帮压煤安全高效绿色智能开采，人员无须进入巷道，设备具有自救功能，可大幅提升开采安全性和开采深度，显著提高边帮压煤资源回收率。

系统由边帮连续采煤机、多单元速连带式运输系统、步进式行走平台、移动式卸料部、远程控制平台等系统组成。系统具有以下技术先进性：

(1) 系统具有自救功能，步进式行走平台布置有大推力推移液压缸，最大回撤力可达

300 t，运输单元主结构采用高强钢设计，可在连采机行走系统故障以及巷道局部塌方情况下实现设备安全回撤，人员无须进入开采硐室和边坡危险区域，显著提高设备使用安全性。

(2) 系统掘采推进动力由连续采煤机牵引力和步进式行走平台的推进力组成，系统掘采深度与现有技术相比大幅提高，同时设备配置有惯性导航系统，随着采硐深度增大，可精确保证预留煤柱的安全宽度，显著提高边帮压煤资源回采率和开采安全性。

(3) 系统通过增加和减少运输单元实现采深控制，对工作平盘宽度要求小，系统适应性强，同时各运输单元装配和拆卸均在步进式行走平台完成，拆装效率高，显著提高生产效率。

(4) 系统转场作业自动化，当前开采硐室开采完成后，边帮连续采煤机可回撤至步进式行走平台之上，通过迈步机构作用，系统整体移动完成转场作业，操控简单，自动化程度高，生产效率高。

(5) 系统安装有抽出式通风除尘系统，显著提高开采硐室通风及除尘效率，开采现场粉尘污染显著改善。

(6) 系统配备有远程控制平台，采用商用车车载形式，人员操作位于边坡危险区域以外，可将设备图像信号、运行参数、惯性导航参数以及边坡稳定性参数传输至远程控制平台进行实时监测，通过交互式操作台实现掘采过程远程精确控制，实现边帮压煤智能化开采。

(二) 露天煤矿边帮连续采煤机

连续采煤机是露天煤矿边帮智能化采煤系统的核心设备，有落煤、装煤、运煤的功能，可实现边帮煤的快速连续巷采和回收。

连续采煤机主要适用于地质构造相对简单，直接顶稳定，允许一定空顶距，煤层倾角小于 10°、局部不超过 16°的边帮煤开采。具有如下技术特点：

(1) 整机通过性好，牵引能力强。采用变频调速控制行走机构，启动转矩大、过载能力强、可靠性高；同时采用 2 台交流变频电机，机器爬坡有力，通过性好。

(2) 截割效率高、运行平稳可靠。截割装置采用双电机横轴布置，截煤面积宽，落煤能力强；具有抗过载和冲击的机械保护措施，运行平稳可靠。

(3) 除尘效果好。采用湿式除尘系统，避免二次扬尘，处理风量范围大，降尘效率高，完全能够满足巷道高粉尘恶劣工况条件下整机的使用要求。

(4) 分体模块设计、维修便捷。各执行部件采用模块化设计，简化设备传动系统布置形式，显著提升设备检修维护便捷性；整机主要结构分体设计，适于尺寸受限的边帮煤巷采应用。

(三) 边帮连续采煤机分类和主要技术参数

表 10-1 所列是根据我国煤炭赋存地质条件开发的系列化连续采煤机，主要分为薄煤层连续采煤机 EML340B，采高范围为 1 300～2 500 mm；矮型连续采煤机 EML340A，采高范围为 1 800～3 500 mm；标准版连续采煤机 EML340，采高范围为 2 600～4 500 mm，以及大采高连续采煤机 EML340D，采高范围为 3 300～5 500 mm。除了采高以外，其余部件结构形式及参数均不存在明显区别。

表 10-1　连续采煤机参数表

参数/型号	EML340B	EML340A	EML340	EML340D
外形尺寸/mm	11 300×3 300×1 150	11 200×3 300×1 600	11 300×3 300×2 050	11 300×3 300×2 400
截割宽度/mm	3 300	3 300	3 300	3 300
采高/mm	1 300～2 500	1 800～3 500	2 600～4 500	3 300～5 500
机重/t	58.5	60	62	65
总功率/kW	575	597	597	597
截割功率/kW	2×170	2×170	2×170	2×170
生产能力/(t/min)	10～15	13～23	15～27	15～27
铲板宽度/mm	3 150	3 150	3 150	3 150
接地比压/MPa	0.17	0.18	0.19	0.19
最大倾角	±17°	±17°	±17°	±17°
滚筒卧底/mm	205	205	205	205
装载机构形式	星轮	星轮	星轮	星轮
行走形式	交流变频调速	交流变频调速	交流变频调速	交流变频调速

（四）边帮连续采煤机各系统组成

连续采煤机是一种高集成度复杂机械装备，由于空间有限，各执行机构均需要紧凑布置才能满足整机的要求。连续采煤机主要由截割部、装载部、运输部、行走部、主机架、除尘系统、液压系统、电气系统、水冷却喷雾系统、驾驶操纵及润滑系统等部分组成，如图 10-32 所示。各系统性能的优劣及相互之间的匹配性是连续采煤机性能的基础。

（五）露天煤矿边帮采煤多功能步进式行走平台

多功能步进式行走平台（简称平台）集平台整体移动、巷道开采设备推进、带式运输单元快速装配、出煤转载、巷道通风除尘、电气控制和液压控制于一体，是边帮开采系统的外部工作台总成。平台具有结构尺寸大、质量大、功能集成度高、设备整机行走和工作推移受力复杂、带式运输单元装配需求空间结构紧凑等突出特点。

如图 10-33 所示，为适应成套装备开采需求、便于公路运输及现场快速组装，行走平台采用了模块化分体设计思路，下部底盘主要由铲板、前迈步、左右主梁、中部胶带、后迈步、后端头七大部件组成；上平台由顶棚组件、分段式承载体、三级前防护三大部件组成。

（六）成套技术装备远程控制技术

边帮成套采煤设备能高效实现露天煤矿边帮煤的开采，采用巷道掘进方式实现连续工作，远程操控系统实现边帮成套采煤设备的无人化掘进。不同于传统的单机掘进，边帮成套采煤设备包含连采机、运输单元和行走平台等多种设备，因此对应的远程控制系统必须实现多设备的协同控制，远程操作需要配备完善的信息提示和反馈。边帮成套采煤设备远程智能控制系统包括会话层、决策层和物理层三层结构（图 10-34）：会话层，包括各人机交互界面；决策层，包括各控制器；物理层，包括各执行机构和感知元件。会话层、决策层以及物理层采用多种通信协议方式实现互联。

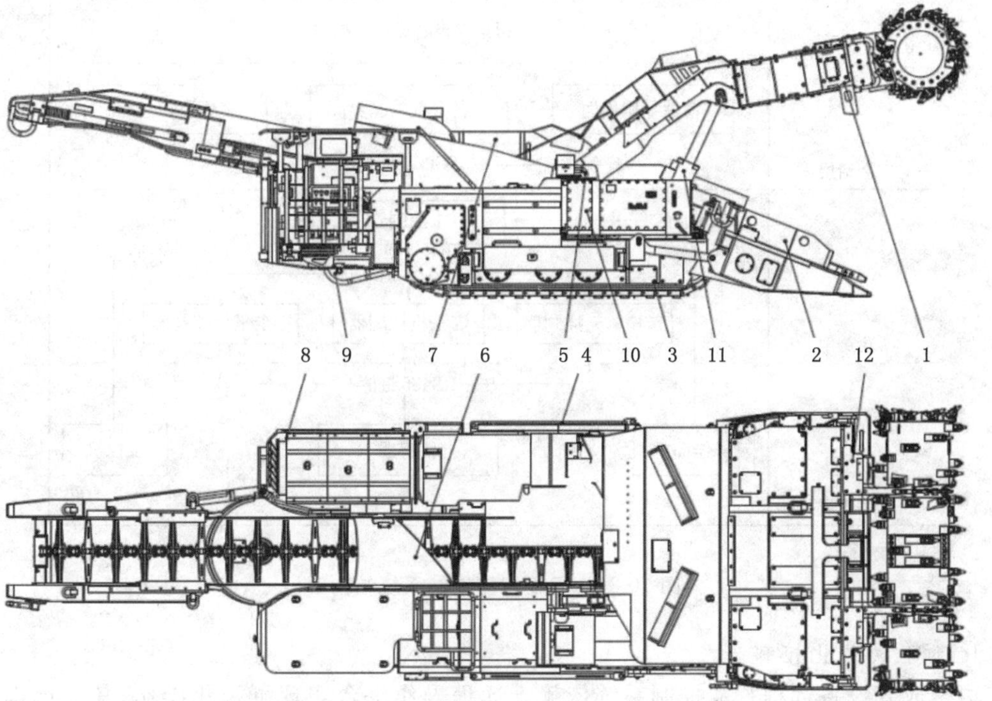

1—截割部；2—装载部；3—右行走部；4—左行走部；5—主机架；6—运输部；7—除尘系统；8—后机架；9—驾驶操纵；10—电气系统；11—液压系统；12—水冷却喷雾系统。

图 10-32　连续采煤机组成结构

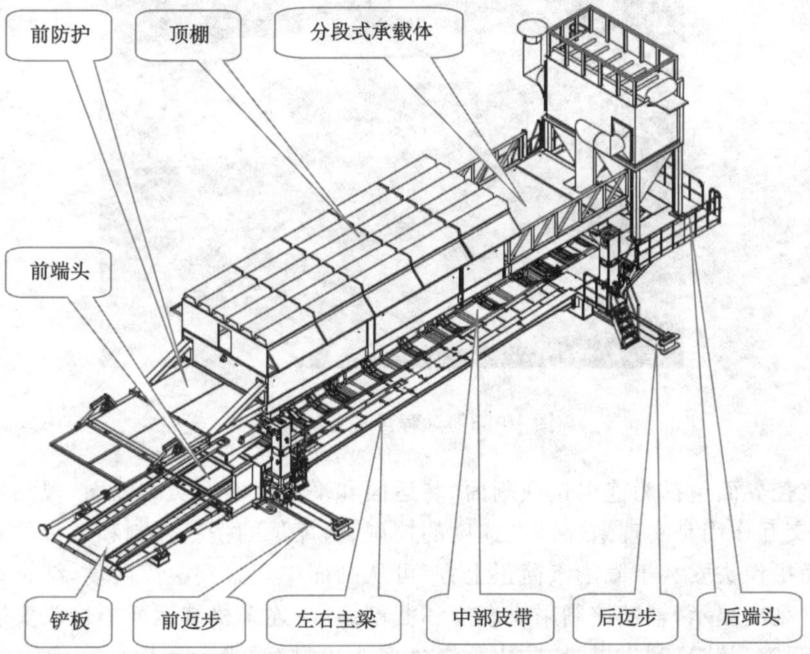

图 10-33　多功能步进式行走平台设计图

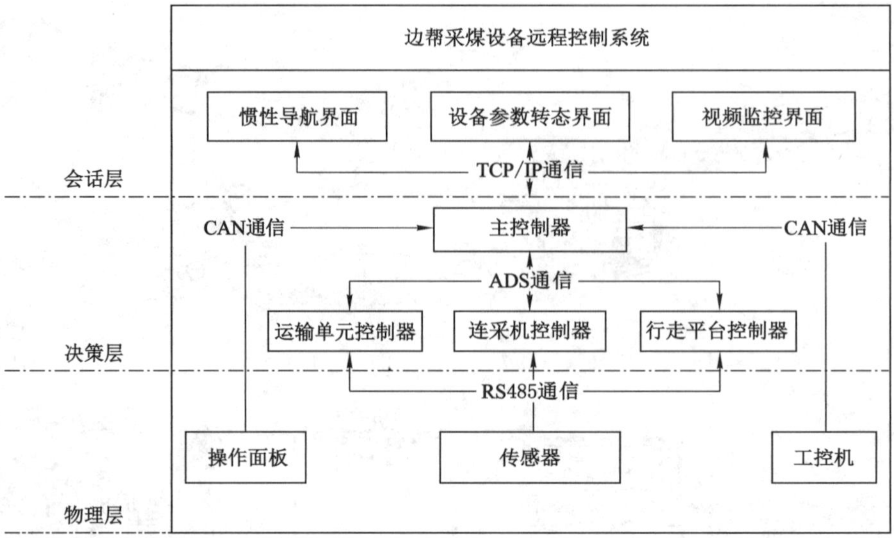

图 10-34　远程智能控制系统结构图

1. 远程可视化控制技术

边帮成套设备远程智能控制系统依赖于远程操作平台实现可视化操作，其中远程操作主要通过远程操作集中控制面板实现，可视化技术通过人机交互界面实现，实际根据人机交互界面状态信息反馈实现远程作业(图 10-35)。

图 10-35　远程可视化操作平台

视频监控界面包括为连采机截割面、装运面和平台运输面实时画面，视频监控界面可放大缩小，其交互作用是实现采煤高度速度的控制、出煤量的平稳控制和人员的安全预警。连采机截割面摄像头安装于截割滚筒正上方，可从画面中观察到滚筒高度，结合设备参数状态界面的截割高度提示，辅助控制采煤高度和截割速度；连采机装运面摄像头安装于截割液压缸底部，可观察到装运刮板煤量，防止落煤过多造成过载；平台运输面摄像头安装于平台上方，视野较广，可防止人员接近和误操作。

2. 设备协同控制技术

边帮成套开采装备包含有自移平台、运输单元、连采机等多种装备，远程操控时多设备的协同控制是设备正常工作的前提和保障。边帮成套设备的系统控制包括两方面：一是成套设备的一键启停技术，二是连采机与运输单元的系统控制技术。设备的协同控制技术可实现成套设备一键进入工作状态，设备工作过程中协同前进、后退、自移。

边帮成套采煤设备中连采机和首节运输单元通过机械结构连接在一起同时前进和后退，运输单元和连采机可分别进行驱动，为了保证设备和人身安全，连采机和运输单元之间保留一定空行程，该空行程必须在合理范围内才能保证两设备不发生碰撞和拉扯。运输单元与连采机的协同控制就是通过判断两套设备之间空行程的距离，由此来调节运输单元的移动速度以保证空行程在安全范围内。

3. 运输单元智能识别技术

多运输单元智能识别技术用来识别当前连接的运输单元的ID号并进行排序使其与实际连接顺序一致，从而为之后对运输单元的统一操作奠定基础。这样可以保证运输单元只存储到当前连接的最后一节并按序排列，避免当前连接的运输单元一直传送新号而重复存储占位。

（七）基于工业物联网的边帮开采装备监控平台研究

利用物联网技术可实现设备健康状态信息的实时协同采集、智能处理、及时反馈等功能。构建感知层、网络层和应用层的三层系统框架，可实现集故障预知、远程监控、远程诊断、在线诊断为一体的高效监测诊断模式。基于物联网边帮开采监控系统如图10-36所示。

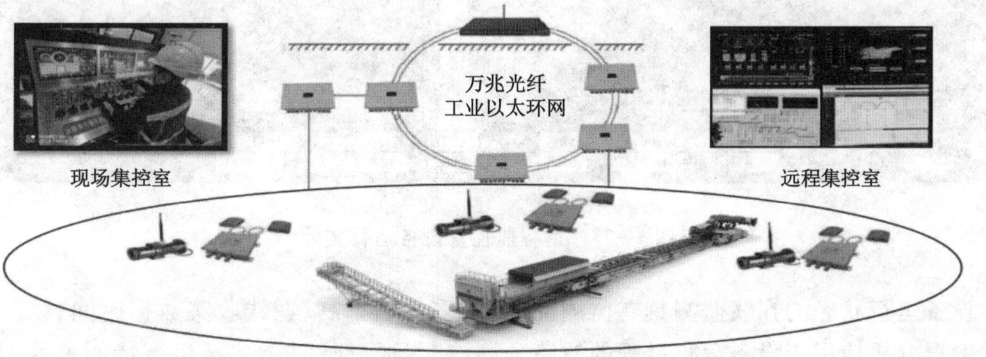

图10-36 边帮开采组网平台

(1) 感知层利用安装于设备上的传感器节点进行信息采集，实现对设备温度、油位、水位、压力、负载等状态的信息监测；利用短距离通信技术将数据传输至现场网关或上位机，可实现感知层数据的采集和传输。

(2) 感知层获取机械设备的健康状态监测信号和运行参数数据，经网络层传送至各分厂服务器，再通过专网或5G等物联网，与总部的设备监测诊断管理平台、集控中心、云服务平台、移动终端等进行数据、图像以及报警事件等信息通信，实现设备健康状态信息的集中存储、远程管理和移动办公。

(3) 应用层主要利用柔性开放、可扩展、可重构、实时交互的设备健康信息数据库，实现监测信号分析、故障特征提取、故障诊断及预测功能。利用丰富、成熟的数据预处理算法，对数据进行有目的性的重组、挖掘、推理；然后对数据进行个性化处理，为机械设备的安全运行、计划检修、主动维护和技术管理提供决策信息；最后，通过人机界面把有价值的诊断结论、决策信息展示给用户，从而完成了设备健康状态监测诊断的功能要求。

工业物联网的边帮采掘装备监控平台主要通过 5G 网络对边帮采掘装备产生的实时位置信息、导航信息及设备关键部件的传感器数据进行采集分析。远程监控室设备运行监控如图 10-37 所示。

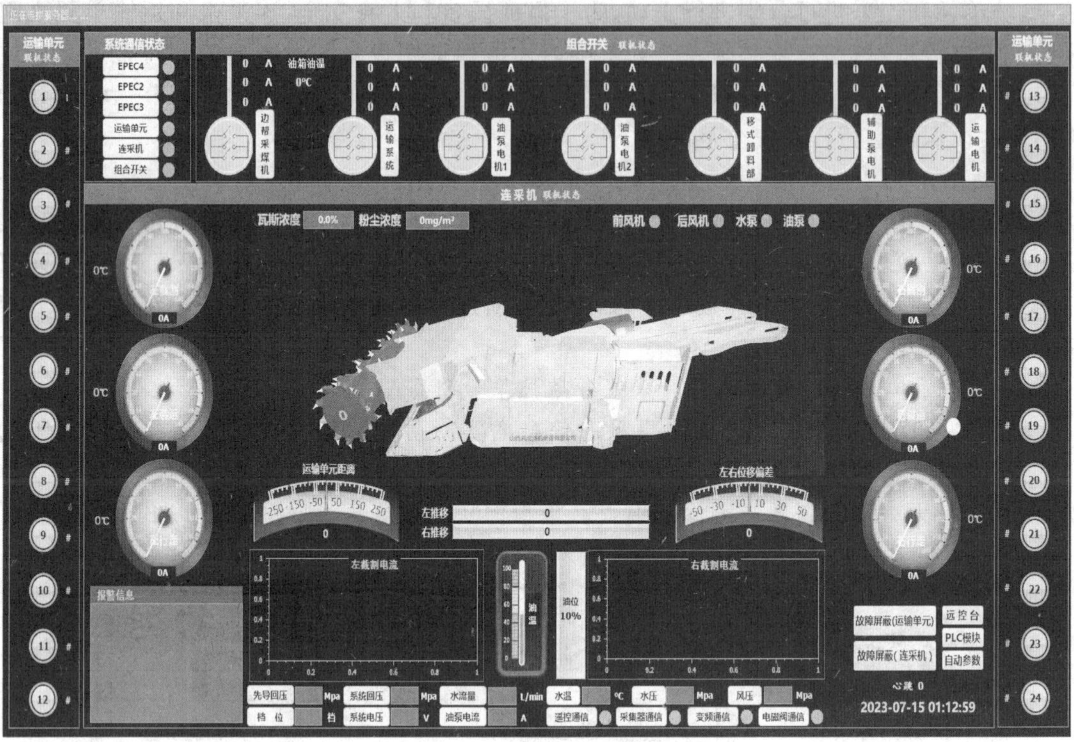

图 10-37 远程监控室设备运行监控

设备运行状态的在线监测具有监测部位多、采样频率高、在线收集数据时间长等特点。将大数据分析应用于设备运行过程的故障预测诊断，通过从复杂装备运行特征大数据中挖掘出故障信息，以实现运行故障的快速诊断。在收集大量运行特征数据的基础上，采用数据挖掘算法对设备运行数据进行重组、挖掘，建立故障诊断数据库。

第五节 智能化安全保障

一、智能化边坡监测预警系统

随着高新技术的广泛推广和应用，从边坡地表到坡体深部一体化、非接触、高智能化和高精度的综合监测技术将成为露天矿边坡监测的发展趋势。露天矿边坡地质条件和环境因素的复杂性决定了边坡稳定性分析必须依靠边坡监测手段来监控和验证。目前，露天矿边坡监测的主要内容有变形监测、应力监测、岩体破裂监测和地下水监测等四个主要类型，其中变形监测应用最为广泛。

由于露天矿边坡的地质条件较为复杂，影响边坡破坏机理的因素繁多且难以量化，因此，进行露天矿边坡的变形预测和失稳预报难度很大。目前常用的方法有统计归纳法、灰色系统理论、时序分析法、非线性理论方法、系统理论方法和多元信息融合法等。下面介绍智能化边坡监测的相关技术原理和技术特点。

（一）边坡变形监测的常用方法

露天矿边坡的变形主要有地表变形和深部变形两个方面。地表变形的监测包括位移监测和岩体倾斜监测，位移监测分为绝对位移监测和相对位移监测。绝对位移监测，以监测边坡的三维位移量、位移方向、位移速率为主；相对位移监测，监测边坡重点变形部位、裂缝、滑动面等点与点之间的相对位移量，包括张开、闭合、错动、抬升、下沉等内容；倾斜监测，主要是监测坡体的角变位与倾倒。边坡内部的变形观测，即用岩体内钻孔等技术手段进行量测岩体内部的变形，包括张开、闭合、错动、抬升、下沉等。

1. 地质宏观形迹观测法

地质宏观形迹观测法，是用常规地质调查方法，对崩塌、滑坡的宏观变形迹象和与其相关的各种异常现象进行定期的观测、记录，以便随时掌握崩塌、滑坡的变形动态及发展趋势，达到科学预报的目的。

2. 简易观测法

简单观测法是通过人工直接观测边坡中地表裂缝、臌胀、沉降等现象。

3. 设站观测法

设站观测法是指在充分了解现场工程地质背景的基础上，在边坡上设立变形观测点（线状、网状）。设站观测法进一步又可分为大地测量法、GPS 测量法和近景摄影测量法。常用的大地测量法主要有两方向（或三方向）前方交会法、双边距离交会法、视准线法、小角法、测距法、几何水准测量法以及精密三角高程测量法等。GPS 测量法的基本原理是用 GPS 卫星发送的导航定位信号进行空间后方交会测量，确定地面待测点的三维坐标，根据坐标值在不同时间的变化来获取绝对位移的数据及其变化情况。

4. 钻孔测斜法

钻孔测斜法是采用某种测量方法和仪器相结合，测量钻孔轴线在地下空间的坐标位置。通过测量钻孔测点的顶角、方位角和孔深度，经计算可知测点的空间坐标位置，获得钻孔弯曲情况，从而获得边坡深部的变形曲线。

（二）星载雷达干涉测量（InSAR）

合成孔径雷达（synthetic aperture radar，SAR）是一种高分辨率的二维成像雷达。它作为一种全新的智能对地观测技术，近 20 年来获得了很大发展，目前已经成为一种不可缺少的遥感手段。与传统的可见光、红外遥感技术相比，SAR 具有许多优越性，它属于微波遥感的范畴，可以穿透云层甚至在一定程度上穿透雨区，而且具有不依赖于太阳作为照射源的特点，具有全天候、全天时的观测能力，这是其他任何遥感手段所不能比拟的。微波遥感还能在一定程度上穿透植被，可以提供可见光、红外遥感所得不到的某些新信息。

星载雷达干涉测量技术（InSAR）是一门根据复雷达图像的相位数据来提取地面目标三维空间信息的技术。其基本思想是：利用两副天线同时成像或一副天线相隔一定时间重复成像，获取同一区域的复雷达图像对，由于两副天线与地面某一目标之间的距离不等，使得在复雷达图像对同名象点之间产生相位差，形成干涉纹图，干涉纹图中的相位值即为两次成像的相位差测量值，根据两次成像相位差与地面目标的三维空间位置之间存在的几何关系，利用飞行轨道的参数，即可测定地面目标的三维坐标(图 10-38)。

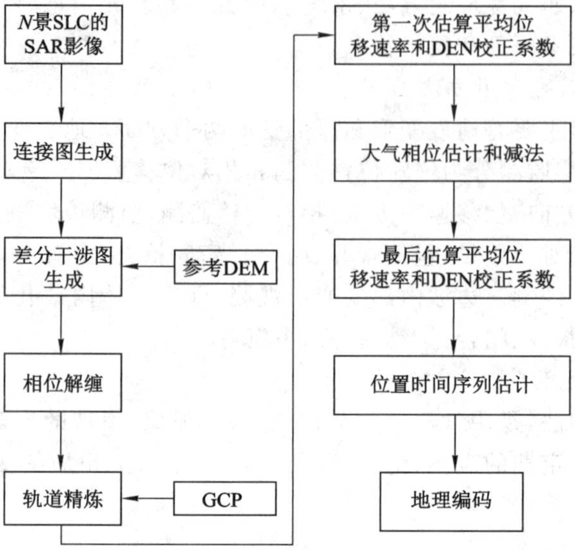

图 10-38　InSAR 数据处理基本流程图

InSAR 技术支持时序监测，较传统的沉陷监测系统工作周期短、成本低、受大气干扰及其他环境因素影响小，更适用于露天矿的沉陷监测，为类似的高大边坡矿区长期地表沉陷监测提供了一种精度可靠、效率更高的长期监测方法，已经广泛应用于露天矿边坡及周边地表的长期沉降监测。例如利用 InSAR 技术对抚顺西露天矿区开展地表沉陷分析，结果表明：2021 年 1—7 月的地表沉陷云图与沉陷速率云图显示矿坑沉陷区域主要集中在南帮中部(图 10-39)，南帮中部累计沉陷量最大值为 126 mm，最大沉陷速率为 244 mm/a。

（三）真实孔径边坡雷达

真实孔径雷达技术是一种基于差值干涉测量法，利用雷达波测量边坡微小变形的新一代边坡监测预警技术。雷达以亚毫米级度对被测边坡进行分区域、连续、反复地逐行扫描，再通过处理器将扫描数据与前一组扫描数据进行对比解析，从而确定边坡的位移和速度变化程度，并将位移数值和速度数值图形化于计算机界面，无需 DEM 模型辅助，即可直接获得真实的三维变形数据，其扫描方式如图 10-40 所示。

真实孔径雷达具有可移动性的特点，其工作平台设计有拖车装置，可以快速布设在任何位置，方便对不同方向的边坡进行监测预警，提高了设备的机动性和灵活性。同时拖车装置带有伸缩支架，可以平稳地固定在地表坡面，避免设备自身的微小位移影响监测数据的准确性。该技术已经广泛应用于大型露天矿边坡监测与预警工作，实现对露天矿边坡灾害的实时监测，有效保障了露天矿山的生产安全。其以单个圆形光斑形成的像素点在一定角度下沿被测边坡表面扫描，渐进式地覆盖全部监测区域。通过雷达的步进逐行扫描，获得每个像素点三维空间上的变形数据，再将每个像素点的地理坐标进行集合运算，最终生成的监测云图为三维图像，其监测单元为圆形光斑的像素点。现场实践工作中，边坡监测雷达往往需要

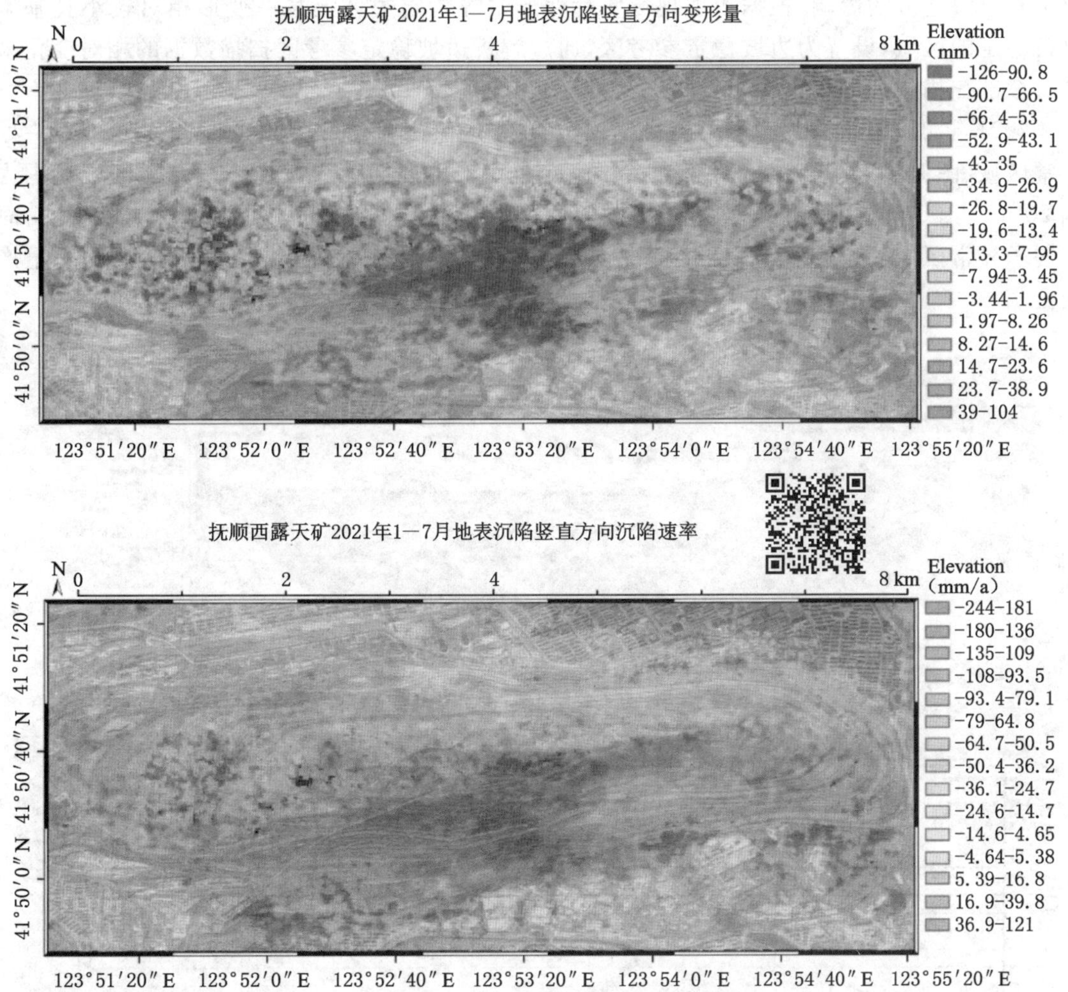

图 10-39　2021 年 1—7 月地表沉陷量与沉降速率

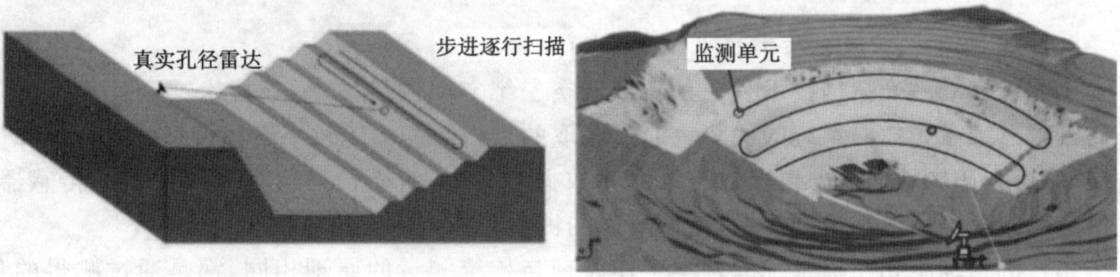

图 10-40　真实孔径雷达扫描方式

布设在正对被测边坡的位置，这导致雷达距离被测边坡较远（200～3 000 m），其发射的雷达波在扫描的过程中受自然气候条件（如尘、雾、雨、雪及气压等）影响较大。因此在使用雷达进行边坡稳定性监测预警时，为使采集的监测数据更加准确，需要技术人员校正不同气候参数下对于雷达波的影响，根据边坡现场实际变形情况指定边坡上某一变形相对较小且基本保持稳定的区域，设置为边坡稳定参考区，通过解析边坡稳定参考区扫描数据的相对变化来进行全部扫描数据的校正。

2021 年 6 月 4 日 10:30 抚顺西露天矿边坡雷达监测显示北帮重点监测区域出现一处异常区域(图 10-41)，该区域的位移曲线、速度曲线均出现持续增大趋势。异常区域范围为宽 20 m、高 50 m。在发生滑坡灾害的整个过程中，边坡雷达一直保持跟踪监测模式，实时掌握了异常区域的位移、速度变化情况，对边坡进行了有效管控，保障了西露天矿的生产安全。

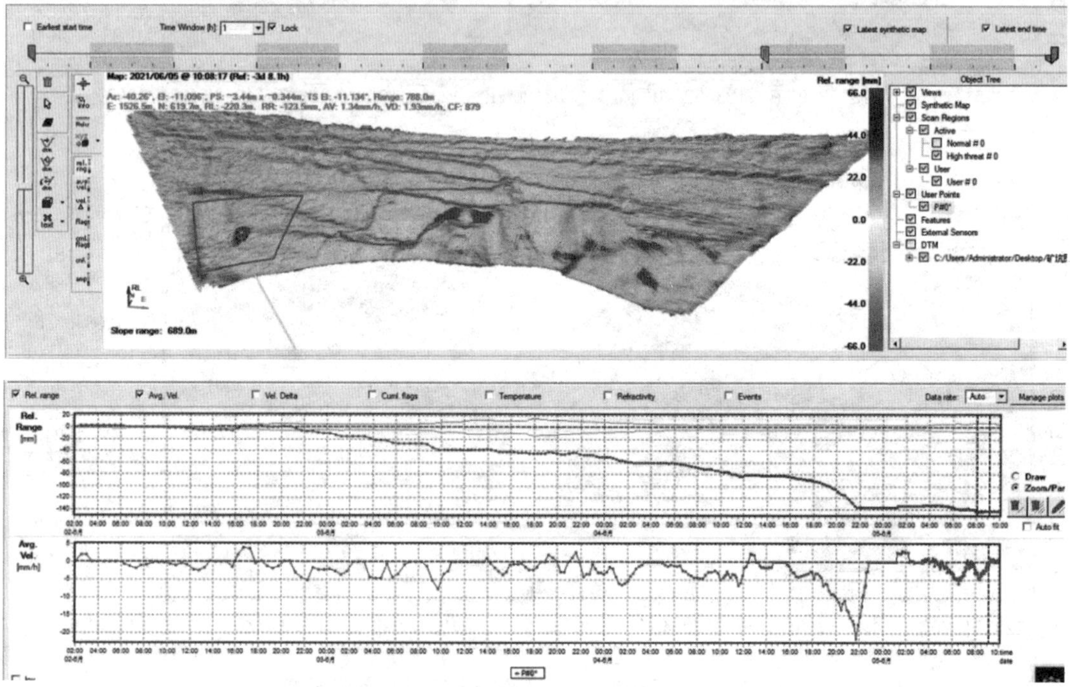

图 10-41　抚顺西露天矿边坡雷达监测异常区域

(四) 无人机三维激光扫描技术(LiDAR)

无人机三维激光扫描技术是一种新型低空三维空间测量技术，该技术结合了无人机航测与机载三维激光扫描系统的优势。通过获取的点云数据构建数字高程模型并进行沉降信息提取，得到矿区地面沉陷情况的三维立体数据。其中，激光扫描仪是系统的核心传感器，通过高速的距离测量和角度测量，获取海量的测量目标点的三维空间坐标。

无人机三维激光扫描系统的基本工作原理与传统测量的原理相同，都是通过测得的角度与距离来进行计算，进而得到空间三维激光点的空间坐标。与传统航空摄影测量技术相比，三维激光扫描技术对地面信息可以比较详细地表达出真实情况，其测量速度快，外业工作时间短，而且该系统还具有测量精度高、作业成本低等特点。该技术边坡变形监测中有着传统监测手段无法比拟的技术优势，广泛地应用于边坡变形监测。

（五）激光微小位移监测

在露天矿边坡监测中，最直接、最易捕捉的信息是地表位移和变形。国内外对边坡的监测，都把地表位移和变形的监测放在首位。随着电子技术和计算机技术的发展，近年来利用激光技术实现非接触式监测的研究受到了较多关注，研究人员采用激光技术、CCD技术和计算机技术，研制了一种微小位移监测系统，可以对边坡的水平位移和竖直位移实现远距离、非接触式自动监测，较适宜于大型滑坡的地表位移监测，其测量原理如图10-42所示。

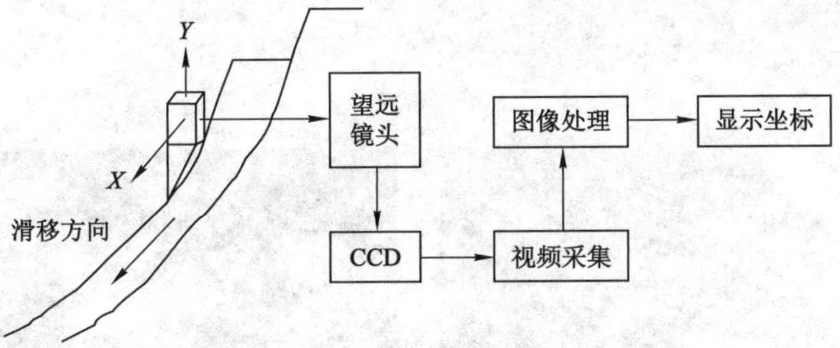

图10-42　激光位移监测系统的测量原理

激光微小位移监测系统是远距离非接触式监测仪器，可以全天候无人值守工作，具有不易受环境因素和人为因素的影响，它与常规位移计相比，具有显著的优越性。因此，该系统在大型地质灾害监测工程中具有广泛的应用前景。随着激光技术和CCD技术的发展，激光微小位移监测系统的功能和性能也会在实际监测工程应用中得到更进一步的改善和提高，更加适合我国地质灾害监测的需要。

（六）边坡应力监测

应力监测主要是测量边坡岩体内不同部位的应力变化情况，通过分析边坡内部应力的变化来评价边坡的稳定性。根据测量原理的不同，边坡应力监测方法可分为直接法和间接法两大类。

直接法包括应力解除法、松弛应变测量法、地球物理方法、水压致裂法等地应力测试方法。间接法是指通过锚索测力计等监测边坡锚索应力的变化，从而对露天矿边坡内部的应力变化等进行评价。图10-43所示为我国自主开发的滑坡地质灾害远程实时摄动监控系统，该系统通过监测边坡岩体内预应力锚索拉力变化，实现滑动力和抗滑力的动态监测，从而对边坡稳定进行动态监控。

（七）边坡红外热像检测

当岩石含水时，由于水的热容量和热惯量较大，导致在同样的热力学条件下，含水岩石温度变化要小于干燥岩石。此外，含水区域由于存在蒸发作用，会导致温度比周围岩石低的现象。根据此原理，便可以利用热成像技术进行滑坡的监测。

热成像技术是将不可见的红外辐射转化为可见图像的技术，利用这一技术研制成的装置称为热成像装置或热像仪。热像仪是一种二维平面成像的红外系统，它通过将红外辐射能量聚集在红外探测器上，并转换为电子视频信号，经过电子学处理，形成被测目标的红外热图像，该图像用显示器显示出来，如图10-44所示。其主要优势如下：

（1）被动式：不需要配置辐射源，完全利用目标自身的热辐射来成像。

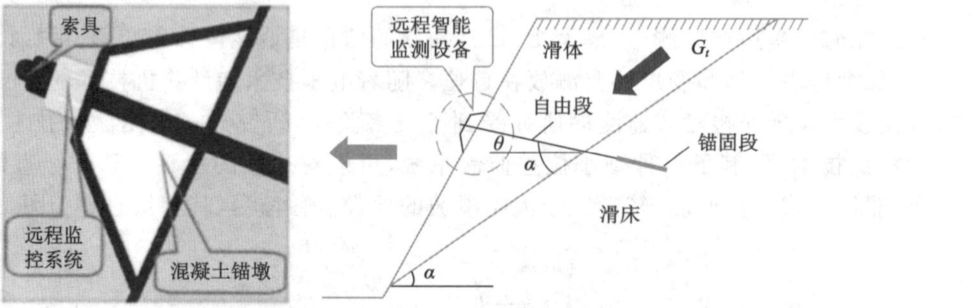

(a) 系统原理

(b) 预应力锚索施工

(c) 现场数据与采集系统安装

图 10-43 边坡应力间接监测方法

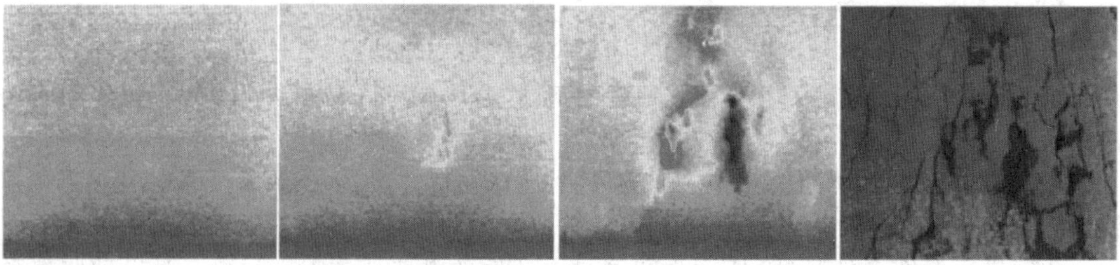

图 10-44 混凝土破裂与渗水过程中试样的热像变化

(2) 全天候:既可以在白天工作,也可以在夜间工作。

(3) 实时性:可以动态、实时获得目标的红外图像。利用这一特点可以跟踪和监测动态目标的行踪。

(4) 全场性:不同于一般的温度测定方法,热像仪可以直观地显示目标表面的温度场分布,这使得它在现代无损检测技术中占有重要地位,同时也使得热应力测量(TSA)技术成为可能。

(5) 较高的温度分辨率:现代的热像仪最高的温度分辨率可以达到 10^{-3} K 级。

经过几十年的努力,热成像技术已得到了飞速的发展,目前国外的热成像装置大致有数百种产品,广泛应用于军工领域。

（八）边坡遥感监测

遥感监测是利用遥感技术对露天矿边坡进行非接触、远距离的监测。一般的遥感监测是运用传感器、遥感器对露天矿边坡的电磁波辐射、反射特性等进行探测，并根据其特性对边坡的性质和变形形态等进行系统分析。遥感监测是一门对地观测综合性技术，它的实现既需要一整套的技术装备，又需要多种学科相互配合，因此实施遥感监测是一项复杂的系统工程，目前国内外采用遥感技术进行露天矿边坡监测方面的应用较少。

二、智能化防排水系统

（一）智能化防排水系统概述

露天采场特别是凹陷露天采场，从客观上具备了汇集大气降水、地表径流和地下涌水的条件，因此在露天矿的整个生产期间，甚至在基建期间都要采取有效的防水和排水措施。

露天矿防水工作的目的在于防止地表水和地下水涌入采场，其中矿床疏干就是一项防治地下涌水比较全面而彻底的防水方法。防水工作必须贯彻以防为主、防排结合的原则，并应与排水和疏干统筹安排。

露天矿排水是指在矿山建设和生产过程中排除进入矿山的地下水和地表水，是战胜水害的重要手段之一。在充水矿床没有得到彻底疏干的情况下，必须依靠排水为采掘工作及工人的健康和安全创造良好的工作环境，以保证生产的顺利进行。

露天矿防排水系统是疏干工程、排水工程、管道和设备在空间的布置形式。影响系统的因素包括排水方式、矿区降雨情况、水文地质条件和地形、开采规模和服务年限、采剥方法和矿岩种类、用户对煤质的要求等。

煤矿防治水智能化就是在水害探测、预测、监测、治理等装备、方法和工艺中，通过自动化、信息化和数字化“三化”融合策略，结合信息感知、智能算法、数据挖掘等先进技术对水害致灾因素进行有效筛选、自动识别和反馈控制的过程。目前煤矿防治水智能化技术仍然处于细分领域的探索阶段，尚未形成智能化技术体系，主要表现在探测装备及解释方法智能化、水害预测评价技术智能化、监测预警技术智能化、水害治理和避灾抢险技术法智能化五个方面。

露天煤矿的防排水智能化也尚未形成智能化技术体系，目前的智能化主要集中在排水设备的集控以及管控平台两个方向。鉴于露天煤矿的开放性和机动性特点，以及生产季节性明显，特别是雨季对排水能力需求以及冬季的排水安全管控，目前正在探索智能地下水控制子系统、智能采掘场防排水子系统和疏干防排水智能适应系统。

（二）露天矿防排水系统现状与亟需解决的问题

目前我国露天矿防排水系统普遍处于集中控制阶段，大多数露天煤矿的疏干排水集中控制系统建于 2010 年左右，该类集控系统通过数传电台的通信方式，可以实现采场集水坑和地面疏干井的集中控制、远程启停、故障报警及数据采集等功能，基本实现了疏干井泵房的远程控制和采场水泵房无人值守。基于疏干防排水系统现状，通过升级改造实现智能化亟需解决下列问题：

（1）升级改造控制模块老旧问题、实现集中控制功能全覆盖。

（2）解决通信部分数传电台通信不稳定的问题。

（3）解决控制模块点位数增量和控制延时、运行缓慢等问题。

（4）增补水文监测功能，涵盖水位、流量、流速、降雨（雪）、水质等监测内容。

(5) 解决监测功能实时监测、精准预报。

(6) 实现借助巡检机器人实现完全“无人”值守。

(三) 露天矿智能地下水控制子系统

露天矿智能地下水控制子系统是疏干排水集中控制系统和疏干排水实时监控系统的集成。

露天矿智能地下水控制子系统主要建设目标:一是建立基于“云计算、大数据、物联网、人工智能、自动化控制、数字模型”的疏干和防排水系统,有助于提高工作效率、管理水平和安全效果;二是实现疏干排水系统远程控制、自动启停、故障诊断、故障报警;三是实现水文、水位、水量、管道压力等实时监测,感知设备运行状态,实现少人管理,为后续疏干排水建设管理系统提供真实可靠的数据支撑;四是实现精细化和科学化管理,提高工作效率,降低水害风险。

疏干排水集中控制系统和疏干排水实时监控系统包括建设露天矿地下水位自动观测网、疏干降水设备监测及控制系统、疏干系统数据处理系统、露天矿地下水流场透明化监测系统、远程控制疏干降水系统等子系统。实现地下水基础数据的复核和联动更新。以“疏-排-用”水循环过程为监测对象,以物联网、大数据技术为依托,利用智能传感技术,对露天煤矿地下水涌水量、疏干排水量为两端,实现多层级、高频次、全过程的水量水质一体化监测。通过云计算存储并处理数据,构建数据分析模型分析并展示数据。为露天煤矿提供从水量数据获取、数据统计、数据运算、数据展示、模拟计算、可视化、智能预警通知、统一管理等自动化处理过程。

(四) 露天矿智能采掘场防排水子系统

智能采掘场防排水子系统是实现在无人值守情况下,排水设备能够自动运行、远程控制、智能监控的系统,包括建设采掘场排水泵站自动启停系统、排水系统流量和水位监测平台、水文气象大数据平台、无人化值守排水自动控制系统、警戒水位预警预报系统等子系统。

排水泵站自动启停是实现无人化值守排水的基础,目前用水位自动控制水泵运转的方法很多,用浮球、浮漂、限位形成开关、红外线探头都可以做到水位的自动控制。这些控制装置主要用于控制小电流,当水泵的功率较大时,要用交流接触器给水泵供电,是用水位自动控制装置的小电流控制交流接触器的线圈,达到控制水泵启停的目的。难点在于为保障泵站安全、稳定的运行,能达到科学准确地进行排水调度。比如实现水泵效率分析并自动选择高效区运转,实现用电自动削峰填谷,实现预警联动等智能化排水方案。

流量和水位监测平台建立的基础是监测设备和体系的建立。排水管网的水流量、流速和水位监测是非常重要的,对于露天煤矿很多管道都是地下密封管道,测量起来比较困难,一般的电磁流量计、外夹式超声波流量计都只适用于管道是满管的情况下测量,对于非满管的地下管网监测国内首选的就是多普勒超声波流量计。再利用智能化传输设备准确地将采集回来的数据,通过 GPRS 传输到平台上,随时随地分享数据,流量和水位监测平台智能化,可以随时查看数据、地图、视频以及导出表格。实现数据分类清晰,水位、流速、流量、累积流量、瞬时流量实时更新,报表实时生成,地图 GIS 功能全面,视频监控实时抓拍。

无人化值守排水自动控制系统包括闸阀开合控制、排水参数自动监控、远程传输、水泵故障自动诊断等。自动控制系统的智能化主要体现在可对水泵的启停次数、运行时间长短、集水坑水位和管路流量等参数进行自动记录分析;根据集水坑水位自动启停水泵;根据水位的不同级别控制水泵启停的台数;根据水泵的电机轴承温度、电动机绕组温度、电流等工况参数以及云泵运行状态做出分析;自动设定备用泵及检修泵,控制各水泵之间的交替工作,降低故障率,实现主排水系统自动控制。在与露天矿自动化系统联网后实现无人值守、有人巡视的智能化管理和应用。

智能排水监控能实现监测监控信息、设备信息等数据的关联分析,实现对排水系统的全面监控,平台软件增加看板功能,实现全排水系统数据模型和三维建模的"排水监控一张图"专题展示。对排水系统的基本情况,用文字、图片等形式介绍集水坑地理位置、运行状态、安全隐患等基本信息,以地理空间数据库为基础,对集水坑空间位置进行坐标定位,平面图的"一张图"显示系统设备分布情况和管路走向、工艺流程,基于"一张图"宏观反映安全重要指标及当前系统动态诊断安全状况,建立数据库引擎将流量、电流、电压、功耗、液位的图形数据、属性数据进行统一的数据库管理。基于全矿集水坑"一张图"建立应急值守、应急响应、应急处置、应急管理等。平台具有数据实时采集与存储功能、控制功能、实时报警、事件记录、查询统计、趋势分析、报表设计、系统联动、图形显示、安全管理、Web 发布功能。提供人员管理、安全监控、实时运行数据、地理信息等联动服务与应用,实现二维以及三维地理空间下场景的浏览以及生产业务数据的查询、统计和智能分析,进而实现综合化管理、自动化管理与智慧化管理。利用警戒水位预警预报系统实现对采掘场排水的预测预报。

(五)疏干防排水智能适应系统

通过露天矿智能地下水控制子系统与露天矿智能采掘场防排水子系统的融合,实现远程控制、无人值守等,在保证疏干防排水系统安全性和节能性的前提条件下,建立一套综合智能防排水综合管控平台,融合视频监控、智能防排水管网、设备运行状态及数据监测,建成一个综合的智能监控平台,在疏干调度中心实现智能远控、智能决策、数据可视化,系统可以形成控制、学习、反馈、优化、自适应的体系。

思考题

1. 什么是智能露天矿山?

2. 露天矿被认为是无人驾驶最有希望落地的领域,请列举几条理由。和通用无人驾驶相比,矿山无人驾驶面临的主要难点是什么?

3. 破碎站无人值守和带式输送机无人巡视包括哪些关键技术?

4. 露天矿边坡安全监测智能化未来发展的趋势是什么?

第十一章　智能化选煤厂

第一节　智能化选煤厂概念与平台架构

一、智能选煤概念

2020年5月，中国工程院院士孙传尧在中外矿山产业链发展论坛上指出，发展选矿过程智能优化制造有利于规范选矿行业智能优化过程，协同上下游产业技术提升，有助于统一数据标准，促进数据开放共享，降低中小企业的技术投资门槛，对于建设智能选矿厂、引领选矿行业智能化升级具有重要意义。

为了能够更清晰地说明智能选煤的内涵，我们需要先了解智能化的概念。智能化是指事物在大数据、物联网、人工智能、计算与通信、智能控制等技术的支持下，所具有的能满足某方面需求的属性。智能化使对象具备灵敏准确的感知能力、精准的判断决策能力及行之有效的执行能力，能够根据感知信息进行智能分析、决策与执行，并具备自学习与自优化的功能。

智能选煤（或者选煤过程的智能化）是指通过智能化技术在选煤过程的应用，依托选煤大数据与专家知识库，形成全面感知、实时互联、数据共享、综合分析、自主学习、动态预测、协同控制的智能系统，实现选煤厂的智能控制、智能管理、智能决策，逐步做到少人或无人干预，最终达到选煤厂安全、高效、节能、环保。

二、智能化选煤建设的框架

（一）系统架构

智能化选煤厂系统架构包括智能工艺系统、智能辅助系统、智能保障系统、智能管理、分析与决策系统以及基础设施组成。

智能化选煤厂系统架构以智能工艺系统为核心，以智能辅助及智能保障系统为工艺系统稳定、安全运行提供保障，以智能管理、分析与决策系统为中枢及窗口，以基础设施为底座。实现选煤厂智能、高效、安全、绿色运行。智能化选煤厂系统架构是智能化选煤厂建设方案制订与决策的重要依据，如图11-1所示。

（二）技术架构

智能化选煤厂技术架构包含设备层、控制层、管理层、决策层四个层级。智能化选煤厂技术架构是智能化选煤厂建设实施的重要依据。

（三）智能化建设内容

智能化选煤厂建设内容分为基础平台、基础自动化、智能控制、智能管理、智能决策五部

图 11-1　智能化选煤厂系统架构

分。基础平台包括基础设施与交互系统，是整个建设体系的支撑；基础自动化包括控制系统与检测装置，为智能化准备硬件条件、执行机构与实时数据；智能控制包括生产系统与辅助系统的智能化；智能管理涵盖了生产管理、机电管理、经营管理等各种智能化专用模块；智能决策是人工智能与选煤专业技术的结合，包括各种分析评价与决策功能，是智能选煤的集中体现。以智能化选煤厂为例，智能化选煤厂建设内容如图 11-2 所示。

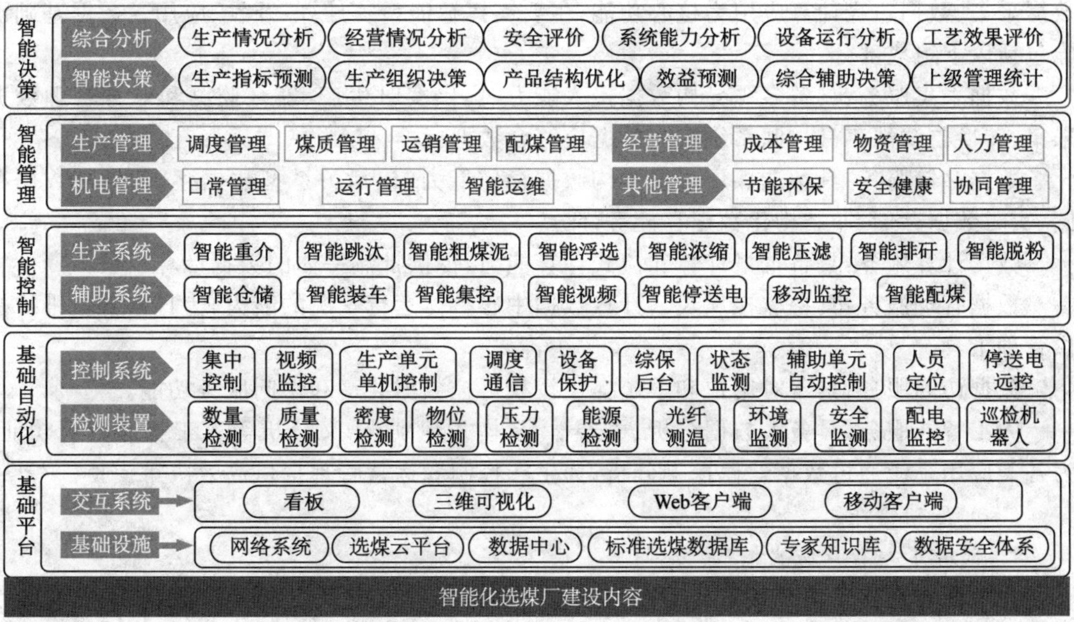

图 11-2　智能化选煤厂建设内容

三、智能生产综合管控平台

（一）网络系统

网络与数据作为智能化选煤厂的基础支撑，是保障信息共享、消除信息孤岛的重要手段。只有建好这两个基础工程，方能保证后续应用系统不会变成无源之水、无本之末。目前国内智能选煤厂主干网络已全面进入工业以太网阶段，开始由简单的以太网堆积向深层融合发展，两化深度融合、万兆网络等逐步在各矿区和选煤厂建设和应用。

选煤厂通信网络建设需遵循技术先进、运行可靠和专网专用的原则，核心节点设备具备冗余结构和监控管理功能，以保障选煤厂有线、无线网络环境的稳定运行。建设有线＋无线的网络全覆盖系统为目标，利用物联网技术、移动通信技术，打造选煤厂高速信息通道，为形成全面感知、无线互联、移动管控的数字化网络监控平台，构建高宽带、低延时、高安全的信息基础网络，为智能化选煤厂提供重要的基础支撑。

当前的无线网络连接，无法提供像有线网络一样的可靠性、带宽等性能，对于选煤厂的PLC控制系统、工业电视系统，始终采用的是有线的工业以太网，选煤厂建设的无线网络都是建立在有线工业以太网上，是对当前网络的一种延伸和补充。

（二）数据中心

选煤生产集控系统建设之初，只实现了数据的显示功能，过程数据未得到有效保存。生产系统的升级过程中，采购了不同厂家的设备与检测仪表，这些厂家的系统相对独立，形成了一座座数据孤岛。已有信息系统的数据，未设置通用的数据开放接口，这大大增加了后续选煤信息化建设的工作量。近年来，基于选煤生产智能化的发展需求及目前存在的问题，选煤厂都开始建设选煤厂数据中心、数据平台、选煤标准数据库及相关数据安全体系。

选煤厂数据中心是集团云的边缘侧数据中心，数据基础设施定位为边缘侧数据中心，以数据采集、数据边缘计算应用为核心功能，主要支撑智能系统计算、开发、应用。数据基础设施包括以下组成部分：

数据采集服务：具备多源异构数据接入能力，提供实时生产、安全监测和业务管理数据采集、转换与清洗工具。源系统接入数据应符合数据标准。

数据存储服务：具备选煤厂海量异构数据存储能力，包括关系型数据存储、空间数据存储、实时数据存储、非结构化数据存储等部分。

数据计算服务：具备批量计算和流式计算能力，提供批流一体的数据计算引擎。

数据管理服务：具备监控煤炭云计算数据中心整体运行状况的能力，为日常数据维护提供管理工具。

数据访问服务：具备对用户和系统提供授权可控数据共享和访问服务功能。

人工智能服务：具备大数据分析、机器学习、模式识别、语义分析等人工智能分析功能，为各类应用系统通过数据建模挖掘分析，为生产控制和运营管理提供高效决策支持。

（三）基础软件

1. 部署工控智慧防火墙

在地面自动化子系统接入点设置工控防火墙，保护该设备支持接口联动 BYPASS 功能；支持基于源 IP 地址、目的 IP 地址、源区域、目的区域、VLAN ID、MAC 地址、生效时间、用户、服务协议等多种方式进行访问控制；支持路由、透明、交换以及混合接入模式；支持 IPv6 功能，包括 DHCPv6、IPv6 路由、策略路由和基于 IPv6 的安全策略控制。

2. 部署工控安全隔离网闸

工控安全隔离网闸主要部署于智能矿山管理网络与工业网络边界处，该设备作为网络之间的安全隔离设备，保证纯物理隔离进行数据摆渡转发，采用“2＋1”的物理结构，内部由两个独立主机系统组成，主机之间的通信使用私有协议，协议采用专有加密算法实现数据高速加解密处理，保证数据传输的安全。该系统全面支持各种主流工业网络协议，包括 OPC、Modbus、DNP 3、BACNet、IEC 60870-5-104 等，而且系统可以深度解析各种工业网络协议，对协议数据进行细粒度的处理。

3. 部署工业网络安全监控软件

工业网络安全监控软件能实时监测工控网络的状态，检测工控网络中的入侵行为，也能根据用户定义的审计策略，追踪工控网络安全事件，它能对工控网络的数据进行留存。提供整个控制网络的总体运行情况，自动识别网络设备，显示网络设备当前状态，进行网络性能综合分析；对工业控制系统重要的网络节点或区域，检测所有通过的数据包；对众多工业控制协议（如 ModbusTCP、OPC、DNP3、IEC60870-5-104、MMS、Profinet、S7、Ethernet/IP 等）数据包进行深度解析，发现异常或非法操作数据包，分析是否有外接入侵或人员误操作，对所有异常情况发出报警，提醒现场操作人员。

第二节　选煤厂关键工艺环节智能化系统

一、干式分选系统

干法选煤技术主要是利用煤与矸石物理性质（密度、粒度、光泽、磁性、导电性、射线吸收等）的差异实现分选，分选过程不用水，无煤泥水处理系统，生产成本低。近年来，我国干法选煤技术取得重要突破，在动力煤与炼焦煤分选中发挥了重要作用。目前，干法选煤应用比较成熟的主要有智能光电分选、复合式干法分选、干法重介质流化床等技术。

（一）智能光电分选系统

近年来，智能光电分选技术已成为国内外的研究热点之一，国内外目前采用的大多是高能射线透射技术和高质量图像处理技术的光电分选系统。研发的光电分选设备均有其独立的特点和核心技术，特别是国内所研发的光电分选设备在设备性能和参数方面均取得了较大的突破。其中基于 XRT 技术，采用高速探测器、高精度 AI 算法和高速精准吹喷等核心技术的设备广泛应用于矿石预抛废、废石提精、块煤排矸等方面。结合 X 射线技术和图像识别技术，运用深度学习算法等先进技术，精准地对煤和矸进行识别，实现了对块煤的快速分选。采用高分辨 CCD 图像采集，并结合人工智能技术，实现了煤、矸、杂的高效识别与精准分离。国内外光电分选理论与技术的快速发展，有效促进了传统矿物分选工艺的革新，推动着全球矿业智能分选技术的进步。

1. 工艺流程

采用高质量图像处理技术的光电分选工艺流程如图 11-3 所示，工艺系统包含原料分级与布料系统、图像采集系统、图像分析系统、控制系统和机械手分拣系统。原煤通过振动筛分级，筛上物料进入分拣系统，进入系统的物料首先通过弹性布料装置松散均匀地铺在带面上，方便后续的处理。分散均匀的物料随着胶带进入图像采集系统，该系统负责对进入相机视野的物料进行拍摄，在线获取图像资料并通过 USB 光纤上传至数据分析服务器系统。图像分析系统通过机器学习算法实现三个功能：一是识别物料中的杂物，并对杂物进行分类（木棍、竹坯子、绳头、棉纱、手套和矿泉水瓶等）；二是确定杂物的位置和姿态，以便后续机械手执行抓取工作；三是确定物料运动时间。图像分析系统把杂物的分类信息、杂物的位置和姿态信息等传递给智能控制系统，控制系统接收到数据分析系统的信息后确定机械手的控制策略，启动机械手抓取杂物，机械手按照设计好的控制执行方案抓取目标物体，然后回到初始位置。

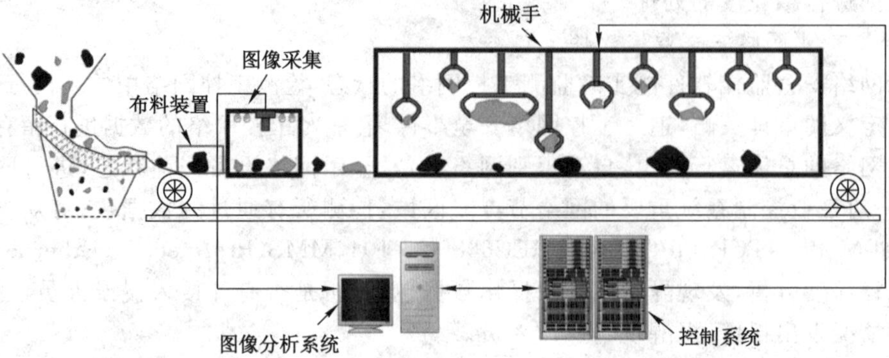

图 11-3　智能杂物分拣工艺示意图

采用高能射线透射技术的光电分选系统工艺流程如图 11-4 所示，该系统工艺包含原料分级与布料系统、射线扫描探测系统、识别分析系统、分选执行系统、高压供风泵站、除尘系统、防辐射系统和控制系统。原煤同样需要通过分级筛分级，筛上物料进入分拣系统，进入系统的物料首先通过弹性布料装置松散均匀地铺在带面上，方便后续的处理。随着胶带的运行，胶带上的物料先通过 X 射线扫描探测系统，智能识别分析系统对探测的信息进行实时分析，给出被探测的目标的性质及位置信息，并计算出目标到达分离机构的时间。控制系统根据识别分析系统判定的分类信息、坐标信息以及时间信息传送给系统控制单元，进而控制高频电磁阀打开高压气流，进行煤、矸的分离。

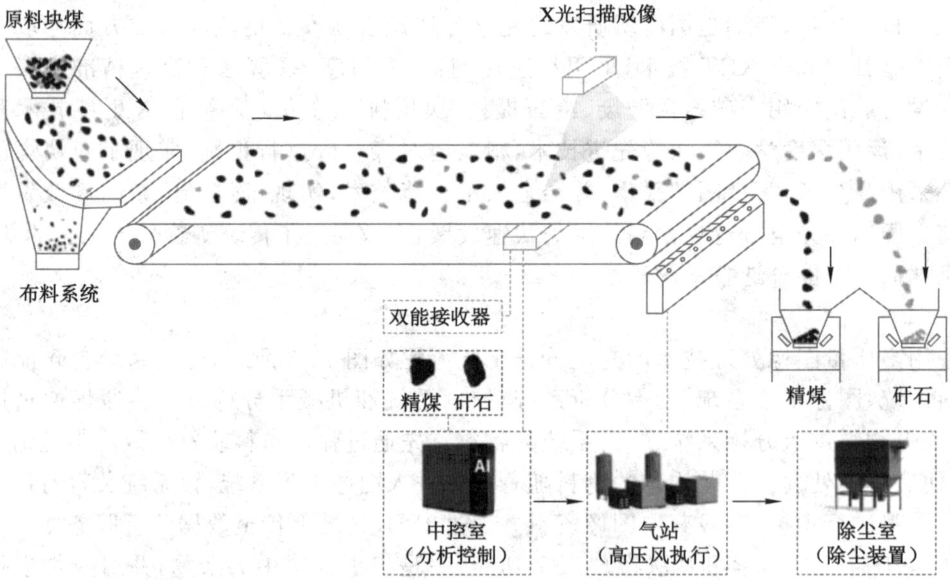

图 11-4　高能射线光电分选系统工艺流程

2. 识别技术与原理

(1) 基于可见光高清图像的煤、矸、杂识别原理

图像识别是指利用计算机对图像进行处理、分析和理解，以识别各种不同模式的目标和对象的技术。图像识别是人工智能的一个重要领域，一般工业使用中，采用工业相机拍摄图片，然后再利用图像识别方法进行识别。传统方法中特征提取主要依赖人工设计的提取器，需要有专业知识及复杂的调参过程，同时每个方法都是针对具体应用，泛化能力及鲁棒性较差，传统图像算法能解决某些特定场景的、可人工定义、设计、理解的图像任务。深度学习主要是数据驱动进行特征提取，根据大量样本的学习能够得到深层的、数据集特定的特征表示，其对数据集的表达更高效和准确，所提取的抽象特征鲁棒性更强、泛化能力更好，能够解决更多高级的、语义级别的、只能抽象描述的图像识别与检测的问题。

煤炭分选过程的图像拍摄环境条件信息十分复杂，背景知识不清楚，推理规则不明确，拍摄的煤矸图片的差异特征不尽相同。数据驱动的深度学习方法非常契合煤炭分选过程中煤、矸、杂的识别场景，该方法旨在得到煤与异物图像后，对图像进行特征的自动提取，包括但不限于纹理、灰度、颜色、形状、位置关系等不同层次的抽象特征，进而进行煤、矸、杂的识别与分类。基于深度学习方法的煤、矸、杂图像识别技术的关键是构建煤、矸、杂的数据库与识别检测模型。

煤、矸、杂数据库是实现煤、矸、杂图像智能识别的先决条件，构建近似完备均衡的煤、矸、杂、数据库的第一步是从煤炭分选生产的现场采集煤、矸、杂的图像数据，并对采集的图像数据进行去噪、归一化、数据增强等一系列数据预处理方法增强采集的煤、矸、杂图像的质量。在具有标注信息的煤、矸、杂数据库的基础上，基于深度学习理论与方法构建和优化识别分类模型是识别的关键。数字图像处理的研究方向有图像分类、目标检测、语义分割、实例分割等研究方向，不同研究方向对于算法构建具有不同的指导方向。因此，明晰选煤厂生产状况下，针对煤、矸、杂检测的任务导向，选择合适的模型构建思路至关重要，不同研究方法的处理结果如图 11-5 所示。

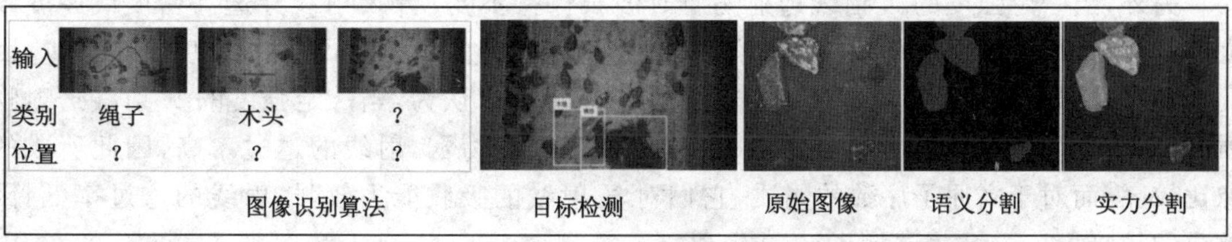

图 11-5　不同识别算法的处理结果

通过对上述不同任务导向下的模型构建方法分析可知，若要构建异物分拣系统中的视觉模型，需要保证模型可对后端机械手进行精准且有效的指导。图像识别模型仅能给出图像中是否有异物以及异物的类别，目标检测模型能给出图像中异物类别与位置，但不能精准判断异物的姿态。语义分割模型可以逐像素给出所述类别，但对同类别但不同个体的目标不做区分，实例分割模型可以同时得出像素的类别和所属个体，因此完成度最高，但模型复杂度也最高。在实际情况中，杂物数量较少，不易同时出现在同一幅画面中，而大块矸石容易出现堆叠情况。综上，煤、矸、杂的识别与分类采用语义分割为导向研究煤中杂物的分割

模型构建方法，以实例分割为导向研究煤中大块矸石的分割模型构建方法。

（2）X射线识别系统

X射线是一种频率极高、波长极短、能量很大的电磁波。当X射线照射到物体表面时，X射线的光子与物质发生相互作用导致X射线被吸收和散射，因此在穿过物质后其强度会减弱。X射线的散射主要分相干散射和非相干散射两种。相干散射又称为瑞利散射，它只引起X射线运动方向的变化而能量保持不变。非相干散射也称为康普顿效应，它会导致X射线的运动方向和能量强度都发生改变。物质吸收X射线主要是光电效应和热效应，主要与物质的组成、密度和厚度有关。

X射线与物质间的散射和吸收作用导致射线强度衰减是X射线成像的重要基础。X射线强度的衰减率与其穿过物质的厚度成正比。X射线衰减系数通常与物体的组成及射线的波长有关，由于吸收作用实际上是X射线中的光子与路径中的原子、电子相互作用，因此线性衰减系数与物质的密度成正比。通过研究X射线的衰减规律可知，被检物体的厚度是影响透射射线强度的重要原因。双能X射线物质识别技术在计算R值的过程中，因为使用了比值的形式，恰好消除了厚度因素。对于单色谱的X射线有：

$$\mu_h \cdot x=\ln(I_{0h}/I_h) \quad 和 \quad \mu_l \cdot x=\ln(I_{0l}/I_l)$$

式中，I_{0h}、I_{0l}分别为高、低能X射线的出射强度；I_h、I_l分别为高、低能X射线穿透物质后被探测器检测到的强度；μ_h、μ_l分别对应高、低能X射线下同一物质的衰减系数；x为沿X射线射入的路径上被穿透物质的厚度。

由X射线的衰减规律可得：

$$m\times R=\frac{\mu_l}{\mu_h}=\frac{\ln(I_{0l}/I_l)}{\ln(I_{0h}/I_h)}$$

R值和物质原子序数有关，在R值的计算过程中x在比值中被抵消，所以R值与被穿透物质的厚度无关。如果检测的是混合物，通过R值得到的是物质的有效原子序数。即便被检测物质是混合物也可以计算R值来区分物质种类。

另外，当一定强度的X射线透射物质时波长保持不变，当X射线穿透高密度或厚度较大的物体时，X射线强度衰减较多，而穿透低密度或较薄的物体时，X射线强度衰减较少，因此会在荧光屏上形成亮度明暗差别较大的图像。也可以认为，当一定强度的X射线透射物质时，对于低原子序数的物质，它们对X射线的吸收能力弱，射线的透过率高，因此所成的像比较亮，而对于高原子序数的物质，它们对X射线的吸收能力较强，射线的透过率低，因此成像较暗。

煤和矸石的密度存在明显差异，通常认为密度小于1.8 kg/L为煤，密度大于1.8 kg/L为矸石。因此，X射线透射煤和矸石时，对于给定强度的X射线，煤的密度小，对X射线的吸收弱，X射线的强度衰减较少，形成的图像较亮，而矸石的密度大，对于X射线的吸收强，X射线的强度衰减较多，形成的图像较暗，但是煤和矸石的厚度存在随机性，因此厚度会对结果产生干扰，这就是所说的厚度效应，因此在煤矸识别中采用双能X射线的方式，可以有效避免被测样品厚度的影响。煤矸检测结果如图11-6所示。

3. 分选执行机构

分选执行机构有空气喷射器、机械手、打板等多种类型。空气喷射器是利用空气射流的原理，将压缩空气的压能转化动能的装置，通过喷嘴的结构将高压气体转化为流速很高的空

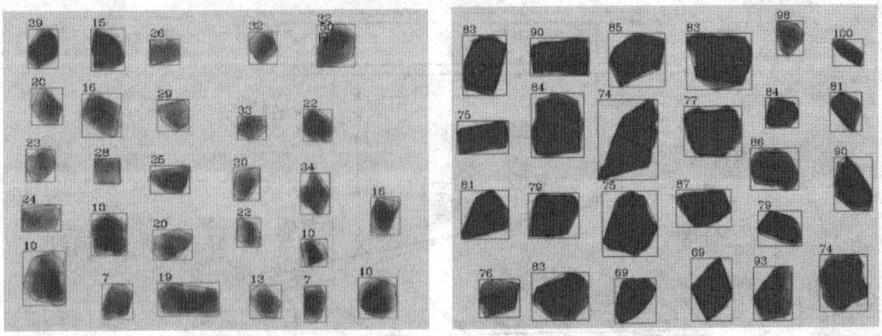

(a) 煤的X射线透射图像　　(b) 矸石的X射线透射图像

图 11-6　煤矸的 X 射线透射图

气射流，用于击打改变物体原有运动轨迹。在干选机的卸载部位，布置有高频电磁阀，通过PLC控制高频电磁阀打开，高压风将块煤产品吹打至块煤溜槽，块矸产品做平抛运动跌落至矸石溜槽。空气喷射器使用范围广，喷射频率快且分选效率高，是主要的脉石剔除装置。目前，用于分选的机器人结构主要有关节式、并联式和桁架式三种。关节式机器人采用串联结构，刚度低，运动平稳性差，且具有运动轨迹不可预见性，不适合重载快速分选作业；并联式机器人和桁架式机器人可安装在传送带上方，占地面积小，并联式机器人由于工作原理的限制，其工作范围小，不利于较大范围的跟踪抓取作业，而桁架式机器人具有更大的工作范围和人机协作性能。无论哪种机械手至少有 4 个(轴)自由度，机械手各轴采用笛卡尔坐标系命名，机械抓手采用两指夹取结构；机械手根据获取的识别系统和同步装置的矸石位置、读取数据信息，调整抓手水平面内 X、Y、Z 轴位置，将矸石从手选带拣出，抛入矸石溜槽。打板装置需不断与矿石碰撞，易磨损，且频率受限制，效率不高，但在粗粒级的矿物分选中效果较好。

(二) 复合式干法分选系统

复合式干法选煤技术是中国独创的一项新型实用技术。经过近 20 年持续研发，复合式干法选煤技术在分选精度、自动化水平、设备可靠性和环保效果等方面取得了长足的进步。该项技术的开发和应用完全符合保护水资源、节能、环境保护、资源综合利用及发展洁净煤技术等各项国家经济、环境技术政策。复合式干法选煤设备已经形成系列化产品，处理能力为 10～1 200 t/h，实现了煤炭大规模干法分选提质，主要应用于块煤、末煤的干法分选，满足了各种大小不同类型煤炭企业的需求。

复合式干法分选机由分选床、振动器、风室、机架和吊挂装置、接料槽等部分组成。振动器由两台振动电机固定在分选床电机架上，带振动器的分选床由钢丝绳或电动吊挂通过减振弹簧悬挂在机架上。分选床由布满风孔的直角梯形床面、背板、格条、排料挡板和矸石门组成。在床面下部设置若干风室与离心风机相通，各风室均有风阀控制，风室和床面固定，与分选床成为一体，如图 11-7 所示。分选过程中，在气流和振动的复合激励下，入选原煤在分选机的床面上做螺旋翻转运动，受到振动离析作用、气流曳力作用、自生介质、浮力效应等综合作用，精煤和矸石按照密度进行分离。

复合式干选机操作得好坏，直接影响分选效果。各操作条件互相关联，针对不同煤种、粒度、水分、含矸量、可选性等不同煤质操作条件都有一个最佳配合，需要经过一段时间摸

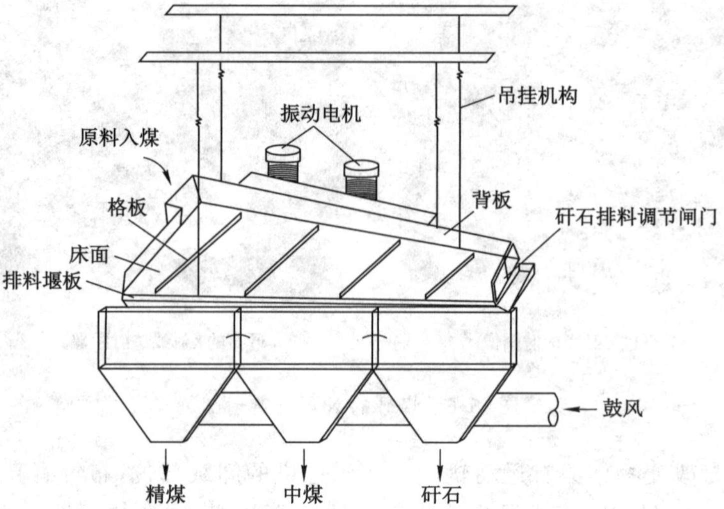

图 11-7　复合式干法分选机结构示意图

索，以达到最好的分选结果。复合式干选机主要用于排出煤中矸石，分选密度一般在 2.0 kg/L 左右，有一定的适用范围。如果用户用复合式干选机代替重介、跳汰分选机分选炼焦煤，要求低密度生产低灰精煤(如分选密度低于 1.7 kg/L，精煤灰分小于 10%)，或高硫煤无机硫脱硫要求干选脱硫率大于 60%，都超过了复合式干选机的适用条件，就达不到用户要求的分选效果。

近年来，学者针对复合式干法分选技术的分选特性开展了大量的研究，研究了颗粒在床层中的运动行为以及密度分布的特性，考察了入料粒级、操作条件、床体结构对煤炭分选效率的影响，分析了煤炭运动与床面结构的交互作用，为分选机的研制提供了理论依据。

（三）干法重介质流化床分选机

干法重介质流化床分选技术以宽粒级的磁铁矿粉和煤粉作为混合加重质，压缩空气经气体分布器均匀布风后进入颗粒层中，加重质颗粒在上升气流的作用下形成具有似流体性质的流化床层。通过控制磁铁矿粉和煤粉的粒度组成，保证不同密度和粒度的两种加重质在分选流化床中不发生粒度和密度的离析现象，通过控制煤粉的含量，控制流化床层的密度，进而控制分选密度。入选原煤在具有一定密度的流化床层中按密度进行分层，密度较低的精煤产品浮于床层表面，密度较大的矸石沉积于床层底部，分别通过拨煤轮和刮板输送机排出机外，脱介后形成精煤与矸石产品。分选机结构如图 11-8 所示。

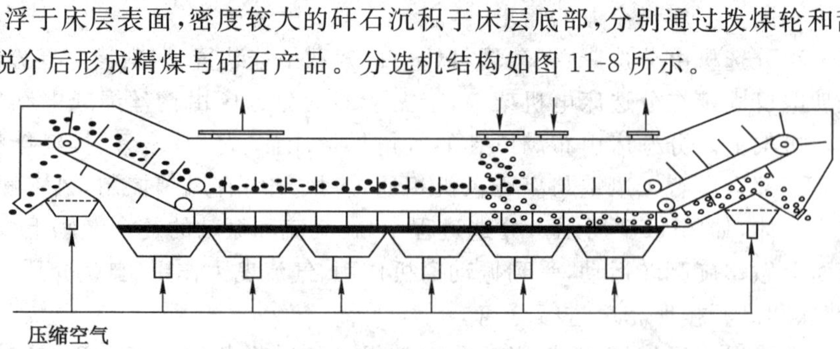

图 11-8　重介分选机结构示意图

我国从事煤炭干法流态化分选理论、技术与装备研究近40年，在国际上首次创立了系统的气固流态化干法分选理论，开发了干法重介质流化床分选关键技术，开发了世界上首套模块式高效干法选煤工艺系统，实现了对100～6 mm煤炭的高效干法分选，可能偏差值为0.05～0.07 g/cm^3，介耗小于0.5 kg/t，分选密度1.3～2.3 g/cm^{3}可控，最低分选数量效率93%，单模块系统最大处理能力200 t/h。干法重介质流化床分选系统实现了完全干法分离，不用水，节省水资源。工艺优化设计，流程简单，无须建设复杂且耗资大的煤泥水处理系统。模块集成化装配式设计，占地面积小，拆装方便，建设周期短。采用多级除尘，环保高效，符合国家环保要求。可与干燥预处理系统结合，实现湿煤低密度干法分选。投资和运营成本均低于湿法分选。

目前干法重介质流化床主要用于无烟煤低密度分选，生产低灰高发热量的喷吹煤或活性炭制备原料煤；块煤炼焦煤低密度分选，生产低灰炼焦精煤；干旱地区易泥化低阶煤块煤分选；其他高密度矿物分选。

二、重力分选过程智能化系统

（一）智能重介分选

智能重介分选系统需结合重介分选工艺流程，基于原煤指标及过程数据，通过实际分选过程中影响精煤产品灰分波动因素的分析，建立以原煤煤质、悬浮液密度以及精煤指标等为输入、悬浮液密度设定值为输出的数学模型。智能控制系统数学模型是在分选过程参数的基础上，通过学习训练构建的重介质密度控制与灰分反馈控制的双闭环智能控制系统。具体地，又可从重介质悬浮液密度智能控制、重介质悬浮液黏度智能控制、分选设备悬浮液入料压力智能控制、加介智能控制等方面进行实现。

1. 悬浮液密度智能控制

悬浮液密度智能控制原理图如图11-9所示，其控制策略是将进入重介分选系统的悬浮液密度作为被控制参数，以重介系统入洗原煤量、重介精煤产品灰分的在线检测数据来对重介悬浮液密度进行控制，形成基于入洗原煤、重介精煤灰分进行悬浮液密度控制的控制方案。

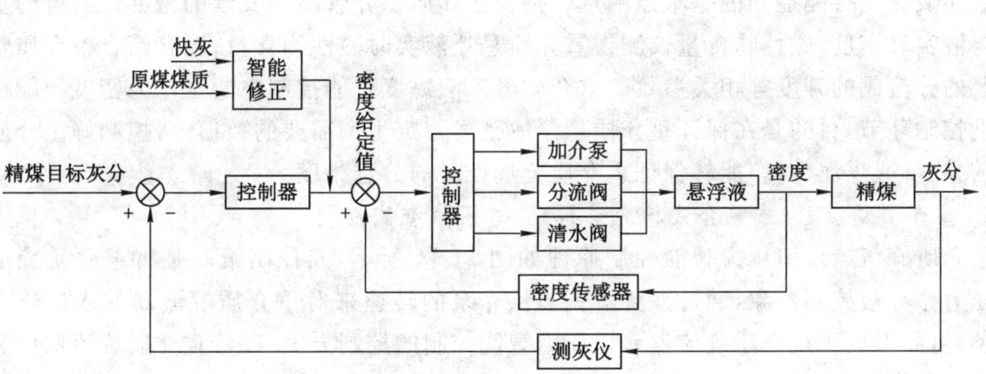

图11-9　智能重介控制原理图

悬浮液密度智能控制的基本检测点包括入洗原煤、重介精煤胶带安装的在线灰分仪测得的实时灰分；原煤胶带安装的电子胶带秤测得的原煤入洗量；由合格介质供介管路上安装的密度计测得的重介质悬浮液实时密度；补水阀、分流阀的开度；加介泵的启停及运行频率等相关数据。在实现重介质悬浮液密度智能控制过程中，同时要协同考虑到重介质悬浮液黏度智能控制、合格介质桶液位智能控制、重介质旋流器入料压力智能控制以及在重介生产过程中记录的历史数据信息，通过综合数据分析，形成在要求产品质量下的预测模型，给出稳定产品质量所需的重介悬浮液密度值，最后通过自动补水、自动分流或自动加介实现重介悬浮液密度的自动控制和自动调节。

2. 悬浮液黏度智能控制

悬浮液黏度智能控制原理图如图 11-10 所示，其控制策略是通过重介悬浮液密度智能控制模块得到所需要控制的密度值，通过智能化查询得到该密度下重介质悬浮液黏度（或煤泥含量）的合理取值，然后将该查询值作为重介质悬浮液黏度智能控制的目标设定值，由安装在合格介质的供介管路上的密度计和磁性物含量仪分别测得当前重介质悬浮液的密度和磁性物含量，经过计算得到重介悬浮液的煤泥含量（或黏度），再通过控制安装的重介精煤弧形筛下的分流阀的分流量来对重介质悬浮液黏度（或煤泥含量）进行调整和控制，由此形成重介质悬浮液黏度智能控制的控制方案。

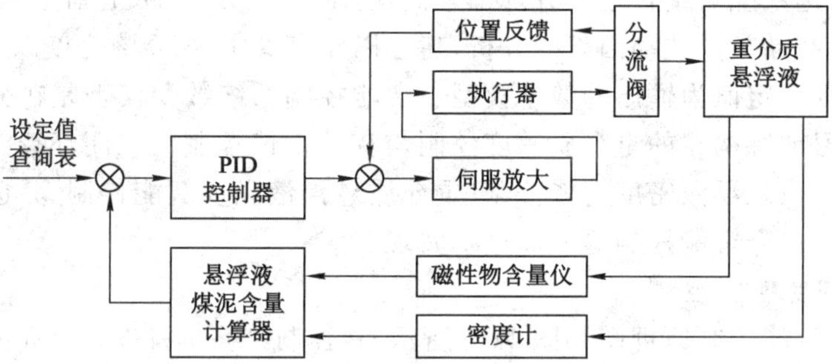

图 11-10　重介质悬浮液黏度智能控制原理图

悬浮液黏度智能控制的基本监测点包括合格介质供介管路上安装的密度计测得的重介质悬浮液实时密度，磁性物含量仪测得重介质悬浮液实时磁性物含量；脱介筛合格介质管道下安装的分流阀的开度等相关参数。重介质悬浮液黏度智能控制主要是作为密度智能控制的辅助控制环节，目的是在保证重介质悬浮液密度稳定生产需要的数值上，控制好重介质悬浮液的黏度（或煤泥含量）能够保证重介质分选设备的分选精度。

3. 重介质旋流器（或重介浅槽分选机）入口压力智能控制

重介质旋流器入口压力智能控制原理如图 11-11 所示，其控制策略是将重介质旋流器入口压力作为被控制对象，通过变频器调节供介泵的转速来对重介质旋流器的入口压力进行调整，由此形成了重介质旋流器入口压力智能控制的控制方案，改善重介质旋流器的分选效果。重介浅槽分选机入口压力控制与重介质旋流器相似，其压力传感器检测点通常设于合格介质泵至重介浅槽分选机介质管道顶部（水平流与上升流分流处）。

4. 加介智能控制

智能加介系统是智能重介分选系统的关键子系统之一，主要由介质数字化储存系统、介质配制系统、加介系统等组成，目的是实现合格介质桶液位保障及密度调控，实现加介环节

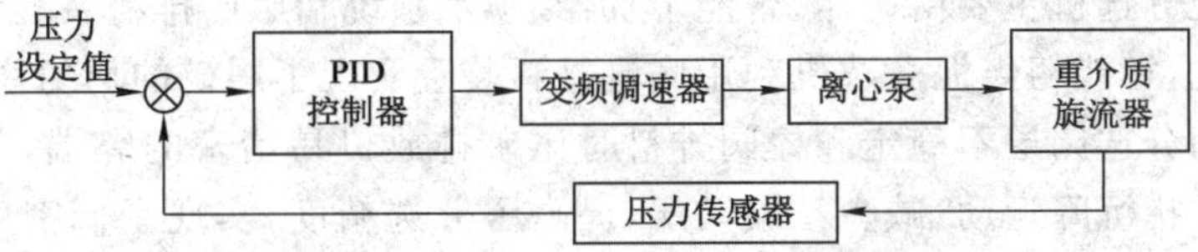

图 11-11　重介质旋流器入口压力智能控制原理图

无人值守。数字化储存系统主要利用激光雷达点云、智能视频测量、智能称重计量等技术实现介质粉存量、介质堆存形态、介质消耗量的测量与计量，并为介质配置系统精准取料提供保障。介质配置系统主要利用定量取料技术、自动冲洗技术、液位及流量等感知技术实现介质粉的定量取料、自动稀释与搅拌，形成满足要求的浓介质。加介系统主要依托液位控制算法、密度控制算法及加介策略，满足浓介质及时、定量添加要求，满足重介悬浮液密度调控要求。智能加介系统原理如图 11-12 所示。

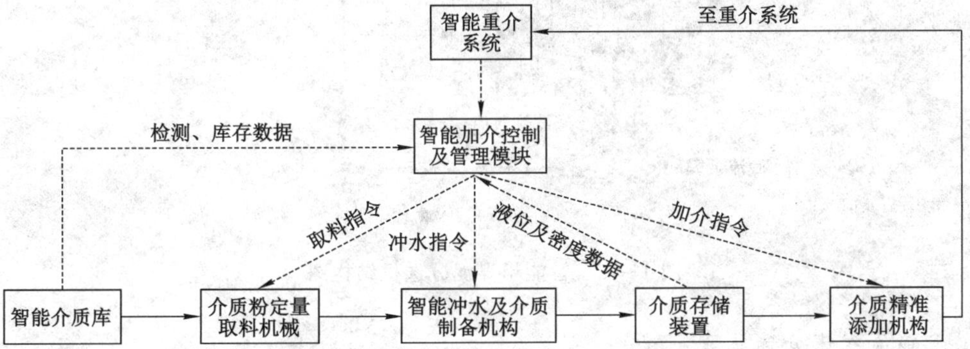

图 11-12　智能加介系统原理图

（二）智能跳汰分选

智能跳汰分选主要依据原煤灰分仪、胶带秤、浮标传感器等设备，利用智能分选算法实现跳汰机原煤煤质及床层物料状态的感知。在风压、水压、床层跳动振幅、床层松散度等数据基础上，建立跳汰机床层松散模型，依托智能感知、智能分析、智能诊断，在给煤机、跳汰机、水泵、风机等设备自动控制基础上，实现跳汰过程无人自适应调整。智能分选系统依托智能感知系统，可实现电气故障、机械故障等潜在故障诊断分析，有效揭示设备潜在故障的发生、发展和转移，实现对设备智能诊断，提升系统运行的安全性和可靠性。智能跳汰分选的难点在于智能跳汰控制模型的构建，是目前制约跳汰过程智能控制的关键技术瓶颈。

（三）智能粗煤泥分选

1. 智能粗煤泥分选机

智能粗煤泥分选机是一种依据不同物料在上升水流与智能干扰器作用下的干扰沉降速度差异，从而实现物料分选的设备。其过程为：物料经中心入料桶进入分选槽，与上升水流混合，形成“干扰床层”，低于分选密度（精煤）的物料向上运动，高于分选密度（尾矿）的物料向下运动并通过机械干扰装置进行二次干扰。精煤从分选槽顶部溢流排出，尾矿通过尾矿排料箱由排料泵排出。

智能粗煤泥分选机主要由筒体、智能干扰器、顶水系统和尾矿排料装置组成。与传统粗煤泥分选机相比，智能粗煤泥分选机利用底流排料装置实现了尾矿的均匀稳定排放，避免了间歇排料导致的分选床层不稳定和梭阀排料时尾矿排放口易堵塞的弊端，并利用智能干扰器强化颗粒的干扰沉降运动，减少粒级错配，提高了分选精度，实现了低密度分选和高密度排矸功能，因而具有更大的处理能力和更好的分选效果。分选机结构如图 11-13 所示。

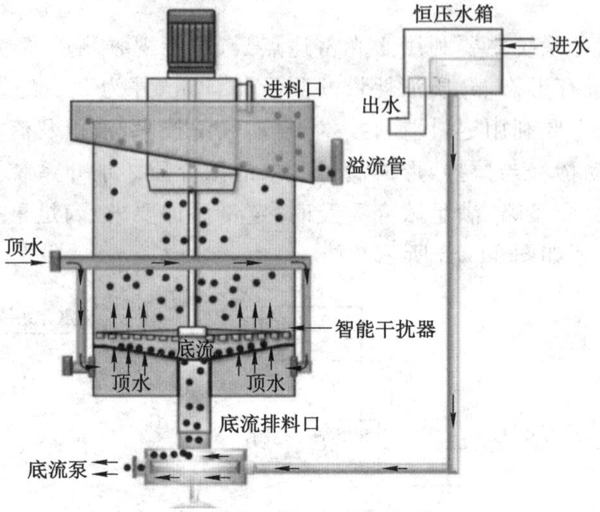

图 11-13　智能粗煤泥分选机结构图

2. 智能干扰床分选原理

智能干扰床分选是多参量同时参与的系统，其核心是分选密度的控制，包含入料浓度、流量、顶水的流量、压力、尾矿的开度，各指标之间存在内在联系。通过在入料管设置取样器，利用矿浆灰分仪对入料灰分实时监测，对入料煤质的历史和实时数据进行分析，建立其数学模型，自主预测分选密度，并在精矿管和尾矿管设置取样器，对产品煤灰分实时监测，根据精煤实时灰分反馈调节密度，精准控制密度，以适应煤质变化波动。

3. 智能粗煤泥分选智能控制的实现

粗煤泥分选机的分选效果受多种因素的影响，除了受入洗煤泥性质的变化、粗煤泥分选机分选工艺参数设定及准确调控等因素的制约，同时还要受到入料煤泥的粒度与煤泥水的浓度、分选机上升水流的压力与水流流速、干扰床层密度设定等因素的影响。通常情况下，给水压力与流量会根据入料粒度的大小初始阶段设定好，而干扰床层密度的控制则是在生产过程中，根据最终产品的灰分进行相应的调整，以满足产品灰分的要求。在此过程中，干扰床层的密度对精煤产品质量和分选效果的影响较为明显，因此在整个生产过程中，对干扰床层密度的控制以及高密度重产物的智能排放控制尤其为重要。粗煤泥分选系统智能化控制原理如图 11-14 所示。将在线检测的干扰床层密度、精煤指标作为输入的基础参数，同时结合分选过程积累的历史数据进行综合分析，通过调整上升水的压力和流量，结合对干扰装置的转速和尾矿排量同时进行干预调整，以此来达到稳定分选床层密度、提高对分选机的智能控制过程，优化分选效果。生产过程中，根据床层密度的变化以及颗粒松散度的设定，控制系统适时调整干扰叶片的转速，达到对分选机稳定床层密度和稳定尾矿排量的目的。当干扰床层密度高于设定值时，控制系统通过适时增大分选机底流的排放量，使床层整体密度降低，从而使分选机溢流精煤泥的灰分降低，以此来稳定粗精煤泥的灰分，生产出合格质量的精煤产品；反之，当床层密度低于设定值，控制系统则降低分选机底流的排放量，以此来提高床层的密度，达到提高尾煤灰分的目的。在整个控制过程中，床层密度检测传感器会适时发出床层密度的控制信号，以此来控制尾矿泵的频率和补水阀的开度，达到控制重产物的排放量，稳定分选机床层密度的目的。

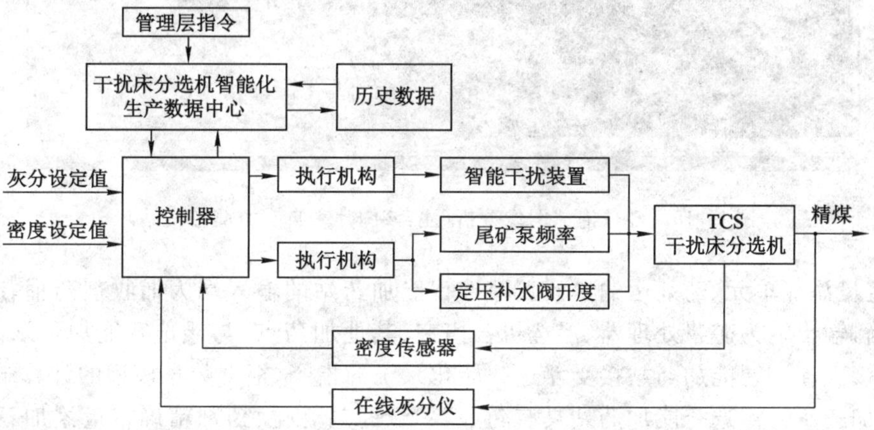

图 11-14　干扰床分选机智能控制原理

三、浮选过程智能化系统

（一）浮选智能闭环控制的实现

煤泥浮选是一个复杂的物理化学过程，影响分选效果的因素较多，而且因素之间存在耦合，因此浮选过程闭环控制的实现具有较大的难度。浮选过程无人控制需要融合入浮煤质、流量、粒度、浓度等检测数据；分选过程矿浆浓度及灰分、泡沫层厚度及气泡大小、充气量及搅拌强度等检测数据；分选产物灰分数据反馈；浮选智能控制模型进行实现。

浮选智能化系统共包含四层：第一层为数据采集层，采集现场浮选系统生产数据；第二层为数据层，存储基础、设备、操作、故障、生产数据；第三层为控制逻辑层，依据数据层数据，实现设备运行控制、加药控制、故障诊断、数据分析；第四层为用户感知层，能够完成生产监控、设备控制、报警管理、设备维护、报表管理。

（二）浮选泡沫图像分析

浮选泡沫图像分析系统是利用计算机视觉技术，对泡沫图像进行实时分析，从而获得浮选池中泡沫的特征数据，解决传统工艺中，依靠人工观测难以保证监测数据的准确性和及时性，同时解决无法为优化控制系统提供可靠数据的问题。浮选泡沫图像分析可利用非干涉的计算机视觉技术、统计学理论以及先进的分析算法，实时输出泡沫大小、移动速度、颜色模型、破碎率、纹理等浮选泡沫状态的监测，如图 11-15 所示。目前该技术在金属矿浮选领域已经得到应用，正在进行煤炭浮选的应用研究工作。

（三）浮选智能加药站

浮选智能加药站是浮选智能化系统的主要执行机构，包括药剂除杂单元、药剂乳化单

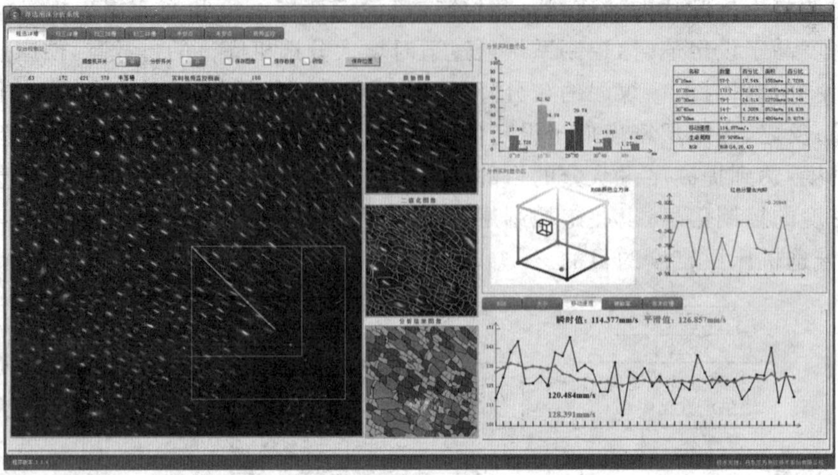

图 11-15　浮选泡沫图像分析（注：该图片来自东方测控网站）

元、药剂定量添加单元、药剂运输单元。浮选智能加药站的输入端为捕收剂药桶、起泡剂药桶、清水箱，输出端为矿浆处理器、浮选机各槽室、其他加药点，与浮选智能加药站的连接均为管道连接。浮选智能加药站接受浮选智能化系统的指令，根据数学模型的计算结果，实时调节浮选加药量。浮选智能加药站具有药剂除杂、药剂乳化、药剂精确定量添加、不同加药点的加药量比例分配、加药总量统计等功能。根据目前的应用情况，加药控制精度在 1%～2%，可节省药剂 15%～30%，可有效提高精煤指标稳定性，降低浮选司机操作难度和劳动强度。

四、煤泥水处理过程智能化系统

（一）智能浓缩控制原理

智能浓缩系统依据监测煤泥水流量、浓度、酸碱度和粒度分布等参数，结合耙架的运行电流、振动监控和异常报警，形成煤泥水健康保障系统，避免浓缩机压耙事故的发生；借助浓缩过程参数，依据药剂特性与煤泥沉降的相关性模型，建立浓缩加药控制算法，实现煤泥水溢流、底流浓度双闭环自动控制，如图 11-16 所示。

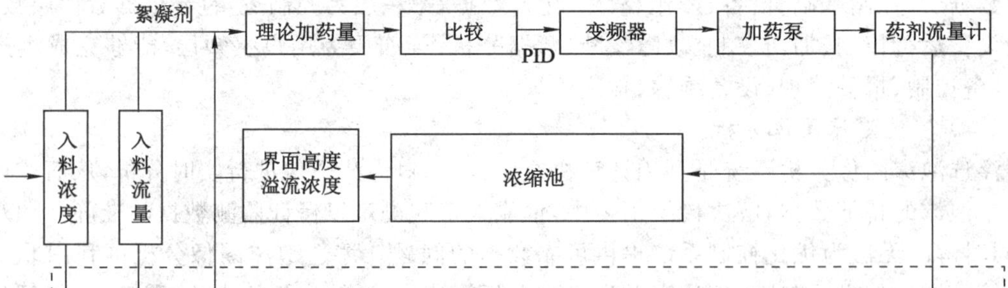

图 11-16　智能浓缩控制原理图

（二）智能浓缩解决方案

1. 对煤泥水性质进行分析

对煤泥水的浓度、pH 值、初始电导率、水质硬度以及煤泥的物质组成、粒度组成、颗粒原始表面电位等性质进行量化分析，为建立煤泥水特性指标与药剂用量之间的关系提供依据。分析仪表包括 pH 计、Zeta 电位分析仪、电导率仪、X 射线衍射分析仪、激光粒度仪、浊度计等。

2. 不同药剂条件下的沉降规律研究

在煤泥水性质分析的基础上，选取几种药剂并确定药剂的用量范围，使用这些药剂进行煤泥水的絮凝沉降研究。以沉降速率和煤泥水溢流浊度为主要指标、以 Zeta 电位变化、电导率变化、絮凝体的平均粒度和密实度为参考指标、探索凝聚剂和絮凝剂的种类与用量对絮凝效果的影响。综合药剂成本和使用效果，筛选出最优的药剂方案。

3. 煤泥水浓度对絮凝沉降效果的影响

探索在不同浓度条件下煤泥水的絮凝沉降效率，探索建立药剂添加量与煤泥水浓度之间的关系。验证和优化最佳药剂添加量模型。

4. 煤泥水浓缩系统计量和在线检测

在每台浓缩池入料管增设电磁流量计和矿浆浓度计，在线监测浓缩池入料干煤泥量的变化情况，用于预测药剂的添加量。采集浓缩机耙体的旋转扭矩，推算浓缩池煤泥层高度。在每台浓缩池增设界面仪和浊度计，在线监测循环水的澄清层和压缩层界面变化情况，获得直接数据，用以反馈药剂的添加量。在各浓缩机加药管路处增设流量计和电动调节阀（管径与现有加药管路一致），用于精准控制各浓缩机的絮凝剂及凝聚剂添加量。

5. 药剂智能添加控制策略

加药过程中的药剂用量理论值由入料性质（浓度、流量）与溢流水浊度和浓缩机清水层界面共同决定，实际加药量经 PID 整定后由变频器输出，加药泵为加药执行机构，最终由流量计给出药剂到浓缩池。

（三）智能压滤

智能压滤关键技术主要利用通信技术和硬件改造将压滤机运行参数及控制纳入选煤厂集控系统；通过移动端 App 对压滤机参数信息的实时监测、压滤机及配套设备的控制、智能压滤参数的设置和压滤机工作记录查询；通过集控系统上位机编程和液位检测传感器实现压滤入料桶自动补料、自动结束进料判断逻辑、自动排队卸料判断逻辑、压滤机开启数量增减建议和报警逻辑等功能。目前，压滤及上下游作业已基本实现智能无人化，正在进一步研发基于 AI 视频识别及机器人技术的滤饼粘料识别及自动清理技术。具体见表 11-1。

表 11-1　智能压滤与传统压滤对比表

对比项	常规压滤	智能压滤
入料桶阀门、底流泵	手动、就地操作	全过程集中控制
入料桶补料	人工干预	自动补料
上下游设备控制	单机控制	智能联控
压滤机给料时间的判断	人工判断	自动判断并结束给料
压滤机卸料	岗位工手动逐台操作卸料	智能分时排队卸料

五、配煤及储、装、运环节智能化系统

（一）汽车智能装车

目前汽车智能装车已经实现装车过程无人化。汽车智能装车包括车辆智能排队、车辆身份认证、车型识别、自动备料、车辆位置及运动检测、装车引导、自动落料、实时称重、煤炭运销管理、装车预约管理等组成。

利用车辆身份认证、实时称重、车辆运动监控、AI视频识别等技术感知车辆状态特征。根据来煤检测、落料模型判断来煤状态与趋势，进行落料控制，实现车辆的准确、平滑、均匀装煤。围绕以上核心环节，配合调度指挥、网络通信、道路控制（信号）、自动票据生成、贸易后台（含煤炭运销管理接口、手机App移动端）、远程运维等系统，实现系统监控、车辆自动指挥、贸易管控等功能。

（二）火车智能装车

火车智能装车包括无人自动装车、动态配仓、仓下精准配煤、管理整合四个子系统。无人自动装车子系统包括了装车各环节的全自动，将供煤、定量、装载、超偏载检验以及防冻液喷洒、封尘剂喷洒、干雾抑尘等辅助系统进行智能化集成，安全稳定地完成装载任务。动态配仓子系统用于实现产品煤科学配仓和智能化仓储管理，实现仓内物料的质量跟踪、储量跟踪，为精准配煤提供数据基础。仓下精准配煤子系统用于科学计算配煤比例，精准测量数质量指标，全自动完成配煤设备启停和调节。管理整合子系统涵盖了装车日常所需的流程管理、设备管理、数据管理等各个方面，全方位地提升储、运、装管理水平。

无人自动装车子系统主要由以下几部分组成：

（1）车厢精准定位

采用综合定位技术实现精准车厢定位，定位范围涵盖当前装煤车厢从空载进入满载驶出的全程。可以判断车厢行驶经过标志性节点，以此进行区域划分和逻辑起始判定，对当前车厢进行坐标式测量，根据当前坐标信息，计算后续执行操作，并向外输出指令，控制溜槽与闸板动作，并按节执行。结合车速检测模块，精确控制溜槽动作，实现无人自动装车。

（2）车厢识别

应用图像识别技术，通过拍摄图像，寻找图中数字特征及车厢特征，对车号、车型进行识别。

（3）超偏载检测和处置

利用扫描雷达技术，雷达输出数据通过算法程序进行计算，在数据库中进行数字转换、拟合分析、积分计算等一系列操作，最后得到体积的值和车中煤堆高于车厢边沿的高度，而体积值在经过堆密度的计算得到超偏载的重量值。能够检测出超偏载情况，设计安装偏载自动处置装置。

（4）无线通信

火车司机与智能系统之间利用无线通信方式建立远程通信，系统根据装车状态自动向火车司机下达装车报警信息、倒车、提降速等相关指令，涵盖人工通信时的交流内容。此外应向火车司机提供装车期间的数据和参数，可视化展示装车目前进度，使火车司机参与到装车过程中，提高配合度，共同完成装载任务。

（三）智能仓储与配煤

智能仓储系统通过开发数学模型自动分配仓储，配合仓上移动带式输送机实时定位系

统,实现刮板卸料口插板开度控制、犁式卸料器的开合、对煤仓(场)进行全方位监测以及数字煤仓(场)和仓上无人化自动仓储。

智能配煤系统主要依托数字仓储技术、定量取料技术、在线分析及计量技术、配煤智能分析与决策技术等实现。根据煤质、煤价、用户需求和煤质的实时及历史数据、经济效益最大化原则,建立配煤智能分析决策模型。根据产品质量、价格数据,来煤煤质、库存及成本数据制定取煤、给煤策略,根据配煤过程产品灰分、硫分、发热量等在线检测数据的反馈及偏差分析,考虑煤质检测滞后因素,实现给煤量、给煤比例的自主调节,满足用户需求,如图 11-17所示。

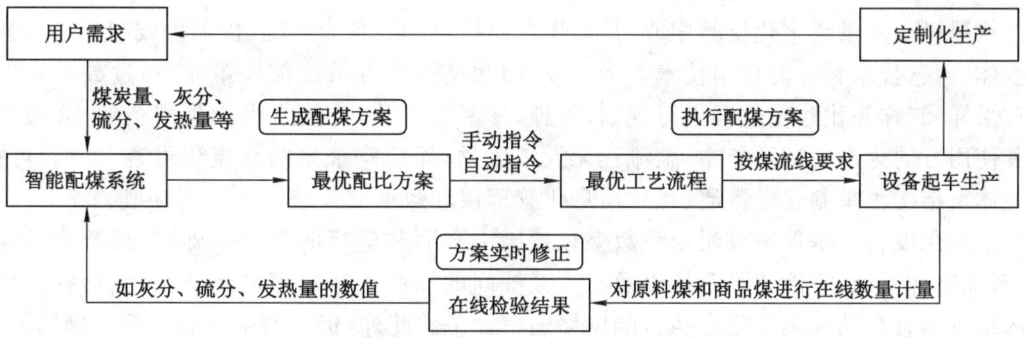

图 11-17　智能配煤工艺流程

配煤专家系统上位机实现图形监控、动态图形显示、历史数据采集管理、状态趋势图、自诊断、报警等诸多功能,并提供标准数据接口实现数据的互联互通;根据实现用户输入所需要煤炭的要求,如重量、发热量、硫分等,由系统自动运行,选择出多种配比方式,既可以由工作人员手动发出指令,也可以由系统自动发出指令,然后所需要工作的设备按照煤流线要求相继起车。分别对原料煤和商品煤进行在线数量计量。通过分析仪在线检验结果,在线调整给煤机的给煤量,最终达到设定的配煤指标。

给煤机具备变频调速功能,能根据配煤数据波动实时接收配煤专家系统发送数据,调整给煤量。每条配煤线配置一台分析仪,分析仪可根据测量指标不同采用灰分仪、水分仪、测硫仪或者全元素分析仪等不同设备,能实时检测煤质信息,并上传至配煤专家系统。

第三节　选煤厂辅助环节智能化系统

一、采制化环节的智能化系统

(一) 煤炭质量数字化检验中心的提出及建设背景

煤炭质量检验是煤矿、电力、钢铁、化工等行业提高煤炭质量、管控成本、降低环境污染的关键措施,包括采样、制样和化验三大环节,任一环节出现问题,都将影响最终的检验结果,造成质量纠纷。但由于我国煤质检验仍以人工或普通机械化为主,缺乏与智能管控技术的有效结合,造成检验过程存在现场管理粗放、劳动强度大、人为干预因素多、数据信息融合困难等问题,煤样采集、制备、输送、存储和化验等环节信息孤岛大量存在,缺乏切实可行的煤质检验一体化信息平台，难以实现统一管控。

2020年出台的《关于加快煤矿智能化发展的指导意见》以及《电力发展“十三五”规划》针对煤炭产、销、用全过程的煤质管控明确提出了智能化发展要求。无人值守的智能采样、制样和化验系统可以显著降低煤质作业的操作难度，将质检工人从繁重的基础工作中解放出来，且具有实时、高效等特点，已经成为煤质检验领域发展的重要方向。但由于煤质检验领域客户定制化需求高、依据采样类型和要求需随时变动质检流程和项目，这就对煤质检验整体规划、硬件配套以及各系统的数据实时交互等提出了较高要求。

（二）煤炭质量数字化检验中心建设

1. 煤炭质量数字化检验中心总体架构

构建煤炭质量数字化检验中心，是以煤炭质检自动装备为基础、机器人或智能产线为执行载体、信息技术和智能控制技术等为手段，用数据连接各系统模块单元，通过数据管理系统对采样、制样和化验全过程进行规划、管理、诊断和优化，并接入煤炭生产企业、流通企业以及使用方的生产管理系统中，全流程无人工干预，保证整个采制化流程可查、可循、可控。中心体系结构由采制化设备层、煤质信息化管理层和数据交互层三个层面构成。

采制化设备层是保障煤炭质量数字化检验中心顺利运行的物质基础，包括智能采样系统、智能制样系统、智能化验系统以及三大系统间的样品传输和存储环节，还包括各系统单元内维持信息自动采集与指令执行的网络通信设备。此外，仍需要配备有必要的操作人员、器皿、物料和辅助工具等，虽然其本身不具有数据传输和通信能力，但通过添加条形码、二维码、RFID技术等进行标识和通信，仍能够参与煤炭质量数字化检验中心的半自动或全自动数据交互。

煤质信息化管理层是围绕质量管理五要素（人、机、料、法、环）和煤质检验流程进行功能设计的一套标准化信息管理系统，包括资源管理、流程管理、编码管理、数据自动采集、统计分析、体系管理和安全管理等七大模块。煤质信息化管理层可以根据用户具体需求进行业务与功能划分，不同应用单位和人员应基于自身检验业务特点及管理要求进行选用开发。

除采制化设备层和煤质信息化管理层外，煤炭质量数字化检验中心还需具备集成外部应用以及与第三方系统的接口功能，即所谓的数据交互层。数据交互层采用统一的通信协议，为集团大局域系统以及其他系统提供权限认证、任务订单、质检数据等信息交互，如图11-18所示。

2. 信息采集与数据交互

煤炭质量数字化检验中心的核心层是煤质信息化管理，即CLIMS系统（煤质检验检测信息管理系统，coal laboratory information management system），包括编码管理、资源管理、流程管理、安全管理、仪器设备数据采集、统计分析、移动端系统等功能外，还包括了视频监控中心、门禁系统等，具备集成外部应用以及与第三方系统的接口功能。CLIMS系统用来控制中心各层面的基础设施以及各设施间的相互关系，涉及全流程的信息采集与互联互通。

3. 煤炭质量数字化检验中心运行机制

煤炭质量数字化检验中心运行流程如图11-19所示。

(1) 当汽车、火车、胶带来煤时，通过移动终端向煤质检验检测信息管理系统输入煤样信息，系统生成该批次来样特征码并依据生产计划向采制化设备下达不同类型任务指令。

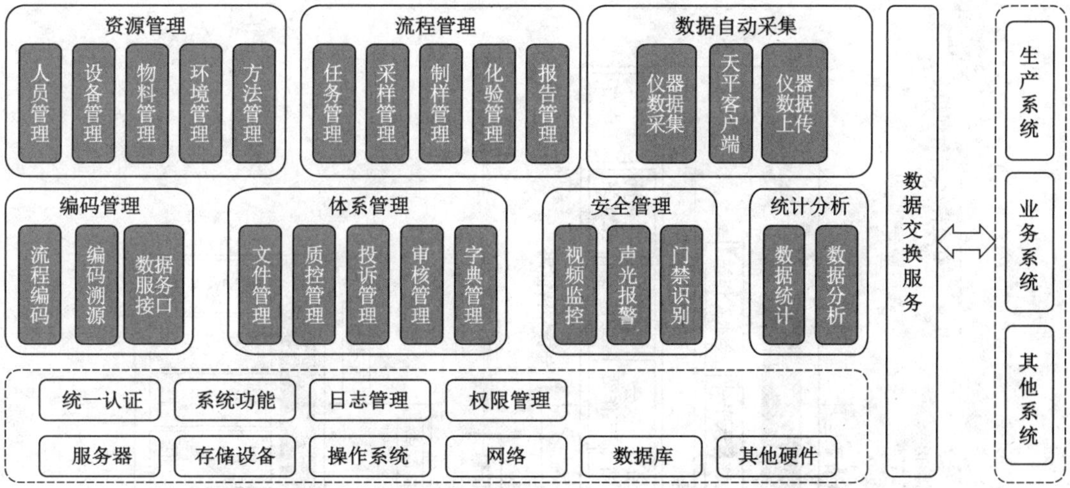

图 11-18　煤质信息化管理层与数据交互层的功能框架

在任务创建阶段可以对采样、制样、化验进行人员分配，实现作业人员与作业任务单一对应。化验项目可自主选择，避免多余的化验操作。

(2) 各类智能采样装置应用射频、感应和图像识别等技术自动识别胶带、车辆并定位采样区域，依据来样特征码从数据库中调取最优采样方案实施采样作业，可视化远程监控实时反馈采样状态。智能集料系统与采样单元协同联动，对所采样品自动装桶、称量，并生成与来样特征码相对应的制样特征码、全水分特征码以及存样特征码，并写入智能集样瓶内，特征码被实时传输到信息管理系统，待审批后，数据自动流转至制样、化验或存查系统。

(3) 采集的煤样通过气动传输到煤炭机器人全智能制样系统内，制样系统依据作业任务完成制样、装瓶、称量，并将制样结果序列化，生成化验特征码或存样特征码，特征码被实时传输到信息管理系统，待审批后，数据自动流转至化验和存查系统。

(4) 智能化验系统接收并识别全水分化验样和一般分析样的盲样来料，依据国标公式自动计算化验结果，并自动判断化验是否成功(是否超差等)。待化验结果完成后，需要对原始记录进行化验员自审、审核人员审核。待审核通过后，系统对化验码进行解密，匹配到对应的煤源信息，数据汇总后进行数据报出。

(5) 化验结果审核通过后，系统会根据报告模板自动编制检验报告，并支持检验报告的在线审核及电子签章，待检验报告批准后，即可发布或打印报告。支持各相关业务部门对检验报告进行远程查询。

(6) 需要进行存查的样品将自动流转至物料管理模块，有权限的人员能够看到正在存查中的样品信息。在需要进行样品抽检时，可以直接从存查样中选择相应的样品进行抽检化验，存查样可以根据来源与原分析样进行结果分析对比，可以打印出相应的分析报告。

(三) 关键技术装备的智能化和标准化

煤炭质量数字化检验中心除综合运用云计算、大数据以及物联网等新一代信息化手段，用数据连接采制化各环节流程外，对检验设备也需按照国标要求进行全新设计和智能化升级。依据采制化流程的各个环节，提出了一系列全新的设计方案和技术装备，使得产品更加智能化，完全符合国标技术要求，以促进我国商品煤质量管控智能化、标准化发展。

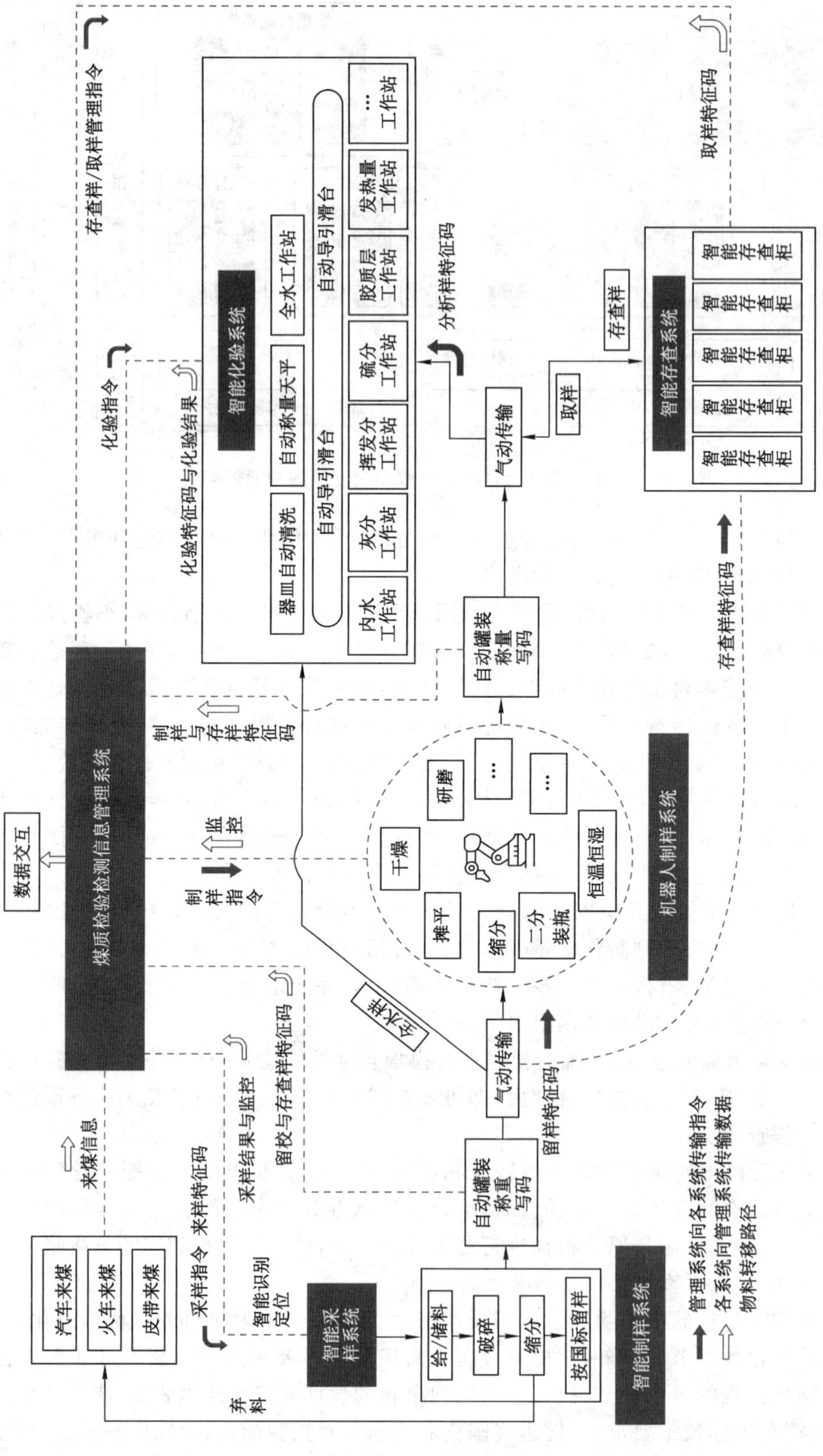

图11-19　煤炭质量数字化检验中心流程图

1. 智能采样技术与装备

根据不同应用场景，全自动智能采样机又可分为火车采样、汽车采样、胶带采样、机械臂/机器人采样、煤堆全智能采样车等多种产品类型。

外螺旋筒式代替内螺旋杆式，采用侧壁进样，并增加随摆机构，通过检测系统的配合，可实现汽车/火车不停车情况下的随动式全断面深层采样，且不破坏煤体结构，同时具有自动识别倒车、加速、停车风险的智能防护功能。

机械臂采样器可适应较小空间内的静止采样和随动式采样，具有六轴运动能力，智能化水平高，快速灵活的采样臂可以将子样采集时长控制在 10～20 s 左右，提升子样采集数量和代表性。

对于胶带中部和端部的全断面采样器，采用 3D 建模和精细化加工工艺，使得采样机横截面与胶带断面更加贴合，避免刮蹭胶带，尤其适用于高速胶带。结合大样品处理能力的制样单元，能适用于标称粒度较大的原煤胶带采样。

2. 机器人智能制样技术与装备

机器人智能制样系统是目前制样环节自动化、智能化发展的主要方向之一。如何最大程度发挥工业机器人动作节拍，提高整体工作效率，同时避免出现黏、堵、混煤的问题是智能制样系统发展需要解决的重点。

3. 智能化验技术与装备

全自动化验技术的核心是要依靠机械臂代替人完成各项煤质化验的操作动作和流程，避免人工操作的不稳定性和错误对检验结果带来的影响。由于全自动化验结果更多是用于商品煤贸易结算，在检验仪器和方法的选择上应优先选择国标仲裁法，这对全自动化验技术与装备研发带来较大的难度，具体如下：

(1) 机器人一次只能完成一个动作，在各模块间交叉作业的效率较低。采用自动导引滑台结合多个机械手的方式取代单一机器人，实现多个工位同时作业，不同节拍并联优化，实现从样品抓取、自动称量、分流转运、样品检验、弃料回收、器皿清洗、结果报出等环节全自动连续操作、无人值守。

(2) 全自动化验系统的工作效率满足 24 h 完成全水分、水分、灰分、挥发分、全硫、发热量等常规项目 60 个样品的检验(双样)及结果报出。

(3) 模块化布局设计，在上述工作效率的基础上，可通过增加功能单元模块，尤其是灰分检验工位，以成倍提高检验效率。可扩展碳氢检验、焦化指标检验等模块，以满足不同煤质工艺评价指标的需求。

(4) 为了商品煤贸易结算，全水分、工业分析等检验项目全部采用国标仲裁方法，水分、灰分均设置干燥器室温冷却和检查性恒重环节，操作步骤与人工操作完全一致。

(5) 发热量检验采用国标要求的熔断式点火方法，设置有独立的隔离空间，实现氧弹自动卸压、装样、挂丝点火、旋盖、充氧、氧弹筒自动清洗等精细化操作流程完全自动化。尤其是通过全自动方式完成挂点火丝的步骤。

以提升智能化管控、提高质检效率为抓手，构建采制化设备层、煤质信息化管理层和数据交互层三层架构的煤炭质量数字化检验中心，并依照国标要求，在现有智能装备的技术水平基础上，对关键智能装备提出了一系列符合国家标准要求的优化改进方案，通过煤炭质量检验信息管理系统实现煤炭品质检验的智能化、信息化、标准化发展。

二、智能供配电

选煤厂智能供配电系统按照无人值班、少人管理的设计标准，通过电气监控系统后台，实现选煤厂内变电所、配电室内生产信息的采集、存储、处理和传送，实现信息资源的共享以及保护、控制和监测等功能的综合化。

电力智能能源管理系统主要由运维层、站控层、设备层的通信网络及全套硬件设备和软件等组成，主要完成全厂供配电系统的实时监测电压、电流、功率、功率因数、电能等电力参数，动态监视断路器、隔离开关等设备的运行状态和故障、告警等信号，同时完成全厂供配电系统的能源分析等数据统计，网络结构如图 11-20 所示。

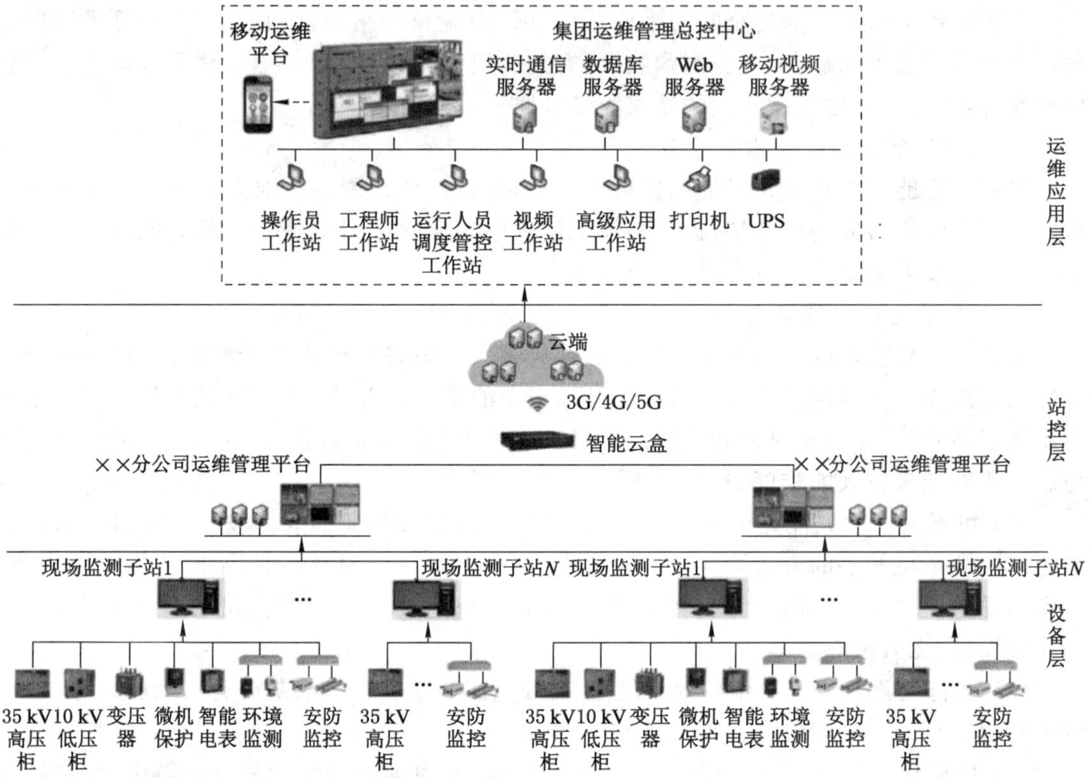

图 11-20　网络结构

1. 实时监测

通过每个回路上的马达保护器或多功能电表来取得电压、电流、功率、功率因数、电能等电参数信息；通过安装在每个柜子上的微机综合保护装置动态监视各配电回路断路器、隔离开关等合、分状态，以及有关故障、告警等信号，界面如图 11-21 所示。

2. 停送电管理

实现停电、送电的流程化管理、无纸化办公，将停送电申请、汇报、催办、确认、记录等全套程序进行高效管理，并将作业执行的时间、作业信息记录在数据库内，界面如图 11-22 所示。

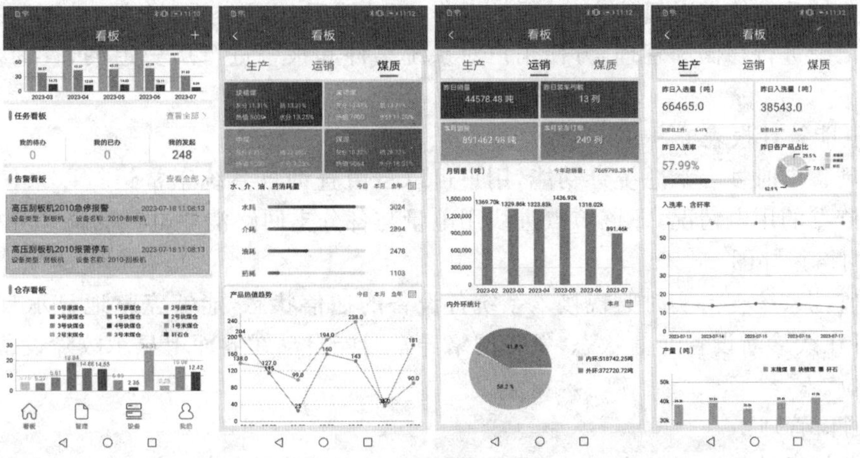

图 11-21　监控界面

图 11-22　管理界面

3. 电参量查询及电耗分析

在配电一次图中，可以直接查看该回路详细电参量，包括三相电流、三相电压、三相总有功功率、总无功功率、总功率因数、正向有功电能，并可以查看 24 h 相电流趋势曲线。同时，能够为运行管理执行系统中能耗管理系统绘制带煤量和能耗曲线提供电参量的数据支持。

(1) 运行报表

查询各回路或设备指定时间的运行参数，报表中显示电参量信息应包括各相电流、三相电压、总功率因数、总有功功率、总无功功率、正向有功电能等。

(2) 实时报警

电力监控系统具有实时报警功能，系统能够对配电回路断路器、隔离开关、合动作等遥信变位，对保护动作、事故跳闸等事件发出告警。

(3) 历史事件查询

电力监控系统能够对遥信变位，保护动作、事故跳闸，以及电压、电流、功率、功率因数越限等事件记录进行存储和管理，方便用户对系统事件和报警进行历史追溯、查询统计、事故分析。

（4）电能统计报表

系统具备定时抄表汇总统计功能，用户可以自由查询自系统正常运行以来任意时间段内各配电节点的用电情况，即该节点进线用电量与各分支回路消耗电量的统计分析报表。

（5）网络拓扑图

电力监控系统支持实时监视接入系统各设备的通信状态，能够完整地显示整个系统网络结构；可在线诊断设备通信状态，发生网络异常时能自动在界面上显示故障设备或元件及其故障部位。

（6）通信管理

电力监控系统可以对整个配电系统范围内的设备通信情况进行管理、控制、数据的实时监测。例如，配电系统维护人员可以通过监控系统的主程序右键打开通信管理程序，然后选择通信控制启动所有端口或某个端口，快速查看某设备的通信和数据情况。

供配电智能配电系统设有远程运维平台，可通过 Internet 网络在本地后台、矿井电力监控与调度系统以及手机实时端监测选煤厂各变电所、配电室运行状况，电力参数以及故障报警。本系统的装设能提高运维人员效率，减少计划外停电，提升供配电系统及设备可靠性，优化资产使用及配置，降低运维成本。

第四节　选煤厂生产保障智能化系统

一、智能控制

智能集控应结合最新的移动互联网、物联网等技术以及各种智能终端打造灵活、高效、便捷的生产指挥系统，主要由可视化集控室、智能启停车、移动监控、语音广播以及智能报警系统组成。充分利用各种终端，包括 PC 端、手机端、Pad 端、集控大屏、区域屏、智能手表、手环等打造选煤厂移动可视化生产指挥系统，提高生产沟通效率。结合消息推送机制，实现大屏与报警视频联动，利用智能音箱与语音识别技术，实现大屏的场景切换，具体包括智能启停、移动监控、智能报警和集控大屏可视化。

智能启停应根据选煤工艺、设备特点以及启停车要求，把选煤厂设备按区域等进行划分，按照逻辑分布步骤进行启动或停止，同时系统能够调动相关人员，快速消除障碍，合理配置相关启动流程，缩短启车或停车时间。系统应具备启停车前自检、设备状态复位、人工检查任务和自检结果自动推送功能。启停车过程严格按照设备操作规程执行，设备前置条件满足后启动设备启停程序，设备启停时机准确。设备启停阶段过程中发生启动故障，自动执行应对逻辑。启停车完成后，系统进行设备运行状态全面扫描，识别状态异常的设备，在调度员确认后统一执行处理程序。启车完成后，系统可方便切换变频设备频率、闭锁切换、设备保护投入等操作，为后序带煤操作做准备。

为充分利用移动互联网技术，选煤厂应打造移动监控系统。移动监控主要服务于一线生产管理人员及车间岗位工，岗位人员可以根据自己所需，通过系统提供的配置功能建立自己的监控系统，实现设备监控的自我关注管理。应按系统和区域建立监控系统，根据现场实际工艺情况，实现全厂设备参数及状态的监测与控制。

选煤厂应打造辅助生产的智能报警系统，主要对各类报警信号进行监测，精确推送到相关人员，能够在第一时间接收报警、及时处理。报警发生后系统自动统计报警记录，方便对报警的查询、识别。

选煤厂应充分利用集控室内的大屏进行关键数据的可视化展示，当现场设备出现故障报警时，在集控大屏能够将设备对应的摄像头信息弹出，当故障解除时摄像头自动关闭，实现报警与摄像头联动展示。

二、设备的智能监测与诊断

在矿山智能化建设的背景下，智能选煤厂的构建需要机电设备长期安全可靠地运行，所以需要通过智能检测系统对机电设备进行准确的检测，对即将出现或已经出现的机电故障进行预测和判断。

（一）振动筛的智能监测与诊断

筛梁疲劳断裂、轴承温升过快、联轴器胶带断裂是振动筛主要故障表现形式。在筛机电机、轴承座、激振器分别安装振动和温度传感器，实时监测电机和激振器的工作状态和轴承温度变化，防止轴承磨损或过热卡死等故障发生。在筛机侧板进料口和出料口位置的左右侧分别安装六轴传感器，实时监测筛机各支撑点的负载情况，一旦发生负载不均，如左右偏摆、前后偏摆等，可在监测界面实时显示并及时发出警告。在筛机上部安装视频监控系统，通过分析筛面煤流状态图像，实现超载、偏载和筛板脱落的故障。

根据振动筛常见故障，系统提供相应的多种分析方法，包括波形分析、频谱分析、故障频率分析、包络谱分析、趋势分析和图像分析等。时域波形包含的信息量大，对于联轴器不对中、轴承磨损冲击类故障，在波形图中很容易识别出来，但是不太容易看出所包含信息与故障频率的联系。频谱分析可以看到哪些是机械运行状态的振动成分，谁对振动占主导作用，谁与过去相比有较大振幅值变化，这些状态信息是机械故障诊断的基础。故障频率分析依据滚动轴承有内圈、外圈、滚动体、保持架的故障频率，齿轮有啮合频率、低速齿轮转频、高速齿轮转频数据库，能够快速定位故障点。包络谱分析能够得到高频脉冲冲击信号，依据该信号可以有效地判断设备的故障状态，该方法可以有效诊断滚动轴承、齿轮等部件的磨损、裂纹、点蚀、齿面损伤等故障。趋势分析可查看被测机组过去一段时间振动或温度趋势变化，可发现潜在的设备故障隐患。智能图像识别通过在线分析筛面实时画面并结合偏摆差分析，建立筛面智能监测系统，实现筛面的无人值守远程监控、筛板脱落预警、筛上杂物（物料）通量实时统计、超载（偏载）预警等功能。

目前，振动筛在线监测系统集成了大数据、物联网、云计算等技术手段主要由多路电源、温度振幅模块以及监测诊断软件组成，可以智能地诊断出设备可能存在的运行健康问题、配合松动、轴承疲劳损伤等潜在故障，及时发现隐患，提前做好检修安排，做好原料储备、协调好最佳停机时间，避免由于振动筛突发故障的发生和大面积连锁停机。

（二）胶带撕裂智能监测与诊断

带式运输机除了跑偏、打滑等常规的故障外，撕裂是严重的故障。胶带撕裂分为纵向撕裂与横向撕裂，而纵向撕裂占据胶带撕裂总数的 90％以上。通过对撕裂原因进行剖析可知，若煤粉中含有大块金属物料或矸石，在其激烈冲击时，便有可能使胶带开裂。机头部打扫器刮板夹挂住胶带外表的金属或其他杂物，也会出现把胶带磨透的现象。划伤撕裂是胶带纵向撕裂中最常见的一种，一般可分为利器压力划伤与穿透划伤两类。前一种是由大尺度长杆利器卡于溜槽底部，在胶带驱动力下划伤胶带；后一种是指利器自一定高度坠下，在重力影响下其尖端穿透胶带并卡于溜槽或托辊上，跟着胶带的持续前移而撕裂胶带。

针对不同的输煤胶带运行缺陷类型需要不同的智能检测技术，对于胶带发出的异常噪声，我们通过声音变化强弱可以对其进行判别。在胶带附近布置声音采集器，采集监测设备运行时的声音信号并和胶带运行正常的声音频谱做对比，若发现异常则报警。针对胶带面跑偏现象，通过安装高清摄像机，对胶带运行托辊进行实时图像采集，智能识别系统对摄像机捕捉到的实时图像信息，与胶带正常运转图像进行对比分析和计算，胶带一旦发生偏移，捕捉到的图像信息会和正常图像产生偏差，系统进行报警。针对胶带撕裂现象，则需建立一套由摄像机和激光发射器等组成的前端设备进行识别。系统使用半导体激光器发出线状激光，投射到胶带下方，激光束在胶带表面呈现一条与胶带表面完全相符的轮廓线，高速摄像机持续拍摄线状激光在胶带下方的投影。撕裂图像识别系统检测激光图像是否异常，利用三角测距原理分析胶带断面的高度和深度参数，实现对胶带表面划伤、撕裂的在线识别和实时监控。同时，根据胶带损伤程度给出报警信号。撕裂检测原理如图 11-23 所示。另外在落料仓口等监测点上方安装矿用智能摄像仪，在生产过程中有异物突然出现并停留超过设定时间时，平台发出语音报警提醒值班人员，同时发出报警停机信号和现场声光报警，提醒巡检人员及时处理。

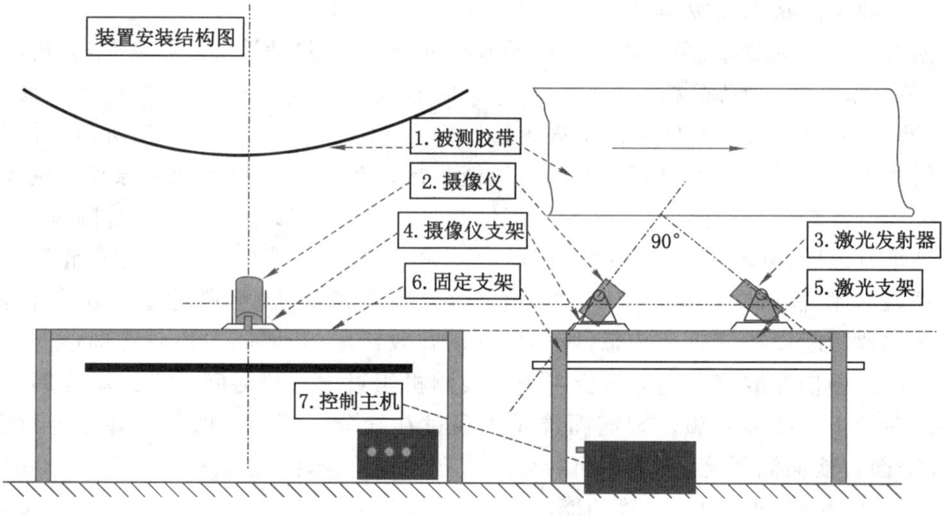

图 11-23　胶带撕裂检测装置组成示意图

胶带撕裂检测通过智能结构光扫描模组自动监测胶带运行状态，若胶带撕裂，设备智能识别后自动报警并提醒岗位工及时关闭胶带，防止发生更大的事故。系统结合智能化图像算法，实现高精度识别，最低可以识别 3 mm 的裂缝或错位，自动清灰装置可实现无人值守，可适应不同带速(带速范围小于 4 m/s)。

（三）刮板输送机故障检测

目前，刮板输送机断链、掉链的故障检测方法主要有以下几种：

一是在机尾从动轮位置安装检测点，当检测到链条出现断链、掉链、卡链时，立刻切断电源，停止刮板输送机运行。但是采用这种方式发现时间晚，对事故后续处理起到的作用有限。

二是采用一组接近开关对刮板机链条进行监测，判断刮板机链条运行过程是否正常。① 对刮板磨损的保护。在刮板输送机正常运行过程中刮板和接近开关之间的距离以及接近开关有效测定距离均固定不变，但是刮板受到严重磨损后，接近开关便无法正常接收和获取脉冲信号。通过现场处理器进行脉冲信号的计数和比对发现，两个接近开关间的信号计数产生了差异，必须通知技术人员检查并处理刮板磨损。② 对刮板脱落、错装等的保护。刮板和链条是刮板输送机主要的磨损部件，为确保刮板机正常运行，必须在链条上按设计距离均布安装刮板，不得漏装、错装和脱落。一旦发生刮板脱落或漏装、错装，脉冲信号传输时间便会超出设定值，集中控制系统便会发出强制停机指令，起到保护机械安全运行的作用。③ 对断链、掉链导致的刮板歪斜的保护。刮板正常运行时，相邻接近开关通过刮板取得的信号时间间隔固定，一旦刮板输送机发生断链和掉链，通过现场处理器进行接近开关传输脉冲信号的计时与比对发现信号间隔时间超出固定时间，便会通过集中控制系统强制停机。

基于图像识别的刮板输送机智能检测系统是近年来随着计算机技术、机器学习理论和大数据处理技术的发展而产生，该智能检测系统利用机器视觉和图像算法对刮板输送机运行实现不间断监控，通过大量运行数据的统计和分析构建刮板输送机故障样本数据库，采用深度学习的方法建立刮板故障检测与分类识别算法模型，通过模型的实施部署，实现断链、拉斜等故障的智能检测。刮板输送机故障检测系统采用前端智能计算，在前端完成图像采集、算法分析、报警推送、视频存储等全套功能。岗位工人可以通过显示端同时对多台刮板机的运行信息进行监控。实现了连续检测，并大幅提升了报警的及时性，避免出现更严重事故。

（四）溜槽故障检测

刮板以及带式输送机是选煤厂原煤、精煤等物料运输的主要设备，在溜槽位置受到运输的物料自身性质、运输速度、溜槽空间等因素影响，会出现堵塞问题。溜槽出现堵塞后若控制系统不及时停止运行，轻则降低生产效率，重则导致生产停止。传统的溜槽堵塞通过人工巡检、安装检测装置（如光电对射开关、倾斜开关等）发现。在选煤厂生产过程中，某些部位存在粉尘含量高、噪声大以及安全风险高等问题，工作人员长时间在此环境中工作会给自身身体健康带来一定威胁；而采用检测装置也存在检测效率不高或者出现严重堵塞才发出报警信息，无法满足运输机溜槽堵塞检测需要。

最近几年，深度学习技术发展迅猛，在图像处理领域有着突破性的成就。许多学者提出将基于深度学习的图像处理技术应用到煤炭产业的生产监测中，并且已经取得了一定的成果。利用图像处理去识别溜槽是否发生堵塞是一种非接触式的异常检测方法，可以代替以往的人工监视和传感器等电子接触式检测方法，从而为选煤厂节省了人力、物力和财力资源。

机器视觉溜槽堵塞检测需要在输送机溜槽斜上方位置安装工业摄像机，如图 11-24 所示。同时为了便于进行图像识别分析，在溜槽内部

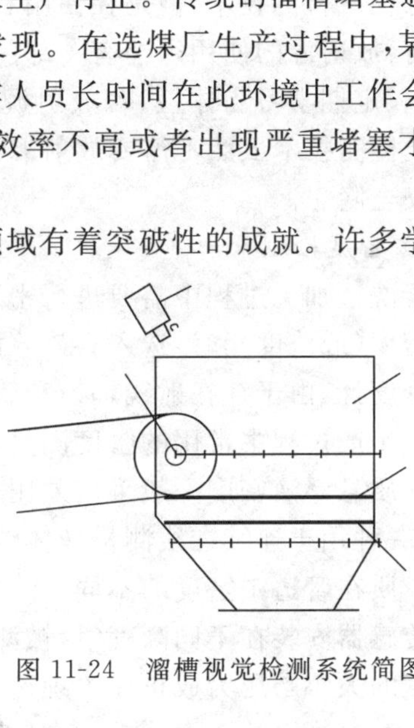

图 11-24　溜槽视觉检测系统简图

距离溜槽口一定距离的位置刷涂两条指示线，用于判断溜槽堵塞的状态和程度。堵塞故障判定依据对机器视觉图像进行处理后，实时获取溜槽内物料铺设面积以及指示线被覆盖范围特征值，通过实时分析特征值与基准值即可实现溜槽是否堵塞判定。视觉处理系统可实现多路工业摄像机图像的处理，可满足溜槽堵塞检测需要。同时可将视觉处理系统与选煤厂生产控制系统、大屏监控系统等连接，以便进行预警并调整选煤厂生产。

三、生产系统的智能检测

（一）煤炭灰分的在线检测

长期以来，灰分检测一直是选煤厂产品质量控制的瓶颈。近年来，无源的灰分测量技术激光诱导击穿光谱(LIBS)、天然γ射线法、可见光图像等技术进步迅速，并实现应用。激光诱导击穿光谱法(Laser-induce breakdown spectroscopy，LIBS)是光谱分析领域中的一个新的分析工具。近两年开发的激光诱导等离子全组分测灰系统已在煤炭灰分在线检测中得到推广应用。LIBS可进行全元素快速实时检测，检测下限低，样品预处理简单，在工业在线分析领域优势巨大。天然γ射线测量法是利用煤中矿物质含有K-40、U-238、Th-232等天然γ射线放射性元素来实现灰分的测量。但由于煤中天然γ射线放射性元素含量与成灰物质元素含量之间没有必然联系，故而使该测量方法的精密度和准确度受到较大影响。此外，该方法对检测煤种的适应性不佳，甚至有的煤不能采用该方法测量灰分，目前该方法一般多应用于原煤灰分检测。随着图像处理技术越来越成熟，基于机器视觉灰分检测方法取得了很大进步。视觉图像测灰主要通过构建不同灰分等级的图像样本数据库，引入设计多种机器学习算法，建立灰分预测模型，实现灰分的预测。目前视觉图像测灰方法主要用在浮选尾煤(矿浆)的灰分测量，且取得良好应用效果。

有源灰分在线检测技术方法主要有基于γ射线和X射线衰减来实现灰分的检测，其中γ射线检测技术需要放射源，X射线类检测技术则采用X射线管作为射源。近年来开发的有源灰分在线检测技术主要有中子活化全元素分析法、双能γ射线透射法、X射线荧光光谱分析法和多能X射线吸收法等。虽然有源灰分在线检测技术在测量精度和准确度上优于无源灰分在线检测技术，但是在使用和管理上存在诸多不便。以γ射线类检测技术来说，主要问题有：放射源的使用须经有关部门审批，放射源的管理要由专人负责，且管理人员需要持证上岗、定期学习和体检；若放射源不再使用，还需要缴纳费用才能交由国家源库回收。X射线类检测技术虽然不需要放射源，但其在运行过程中会产生X射线辐射，因此也存在一定的安全隐患。

（二）密度检测

煤炭洗选加工过程中需要进行密度检测的环节主要有重选过程的重介质密度、浓缩机入料的密度(或浓度)和浮选入料矿浆的浓度(或密度)。过去常用的密度检测方法主要是伽马射线密度计，由于存在射线辐射和管理难的问题，近年来使用得较少，这里不做介绍。目前选煤厂生产过程中常用的密度测量方法主要有差压式密度计和超声波密度计两种。

重介质悬浮液密度一般采用差压式密度计测量。差压式在线密度计(也称在线密度变送器)是一种用于连续在线测量液体浓度和密度的设备，可直接用于工业生产过程中。该仪器依据介质在管道中密度的不同、在一定高度下的压差不同来测量管道中物料密度。当两个压力传感器安装在不同高度时，被测介质的高、低压力就会对压力传感器产生不同压力，介质密度的大小与压力成正比。理论上密度和压差变化呈线性关系，但考虑到实际管道输送压力变化和输送速度的变化会对压力测量产生影响。差压密度计采用了不同的优化算法来实现对测量的补偿，以及零点迁移校正、多点非线性校正等技术来准确测量密度。差压式密度计由引压法兰、压力传感器和仪表组成，适用于检测流动或静止液体的密度，维护工作量小、运行稳定可靠。该仪器用于选煤厂重介质悬浮液密度测量时，由于上料管的流速一般都很快，会造成大的测量误差和测量的不稳定性，甚至无法测量，所以需要控制好流速才能稳定测量。

煤泥水的浓度或密度测量可以采用超声波密度计进行测量。超声波密度计是一种实时在线检测多领域生产工艺中悬浊液浓、密度的智能型仪表。该仪表基于超声波在不同介质中传播时，因介质密度不相同导致传播速度不一样的原理来实现间接测量介质密度的目的。由于浮选过程中加入起泡剂，导致需要测量的矿浆中可能会有微气泡存在，而微气泡的散射作用会影响超声波在矿浆中的传播，一般需要进行特殊的处理或补偿软件算法，消除了超声波衰减原理检测仪表的多种影响因素。超声波密度计可广泛应用于选煤、选矿、河沙等多领域生产工艺中的固液两相流的密度实时、在线、准确测量，从而指导工艺生产，为智能工厂提供关键检测数据。

（三）料位/液位检测

煤炭洗选加工过程的多个环节需要进行料位、液位或界面的检测，常用的检测方法主要依靠超声波物位计、雷达波物位计、激光测距仪等。近年来随着技术的发展出现了新的检测技术，如激光雷达料位检测技术、超声波界面分析技术、基于视频分析的液位报警技术等。

激光雷达是以发射激光束探测目标的位置、速度等特征量的雷达系统。其工作原理是向目标发射探测信号（激光束），然后将接收到的从目标反射回来的信号（目标回波）与发射信号进行比较，做适当处理后就可获得目标的有关信息，如目标距离、方位、高度、速度、姿态甚至形状等参数。它由激光发射机、光学接收机、转台和信息处理系统等组成。激光雷达根据激光测距原理计算，就得到从激光雷达到目标点的距离，脉冲激光不断地扫描目标物，就可以得到目标物上全部目标点的数据，用此数据进行成像处理后，就可得到精确的三维立体图像。选煤厂筒仓料位检测可以将激光雷达安装到筒仓内部上方，可精确测量料仓内剩余物料的高度或体积。

煤泥水进入浓缩机后悬浮状态的固体颗粒在重力作用下开始下沉，粒度较大的首先沉于浓缩机底部逐渐堆积成压缩区，上部出现澄清液，称为澄清区。澄清区下部为沉降区，沉降区下部是为过渡区。沉降过程终结时沉降区和过渡区消失，只剩下澄清区和压缩区。在浓缩机智能加药的控制过程中如何能够准确地测量浓缩机中各区之间的分界面十分关键。近年来基于超声波检测技术的煤水界面仪得到了推广应用。超声波煤水界面仪是利用可靠的超声波回波检测原理，检测出传感器探头与煤泥界面的距离和底面的距离，实现了煤泥厚度变化实时监测和相关工艺过程的控制，从而优化排泥控制和加药控制，防止出水恶化，优化工艺控制流程。

选煤厂中介质桶、煤泥水桶液位的监测也是保障安全生产的关键，桶液位的监测常用超声波液位计检测。生产过程中由于故障、物料多等不确定的原因，介质、煤块混合物会流入合介桶篦子，导致合介桶篦子堵塞和大量介质的损耗。近年来针对上述情况开发了基于机器视觉的桶篦子故障检测系统，检测系统利用智能 AI 摄像机对选煤车间的介质桶进行图像识别，识别介质桶的正常状态和故障状态并进行报警，同时通过移动端推送报警信息，为客户提供准确及时的报警。

（四）粒度检测

煤炭洗选加工过程中依据使用的需求通过筛分的方法实现煤炭的粒度分级。但一般认为在煤炭加工过程中对粗煤泥分选、浮选入料环节有粒度检测的需求，近年来在超粒度检测方面也有需求。粗煤泥分选和浮选入料环节粒度检测可采用超声波粒度在线检测技术、超粒度检测可采用机器视觉的方式来实现。

在线煤泥水粒度超声波检测仪通过对粗煤泥分选、浮选入料等工艺环节中的煤泥水粒度分布检测，能够提供准确、实时的煤泥水粒度分析，有效地解决传统工艺数据滞后等问题。分析仪根据实时检测信息，结合控制系统，可以提前对工艺进行优化调整，使浮选系统更加稳定，有效节约浮选药剂消耗量，从而提高生产效率，稳定产品质量，提高产品回收率并降低能耗。超声波检测是基于超声波脉冲穿过矿浆后，被超声波接收器接收，超声波在矿浆中传播的过程中会造成声能量的损失而改变声强和声速，采用超声波仪可以测量这种声能量的损失（衰减）和声速。而声衰减实际上就是由于颗粒和液体与超声波间的相互作用而引起的，因而测量超声波的衰减就可以获得矿浆体系的颗粒粒度或浓度信息。煤泥水超声波在线粒度仪一般包含样品调理器及其控制箱、控制和显示模块、取样分析模块等。工作过程一般通过样品调理单元产生真空吸入流量相对稳定并具有代表性的样品流，对其进行除气处理。除气后的样品经过以超声波换能器为核心部件的超声衰减测量单元进行检测，最终样品返回原工艺管路。在测量周期内，探头以多种频率发射超声能量脉冲透过样品，从接收的超声脉冲获得多个衰减参数。这些参数直接与样品的粒度分布密度有关。在每个粒级的标定模型中这些参数用作变量以计算出所测样品粒度值。

如何安全高效地解决堆煤和拥塞现象、检测大块煤的存在，对于保障可靠、高效的生产具有重要的意义。产生的直接原因大都是由于胶带上存在大块煤或矸石现象，基于视频图像处理技术的大块煤识别方法不受空间大小和人为的影响，可以第一时间了解哪里出现的大块煤，并可以观测到画面，这样就为工作人员处理堆煤、拥塞等大块煤的识别提供了有效准确的信息，使得堆煤、拥塞现象降低到最低，提高胶带运输系统的效率。基于视频图像处理的大块煤识别系统主要是利用CCD摄像检测煤炭运输胶带上的煤炭，进行图像的连续采集。采集的图像信息通过计算机图像识别系统进行处理和分析，然后通过模式识别技术以及相关技术进行区分识别，利用计算机控制系统给出判断结果。

四、智能环境及安全检测

（一）人员定位技术

《智能化选煤厂建设 通用技术规范》（T/CCT 005.1—2020）中明确提出，选煤厂可设置人员定位系统，系统应具备标准通信接口，可将数据传输至数据中心。人员定位的精度要求应根据各区域的重要性程度以及生产调度指挥的需要进行确定，人员定位的信息应可在智能化系统终端以及集控大屏上进行展示查看，有权限的人员可以通过系统查看人员的历史轨迹。

选煤厂人员定位相对于其他人员定位在环境上存在以下特点：① 选煤厂厂区面积较大，定位系统服务范围覆盖大；② 选煤厂厂区内有胶带走廊、压力泵、生产厂房、煤仓和一些其他建筑，人员定位系统应具有非视距传输；③ 选煤厂中煤仓下、浓缩池、泵坑等位置电磁波衰减严重，GPS信号无法穿透；④ 选煤厂生产现场具有一氧化碳、瓦斯等有害气体，且空气潮湿，存在大量粉尘，生产厂房振动大，安装在厂区内的定位设备要安全可靠。通过对选煤厂环境特点的分析，选煤厂工作人员一般处在厂区内厂房各层，对人员位系统的要求主要是覆盖范围大、具有越过障碍物非视距传输的能力且定位精度稳定、不易受外界环境影响，便于扩展。目前关于人员定位技术主要有蓝牙定位、射频识别定位、超宽带定位、ZigBee 室内定位技术、WiFi 定位技术。定位模式分为零维定位、一维定位、二维定位和三维定位，根据不同的需求确定所需定位模式。

图 11-25 所示为人员定位系统的四种模式。对于选煤厂生产车间和设备布置情况，存在立体建筑物内的人员及设备需要采用三维定位的模式。

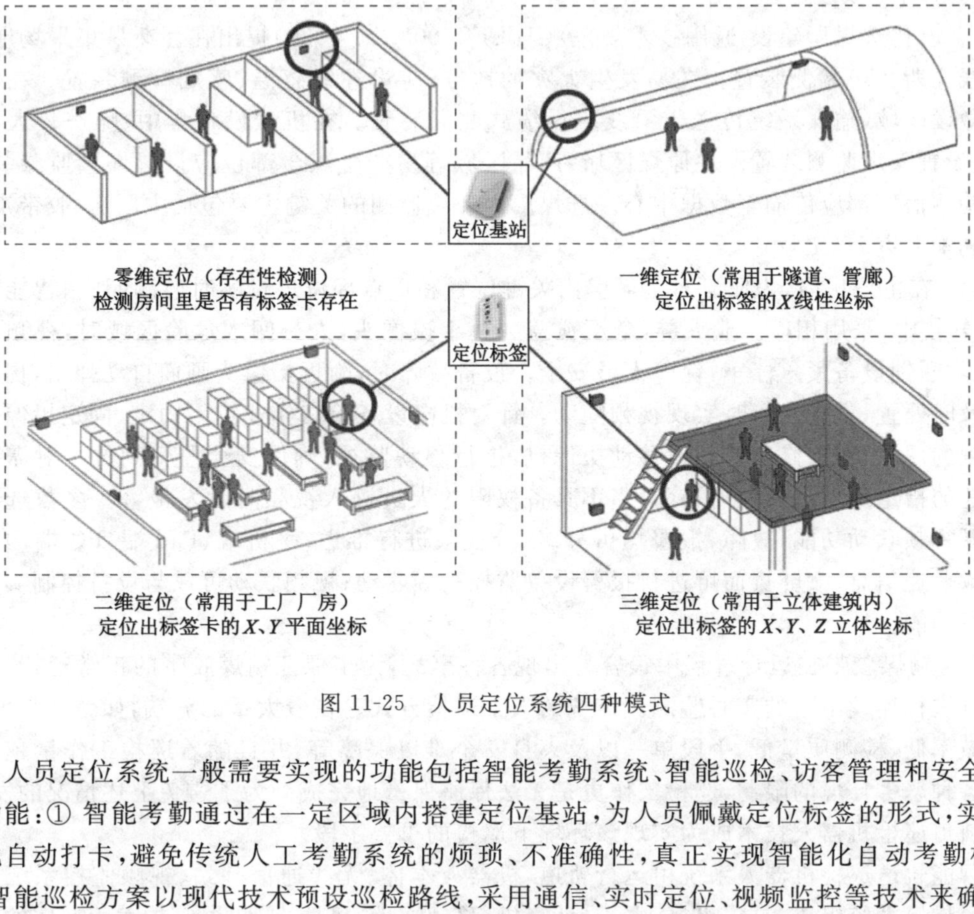

图 11-25　人员定位系统四种模式

人员定位系统一般需要实现的功能包括智能考勤系统、智能巡检、访客管理和安全监测等功能：① 智能考勤通过在一定区域内搭建定位基站，为人员佩戴定位标签的形式，实现智能化自动打卡，避免传统人工考勤系统的烦琐、不准确性，真正实现智能化自动考勤机制。② 智能巡检方案以现代技术预设巡检路线，采用通信、实时定位、视频监控等技术来确保巡检人员的真实到位。智能巡检可实现用户管理巡检路线、巡检任务、巡检人员、巡检事件，避免巡检管理工作中的各种漏洞，实现巡检工作的智能化管理。③ 实时掌握访客行踪，管理访客权限，确保访客远离危险、机密区域。实时定位监控访客位置，并设置电子围栏报警，约束访客行为，并提高突发事件处理的能力。④ 安全监测通过在厂区内部署一定数量的定位基站以及为人员、车辆、物资佩戴标签卡的形式，实时获取人员精确位置及车辆实时定位，全智能化的物资、车辆查找，提高工作效率，实现合理调度；集人脸识别系统、智能考勤、工时统计、行为检测、历史轨迹回放、人员管理、电子围栏、应急救援等功能为一体，实现在岗人员及外来人员的规范管理；联动监控系统，结合人员效率分析、物资分布统计等功能，实现智能化、可视化的定向管控。

选煤厂人员定位系统是保证安全生产的重要环节，高效、精准的人员定位系统投入使用将会给生产管理工作带来极大的便利，能够及时发现人员及所在区域的安全问题，及时妥善处置，进一步保障现场工作人员的生命安全。但由于生产厂房建（构）筑物的立体空间性与众多运行设备电磁干扰因素，使得目前选煤厂人员定位的准确度不高，环境适应性弱。未来选煤厂人员定位系统需在定位系统的精度、定位数据稳定性和定位系统的环境适应性方面进行优化升级。随着智能化技术的不断发展，人员定位系统在选煤厂应用中存在的问题会越来越少，人员定位系统将成为选煤厂管理系统中的重要环节。

（二）环境安全检测

《智能化选煤厂建设 通用技术规范》（T/CCT 005.1—2020）提出在瓦斯易集聚场所，应设在线瓦斯、CO 检测装置。在易发生火灾的地方，应设在线感温、感烟检测装置。在电缆集中敷设区域、输煤系统传送带沿线应设缆式测温装置。在机械设备集中、噪声较大的场所，应设置噪声监测装置。在原煤区域、产品区域等易产生煤尘部位应设置煤尘监测装置。所有检测信息都应传输至数据中心。选煤厂内环境监测的关键主要包括主厂房、胶带走廊、筒仓和配电室。

（1）在主厂房内，为便于对主厂房内关键位置和重点部位进行实时监测，利用智能视频 AI 感知技术，采用相应工业大屏，全厂覆盖数百个摄像头，人员闯入危险区域时，视频自动弹出，可联锁设备紧急停车，保障人员安全。设备故障时，附近摄像头画面自动弹出，提醒调度员及时处置，设备启车时实现视频随动。针对机电设备检修作业点不固定、固定摄像头很难监视的现状，在检修区域装设移动摄像机，进行移动监视，确保安全监管到位。对需要专人作业的指定地点进行定点布防，当不具备权限的人员进入视频时触发报警。多数选煤厂已实现视频联动功能，故障、报警均可分级、分权限进行推送；手机端、Pad 端、PC 端均可查看视频监控信息；大屏页面可进行报警设备监控视频联动；视频联动可以与设备控制实现报警停机功能。

（2）输煤胶带在运行过程中很容易出现各种事故，为了保证输煤胶带的正常运行，就需要对其进行连续不断的实时监测。传统的人工巡检方式存在着大量的弊端，如劳动强度大、工作效率低、检测质量低、手段单一以及人身安全难以保障等，并且随着巡检工作量越来越大和各种恶劣环境的限制，巡检工作更是无法保质保量地完成。为了避免上述情况的发生，智能轨道巡检机器人技术成为实现该环境下巡检的重要手段。

智能轨道巡检机器人系统由运行轨道、机器人本体、无线通信基站、视频监控系统以及远程操作等系统组成，是集机械、电子、计算机、移动通信、机器人、防爆等技术于一体的自动化设备，具有体积小、结构紧凑、运行平稳等特点。

智能轨道巡检机器人可实现以下功能：① 声音异常报警功能，该机器人平台能够实时地采集巡检现场的声音，并能准确、快速地区分出其中的异常声音，从而启动报警功能。② 红外热像图采集、温度报警功能，机器人平台搭载的红外热像仪可实时获取巡检路线周围物体的红外热像图，经智能算法处理后，可获得对应的温度，从而能够及时地预警胶带电机、减速机、滚筒、托辊、沿线电缆等物体的温度异常情况。③ 烟雾检测功能，该机器人平台搭载有烟雾传感器，可实现对巡检路线周围的烟雾检测。④ 环境探测功能，通过机器人平台搭载的各类环境探测器，可以实现对易燃、易爆、有毒有害等多种气体的检测分析。⑤ 图像采集功能，在低照度、高浓度的粉尘环境下，通过机器人平台搭载的多个高清摄像机，可以实现对巡检路线周围物体的图像采集。

(3) 煤炭在筒仓中长期堆压，形成冷却层、氧化层及窒息层架构，其中氧化层散热不好，温度逐渐升高，温度超过临界温度后，自燃速度会越来越快，从而引发火灾事故。煤炭在自燃氧化过程中挥发出的甲烷、一氧化碳等气体积聚于煤层到筒仓顶板之间，如遇高温或火花，则会发生爆炸或燃烧，对筒仓以及人身设备造成严重安全威胁。筒仓智能安全监测保护系统，根据筒仓恶劣应用环境，有针对性地采取保护措施，是保障筒仓安全运行的有效解决方案。

筒仓安全监控系统实现筒仓安全监控的重点在于及时发现筒仓冒仓、煤炭自燃等突发状况，并能适时采取相应措施，筒仓安全监控系统主要监控筒仓，分为料位检测和火灾检测两部分。料位检测是为了防止筒仓满仓而造成冒仓事故，火灾监测是对筒仓内温度、可燃气体浓度及烟雾进行监控，防止筒仓储存煤炭的自燃和煤炭挥发的可燃性气体引起燃烧或爆炸。目前，CO 传感器已经应用于安全监测系统，能够在煤仓有 CO 溢出时及时报警，但该方式相对滞后，大多数煤仓 CO 溢出时，已经有明火产生。建议增加煤仓"温度＋视频"联合监测系统，在煤仓顶部安装红外线温度测量仪和红外线智能视频探头，当煤炭开始氧化升温时，温度监测传感器就能及时发出预警，如果有生产火种进入，则视频监控系统能够立即捕捉火光信号，做到早发现、早干预，将危险因素控制在萌芽状态。

(4) 在生产过程中，由于配电设施损坏，未及时发现和预警处理，造成不少电气故障，甚至导致了人身伤害。因此必须要充分认识到配电设备维护工作的重要性，加强对配电设备的日常维护与管理，以提高配电运行的可靠性与安全性。传统设备巡检普遍采取人工巡视、手工纸介质记录的工作方式，该方式存在着人为因素多、管理成本高、无法准确考核巡检人员工作状态等明显缺陷。随着无人值守智能化机房的普及，改革传统落后的巡检方式势在必行。

人工巡检分全面巡视、理性巡视、特殊巡视、熄灯夜巡及风险管控巡视。机器人可代替人工进行全面巡视，智能机器人巡检系统可支持水平直线移动、垂直升降移动、水平转弯环形移动和前端伸缩移动，扩大了监视范围，增加了监视的范围和精度，实现全方位无盲角监视，表面进行局部探测分析。

为充分了解配电室的信息，在配电室安装视频轨道机器人以实现自动巡视、视频轨道机器人自动巡检和定位，根据需要或配电回路报警实现配电柜具体回路的精准定位，方便远程观察配电或故障情况。当配电室远程操作或配电系统出现故障时，巡检机器人会快速定位至事件发生地点进行视频监控抓拍并联动语音系统进行报警，真正实现配电室无人值守。

智能巡检机器人可搭载各种传感设备，预先设置多个监测点，从多个角度对机房设备进行整体性扫描式温度局放采集。系统能够对变器、互感器等设备本体以及各开关触头、母线连接头等的温度进行检测，采用系统分析、温差对比、历史趋势分析等手段，对设备各项数据进行智能分析和诊断，实现对设备热缺陷的判别和自动报警。

巡检机器人系统能代替人工进行对设备开关、设备压力、泄漏电流、油位等表计数据的自动读取。机器人通过拍照并获取表计模式识别数据后，系统会自动将每个点位的数据保存记录，运维人员可查询或导出系统生成的报表，通过对比每次巡检数据的变化，预防严重缺陷。

思 考 题

1. 简述智能化选煤厂的概念、平台架构及验收标准。
2. 分析说明智能光电分选的原理及工艺要求。
3. 简述重介分选过程智能的原理及实施方案。
4. 简述浮选过程参数的检测方案，并说明如何实现浮选过程的智能化。
5. 简述配煤及储、装、运环节的智能化现状及未来发展趋势。
6. 简述采制样环节的智能化系统。
7. 简述智能供配电能够实现的功能。

第十二章　煤矿机器人关键技术与应用

第一节　煤矿机器人定义、分类与要求

一、煤矿机器人定义

煤矿机器人是一种依靠自身动力和控制能力来完成煤矿生产运营过程中的各种作业、安控巡检以及救援任务的机器人，应用机器人技术可以将工人从繁重危险的地下采矿作业中解放出来，能够化解煤矿安全风险，是实现煤矿智能化的重要途径。

二、煤矿机器人分类

2019 年，国家煤矿安全监察局发布了《煤矿机器人重点研发目录》，重点阐述了应用于掘进、采煤、运输、安控和救援共 5 类 38 种煤矿机器人，其中掘进、采煤、运输机器人又可以统称为作业机器人，因此也可把煤矿机器人分为作业、巡检（安控）和救援三种。

目前，列入《煤矿机器人重点研发目录》中的 5 大类 38 种机器人有着不同程度的研发应用，依据实际客户需求及现场应用，可重新定义分类，如图 12-1 所示。安控类中绝大部分机器人为巡检类；采煤、掘进、运输三类中，除去重型装备，其余为作业类；救援类仍归结为救援

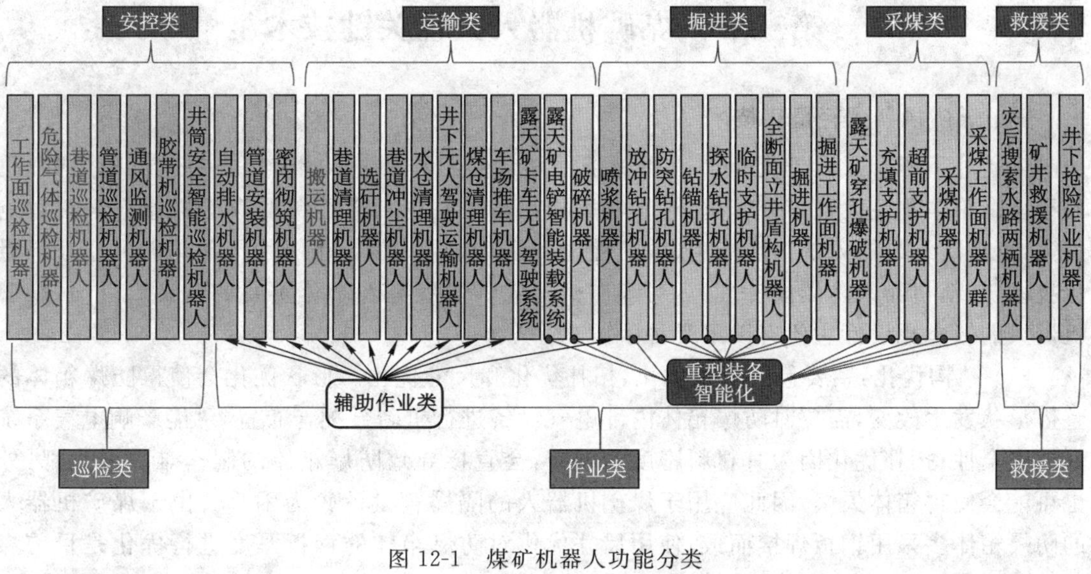

图 12-1　煤矿机器人功能分类

类。其中,掘进机器人、掘进工作面机器人、探水钻孔机器人、钻锚机器人等大型工程装备类机器人主要为智能化改造,其他按照功能可分为巡检、作业和救援三大类。其中,巡检类主要包括了工作面巡检机器人、危险气体巡检机器人、巷道巡检机器人等;作业类机器人主要包括自动排水机器人、选矸机器人、搬运机器人等;救援类机器人主要包括灾后搜救水陆两栖机器人、矿井救援机器人、井下抢险作业机器人等。

三、煤矿机器人要求

根据机器人现阶段的发展水平,可将巡检类机器人、作业类机器人、救援类机器人分别定义为初级、中级、高级。

巡检类机器人初级水平:运动机构仅适用于良好环境;具备环境感知、遥控操作;可实现短距离自主巡检。巡检类机器人中级水平:运动机构覆盖绝大部分场景;具有自主分析与人工决策功能;可靠性大幅提升;可实现人机协同下长距离、长时巡检。巡检类机器人高级水平:运动机构覆盖所有场景;具备融合分析、自决策、自诊断功能;可实现长时间、长距离全域自主协同巡检。

作业类机器人初级水平:作业单元仅适用于良好环境作业工况;具备环境感知、人工操作。作业类机器人中级水平:作业单元覆盖绝大部分场景;能够实现半自主行走;针对静态对象可实现全自主作业,动态对象可实现人机协同作业。作业类机器人高级水平:作业单元覆盖所有场景;可实现自主行走、自主作业、自主充电、自主维护、自主决策、协同作业;实现面向动态对象的感知决策作业一体化。

救援类机器人初级水平:满足防爆要求;具备环境感知、遥控操作;行走方式多为履带式。救援类机器人中级水平:可实现变结构、基于仿生技术研制机器人,满足防爆要求的同时实现轻量化;可实现自主分析与人工决策、人机协同救援。救援类机器人高级水平:具有水陆两栖功能,可实现飞行探测,机器人整机满足小型化、模块化,可实现长时、全域救援,全自主及多机器人协同救援。

第二节　煤矿机器人共性关键技术

一、煤矿机器人轻量化技术

煤矿井下机器人由于受到周围环境条件和自身工作要求的影响,需要进行防爆处理。由于防爆箱体积庞大且十分笨重,对于功率相对较小且需自带能源的煤矿机器人来说影响很大,直接制约机器人的续航能力、散热性能和运动控制精度。因此,研究煤矿机器人轻量化技术,创新机器人防爆设计理论,对煤矿机器人的发展有着十分重要的意义。目前,煤矿机器人的轻量化设计主要有以下几种手段:

(1) 结构优化:主要包括形状优化、拓扑优化和尺寸优化。形状优化会使得防爆箱体的整体形状发生改变,需要对防爆箱体内部电气设备进行重新分配与布置,可能影响电气系统整体安全性;拓扑优化因为其材料密度的删减,会直接导致防爆箱体的制作难度增大,另外也可能会使得箱体失爆,因此应用于煤矿机器人的隔爆箱设计较为困难。由于煤矿机器人的防爆箱体多采用钢板焊接而成,使用尺寸优化对防爆箱体的钢板厚度进行优化是目前煤矿机器人隔爆箱设计的首选方法。

(2) 材料优化:即使用轻量化材料,如高强度钢、铝镁合金、复合材料等。根据 GB/T 3836.1—2021 中的要求,按质量百分比,隔爆外壳中铝、镁和钛的总含量不允许大于 15%,并且钛和镁总含量不允许大于 6%,所以研制满足煤安标准的轻质金属合金材料、制备专属于煤矿井下爆炸性气体环境使用的轻金属材料,可以有效降低机器人的质量。针对非金属材料,可以通过深入研究表面喷涂技术,改善材料阻燃、抗静电等表面特性,以达到井下非金属材料使用要求,进而达到煤矿机器人轻量化设计目的。

(3) 防爆型式优化:采用最优的轻量化防爆型式。针对部分执行特殊作业的煤矿机器人,相较于常规的矿用设备功耗较小、井下工作时间相对较短,可以根据其特点研制特殊的防爆型式,实现防爆轻量化性能的提高。

随着煤矿机器人发展及市场规模的增大,防爆箱体的轻量化设计对于降低生产成本、提高产品竞争力有重大意义,进一步创新煤矿机器人的轻量化设计方法对于煤矿机器人的发展具有举足轻重的地位。当前常规矿用装备的防爆设计理论框架严重制约了煤矿机器人的发展,亟待提出满足低功耗、高可靠性需求的新型防爆电气设计理论,研发适用于煤矿机器人的新型轻质防爆材料,创新煤矿机器人防爆设计方法,探索满足不同功能与作业环境煤矿机器人的轻量化设计方案。

二、煤矿机器人井下安全供能技术

相对于工作在地面的机器人,煤矿井下机器人的供能更加复杂、困难。煤矿机器人安全供能需要根据不同的井下工况环境选择不同的供能方式,使得供能过程更加安全可靠。目前井下装备供能手段可分为三大类:燃油供能、气动供能、电力供能。不论是设计还是实际运用,燃油供能提供动力较为简单,但属于易燃物品,会产生较多的噪声污染与有害气体污染,导致煤矿环境更加恶劣,并且在井下作业时加注燃油的条件受到诸多制约;高压气动供能使用相对简单,但是高压气瓶整体结构组自重比较大且续航的时间比较短,修复补气加压相对比较困难,在复杂的井下环境中有可能发生意外情况造成伤害。电动机器人具有自重小、续航时间长、使用维护方便等优点,所以电力供能是煤矿机器人的理想动力源。根据煤矿机器人的工况特点,可以选择适合特定机器人的电力供能方式。

(1) 矿用电缆:电缆供电具有简单、可靠等优点,但远距离拖拽电缆会造成体积大、质量大、不便于使用等问题,作业区域受限。机器人电缆需要具有较好的绝缘性,且需要有较好的抗恶劣环境的能力。优质的机器人电缆一般是由两股以上的细绞成束铜丝组成的,并且有较小的成缆节距。另外,在缆芯内有充足的抗拉纤维,以便做自由、连续往复运动,配合使用电缆回收与释放装置可以实现较长距离的可靠供电。

(2) 电池供电:目前在井下应用的电池主要可以分为铅酸蓄电池、镍氢电池、锂电池。镍氢电池可充电次数可达到 400 多次,常用于大电流环境。铅酸蓄电池的重量能量密度为 0.18～0.27 MJ/kg,体积能量密度为 0.54～0.82 MJ/L,使用寿命约为 300～350 次。锂电池的重量能量密度为 0.72～1.00 MJ/kg,体积能量密度为 0.83～0.90 MJ/L,使用寿命约为 1 000 次。对比而言,镍氢电池耐过度充放、高速放电的能力较强,常应用于大电流环境,安全性较高,缺点在于能量密度低、电压较低,同时放电时产生的热量较高,保持电能的能力较差,即使不用一段时间后电能也会流失。铅酸蓄电池的优点在于制造成本较低,且制作的尺寸与结构非常灵活,在实际运用的过程中使用更加方便,高、低温性能较好,可以在 −40～+60 ℃都可以正常工作;缺点是使用寿命短、维护量大、充电时间长以及安全性能较低。锂电池的重量能量密度和体积能量密度较大，所以其重量较轻、体积较小、使用寿命长。但是锂电池同样也存在着安全性差，有发生爆炸的危险，应设计保护线路从而防止电池被过度充放电，充电必须在专用充电硐室进行。

(3) 充电硐室：《煤矿安全规程》关于煤矿井下充电有相关规定，机车等移动设备需要在专用充电硐室或地面充电，对于煤矿井下机器人充电目前也必须要去充电硐室。煤矿机器人的充电硐室必须形成独立的通风系统，回流气流必须引入回风通道，充电硐室中积聚的氢气浓度不能超过 0.5%，充电硐室装有朝外开的防火门，防火门在完全打开时不得阻碍煤矿机器人的正常通行，防火门必须配备易于关闭的通风孔，保护各种设备和装置。

目前，大部分小型煤矿移动机器人宜优选蓄电池供电，大多数矿用装备使用的电池主要为铅酸电池。锂电池的性能更加优秀，未来会更大规模在煤矿机器人中使用锂电池。煤矿机器人蓄电池充电可采用有线充电和无线充电，煤矿井下有线充电具有可大电流快速充电、安全等优点，但需专用充电硐室或机器人充电舱。无线充电速度慢且安全性能差是亟待解决的问题，单点小功率、多点分散无线充电，不但要考核单一充电点的本质安全防爆性能，还要考核邻近多点的功率和能量叠加。因此，亟待开发适用于煤矿机器人的新型高能量密度蓄电池，完善煤矿机器人井下专用充电硐室及智能充电系统设计方法、快速无线充电方案，开展混合动力驱动等技术研究，实现煤矿机器人的安全高效供能。

三、煤矿机器人定位导航技术

煤矿井下巷道、采掘工作面等作业区域环境恶劣，具有典型的半结构化或非结构化环境特征，且井下环境封闭，无法直接使用全球定位系统(GPS)和北斗导航系统，因此亟需构建适用于煤矿机器人的定位系统与自主导航方案，解决井下机器人精准定位、路径规划与避障等问题。

(一) 煤矿机器人的定位方法

煤矿机器人的定位是指机器人在当前的环境中获得自身位姿信息的能力，是实现机器人自主导航的前提，精确的定位信息对于导航效果具有至关重要的作用。煤矿机器人常见的定位技术有基于航位推算的定位技术、基于 SLAM 的定位技术、无线传感网络定位技术等。

(1) 基于航位推算的定位技术。航位推算是指机器人依靠自身携带的里程计、陀螺仪等设备，根据机器人的运动学模型，在已知初始位置的前提下，通过积分获得当前移动机器人的位姿信息，其定位方式不需要在环境中部署传感器，仅依赖机器人自身携带的传感器即可实现定位，但长时间运行会产生较大的累积误差。

(2) 基于 SLAM 的定位技术。SLAM 可以描述为搭载特定传感器的机器人载体，在没有先验知识的情况下，利用传感器的观测信息进行特征提取和数据关联，从而估计自身的位姿，其定位方式不依赖机器人的运动学模型，且在定位的同时可以感知环境。利用视觉相机、激光雷达、毫米波雷达等进行 SLAM 的方案已经在掘进、巡检、救援等煤矿机器人上得到初步研究和应用。

(3) 无线传感网络定位。无线传感网络定位是通过获得与待定位节点相关的测量数据来计算待定位节点与空间坐标系之间的位置关系，其定位方式不存在累积误差，但井下条件极易造成多径效应，影响其定位的精确性和鲁棒性。

(4) 定制化组合定位方案。井下环境复杂，依赖单一类型传感器、单一方案无法满足各类机器人的实际应用需求。目前基于多激光束标靶、LED 灯标靶的视觉定位方法进行掘进机定位，基于 SINS、WSN 融合的定位实现采煤机的动态定位，基于激光雷达、IMU、UWB 融合 SLAM 进行井下钻孔机器人的定位，利用 INS、GPS、Odom、LiDAR、UWB、磁导航组合的井下辅助运输自动驾驶等方案已经得到初步研究和应用。

（二）煤矿机器人路径规划技术

路径规划是煤矿机器人实现自主运动的关键，是指在满足自身运动学模型的情况下，在地图上搜索到一条从起点到终点的无碰路径。常见的路径规划技术有基于采样、图搜索及智能路径规划方法等。

(1) 基于采样的路径规划方法。基于采样的方法的基本原理是通过在工作区域随机散布采样点，对空间中的采样点进行碰撞检测，将无效采样点剔除，直到搜索到目标点为止，最后规划出一条有效路径。此方法简化了对空间的建模，可以有效地解决高维空间和复杂约束问题，但当遇到大量障碍物和狭窄通道时，算法的收敛速度会大大下降。典型的方法有快速扩展随机树法(RRT)及其改进算法，被用于煤矿救援机器人的路径规划。

(2) 基于图搜索的路径规划方法。基于图搜索算法的路径规划方法是目前使用最广泛的路径搜索方法。这种类型的算法适用于将拓扑图或栅格图用于环境建模的情况。常见的基于图搜索的算法有 Dijkstra 算法及相关改进算法等，被用于煤矿搜救机器人、无轨胶轮车等装备的规划问题，对复杂场景具有较强适应性。

(3) 智能路径规划算法。智能仿生算法源自生物行为，在可行性、鲁棒性、自适应性等方面有良好的表现，因此在路径规划上也有广泛的应用。常用的智能算法有神经网络、遗传算法、蚁群算法等。目前面向井下掘进、采煤、运输、巡检和探索的大量方法已经被提出，用于适应煤矿井下各类复杂空间的路径规划需求。

四、煤矿机器人可靠性技术

煤矿井下作业具有复杂性和不可预测性，煤矿机器人容易遇到各种故障，一旦机器人出现故障，不仅会造成巨大损失，还可能引发事故。煤矿井下为封闭空间和复杂电磁环境，长期无人作业难度很大。为确保煤矿机器人使用的连续性以及稳定性，在研发环节需要着重解决可靠性问题。为此对煤矿机器人必须严格按照可靠性测试标准进行测试，在煤矿机器人的设计和整个寿命周期中进行有效的可靠性运行，特别在样机测试阶段，必须将潜在的风险暴露出来加以改进。出现故障后及时修复，减少停机损失。保证煤矿机器人的安全性，避免出现人机事故，确保人员安装调试、编程示教、操作、维护过程的安全。煤矿机器人可靠性技术主要包括以下几个方面：

(1) 机器人可靠性指标。完整的煤矿机器人评估平台一般包括以下四个部分：① 机器人本体测试平台，测试机器人运动速度、转向半径、越障能力以及抗倾翻等；② 机器人防爆能力，主要用于测试机器人在不同场景下的防爆安全性；③ 机器人复杂地形通过能力，包括泥浆池、沙池、泥浆泵房等；④ 机器人自主作业能力，针对机器人的实际用途和智能化程度，进行能力评估等。主要有可靠度、失效率、平均故障间隔时间(MTBF)、平均修复时间(MTTR)、平均故障前时间(MTTF)、平均严重故障间隔时间(MTBCF)、可用度、使用寿命、可靠寿命、任务可靠度等。可靠性设计准则通常包含简化设计、降额设计、冗余设计、热设计、环境防护设计、电磁兼容设计、储存和运输设计等。

(2) 机器人可靠性标准。随着煤矿机器人的普遍使用，其可靠性越来越引起重视，原参考国家、军用标准或机床标准开展可靠性活动，产品的针对性较差，无法保证测试的一致性。为促进煤矿机器人的安全发展，目前国家机器人标准化总体组正在起草针对机器人可靠性的标准，其中包括通用导则、可靠性指标体系、软件测试方法、可靠性评估方法、控制部件可靠性强化试验方法、电子零部件生产商质量能力要求、电子零部件物料选型评价规范、控制器生产可靠性评估方法等系列标准。该系列标准将填补国内机器人可靠性标准体系的空白，并在为机器人企业提供相关准则的同时提升产品的可靠性水平。

(3) 机器人可靠性测试试验。为确保煤矿机器人在不同应力环境下的可靠性，可靠性测试试验必不可少。这些测试项目包括机械振动测试(随机振动测试、扫频振动测试)、高低温交变测试(温度循环测试、热冲击测试)、盐雾测试。根据工业潜在故障原因分析，如果煤矿机器人采用了低功耗、高速度、高集成度的电路，电路板等各种电子元器件会受到电磁干扰的威胁。同时，井下大功率设备及移动通信和无线寻呼的广泛应用等，又大大增加了电磁干扰的发生源，因此应提高产品本身抗干扰能力，即要求煤矿机器人必须具备在一定电磁环境下能正常工作的能力。电磁干扰测试项目包括辐射发射、电快速脉冲串抗扰性测试、浪涌抗扰性测试等。

五、煤矿机器人井下通信技术

目前，煤矿机器人常用的通信方式包含多种有线通信方式以及多种无线通信方式。与无线通信方式相比，有线通信布线复杂，成本较高，但是具有极高的稳定性，因此，现有的矿井整体通信网络系统主体依然是以有线通信为主的工业以太环网。在此基础上，许多位置固定或低移速的机器人可以使用电缆或光纤接入井下通信基站，与原有网络结合，从而实现与控制终端或其他机器人之间的通信，如部分掘进类、采煤类和运输类机器人。此外，由于某些救援类机器人往往工作于极端复杂的灾后矿井环境中，为保证机器人与控制终端的稳定连接，使用电缆对救援类机器人进行供电和通信仍是一种有效的方式。

相比有线通信，无线通信具有灵活性、便捷性以及低成本等优势，大部分的煤矿机器人仍然是以无线通信为主。目前，常用于煤矿机器人的无线通信技术主要有 WiFi、ZigBee 以及 5G 三种。

(1) WiFi 通信。WiFi 是一个创建于 IEEE 802.11 标准的无线局域网技术，最初由 IEEE 于 1997 年提出。此后，伴随着通信技术的发展，WiFi 技术经过多个版本的迭代，逐渐升级为了采用 IEEE 802.11be 标准的 WiFi 7。然而由于新技术的应用需要研发与改造时间，因此在煤矿机器人的实际应用中使用最广泛的仍是 WiFi 4。WiFi 4 可以工作在 2.4 GHz 和 5 GHz 双频段，支持较大规模的 Mesh 组网，最高速率为 600 Mbps，已经可以满足煤矿机器人的通信性能需求。

(2) ZigBee 通信。ZigBee 是一种成熟的低功耗无线通信技术，其底层技术协议为 IEEE 802.15.4，顶层技术协议来源于 ZigBee 联盟，可用于煤矿井下人员、车或机器人等移动目标精确定位和无线通信。ZigBee 组网的可容纳设备量高达 65 535，并且支持具有自修复、自组织功能的多跳网络。但由于 ZigBee 使用半双工通信，并且其硬件与软件都是基于低功耗标准进行设计的，因此传输速率不高，通信距离较短。

(3) 5G 通信。5G 是第五代移动通信技术的简称，高可靠、低时延连接是 5G 的三大应用场景之一，主要面向工业控制、无人驾驶等领域。该场景下的 5G 具有高速率、低延时、高稳定性等优点，克服了现有无线通信技术的短板，是一种较为完美的机器人群组网解决方案。

第三节　煤矿巡检机器人

巡检类机器人指面向煤矿特殊任务及环境，具备安全监控能力，可对潜在风险进行预测及评估的机器人，包括应用在带式输送机、变电所、水泵房、回风巷道、煤仓、洗煤厂等各场景的巡检机器人和监测机器人，具体机器人种类见表12-1，可以最大限度地避免相关设备的不安全状态，防止恶性事故的发生或在事故发生后尽可能减少损失，保护生产装置稳定运行及人身安全。

表12-1　巡检类机器人种类及应用场景

序号	应用场景	机器人名称	实现方式
1	带式输送机	胶带巡检机器人	挂轨式（工字钢、圆钢、角钢）
			牵引式（钢丝绳）
2	变电所、压风机房	变电所巡检机器人	挂轨式
			轮式
3	水泵房	水泵房巡检机器人	挂轨式
			轮式
4	煤仓	煤仓巡检机器人	挂轨式
5	洗煤厂	洗煤厂巡检机器人	四足式
			轮腿式
6	电缆沟	电缆沟巡检机器人	仿生蛇形
			履带式
7	巷道	长距离巷道巡检机器人	轮式
8	回风巷	回风巷巡检机器人	钢丝绳牵引式
9	立井井筒	井筒安全智能巡检机器人	挂轨式
10	露天矿、井下	飞行机器人	旋翼、飞艇

如图12-2所示，巡检类机器人可覆盖煤矿中井上和井下多种应用场景。基本涵盖煤矿系统中绝大部分固定场所，代替人工进行巡检、监测等作业，满足安全生产实际需求。

一、带式输送机巡检机器人

由于矿井地区运输环境恶劣、线路长、运输量不均匀、设备负荷变化大等原因，带式输送机易发生跑偏、撒料、打滑、磨损、噪声以及存在异物等各类故障。这些故障在煤炭开采故障中占据了较大比例，并对矿井人员和开采生产造成了极大的安全隐患。

现有带式输送机巡检机器人一般为悬挂轨道式。悬挂轨道式巡检机器人由轨道模块、机械本体、行走机构、供电模块、智能感知模块、控制模块和通信模块组成，可在轨道上往复行进，具备自动行走、自主定位、胶带运行参数检测、温度与烟雾感知、煤流监测、环境参数监测及预警等功能，替代人工实现带式输送机应用场景的智能化监测。其中，轨道模块可按照轨道种类不同，分为工字钢轨道式、圆钢轨道式和钢丝绳轨道式三种。当前轨道式巡检机器

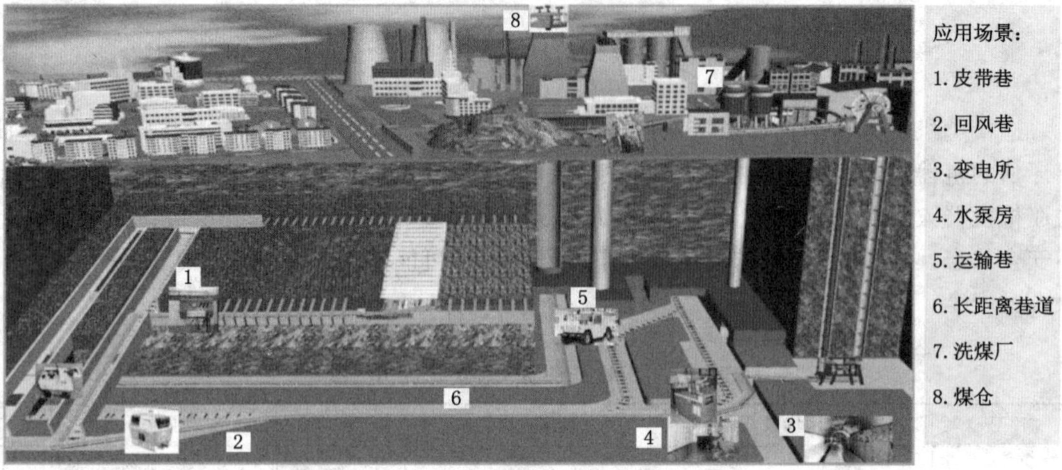

图 12-2　巡检类机器人应用场景标记

人大多应用工字钢进行轨道铺设，适用于中、短距离路径，轨道稳定性高，负载能力强，如图 12-3 所示；圆钢轨道成本相对较低，适用于较长距离巡检场景，其中攀爬式机器人可实现连续越障，如图 12-4 所示；钢丝绳适用于中、长距离巡检场合，能够抵抗矿压导致的巷道变形，通过充电机构和相关技术应用，可实现牵引或自发电，如图 12-5 所示。

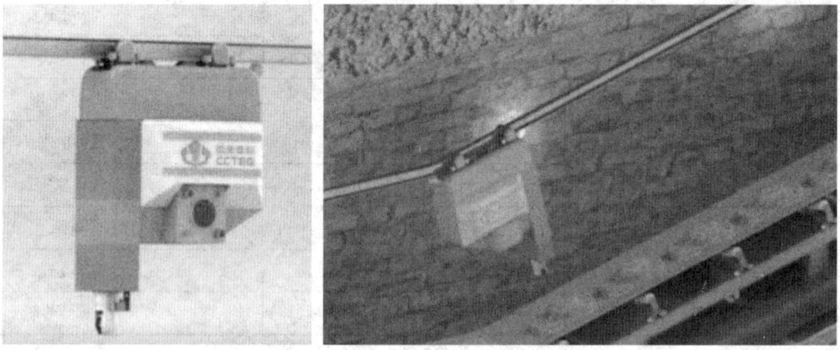

图 12-3　工字钢轨道巡检机器人

图 12-4　攀爬行走及连续行走圆钢挂轨巡检机器人

图 12-5　钢丝绳自发电巡检机器人

二、变电所、压风机房、水泵房巡检机器人

变电所是煤矿运行的“能量站”，为煤矿所有用电设备设施提供电能。井下水泵房安装有排水设备，以排除井下涌水。两者都是井下硐室，以往值班人员大多依赖工作经验巡检设备，以保障矿井内电器设备和排水设备的安全可靠运行。现已应用智能化巡检机器人代替人工对变电所和水泵房进行实时监测和巡检，减轻了人工劳动强度，提高了巡检效率。

变电所、压风机房以及水泵房场景下多应用轮式机器人进行巡检。轮式巡检机器人由行走机构、机械本体、供电模块、智能感知模块、通信模块和控制模块组成。可沿设定路线行进自主行走，具备精确定位和智能避障功能，实现对场景下设备状态及待检参数的实时监测和巡检。其应用多传感器融合技术，在机器人本体上搭载多种传感器实现多参数监测，通过通信系统可向远程控制端传输监测数据，并具备语音对讲和智能报警功能。图 12-6 所示的复合式四轮巡检机器人上搭载了协作机械臂，可在机器人巡检的同时执行开关按动、旋转等动作，初步实现了巡检作业相结合的功能融合。

另外，具有扫拖一体化功能的轮式巡检机器人也逐渐发展成熟，如图 12-7 所示。该机器人可实现巡检的同时保证井下硐室内环境自主清洁。其搭载多种传感器，实时采集巡检

图 12-6　复合式四轮巡检机器人

图 12-7　面向煤矿井下硐室巡检的全时扫拖一体防爆机器人

现场的图像、声音、红外热像及温度数据、烟雾、多种气体浓度参数等信息。机器人还装有扫拖一体结构，巡检的同时能够进行地面的清洁作业，增加功能整合，实现一机多用。

煤矿空压机房智能巡检防爆机器人通过采集、存储、传输现场的图像、声音、振动、温度等关键传感数据，实现了现场运行状况的实时监测与故障预测，增加对现场的管控力度，降低产生火灾等重度危险情况的概率，维护财产和生命安全，如图 12-8 所示。

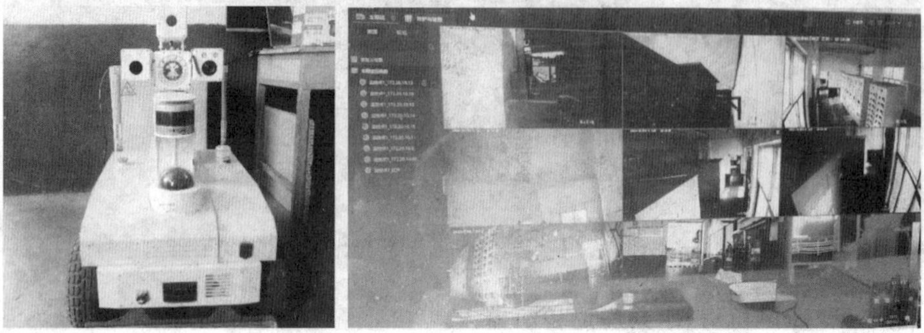

(a) 巡检机器人　　　　(b) 远程监控界面

图 12-8　煤矿空压机房智能巡检防爆机器人

三、煤仓巡检机器人

针对煤仓储卸煤时仓内粉尘浓度过高问题，为避免煤尘过密条件下引起瓦斯灾害，研发应用了煤仓巡检机器人，实现对煤仓多种类信息实时监测，对其状态连续采集，保障生产安全，如图 12-9 所示。

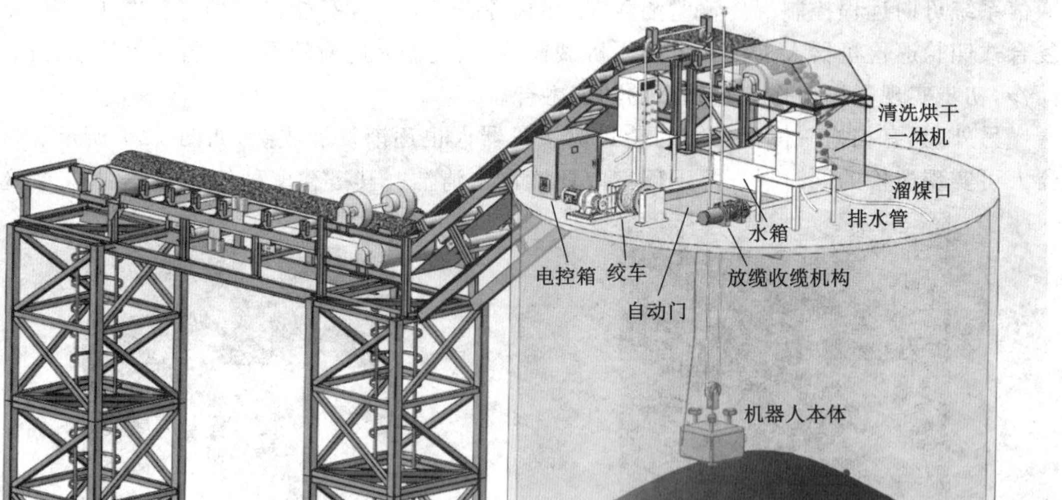

图 12-9　煤仓顶部机器人系统布局图

煤仓巡检机器人由轨道模块、行走机构、机械本体、供电模块、智能感知模块、通信模块和控制模块组成，机器人本体示意图如图 12-10 所示。煤仓巡检机器人可实现不间断地对煤仓进行反复巡检，并实现对煤仓状态的连续、动态采集，补充了固定式、离散式在线监测系统存在的不足，能实现对煤仓情况的完全覆盖，当发生紧急情况时将现场情况第一时间内传输到监控中心。

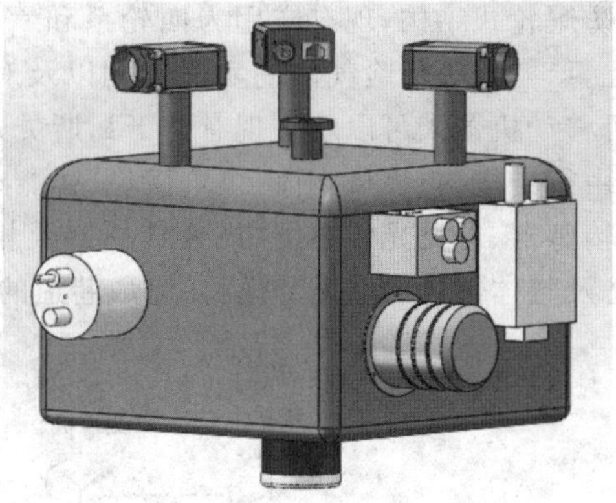

图 12-10　煤仓巡检机器人本体示意图

四、洗煤厂巡检机器人

煤炭洗选是提升煤品质量、提高能源利用率的有效途径。基于洗煤厂含有楼梯、起伏路等复杂场景特征，目前对洗煤厂机电设备运行状态巡检方法主要包括人工巡检和在线监控。传统的人工巡检方式劳动强度大、巡检效率低，巡检人员占用了煤矿的人力、物力，极大地影响了煤矿的经济效益，与智慧矿山的“减人、增效”的发展宗旨不相符；在线监控方式存在投入成本高、维护效率低、覆盖面积小等问题。

洗煤厂巡检机器人采用仿生结构，如图 12-11 所示。基于生物形态学运动机理的模块一体化技术、斜坡及楼梯爬行步态稳定性控制技术以及多层次空间巡检轨迹规划技术实现各种步态以及步态转换，具有瓦斯巡检、避障越障、音频识别、视觉识别等功能，解决现有洗煤厂巡检多层次空间巡检劳动强度大、漏检漏查等问题，实现复杂应用场景的有效巡检。主要包括巡检机器人本体、无线通信设备、自主充电设备、轨道设备、远程控制站等。

图 12-11　洗煤厂仿生四足巡检机器人

五、长距离巷道巡检机器人

长距离巷道应用场景下机器人应用具有以下难点：巷道内限制充电，对机器人续航压力极大；巷道内复杂的路面环境对机器人底盘通过性要求高；瓦斯检测机构需要具有 4 m 以上的举升高度；巷道内部结构重复度高，机器人定位导航难度高。

巷道巡检机器人采用防爆轮式结构，现有应用为四轮系和六轮系，实现对甲烷、一氧化碳、硫化氢、二氧化硫、氧化氮、氨气等危险气体的实时监测以及对火情的监测和预警，具有数据传输、自行走功能的可移动机器人可以解决现有井下瓦斯员人身安全易受威胁、故障预警率低下等问题。机器人由行走机构、机械本体、供电模块、智能感知模块、通信模块和控制模块组成。通过搭载气体传感器、可见光传感器、风速传感器及相关其他传感器，能够实现对巷道变形状态、积水状态及气体信息的监测和巡检，完成巷道的高效巡检。具体巡检作业流程如图 12-12 所示。

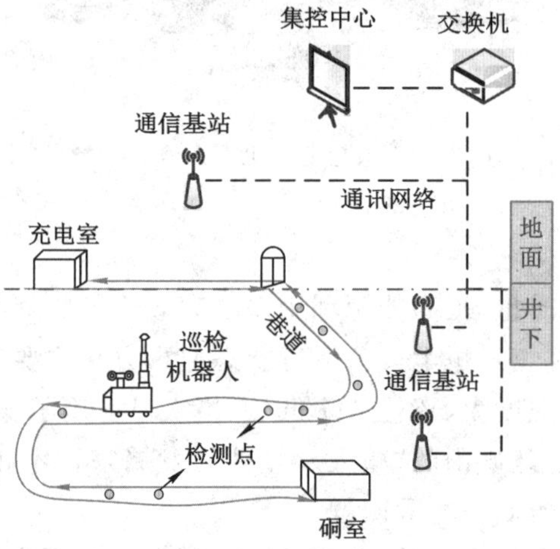

图 12-12　长距离巷道巡检作业流程示意图

巡检机器人由防爆底盘、导航设备、举升设备、倒伏设备、检测设备、对讲、甲烷遥测、超声避障等组成，六轮多功能巷道巡检机器人整机模型如图 12-13 所示。机器人具有自主导航、安全避障、规划路径、设备举升平移、危险气体检测以及可见光热成像检测等功能。

图 12-13　六轮多功能巷道巡检机器人

六、井筒安全智能巡检机器人

井筒安全智能巡检机器人采用机电一体化中的模块化设计，按功能可分为机械本体、控制箱、无线通信系统以及软件四大部分。其中，机械本体安装在提升罐笼上，软件在地面集控中心的上位机上设计完成。模块化技术提高了各部分之间的通用化程度，提高了产品的可装配性、可维修性和可扩展性。该机器人可以将传感器和摄像机采集的信息及时快速地传至地面集控中心，供工作人员对数据进行分析，并对井筒环境及设备状态做出判断。机器人巡检作业三维原理图如图 12-14 所示。

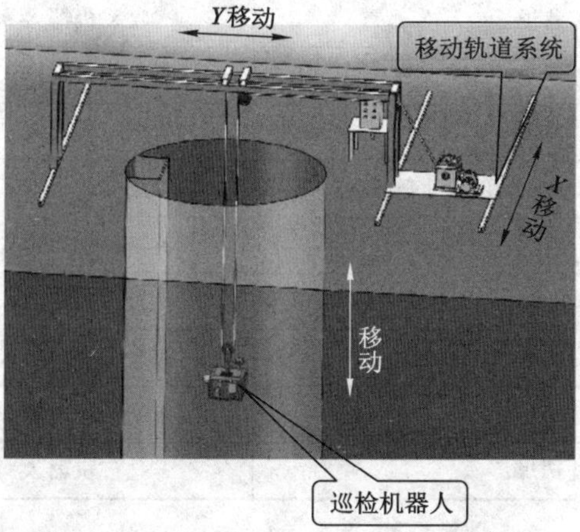

图 12-14 井筒安全智能巡检机器人作业三维原理图

图 12-15 所示为井筒安全智能巡检机器人的现场运行情况，机器人将温湿度采集术、图像采集技术、O_2 含量采集技术以及烟雾采集技术集成到一起，通过 WiFi 通信将数据传输到地面集控中心上位机。此外 WiFi 模块还担负着定位井筒中机器人的功能。

图 12-15 井筒安全智能巡检机器人

第四节 煤矿特殊作业类机器人

煤矿特殊作业类机器人主要包括应用在井下巷道、煤仓、水仓等各场景的搬运机器人、巷道清理机器人、煤仓清理机器人、水仓清淤机器人、巷道冲尘机器人等，可以完成各类危重场合的辅助作业，减轻工人劳动强度，提升工作效率。具体机器人种类见表 12-2。

表 12-2　特殊作业类机器人种类及应用场景

序号	应用场景	机器人名称	实现方式
1	巷道	喷浆机器人	履带＋机械臂
2	水仓	水仓清淤机器人	履带＋循环铲斗
3	巷道	搬运机器人	履带＋机械臂
4	井下压风管、排水管、吸水管、给水管及瓦斯管	管路安装机器人	履带＋机械臂
5	巷道	巷道冲尘机器人	轮式、履带式
6	巷道	巷道清理机器人	履带＋机械臂
7	煤仓	煤仓清理机器人	挂轨式
8	回风巷	管道清理机器人	爬壁式
9	洗选煤厂	选矸机器人	识别＋分选

一、喷浆机器人

巷道喷浆是煤矿掘进后必不可少的工作之一，喷浆质量的好坏与否，是决定整个巷道安全与寿命的关键所在，随着煤矿井下巷道使用年限增多，其支护工作量也越来越大。因此，研发应用喷浆机器人，能够成功地解决传统人工喷浆或半机械化喷浆方式带来的强度大、效率低、危险性高、可靠性差等难题，真正实现减人增效。

图 12-16　喷浆机器人

喷浆机器人由底盘系统、液压系统、电气系统以及工作系统组成，如图 12-16 所示。采用湿式喷浆工艺，集自行走、混凝土泵送、机械臂喷射、远程遥控等技术于一体，利用自身液压传动系统，通过履带式底盘能够实现自动行走。该类机器人采用可自动上料、物料自动配比和喷射的湿式喷射系统，可自动调节混合物料水灰比，降低喷浆回弹率；还具备巷道断面扫描点云生成系统，能够实时检测巷道变形情况，同时分析结果能够指导机械臂自主规划喷浆路线并自动调节喷头与受喷面喷射角度，保证喷浆厚度一致性。

二、水仓清淤机器人

煤矿井下水仓是煤矿保证安全生产、防止矿井水害的重要部位。随着矿井开采的延伸，矿井用水量逐渐增大，井下水仓需要及时将污水排放到地面污水处理厂。由于大量污水携带固体颗粒物进入水仓，在水仓内发生沉淀，使得井下水仓有效蓄水容积减小，同时经常堵塞排污泵，因此必须定期对水仓内淤积的固体物进行清理。

煤矿井下水仓智能清淤机器人采用“履带行走＋循环铲斗＋柱塞泵”结构，如图 12-17 所示。通过水仓清淤机器人精确定位技术，实现机器人在水仓内的自主导航；构建了煤矿水仓清淤机器人水仓避碰安全保障机制，保证在非结构环境下自主化清淤机器人可实现自主环境构建、高效可靠清淤作业、自主返航等作业流程中自主避碰和路径规划，实现高精度局

图 12-17　水仓清淤机器人

部环境探测和在线全局地图构建相结合的路径规划；机器人清淤装置中配有淤泥量自动识别系统，可实时掌握清淤进度。该套机器人直接面向清淤需求进行设备的针对性设计，提升清淤效果，实现了矿井水仓清淤的在线化、遥控＋自主化，提高了机器人智能化程度，减少了作业人员人数，降低劳动强度，提高工作效率。

三、管路安装机器人

管道安装常规方法是人力和辅助设备相结合，现场施工环境恶劣，顶板及巷帮情况不明确，管路卸车时人员易配合不当导致安全隐患，易造成水管断裂或裂口，碰伤射伤人员。管路安装机器人可以实现携带管路装载机构自行走、管路安装路径自规划、管路自主识别、位姿自主测量、机械臂自主抓取、自主对孔、自主行走至下一工位等智能化全自主管路安装作业。机器人结构图及作业流程图如图 12-18 和图 12-19 所示。

图 12-18　管路安装机器人

图 12-19　管路安装机器人作业流程图

四、选矸机器人

煤矸石是采煤过程和洗煤过程中排放的固体废物，是一种在成煤过程中与煤层伴生的含碳量较低、比煤坚硬的黑灰色岩石。煤矸石易自燃，且燃烧后释放大量的 SO_2、H_2S 等有害气体，因此需要将运输胶带上的煤矸石剔除，这一过程被称为选矸。

选矸机器人由煤矸石识别系统、上位机、机器人控制器、视觉液压系统等组成，如图 12-20 所示，具有较高准确度的煤矸图像识别定位方法和矸石分拣抓取技术，解决传统选矸不准、抓矸不准、效率低等问题，实现最优、最大化、最有效矸石分选。

图 12-20　选矸机器人

第五节　煤矿救援类机器人

我国煤矿机器人的研发始于煤矿救援机器人，最早提出煤矿机器人的概念是通过机器人下井替代救护队员开展危险区域探测、救援作业。然而，由于煤矿灾后环境具有极大的不可预知危险性，煤矿电气设备灾后环境下的防爆要求比常规工况要求更高，因此给各类煤矿救援机器人的研发带来了巨大挑战。

一、井下抢险作业机器人

针对巷道塌方、堵塞等狭小空间快速抢险救援作业要求，提出了具备自主行走、精确定位、井下环境识别、挖掘、钻扩、运送、远程遥控等功能的井下抢险作业机器人，实现抢险作业无人化，如图 12-21 所示，具备智能化控制和信息传输功能，集成推土、夯实、吊装、剪切、挖掘破拆功能，可快速更换工作装置，在道路被灾害损毁或非道路行进时，快速开辟通路，第一时间到达灾害现场，进行救援作业。

图 12-21　井下抢险作业机器人

二、矿井救援机器人

适用于煤矿井下水、火及瓦斯灾后救援机器人，具备自主行走、导航定位、被困人员生命探测、音视频交互、紧急救护物资输送等功能，实现灾害发生后的恶劣环境被困人员自主搜寻。

2010 年 10 月，国内首台 KRZⅠ型矿井灾害空间环境探测机器人研制成功，如图12-22 所示。该机器人具有环境信息监测、红外测温、故障诊断、生命探测、数据上传、语音交互、远程遥控、预警报警等功能。但机器人为遥控操作，不具备自主行走和决策功能。中国科学院沈阳自动化研究所针对环境下复杂作业环境的需求，设计了一种基于轮腿履带复合机构的机器人，如图 12-23 所示，能够实现机器人的上下楼梯、越障碍物等功能，可快速调整机器人在狭小空间内的姿态。

图 12-22　中信重工开诚智能装备有限公司研制的救援机器人

图 12-23　中科院沈阳自动化研究所研制的救援机器人

中国矿业大学经过多年探索，成功研制了CUMT-Ⅰ型矿井搜救机器人，如图 12-24 所示。该机器人使用了双电机驱动履带单元，动态性能较高。在控制算法方面，其可在“速度驱动模式”和“扭矩驱动模式”之间自由切换，具有良好的爬坡性能和较高的移动效率。

图 12-24　CUMT-Ⅰ矿井搜救机器人

三、灾后搜救水陆两栖机器人

煤矿透水事故发生时，大量水涌入巷道。水流冲乱矸石和木料，冲坏照明设备和路标，巨大的水流冲击力量还可能冲垮巷道，引起顶板的垮塌。巷道被水淹没后，煤矿工作人员被困在很小的空间内，顶板的不稳定和水下情况的复杂性对逃生和救援造成更大的威胁。因此，煤矿事故后的救援工作具有很大的危险性。

灾后搜救水陆两栖机器人用于水下、地面的两栖移动，能够应用于煤矿水灾、灾区等人员无法进入的区域，完成灾情的精准探测。针对两栖环境的工作特点，将陆地推进机构与水下推进机构进行有效的集成与复合，如图 12-25 所示。水陆两栖环境的水环境较为复杂，对在该环境下执行任务的机器人的机动性能提出较高的要求。根据灾后环境分析发现，仿鱼的推进方式在水中具有较高的机动性能。因此，结合新型链式结构多关节的特点，利用机器人多个关节水环境中的功能复用原则，实现机器人的水环境下的仿生推进方式。

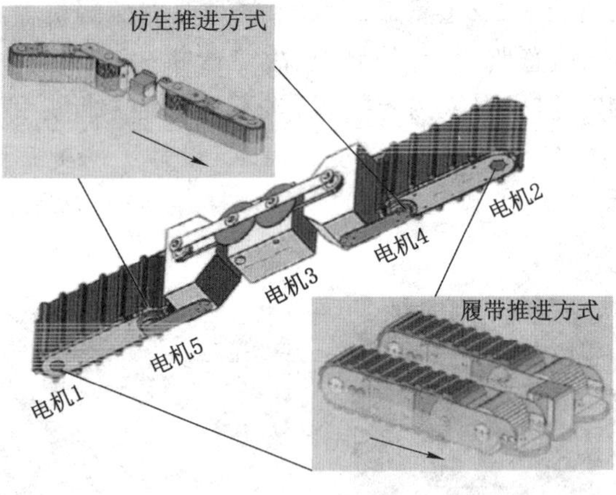

图 12-25　两种推进方式示意图

第六节　煤矿机器人集群应用

当前各类煤矿作业类机器人的研发十分迅速，巡检类机器人、钻孔作业类机器人、特殊作业类机器人和救援类机器人等煤矿机器人系统的日渐成熟，为建成无人（少人）矿井提供了重要装备保障。据不完全统计，未来应用到煤矿的机器人种类不少于 70 种，煤矿多场景机器人化已经成为煤矿智能化发展的必然趋势，煤矿机器人的集群应用是煤矿机器人应用的技术核心，以此实现各类煤矿机器人的协同作业、协同感知、协同决策。

一、煤矿机器人集群应用难题

目前，在煤矿应用领域，实现机器人集群协同指挥功能还面临诸多挑战，具体包括以下几个方面：

(1) 缺少完整的基础理论研究。机器人集群与协同指挥系统结合的新机制、新理论研究还较为薄弱，缺少将煤矿机器人集群与煤矿现场指挥调度系统有机结合的理论指导，对如何提升机器人集群在任务执行过程中的监测监控和自我分析决策能力研究较少。

(2) 未充分形成信息集成优势，缺乏统一机器人集群调度平台。机器人在执行任务的过程中，场景分散且独立，每台机器人所获信息共享率低，易造成机器人任务规划模糊、突发煤矿事件应对迟缓等局面，难以发挥机器人集群效应。

(3) 机器人集群多场景、多任务的协同规划研究仍处于探索阶段。当前研究主要面向的是同一种类机器人的路径规划和任务分配，针对异构机器人及其群体的总体规划、相互协作及控制指令下达少有研究。

(4) 缺少具备自适应能力的煤矿机器人装备，机器人高适应性运动控制及导航技术仍有待突破，同时，目前仍缺乏适用于机器人集群的智能化传感系统及决策控制策略，尚无法实现井下复杂环境中的连续稳定无人化作业。

二、煤矿机器人集群应用的关键技术

1. 高保真数据采集与稳定传输技术

由于煤矿井下粉尘、淋水、潮湿等环境因素的复杂性以及大型设备产生的强磁场环境导致数据采集和传输过程中很容易导致数据缺失、数据异常、数据精度不可靠。因此，机器人集群的数据管理平台需要高保真的数据采集与稳定传输技术作为支撑。煤矿机器人集群的数据具有强非线性、数据量庞大、实时性差等特性，需要数据管理平台具有强大且稳定的数据处理能力，还需具备异常数据筛除机制，避免系统因数据采集处理过程中的错误数据和缺漏数据产生错误决策。

在面对异构机器人集群的集群控制时，各类型机器人的数据接口和通信方式不同，难以实现统一通信模式下的高效数据采集与同步，故机器人集群系统需进行机器人通信接口标准化设计。将视频采集系统、故障诊断信息采集系统、环境异常声音采集系统、机器人运动控制系统、总线双向通信系统和环境信息数据采集系统通过 4G/5G 网络、ZigBee 组网和 WiFi 传输结合的方法实现耦合通信，在同一时刻下能实现多参量冗余信号全域网络融合传输，同时采用抗干扰编码技术，能有效防止数据错乱情况。建设 5G 高可靠性机器人通信平台，构建一张机器人集群感知网络，研究将完成核心网络主设备、矿用 5G 基础设施和模块、面向机器人典型应用场景的组网行驶和承载网络建设，实现机器人集群的多源信息采集、海量数据传输、数据融合与解析、区域协同控制。

2. 机器人状态、环境感知等关键元素在线监测和远程诊断技术

结合设备诊断实时性要求和人机交互友好的原则，需要针对机器人集群监测和管理平台及移动 App 等远程设备访问接口开展研究，形成机器人状态、环境感知等关键元素的在线监测和远程诊断技术。基于状态监测的评估与诊断结果，构建机器人智能决策模型，结合提出的远程控制策略，应用 5G 网络大带宽实现当前机器人的重要状态信息、电量信息、环

境数据、摄像头监测信息等数据实时显示，并对监测到环境及设备异常时对危险态、故障态实时报警，实现危险因素预警、远程启停机操作。结合数据采集模块、在线分析模块和状态预测模块，搭建数据库与多个采集前端一对多通信模型，实现特征量级及安全等级诊断，通过机器人集群监测和管理平台及移动 App 等远程设备访问接口输出监测数据及远程诊断结果。实现低延迟的端到端数据传输，全面实现机器人集群的信息化管理与协同调度。

3. 基于矿区环网的煤矿机器人集群云端运维管理技术

煤矿机器人运行环境极为复杂，机器人本身结构也超出常见的工业机器人，维护成本高，作业人员能力也要强。为解决这一问题，需要建立井下煤矿机器人智能远程运维管理系统。机器人集群通过矿区环网将各自的传感器数据、位置信息、任务信息等大量的、多频次的状态数据实时传送云平台，可实现故障实时报警、在线远程监测、数据分析对比，并可实现在线远程诊断的机器人集群运维系统。研究全部类型机器人的软件化控制操作系统和控制命令的传递通道按需分配，建立控制系统与机器人监控窗口的动态连接完成调用，实现对机器人的远程控制。

4. 煤矿机器人作业环境感知与自主决策技术

针对井下狭长空间及复杂工况环境，需要从位置服务基础架构和理论方法入手，研究移动机器人井下精准环境感知机制与实现方法。煤矿机器人集群系统中各机器人的导航需要依赖高性能的井下环境导航技术，由于井下环境复杂，存在卫星定位信号拒止、电磁干扰、信号遮挡等情况，使用单一定位技术无法应对移动机器人复杂环境作业对于实时精确定位信息的要求，需要研究基于激光雷达、惯性导航、UWB 等多传感器融合的井下机器人环境感知与定位定姿技术，解决矿井复杂环境下的机器人高精度定位问题，为系统自主决策提供可靠的数据基础。

在煤矿机器人集群系统中，为了保证系统运行效率，需要实现部分操作的自主决策与指令下达，降低系统平台运算量，针对现有煤矿机器人井下作业状态监测及自主决策控制依据单一、工况识别准确率不高、有效性不足等问题，建立数字孪生智能监控系统通过 5G 高速通信网络实时采集，经多源数据融合后实现物理空间与信息空间的实时交互与同步反馈，突破煤矿机器人路径规划控制、机器视觉、边缘计算、数据融合等关键技术，研发多功能一体化的井下工程作业机器人及人机协同远程作业控制系统，搭建便携式可视化遥控器与地面远程控制系统，实现超视距机器人远程控制，并开展适用于机器人集群应用的协同控制与决策机制研究，实现机器人自适应、自决策，提升煤矿机器人单机智能化程度与系统整体自适应决策能力，有效发挥机器人集群效应，具体方案如图 12-26 所示。

三、煤矿机器人集群调度指挥的实际应用

煤矿机器人集群调度指挥系统具备数据管理、机器人远程控制、机器人状态评估、智能运维、模型仿真、智能交互等功能，重点攻克机器人集群的体系化建设和整合、协同监控与预警、基础数据汇集与分类管理、辅助决策、仿真模拟、智能决策调度，同时将多个机器人获取的数据信息进行整合，完成数据挖掘与分类、一体化决策，完成煤矿机器人系统的运维管理，实现机器人集群数据通信的标准化，提高机器人集群平台的交互性，提高机器人集群的作业效率，并借助数字孪生系统，实现管理人员信息获取的立体化。基于以上，可达到科学分管、精准调度的集群管理目标，提升煤矿机器人集群的管理水平和工作效率。

煤矿机器人集群调度指挥系统分为三大部分，机器人集群指挥调度系统架构如

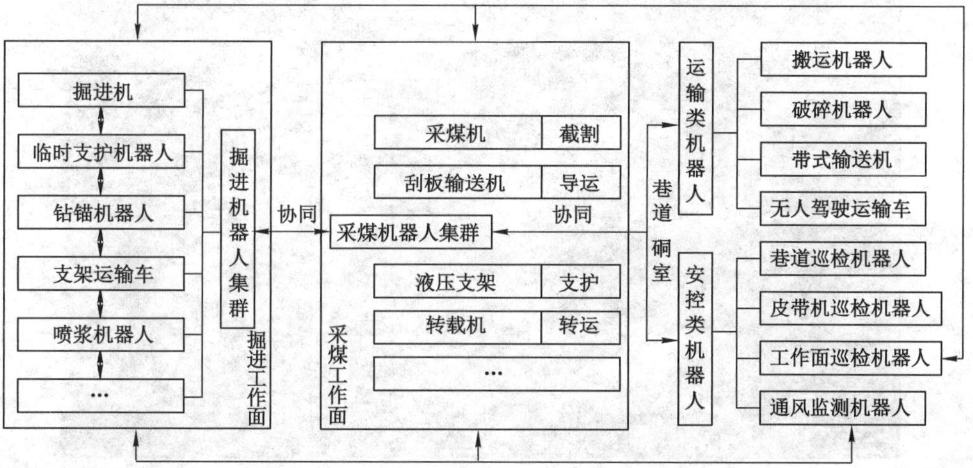

图 12-26　多场景机器人集群协同作业控制

图 12-27 所示。第 1 部分为机器人实体群，由安控类、掘进类、救援类、运输类、采煤类五大类机器人组成，分布于煤矿各个场景，系统支持单一场景中同时布置多个机器人，这些机器人可通过调度指挥系统协作完成指定工作；第 2 部分为数据传输层，负责对机器人本体数据和工作环境参数采集，并实现调度和决策信息下发；第 3 部分为数据处理和展示层，负责对图像、声音、数字量、模拟量等所有数据信息进行存储并进行综合分析处理，通过数据挖掘，最终实现生成决策意见、规划机器人行走路径、生成多种数据报表、机器人状态评估等功能。系统支持安卓移动端实时操作，手机端可支持鸿蒙系统，PC 端可支持鲲鹏系统；支持煤矿多场景模拟仿真，系统整体显示效果如图 12-28 所示。

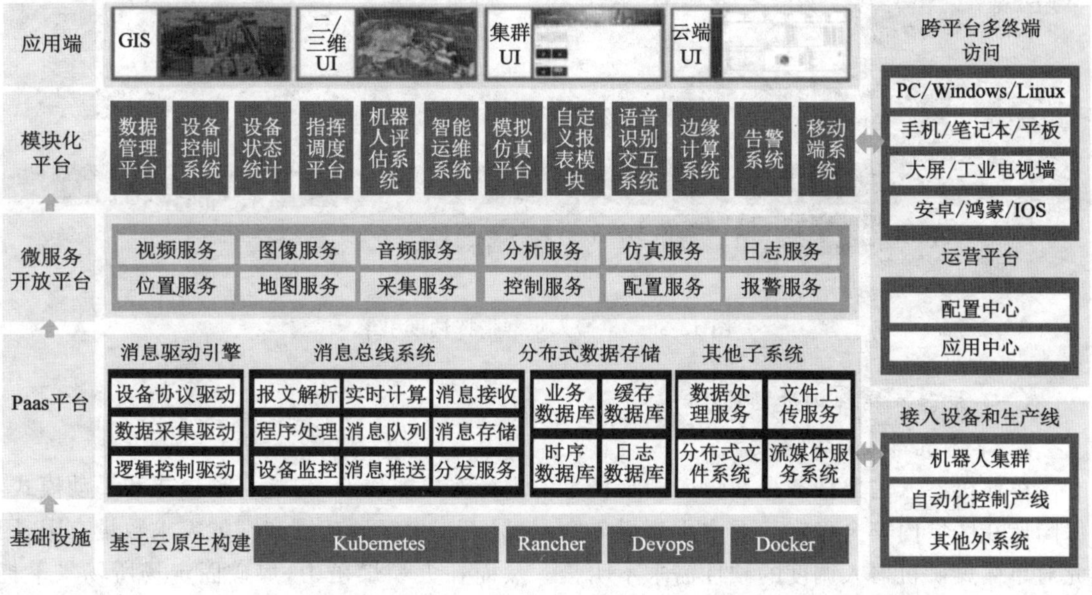

图 12-27　机器人集群调度指挥系统总体架构

图 12-28　系统整体显示效果

煤矿机器人集群是基础，数据信息是支撑，集群运维管理是目标。实现真正面向煤矿场景的煤矿机器人集群指挥协同，机器人集群调度指挥系统功能至少应包括机器人集群指挥调度引擎（图 12-29）、煤矿多场景模拟仿真、机器人状态诊断评估、集群统一运维、基础数据管理、任务使命下达、机器人定位融合等。其中，机器人指挥调度功能、煤矿多场景模拟仿真功能和机器人状态诊断评估功能是本系统紧密结合煤矿特殊场景及煤矿机器人特种装备，创新提出的贴合现状并能真正解决用户痛点的创造性功能。

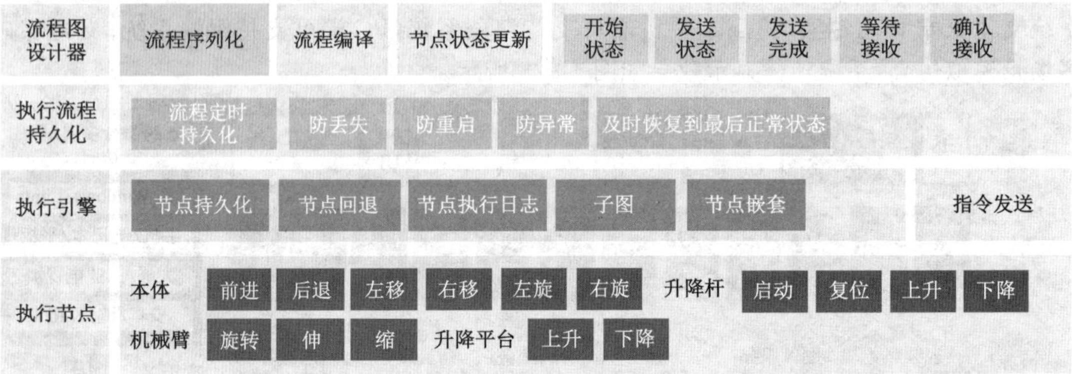

图 12-29　机器人集群指挥调度引擎

（一）机器人指挥调度功能

1. 单体机器人自主调度

单体机器人主要任务是在煤矿固定场景下进行巡检或作业，包括自动模式和手动模式，保障所在区域内安全稳定。在中小型煤矿中，机器人工作区域范围和功能需求数量有限，因此对单体煤矿机器人调度的硬性需求不明显。然而在大型煤矿中，煤矿固定场所场景下拥有数量庞大的各样式待检设备和目标、多样的作业需求以及复杂的局部和整体路况状态，单纯的自主运行不能完全适应环境的发展和变化。因此，提出单体机器人自主调度功能，从而解决初始设置不全面导致的功能固化问题。

2. 同类机器人覆盖作业调度

同类机器人覆盖作业调度主要是为解决区域范围内突发问题，同时也能完成区域内正常巡检作业任务。此功能依托于系统中间层数据层，采用网格化管理，将同类机器人应用场景划分为若干区域，按区域分配机器人来保障每一场景下的正常巡检。网格化管理应以调度时间为准，调度时间是衡量机器人响应快慢的主要指标，在有限的机器人资源配置下合理部署，才能保障区域内机器人响应时间最短。在日常调度指挥中，单体机器人自主调度和同类机器人覆盖作业调度虽然是两种不同类型的资源部署方法，但两者在实际应用中往往相互结合使用。首先对关键紧急场景进行任务下达，在此基础上再进行区域移动巡检作业的部署。

3. 异构机器人协同作业调度

在煤矿日常运行中，事故突发性较强，单体调度和同类机器人调度不能完全满足多场景下的事故处理需要，因此需要实现异构机器人系统作业调度功能。通过掌握不同类型机器人资源状况，提升机器人执行效率，实现异构机器人任务使命下达是更为合理高效的机器人调派模式。比如，根绝煤矿机器人所在位置情况，结合实际环境路况信息，搜索事故地点距离最近的有效机器人资源，规划最快的救援路径。

煤矿机器人在未来煤矿中的趋势是协同作业作战，单体机器人通常只具备一种功能，多种类型的煤矿机器人协同作业，拓展了机器人集群的适用范围，使得执行的任务多样化，并且极大地提高了任务可靠性。

（二）煤矿多场景模拟仿真功能

为了保证多种不同类别机器人能够在同一场景下协同工作，提出面向于机器人集群复合作业的交互仿真平台，单体仿真如图 12-30 所示，机器人集群仿真如图 12-31 所示。能够实时调用每个机器人的运动信息、结构参数信息以及规划轨迹信息，并对整个作业流程进行合理规划，实现机器人集群的整体仿真。煤矿机器人相关理论算法、结构参数以及运动性能都可在仿真平台验证与优化，为机器人集群在煤矿场景下的实际应用提供重要的技术支撑。

图 12-30　单体仿真效果图

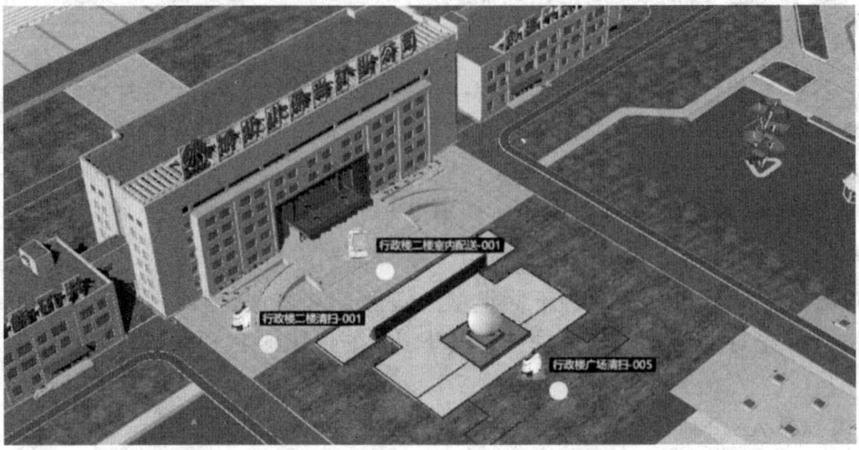

图 12-31　机器人集群仿真效果图

思 考 题

1. 简述煤矿机器人的定义,说明煤矿机器人的主要特征。
2. 简述煤矿机器人技术的发展趋势。
3. 简述煤矿机器人与非煤矿类机器人在实际应用过程中的区别。
4. 简述煤矿机器人与工业机器人的区别。

第十三章　智能化煤矿管理

第一节　智能柔性煤炭生产供给体系

一、煤炭智能柔性开发供给体系内涵与特征

煤炭智能柔性开发供给体系：将新一代信息技术与煤炭开发、运输、仓储、需求预测等深度融合，建立以数字化为基础、智能化赋能的多层次网状煤炭开发供应链，能够对煤炭需求超前精准预测，并基于预测结果对煤炭生产、运输、仓储等自动智能优化调节，实现煤炭资源安全、高效、稳定、柔性供给。

生产系统柔性：生产系统能够根据外部市场的需求变化而进行生产能力调整的动态响应。煤矿生产系统柔性是智能化柔性煤炭开发供给体系的核心，主要依托煤矿智能化开采技术装备及智能管理系统实现。由于煤矿智能化开采技术可以大幅降低井下作业人员数量，煤矿生产能力不再受煤矿作业人员数量的制约，可以根据外部需求变化对矿井生产能力进行动态调整，能够充分满足订单式生产要求。

煤炭供给柔性：依托区块链、大数据等技术，对煤炭供给与需求的平衡度进行超前预测预警。基于区块链技术的分布式采集存储、信息不可篡改、智能合约等特点，结合大数据技术对低价值密度、海量多源信息进行数据建模，构建全国煤炭供需监测预警平台/中心，对煤炭供需柔性度进行分析计算，进一步对煤炭的需求量进行精准预测反馈，并将预测结果反馈给煤炭生产、运输、仓储等各个环节，使各环节能够进行及时调整，如图 13-1 所示。

煤炭智能柔性开发供给体系应以最低的生产、运输成本和最优的调控能力对煤炭供需变化进行超前快速响应，具有如下特征：

(1) 敏捷性。对煤炭供需变化快速精准感知，并将市场信息高效传递、反馈给煤炭生产供给系统，基于大数据、人工智能等新一代信息技术，需求驱动、超前预测、智能预警、快速响应、按需生产，对生产运输侧进行灵活调整。

(2) 精准性。采用物联网、区块链等技术对煤炭生产、运输、销售等各种数据进行全面采集与深度挖掘，精准洞察生产运输侧与需求侧变化，超前制定合理的生产、运输、仓储方案。

(3) 协同性。煤炭生产、运输、仓储、消费等整个供应链上的各部门协同作业，每个供应链内部也需要多系统协同，从而实现上、下游产业链之间协同，形成复杂的煤炭供需平衡体系。

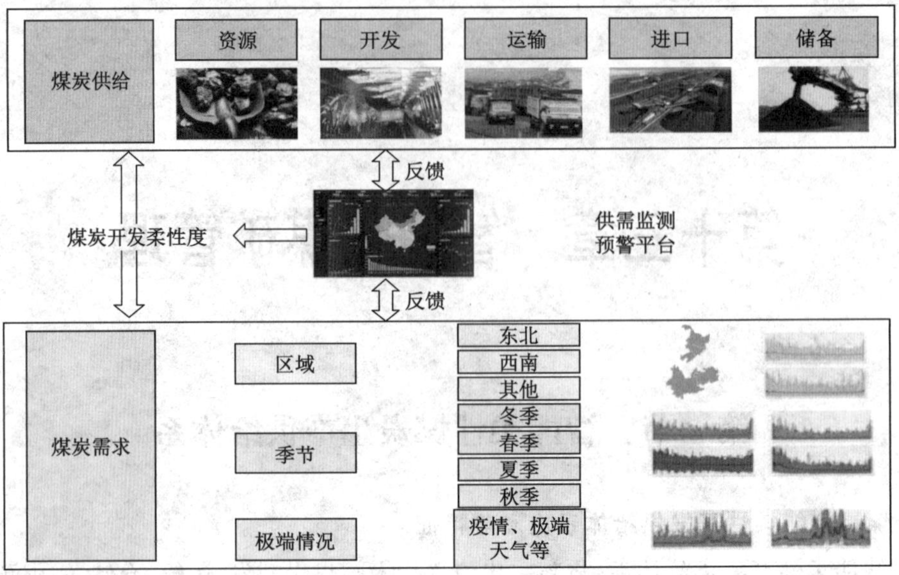

图 13-1　煤炭开发供给柔性度计算逻辑

二、煤炭开发供给柔性度

煤炭开发供给柔性度可用煤矿生产能力柔性系数和煤炭运销能力柔性系数表征，前者即煤矿生产能力、实际产量能够灵活变化以及时应对煤炭需求变化的能力，后者即煤炭供应链上的铁路、港口等煤炭运输能力应对煤炭需求变化的能力。

1. 煤矿生产能力柔性系数

该系数(U_1)由煤矿核定基本生产能力、科学增产潜能、实际产量来表示：

$$U_1 = \frac{\sum(\varphi_i + z_i)}{\sum X_i} \tag{13-1}$$

式中，i 为煤矿($i=1,\cdots,I$)；φ_i 为煤矿 i 的基本生产能力，核定基本生产能力是矿井常态生产计划依据；z_i 为煤矿 i 的科学增产能力，是根据矿井生产技术条件和智能化水平核定的具有安全可靠增产能力；X_i 为煤矿 i 的实际产量。

$U_1=1$，说明煤矿正处于全负荷生产；$U_1>1$，说明煤矿具有柔性增产潜力；$U_1<1$，说明煤矿正处于超安全能力生产。

2. 煤炭运销能力柔性系数

该系数(U_2)由煤炭每周实际运输量、可增加运量潜力、每周煤炭销售量加每周煤炭产量表示：

$$U_2 = \frac{\alpha + \alpha_z}{(M + X_p)/2} \tag{13-2}$$

式中，α 为煤炭每周实际运输量；α_z 为每周可增加运量潜力；M 为每周销售量；X_p 为每周生产量。

$U_2=1$，说明产-运-销能力基本平衡；$U_2>1$，说明运输能力富裕(因生产侧、消费侧一般都会有一定库存，用短期生产与消费量可以体现产-运-销情况，敏感捕捉运输销售端的问题)；$U_2<1$，说明运力不足。

3. 煤炭开发供给柔性度

用煤炭每周生产量加每周运输量、每周消费总量减去每周进口量表示：

$$U=\frac{X_p+\alpha}{2(K-H)} \tag{13-3}$$

式中，U 为煤炭开发供给柔性度；K 为每周消费总量；H 为每周进口量。

$U=1$ 为供给平衡点，可设定 $U=0.99$ 为紧平衡点，高于 1 则表明供应侧宽松，U 低于 0.95 黄色预警，U 低于 0.90 红色预警。

三、煤炭智能柔性开发供给体系核心要素与支撑技术

智能化煤矿建设是构建煤炭柔性开发供给体系的基础，将新一代信息技术与煤炭开发、运输、销售、利用等深度融合，支撑构建煤炭智能柔性开发供给体系。煤炭智能柔性开发供给体系以煤矿生产系统柔性和运输柔性为核心，以开发供给柔性度为基础，以新一代信息技术为代表的支撑技术和以横向集成、纵向扩展等使能技术为支撑，实现煤炭供给智能柔性生产、安全稳定供给、动态供需平衡目标，如图 13-2 所示。

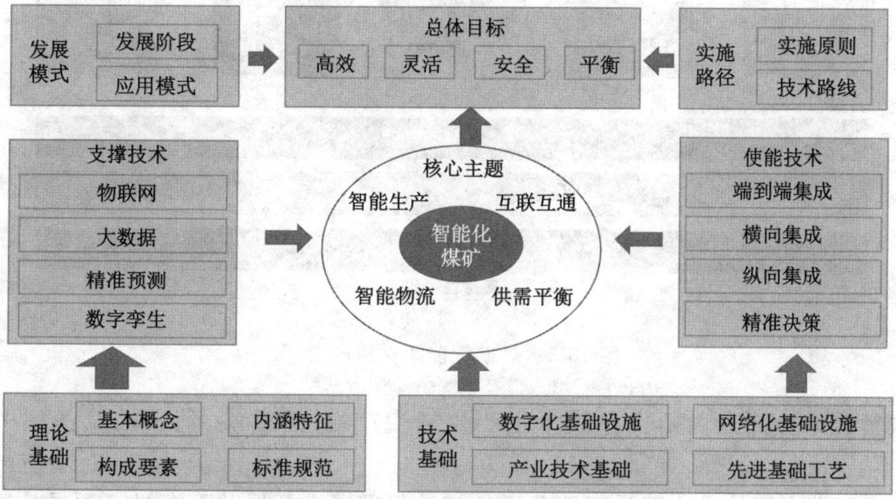

图 13-2　煤炭智能柔性开发供给体系架构

煤炭智能柔性开发供给体系具有以下核心要素：

(1) 智能化柔性煤矿是建设煤炭智能柔性开发供给体系的关键。提高煤炭开发供给体系柔性，关键在于提高生产端柔性，由于传统煤炭开发方式的产能利用率普遍呈刚性，由式(13-1)可知，增加煤矿生产能力柔性系数的关键在于通过智能化开采技术对煤矿的产能进行柔性调节。

(2) 新一代信息技术与煤炭开发、运输、销售进行融合是建设煤炭智能柔性开发供给体系的基础。5G 通信技术以其特有的大带宽、低延时和广连接优势，不仅可以为煤矿智能化建设构建数据高速稳定传输通道，还可为煤炭智能柔性供给体系的构建搭建数据传输高速公路，确保信息高速、可靠传输。运用物联网、大数据等技术可以对煤矿进行实时、多维度安全监控，从而实现煤矿减人、增安、提效，为煤炭供需响应模型的构建提供数据、算法支撑。

区块链的去中心化、信息共享和数据不可篡改性等特征可以保证煤炭产销量数据的准确性，进而利用大数据算法对煤炭产销平衡及供给方案进行数据建模与优化。

(3) 柔性协同管理系统是实现煤炭智能柔性供给的保障。建设煤炭智能柔性开发供给体系，不仅需要在支撑技术、使能技术等方面发力，更需要用系统思维对供应链中的信息流、物流进行规划和控制，围绕智能柔性供给目标，促进信息共享和协调经营，以提高各环节运作效率和动态响应水平，实现安全、稳定、柔性的供需关系。基于新一代信息技术构建从集团至矿业公司再至企业的多级大数据中心，通过煤矿开采全过程的数据链条，支撑煤矿决策的智能化和运行的自动化，达到集成化管理，实现煤炭智能柔性供给，如图 13-3 所示。

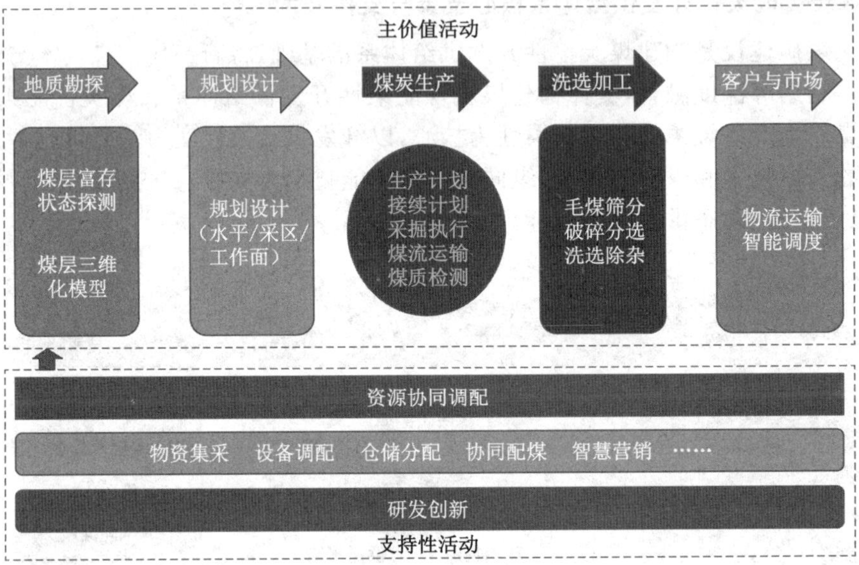

图 13-3　煤矿智能柔性协同管理

煤炭智能柔性开发供给支撑技术主要包括生产端、运输端、消费端及基础平台支撑技术。

(1) 生产端支撑技术。建设智能化柔性煤矿仍需深入开展井下海量多源异构数据融合分析、复杂环境与开采系统耦合机理、重大危险源致灾机理与智能预测预警等基础理论研究，并对井下智能地质探测仪器、高可靠性智能采掘装备、井下防爆作业重载机器人等短板技术进行攻关。加大对高端综采综掘智能化装备、智能化无人值守运输提升装备、重大灾害应急救援智能装备和煤矿机器人等重大装备的研发和应用，为煤矿智能化建设提供高可靠性的先进装备保障。建设安全、共享、高效的全国煤矿大数据中心，开发煤矿多源异构数据的深度融合处理与高效利用技术、煤矿系统装备云端运维的远程专业化分析处理等增值服务，形成煤矿全时空多源信息实时感知，安全风险双重预防闭环管控，生产运营全流程人-机-环-管数字互联高效协同，智能决策自动化运行的能力和高质量运行新模式。

(2) 运输端支撑技术。构建煤炭智能物流运输体系需要从煤炭企业自营铁路建设、公路运输建设、港口建设等多个方面入手，共同推动煤炭物流运输数字化、网络化和智能化水平提升，形成高效的煤炭物流运输系统。煤炭企业自营铁路需建设机车车载数据传输系统、车辆调度和导航系统、铁轨故障预警系统等；铁路运输专线要加快 5G、物联网、自动驾驶技术的研发推广应用，大力提高列车安全、稳定和智能化调度运行水平；构建覆盖全国的煤炭运输地理信息平台和感知网络，推进铁路、公路、水路运输数字化展现，深度挖掘5G、物联网、大数据、区块链等技术在煤炭物流体系的运用潜力，研究基于区块链架构的“供应链-物流链”双链融合技术、基于大数据分析的智能化物流运营管理新模式，整合煤矿、铁路、公路、水路和港口信息资源，提高煤炭物流应急、调度、决策、监控分析和管控能力。

(3) 消费端支撑技术。将电厂等重点耗煤用户纳入监控体系，基于区块链技术的分布式采集存储及去中心化思想，建设国家级煤炭消费智能监测系统，制定信息采集与传输、存储、共享与交换、服务等相关标准，保证煤炭“产、运、储、销、用”数据全生命周期管理与多源异构数据深度融合及高效利用，基于重点用煤行业、企业、区域的煤炭消费大数据，建立煤炭消费预报、预警技术体系，为煤炭全链条柔性供给提供信息和决策支持。

(4) 基础平台支撑技术。构建全国煤炭供需监测预警平台/中心，涵盖生产、运输、销售、用户以及物流服务商、银行保险金融机构等各环节，将现有煤炭行业和区域级交易统一纳入其中；基于新一代信息技术实现对煤炭的存量信息、消耗量信息、交易信息等全面及时可靠采集，对煤炭的实时交易信息进行监管；基于区块链技术实现煤炭交易的透明化、公平化，提高市场对煤炭供需的引导水平；基于AI数据驱动模式的用能负荷精准预测，借助5G低时延、广覆盖的特性，结合人工智能技术的强感知、挖掘、预测能力，在获取海量用户数据基础上对能源、煤炭消费情况做出精准预测，实现煤炭流动展示、煤炭生产消费战略推演模拟等，建立煤炭供需科学决策体系。

四、煤炭智能柔性开发供给运行模式

煤炭智能柔性开发供给体系运行(图13-4)主要包括以下方面：

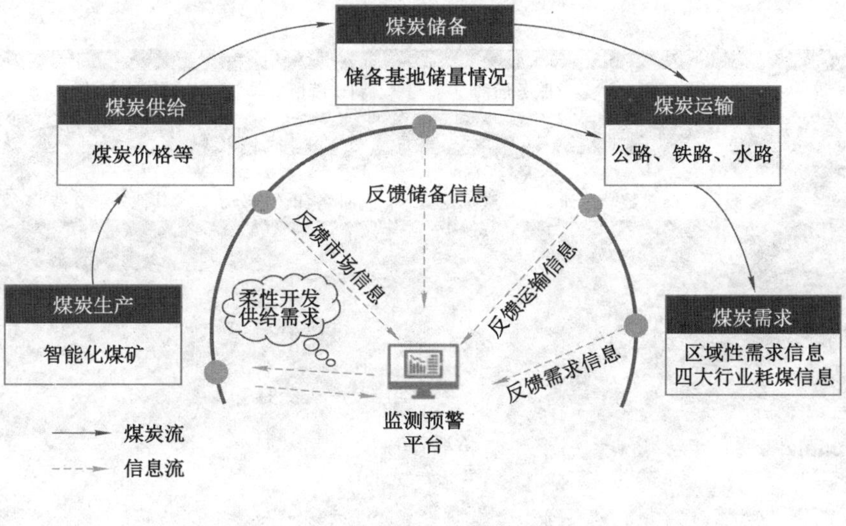

图13-4　智能柔性煤炭开发供给体系运行方式

(1) 开展智能化煤矿可柔性调节科学增产潜能评估和备案。对传统煤炭开发方式进行智能化升级改造，提升煤矿生产系统的柔性度，对改造后的智能化煤矿可柔性调节科学增产潜能进行综合评估，并将评估结果进行备案。

(2) 建设“煤矿-集团-省级-国家级”煤矿生产和交易智能化平台。该平台涵盖生产、供货、销售、用户以及物流服务商、银行保险金融机构等各环节，采用区块链技术将现有的煤炭行业和区域级交易统一纳入其中，进行安全生产、高效产能精准分析及预测，实现供需信息共享。

(3) 建立生产、销售、运输和消费监测分析服务机构与机制。基于煤矿生产和交易智能化平台监测数据，构建全国煤炭供需监测预警平台/中心，设立专业数据分析服务机构，对煤炭"产、运、储、销、用"全流程进行全方位信息分析、预测预警，确定合理的供应链柔性度。

(4) 强化政府指导调节和政策激励机制。根据柔性供给方案进行煤矿生产能力调节、运输能力调整等需要政府进行干预和指导，制定相关的激励机制，推动煤炭智能柔性开发供给实现全产业链协同运行，确保国家能源的安全稳定供给。

第二节　智能化矿区三级智能管控体系

将集团公司智能化管控体系细分为集团公司煤炭监管平台、矿业公司生产经营管理平台、煤矿智能化综合管控平台，为集团公司、矿业公司、煤矿不同管理层级和专业场景提供数据服务、应用融合，实现智能化综合管控。

一、集团公司煤炭监管应用平台

该平台主要是实现对公司煤炭生产运行、安全与经营管理数据进行综合分析，并主动推送安全生产及应急信息，使集团公司能够从宏观层面掌握公司总体生产经营与安全形势，量化评定各二级矿业公司安全生产管理水平，及时发现并解决安全生产管理中存在的问题，辅助集团公司进行总体决策部署，有效提升公司整体安全生产与经营管理水平，如图 13-5 所示。

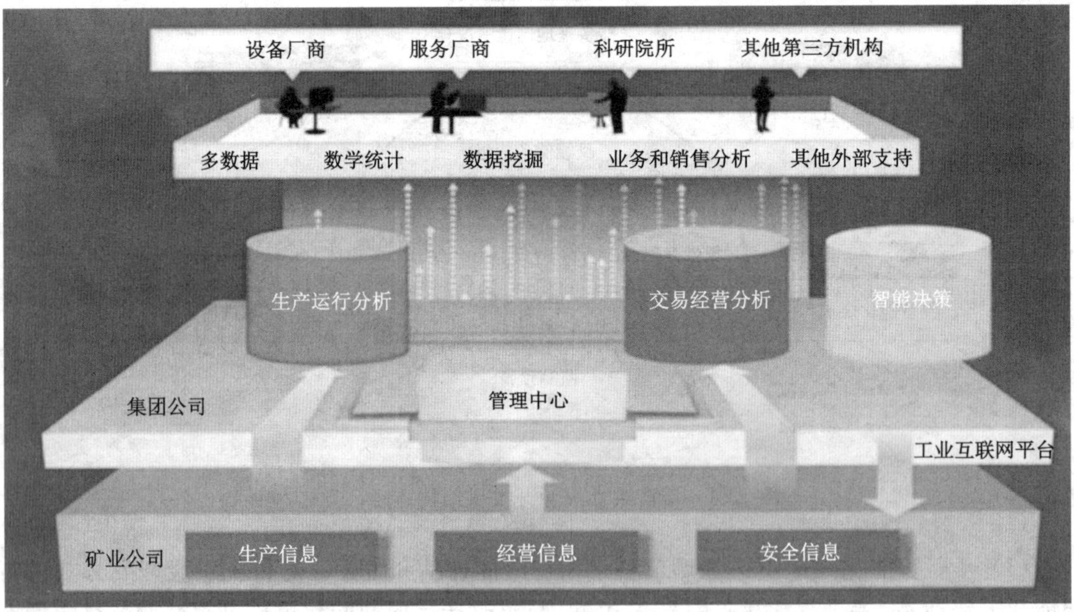

图 13-5　集团公司煤炭监管平台架构

二、矿业公司智能化生产经营管理平台

该平台的建设重点是生产与经营管理，并围绕矿业公司下属煤矿的生产情况，对各矿井的生产、安全、经营等数据进行统计与分析。在外部资源的支持下，对各种指标参数进行优化，不断改进、增强矿业公司的运行质量，辅助矿业公司管理者做出科学决策，如图 13-6 所示。

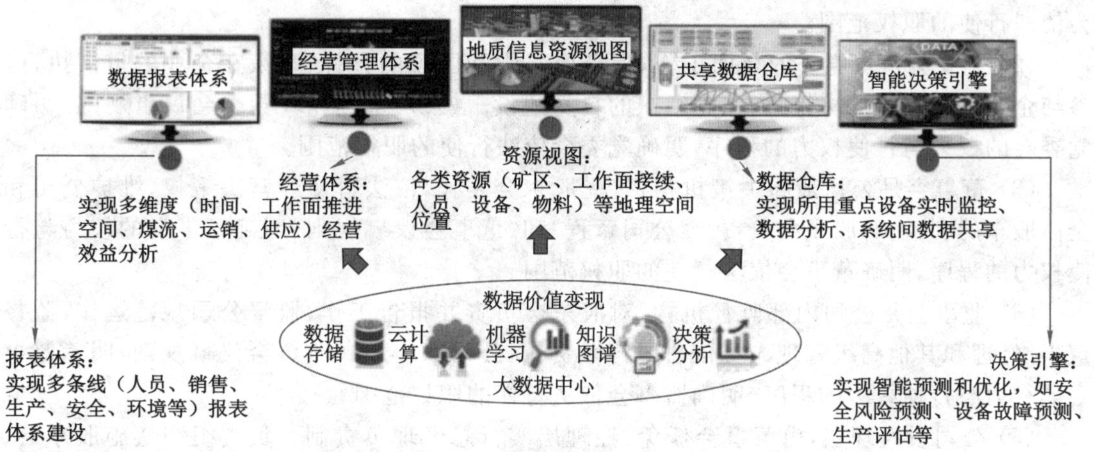

图 13-6　矿业公司智能化生产经营管理平台架构

三、煤矿智能化综合管控应用平台

该平台以煤炭安全生产为核心，将煤矿生产各业务系统进行融合，实现对煤矿生产管理全过程进行智能集中管控，提高煤矿智能开采效率与效益。

该平台是智能化煤矿的核心，基于微服务架构和“资源化、场景化、平台化”思想，围绕监测实时化、控制自动化、管理信息化、业务流转自动化、知识模型化、决策智能化进行相应业务应用设计，开发用于煤炭生产、智慧生活、矿区生态的智能化煤矿生产、安监、智能保障、智能决策分析、智能经营管理、智慧园区等场景化服务。基于矿井大数据分析能力，对海量数据进行分析变现，构建煤矿大数据仓库。基于微服务架构和人工智能算法构建智能数据引擎，实现业务逻辑快速组态化构建和智能决策。

采用统一信息技术架构，根据煤矿条件不同，对系统建设规模和应用功能进行调整，即从信息化的角度进行综合管控平台技术架构的统一规划设计，基于不同的智能化煤矿建设条件、技术路径与目标，从机械化、自动化、智能化的角度对各业务系统进行差异性设计，实现统一规划、统一标准、统一建设、统一管理。

第三节　智能化煤矿组织架构及工作流程

一、组织架构主要内容

组织架构一般至少包含公司治理机构与组织结构两个部分。公司治理机构是通过公司章程及相应的议事规则，明确了股东会、党委会、董事会、监事会和总经理在公司治理中决

策、执行、监督的职责权限。组织结构部分包括内部各层级组织机构设置、职责权限划分、人员编制、“三重一大”集体决策等工作流程及相关控制。

公司治理机构相关部门(人员)包括股东会、党委会、董事会、监事会、总经理等。各部门(人员)相关工作职责为：

(1) 股东会是公司最高权力机构，依法行使经营方针、投资计划、利润分配等重大事项的表决权。《公司章程》和《股东会议事规则》明确股东的权力与行使权力的程序，明确股东会依法行使的职权范围。

(2) 党委会负责党委的全面工作，保证监督党和国家的方针、政策在企业的贯彻执行，参与企业重大问题的决策，加强党组织的自身建设。《公司章程》和《党委会议事规则》明确党委会的权力与行使权力的程序，明确党委会依法行使的职权范围。

(3) 董事会是公司最高决策机构，接受股东会委托，依法行使经营决策权，维护公司和全体股东的利益，对股东会负责。《公司章程》和《董事会议事规则》明确董事会的权力与行使权力的程序，明确董事会依法行使的职权范围。

(4) 监事会是公司内部监督机构，对股东会负责并报告工作，监督公司规范运作，监督董事、经理和其他高级管理人员依法履行职责。《公司章程》和《监事会议事规则》明确监事会的权力与行使权力的程序，明确监事会依法行使的职权范围。

(5) 公司设经理层，由董事会任免，经理层实行总经理负责制。负责组织实施股东会、董事会决议事项，主持公司的日常经营管理工作。《公司章程》和《总经理工作规则》明确总经理的权力与行使权力的程序，明确总经理依法行使的职权范围。

公司治理机构相关流程主要包括股东会议事流程、党委会议事流程、董事会议事流程、监事会议事流程、总经理办公会议事流程。

组织结构相关部门主要包括企管审计部、人力资源部以及公司其他各部门。各部门相关工作职责为：

(1) 企管审计部每年年末根据实际工作需要，组织公司开展组织结构的全面梳理工作、监督组织结构调整的实施过程、维护公司组织结构及部门职责。

(2) 人力资源部维护岗位职责说明书。

(3) 公司其他各部门提出新建或修改部门职责的修订申请并经批准后起草部门职责修订草案，配合并及时反馈组织结构评估意见，并按总经理办公会决议实施。

二、智能化煤矿组织架构与工作流程案例

以某大型煤矿企业为例，其公司架构主要包括公司治理机构与组织结构两部分内容。涉及公司各部门及相关单位共18个，分别为综合办公室、规划部、企管审计部、生产技术部、地质测量技术部、财务资产部、安全监察部、人力资源部、销售中心、物资管理中心部、机电技术部、调度指挥中心、生活服务中心、外协办公室、工会、党委工作部、生态环境部、纪检监察室等。各部门的主要工作职责可以表述为：

(1) 综合办公室：负责建立、健全企业的行政管理和服务体系，构筑规范的审计管理程序，为公司的业务运行提供服务、支持。

(2) 规划部：负责制定公司长期的战略发展规划，通过综合统计公司运营情况，进一步加强投资、工程预算、专项工程管理，为公司的发展提供保障。

(3) 企管审计部：负责审定各类招投标、合同管理的合法性、严密性、可行性，实行法律监督以及考核工作。同时负责建设完整的公司管理制度,加强内部审计,通过规范公司运营情况,进一步加强绩效考核、成本管理、对标管理、卓越绩效管理,并实施精细化管理,为公司的发展提供保障。

(4) 生产技术部:负责持续的生产管理优化和技术创新,有效提升煤炭开采管理水平和技术水平,提高生产效率,培育公司竞争优势。

(5) 地质测量技术部:负责公司地质测量预测预报、地质防治水、"三量"管理、资源回收、煤质管理、地质灾害防治、沉陷区生态恢复治理、矿图管理等技术管理、现场管理和地质灾害防治与地测专业安全生产标准化管理工作。

(6) 财务资产部:负责全面、及时、准确地反映公司的财务状况、经营成果和资金运营情况,提供财务分析,加强财务监督,有效控制财务风险,更好地为公司的生产经营和战略决策提供财务信息。

(7) 安全监察部:负责公司整体性、系统性安全生产体系的建设、监督和检查工作,确保公司运营的安全、稳定,预防安全事故,提升安全管理水平。

(8) 人力资源部:负责在公司战略目标指导下,通过对人力资源的有效管理、配置、开发和服务,支持公司经营目标的实现。

(9) 销售中心:负责煤炭市场营销、煤炭运销业务管理、品牌规划与建设,全面完成公司下达的销售任务,不断提升品牌价值,努力塑造良好的企业形象。

(10) 物资管理中心部:负责公司供应链管理,为公司的发展提供及时的、成本合理的物资供应保障。

(11) 机电技术部:负责公司机电、技术、运输管理,为矿井的正常供电提供电力保障和机电运输安全工作。

(12) 调度指挥中心:全力打造矿井管理、生产、协调的高效专业指挥系统,为矿井的正常有序生产提供专业化的支持。

(13) 生活服务中心:负责健全公司的后勤保障体系,为公司全体职工的正常生产生活提供优质、周到的服务,提高职工的工作积极性。

(14) 外协办公室:负责公司对外协调工作,为公司正常生产和开展新项目相关的对外事项进行协调,并负责公司新项目的征地、搬迁、补偿等工作等。

(15) 工会:负责公司工会管理体系建设,保障职工合法权益,丰富完善职工文体生活。

(16) 党委工作部:负责公司党建管理体系、党风廉政建设、企业文化建设,发挥党建在企业发展中的核心引领作用。

(17) 生态环境部:负责公司环保管理体系建设,强化生态恢复与治理,创建公司绿色环保生态安全生产环境。

(18) 纪检监察室:负责公司纪检监察管理体系建设,强化廉洁政治生态治理,创建廉洁文化环境,为公司高效健康发展保驾护航。

其中,为保障智能化煤矿建设运行,该公司根据实际需要及公司现行组织架构,在机电技术部下设智慧化办公室。该部门主要工作内容包括:

(1) 在公司智慧煤矿建设领导小组的领导下,具体负责智慧煤矿建设发展规划,工程项目的调研、规划、建设、管理、考核工作。

(2) 统筹协调上级单位、项目实施单位,划分公司各部门、厂队(车间)的责权。协调各单位之间信息融合，负责项目的推广实施；同时，协助各单位处理、解决智能化项目建设过程中遇到的问题。

(3) 贯彻执行国家有关智慧矿山建设、信息化、网络信息安全、安全规程方面的标准、规范和相关文件精神，编制和完善智能化系统工程相关管理制度，确保智慧矿山建设工程保质保量按期完成。

(4) 组织督促智慧矿山建设项目招标、合同进度。负责项目招标前技术规格书的编制。

(5) 配合公司智慧矿山建设相关科研项目的计划、编制和组织实施。在项目建设中积极推进新设备、新技术、新工艺、新材料的应用。

(6) 负责公司整个矿井通信系统、井下工业控制网络、视频传输网络、公司信息网络的规划、优化、网络安全及日常管理工作。

(7) 负责公司云数据中心的建设、运行管理与技术方案的制订以及实施管理工作。

(8) 负责全矿井范围内智慧矿山建设工程的技术方案和组织实施，并负责工程技术资料、竣工验收资料的整理存档工作。

(9) 负责通信系统、监测系统、自动化控制系统、信息化管理系统技术改造方案以及项目实施方案的制订和日常管理。

(10) 负责制定公司信息化、自动化各系统的管理制度和工作流程，并监督执行。

(11) 负责公司自动化、信息化、智能化业务的考核管理，全面监督公司各单位智能化系统运行及检修维护质量。

智能化煤矿组织架构与工作流程的设计与建设可以通过该案例并结合具体实际情况进行调整。智能化煤矿管理变革的目的在于，采用新的管理方法和手段来解决因智能化煤矿发展的技术进步而带来的新的管理难题。其中一项重要工作就是企业组织架构及工作流程的革新。完善的企业组织架构及工作流程能够为智能化煤矿的高质量可持续发展奠定坚实的基础。

第四节　智能化煤矿生产、运营与安全管理体系

智能化技术的应用需要相匹配的管理体系。在利用智能化技术重组煤矿的组织机构和核心流程后，煤矿需要在生产、运营和安全管理三个核心职能上也进行对应的变革和调整。

一、智能化煤矿生产、运营与安全的整体逻辑

煤炭行业由于其特殊的生产和需求特点，导致长期以来其他行业所采用的一些生产经营管理模式在煤炭行业应用有一定的难度。比较典型的就是煤炭的生产和销售并不非常紧密，整体经营计划不完全受销售计划的影响，内部生产经营相对独立，这两者通过煤炭库存进行缓冲。这种管理模式之下，煤矿更加重视内部生产经营活动。

由于与其他行业不同的生产特点和生产环境等因素，煤矿内部管理一般是生产、运营和安全并重，技术和财务在一定程度上也体现在了这三个核心职能上。这三者之间的关系如图 13-7 所示。

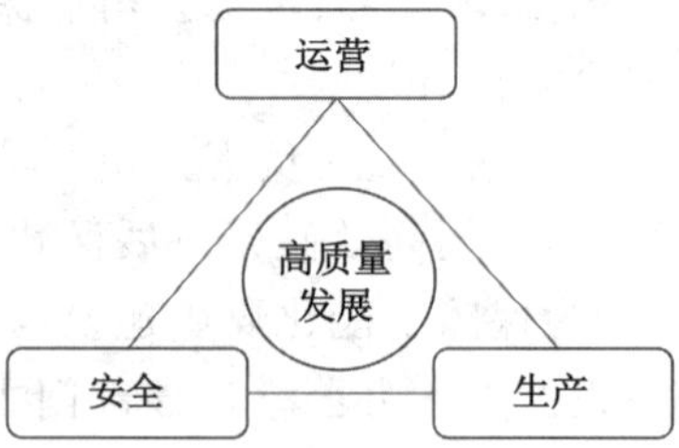

图 13-7　智能化煤矿生产、运营和安全之间的关系

生产和安全是基础的两端，代表了发展和安全。习近平总书记多次指出要坚守安全生产红线，要统筹处理好安全与发展的关系，绝不能因为发展而忽视安全。在这样的背景下，安全继续成为煤矿生产需要考虑的首要因素，没有安全就没有一切。代表发展的生产同时也为安全提供了资源，使企业能够更好地做好安全工作。而运营则是通过保证生产和安全活动的资源能够及时、有效获取，满足企业安全生产活动所需，同时尽可能提高运行效率、降低成本等。安全生产对运营提出要求，而运营的好坏也对安全和生产产生明显影响。这三者形成一个管理整体，彼此相互作用，最终实现煤矿的高质量发展。

从具体职能角度看，生产职能相对独立，安全保障生产和运营，而运营则从资源和成本平衡考虑如何有效支撑生产和安全，如图 13-8 所示。

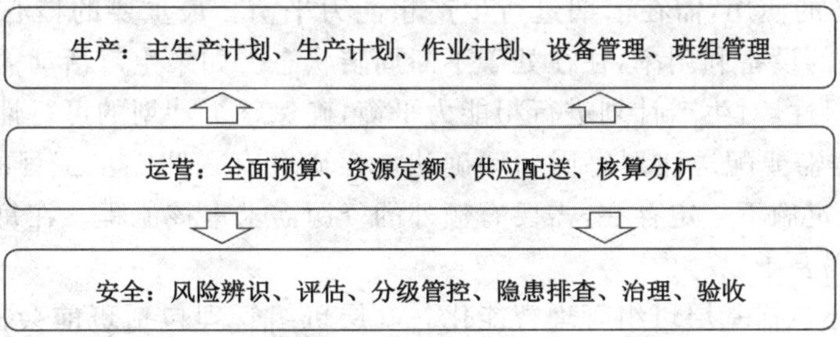

图 13-8 智能化煤矿生产、运营和安全的要素

在智能化矿山企业中，企业对各职能活动、资源情况以及未来资源需求情况有更加准确、及时的了解，从而使长期以来以粗放管理为主的煤矿有逐步向精益化转型的可能。智能化建设带来的对各种资源状态的实时掌握、生产计划预测准确性的提升、智能化算法以及数据无人化采集的出现、外部安全监管等环境的变化，使我国煤矿精益生产成为可能，整个行业的内部管理已经到了一个管理水平变革的“前夜”。

二、智能化煤矿生产管理体系

煤矿生产管理在层级上，从年度主生产计划开始，逐步细分到每个班组；从范围上，狭义的生产仅包含采煤、掘进两个职能，而广义的大生产包括采煤、掘进、通风、地测、机电、运输等多个职能。本部分所述的生产管理主要指采煤、掘进、通风、地测、机电等职能，后续如不单独说明，生产的内容均指这几项生产活动。

智能化煤矿生产管理核心逻辑如图 13-9 所示。

图 13-9 智能化煤矿生产业务逻辑

根据年度的主生产计划分解各个月度生产计划，进而编制月度的作业计划，主要是采煤和掘进的计划，然后结合月度作业计划和生产计划编制辅助作业计划，即通风、地测、机电各部门的工作计划。

生产各职能部门根据作业计划按标准进行设计，结合定额数据库信息，编制各类资源的毛需求，并将该需求反馈给生产各部门确认。资源毛需求经过现有资源库存数据平衡后，得到资源净需求。

根据资源净需求，可以进一步编制出班组作业计划和运营部门供应计划，从而完成整个生产过程的资源层层分解。就生产管理而言，与一般的制造业有所不同之处突出表现在三个方面：

(1) 资源毛需求分解后，返回各职能部门确认。煤矿生产情况不规范，地质等各种环境即使在智能化情况下也存在一定的不确定性，因此需要在毛需求得出后，提交各职能部门确认，尽量减少追加采购的情况。

(2) 周转设备的使用，需在前期进行生产粗能力平衡。最重要的核心设备由于其高价值，需要保证较高的设备利用率，往往处于不断周转状态。如果生产活动需要这些设备则需要考虑设备的可得性，对生产计划进行粗能力平衡，确保整个计划的可行性。

(3) 零星工程需要配送计划每周(日)确认。煤矿会有一些零星工程的存在，这些工作需要消耗资源，但定额不一定存在，需要有额外的资源需求审核流程。在每周或每日的配送计划进行编制时需要予以考虑。

智能化煤矿还包括基层班组管理智能化。基层班组管理包括班前会任务管理、班后会的工作业绩分配等内容，通过智能化平台信息可以将工作成果与成本、安全等因素进行综合，为班组的集体决策提供支持平台，更加高效、准确地反映现场工作实际情况。

三、智能化煤矿运营管理体系

煤矿运营管理的目的是在满足生产和安全的前提下，尽可能提高资源利用效率，降低整体成本，包括预算管理、各类定额管理、配送管理、核算管理、经营分析及预测预警等活动。

智能化运营管理的主要内容包括内部配送和成本管控两个核心业务，两个业务又有密切的联系，其中内部配送又分为资源需求采购和配送两个流程。资源需求采购流程如图 13-10 所示。

资源需求采购过程与企业原有的采购管理有一定的类似之处，但区别也非常明显，主要是需求的汇总和供应商管理等流程和职能的差别。资源配送环节则是智能化煤矿精益管理在运营环节最典型的表现，也是运营环节服务水平的体现。资源配送流程如图 13-11 所示。

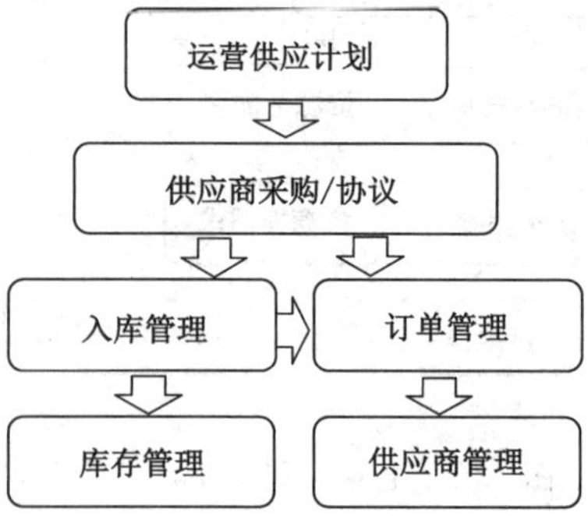

图 13-10　智能化煤矿资源采购流程逻辑

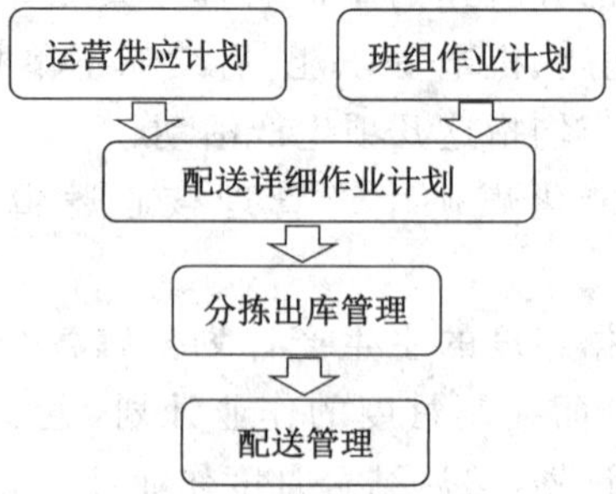

图 13-11　智能化煤矿资源配送流程逻辑

智能化资源配送管理需要解决的智能化决策问题非常多，体现出智能化决策的重要意义。智能化决策涉及的内容包括订单分拣、订单配载、编组、配送等一系列环节，要保证按时、成组将各种物资送到需要的场所。配送模式较煤矿传统的领料模式有显著的优势，但对于管理的精细化要求非常高，对各种资源、要素状态信息的掌握程度要求也非常高。智能化运营管理是智能化管理挑战最大的环节之一，实现的难度比较高，需要引起充分的重视。

除了物资等资源精益管理外，运营还有一个非常重要的职责，即对安全生产活动产生的成本进行动态管控。这部分工作是通过完整的定额体系与细致的考核实现的，涉及按设计进行预算、按照预算进行执行、按标准进行核算等一系列流程，最终最大程度实现成本与物流账的统一。

四、智能化煤矿安全管理体系

前文"风险分级管控与隐患排查智能双重预防治理体系"章节较为详细说明了智能化煤矿安全管理体系，这里不对智能化煤矿安全管理体系的具体框架、流程等进行讨论。本节主要探讨智能化煤矿安全管理体系的组织架构与职责分工问题。

对于煤矿而言，安全与其他职能不同，并不只是某一个部门的职责，而是全员职责。2021 年 6 月公布的新《安全生产法》更是明确了"管行业必须管安全、管业务必须管安全、管生产经营必须管安全"的"三必须"原则，对安全生产管理机构及人员规定了 7 条职责，分别是编制规章制度、负责开展教育培训、组织危险源辨识评估和应急演练、检查安全生产状况、提出建议、制止违章作业以及督促整改措施落实。这些职责中，对于其与生产各职能部门之间关系并没有明确阐述，实际上是存在交叉的。这导致一些单位中认为安全就是安全生产管理部门的责任，使全员安全生产责任制有时难以有效落实。

新的智能化安全管理模式下，企业对于安全生产相关的各要素状态掌握水平、理解程度都远超传统管理模式。在这种条件下，企业可以采取主动管理模式对安全相关要素进行超前管控。超前管控的闭环管理中，问题发现主要依赖智能化算法对各危险因素相关数据的分析加工得到，而不是依赖安全检查人员；问题的处理依赖各危险因素管理的责任部门，如与通风有关的问题由通风工区负责治理、与机电有关的问题由机电工区负责等。安全生产管理部门和人员与各业务部门职责应有所区分，如图 13-12 所示。

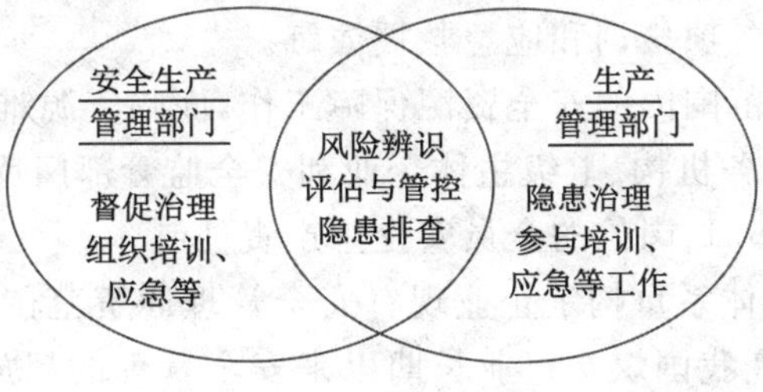

图 13-12　智能化煤矿安全管理职责区分

日常的安全管理中，安全生产管理部门的特有职责包括督促隐患或问题治理、组织培训和应急演练等，生产管理部门的特有职责包括隐患和问题的治理、参与安全培训和应急演练等。两者共有的职责包括风险辨识评估与管控、隐患排查等，其中风险管控和隐患排查两者的职责基本相同，而风险辨识评估虽然两个共同参与，但安全生产管理部门负责组织工作，一般生产管理部门负责具体辨识评估。

智能化安全管理体系（智能化双重预防管理体系就是企业实际运行的智能化安全管理体系）之下，企业掌握的安全生产的主动权，能够对安全生产工作进行更加精细的管理，安全生产管理部门应负责整个企业的安全管理工作，不仅督促各生产部门及时整改负责的隐患，而且应该督促所有部门履行安全生产主体责任。基于上述考虑，我们认为企业安全生产管理部门在履行新《安全生产法》中规定的各项安全生产职责外，还应履行以下职责：

(1) 组织各部门编制部门和岗位的全员安全生产责任制，并审核各部门和岗位的安全生产责任制。

(2) 编制全矿安全管理计划，并将计划分解到各部门，履行自身安全管理计划，并监督、督促各部门、岗位安全管理任务的完成情况。

(3) 监督、督促各部门、岗位全员安全生产责任制的履行。

(4) 考核企业各部门、岗位的全员安全生产责任制的完成情况。

(5) 推进企业安全管理信息化建设，负责企业有安全管理信息系统的数据维护。

生产管理部门的安全生产职责至少应包含以下几方面：

(1) 参与企业组织的各项培训，参与本部门业务范围内的操作规程等编制。

(2) 参与本部门业务范围内的风险辨识评估及管控措施制定工作。

(3) 参与企业组织的应急救援演练等。

(4) 负责本部门业务范围内的风险管控和隐患排查工作，负责归属本部门的隐患治理等工作。

(5) 负责本部门不安全行为制止、纠正，对在上岗人员开展行为观察等。

(6) 负责起草、履行部门、岗位的全员安全生产责任制。

(7) 负责完成本部门、岗位的安全管理任务。

(8) 负责定期对本部门业务范围内的风险管控和隐患排查情况进行总计分析，持续调整隐患排查重点，完善风险辨识和管控责任。

(9) 负责对本部门业务范围内的安全技术、装备等研发及应用提出建议，完成企业审批通过的安全技术、装备等研发及应用项目。

运营管理部门的安全生产职责至少应包含以下几方面：

(1) 参与企业组织的各项培训和应急救援演练。

(2) 负责本部门业务范围内的安全资源保障工作，面临资源难以满足要求时，应书面向企业职工代表大会或其常务机构、上级主体企业和安全监管部门反映。

(3) 负责起草、履行部门、岗位的全员安全生产责任制。

智能化煤矿安全管理体系重构了企业现有安全管理职责范围，将精益管理的方法引入安全管理领域，将彻底改变我国煤炭行业长期以来安全管理的粗放局面，更加明确、夯实各部门、岗位的全员安全生产责任制，在同等安全资源投入下实现更好的安全管理绩效，创新企业层面的安全治理能力。

思　考　题

1. 煤炭智能柔性开发供给体系的核心要素与主要支撑技术分别有哪些？

2. 集团公司煤炭监管平台、矿业公司生产经营管理平台、煤矿智能化综合管控平台之间的关系是怎样的？建设过程中需要注意哪些问题？

3. 智能化煤矿的组织结构与传统煤矿相比有什么特点？

4. 智能化煤矿的生产、运营与安全要素之间存在怎样的逻辑关系？

5. 智能化煤矿生产管理与一般制造业的不同之处在哪里？

6. 智能化安全管理体系下煤矿企业应该如何确定安全管理部门的职责？

参考文献

[1] 樊荣,许金.煤矿安全智能管控技术现状及发展趋势[J].智能矿山,2021,2(1):55-58.
[2] 范京道.智能化无人综采技术[M].北京:煤炭工业出版社，2017.
[3] 葛世荣,朱华.危险环境下救援机器人技术发展现状与趋势[J].煤炭科学技术,2017,45(5):1-8.
[4] 龚萍,章建华,乔莎,等.煤炭洗选信息模型标准研究及应用[J].煤炭工程,2023,55(4):23-28.
[5] 康红普,徐刚,王彪谋,等.我国煤炭开采与岩层控制技术发展 40a 及展望[J].采矿与岩层控制工程学报,2019(2):1-33.
[6] 李惠云.新时代我国煤炭行业高质量发展路径探讨[J].中国煤炭,2019,45(10):22-26.
[7] 李梅,毛善君,赵明军.煤矿智能地质保障系统研究进展与展望[J].煤炭科学技术,2023,51(2):334-348.
[8] 李爽,贺超,许锟.煤矿安全双重预防机制理论、应用与发展研究[J].中国煤炭,2021,47(10):23-30.
[9] 廉自生,袁祥,高飞,等.液压支架网络化智能感控方法[J].煤炭学报,2020,45(6):2078-2089.
[10] 刘闯.煤炭高质量发展内涵与现代化煤炭工业体系研究[J].煤炭经济研究,2020(40):76-81.
[11] 刘建功,王翰秋,赵家巍.煤矿固体充填采煤技术发展回顾与展望[J].煤炭科学技术,2020,48(9):27-38.
[12] 吕鹏飞,何敏,陈晓晶,等.智慧矿山发展与展望[J].工矿自动化,2018,44(9):84-88.
[13] 毛善君,鲁守明,李存禄,等.基于精确大地坐标的煤矿透明化智能综采工作面自适应割煤关键技术研究及系统应用[J].煤炭学报,2022,47(1):515-526.
[14] 孟峰,徐煦,薛国庆,等.5G＋无人驾驶技术在国能宝日希勒露天煤矿智能化建设中的应用研究[J].中国煤炭,2021(增刊):172-182.
[15] 苗耀武,叶兰.2020 年全国煤矿水害事故分析及其防治对策[J].中国煤炭,2021,47(2):51-54.
[16] 倪少军,李双良,匡欣欣,等.面向煤矿供电的智能分布式防越级保护系统[J].工矿自动化,2021,47(增刊):78-80.
[17] 庞义辉.液压支架支护状态感知与数据处理技术[J].工矿自动化,2021,47(11):66-73.

[18] 钱鸣高,许家林.煤炭开采与岩层运动[J].煤炭学报,2019,44(4):973-984.
[19] 乔治忠.智能选煤厂建设探讨[J].工矿自动化,2021,47(增刊):87-91.
[20] 宋锐,郑玉坤,刘义祥,等.煤矿井下仿生机器人技术应用与前景分析[J].煤炭学报,2020,45(6):2155-2169
[21] 宋选民,朱德福,王仲伦,等.我国煤矿综放开采40年:理论与技术装备研究进展[J].煤炭科学技术,2021,49(3):1-29.
[22] 宋振骐,蒋宇静,刘建康."实用矿山压力控制"的理论和模型[J].煤炭科技,2017(2):1-10.
[23] 孙继平.煤矿机器人电气安全技术研究[J].煤炭科学技术,2019,47(4):1-6.
[24] 孙健东,张瑞新,贾宏军,等.我国露天煤矿智能化发展现状及重点问题分析[J].煤炭工程,2020,52(11):16-22.
[25] 汤家轩,刘具,梁跃强,等."十四五"时期我国煤炭工业发展思考[J].中国煤炭,2021,47(10):6-10.
[26] 王国法,杜毅博,徐亚军,等.中国煤炭开采技术及装备50年发展与创新实践:纪念《煤炭科学技术》创刊50周年[J].煤炭科学技术,2023,51(1):1-18.
[27] 王国法,富佳兴,孟令宇.煤矿智能化创新团队建设与关键技术研发进展[J].工矿自动化,2022,48(12):1-15.
[28] 王国法,刘峰,庞义辉,等.煤矿智能化:煤炭工业高质量发展的核心技术支撑[J].煤炭学报,2019,44(2):349-357.
[29] 王国法.煤矿智能化最新技术进展与问题探讨[J].煤炭科学技术,2022,50(1):1-27.
[30] 王国法,庞义辉.液压支架与围岩耦合关系及应用[J].煤炭学报,2015,40(1):30-34.
[31] 王国法,任怀伟,庞义辉,等.煤矿智能化(初级阶段)技术体系研究与工程进展[J].煤炭科学技术,2020,48(7):1-27.
[32] 王国法,赵国瑞,胡亚辉.5G技术在煤矿智能化中的应用展望[J].煤炭学报,2020,45(1):16-23.
[33] 王家臣,PENG S S,李杨.美国煤炭地下开采与自动化技术进展[J].煤炭学报,2021,46(1):36-45.
[34] 王家臣,潘卫东,张国英,等.图像识别智能放煤技术原理与应用[J].煤炭学报,2022,47(1):87-101.
[35] 王家臣.我国放顶煤开采的工程实践与理论进展[J].煤炭学报,2018,43(1):43-51.
[36] 王卫东,靳立章,涂亚楠,等.驻波超声对浮选气泡的影响[J].煤炭学报,2021,46(9):2740-2745.
[37] 王昕.基于电磁波技术的煤岩识别方法研究[D].徐州:中国矿业大学,2017.
[38] 王忠鑫,孙鑫,曾祥玉,等.我国露天煤矿智能化建设现状及困境与发展路径[J].露天采矿技术,2022,37(3):1-7.
[39] 王忠鑫,辛凤阳,宋波,等.论露天煤矿智能化建设总体设计[J].煤炭科学技术,2022,50(2):37-46.
[40] 卫小芳,王建国,丁云杰.煤炭清洁高效转化技术 进展及发展趋势[J].中国科学院院刊,2019,34(4):409-416.

[41] 杨方亮,许红娜."十四五"煤炭行业生态环境保护与资源综合利用发展路径分析[J].中国煤炭,2021,47(5):73-82.

[42] 应急管理部信息研究院,煤炭信息研究院.世界煤炭工业发展研究-2020[M].北京:应急管理出版社,2021.

[43] 袁亮.煤及共伴生资源精准开采科学问题与对策[J].煤炭学报,2019,44(1):1-9.

[44] 袁石良,徐志强,董杰,等.矿用智能供电系统高精度测频算法的研究[J].矿业科学学报,2016,1(2):203-208.

[45] 张东升,李文平,来兴平,等.我国西北煤炭开采中的水资源保护基础理论研究进展[J].煤炭学报,2017,42(1):36-43.

[46] 张帆,李亚杰,孙晓辉.无线感知与视觉融合的井下目标跟踪定位方法[J].矿业科学学报,2018,3(5):484-491.

[47] 赵浩.露天煤矿高质量安全发展形势分析与对策措施[J].煤矿安全,2022,53(7):251-256.

[48] 周文略,连民杰.地下矿山智能生产控制与管理建设体系研究[J].金属矿山,2015(2):117-121.